LEHRBUCH

DER

ELEKTROTECHNIK.

ZUM GEBRAUCHE BEIM UNTERRICHT UND ZUM SELBSTSTUDIUM

BEARBEITET VON

EMIL STÖCKHARDT,

DIPLOM-INGENIEUR,

VORMALS ASSISTENT AN DER KÖNIGL. TECHNISCHEN HOCHSCHULE ZU DRESDEN
UND FACHLEHRER AN DEN KÖNIGL. VEREINIGTEN MASCHINENBAUSCHULEN ZU DORTMUND.

MIT MEHREREN HUNDERT ABBILDUNGEN.

LEIPZIG

VERLAG VON VEIT & COMP.

1901

Druck von Metzger & Wittig in Leipzig.

Vorwort.

In dem letzten Jahrzehnt hat sich in Deutschland eine Anzahl von Schulen entwickelt, die sich eine doppelte Aufgabe stellen. Erstens wollen sie dem Maschinenbauer, der mit 14 Jahren die Volksschule verlassen hat, nach mehrjähriger praktischer Arbeitszeit durch geeigneten Unterricht soweit heranbilden, dass er fähig ist, technische Fragen zu verstehen und dass er als Werkmeister in grösseren Betrieben verwendet werden kann. Zweitens wollen sie solchen jüngeren Technikern, die das Einjährig-Freiwilligen-Examen bestanden haben, und die ebenfalls eine vorgeschriebene Werkstattspraxis aufweisen können, meistens in einer besonderen Abteilung einen Unterricht zukommen lassen, der sie mit den Aufgaben der Technik vertraut macht, und der sie für eine Thätigkeit als Bureaubeamte vorbereiten soll.

Zu dem Lehrstoff dieser Schulen zählt auch die Elektrotechnik. Der Fachunterricht wird gewöhnlich von einem und demselben Lehrer in beiden Abteilungen gegeben, so dass sich auch die Verwendung nur eines Lehrbuches in beiden Abteilungen als zweckmässig erweisen wird. Das vorliegende „Lehrbuch der Elektrotechnik“ macht es sich zur Aufgabe, diesem Lehrzweck zu dienen, doch sind dabei einige Schwierigkeiten zu überwinden gewesen, die hauptsächlich an folgenden Punkten liegen:

1. Die Dauer eines ganzen Kursus an diesen Schulen beträgt nur 2, die Dauer des elektrotechnischen Lehrgangs nur $1^1/_2$ Jahre.

2. Die Elektrotechnik kann kein Hauptfach an diesen Schulen sein, der allgemeine Maschinenbau und das Zeichnen herrscht vor, so dass die Stundenzahl der Elektrotechnik besonders in den oberen Klassen verhältnismässig gering sein muss.
3. Das Gebiet der Elektrotechnik ist so umfangreich, und die elektrotechnischen Aufgaben, die an einen Techniker herantreten können, sind so verschieden, dass man gezwungen ist, ein möglichst eingehendes Bild der Elektrotechnik zu geben.
4. Die Vorbildung der Schüler ist sehr verschieden.
5. Die Schüler sollen auf ein möglichst gleichmässiges Niveau des Wissens gebracht werden, wobei eine individuelle Behandlung und eine Ausbildung einzelner nach bestimmten Richtungen hin ausgeschlossen ist.
6. Die Elektrotechnik erfordert viel geistigen Aufwand, so dass man am liebsten dieses Gebiet erst betritt, wenn der Schüler die Begriffe der übrigen Technik kennt. Dagegen muss an diesen Schulen infolge des kurzen Zeitraumes so bald als möglich mit der Elektrotechnik angefangen werden, also man erhält fürs erste Schüler, die weder den Begriff der mechanischen Arbeit noch den der Masse kennen.

Aus diesen 6 Punkten heraus hat sich der Lehrstoff so entwickelt, wie ihn das vorliegende Werkchen zeigt. Es enthält die Erörterung der wichtigsten Fragen der Elektrotechnik, geht nicht sehr in das Spezielle ein, zeigt vielmehr an Beispielen, wie in diesem oder jenem Fall vorgegangen wird, um die Wirkungen der Elektrizität technisch brauchbar zu gestalten. Es vermeidet den Begriff der Masse und das absolute Maasssystem ganz, vielmehr giebt es ohne Begründung die Zusammenhänge zwischen dem technischen und dem elektrotechnischen Maasssystem. Das Werk rechnet nicht viel, sondern macht mehr plausibel, und rechnet nur in solchen Fällen, wo ein technisch verwendbares Resultat ermittelt werden soll. Inwieweit die Berechnungen, wie überhaupt die einzelnen Lehrstoffe, auf die beiden Abteilungen verteilt werden, ist dem Lehrer überlassen. Zu diesem Zweck ist das ganze Werk in Paragraphen zerlegt, von denen einige weggelassen werden können, ohne dass sie später fehlen würden. Das Lehrbuch beabsichtigt möglichst Vieles aus der angewandten Technik zu bringen und den Leser auch mit Beispielen von Erzeugnissen einiger Firmen bekannt zu machen.

Für die Elektrotechnik sind die Arbeiten im Laboratorium von grösster Wichtigkeit, und diese Arbeiten sind nie durch ein Lehrbuch zu ersetzen. Wenn auch besonders in der ersten Hälfte des Lehrbuches mehrere Experimente näher beschrieben werden, so hat doch das niemals die Wirkung, als ob der Schüler die Sache selbst gesehen hätte. Wenn auch die Schaltung für die Untersuchung eines Transformators angegeben ist, es hat nie den Erfolg, das zu lesen, als ob man selbst daran mitgearbeitet hätte. Hier liegt eben die Thätigkeit der Schule.

Das Buch soll ausserdem dazu dienen, denjenigen, die längere Zeit in der Elektrotechnik praktisch thätig sind, über solche Dinge Aufschluss zu geben, die sie interessieren, die ihnen aber bisher unbekannt geblieben sind. Dabei ist aber ein Durcharbeiten des Buches von vorn an zu empfehlen. Das Register soll das Buch zum Nachschlagen geeignet machen, wo es sich darum handelt, sich schnell über irgend eine Sache zu orientieren, die verstreut im Lehrbuch enthalten ist.

Die Elektrotechnik ist soweit behandelt, dass der fertige Schüler imstande ist, die grösste Anzahl der Artikel in Fachzeitschriften zu verstehen. Bei den Wechselströmen sind die häufig vorkommenden Diagramme wenigstens dem Prinzip nach erklärt, so dass der Leser ausführlicherer Litteratur durch dieses Werk eine Brücke zu dem ihm sonst vielleicht unklar Bleibenden finden wird.

Die Sicherheitsvorschriften des Verbandes Deutscher Elektrotechniker sind in Deutschland ein so wichtiger Bestandteil der Elektrotechnik geworden, dass ihr Fehlen als Lücke im Bilde der heutigen Elektrotechnik angesehen werden müsste. Deshalb sind sie am Ende des Buches abgedruckt. Allen denjenigen Firmen und Vereinigungen, die zu der Ausgestaltung des Buches beigetragen haben, sowie denjenigen Herren, von denen aus die Anregung zu diesem Lehrbuch in mir erweckt wurde, gestatte ich mir, an dieser Stelle meinen Dank auszudrücken.

„Wie Vieles," sagt Lessing, „geht von der Vorstellung des Künstlers bis zur Ausführung durch die Hand des Künstlers verloren." Wie Vieles geht aber auch von dem Werke bis zum Sinneseindruck des Beschauers verloren. Ich bitte die Herren, die sich länger als ich dem praktischen Lehrberuf widmen, dazu beizutragen, dass der geistige Wirkungsgrad dieses Lehrbuches in diesem Sinne gehoben werde.

Dresden-Plauen, den 9. Dezember 1900.

E. Stöckhardt.

Berichtigungen.

Seite 76, Zeile 6: „Leitungsquerschnitt" statt „Leistungsquerschnitt".
„ 125, „ 3: „$e_1 + Jw$" statt „$e + Jw$".
„ 196, „ 7: „Leistung" statt „Strom".
„ 199 unten: Die Figuren 220 und 221 sind zu vertauschen.
„ 203 „ : „$L_R = L_2 \cdot 0{,}03$" statt „$L_R \cdot L_2 \cdot 0{,}03$".

Inhalt.

Erstes Kapitel.

Einige Begriffe aus der allgemeinen Technik.

Zweites Kapitel.

Einige Begriffe aus der Elektrizitätslehre.

Drittes Kapitel.

Einige Wirkungen des elektrischen Stromes.

Viertes Kapitel.

Das Ohm'sche Gesetz.

Fünftes Kapitel.

Betrachtungen im Anschluss an das Ohm'sche Gesetz.

Sechstes Kapitel.

Die Gesetze der Stromverzweigungen.

Siebentes Kapitel.

Die Anwendung der Gesetze von den Stromverzweigungen.

Achtes Kapitel.

Wärmemenge, Arbeit und Leistung des elektrischen Stromes.

Neuntes Kapitel.

Die Verteilung der Leistung.

Zehntes Kapitel.

Die Ausrüstung der Leitungen.

Elftes Kapitel.

Die elektrische Beleuchtung.

Zwölftes Kapitel.

Die Elemente.

Dreizehntes Kapitel.

Die Akkumulatoren.

Vierzehntes Kapitel.

Magnetismus und Elektromagnetismus.

Fünfzehntes Kapitel.

Die Induktionserscheinungen.

Sechzehntes Kapitel.

Die Messinstrumente.

Siebzehntes Kapitel.

Die Dynamomaschinen für Gleichstrom.

Achtzehntes Kapitel.

Die Motoren für Gleichstrom.

Neunzehntes Kapitel.

Der Wechselstrom.

Zwanzigstes Kapitel.

Die Mehrphasenströme.

Erstes Kapitel.

Einige Begriffe aus der allgemeinen Technik.

1. Kraft und Weg.

In der Technik hat man es mit Kräften zu thun.

Eine Kraft an und für sich ist nicht das, worauf es bei den Betrieben ankommt. Ein Stein, der auf seine Unterlage drückt, ist nicht als Quelle irgendwelcher Kraftwirkung zu benutzen; wenn er irgend eine Kraftäusserung infolge seines Gewichtes ausüben soll, muss er zuvor gehoben werden.

Bei allen technischen Betrieben ist gegen eine Kraftwirkung stets ein Weg zurückzulegen, oder, was dasselbe heisst:

Bei jeder Bewegung, die in einem Betrieb auszuführen ist, sind widerstehende Kräfte zu überwinden.

Erläuterung. Damit ein Stein auf dem Erdboden fortgerückt wird, ist gegen den Stein in Richtung der Bewegung eine Kraft auszuüben. Im Sinne dieser Bewegung legt der Stein einen gewissen Weg zurück.

Bei dem Abdrehen eines Eisenkörpers greift ein Drehstahl mit seiner Schneide in das Material ein; damit der Span abgeschnitten wird, ist eine Kraft anzuwenden; das Werkstück legt bei seiner Drehung unter dem Einfluss dieser Kraft einen Weg zurück.

Wenn eine Last gefahren wird, drücken die Zapfen der Achsen auf die Lagerschalen mit einer bestimmten Kraft. Unter dem Einfluss dieser Kraft muss der Zapfen in der Lagerschale eine Drehung ausführen. Es ist gegen diese Kraft ein Weg zurückzulegen. Dieser Weg ist kleiner als der Weg, den die Last zurücklegt.

2. Die mechanische Arbeit.

Die Wirkung, auf die es in der Technik ankommt und die bei allen Betriebseinrichtungen auftritt, drückt sich aus durch einen Wert

Kraft × *Weg;*

ein solcher Wert wird bezeichnet mit dem Ausdruck *Arbeit.*

Erläuterung. Bei dem Schleifen einer Last auf horizontalem Boden ist die erforderliche Arbeit um so grösser, je schwerer die Last und je grösser der Weg ist. Die Arbeit ist Null, wenn der Weg Null ist, oder wenn die Last Null ist. Das stimmt mit der Bildung des Produktes aus *Kraft* × *Weg.*

Wird die Last auf horizontalem Boden gefahren, so ist die erforderliche Arbeit geringer, weil der Weg des Zapfens im Lager kürzer ist, als der Weg der Last, und weil durch Anwendung glatter Lagerflächen und geeigneter Schmiermaterialien die widerstehende Kraft im Lager verringert wird.

Soll die Last senkrecht gehoben werden, so ist die bei der Bewegung zu überwindende Kraft gleich dem Gewicht der Last. Zur Ermittlung der Arbeit ist daher das Gewicht des zu hebenden Körpers mit der Höhendifferenz zwischen Anfangs- und Endstellung zu multiplizieren.

3. Das Maass für die mechanische Arbeit.

Drückt man die Kraft aus in Kilogramm (kg) und den unter der Kraftwirkung zurückgelegten Weg in Meter (m), so erhält man die Arbeit in Meterkilogramm (mkg).

Beispiel. Wieviel mkg sind zu leisten, wenn ein Stein auf horizontalem Erdboden 10 m weit geschleift werden soll, während die Kraft, welche seitlich gegen den Stein auszuüben ist, 15 kg beträgt?

Auflösung: Die Arbeit beläuft sich auf:

$$10 \text{ m} \cdot 15 \text{ kg} = 150 \text{ mkg}.$$

Beispiel. Der Stein des vorigen Beispieles soll 30 kg wiegen und 12 m senkrecht gehoben werden. Wie gross ist die erforderliche Arbeit?

Auflösung: Die erforderliche Arbeit beträgt:

$$12 \text{ m} \cdot 30 \text{ kg} = 360 \text{ mkg}.$$

4. Die Arbeit bei Anwendung des Kräfteparallelogrammes.

Weicht die Bewegungsrichtung eines Körpers von der Kraftrichtung ab, so hat man zur Berechnung der Arbeit nur denjenigen

Teil der Kraft mit dem Weg zu multiplizieren, der in Richtung des Weges fällt. Zu diesem Zweck muss man die wirkende Kraft nach dem *Kräfteparallelogramm* zerlegen:

Man zieht durch den Schwerpunkt des Körpers eine Linie in Richtung der Kraftwirkung und ausserdem zwei andere Linien zu beiden Seiten der ersteren in den Richtungen, nach denen die Kräfte zu untersuchen sind. Man zeichnet dann das Parallelogramm, in dem die erstere Kraft zur Diagonale wird. Die beiden Seiten des Parallelogrammes, die vom Schwerpunkt ausgehen, können dann ebenfalls als Kräfte angesehen werden und zwar haben diese beiden Kräfte zusammen dieselbe Wirkung, wie die eine Kraft in Richtung der Diagonale. Die zuerst gezeichnete wirkende Kraft lässt sich durch die beiden zu zweit gezeichneten Kräfte ersetzen.

Die beiden zusammengehörigen Kräfte, in die sich die wirkende Kraft zerlegen lässt, heissen die *Komponenten*, die Kraft in Richtung der Diagonale heisst die *Resultante* oder die *resultierende Kraft*.

Drückt die Resultante in einem bestimmten Maassstabe eine Anzahl kg aus, so erhält man die Grösse der Komponenten in kg durch Anwendung desselben Maassstabes.

Erläuterung. Man denke sich einen Wagen, vielleicht auf Schienen, am Fusse einer Steigung, so, wie es Fig. 1 darstellt. Wird der Wagen die Steigung hinaufgefahren, so hat man bei diesem Vorgang eine be-

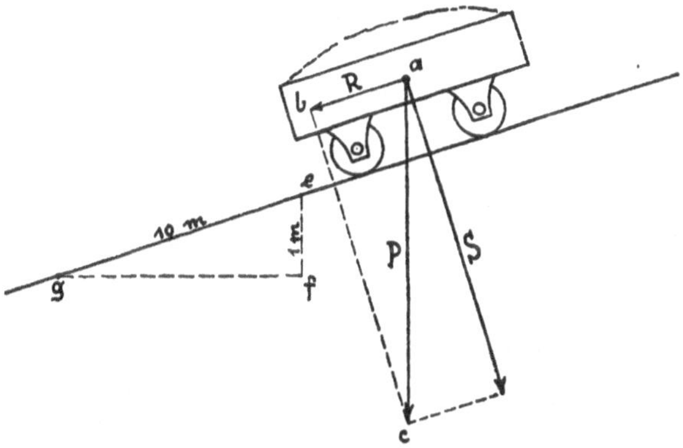

Fig. 1.

stimmte Kraft zu überwinden. Bei genauer Betrachtung zeigt sich, dass man auf der Steigung nicht mit einer so grossen Kraft gegen den Wagen zu drücken hat, als der Wagen wiegt. Einen näheren Aufschluss darüber giebt das Parallelogramm der Kräfte:

Senkrecht zieht die Schwerkraft P, diese zerlegt sich in zwei Komponenten, in eine Kraft S, welche auf die Schienen drückt, und in eine Kraft R, die man bei der Bewegung des Wagens zu überwinden hat. Soll die Strecke auf 10 m ihrer Länge um 1 m steigen, so sieht man, es muss die zu überwindende Kraft R zehnmal so klein sein, als das Gewicht des Wagens, denn die beiden Dreiecke abc und efg sind untereinander ähnlich. Würde man auf 5 m Streckenlänge 1 m Steigung haben, so wäre die anzuwendende Kraft R fünfmal so klein, als das Gewicht P, also doppelt so gross, wie im vorigen Falle; dafür ist der Weg halb so klein. Auf dem kürzesten Wege könnte man den Wagen höher bringen, wenn man ihn senkrecht hebt; dann wäre er nur um 1 m fortzubewegen, also auf zehnmal so kurzer Strecke, wie im ersten Fall, aber die Kraft, die zu überwinden ist, wäre zehnmal so gross, nämlich gleich dem ganzen Gewicht des Wagens.

Man sieht aber: Ist der Wagen um eine bestimmte Strecke zu heben, so ist jedesmal der Weg multipliziert mit der zu überwindenden Kraft ein ganz bestimmter Wert.

In allen Fällen versteht man unter der Arbeit (mechanischen Arbeit) bei der Bewegung eines Körpers den Wert:

(Weg) × *(Kraft in Richtung des Weges).*

In Richtung der Schwerkraft hat der Wagen nur den Weg zurückgelegt, als die Höhendifferenz beträgt. Daher ist die folgende Erklärung der Arbeit gleichbedeutend mit der obigen:

Man versteht unter der Arbeit bei der Bewegung eines Körpers stets den Wert:

(Kraft) × *(Weg in Richtung der Kraft).*

5. Kraft und Gegenkraft.

Bei allen Vorgängen ist stets zu unterscheiden zwischen der Kraft und der Gegenkraft. Man versteht darunter Folgendes: einmal ist beispielsweise bei dem Verschieben eines Wagens zu berücksichtigen die Kraft, mit der gegen den Wagen gedrückt werden muss. Die Kraft ist gerichtet von dem Menschen aus zu dem Wagen hin. Anderseits ist zu berücksichtigen die Kraft, mit der der Wagen gegen den Arm des Arbeiters drückt. Diese Kraft ist gerichtet von dem Wagen aus zu dem Menschen hin. Im Vergleich dieser beiden Kräfte spricht man von *Kraft und Gegenkraft.* Die Physik lehrt:

In allen Fällen sind Kraft und Gegenkraft einander gleich gross, aber entgegengesetzt gerichtet.

6. Arbeit und Gegenarbeit.

Wird ein Wagen auf einer schiefen Ebene nachgelassen, so kann er seine Kraft ausüben auf dem Wege nach unten, er kann etwa mit Hilfe eines Seiles, das oben an der Steigung über eine Rolle geführt ist, einen anderen Wagen heben. Nun leistet der erste Wagen Arbeit, aber auf einem Wege in entgegengesetzter Richtung, gegenüber der Arbeit, die man bei dem Hinaufschieben aufzuwenden hatte. Man bezeichnet die erste aufgewendete Arbeit im Vergleich mit der zweiten, die abgegeben wird: *Arbeit und Gegenarbeit*. Die Physik lehrt:

Arbeit und Gegenarbeit sind in allen Fällen einander gleich gross, aber entgegengesetzt gerichtet.

Dieser Satz ist gleichwertig mit dem folgenden Satz von der *Erhaltung der Arbeit:*

Es kann für die Natur keine Arbeitsmenge verloren gehen.

7. Aufspeicherung von Arbeit durch höhere Lage.

Ein Wagen, der oben auf der Steigung steht, hat gegenüber einem genau gleichen, unten an der Steigung befindlichen, eine gewisse Arbeitsmenge, einen gewissen Wert (*Kraft*) × (*Weg in Richtung der Kraft*) in sich aufgenommen. Das ist daran zu sehen, dass er die Arbeit wieder abgeben kann. Kommt ein Wagen von oben auf die Steigung, so ist diese Arbeitsmenge durch einen früheren Vorgang in ihm aufgespeichert worden. Allgemein lautet das:

Jeder Körper, der sich höher befindet, als ein anderer Körper, enthält eine gewisse Arbeitsmenge gegenüber dem tieferen in sich. Die Grösse dieser Arbeitsmenge ist gleich seinem Gewicht mal der Höhendifferenz.

8. Arbeit in Form von Geschwindigkeit eines Körpers.

Wird der Wagen oben auf der Steigung losgelassen, ohne dass er Arbeit zu leisten braucht, was geschieht dann? Der Wagen wird eine immer grössere Geschwindigkeit annehmen und wird mit grösster Geschwindigkeit am Fusse der Steigung ankommen. Der Wagen hat keine Arbeit zu leisten gehabt, als er herabfuhr, da ihm keine Kraft entgegenstand, infolge dessen muss die Arbeit noch darin vorhanden sein.

Jeder Körper, der an einer bestimmten Stelle im Raum gegenüber einem zweiten Körper von genau gleicher Beschaffenheit eine gewisse Geschwindigkeit besitzt, enthält durch seine Geschwindigkeit eine gewisse Arbeitsmenge gegenüber dem ruhenden Körper.

9. Arbeit in Form von Wärme.

Oben wurde gesagt: Arbeit und Gegenarbeit sind einander gleich. In Betrieben treten dennoch Arbeitsmengen auf, die nicht zurückgewonnen werden können.

Bei dem Schleifen einer Last auf horizontalem Boden reibt sich ein Gegenstand an den anderen. Die dabei aufzuwendende Arbeitsmenge heisst *Reibungsarbeit.* Wo bleibt diese Arbeit, da für die Natur keine Arbeitsmenge verloren geht?

Wenn bei einem Wagen ein Lager nicht geschmiert ist, so läuft es warm, der Wagen ist aber auch in diesem Fall schwerer zu schieben, es ist mehr Arbeit bei seiner Bewegung aufzuwenden. Das Lager verbraucht die Arbeit und wird dafür warm. Die aufgewendete Arbeit ist in dem Lager enthalten, sie tritt in Form von Wärme auf.

Jeder Körper, der gegenüber einem zweiten Körper von genau derselben Beschaffenheit eine höhere Temperatur besitzt, enthält durch seinen Wärmeinhalt einen gewissen Arbeitsinhalt gegenüber dem kälteren Körper.

Arbeit und Gegenarbeit sind einander gleich gross, es kann für die Natur keine Arbeitsmenge verloren gehen. Wenn das Gesetz richtig ist, so muss auch aus einer bestimmten Wärmemenge eine bestimmte Arbeitsmenge entnommen werden können. Das ist thatsächlich möglich, denn man kann ein Feuer anzünden, einen Kessel damit heizen und den Wagen des vorliegenden Beispieles mit einer Lokomotive die Steigung hinauffahren. Zwischen dem Zuge unten an der Steigung und demselben Zuge oben an der Steigung muss nun auch irgend eine Veränderung vorgegangen sein. Die Lokomotive hat Dampf abgegeben, das Wasser des Kessels ist dadurch weniger geworden, aber das kann nicht die Ursache sein, denn das Wasser des Dampfes liesse sich durch Kondensation zurückgewinnen, und man könnte damit von neuem den Kessel speisen. Aber etwas anderes hat man verbraucht, was man nicht wieder zurückgewinnen kann, nämlich einen gewissen Kohlenvorrat. Dafür, dass jetzt ein gewisser Wert an Arbeit in dem Zuge mehr enthalten ist, ist der Kohlenvorrat um einen gewissen Betrag weniger geworden. Die verbrauchte Arbeitsmenge muss also in den Kohlen enthalten gewesen sein. Damit kommen wir zu einer neuen Arbeitsform:

10. Arbeitsinhalt von Materialien durch ihre chemische Zusammensetzung.

Was ist bei der Verbrennung aus der Kohle geworden? Die Kohle ist mit einem gewissen Betrage des Sauerstoffes der Luft eine chemische Verbindung eingegangen. Es entstanden dabei die Rauchgase, bei denen sich der Sauerstoff der Luft mit der Kohle in der Hauptsache zu Kohlensäure verbunden hat. Ein Gesetz von der Erhaltung der Materie lehrt, dass keine Substanz in der Welt verloren gehen kann; infolge dessen muss auch vor der Verbrennung die Menge (Kohle + Sauerstoff der Luft etc.) zusammen ebensoviel sein, als nach der Verbrennung (Kohlensäure etc.); dabei hat aber eine chemische Veränderung zwischen den einzelnen Materialien stattgefunden, bei der mechanische Arbeit abgegeben worden ist.

Eine Summe von Körpern, die miteinander eine chemische Verbindung eingehen können, besitzt vor dem Zustandekommen der chemischen Verbindung eine andere Arbeitsmenge gegenüber ihren Endprodukten.

11. Der Begriff der Leistung.

Bei vielen Betrachtungen ist es vorteilhafter, nicht die ganze Arbeit ins Auge zu fassen, die in einer bestimmten Zeit geleistet werden soll, sondern die Arbeit, die in einer Sekunde zu leisten ist. Diese Arbeitsmenge drückt sich dann nicht mehr aus durch Meterkilogramm, sondern durch Meterkilogramm pro Sekunde, und man nennt diese Grösse die *Leistung.* Um aus einem zurückgelegten Weg die Geschwindigkeit auszurechnen, dividiert man den ganzen Weg durch die Anzahl der dazu verbrauchten Sekunden und erhält dann die Zahl der Meter pro Sekunde. Um aus einer geleisteten Arbeitsmenge die Arbeit pro Sekunde zu bekommen dividiert man die gesamte Arbeit durch die Zahl der verbrauchten Sekunden. Das heisst, es ist:

$$\text{Leistung} = \frac{\text{Zahl der Meter} \times \text{Zahl der Kilogramm}}{\text{Zahl der Sekunden}} = \frac{\text{m} \cdot \text{kg}}{\text{sec}};$$

diese Leistung kann man sich auch so entstanden denken, dass eine gewisse Kraft mit einer gewissen Geschwindigkeit zu überwinden ist, z. B. dass eine Last durch eine Hebemaschine mit einer bestimmten Geschwindigkeit gehoben werden soll. Man hat dann:

$$\text{Leistung} = \text{Last} \times \text{Geschwindigkeit} = \text{kg} \,.\, \frac{\text{m}}{\text{sec}}.$$

Auf andere Weise kann man auch zum Begriff der Leistung gelangen, etwa bei einer Wasserkraft. Dort steht eine gewisse Wassermenge pro Sekunde, d. h. eine gewisse Anzahl Liter pro Sekunde, zur Verfügung, bei der man das Gefälle vom Oberwasserspiegel bis zum Unterwasserspiegel ausnutzen kann.

$$\text{Leistung} = \frac{\text{Gewichtsmenge}}{\text{Zahl der Sek.}} \times \text{Höhe} = \frac{\text{kg}}{\text{sec}} \cdot \text{m}.$$

12. Der Begriff der Pferdestärke.

In der Technik ist es üblich, die Leistung nach *Pferdestärken* zu bemessen und man versteht unter einer Pferdestärke eine Leistung von 75 Meterkilogramm pro Sekunde. Der Ausdruck „Pferdestärke“ wird meistens abgekürzt „PS“.

Beispiel. Eine Last von 5000 kg soll mit einer Geschwindigkeit von 0,5 Meter pro Sekunde gehoben werden. Wie gross ist die dazu erforderliche Leistung in Pferdestärken?

Auflösung: Die Leistung beträgt:

$$L = 5000\,\text{kg} \cdot 0{,}5\,\text{m/sec} = 2500\,\frac{\text{mkg}}{\text{sec}};$$

das ist in Pferdestärken:

$$L = \frac{2500}{75} = 33{,}3\,\text{PS};$$

13. Der Wirkungsgrad.

Alle Arbeitsmengen, die in Betrieben für die Reibung aufzuwenden sind, betrachtet die Technik als Verluste. Die Arbeitsmenge, auf die es ankommt, heisst die *Nutzarbeit,* diejenige, die geleistet werden muss, die *aufgewendete Arbeit.* Man will stets möglichst wenig Arbeit mehr aufwenden, als die Nutzarbeit beträgt, so lange das auf nicht zu kostspielige Weise zu erreichen ist. Eine Anlage ist umso besser, je weniger Arbeit darin für den Betrieb verloren geht.

Man vergleicht aus diesem Grunde zur Beurteilung einer Anlage die Nutzarbeit mit der aufgewendeten Arbeit, indem die erstere als Zähler, die letztere als Nenner eines Bruches gesetzt wird. Der Bruch führt den Namen *Wirkungsgrad* oder *Güteverhältnis* der Anlage und wird meistens mit dem griechischen Buchstaben Eta (η) bezeichnet.

$$\text{Wirkungsgrad} = \frac{\text{Nutzarbeit}}{\text{aufgewendete Arbeit}}.$$

Beispiel. Ein Wagen von 10000 kg Gewicht wird auf einer Steigung um 20 m gehoben. Man hat dabei eine Arbeit von 300000 mkg leisten müssen. Wie hoch ist der Wirkungsgrad?

Auflösung: Die Nutzarbeit beträgt:

$$A_2 = 10000\,\text{kg} \cdot 20\,\text{m} = 200000\,\text{mkg};$$

die aufgewendete Arbeit ist gegeben zu:

$$A_1 = 300\,000\,\text{mkg};$$

dann beläuft sich der Wirkungsgrad auf:

$$\eta = \frac{A_2}{A_1} = \frac{200000}{300000} = 0{,}66.. = 66\,\%.$$

Ebenso, wie bei dem Wirkungsgrad zwei Arbeitsmengen verglichen werden konnten, die beliebige Zeit angedauert hatten, so können auch zwei Arbeitsmengen miteinander verglichen werden, die beide je eine Sekunde angedauert hatten. Ist diejenige Leistung, die bei einer Einrichtung aufzuwenden ist, L_1 und die Nutzleistung, auf die es ankommt, L_2, dann ist der Wirkungsgrad auch aufzufassen als der Wert:

$$\eta = \frac{\text{Nutzleistung}}{\text{aufgewendete Leistung}} = \frac{L_2}{L_1}.$$

Beispiel. Bei einem Kran sind für das Heben der Last 3,3 Pferdestärken erforderlich. Infolge der Reibungsverluste im Räderwerk sind aber vom Motor 4,5 Pferdestärken geleistet worden. Wie gross ist der Wirkungsgrad der Übersetzung?

Auflösung: Der Wirkungsgrad berechnet sich zu:

$$\eta = \frac{\text{Nutzleistung}}{\text{aufgewendete Leistung}} = \frac{3{,}3\ \text{PS}}{4{,}5\ \text{PS}} = 0{,}73 = 73\,\%.$$

Zweites Kapitel.

Einige Begriffe aus der Elektrizitätslehre.

14. Arbeit in Form von Elektrizität.

Nach den Erörterungen des vorigen Kapitels soll nun ein bekannter Fall des Auftretens von Elektrizität in der Natur betrachtet werden. Es soll ein Blitz in einen Baum einschlagen. Bei diesem Vorgang wird der Baum je nach der Stärke des Blitzes mehr oder weniger zerstört. Will man diese Veränderung des Baumes künstlich nachahmen, so hat man in jedem Falle eine Arbeitsmenge in mechanischem Sinne bei der Zersplitterung aufzuwenden, denn zu dem Zerteilen fester Materialien gehört immer eine gewisse Kraft, gegen die ein bestimmter Weg zurückzulegen ist. Also auch bei dem Blitzschlag ist eine Arbeitsmenge geleistet worden. Bisweilen treten an Blitzableitern angeschmolzene Stellen auf. Das beweist eine Wärmeentwicklung, also ebenfalls ein Vorhandensein von mechanischer Arbeit bei dem Blitz. Woher kommt diese Arbeitsmenge? Die Wassermasse, die Wolke, aus der der Blitz kam, ist nach wie vor in derselben Höhe, ihre Geschwindigkeit in der Luft und ihre Temperatur kann sich so plötzlich, wie der Blitz niederfuhr, auch nicht geändert haben; ein chemischer Vorgang war ebenfalls nicht dabei, denn die Wolke besteht nach wie vor aus Wasserteilchen. Der Vorgang lehrt, dass die Wolke in einer bisher nicht genannten Form eine Arbeitsmenge gegenüber ihrem Zustand nach dem Blitz besessen hatte. Diese Form der Arbeit nennt man *Elektrizität.* Wie die Wolke, so können alle Körper mit Elektrizität begabt sein. Damit ein erwärmter Körper seine Wärmemenge einem anderen Körper mitteilen kann, muss die Temperatur des ersten Körpers höher sein, als die des zweiten. Man bezeichnet die Eigenschaft eines Körpers, welche die Mitteilung von Elektrizität an einen anderen Körper möglich macht, den Zustand der *Ladung.* Den Vorgang selbst, den Ausgleich der Elektrizität, nennt man die *Entladung.*

Ein Körper enthält im Vergleich zu einem sonst ganz gleichen Körper dadurch eine gewisse Arbeitsmenge, dass er eine elektrische Ladung besitzt, die er abgeben kann.

15. Der Begriff des elektrischen Potentials.

Nach dem Ausgleich haben nicht beide Körper die Ladung Null, sie haben nur beide dieselbe Ladung, so wie bei einem Wärmeausgleich zwischen zwei Körpern beide schliesslich dieselbe Temperatur haben. Kälteren Körpern gegenüber können sie wieder Wärme abgeben. Einem dritten Körper gegenüber kann die Wolke auch nach einer vorherigen Entladung wieder Elektrizität abgeben. Diejenige Grösse, welche bei der Wärme mit der Temperatur verglichen werden kann, heisst in der Elektrizitätslehre das Potential. Ein Körper kann an einen zweiten Körper seine Ladung abgeben, wenn er ein höheres Potential besitzt.

16. Experimente aus dem Gebiet der Reibungselektrizität.

Diese elektrischen Vorgänge lassen sich im kleinen zeigen mit folgenden Hilfsmitteln: Fig. 2 stellt einen Stab aus Hartgummi dar und Fig. 3 eine Metallkugel, die auf einem Hartgummistabe steckt.

Fig. 2.

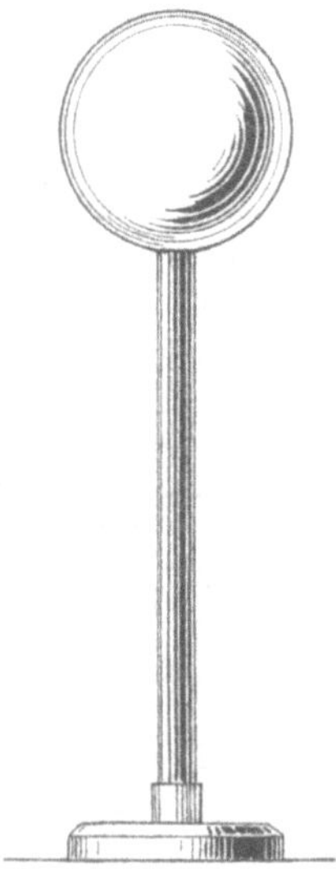

Fig. 3.

Reibt man den Hartgummistab mit irgend einem trocknen Gegenstand, einem wollnen Lappen oder einem Fuchsschwanz, so kann man durch Annäherung der Hand kleine Funken aus dem Stab herausziehen, die im Dunkeln sichtbar sind, und die sich ausserdem durch ein leises Knistern zu erkennen geben. Der Stab ist mit Elektrizität geladen. Dass die hier aufgespeicherte Elektrizitätsmenge auch Arbeit abgeben kann, zeigt ein Versuch: Kleine Hollunderkugeln können um eine bestimmte Strecke gegen ihre Schwerkraft gehoben werden, wenn man ihnen mit dem Stabe nahe kommt. Die so erzeugte Elektrizität heisst nach ihrer Herstellung *Reibungselektrizität.* Sie war in ihren Uranfängen schon länger bekannt, hat aber für die Technik keine Bedeutung. Wir benutzen sie hier nur zur Erkennung der fundamentalen Eigenschaften der Elektrizität.

Der Stab kann nach dem Reiben einige Zeit in die Luft gehalten werden, er zeigt darauf seine Wirkung immer noch; daraus folgt, sowohl die Luft leitet die erzeugte Elektrizitätsmenge nicht ab, als auch der Hartgummistab.

Reibt man den Stab mehrmals und führt man ihn jedesmal darnach an der Metallkugel vorbei, so hört man lebhaftes Knistern. Nach einiger Zeit kann man dann einen kräftigen Funken durch Annäherung der Hand aus der Kugel herausziehen. Also die Elektrizitätsmenge, die an dem Stabe erzeugt wurde, ist in die Metallkugel gewandert und blieb darin, weil letztere auf einem Hartgummistabe steckt, der die Elektrizität nicht leitet.

Bei der Kugel kann man den Funken an jeder beliebigen Stelle herausziehen, man erhält darnach an anderen Stellen keinen Funken mehr. Bei dem geriebenen Stabe dagegen können an verschiedenen Stellen mehrere Funken herausgezogen werden. Die Elektrizität verteilt sich also gleichsam, wie eine sehr feine Materie mit grosser Geschwindigkeit über die Metallkugel, sitzt dagegen fest auf dem Hartgummistab.

Von dem Vorhandensein von Elektrizität an der Kugel kann man sich leicht überzeugen, ohne dass sie abströmt, wenn feine Goldblättchen *m* an einem Metallblech *M* angebracht und mittels eines Drahtes auf die Kugel gesteckt werden, so wie es Fig. 4 angiebt. Es zeigt sich nämlich, dass die Blättchen abgestossen werden, wenn die Kugel eine Ladung erhält. Es tritt hier eine neue Eigenschaft der Elektrizität an den Tag: Die Ladung, die sich den Blättchen mitgeteilt hat, übt eine kleine Kraftwirkung aus, die auf den Blättchen sitzenden Elektrizitätsmengen stossen sich einander ab.

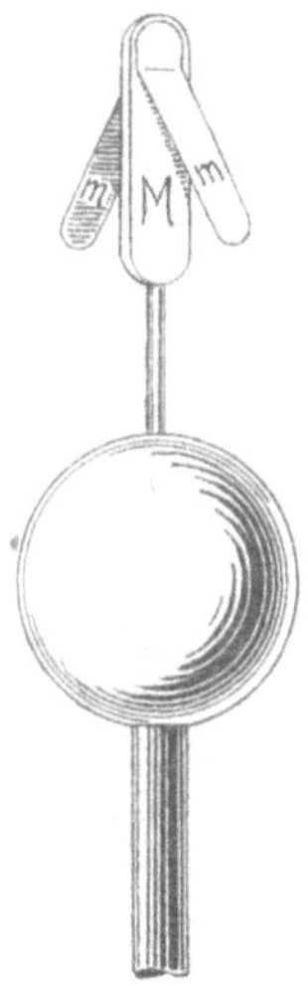

Fig. 4.

Mit Benutzung dieses Erkennungszeichens sollen nun weitere Versuche vorgenommen werden. An die Kugel wird ein Draht, etwa aus Kupfer, angelegt, so dass sich Metall mit Metall berührt. Dieser Draht soll ausserdem mit der Erde in metallischer Verbindung stehen. Man wickelt den blanken Draht dazu am besten um einen Wasserleitungshahn. Bringt man nunmehr den geriebenen Hartgummistab der Kugel nahe, so geht die Elektrizität vom Stab wohl in die Kugel über, das hört man am Knistern der Funken, aber die Kugel bekommt keine Ladung mehr, die Goldblättchen fallen immer wieder zusammen. Die Elektrizität strömt durch den Kupferdraht ab. Dasselbe ist zu beobachten, wenn an Stelle des Kupferdrahtes ein Draht aus beliebigem Metall tritt.

Hängt man einen Seidenfaden zwischen Kugel und Wasserleitung, und führt man den geriebenen Hartgummistab an der Kugel vorbei, so bekommt man ein anderes Ergebnis. Die Goldblättchen zeigen jetzt eine Ladung an. Der Seidenfaden leitet ebenfalls, wie der Hartgummistab, die Elektrizität nicht fort.

17. Leiter und Nichtleiter.

Diese und ähnliche Versuche führen zu dem Resultat:

Die Elektrizität verbreitet sich über Metallkörper momentan und kann durch Metalldrähte sofort abströmen, wenn letztere mit der Erde in Verbindung stehen; es giebt aber auch Körper, durch die sie nicht abgeleitet werden kann. Man unterscheidet darnach die Körper in *Leiter* und *Nichtleiter*.

Die Nichtleiter heissen auch Isolatoren. Ein Metallgegenstand, der keine leitende Verbindung mit der Erde hat, ist gegen die Erde isoliert. Leiter sind alle Metalle, sowie Kohle (Gaskohle, Retortenkohle, Graphit). Folgende Tabelle giebt einen Überblick über die Nichtleiter, die in der Technik verwendet werden:

Trockne Luft, trockne Gase,	Celluloid, Schwefel,
Harze, Lacke, Schellack, Bernstein,	Glas, Porzellan, gebr. Thon,
Gummi, Guttapercha,	Steingut,
Hartgummi Asphalt,	Stabilit, Micanit,
säurefreie Ole und Fette, Paraffin,	Papier, Pappe, Pressspan,
Elfenbein, Horn,	Vulkanfibre,
Seide,	Baumwolle, Wolle, Leder,
Marmor, Schiefer Glimmer,	trocknes Holz,
Asbest, Quarzsand, Schmirgel,	trockner Gyps.

18. Zersetzbare Leiter.

Nach dem Durchgang von Elektrizität bleiben die Metalle in ihrer Zusammensetzung unverändert. Es giebt noch eine Klasse von Materialien, welche die Elektrizität wohl fortleiten, aber dabei selbst eine chemische Veränderung durchmachen. Diese Leiter werden durch die hindurchströmende Elektrizität zersetzt und heissen deshalb zersetzbare Leiter oder Elektrolyte. Dahin gehören alle wässrige Lösungen von Säuren und Salzen, sowie Salze, die durch hohe Temperatur flüssig gemacht worden sind. Mit diesen Erscheinungen, der Elektrolyse, beschäftigt sich die Elektrochemie, und sie werden in diesem Buche nur soweit berührt werden, als es zum Verständnis der Vorgänge und für die allgemeine Elektrotechnik notwendig ist.

19. Grundbegriff des Galvanismus.

Wichtiger für die Technik ist das Auftreten der Elektrizität bei chemischen Zersetzungen, der sogenannten **Berührungselektrizität.** Diese Erzeugungsart ist von einem italienischen Arzt **Galvani** entdeckt worden, man nennt die Lehre davon deshalb auch den *Galvanismus.*

Bringt man zwischen zwei Teile von verschiedenen Metallen ein Elektrolyt, so entsteht zwischen den beiden Metallteilen in geringem Maasse ein Zustand der elektrischen Ladung.

Fig. 5.

In Fig. 5 ist eine Kupferplatte und eine Zinkplatte gedacht, dazwischen enthält ein an und für sich isolierender Filz eine wässrige Lösung von Kochsalz oder von Schwefelsäure.

Stellt man nun zu gleicher Zeit an einer beliebigen Stelle zwischen den beiden Platten eine direkte metallische Verbindung her, so entsteht ein ununterbrochenes Abströmen der Elektrizität an dieser Stelle von dem einen Metall zu dem anderen. Man sagt in diesem Falle, in dem ganzen Gebilde fliesst ein *elektrischer Strom.*

Statt der Anordnung in Fig. 5 kann die Zinkplatte und die Kupferplatte in ein Glas gestellt werden, das beispielsweise mit verdünnter Schwefelsäure gefüllt ist. Man bezeichnet dann diese Einrichtung mit dem Namen: *Galvanisches Element.* Man lötet dann gewöhnlich zum Abnehmen des Stromes einen Metalldraht mit einer Klemmschraube (Klemme) an je eine Platte, dann sieht das galvanische Element in seiner einfachsten Form so aus, wie es Fig. 6 darstellt. Eine Einrichtung, von der wir Elektrizität beziehen ist eine Elektrizitätsquelle.

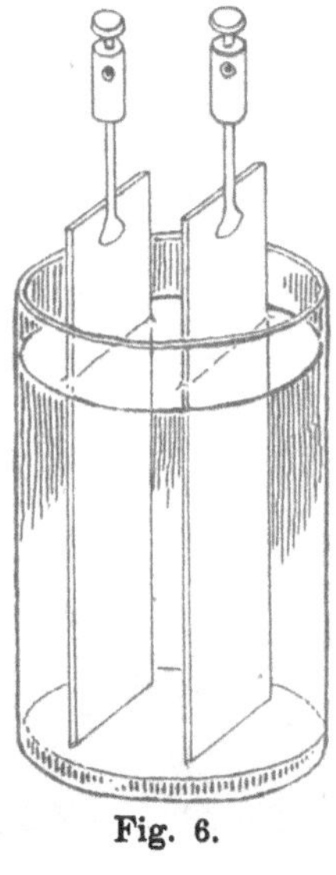

Fig. 6.

20. Der elektrische Stromkreis.

Wenn von einer Elektrizitätsquelle aus für den Strom ein Weg vorhanden ist, so spricht man von einem *Stromkreis*; es ist auch ein

Kreislauf, denn die Elektrizität strömt von der einen Platte ab durch den Draht in die zweite Platte, und von da aus durch die Lösung in die erste Platte zurück. Diejenige Platte, aus welcher der Strom in den Verbindungsdraht eintritt, heisst positiv (+), diejenige, in welche er aus dem Draht eintritt, negativ (—). Die Anschlussstellen der Elektrizitätsquelle nennt man ihre Pole.

Man unterscheidet erstens einen *geschlossenen* und zweitens einen *offenen* oder *unterbrochenen* Stromkreis. Ein Stromkreis ist geschlossen, wenn die leitende Verbindung zwischen den beiden Klemmen der Elektrizitätsquelle hergestellt ist, also wenn der Strom thatsächlich fliesst. Der Stromkreis ist unterbrochen oder offen, wenn durch eine isolierende Zwischenschicht innerhalb des Verbindungsdrahtes der Strom am Durchgange gehindert ist.

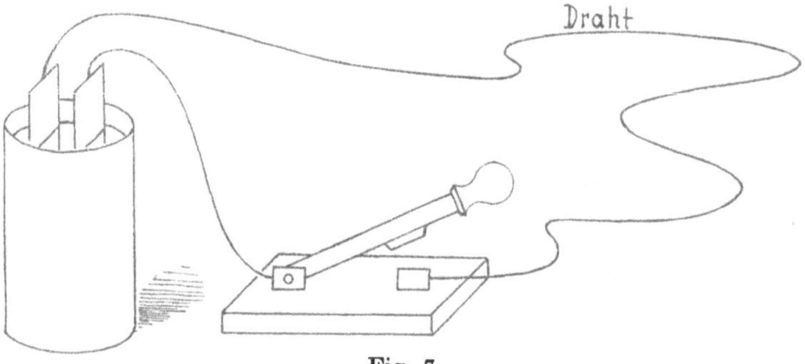

Fig. 7.

21. Der Begriff des Ausschalters.

Um einen Stromkreis schnell schliessen und öffnen zu können, wendet man einen *Schlüssel*, oder was dasselbe bedeutet, einen *Ausschalter* an. Dazu ist in allen Fällen eine isolierende Unterlage und eine Metallüberbrückung erforderlich. Die metallischen Anschlussstücke der Drähte sind die *Kontakte*.

Fig. 8.

Fig. 7 zeigt, wie ein Ausschalter in einem möglichst einfachen Stromkreis angebracht wird. Links ist das Element gezeichnet. Die Platte aus Isolationsmaterial, auf der die Kontakte mit dem Kontakthebel montiert sind, ist viereckig dargestellt. Die Kontakte sind als Federn ausgebildet, so wie sie Fig. 8 wiedergiebt, damit ein guter metallischer Anschluss gewährleistet ist.

Es giebt einpolige und zweipolige Ausschalter. Der soeben behandelte Ausschalter ist einpolig. Die Fig. 9 macht den Unterschied klar. Bei einem zweipoligen Ausschalter ist jeder Pol der Elektrizitätsquelle zu einem Kontakt geführt. Der Draht, durch den die Elek-

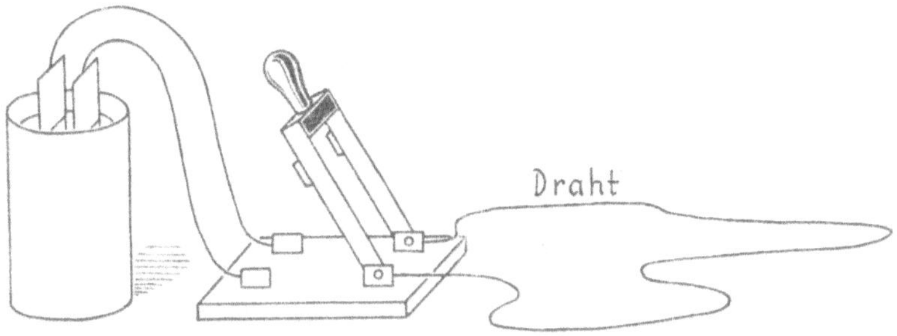

Fig. 9.

trizität fliessen soll, hat im Falle, dass ausgeschaltet ist, gar keine metallische Berührung mit der Elektrizitätsquelle. Zwischen den beiden

Fig. 10.

Kontakthebeln ist ein in Fig. 9 schwarz gezeichneter Teil aus Isoliermaterial angebracht. Eine Ausführungsform eines zweipoligen Ausschalters giebt Fig. 10 wieder, die ohne weiteres verständlich ist.

Drittes Kapitel.

Einige Wirkungen des elektrischen Stromes.

Experimente.

22. Beschreibung der verwendeten Schaltung.

In Fig. 11 ist eine Elektrizitätsquelle dargestellt, die imstande ist, einen dauernden elektrischen Strom abzugeben. Man entnimmt ihn, wie bei dem Element der Fig. 6, aus zwei in Säure stehenden Platten. Die Elektrizitätsquelle ist in Fig. 12 bei *A* kastenförmig gezeichnet und hat zwei Klemmen I und II, zwischen denen die Elektrizität fliessen kann, wenn man sie durch einen Draht verbindet. Hier soll der Draht nicht unmittelbar von I nach II geführt werden, sondern er soll zunächst zu einem Kontakt des Ausschalters *B* gehen. Von dem anderen Kontakt dieses Ausschalters führt ein Draht zu:

Fig. 11.

1. einem dünnen Eisendraht, der zwischen zwei Klemmen eingespannt ist. Die zweite Klemme hiervon ist verbunden mit:
2. einer Platte aus präparierter Kohle, an die der Draht fest angeschlossen ist. Diese Kohle taucht in ein Gefäss, das eine Lösung von Kupfervitriol enthält. Zugleich taucht eine zweite Kohlenplatte, welche die erste nicht direkt berühren darf, in die Lösung. Von der zweiten Platte aus verläuft ein Draht zu:
3. einem Stück weichen Eisens. Dieses weiche Eisen ist mit dem Draht, der vollständig mit Baumwolle umsponnen ist, vielmals umwickelt, und zwar so, dass der Drehsinn der Wicklung von oben aus begonnen in Richtung des Uhrzeigers verläuft. Von da aus geht der Draht weiter zu:
4. ebenfalls einer Spule, die in demselben Sinn gewickelt ist, in der aber kein Eisenkern steckt. Dagegen befindet sich

ein Stück weiches Eisen über der Spule, die unter dem Eisen einen Hohlraum besitzt. Das Eisen ist an einer Spiralfeder aufgehängt. Es folgt dann ein langer Draht, der bei:

5. eine Schleife bildet. In dieser Schleife dreht sich frei beweglich eine Magnetnadel, deren Nordspitze in der Figur nach rechts zeigt. An die Schleife schliesst sich der Verbindungsdraht mit dem zweiten Pol der Elektrizitätsquelle.

23. Beobachtungen bei dem Stromschluss.

Drückt man nun den Hebel des Ausschalters *B* nieder, so wird diese ganze Schaltung angeschlossen. Der Strom fliesst dann durch die einzelnen Apparate und lässt folgende Wirkungen erkennen:

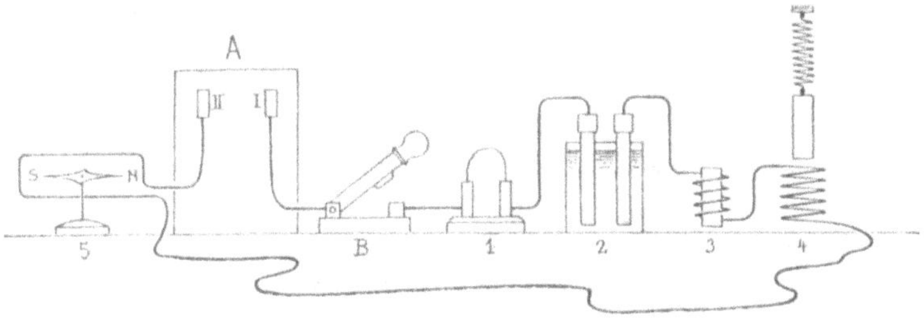

Fig. 12.

1. Der dünne Eisendraht erwärmt sich.
2. Von den beiden Kohlenplatten überzieht sich die rechts stehende Platte mit einem festen Niederschlag von Kupfer, während die linke Platte unverändert bleibt.
3. Das weiche Eisen ist magnetisch geworden, oder was dasselbe heisst, es wird magnetisiert. Ein solcher Magnet heisst ein Elektromagnet.
4. Der Eisenkern wird in die Wicklung hineingezogen und wird ebenfalls ein Magnet.
5. Die Magnetnadel wird aus ihrer Nordrichtung abgelenkt und zwar geht der Nordpol nach hinten.

Wird eine Magnetnadel dem magnetisch gewordenen Eisen bei 3 genähert, so sieht man: die Südspitze der Magnetnadel wird unten angezogen, die Nordspitze unten abgestossen; dagegen wird oben die Südspitze abgestossen und die Nordspitze angezogen. Dasselbe ist bei 4 der Fall. Nimmt man nun bei 4 den Eisenkern aus der Wicklung heraus, so dass sich in der Spule gar kein Eisen befindet, so wird dennoch von der Spule unten die Südspitze und oben die Nordspitze der Magnetnadel angezogen. Eine stromdurchflossene Spule wirkt wie ein Magnet.

24. Umkehr der Stromrichtung.

Darauf nehmen wir an der Schaltung folgende Änderung vor:

Der Draht, der vom Ausschalter *B* zur Elektrizitätsquelle führt, wird an Klemme II angeschlossen, der Draht, der von der Schleife bei 5 kommt, an Klemme I; dann zeigt sich bei Stromdurchgang Folgendes:

1. Der dünne Draht bei 1 erwärmt sich wieder.
2. An der linken Kohlenplatte setzt sich jetzt ein Kupferniederschlag an. Derjenige der rechten Platte geht immer mehr zurück und verschwindet nach einiger Zeit ganz. Das Kupfer wandert durch die Lösung von der einen zu der anderen Platte. Je länger der Strom fliesst, um so dicker wird der Kupferüberzug.

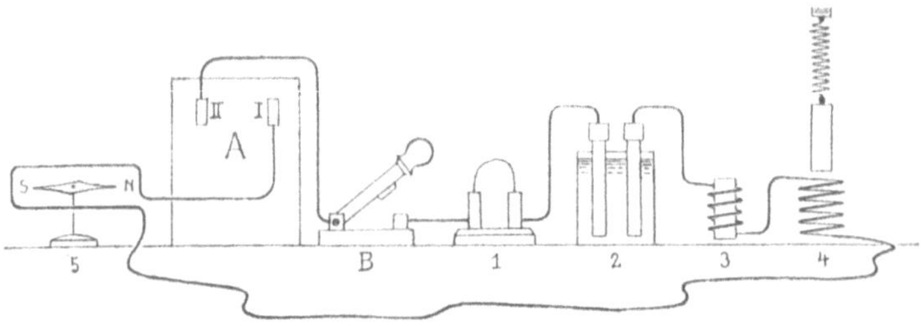

Fig. 13.

3. Das weiche Eisen wird wieder magnetisch.
4. Der weiche Eisenkern wird wieder in die Spule gezogen.
5. Die Magnetnadel schlägt jetzt nach der anderen Seite aus, die Nordspitze wird nach vorn abgelenkt.

Bringt man dem weichen Eisenkern bei 3 und 4 jetzt eine Magnetnadel nahe, so wird nunmehr unten die Nordspitze und oben die Südspitze der Nadel angezogen, also umgekehrt als vorhin. Bei Spule 4 gilt dasselbe auch, wenn kein Eisen darin ist.

25. Zusammenfassung: Wärmewirkung, chemische nnd magnetische Wirkung.

Aus diesen Experimenten ist zu sehen:

Der elektrische Strom übt drei Hauptklassen von Wirkungen aus:

1. eine Wärmewirkung,
2. eine chemische Wirkung,
3. eine magnetische Wirkung.

Bei der letzteren ist zu unterscheiden:

a) das Magnetisieren von Eisen,
b) eine Kraftwirkung zwischen Spule und Eisen,
c) die Ablenkung der Magnetnadel.

Der Strom zeigt sich an seinen Wirkungen. Er hat eine bestimmte Richtung, denn die Wirkungen kehren sich um, wenn die Drähte an der Elektrizitätsquelle vertauscht werden. Es giebt aber auch Wirkungen, die nicht umkehrbar sind.

Umkehrbar sind: die chemische Wirkung,
die Ablenkung der Magnetnadel,
die magnetisierende Wirkung;
nicht umkehrbar: die Wärmewirkung,
die Anziehung zwischen Spule und Eisen.

26. Die Ampère'sche Schwimmregel.

Die chemische Wirkung würde ganz entsprechend gewesen sein bei Anwendung beliebiger anderer Metallsalze; an der Platte, wo sich das Kupfer niederschlägt, würde sich auch jedes andere Metall niederschlagen.

Man nennt die Richtung des Stromes diejenige, in der das Metall wandert und es ergiebt sich darnach der Pol I als der positive, der Pol II als der negative.

Eine bestimmte Richtung des Stromes giebt, wie das Experiment zeigt, eine bestimmte Richtung des Ausschlages der Magnetnadel. Folgende Regel hierüber ist von dem Physiker **Ampère**[1] aufgestellt worden. Sie heisst die Ampère'sche Schwimmregel:

Man denke sich mit dem Strome schwimmend, den Kopf voran, und richte das Gesicht auf die Nordspitze der Magnetnadel, so giebt der ausgestreckte linke Arm die Richtung an, nach der die Nordspitze ausschlägt.

27. Erweiterung der Ampère'schen Schwimmregel.

Eine bestimmte Richtung des Stromes giebt ausserdem eine bestimmte Verteilung des Magnetismus an einem Elektromagneten. Entsprechend der Ampère'schen Schwimmregel lautet die Regel hierfür:

Man denke sich mit dem Strome schwimmend und richte das Gesicht auf das Innere der Spule, so giebt der ausgestreckte linke Arm die Richtung an, wo der Nordmagnetismus auftritt.

28. Hintereinanderschaltung mehrerer Elektrizitätsquellen.

Die obige Versuchsanordnung nach Fig. 12 und 13 wird nun insofern abgeändert: An Stelle einer Elektrizitätsquelle *A* werden jetzt

[1] Der französische Physiker Ampère hat vor ungefähr 80 Jahren viele Entdeckungen auf dem Gebiete der Elektrizitätslehre gemacht und ist dadurch ein Mitbegründer der Elektrotechnik.

deren zwei, *A* und *A'*, verwendet. Beide Elektrizitätsquellen sind in ihrer Wirkung gleich. In Fig. 14 sind die Klemmen mit + und — angegeben. Die beiden Elektrizitätsquellen werden so verbunden, dass von der positiven Klemme I der Elektrizitätsquelle *A* ein Draht zur negativen Klemme II' der Elektrizitätsquelle *A'* geführt wird. An die Klemmen I' und II wird dieselbe Schaltung angeschlossen, wie bei den vorigen Experimenten, so dass Fig. 14 die Schaltung darstellt. Wird nun der Ausschalter geschlossen, so wird überall der Art nach dieselbe Wirkung wahrgenommen, wie vorher, nur sind alle Wirkungen stärker. Der Draht, der erst nur dunkelrot glühend war, kommt in Weissglut. Das Kupfer wandert schneller, d. h. es schlägt sich in einer bestimmten Zeit mehr Kupfer nieder, als vorhin. Das weiche Eisen bei 4 wird kräftiger magnetisch und der Eisenkern wird tiefer in die Spule gezogen. Die Magnetnadel endlich erhält einen grösseren Ausschlag. Der Strom ist stärker.

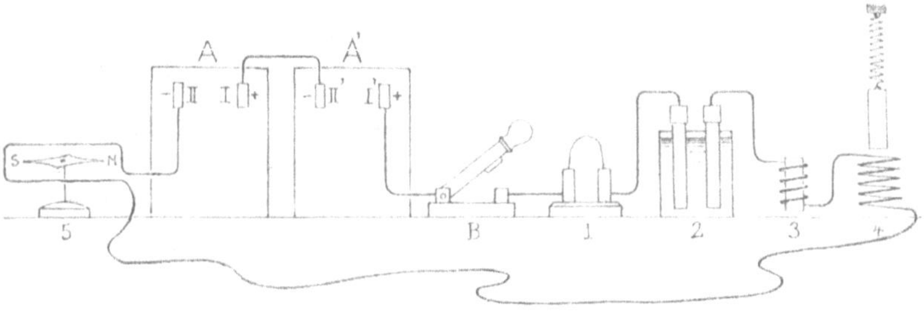

Fig. 14.

Wie ein elektrischer Strom an seinen Wirkungen zu erkennen ist, so ist auch die Stärke des Stromes an der Stärke der Wirkungen erkennbar. So, wie die beiden Elektrizitätsquellen in Fig. 14 verbunden sind, sagt man, sie sind hintereinander geschaltet.

Durch Hintereinanderschaltung mehrerer gleichartiger Elektrizitätsquellen wird der Strom in einer bestimmten Schaltung verstärkt.

29. Gegeneinanderschaltung von Elektrizitätsquellen.

Weiterhin wird der negative Pol der einen Elektrizitätsquelle *A* mit dem negativen der anderen *A'* verbunden. Es bleiben dann zwei positive Pole übrig, an welche dieselbe Schaltung angeschlossen wird, wie bisher. Das ist in Fig. 15 vorgenommen. Wird nun der Stromkreis geschlossen, so zeigt sich gar keine Wirkung. Die Elektrizitätsquellen sind gegeneinander geschaltet. Dasselbe würde zu beobachten sein, wenn der positive Pol der einen Elektrizitätsquelle mit dem positiven Pol der anderen verbunden und die Schaltung an die negativen Klemmen gelegt wäre.

Durch Gegeneinanderschaltung zweier gleicher Elektrizitätsquellen erhält man keinen elektrischen Strom.

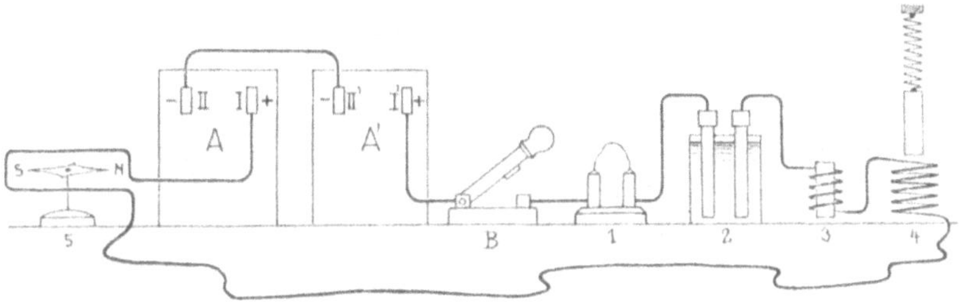

Fig. 15.

30. Der Begriff der Stromstärke und des Maasses „Ampère".

Man hat beobachtet, dass bei einer bestimmten Stärke des Stromes für eine gewisse Zeitdauer stets dieselbe Menge Kupfer niedergeschlagen wird. Die Menge des niedergeschlagenen Kupfers ist unabhängig von der Grösse der Platten und unabhängig von der Konzentration der Kupfervitriollösung. Es ist ist ausserdem gefunden worden, dass dieses Gesetz auch für jedes andere Metallsalz gilt, nur scheidet ein Strom einer bestimmten Stärke von verschiedenen Metallen verschiedene Mengen in derselben Zeit des Stromdurchganges aus.

Die Platte, an der sich das Metall ansetzt, kann gewogen werden, ehe der Strom durchgegangen ist. Man kann sie zum zweiten Mal wägen nach einer bestimmten Zeit des Stromdurchganges und kennt dann das Gewicht des angesetzten Metalles. Fliesst nun dieselbe Zeitdauer ein stärkerer Strom, und bekommt man nach dem Versuch das doppelte Gewicht für den erhaltenen Metallniederschlag, gegen vorhin, so heisst das, der Strom war im zweiten Falle doppelt so stark, als im ersten. Man sagt dann, wenn das Gewicht des Niederschlages sich in gleichem Maasse ändert, wie die **Stromstärke**, die Menge des Niederschlages ist proportional zur Stromstärke. Ausserdem ist die Menge des Niederschlages auch abhängig von der Zeit des Stromdurchganges. Die doppelte Zeit giebt bei ein und derselben Stromstärke die doppelte Metallmenge, also ist auch die Niederschlagsmenge proportional zur Zeit.

Das durch den Strom ausgeschiedene Gewicht eines bestimmten Metalles ist proportional zur Stromstärke und zur Zeit des Stromdurchganges.

Dieser Satz sagt nichts weiter als: man kann die Stärke eines elektrischen Stromes messen nach dem Gewicht eines bestimmten Metalles, das in einer gewissen Zeit ausgeschieden wird. Das Maass der Stromstärke hat man benannt nach dem Physiker Ampère und sagt: In dem Draht fliesst eine bestimmte Anzahl „**Ampère**". Wenn nun in einem anderen Draht doppelt so viel Ampère fliessen, so heisst das, dieser Strom ist doppelt so stark als der erstere.

Unter der Stromstärke „1 Ampère" versteht man einen Strom, der in einer Minute 19,7 mg Kupfer oder 67,1 mg Silber ausscheidet.

Beispiel. Ein Strom scheidet in 30 Minuten 0 Sekunden ein Kupfergewicht von 4,50 g aus. Wie stark ist der Strom?

Pro Minute scheidet der Strom aus:

$$\frac{4{,}50\ \text{g}}{30\ \text{Min.}} = 0{,}150\ \text{g} = 150\ \text{mg};$$

Daher beträgt die Stromstärke:

$$\frac{150}{19{,}7} = 7{,}61\ A;$$

Diejenige Vorrichtung, mit der man das Gewicht des niedergeschlagenen Metalles bestimmt, heisst ein Voltameter, genannt nach dem italienischen Physiker **Volta**[1]. Die beiden Platten, die zum Einführen des Stromes in die Lösung dienen, haben die Bezeichnung Elektroden. Diejenige Platte, zu der das Metall hinwandert, ist die Kathode, die andere die Anode.

31. Der Begriff des Strommessers.

Frühere Versuche zeigten, dass bei grösserer Stromstärke ein Eisenkern, der an einer Feder aufgehängt ist, tiefer in eine Spule

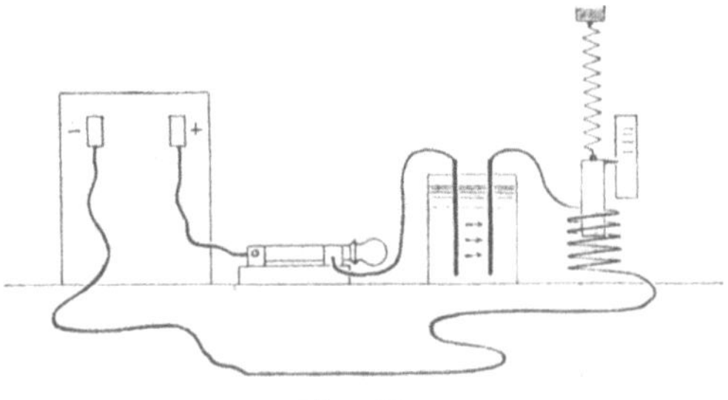

Fig. 16.

hineingezogen wird, als bei geringerer Stromstärke. Man kann einen solchen Apparat mit einem Voltameter in einen Stromkreis schalten, so wie es Fig. 16 angiebt. Man befestigt einen Zeiger an dem Eisenkern und macht einen Strich auf eine darunter befindliche Skala

[1] Volta hat sich vor ungefähr 100 Jahren, also etwas früher als Ampère, grosse Verdienste um die Kenntnis der Elektrizitätslehre erworben. Beide Forscher haben die Elektrizitätslehre nach verschiedenen Richtungen hin ausgebildet.

dorthin, wo der Zeiger sich einstellt. Dann berechnet man auf die angegebene Weise die Stromstärke aus dem Kupfergewicht und schreibt die Zahl der Ampère an den Strich. Das wird mehrmals für verschiedene Stromstärken wiederholt und wir erhalten auf diese Weise ein Messinstrument, dem wir von nun ab den Namen Strommesser geben.

32. Die Wirkung von Strömen aufeinander.

Die Elektrizitätsquelle *A* in Fig. 17 wird unter Zwischenschaltung eines Schlüssels *B* und eines Strommessers *J* an einen drehbaren Kupferbügel *a b c d* angeschlossen. Der Kupferbügel der Figur soll an allen Knickpunkten rechtwinklig gebogen sein. Der Draht *a b* liege weiter hinten als *c d*. In dieser Figur ist, wie in späteren ähnlichen Fällen, das, was vorn liegt, dicker gezeichnet.

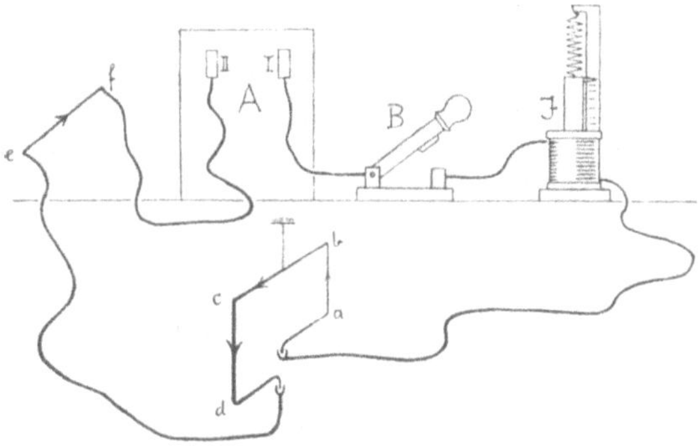

Fig. 17.

Die beiden Enden des Bügels sind voneinander isoliert und reichen in je einen Quecksilbernapf. An jedem dieser Quecksilbernäpfe ist ein Draht zur Stromzuführung angebracht. In dem Zuleitungsdraht befindet sich ein gerades Stück *e f*. Man durchläuft hier die Buchstaben in alphabetischer Reihenfolge, wenn man von Pol I ausgeht. Wird dieses Stück der Leitung, oder jedes andere beliebige, dem Bügel genähert, so lange der Ausschalter offen ist, lässt sich keine Wirkung erkennen; sobald aber Strom fliesst, was an dem Ausschlag des Strommessers zu erkennen ist, sieht man Folgendes:

Bei der Annäherung des Drahtes *e f* an den Draht *a b*, so dass die Stelle *e* unten ist, zieht der eine Draht den anderen an. In dieser gegenseitigen Lage fliesst der Strom in beiden Drähten nach derselben Richtung. Auf der entgegengesetzten Seite stösst der Draht *e f*, dessen Richtung im Raume dieselbe geblieben ist, den Draht *c d* ab. Hier laufen die Ströme der beiden Drähte in entgegengesetzter Richtung. Bringt man schliesslich den Draht *e f* wagerecht über den Draht *b c*, so dreht sich der Bügel in der Weise, dass der Punkt *b* nach *e* und der Punkt c nach f strebt. In der Endlage laufen dann beide Ströme parallel und gleichgerichtet. Dasselbe ergiebt sich, wenn man die Anschlussdrähte an den Klemmen I und II der Elektrizitätsquelle vertauscht. Man kann in beliebiger Weise einen festen stromdurchflossenen Draht einem beweglichen nähern, stets stellen sich die Ströme ein nach folgenden von Ampère aufgestellten Gesetzen:

Die Ampère'schen Gesetze.

1. Parallele und gleichgerichtete Ströme ziehen sich an.
2. Parallele und entgegengesetzt gerichtete Ströme stossen sich ab.
3. Sich kreuzende Ströme haben das Bestreben sich parallel und gleichgerichtet einzustellen.

33. Der elektrische Lichtbogen.

Bei dem Unterbrechen des Stromes ist an dem Ausschalter eine Lichterscheinung wahrzunehmen, ähnlich, wie ein elektrischer Funke, der bei einem Versuch in dem zweiten Kapitel aus der Metallkugel herausgezogen werden konnte. Doch kann man den Hebel des Ausschalters noch so nahe an den Kontakt bringen, bei Anwendung dieser Elektrizitätsquelle springt kein Funke über. Es musste immer erst ein Strom fliessen, und dann sah man beim Unterbrechen die Lichterscheinung. Sie ist bei einer Schaltung, wie sie etwa in Fig. 17 dargestellt ist, stets sehr gering. Um die Lichterscheinung stärker zu erhalten, soll nun statt einer Elektrizitätsquelle dieser Art eine ganze Reihe dieser Elektrizitätsquellen verwendet werden, die alle so geschaltet sind, wie die beiden Elektrizitätsquellen in Fig. 14, stets ist verbunden die positive Klemme der vorherigen mit der negativen der nächsten.

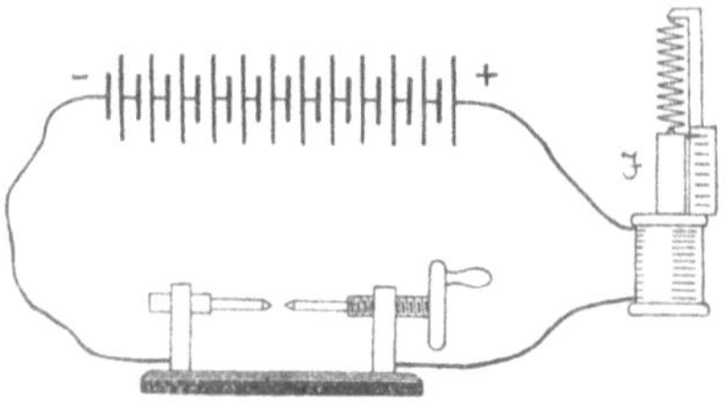

Fig. 18.

Es ist in der Technik üblich eine galvanische Elektrizitätsquelle durch zwei parallele Striche anzudeuten, von denen der eine lang, der andere kurz ist. Der lange Strich bedeutet eine positive Platte, der kurze eine negative. Dann stellt sich die Reihe der oben genannten Elektrizitätsquellen so dar, wie es Fig. 18 angiebt. Man nennt eine Reihe solcher hintereinander geschalteter Elemente eine Batterie.

Experiment. Von den Endklemmen einer Batterie führen zwei Drähte unter Zwischenschaltung des Strommessers J (siehe Fig. 18) zu zwei Kupferstäben, die voneinander isoliert eingeklemmt sind. Mittels eines Gewindes ist es möglich die Enden der beiden Stäbe beliebig nahe aneinander zu bringen. Aber auch bei Anwendung dieser ganzen Batterie springt bei Stromlosigkeit kein Funke an der Unterbrechungsstelle über. Erst, wenn die beiden Spitzen sich berühren, entsteht ein starker Strom, der Zeiger des Strommsers schlägt dabei meistens über die Skala hinaus. Es entsteht sofort eine blendend helle Lichterscheinung zwischen den Spitzen, die nicht erlischt, wenn auch die Enden der Stäbe einige Millimeter auseinander gezogen werden. Bei dem Auseinanderziehen der Spitzen wird der Strom schwächer, der Zeiger des Strommessers spielt wieder über der Skala. Schraubt man an den Stäben nicht weiter, so wird der Strom mit der Zeit immer schwächer und plötzlich hört die Lichterscheinung auf. Von diesem Moment ab schnellt der Strommesser auf Null zurück. Der Strom ist unterbrochen und zum Erneuern des Versuches müssen die Stabenden sich auch von Neuem auf kurze Zeit berühren. Durch starkes Blasen kann die Lichterscheinung ausgelöscht werden. Bei dem Unterbrechen des Stromes stehen die Spitzen nun einige Millimeter auseinander und die Enden sehen abgeschmolzen und verschmort aus. Die Stäbe sind sehr heiss. Das Material an den Stabenden ist verbrannt und die heissen Metallgase hatten dem Strom einen Weg durch den Luftraum gebahnt.

Nun werden anstatt der Kupferstäbe zwei Stäbe aus präparierter Kohle eingesetzt. In allem beobachtet man genau dieselbe Erscheinung wie vorhin, nur hat das Licht eine weisse Farbe, während es bei dem Versuch mit Kupfer grünlich war. Ausserdem ist hier die Lichterscheinung ruhiger und auch der Zeiger des Strommessers geht nicht auffällig hin und her. Schraubt man von Zeit zu Zeit die Stabenden näher aneinander, so kann man er-

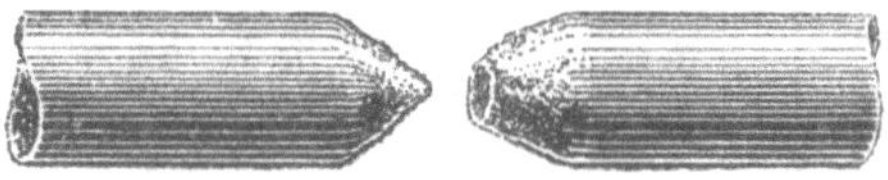

Fig. 19.

reichen, dass die Lichterscheinung nicht auslischt. Es verstärkt sich der Strom bei der jedesmaligen Annäherung. Wenn der Versuch einige Zeit gedauert hat, so sehen die Enden der Kohlen nicht abgeschmolzen aus, sie zeigen vielmehr bei dem einen Stab eine mehr spitze Form, während der andere Stab kraterförmig ausgehöhlt ist. Der Krater bildet sich an dem Stab, welcher an der positiven Klemme der Batterie liegt, also dort, wo der Strom aus dem Kohlenstab austritt. Die Kohlenteilchen wandern mit dem Strom unter gleichzeitiger Verbrennung. Bei längerer Dauer des Lichtbogens ergiebt sich, dass die letztgenannte Kohle, wenn sie ebenso stark ist, wie die erste, doppelt so schnell verbrennt, wie der spitz bleibende Stab. Die Enden der Kohlenstäbe sehen nach der Lichterscheinung ungefähr so aus, wie es Fig. 19 zeigt. Bei Umkehr der Stromrichtung nehmen die beiden Stäbe allmählich die umgekehrte Form an.

Es kann an der Unterbrechungsstelle jedes andere Metall eine ähnliche Lichterscheinung geben, nur hat bei jedem Material das Licht eine andere Farbe.

Diese Lichterscheinung an der Unterbrechungsstelle heisst der elektrische Lichtbogen. Die Temperatur des Lichtbogens ist die höchste, die man herstellen kann. Alle Körper verbrennen im Lichtbogen.

34. Die Wirkungen des Wechselstromes.

Die bisher betrachteten Wirkungen konnten eingeteilt werden in solche, die ein Erkennungszeichen für die Richtung des Stromes besassen, und in solche, denen das Erkennungszeichen fehlte. Es giebt auch Elektrizitätsquellen, welche einen Strom liefern, dessen Richtung sich in einer Sekunde sehr oft, z. B. 100 mal umkehrt. Solche Ströme heissen Wechselströme und können nur von Maschinen bezogen werden, die später behandelt werden sollen. Ein Strom, der eine bestimmte Richtung hat, heisst Gleichstrom. Im folgenden Ver-

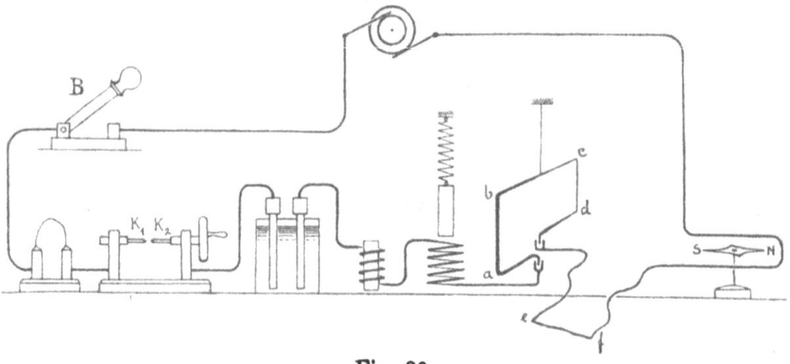

Fig. 20.

such werden alle Wirkungen, die bisher besprochen worden sind, daraufhin untersucht, wie sie sich einem Wechselstrom gegenüber verhalten. Es ergiebt sich das nach folgender Schaltung, die Fig. 20 aufweist. Die Wechselstrommaschine ist durch zwei Ringe mit zwei schrägen Strichen angedeutet. Wird nun der Strom durch den Ausschalter *B* und zwischen den Kohlenstäben K_1 und K_2 geschlossen, so lehrt die Beobachtung Folgendes:

1. Die Wärmewirkungen bleiben bestehen, denn
   a) der Eisendraht glüht,
   b) der Lichtbogen tritt auf; bei längerer Dauer brennen aber beide Kohlen gleichmässig schnell ab.
2. Die chemische Wirkung bleibt aus. Der Strom geht durch das Kupfervitriol ohne Kupfer auszufällen. Das, was der eine Stromstoss erzeugt, hebt der andere Stromstoss auf.

3a. Das stromumflossene weiche Eisen wird magnetisch, es zieht weiches Eisen an. Nähert man aber eine Magnetnadel dem einen oder dem anderen Ende, so hat das auf die Magnetnadel keine verschiedenen Wirkungen, beide Spitzen der Nadel werden von beiden Enden gleichmässig angezogen. Entfernt man die Nadel jetzt, so ist sie unmagnetisch geworden.

3b. Der Eisenkern wird auch jetzt in seine Spule gezogen.

3c. Die Magnetnadel, die von einer Stromschleife umflossen wird, schlägt nicht aus; sie würde von dem Strom, wenn er langsamer seine Richtung wechselte, bald nach dieser, bald nach jener Richtung abgelenkt werden; da aber die Stromwechsel zu schnell aufeinander kommen, kann sie mit der Schwingung nicht folgen.

4. Draht *ab* wird von *ef* angezogen, wenn *e* unten ist, Draht *cd* wird von *ef* abgestossen, wenn *e* gleichfalls unten ist. Der Punkt *b* strebt nach *e*, der Punkt *c* nach *f*, wenn der Draht *ef* wagerecht über *bc* gehalten wird.

An diesen letzten Versuch knüpft sich das Resultat:

Diejenigen Wirkungen, die von der Stromrichtung unabhängig waren, sind bei Wechselstrom dieselben, wie bei Gleichstrom. Dagegen bleiben die Wirkungen ganz aus, an denen man die Richtung des Stromes erkennen konnte.

Viertes Kapitel.

Das Ohm'sche Gesetz.

Experimente.

35. Vorbereitung für das Ohm'sche Gesetz (Wasserleitung).

Auf dem Experimentiertisch steht ein Gestell, an dem in verschiedenen Abständen, bald höher, bald tiefer, ein Glastrichter eingespannt werden kann. An den Trichter schliesst sich ein langer Gummischlauch, der zu einem Glasrohr führt, welches horizontal eingespannt ist. Unter diesem Glasrohr ist ein langes Becken. Diese ganze Anordnung zeigt Fig. 21.

Der Trichter ist mit Wasser gefüllt und das Wasser läuft am Ende des Glasrohres ab in das lange Gefäss. Nach einiger Zeit ist der Trichter leer und mit Hilfe eines Schöpfglases kann er aus dem Becken neu gefüllt werden. Steht der Trichter niedrig, so dauert es lange, bis das Wasser ausgelaufen ist, bringen wir ihn aber höher, so haben wir ihn öfter zu füllen. Wir betrachten die Wassermenge, die das Rohr in einer gewissen Zeit fortleitet. Wir drücken die Stärke des Wasserstromes aus nach der Wassermenge, die pro Sekunde fliesst und sehen dann aus unserem Experiment Folgendes:

1. In einer bestimmten Rohrleitung wächst die Wassermenge, die pro Sekunde fliesst, mit der Vergrösserung der Druckhöhe.

Wir verlängern jetzt das Rohr durch Ansetzen mehrerer Rohre von gleichem Durchmesser, beobachten zunächst noch einmal, wie viel Sekunden wir brauchen, bis der Trichter bei Verwendung eines Rohres leerläuft. Nun, wo das Rohr länger ist, ist eine grössere Zahl von Sekunden zum Auslaufen des Trichters erforderlich. Das lehrt:

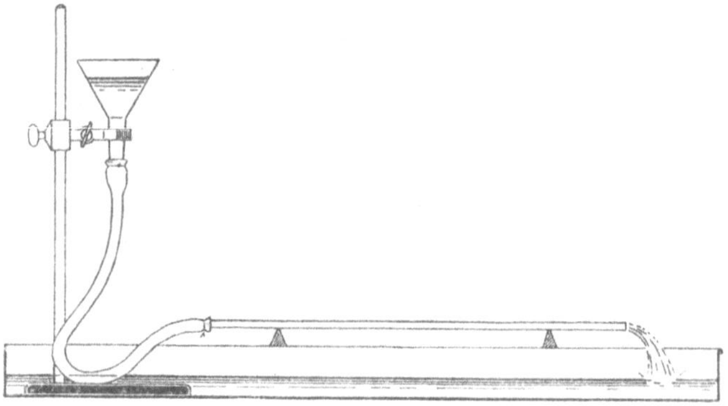

Fig. 21.

2. Bei einer bestimmten Druckhöhe nimmt die Wassermenge, die pro Sekunde durch ein Rohr von bestimmtem Querschnitt fliesst, ab, wenn das Rohr verlängert wird.

Es soll nun diese Rohrleitung vom Gummischlauch abgenommen werden. Ein anderes Rohr soll an seine Stelle treten. Wir wissen noch von vorhin, wieviel Sekunden erforderlich waren, damit der Trichter bei Anwendung eines Rohres auslief. Dieses Rohr nun soll ebenso lang sein, wie eines der vorherigen, soll aber grösseren lichten Durchmesser haben. Das Experiment zeigt, dass wir bedeutend öfter schöpfen müssen, also treiben wir einen stärkeren Wasserstrom durch das Rohr, Das lautet:

3. Bei einer bestimmten Druckhöhe vermehren wir die Wassermenge, die durch ein Rohr von bestimmter Länge pro Sekunde strömt, wenn wir den Querschnitt des Rohres vergrössern.

Die Druckhöhe ist anzusehen als die treibende Kraft, vermöge deren das Wasser in Strömung versetzt werden kann. Das Rohr bietet dem ausfliessenden Wasser einen Widerstand, welcher mit der Verlängerung des Rohres wächst und mit der Vergrösserung seines Querschnittes abnimmt. Die Stärke des Wasserstromes rechnen wir nach der Wassermenge pro Sekunde.

36. Von welchen äusseren Umständen hängt die elektrische Stromstärke ab?

Auf dem Experimentiertisch steht ausserdem unsere Elektrizitätsquelle. Von der einen Klemme führt ein dicker Draht zu einem Ausschalter und von dort zu einem Strommesser, den wir aus dem vorigen Kapitel kennen. An den Strommesser schliesst sich ein dünner Draht aus Eisen an. Letzterer führt zu der zweiten Klemme der Elektrizitätsquelle zurück. Die Schaltung ist ersichtlich aus Fig. 22.

Bei dem Einschalten beobachten wir, dass der Strommesser mit seinem Zeiger auf 1 Ampère weist.

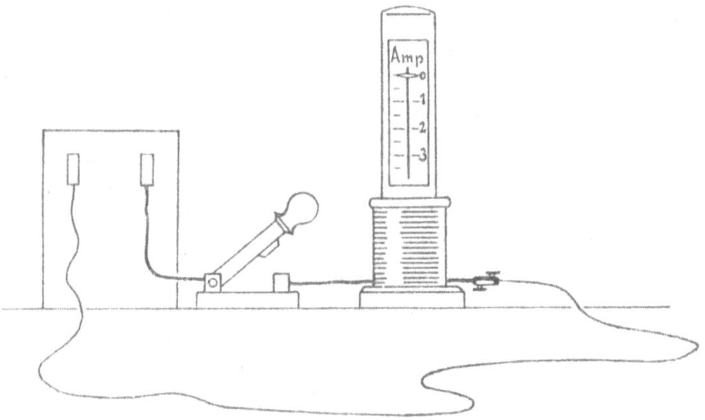

Fig. 22.

Wir wissen bereits, dass wir durch Hintereinanderschalten mehrerer Elektrizitätsquellen den Strom verstärken können. Wir schalten nun zwei Elektrizitätsquellen ein und finden: Bei Schliessung des Stromkreises spielt nun der Zeiger des Strommessers auf 2 Ampère ein. Also bei Anwendung von zwei gleichen Elektrizitätsquellen haben wir die doppelte Stromstärke erhalten. Dasselbe können wir mit einer weiteren Zahl solcher Elektrizitätsquellen fortsetzen und finden, dass die Zahl der Ampère in demselben Maasse steigt, wie die Zahl der Elektrizitätsquellen. Zusammenstellung: Bei Anwendung von:

1 Element	erhalten	wir	1	Ampère
2 Elementen	„	„	2	„
3 „	„	„	3	„

1. **Bei einer bestimmten Drahtleitung wächst die Stromstärke in demselben Maasse, wie die Zahl der gleichartigen Elektrizitätsquellen, die hintereinander geschaltet werden.**

Wir wollen nun eine bestimmte Zahl von Elektrizitätsquellen zu den folgenden Versuchen beibehalten, z. B. vier solcher Quellen hintereinander. Der Schlüssel und der Strommesser soll im Stromkreis bleiben, aber an Stelle des ersten Eisendrahtes sollen verschiedene Eisendrähte von derselben Dicke, aber von verschiedener Länge eingeschaltet werden. Wir beobachten bei den verschiedenen Drahtlängen die folgenden Stromstärken:

Bei 5 m Länge erhalten wir 8 Ampère.
„ 10 m „ „ „ 4 „
„ 20 m „ „ „ 2 „

Bei einem anderen Material an Stelle des Eisendrahtes würde ein ähnliches Ergebnis gefunden werden, das sich zusammenfassen lässt in den Satz:

2. **Bei einer gegebenen Zahl von Elektrizitätsquellen nimmt die Stromstärke, die durch einen Draht von bestimmten Material und bestimmten Querschnitt fliesst, in demselben Maasse ab, wie die Länge des Drahtes zunimmt.**

Entsprechend den Versuchen bei der Wasserleitung sollen nun Drähte von gleicher Länge auf ihren Stromdurchgang hin untersucht werden. Der Draht, der 10 m lang war und bei 4 Elektrizitätsquellen 4 Ampère gab, hat wie eine Messung ergiebt, einen Querschnitt von 0,5 qmm. Ein weiterer Eisendraht hat 10 m Länge und 1 qmm Querschnitt. Wird dieser Draht angeschlossen, stellt sich die Stromstärke auf 8 Ampère ein Wird ein gleich langer Eisendraht von 0,25 qmm Querschnitt angeschlossen, erhalten wir 2 Ampère. Die Zusammenstellung giebt das Ergebnis in übersichtlicher Form:

Bei 0,25 qmm Querschnitt hatten wir 2 Ampère.
„ 0,5 „ „ „ „ 4 „
„ 1 „ „ „ „ 8 „

Das heisst:

3. **Bei einer bestimmten Anzahl von Elektrizitätsquellen erhöhen wir die Stromstärke, die durch einen Draht von gegebener Länge fliesst, in demselben Maasse, wie wir den Querschnitt vergrössern. Dabei können nur Drähte aus gleichem Material verglichen werden.**

37. Der Begriff der Spannung und des Maasses „Volt“.

Bei Wasser bemerkten wir vorhin eine Verstärkung des Wasserstromes in einer bestimmten Rohrleitung dadurch, dass wir die treibende Kraft, die Druckhöhe vergrösserten; hier sehen wir, dass wir auch bei der

Elektrizität von einer treibenden Kraft reden können; die treibende Kraft wird um so grösser, je mehr Elemente hintereinander geschaltet sind.

Die Stärke eines Wasserstromes wurde durch die Wassermenge gemessen, die pro Sekunde floss. Man hat die Stärke des elektrischen Stromes aufzufassen als ein Maass für die Elektrizitätsmenge die pro Sekunde fliesst. Um das Fliessen der Elektrizität zu bewerkstelligen, ist dazu der elektrischer Druck erforderlich, der gleichsam die treibende Kraft bildet. Diesen elektrischen Druck bezeichnet man mit dem Wort **Spannung**. Die Ähnlichkeit zwischen den Vorgängen bei einer Wasserleitung und einer elektrischen Leitung ist leicht ersichtlich: in beiden Fällen wird durch Vergrösserung der treibenden Kraft die Stärke des Stromes vergrössert; dasselbe erreicht man durch Vergrösserung des Querschnittes oder durch Verringerung der Länge der Leitung.

Wir sahen bei den Experimenten, die Spannung wurde erhöht, wenn wir mehrere Elektrizitätsquellen hintereinander schalteten. Bei einer Wasserleitung misst man den Druckunterschied zwischen zwei Stellen eines Rohres nach dem Unterschied in der Höhe der Wassersäule. Den elektrischen Druckunterschied zwischen zwei Stellen einer Leitung, also die Spannung, misst man nach einem besonderen Maass, welches mit dem Namen „**Volt**" benannt ist. Diesem Maass hat man den Namen nach dem bereits erwähnten Physiker Volta gegeben.

38. Der Begriff des Spannungsmessers.

Fig 23 stellt das Äussere eines Instrumentes dar, das ähnlich aussieht, wie ein Strommesser. Ein Eisenkern, der an einer Feder aufgehängt ist, taucht ebenfalls in den Hohlraum einer Spule, nur hat die Spule eine sehr grosse Anzahl sehr feiner Windungen. Bringen wir die Klemmen dieses Instrumentes mit den Polen einer der hier verwendeten Elektrizitätsquellen in Verbindung, so schlägt der Zeiger des Instruments aus und zwar bis zur Zahl 2. An den Klemmen von zwei Elektrizitätsquellen zeigt das Instrument die Zahl 4, u. s. w., dabei verbraucht das Instrument aber so gut wie gar keinen Strom. Wir überzeugen uns davon, indem wir dieses Instrument mit unserem Strommesser in einen Stromkreis einschalten. Der Zeiger des Strommessers bewegt sich nicht von der Null, dabei giebt das andere Instrument einen Ausschlag. Es ist ein Spannungsmesser, und seine Zahlen bedeuten die Anzahl der Volt, an die es gelegt ist. Es verrichtet bei der Elektrizität denselben Dienst wie bei der Wasserleitung ein Längenmaassstab, vermöge dessen wir die Höhe der Wassersäule bei einer Rohrleitung messen.

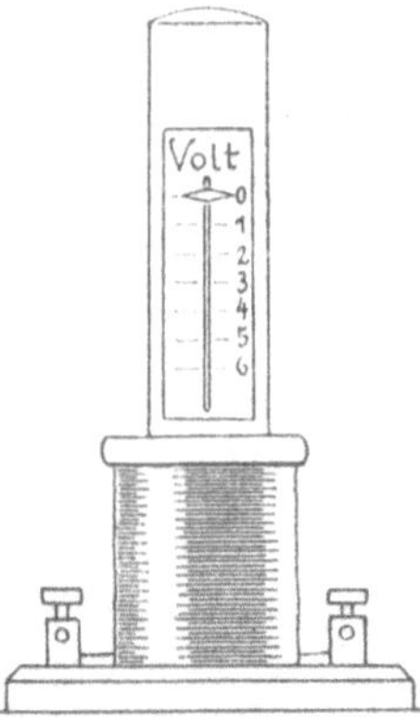

Fig. 23.

39. Der Begriff des Widerstandes und das Ohm'sche Gesetz, I. Form.

Mit Benutzung des neuen Begriffes, der Spannung, wird aus dem Resultat (1) im Abschnitt 36 nun folgender Satz:

Bei einem bestimmten Stromkreis wächst die Stromstärke in demselben Maasse, wie die Spannung, die in dem Stromkreis zur Verfügung steht.

Was bedeutet dieser Satz? Wir können jedesmal vergleichen die Spannung des Stromkreises mit der Stromstärke in dem Kreise. Wenn die Stromstärke proportional zur Spannung wächst, so muss auch der Ausdruck

$$\frac{\text{Spannung des Kreises}}{\text{Stromstärke im Kreise}}$$

stets ein ganz bestimmter Wert sein, unabhängig von der Höhe der Spannung und der Stromstärke. Dieser ganz bestimmte Wert heisst in der Lehre von der Elektrizität

der **Widerstand** des Kreises.

Auch für das Maass des Widerstandes ist ein Name geschaffen worden, und man wählte dazu den Namen des deutschen Physikers Ohm, der vor etwa 80 Jahren diese Zusammenhänge zuerst erkannt hat

Führt man die zwei bisherigen Maasse ein, so erhält man aus dem Bruch

$$\frac{\text{Spannung des Kreises in Volt}}{\text{Stromstärke des Kreises in Ampère}}$$

das dritte Maass, den Widerstand des Kreises in Ohm.

In der Zusammenfassung lautet das:

Ohm'sches Gesetz, 1. Form:

In einem elektrischen Stromkreise sind die drei Grössen, Spannung, Stromstärke und Widerstand verknüpft durch die Gleichung:

$$\frac{\text{Spannung}}{\text{Stromstärke}} = \text{Widerstand.}$$

Dabei ist die Spannung verstanden, die im ganzen Stromkreis zur Verfügung steht; die Stromstärke ist an allen Stellen des Kreises gleich und kann an beliebiger Stelle gemessen werden. Unter dem Widerstand ist zu verstehen der Widerstand des ganzen Kreislaufes.

Die Spannung ist auszudrücken in Volt,
die Stromstärke „ „ „ Ampère,
die Widerstand „ „ „ Ohm.

1. Beispiel: Wir haben 10 Elektrizitätsquellen zu je 2 Volt hintereinander geschaltet, wir schliessen den Kreis durch einen Strommesser und einen langen Draht und erhalten 4 Ampère. Wie gross ist der Widerstand des Kreises?

Auflösung: Die Spannung beträgt $10 . 2 = 20$ Volt

$$\frac{20 \text{ Volt}}{4 \text{ Amp.}} = 5 \text{ Ohm};$$

Der Widerstand des Kreises beträgt 5 Ohm.

2. Beispiel: Wir haben einen Kreis von 30 Ohm Widerstand und wollen 2 Ampère hindurchschicken, wie gross muss die aufzuwendende Spannung sein?

Auflösung: Nach dem Ohm'schen Gesetz ist:

$$30 \text{ Ohm} \times 2 \text{ Amp.} = 60 \text{ Volt};$$

Die erforderliche Spannung beträgt 60 Volt.

3. Beispiel: Wir haben an der Elektrizitätsquelle 100 Volt und schalten einen Draht von 40 Ohm ein. Wie gross ist die Stromstärke, die wir zu erwarten haben?

Auflösung: Nach dem Ohm'schen Gesetz ist:

$$\frac{100 \text{ Volt}}{40 \text{ Ohm}} = 2{,}5 \text{ Ampère}.$$

Wir haben 2,5 Ampère zu erwarten.

40. Der Druckabfall bei einer Wasserleitung.

Aus den bisherigen Erörterungen sehen wir, es entsprechen sich bei Wasser und bei Elektrizität die zwei gegenüberstehenden Grössen:

Druck (Meter Wassersäule)	Spannung (Volt)
Wassermenge pro Sekunde (kg pro Sek.)	Elektrizitätsmenge pro Sekunde = Stromstärke (Ampère)

Es liegt wiederum eine Wasserleitung vor: ein Reservoir, das sich an einer erhöhten Stelle befindet; daran schliesst sich eine horizontale Rohrleitung; an diesem Rohr sind an verschiedenen Stellen Steigrohre angebracht, so wie es in Fig. 24 abgebildet ist.

Ist die Rohrleitung an allen Stellen verschlossen, so sieht man, dass das Wasser in den Steigrohren nach dem Gesetz der kommunizierenden Röhren bis zu derselben Höhe emporsteigt, die der Spiegel des Reservoirs hat. Wir erkennen somit aus dem Spiegel der Steigrohre, dass der Wasserdruck bei Stromlosigkeit an allen Stellen des Rohres gleich ist. Das ist immer richtig für jede Druckhöhe und für noch so feine Rohrquerschnitte. Wird dagegen das Ende des Rohres geöffnet, so sinkt der Wasserspiegel in den Steigrohren nach der

Mündung des Rohres hin, wie es Fig. 25 zeigt. Dem Wasser setzen sich durch Reibung im Rohr Kräfte entgegen, die bei der Strömung überwunden werden müssen. Diese Reibungskräfte verbrauchen je

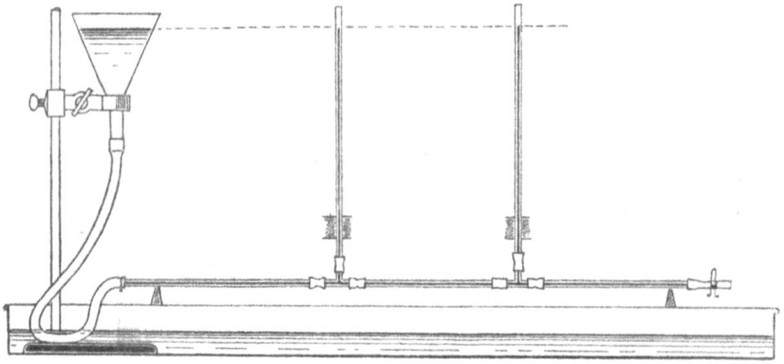

Fig. 24.

nach der durchlaufenen Länge des Rohres einen gewissen Druck, und dieser Druck fehlt bei den betreffenden Stellen an der Höhe des ursprünglichen Druckes. Bei einer geraden Rohrleitung von gleichem

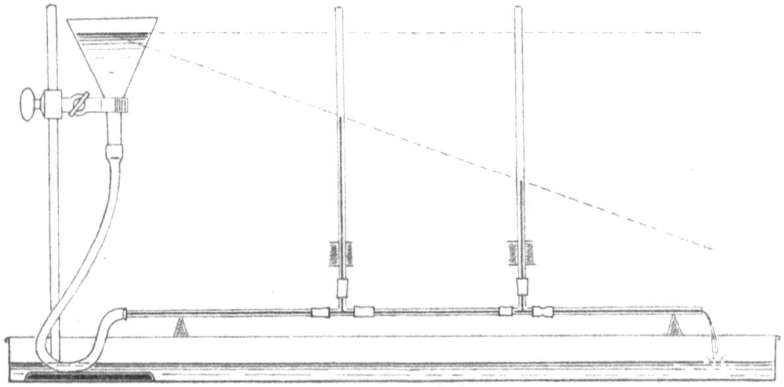

Fig. 25.

Querschnitt fällt der Druck nach einer geraden Linie ab. Der Druckabfall sowohl, wie der ursprüngliche Druck sind in Fig. 25 durch gerissene Linien angedeutet.

41. Der Spannungsabfall in einem Teil der elektrischen Leitung.

An die Klemme I in Fig. 26 schliesst sich ein dünner Metalldraht, an die Klemme II eine Messingschiene, die nur als Verlängerung dieser Klemme anzusehen ist. Zwischen dem Ende des Drahtes und der Metallschiene liegt ein Ausschalter.

Wir gehen nun, während der Ausschalter offen ist, mit unserem Spannungsmesser entlang des dünnen Drahtes, indem wir die eine Klemme des Instrumentes mit dem Draht, die andere mit der Metallschiene verbinden. Wir haben dann zwischen allen Stellen des dünnen Drahtes und der Schiene dieselbe Spannung. Das ist immer richtig für jede Spannung und bei Anwendung beliebig feiner Drahtquer-

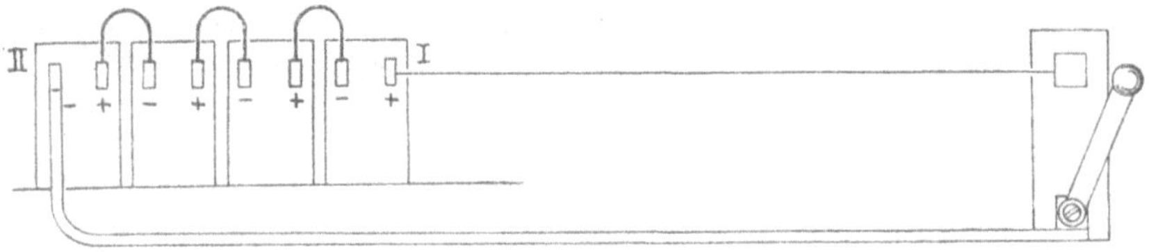

Fig. 26.

schnitte. Nun wird bei dieser Schaltung durch Umlegen des Schlüssels ein Strom hergestellt. Wir gehen jetzt mit unserem Spannungsmesser in derselben Weise, wie vorhin, entlang des Drahtes und sehen, dass wir zunächst noch an der Elektrizitätsquelle die volle Spannung haben. Aber nachdem der Strom ein Stück des Drahtes durchlaufen hat, fällt schon die Spannung zwischen Schiene und Draht um einen ge-

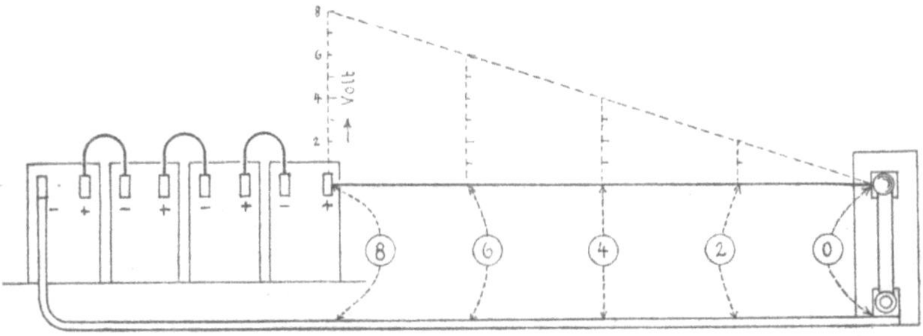

Fig. 27.

wissen Betrag. In der Mitte des Drahtes ist die Spannung nur halb so gross, und nach Durchlaufen von $^3/_4$ des Drahtes ist die Spannung zwischen Draht und Schiene nur noch $^1/_4$ des ursprünglichen Wertes. Also auch bei der elektrischen Leitung fällt der elektrische Druck, die Spannung, je nach der Länge des durchlaufenen Weges. Die jedesmalige Anlegung des Spannungsmessers ist in Fig. 27 schematisch durch gerissene Linien mit Pfeilspitzen angedeutet. Dazu ist die Spannung in Volt, wie sie beispielsweise sich verteilen kann, jedesmal in dem Spannungsmesser eingeschrieben. In der Figur ist ausserdem die Zahl der Volt, die wir an den betreffenden Stellen des Drahtes haben, nach einem gewählten Längenmaassstab senkrecht zum Draht durch gerissene Linien aufgetragen. Wie die Verbindungslinie der Endpunkte dieser Grössen zeigt, fällt die Spannung nach einer geraden Linie zwischen den beiden Klemmen der Elektrizitätsquelle vom Vollbetrag bis auf Null ab.

Weiterhin legen wir zwischen zwei beliebigen Stellen des dünnen Drahtes den Spannungsmesser an und lesen am Instrument ab, wie gross der Spannungsabfall zwischen diesen beiden Stellen ist. Schliessen wir durch unseren Spannungsmesser einen langen Draht ein, so haben wir zwischen diesen Stellen eine höhere Spannung, schliessen wir einen kürzeren Draht ein, so haben wir zwischen diesen Stellen eine niedere Spannung. Beobachtungen dieser Art sind für andere Stromkreise beispielsweise in Fig. 28 und 29 eingezeichnet. Die Elektrizitätsquellen sind schematisch angedeutet, der dünne Draht geht nicht mehr geradlinig von der einen Klemme zur anderen, sondern beliebig; die Anschaltung der Spannungsmesser ist wieder in oben angegebener Weise gezeichnet.

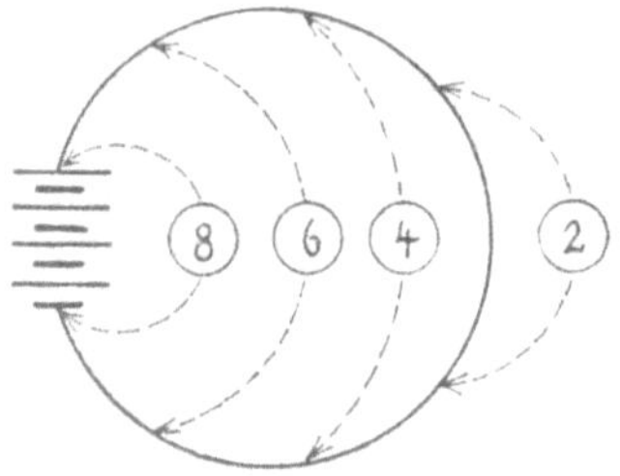

Fig. 28.

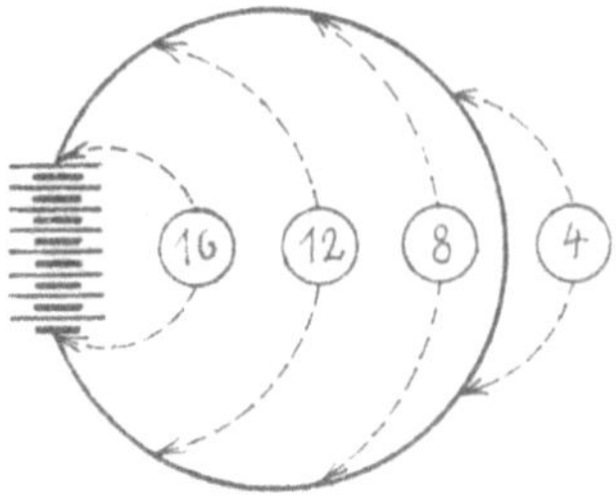

Fig. 29.

Wird nun der Strom bei dem in Fig. 28 verwendeten Metalldraht verdoppelt, so erhalten wir an Stelle der Ablesungen in Fig. 28 die Ablesungen der Fig. 29. Also bei der doppelten Stromstärke ist zwischen denselben Stellen des Drahtes auch die doppelte Spannung. Wir erhöhen jedesmal an den Enden einer bestimmten Drahtlänge, die ein Teil eines elektrischen Kreises ist, die Spannung in demselben Maasse, wie wir die Stromstärke in dem Draht erhöhen. Daraus folgt der Lehrsatz:

Ohm'sches Gesetz: 2. Form.

Für einen bestimmten Teil eines elektrischen Drahtkreises ist der Wert:

$$\frac{\text{Spannung an den Enden des Drahtes}}{\text{Stromstärke im Draht}}$$

stets derselbe, unabhängig von der Höhe der Spannung und der Stromstärke. Dieser Wert heisst:

Der Widerstand des Drahtes.

Es gelten nach dieser Erfahrung die drei folgenden Gleichungen:

1. $\frac{\text{Spannung an den Enden eines Drahtes}}{\text{Stromstärke im Draht}}$ = Widerstand des Drahtes;

2. Spannung an den Enden eines Drahtes = Stromstärke im Draht × Widerstand des Drahtes;

3. Stromstärke im Draht = $\frac{\text{Spannung an den Enden des Drahtes}}{\text{Widerstand des Drahtes}}$.

1. Beispiel: Zwischen den Polen einer Elektrizitätsquelle sind drei Drähte hintereinander geschaltet. Im Stromkreis fliessen 6 Ampère. An den Enden des ersten, stärkeren Drahtes messen wir 1 Volt, zwischen den Enden des zweiten, dünneren Drahtes 12 Volt und zwischen den Enden des dritten Drahtes 2 Volt.

Wie gross sind die Widerstände der einzelnen Drähte?

Auflösung:

Der Widerstand des 1. Drahtes beträgt $\frac{1 \text{ Volt}}{6 \text{ Amp.}} = \frac{1}{6}$ Ohm

" " " 2. " " $\frac{12 \text{ Volt}}{6 \text{ Amp.}} = 2$ Ohm

" " " 3. " " $\frac{2 \text{ Volt}}{6 \text{ Amp.}} = \frac{1}{3}$ Ohm.

2. Beispiel. Der Widerstand eines Drahtes beträgt 0,1 Ohm. Es sollen 100 Ampère durch diesen Draht geschickt werden. Wie viel Volt sind an den Enden des Drahtes aufzuwenden?

Auflösung: An den Enden des Drahtes müssen liegen:

100 Amp. · 0,1 Ohm = 10 Volt.

42. Zusammenfassung des Bisherigen.

1. Bei einem stromdurchflossenen Draht herrscht zwischen zwei verschiedenen Stellen des Drahtes in jedem Fall eine Spannung.

2. Bei einer und derselben Stromstärke ist diese Spannung um so höher, je grösser der Widerstand desjenigen Stückes ist, welches zwischen den Klemmen des Spannungsmessers liegt.

3. Bei einem und demselben Draht ist die Spannung zwischen seinen Enden um so höher, je grösser die Stromstärke im Drahte ist.

4. Zwei Drähte besitzen den gleichen Widerstand, wenn sie bei gleicher Stromstärke an ihren Enden gleiche Spannung haben.

5. Wenn ein Strom von einer bestimmten Stärke durch einen Draht geschickt werden soll, so ist das nur möglich, wenn man an die Enden des Drahtes eine Spannung legt, deren Höhe

$$E = J \cdot w$$

ist, wobei

J die Stromstärke in Ampère
w den Widerstand des Drahtes in Ohm und
E die Spannung in Volt

bedeuten.

6. Der Widerstand wächst mit der Länge und nimmt ab mit dem Querschnitt des Drahtes. Daraus folgt, dass ein kurzer, dicker Draht stets einen kleinen, ein langer, dünner Draht stets einen grossen Widerstand hat.

7. Ein kurzer dünner Draht kann denselben Widerstand haben, wie ein langer dicker Draht. Wenn die Drähte aus demselben Material bestehen, so ist dazu erforderlich, dass der Bruch:

$$\frac{\text{Länge}}{\text{Querschnitt}} \quad \text{oder} \quad \frac{\text{Länge}}{\text{Durchmesser}}$$

für beide Drähte derselbe ist.

Fünftes Kapitel.

Betrachtungen im Anschluss an das Ohm'sche Gesetz.

43. Der Begriff des spezifischen Widerstandes.

Wie wir bereits früher gesehen haben, ist der Widerstand eines Drahtes bei Anwendung desselben Materials proportional zur Länge, und umgekehrt proportional zum Querschnitt des Drahtes. Bringen wir nun zwischen zwei Klemmen, die eine bestimmte Spannung führen, nach einander Drähte von verschiedenem Material, aber von gleichen Dimensionen, so erhalten wir verschiedene Stromstärken in den Drähten. Das heisst: jedes Material besitzt eine bestimmte Fähigkeit, den Strom zu leiten. Wollen wir aus der Länge und dem Querschnitt eines Drahtes seinen Widerstand berechnen, so kommt noch eine dritte Grösse, die zu dem Material gehört, hinzu. Diese Grösse heisst *der spezifische Widerstand.*

Unter dem spezifischen Widerstand ist der Widerstand eines Materials von 1 m Länge und 1 qmm Querschnitt verstanden.

Wird nun dieser spezifische Widerstand mit c bezeichnet, so kann man den Widerstand W eines Drahtes, der l Meter lang ist und q Quadratmillimeter Querschnitt hat, ausrechnen nach der Gleichung:

$$W = \frac{l}{q} \cdot c\,.$$

Die Werte von c sind für einige Materialien in Abschnitt 45 gegeben.

44. Der Begriff des Temperatur-Koeffizienten.

Ein gleiches Material hat nicht für alle Fälle den gleichen spezifischen Widerstand, es kommt noch die Temperatur in Frage, die in dem Material herrscht. Die meisten Metalle vergrössern den Widerstand mit Erhöhung der Temperatur in geringem Maasse, der Widerstand ändert sich dabei ungefähr in demselben Verhältnis, wie die Temperatur sich ändert. Dasselbe ausgedrückt durch eine Formel lautet:

$$W_{t_2} = W_{t_1}\left(1 + \alpha(t_2 - t_1)\right),$$

dabei ist W_{t_2} der Widerstand bei der höheren Temperatur t_2,
W_{t_1} „ „ „ „ niederen „ t_1;

die Grösse α bedeutet die Anzahl Ohm, um die der Widerstand 1 Ohm zunimmt bei Erhöhung der Temperatur um 1 Grad.

Diese Grösse α heisst *der Temperatur-Koeffizient* des betreffenden Materials. Er spielt in der obigen Gleichung eine ähnliche Rolle, wie der Ausdehnungs-Koeffizient a, infolge von Temperaturerhöhung in der Gleichung:

$$l_{t_2} = l_{t_1}\left(1 + a(t_2 - t_1)\right),$$

wobei bezeichnet:

l_t = Länge des Stabes bei der höheren Temperatur t_2
l_{t_1} = „ „ „ „ „ niederen „ t_1.

45. Spezifischer Widerstand und Temperatur-Koeffizient einiger Materialien.

Der spezifische Widerstand c bei 15° Celsius und der Temperatur-Koeffizient α beträgt für einige Materialien:

	c	α
Aluminium	0,029	0,0039
Blei	0,207	0,0039
Eisen	0,11	0,0048
Kupfer	0,0167	0,0041
Messing	0,071	0,0016
Neusilber	0,30	0,0003
Nickel	0,13	0,0036
Platin	0,094	0,0024
Quecksilber	0,9535	0,0009
Silber	0,016	0,0038
Zink	0,059	0,0036

Diese Zusammenstellung lehrt, dass Silber der beste Leiter ist. Gleich nach dem Silber kommt das Kupfer, dessen spezifischer Widerstand eine Wenigkeit grösser ist. Nicht ganz doppelt so gross ist der spezifische Widerstand des Aluminiums, jedoch durch das geringe Gewicht des Aluminiums ergiebt sich, dass ein Aluminiumdraht von bestimmtem Widerstand und bestimmter Länge ungefähr halb so schwer ist, als ein Kupferdraht. Es können also für elektrische Leitungen nur Aluminium und Kupfer in Frage kommen.

Den grössten spezifischen Widerstand hat Quecksilber, danach kommt Neusilber; diese beiden Metalle haben zu gleicher Zeit die geringste Widerstandsänderung bei Erhöhung der Temperatur.

46. Die Festlegung von 1 Ohm und 1 Volt.

Da sich Quecksilber sehr rein herstellen lässt, ist es ein Material, das sich besonders gut zur Herstellung eines Normalwiderstandes eignet. Man hat aus diesem Grunde den Widerstand *„1 Ohm“* festgesetzt als denjenigen Widerstand, den ein Quecksilberfaden von 1 qmm Querschnitt und 1,063 m Länge bei Null Grad dem elektrischen Strom entgegensetzt.

Mit der Festlegung von „1 Ohm“ und der früheren Festlegung von *„1 Ampère“* aus dem Metallniederschlag ist auch die Spannung *„1 Volt“* nach dem Ohm'schen Gesetz festgelegt als diejenige Spannung, welche bei Durchfliessen von 1 Ampère durch den Widerstand 1 Ohm an den Enden dieses Widerstandes herrscht.

47. Beispiele für die Berechnung von Drahtwiderständen.

1. Beispiel: Es ist ein Eisendraht gegeben. Seine Länge beträgt 2 m, sein Durchmesser beträgt 0,5 mm.

Wie gross berechnet sich sein Widerstand?

Auflösung: Der Widerstand von 1 m Eisendraht von 1 qmm Querschnitt ist nach der Tabelle des vorigen Abschnittes gegeben zu 0,11 Ohm.

Der Querschnitt unseres Drahtes ist:

$$\frac{\pi d^2}{4} = \frac{3,14 \cdot 0,5 \cdot 0,5}{4} = 0,196 \text{ qmm}.$$

Der Widerstand unseres Drahtes ist:

$$W = \frac{l \text{ m}}{q \text{ qmm}} \cdot c = \frac{2}{0,196} \cdot 0,11 = 1,12 \text{ Ohm}.$$

2. Beispiel: Es liegt eine Rolle Nickeldraht von 2 qmm Querschnitt vor. Es sollen so viel Meter davon abgemessen werden, dass der Widerstand des abgemessenen Stückes 0,5 Ohm beträgt.

Wie lang ist das Stück?

Auflösung: Aus der Formel:

$$W = \frac{l}{q} \cdot c$$

ergiebt sich die Länge:

$$l = \frac{W \cdot q}{c}.$$

Der spezifische Widerstand beträgt für Nickel 0,13; daher:

$$l = \frac{0{,}5 \text{ Ohm} \cdot 2 \text{ qmm}}{0{,}13} = 7{,}7 \text{ m}.$$

3. Beispiel: Auf einen Eisenkern sollen 200 Windungen eines Kupferdrahtes gewickelt werden, so dass bei Anlegung dieser Windungen an 3 Volt ein Strom von 1,5 Ampère fliesst. Die Länge einer Windung sei 10 cm. Wie gross muss der Durchmesser des Drahtes sein?

Auflösung: Der Widerstand des Drahtes muss betragen

$$W = \frac{3 \text{ Volt}}{1{,}5 \text{ Amp.}} = 2 \text{ Ohm}.$$

Aus der Gleichung

$$W = \frac{l}{q} \cdot c$$

wird:

$$q = \frac{l}{W} \cdot c.$$

Für Kupfer ist der spezifische Widerstand 0,0167; so folgt der Querschnitt des Drahtes:

$$q = \frac{200 \cdot 0{,}1 \text{ m}}{2 \text{ Ohm}} \cdot 0{,}0167 = \frac{1}{6} \text{ qmm}.$$

Hieraus ergiebt sich der Durchmesser:

$$d = \sqrt{\frac{4}{6\pi}} = 0{,}46 \text{ mm}.$$

4. Beispiel: Ein Kupferdraht hat bei 15° einen Widerstand von 10 Ohm; wie gross ist sein Widerstand bei 20°?

Auflösung: Nach der Formel von Seite 39:

$$W_{t_2} = W_{t_1}\left(1 + \alpha(t_2 - t_1)\right)$$

folgt für den Widerstand des Drahtes bei 20°:

$$W_{20^0} = 10 \text{ Ohm}\left(1 + 0{,}0041(20^0 - 15^0)\right) = 10{,}205 \text{ Ohm}.$$

48. Die Strombelastung von Drähten.

In dem Kapitel über die Wirkungen der Elektrizität wurde gesehen, dass sich ein dünner Draht bei Stromdurchgang erwärmte. Dieser Satz gilt auch für dicke Drähte, wenn nur der Strom genügend stark ist.

Will man einen starken Strom durch einen Draht von bestimmtem Widerstand schicken, ohne dass eine hohe Erwärmung eintreten soll, so darf man dazu nicht einen dünnen Draht von geringer Länge anwenden, man braucht vielmehr einen stärkeren Draht, der in entsprechendem Maasse länger ist.

Die Wärme, die in dem stromdurchflossenen Drähten entwickelt wird, muss ausstrahlen können, und dazu ist eine bestimmte freie Oberfläche des Drahtes erforderlich.

Man kann für die Strombelastung von Drähten keine Regeln aufstellen, die für alle Fälle gelten. Erstens kann die Erwärmung eines Drahtes an feuersicheren Stellen beliebig hoch gewählt werden, und zweitens ist die abkühlende Oberfläche eines Drahtes anders, wenn er er frei in Luft hängt, als wenn er zu einer Spule aufgewickelt ist. Dabei kommt es weiterhin darauf an, ob die Rolle, auf die der Draht gewickelt ist, aus Metall, Porzellan oder Holz besteht. Weiter ist auf das Isolationsmaterial Rücksicht zu nehmen, mit dem der Draht umsponnen ist, es darf nicht unter der Wärme leiden. Bei blanken Metallstreifen, die von allen Seiten der Luft zugängig sind, ist die abkühlende Oberfläche abhängig von der Form des Querschnittes, also kann auch hier nie gesagt werden, wieviel Ampère durch 1 qmm Querschnitt fliessen darf.

Für betriebsmässige Leitungsdrähte ist das anders. Sie haben kreisförmigen Querschnitt, liegen meistens in Luft und dürfen niemals eine gewisse Erwärmung überschreiten, weil sonst die Brandgefahr zu nahe liegt. Für Betriebsleitungen aus Kupfer sind vom Verband deutscher Elektrotechniker in den Sicherheitsvorschriften für elektrische Starkstromanlagen folgende höchste zulässige Strombelastungen vorgeschrieben:

Q = Querschnitt in qmm
J = Betriebsstromstärke in Ampère

Q	J	Q	J	Q	J
0,75	3	10	30	95	160
1	4	16	40	120	200
1,5	6	25	60	150	230
2,5	10	35	80	210	300
4	15	50	100	300	400
6	20	70	130	500	600

Aus diesen Werten ist zu sehen:

Bei geringstem Querschnitt wird zugelassen pro 1 qmm 4 Amp.[1]
„ 10 qmm „ „ „ „ 1 qmm 3 Amp.
„ 50 qmm „ „ „ „ 1 qmm 2 Amp.
„ 500 qmm „ „ „ „ 1 qmm 1,2 Amp.

Zum Überblick folgen hier einige der von dem Amerikaner Kennelly aufgestellten Werte über Strombelastung blanker Kupferdrähte, wenn eine bestimmte Temperaturerhöhung gegenüber der umgebenden Luft zugelassen ist; es bedeutet dabei:

[1] Man kann deshalb nicht für alle Querschnitte dieselbe Strombelastung pro 1 qmm zulassen, weil die abkühlende Oberfläche bei Vergrösserung des Querschnittes langsamer zunimmt, als die Querschnittsfläche.

D = Durchmesser des Drahtes in mm
Q = Querschnitt des Drahtes in qmm
t = Temperaturerhöhung des Drahtes bei Stromdurchgang.

D	Q	$t = 5^0$	$t = 10^0$	$t = 20^0$	$t = 40^0$	$t = 80^0$
2	3,14	12 Amp.	18 Amp.	25 Amp.	35 Amp.	47 Amp.
4	12,6	28 „	40 „	56 „	77 „	105 „
8	50,3	64 „	90 „	126 „	179 „	247 „
16	201	156 „	220 „	310 „	415 „	610 „
24	452	268 „	372 „	524 „	746 „	1050 „

Wenn Materialien die Wärme schlechter fortleiten als Kupfer, und wenn sie der Elektrizität einen grösseren Widerstand entgegensetzen, wird die Erwärmung der Drähte bei gleichen Querschnitten und gleichen Stromstärken entsprechend grösser.

49. Kunstmaterialien mit geringem Temperatur-Koeffizient.

Man braucht in der Elektrotechnik zu genauen Messungen und Messinstrumenten Drähte, die einen möglichst gleichmässigen Widerstand besitzen, unabhängig davon, wie warm sie sind. Da der Strom den Draht in jedem Fall erwärmt, muss der Temperatur-Koeffizient dieser Materialien sehr gering sein.

1. **Manganin.** Unter Manganin versteht man eine Metalllegierung, die von der Isabellenhütte bei Dillenburg hergestellt wird und die aus Kupfer, Nickel und Mangan besteht. Sie hat den spezifischen Widerstand $c = 0{,}43$ und hat innerhalb der vorkommenden Temperaturen einen sehr konstanten Widerstand. Der Temperatur-Koeffizient beträgt $\alpha = 0{,}00001$ bis $\alpha = -0{,}00002$.

2. **Constantan.** Mit dem Namen Constantan bezeichnet man eine Legierung der Firma Basse & Selve in Altena, welche bei einem spezifischen Widerstand von ungefähr $c = 0{,}5$ einen Temperatur-Koeffizienten besitzt, der sich ungefähr auf $\alpha = 0{,}0001$ beläuft.

50. Ausführungsformen von Widerständen.

Dient ein Draht allein zum Hindurchschicken eines elektrischen Stromes, wobei es darauf ankommt, dass der Draht dem Strom einen Widerstand entgegensetzt, so bezeichnet man einen solchen Draht samt seiner Ausrüstung mit dem Namen „Widerstand", oder bisweilen auch mit dem Namen „Rheostat".

In der Technik und im Laboratorium braucht man Widerstände, die in möglichst praktischer Weise verändert werden können, mit einem einzigen Handgriff, ohne dass der Strom unterbrochen wird. Je nach der Art und Weise, wie die Grösse des Widerstandes verändert wird, und je nach dem Zweck des Widerstandes sind die äusseren Formen der Widerstände verschieden.

51. Kurbelwiderstände.

Der eine Zuleitungsdraht führt zu einer Metallkurbel, während die andere Zuleitung an das Ende des Widerstandsdrahtes angeschlossen ist. An dem Widerstandsdraht sind mehrere Längen abgemessen und von den betreffenden Stellen aus führt jedesmal eine metallische Ver-

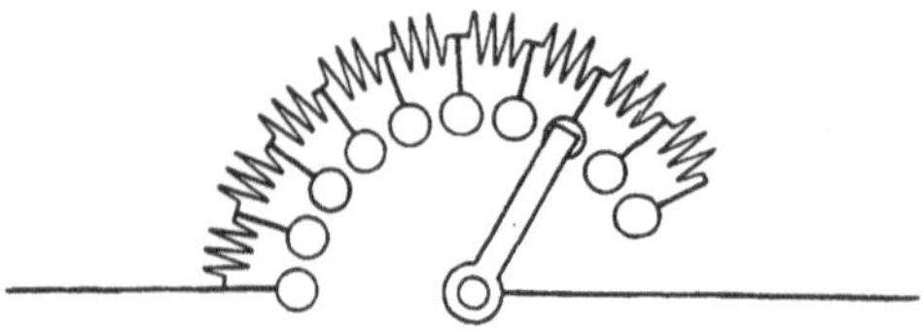

Fig. 30.

bindung zu einem Metallknopf. Über die Reihe dieser Knöpfe schleift die Kurbel. Im Schema sieht ein solcher Widerstand aus, wie es Fig. 30 erkennen lässt. Die Kurbel berührt entweder einen oder zwei Knöpfe, niemals gar keinen. Steht sie auf dem Knopf am

Fig. 31.

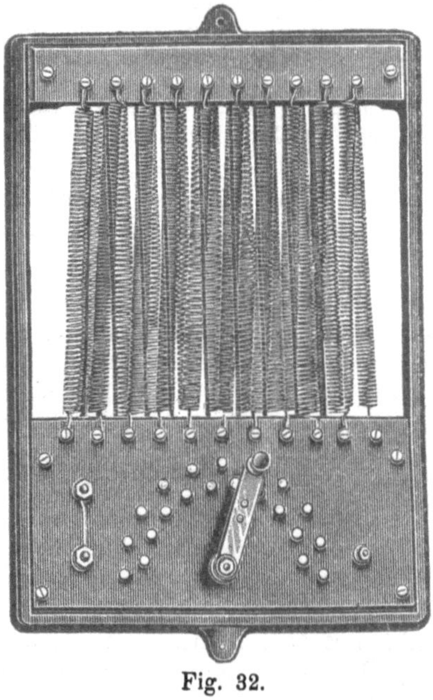

Fig. 32.

weitesten rechts, so hat der Strom die ganze Länge des Drahtes zu durchlaufen. Der Widerstand ist also in dieser Stellung am grössten. Steht dagegen die Kurbel auf dem Knopf am weitesten links, so hat der Strom keine Abteilung des Widerstandsdrahtes zu durchlaufen, er wird sehr stark sein, wenn nicht der Widerstand der Zuleitungsdrähte oder des übrigen Stromkreises einen entsprechenden Betrag hat.

In den meisten Fällen werden die Drähte der Kurbelwiderstände in Spiralen gewunden oder blank in das Gewinde einer Porzellanrolle gelegt. Bleichstreifen werden gewellt. Hinter den Knopf des grössten Widerstandes bringt man häufig einen weiteren Knopf an, der keine metallische Verbindung besitzt, so dass der Strom unterbrochen ist, wenn die Kurbel auf diesem Knopf steht.

Widerstände dieser Art werden in den allerverschiedensten Konstruktionen und Dimensionen, sowie für starke und schwache Ströme und für grobe und feine Stromabstufungen hergestellt. Die Figuren 31 und 32 stellen solche Kurbelwiderstände dar. Bei Fig. 31 sind die Knöpfe in einer Reihe angeordnet, so wie es auch das Schema Fig. 30 zeigt. Bei dem Widerstand in Fig. 32 sind Knöpfe abwechselnd versetzt. Man kann dadurch eine grössere Anzahl von Knöpfen anbringen und den Widerstand in kleineren Abstufungen unterteilen. Die Drahtspiralen liegen bei diesen Widerständen frei. Sie sind an einem gusseisernen Rahmen zwischen isolierten Bolzen eingespannt. Die Kontaktknöpfe und die Kurbel sind auf Schiefer montiert. Für technische Betriebe hat man an solche regulierbare Widerstände die folgenden Anforderungen zu stellen:

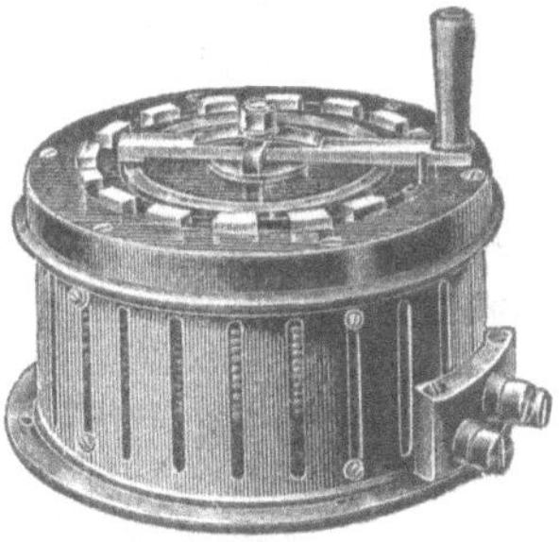

Fig. 33.

1. Der Strom darf bei Verstellung der Kurbel vom einen Knopf zum anderen nicht unterbrochen werden.
2. Man hat auf gute und fest schleifende Federn zwischen dem Drehpunkt der Kurbel und den Knöpfen zu achten; die Federn dürfen nicht nachlassen. Bei lockeren Federn bildet sich ein Lichtbogen an der Berührungsstelle und die Kontakte verschmoren, oder die Kurbel schiebt sich durch Zufälligkeiten auf Knöpfe, wo sie nicht stehen soll.
3. Die Ausrüstung der Widerstände soll aus feuersicherem Material bestehen.
4. Die Querschnitte der Drähte sollen so bemessen sein, dass der Widerstand die höchste Stromstärke, die er bei normalem Betriebe bekommen kann, dauernd aushält.
5. Die Spiralen müssen gegen zufällige äussere Eingriffe geschützt sein, ohne dass die Abkühlung darunter leidet.
6. Der Griff der Kurbel muss aus Isoliermaterial und zwar so konstruiert sein, dass unbeabsichtigte Berührung der stromführenden Teile ausgeschlossen ist.

Widerstände mit verkleideten Spiralen sind aus den Figuren 33,

34, 35 zu erkennen. Fig. 33 ist ein Widerstand in Gusseisengehäuse mit Luftlöchern an der Seite zur Kühlung. Der Widerstandsdraht

Fig. 34.

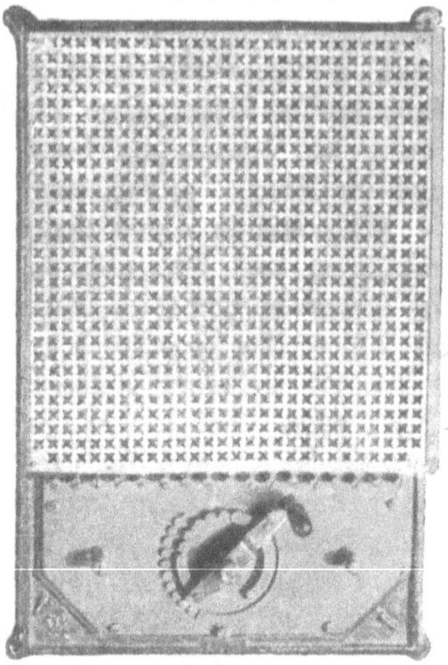

Fig. 35.

liegt auf Porzellanrollen in Gewinde. Fig. 34 und 35 zeigen Konstruktionen, bei denen als Schutz der Spiralen perforiertes Blech verwendet wird. Einige dieser Widerstände dienen zu speziellen Zwecken, deshalb gleitet die Kurbel zum Teil über Schienen, zum Teil über Knöpfe.

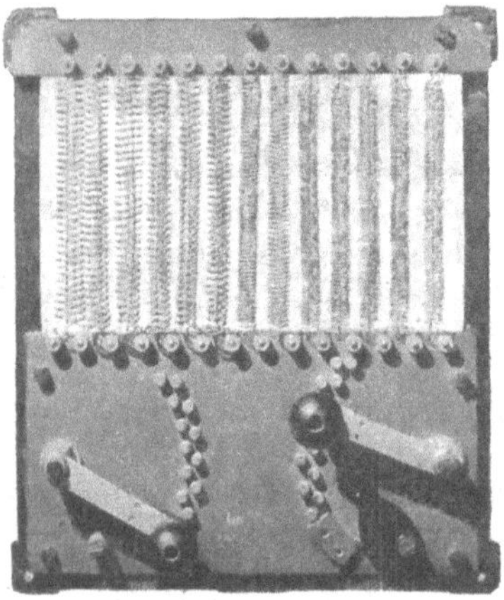

Fig. 36.

Bisweilen verwendet man Widerstände nach Art von Fig. 36. Dort sieht man zwei Kurbeln und zwei Reihen Knöpfe. Auf der einen Hälfte liegen dicke Drähte, auf der anderen dünne. Das Schema dieses Widerstandes giebt Fig. 37 an. Die Zuleitungsdrähte führen beide an je eine Kurbel. Durch Verstellen der Kurbel rechts wird der Widerstand in groben Abstufungen geändert, mit der Kurbel links erzielt man die feinere Regulierung. Stehen die Kurbeln der Fig. 37 am weitesten nach innen, so ist keine Widerstandsspirale eingeschaltet und der Strom am stärksten. Stehen beide Kurbeln nach aussen, so muss der Strom die ganze Länge des Drahtes durchlaufen.

Es kommen im Laboratorium Widerstände vor, deren Anordnung nach Fig. 38 schematisch dargestellt ist. Man schaltet die Elektrizitätsquellen an die Drähte I und II, dann wird der ganze Widerstand vom

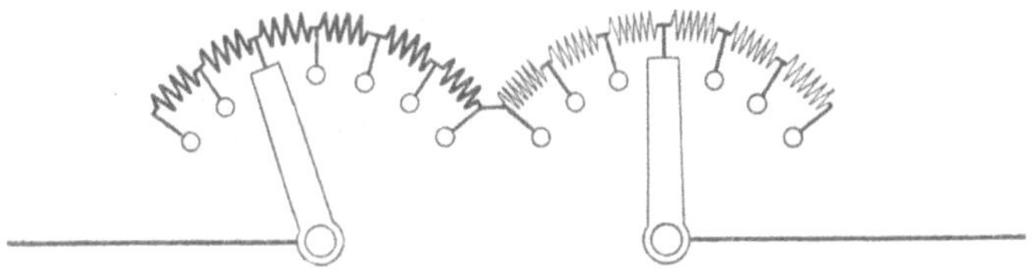

Fig. 37.

Strom durchflossen. Mit Hilfe der Kurbeln kann man an den Drähten 1 und 2 beliebige Spannung erzielen, je nach der Grösse des durch die Kurbeln eingeschlossenen Widerstandes.

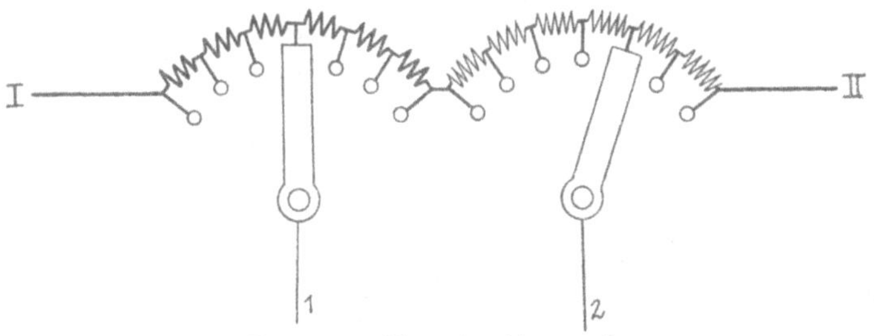

Fig. 38. Abzweigwiderstand.

Die bisher besprochenen Widerstände sind für hohe Strombelastung ausführbar, es kommt dabei gewöhnlich nicht auf grosse Genauigkeit an, deshalb dürfen sie warm werden.

52. Stöpselrheostate.

Die Stöpselrheostate sind Widerstände, die für das Laboratorium zu Messzwecken hergestellt sind und aus diesem Grunde so genau wie möglich abgeglichen sein müssen, d. h. der Widerstand der Drähte muss genau die Anzahl Ohm haben, die dabei angegeben sind. Die Widerstandsdrähte sind daher aus gutem Material, Manganin oder Constantan, hergestellt, dürfen nur eine geringe Erwärmung bekommen und müssen auf das sorgfältigste gegen äussere Einflüsse geschützt sein. Ein Berühren solcher Widerstandsspulen mit der Hand ist schon zu vermeiden. Sie werden gewöhnlich auf Holzrollen gewickelt und in Holzkästen untergebracht. Bei der Wicklung dieser Drähte verfährt man so, dass die ganze Länge des Drahtes, die auf einer Rolle zu liegen kommt, in der Mitte umgeknickt wird. An dieser Stelle beginnt man mit dem Wickeln; letzteres geschieht auf der Drehbank. Die beiden Enden des Drahtes laufen dann zu gleicher Zeit nebeneinander und kommen nebeneinander zu liegen, etwa nach dem Beispiel der Fig. 39, nur enger. Eine solche Wicklung nennt man „bifilare Wicklung". Sie wird bei dieser Art von Widerständen verlangt,

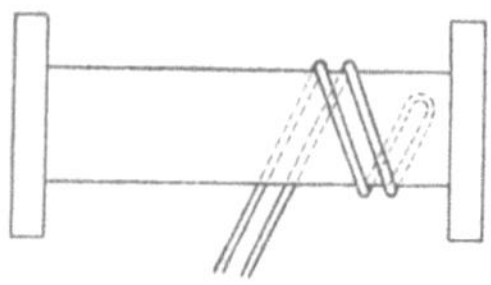

Fig. 39. Bifilare Wicklung.

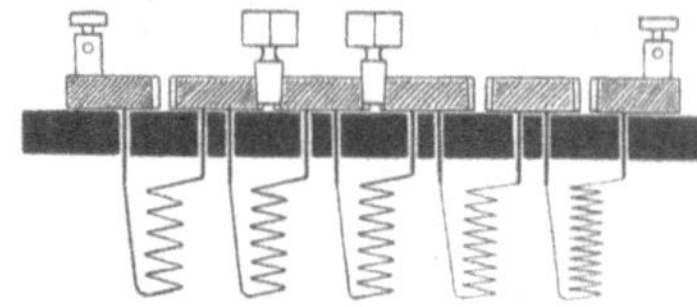

Fig. 40. Schema eines Stöpselrheostaten.

weil für manche Versuche eine Spule keine magnetische Wirkung haben darf. Bei der bifilaren Wicklung durchläuft der Strom ebenso viele Windungen in dem einen Drehsinn, wie im entgegengesetzten, es entsteht daher kein Magnetismus.

Auf der Oberseite des Kastens befinden sich eine Anzahl von Messingschienen, die voneinander isoliert sind. Jeder Widerstandsdraht ist mit dem einen Ende an die vorherige, mit dem anderen Ende an die nächste Metallschiene angeschlossen. Das erläutert Fig. 40. Zwischen zwei Messingschienen kann überall ein Messingstöpsel eingesteckt werden. Der Strom gelangt dort, wo ein Stöpsel steckt, unmittelbar von der einen Schiene zur anderen, ohne dass er einen Widerstandsdraht zu durchlaufen hat. Wo aber ein Stöpsel gezogen ist, muss der Strom die Spule durchlaufen, welche zwischen den beiden Metallschienen liegt. An der betreffenden Stelle schreibt man dann auf dem Deckel des Kastens an, wieviel Ohm der Widerstand der darunter befindlichen Spule beträgt. Es ist zweckmässig, die Widerstände nach folgenden Werten einzuteilen:

Fig. 41.
Stöpselrheostat von Hartmann & Braun.

1, 2, 2, 5, 10, 20, 20, 50 u. s. w.,

damit jede Zahl hergestellt werden kann.

Einen Stöpselwiderstand sehen wir abgebildet in Fig. 41. Diese Widerstandskästen vertragen nie hohe Stromstärken. Man muss sich dabei stets in sehr kleinen Bruchteilen von 1 Amp. halten. In den

Widerständen der Hunderter Ohm darf man meistens nur mit einer Spannung nicht höher als 6 Volt, bei den Zehnern und Einern nicht höher als 1 Volt arbeiten.

53. Normalwiderstände der Reichsanstalt.

Durch die *„Physikalisch technische Reichsanstalt"*, Berlin, ist Normalwiderständen, die für stärkere Ströme bestimmt sind, eine Form gegeben worden, wie sie zu den genauesten Untersuchungen verwendet werden kann. Diese Widerstände werden in den Werkstätten von Otto Wolf in Berlin hergestellt und von der Reichsanstalt nach genauer Untersuchung mit einer Beglaubigung versehen.

Solche Widerstände sehen äusserlich so aus, wie sie die Abbildungen Fig. 42 und 43 geben. Inwendig befindet sich der Widerstandsdraht, welcher auf einer Spule bifilar gewickelt ist. Bei den kleineren Widerständen verwendet man Manganinblechstreifen. Die Enden des Widerstandes schliessen sich an die dicken kupfernen Stromzuführungsdrähte, welche

Fig. 42.
Normalwiderstand von 0,1 Ohm.

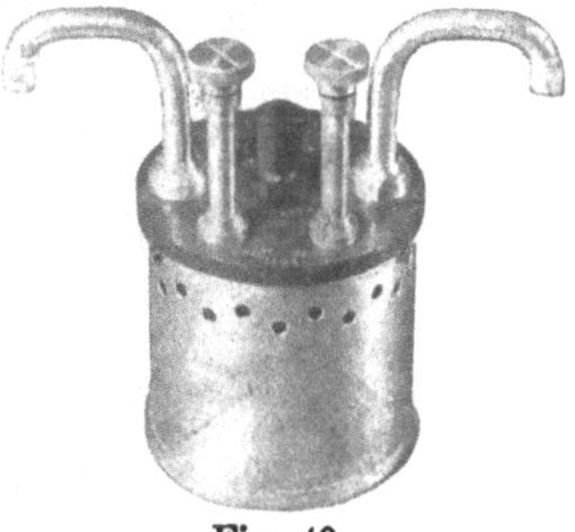

Fig. 43.
Normalwiderstand von 0,01 Ohm.

zum Stromanschluss mit ihren Enden in Quecksilbernäpfe getaucht werden. Fig. 43 zeigt ausserdem zwei Klemmschrauben, die zum Anschluss des Spannungsmessers dienen. Das Gehäuse ist aus Metall, der Deckel aus Hartgummi, beides mehrfach mit Löchern versehen, damit die Wärme fortgeleitet wird. Diese Widerstände werden zum Gebrauch in reinstes Petroleum gehängt, so dass der Draht durch Cirkulation stets gekühlt wird.

Die gebräuchlichsten Grössen der Reichsanstaltsnormalien sind im Folgenden zusammengestellt. Dabei ist für genaue Untersuchungen bei den betreffenden Widerständen nur eine Stromstärke zulässig, wie sie in der zweiten Zeile angegeben ist:

1000	100	10	1	0,1	0,01	0,001	Ohm,
0,032	0,1	0,32	1	3,2	10	32	Amp.

Bei der Arbeit mit solchen Normalwiderständen ist auf die Behandlungsvorschriften genau zu achten, weil sonst der Widerstand verdorben wird.

54. Flüssigkeitswiderstände.

Wenn ein elektrischer Strom durch eine leitende Flüssigkeit geschickt wird, so tritt erstens eine chemische Wirkung auf, und zweitens ist dabei auch in der Flüssigkeit ein Widerstand zu überwinden. Daher ist es nicht gleichgültig, ob wir den Strom mit grossen oder kleinen Platten in die Flüssigkeit hineinleiten und ob die Entfernung der beiden Platten voneinander gross oder klein ist. In jedem Fall ist auch bei

Fig. 44. Flüssigkeitswiderstand.

Flüssigkeiten der zu überwindende Widerstand proportional zur Länge des Weges, den der Strom in der Flüssigkeit zurückzulegen hat, und umgekehrt proportional zum Querschnitt, der dem Strom in der Flüssigkeit zur Verfügung steht.

Dort, wo es auf Genauigkeit nicht ankommt, wo man aber in den kleinsten Abstufungen den Widerstand ändern können will, wendet man in der Technik bisweilen Flüssigkeitswiderstände an. Es sind das zwei Metallplatten, die an einem isolierenden Deckel befestigt sind, und die durch Drehbewegung oder durch Heben und Senken bald mehr, bald weniger tief in die Flüssigkeit getaucht werden können. Als Elektrolyt wählt man dazu meistens Sodalösung.

Eine für das Laboratorium viel verwendete Anordnungsweise zeigt Fig. 45, bei der über einen Steintrog zwei dicke Kupferdrähte gelegt sind; an den Kupferdrähten können mehrere Metallplatten nebeneinander gehängt werden. Durch die Metallplatten wird der Strom in die Flüssigkeit geleitet. Der Widerstand kann verändert werden durch Auseinanderschieben oder Nähern der gegenüberstehenden Platten.

Bei kleinen Flüssigkeitswiderständen, bei denen die chemische Wirkung nicht stören soll, verwendet man am besten Kupferplatten in Kupfervitriollösung. Das Kupfer wird dann nur von der einen Platte zur anderen transportiert; ist die eine Platte schliesslich zu dünn, so kehrt man den Strom um.

Eine technische Ausführungsform eines Flüssigkeitswiderstandes stellt Fig. 45 dar.

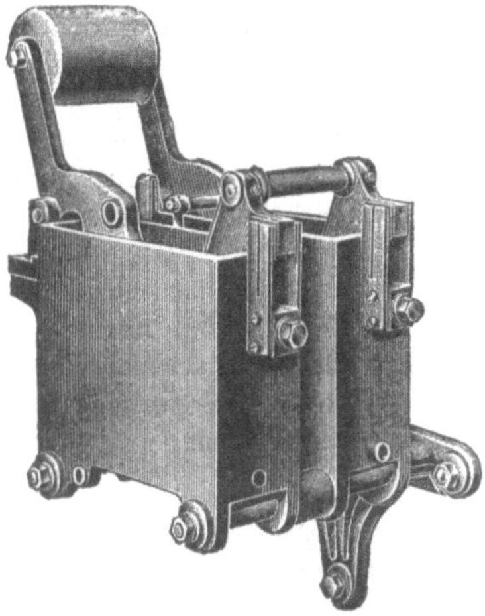

Fig. 45. Flüssigkeitswiderstand.

Der eine Pol ist an das metallische Gefäss, der andere an zwei drehbare Platten angeschlossen. Das Gefäss ist mit Sodalösuug gefüllt. Die drehbaren Platten laufen nach unten spitz zu, so dass der Widerstand in beträchtlichem Maasse geändert werden kann. Wenn die Platten tief eingetaucht sind und der Widerstand am kleinsten ist, kann der Stromkreis kurz geschlossen werden, was bei einigen Anwendungen in der Technik erforderlich ist. Zu diesem Zwecke sind zwei federnde Kontakte an dem Gefäss so angebracht, dass sie bei der tiefsten Stellung der Platten dieselben metallisch berühren.

55. Der innere und der äussere Widerstand eines elektrischen Kreises.

Stellen wir folgende Schaltung her, die in Fig. 46 schematisch dargestellt ist, bei der wir also eine galvanische Elektrizitätsquelle durch einen Draht schliessen, und messen wir die Spannung an den Polen der Elektrizitätsquelle bei offenem und bei geschlossenem Stromkreis, so sehen wir Folgendes:

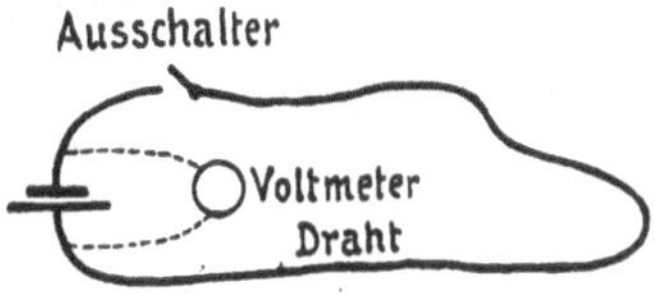

Fig. 46.

Fliesst kein Strom, so ist die Spannung an den Klemmen etwas höher, als bei Stromdurchgang. Bei jedesmaliger Unterbrechung des Stromes geht die Spannung sofort wieder auf ihren höheren Wert zurück. Ein Versuch mit verschiedenen Strombelastungen der Elektrizitätsquelle zeigt, dass die Klemmenspannung um so mehr fällt, je stärker der Strom ist.

Man spricht bei jedem Stromkreis von einem äusseren und einem inneren Widerstand. Der äussere Widerstand ist derjenige, den der Strom nach Verlassen der Elektrizitätsquelle durch den Draht u. s. w. zu überwinden hat bis zum Eintritt in die zweite Klemme der Elektrizitätsquelle. Der innere Widerstand ist der Widerstand der Stromquelle selbst.

In jedem Kreise ist ursprünglich eine gewisse Spannung verfügbar. Das ist diejenige Spannung, die wir bei Stromlosigkeit an den Klemmen der Elektrizitätsquelle messen. Diese verfügbare Spannung heisst die elektromotorische Kraft, oft abgekürzt die EMK der Elektrizitätsquelle.

Sobald nun ein Strom fliesst, wird von dieser verfügbaren Spannung, die in den folgenden Formeln E heissen möge, ein Teil in der Elektrizitätsquelle aufgebraucht; ist w der innere Widerstand und J die Stromstärke des Kreises, so ist in der Elektrizitätsquelle aufgebraucht worden die Spannung

$$e = J \cdot w,$$

und um diesen Wert e nimmt nun die Klemmenspannung P der Elektrizitätsquelle ab; es ist

$$P = E - e = E - Jw;$$

die Spannung e heisst auch der Spannungsabfall in der Elektrizitätsquelle.

Bei allen technisch verwendeten Elektrizitätsquellen wird der innere Widerstand klein gehalten, damit man bei Stromabnahme nicht zu grossen Spannungsabfall erhält. Je näher bei einer Elektrizitätsquelle der bisher verwendeten Art die Platten gegenüberstehen, um so kleiner wird der innere Widerstand. Die Vergrösserung der Platten hat ebenfalls eine Verringerung des inneren Widerstandes zur Folge.

Beispiel: Eine galvanische Elektrizitätsquelle hat bei offenem Stromkreis 120 Volt; bei Entnahme von 20 Ampère hat sie 118 Volt. Wie gross ist der innere Widerstand?

Auflösung:

$$\text{Spannungsabfall} = \text{Stromstärke} \times \text{Widerstand}$$
$$e = J \cdot w$$
$$2 \text{ Volt} = 20 \text{ Amp.} \times w \text{ Ohm.}$$

Der innere Widerstand beträgt:

$$w = \frac{2 \text{ Volt}}{20 \text{ Amp.}} = 0{,}1 \text{ Ohm.}$$

56. Der Widerstand der elektrischen Leitungen.

Für technische Betriebe werden die elektrischen Leitungen so bemessen, dass wenig Spannung in ihnen verloren geht. Wie wir einer

Rohrleitung von einem Kessel zu einer Dampfmaschine einen so weiten Durchmesser geben, dass wir im Betrieb an der Maschine nicht viel weniger Atmosphären haben, als am Kessel, so konstruieren wir bei technischen Betrieben eine elektrische Leitung in der Weise, dass wir am Ende der Leitung, die stets als Doppelleitung zu denken ist, nicht viel weniger Volt haben, als an der Elektrizitätsquelle.

Diese Anforderung wird übersichtlicher mit einem Blick auf das Schema in Fig. 47. Links haben wir dort eine Elektrizitätsquelle und rechts eine Verbrauchsstelle, etwa einen Widerstand. Zwischen beiden

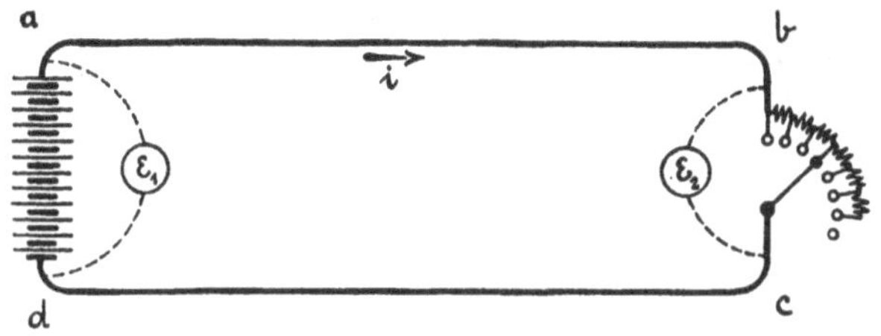

Fig. 47.

liegt die Leitung, welche aus den Drähten *a b* und *c d* besteht. Jeder der Leitungsdrähte hat einen bestimmten Widerstand; fliesst ein gewisser Strom durch die Leitung, so müssen wir zwischen den Enden eines jeden Drahtes auch eine bestimmte Spannung haben. Die Summe dieser beiden Werte geht im Leitungsdraht für die Verbrauchsstelle verloren.

Ist uns die Spannung an der Elektrizitätsquelle gegeben, sie heisse E_1, und ist uns ausserdem die Spannung an der Verbrauchsstelle, sie heisse E_2, vorgeschrieben, welche stets kleiner sein muss als E_1, so ist der Spannungsverlust in beiden Leitungsdrähten zusammen:

$$e = E_1 - E_2;$$

nach dem Ohm'schen Gesetz ist:

$$\frac{\text{Spannung an den Enden eines Drahtes}}{\text{Stromstärke im Draht}} = \text{Widerstand des Drahtes;}$$

das auf die Leitung angewendet ergiebt:

$$\frac{\text{Spannungsverlust in der Leitung}}{\text{Stromstärke}} = \text{Widerstand der Leitung.}$$

Heisse die gegebene Stromstärke i, bei der wir den Spannungsverlust e haben dürfen, so ist der Widerstand der Leitung

$$w = \frac{E_1 - E_2}{i} = \frac{e}{i};$$

Wenn nun der Widerstand der Leitung und ihre Länge l bekannt ist, so können wir für ein bestimmtes Material vom spezifischen Widerstand c auch den Querschnitt der Leitung ausrechnen aus der Formel von Abschnitt 43:

$$w = \frac{l}{q} \cdot c,$$

aus der sich ergiebt:

$$q = \frac{l}{w} \cdot c,$$

oder den Wert für w eingesetzt:

$$q = \frac{lic}{e} = \frac{lic}{E_1 - E_2}.$$

Aus dieser Gleichung ist zu sehen, dass bei Forderung eines geringeren Spannungsverlustes der Querschnitt der Leitung für dieselbe Stromstärke um so grösser wird.

Zusammenfassung: Der Querschnitt einer Leitung wird gerechnet nach der Formel:

$$q = \frac{lic}{e}$$

wobei bedeutet:

l die Länge beider Leitungsdrähte zusammen in Meter,
i die Stromstärke in Ampère,
c den spezifischen Widerstand des Materials,
e die Zahl der Volt, welche in der Leitung verbraucht werden dürfen. Den Querschnitt q erhalten wir aus dieser Formel in Quadratmillimeter.

Beispiel: An der Elektrizitätsquelle A in Fig. 48 herrsche eine Spannung von 120 Volt; an der Verbrauchsstelle B soll die Spannung

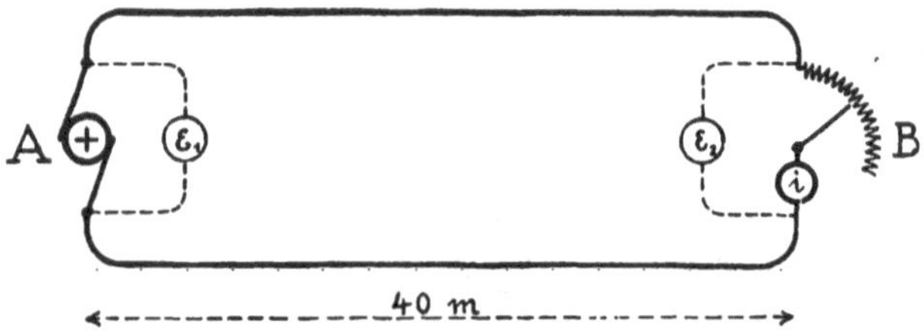

Fig. 48.

bei 20 Ampère 118 Volt betragen. Die Entfernung zwischen beiden Punkten betrage 40 m; der Draht kann in gerader Linie geführt werden. Die Leitung sei aus Kupfer.

Wie gross muss der Durchmesser des Drahtes sein?

Auflösung: Es beträgt:

Die Länge der Hin- und Herleitung zusammen	$l = 80$ m
Die Stromstärke	$i = 20$ Amp.
Der spezifische Widerstand des Materiales	$c = 0{,}0167$
Der Spannungsverlust	$e = 120 - 118 = 2$ Volt.

Demnach rechnet sich der Querschnitt der Leitung:

$$q = \frac{l i c}{e} = \frac{80 \cdot 20 \cdot 0{,}0167}{2} = 13{,}4 \text{ qmm};$$

der Durchmesser des Drahtes ist:

$$d = \sqrt{\frac{4}{\pi} \cdot q} = \sqrt{\frac{4}{\pi} \cdot 13{,}4} = 4{,}2 \text{ mm}.$$

57. Der Kurzschluss.

In einem früheren Abschnitt dieses Kapitels wurde gesagt, dass der innere Widerstand von Elektrizitätsquellen für technische Betriebe meistens sehr klein gehalten wird. Aus dem letzten Abschnitt ist ersichtlich, dass der Widerstand der Leitungen bei technischen Betrieben ebenfalls klein ist. Nach dem Ohm'schen Gesetz, 1. Form, folgt, dass unter diesen Verhältnissen eine direkte Verbindung zweier Leitungsdrähte ohne Einschaltung eines genügenden Widerstandes eine sehr grosse Stromstärke herbeiführen muss. Eine Stromstärke von dieser Höhe würde eine ganze Anlage zerstören, und durch die Wärmeentwicklung dieses starken Stromes könnte Brand entstehen, wenn man nicht geeignete Mittel zur Verhütung solcher Unglücksfälle geschaffen hätte. Wir haben es mit einem Kurzschluss zu thun.

Unter einem Kurzschluss versteht man eine unmittelbare Verbindung zweier spannungsführender Drähte, ohne dass ein genügender Widerstand im Kreise eingeschaltet ist.

Bei betriebsmässigen Spannungen erhält man bei Unterbrechung eines Kurzschlusses einen grossen Lichtbogen. Die Schutzvorrichtungen gegen Kurzschlüsse werden im Späteren behandelt werden.

Beispiel: An den Enden des Leitungsdrahtes, der in dem vorigen Beispiel berechnet wurde, soll ein Kurzschluss verursacht worden sein. Der innere Widerstand der Elektrizitätsquelle beträgt 0,1 Ohm, der Widerstand der Leitung beläuft sich auf 0,1 Ohm, die EMK der Elektrizitätsquelle sei 122 Volt.

Wie stark ist der Kurzschlussstrom?

Auflösung:

Der Widerstand der Elektrizitätsquelle	= 0,1 Ohm
Der Widerstand der Leitung	= 0,1 Ohm
Folglich der Gesamtwiderstand	= 0,2 Ohm.

Nach dem Ohm'schen Gesetz ist die Stromstärke:

$$J = \frac{122 \text{ Volt}}{0{,}2 \text{ Ohm}} = 610 \text{ Ampère}.$$

Bei dieser Stromstärke würde der Leitungsdraht von 4,2 mm Durchmesser bereits glühen.

58. Der Begriff des Leitvermögens und des spezifischen Leitvermögens.

Wenn wir mehrere Drähte von verschiedenem Widerstand nacheinander zwischen zwei Klemmen einschalten, die eine bestimmte Spannung führen, so fliesst in jedem Draht eine andere Stromstärke. Bei demjenigen Drahte, der den geringsten Widerstand hat, ist der Strom am stärksten, bei dem Draht mit dem grössten Widerstand ist der Strom am schwächsten.

Wir können auch sagen, derjenige Draht, der hierbei den stärksten Strom führt, hat das beste Leitvermögen, derjenige, bei dem der Strom am schwächsten ist, hat das geringste Leitvermögen. Wir verstehen dann unter dem Leitvermögen den umgekehrten Wert des Widerstandes.

Der Widerstand giebt an das Verhältnis:

$$\text{Widerstand} = \frac{\text{Spannung}}{\text{Stromstärke}}.$$

Das Leitvermögen drückt sich demnach aus durch den Bruch:

$$\text{Leitvermögen} = \frac{\text{Stromstärke}}{\text{Spannung}}.$$

Legen wir mehrere verschiedene Drähte nacheinander zwischen zwei Klemmen, die eine bestimmte Spannung führen, so steigt das Leitvermögen der Drähte in demselben Maasse, wie die Stromstärke.

Widerstand und Leitvermögen eines Drahtes stehen nach dem Gesagten zu einander in der Beziehung:

$$\text{Leitvermögen} = \frac{1}{\text{Widerstand}}.$$

Das Leitvermögen eines Drahtes wächst in demselben Maasse, unter Voraussetzung desselben Materials, wie der Querschnitt vergrössert wird; es nimmt ab in demselben Maasse, wie die Länge zunimmt.

Der spezifische Widerstand ist eine Zahl, welche angiebt, wieviel Ohm ein Draht von 1 m Länge und 1 qmm Querschnitt des betreffenden Materiales besitzt.

Unter dem Ausdruck spezifisches Leitvermögen versteht man den Wert:

$$\text{Spezifisches Leitvermögen} = \frac{1}{\text{spezifischen Widerstand}}.$$

Dieser Wert des spezifischen Leitvermögens wird gewöhnlich durch den griechischen Buchstaben Lambda (λ) in den Formeln ausgedrückt; ist c der spezifische Widerstand eines Materials, so ist:

$$\lambda = \frac{1}{c}.$$

In der Technik kommt hauptsächlich das spezifische Leitvermögen von Kupfer in Betracht:

$$\lambda_{Cu} = \frac{1}{0,0167} = 60 .$$

Sechstes Kapitel.

Die Gesetze der Stromverzweigungen.

59. Der Begriff der Stromverzweigung.

Unter einer Stromverzweigung versteht man eine Teilung des Stromweges, so dass der elektrische Strom von einem bestimmten Punkt aus mehrere nebeneinander liegende Drähte in derselben Richtung durchfliesst, die an einer anderen Stelle wieder zusammenkommen. Eine Stromverzweigung ist schematisch gezeichnet in Fig. 49, bei der der Strom zwischen den Punkten *a* und *b* drei Wege zu durchlaufen hat.

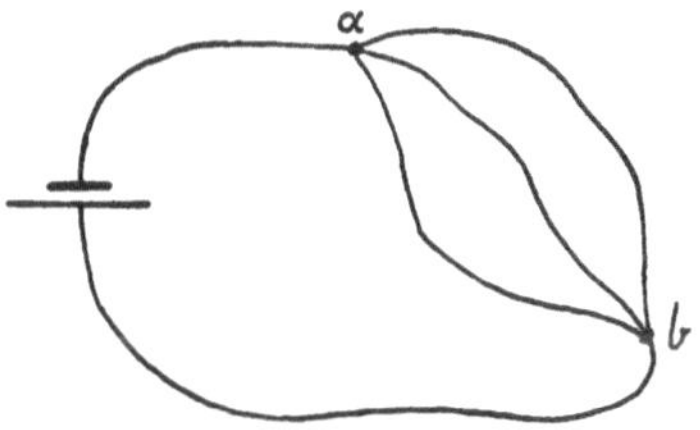

Fig. 49.

Es ist bereits früher gesagt worden, dass der Strom in jedem Querschnitt bei einem bestimmten elektrischen Kreislauf gleich stark ist.

60. Die Kirchhoff'schen Regeln.

Denken wir uns ein Kabel, das beispielsweise aus sieben gleichstarken Kupferdrähten zusammengedreht ist. Durch das Kabel sollen im ganzen 7 Ampère fliessen; dann ist klar, dass jeder Draht von ein

Fig. 50.

Ampère durchflossen ist. Wir haben zwischen den Enden dieses Kabels eine bestimmte Anzahl Volt; die Zahl der Volt kann nach dem Ohm'schen Gesetz aus Stromstärke und Widerstand gerechnet werden. In Fig. 50 sind die Enden dieses Kabels, *a* und *b*, durch zwei Metallknöpfe ausgedrückt; die starken, schwarzen Linien jenseits der Knöpfe sind die Stromzuleitungsdrähte von irgend einer Elektrizitätsquelle her. In einem dieser Zuleitungsdrähte ist ein Strommesser J eingeschaltet, der die 7 Ampère angiebt. Durch die gestrichelte Pfeillinie zwischen den Enden a und b mit der Angabe 0,1 Volt ist angedeutet, dass die Spannung zwischen ihnen 0,1 Volt betragen möge. Daher ist der Widerstand des ganzen Kabels

$$W = \frac{0{,}1 \text{ Volt}}{7 \text{ Amp.}} = \frac{1}{70} \text{ Ohm.}$$

Nun ändern wir an dieser Anordnung weiter nichts, als dass wir das Kabel aufdrehen, so dass oben etwa fünf und unten zwei Drähte zusammenbleiben, so, wie es Fig. 51 zeigt. Hinsichtlich der elektrischen Wirkung ist dabei gar nichts geändert. Jeder einzelne Draht ist ebenso lang wie vorher und hat also auch seine Stromstärke von 1 Ampère beibehalten. Es fliessen daher oben 5 Ampère und unten

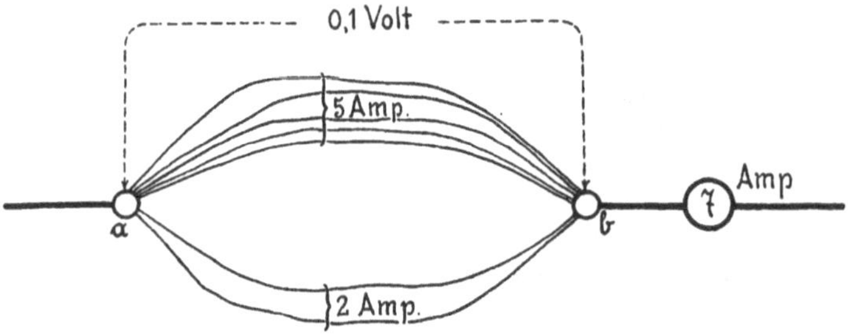

Fig. 51.

2 Ampère. Diese Anschauungsweise lehrt, dass die Stromstärke in der Summe der Querschnitte der einzelnen Zweige ebenso gross ist, wie die Stromstärke vor der Verzweigung.

Aber auch die Spannung zwischen den Stellen a und b hat sich nicht durch das Auftrennen des Kabels geändert; es muss also nach wie vor zwischen den Enden jedes einzelnen Stromzweiges die Spannung 0,1 Volt betragen.

Demnach ist der Widerstand des oberen Zweiges nach dem Ohm'schen Gesetz:

$$w_1 = \frac{0{,}1 \text{ Volt}}{5 \text{ Amp.}} = \frac{1}{50} \text{ Ohm;}$$

der Widerstand des unteren Zweiges:

$$w_2 = \frac{0{,}1 \text{ Volt}}{2 \text{ Amp.}} = \frac{1}{20} \text{ Ohm;}$$

wir ersehen daraus, in demjenigen Zweig, der den kleineren Widerstand hat, fliesst die grössere Stromstärke, in demjenigen, der den grösseren Widerstand hat, fliesst die kleinere Stromstärke; die Stromstärken in beiden Zweigen stellen sich ein in umgekehrtem Maass, wie die Widerstände der einzelnen Zweige bemessen sind.

Das was hier für diesen speziellen Fall gegolten hat, gilt für alle Stromverzweigungen, gleichviel, in welche Anzahl von Zweigen sich der Strom teilt, und gleichviel, in welchem Maasse die Widerstände der einzelnen Zweige voneinander verschieden sind. Die Drähte der Verzweigung können verschieden lang und verschieden dick sein, sie können aus verschiedenem Material bestehen und in beliebige Form gebracht werden, stets gelten die Gesetze, die zuerst von Kirchhoff aufgestellt worden sind:

Die Kirchhoff'schen Regeln.

1. Bei einer Stromverzweigung ist die Summe der Stromstärken in den einzelnen Zweigen ebenso gross, wie die Stromstärke vor oder nach der Verzweigung.

2. Die Stromstärken in den einzelnen Zweigen stellen sich umgekehrt ein, wie die Widerstände der einzelnen Zweige.

61. Die Gesetze der Stromverzweigungen unter Zuhilfenahme des Leitvermögens.

Rechnen wir statt des Widerstandes mit dem Leitvermögen der einzelnen Zweige des obigen Kabels, so sehen wir: Das Leitvermögen des ganzen Kabels beträgt:

$$L = \frac{7 \text{ Amp.}}{0{,}1 \text{ Volt}} = 70.$$

Nach der Zerlegung des Kabels in zwei und fünf Drähte folgt für das Leitvermögen des oberen Kreises:

$$l_1 = \frac{5 \text{ Amp.}}{0{,}1 \text{ Volt}} = 50;$$

und für das Leitvermögen des unteren Kreises:

$$l_2 = \frac{2 \text{ Amp.}}{0{,}1 \text{ Volt}} = 20.$$

Diese Rechnung lehrt uns, dass die Summe der Leitvermögen der einzelnen Zweige ebenso gross ist, wie das Leitvermögen des Kabels vor der Trennung. Da im oberen Kreise fünf Ampère flossen und im unteren zwei, sehen wir auch weiter, dass sich hier die Stromstärken einstellen, wie die Leitvermögen der beiden Zweige.

Das, was für diesen speziellen Fall gilt, kann direkt auf die Allgemeinheit übertragen werden, unabhängig von der Zahl der Verzweigungen und unabhängig von dem Grössenunterschied des Leitvermögens der einzelnen Zweige:

1. Bei einer Stromverzweigung ist das Leitvermögen des ganzen Systemes ebenso gross, wie die Summe der Leitvermögen der einzelnen Zweige.
2. Die Stromstärken in den einzelnen Zweigen verteilen sich in demselben Maasse, wie die Leitvermögen der einzelnen Zweige bemessen sind.

62. Der Ersatzwiderstand einer Stromverzweigung.

Wir haben verstanden unter dem Leitvermögen eines Drahtes den umgekehrten Wert des Widerstandes, demnach muss auch dei dem oben erwähnten Kabel sein:

$$L = \frac{1}{W}, \quad l_1 = \frac{1}{w_1} \quad \text{und} \quad l_2 = \frac{1}{w_2}.$$

Das Gesamtleitvermögen L ist gleich der Summe der einzelnen Leitvermögen:

$$L = l_1 + l_2,$$

daher muss auch die Gleichung gelten:

$$\frac{1}{W} = \frac{1}{w_1} + \frac{1}{w_2}.$$

Der Gesamtwiderstand einer Stromverzweigung, der gewöhnlich den Namen Ersatzwiderstand führt, kann für zwei nebeneinander geschaltete Drähte aus der letzten Gleichung durch die Einzelwiderstände ausgerechnet werden:

$$W = \frac{w_1 \cdot w_2}{w_1 + w_2}.$$

Man merkt sich diese Formel sehr leicht daran, dass bei Nebeneinanderschaltung von 2 × 1 Ohm der Widerstand halb so gross wird:

$$W = \frac{1 \cdot 1}{1 + 1} = \frac{1}{2}\ \text{Ohm}.$$

63. Erweiterung der Gesetze bei Einschaltung von Spannungen in den einzelnen Zweigen.

Liegt ein System von Verzweigungen vor, in dem sowohl Widerstände, als auch elektromotorische Kräfte enthalten sind, etwa nach

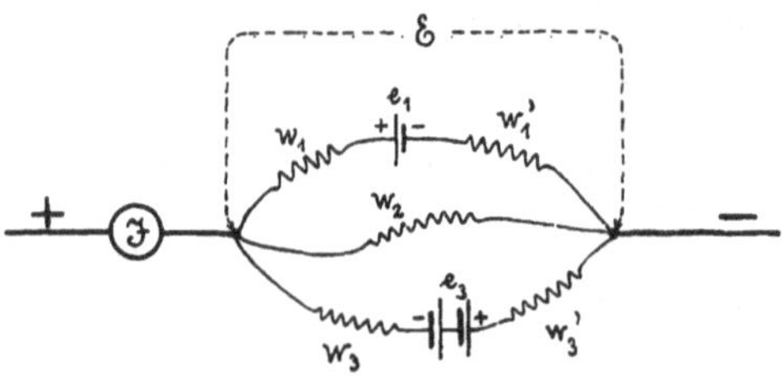

Fig. 52.

Art der in Fig. 52 gezeichneten Elemente, so ist stets für jeden einzelnen Zweig die Summe der Widerstände, alle mit positivem Vorzeichen, und die Summe aller elektromotorischen Kräfte des Zweiges, jedesmal mit zugehörigem Vorzeichen, zur Berechnung der Stromstärke einzusetzen. Mit den Bezeichnungen der Figur ist:

$$\left.\begin{aligned} i_1 &= \frac{E - e_1}{w_1 + w_1'} \\ i_2 &= \frac{E}{w_2} \\ i_3 &= \frac{E + e_3}{w_3 + w_3'} \end{aligned}\right\} i_1 + i_2 + i_3 = J.$$

Wenn eine Anzahl von Widerständen so geschaltet ist, dass sie zusammen eine Stromverzweigung bilden, so sind folgende Bezeichnungen im Gebrauch:

1. die einzelnen Widerstände liegen nebeneinander,
2. die Widerstände sind nebeneinander geschaltet,
3. die Widerstände sind parallel geschaltet,
4. die Widerstände liegen im Nebenschluss zu einander,
5. der eine Widerstand ist von dem anderen abgezweigt.

Siebentes Kapitel.

Die Anwendung der Gesetze von den Stromverzweigungen.

64. Beispiel für die Justierung eines Normalwiderstandes durch einen Nebenschluss.

Ein Widerstand, der zu Messzwecken verwendet werden soll, hat 1,013 Ohm. Es soll ein dünner Draht parallel geschaltet werden, damit der Ersatzwiderstand 1 Ohm beträgt.

Wieviel Ohm muss der Nebenschlusswiderstand haben?

Auflösung: Die Formel für den Ersatzwiderstand zweier paralleler Widerstände lautet:

$$W = \frac{w_1 \cdot w_2}{w_1 + w_2}.$$

Es ist: $w_1 = 1{,}013$ Ohm
Es soll sein: $W = 1$ Ohm.

Aus obiger Gleichung folgt:

$$w_2 = \frac{W \cdot w_1}{w_1 - W}$$

$$= \frac{1 \cdot 1{,}013}{1{,}013 - 1} = \frac{1{,}013}{0{,}013} = 77{,}9 \text{ Ohm}.$$

Es ist ein Widerstandsdraht von 77,9 Ohm parallel zu schalten.

65. Nebenschlusswiderstände bei einem Strommesser zur Veränderung des Messbereichs.

In der Praxis und im Laboratorium wird vielfach das Messbereich eines Strommessers, den man sich vorläufig noch als Spule mit darüberhängendem Eisenkern vorstellen kann, dadurch vergrössert, dass an die Klemmen des Instrumentes ein Nebenschlusswiderstand angeschlossen wird. Ein solcher Widerstand führt dann einen gewissen Teil des Stromes um das Instrument herum; man misst nur die Stromstärke desjenigen Zweiges, in dem das Instrument liegt. Der Widerstand des Instrumentes und der des Nebenschlusses bleiben unveränderlich, daher fliesst auch stets ein ganz bestimmtes Vielfaches des Instrumentenstromes durch die ganze Verzweigung.

Das Schaltungsschema eines solchen Instrumentes mit Nebenschluss ist durch Fig. 53 ausgedrückt. Die Kreise a und b bezeichnen die Klemmen des Strommessers; S bezeichnet die Spule des Instruments von oben gesehen; die starken Linien zu beiden Seiten stellen die Anschlussdrähte dar.

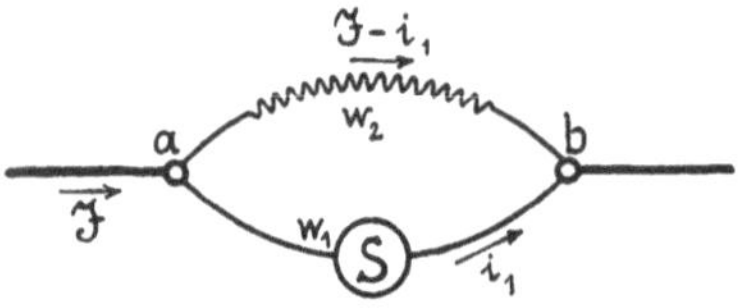

Fig. 53.

Ist die Instrumentenstromstärke am Ende der Skala i_1 und will man im ganzen bis zur Stromstärke J messen können, so muss durch den Nebenschlusswiderstand fliessen ein Strom:

$$i_2 = J - i_1.$$

Ist der Widerstand der Instrumentenspule w_1, so ist die Spannung, welche an den Klemmen des Instruments liegt:

$$e = i_1 \cdot w_1;$$

Dieselbe Spannung liegt auch an den Enden des Nebenschlusswiderstandes, der zu gleicher Zeit von dem Strom $J - i$ durchflossen sein soll. Daher ergiebt sich der Nebenschlusswiderstand:

$$w_2 = \frac{e}{J - i_1}.$$

Beispiel: Ein Strommesser zeigt bis 1 Ampère. Sein Widerstand beträgt 0,1 Ohm.

Wie gross müssen die Nebenschlusswiderstände sein, damit man:

1. bis 10 Ampère,
2. bis 100 Ampère

messen kann?

Auflösung: Es liegt an den Klemmen des Instruments, wenn der Zeiger am Ende seiner Skala steht, eine Spannung:

$$e = 1 \text{ Amp.} \cdot 0{,}1 \text{ Ohm} = 0{,}1 \text{ Volt}.$$

1. Für ein Messbereich bis 10 Ampère, wobei das Instrument von 1 Ampère durchflossen ist, müssen durch den Nebenschluss 9 Ampère gehen. Daher ist der Widerstand des Nebenschlusses:

$$w_2 = \frac{0{,}1 \text{ Volt}}{9 \text{ Amp.}} = \frac{1}{90} \text{ Ohm.}$$

2. Für das Bereich bis 100 Ampère kann das Instrument ebenfalls nur bis 1 Ampère durchflossen sein. In diesem Fall müssen 99 Ampère um das Instrument herumfliessen; der Widerstand dieses Nebenschlusses ist:

$$w_2 = \frac{0{,}1 \text{ Volt}}{99 \text{ Amp.}} = \frac{1}{990} \text{ Ohm.}$$

66. Die Wirkungsweise eines Spannungsmessers.

Der bisher verwendete Spannungsmesser besteht ebenfalls, wie der Strommesser, aus einer Spule, in deren Inneres ein Eisenkern tauchen kann, welcher an einer Feder aufgehängt ist. Die Spule besteht hier nur aus einer sehr grossen Anzahl sehr dünner Windungen, infolge dessen hat dieses Instrument einen sehr grossen Widerstand. Legen wir den Spannungsmesser zwischen zwei Klemmen, welche Spannung führen, so fliesst wohl ein Strom durch das Instrument, aber der Strom ist so schwach, dass wir ihn gegenüber den anderen Strömen, mit denen wir arbeiten, vernachlässigen können.

Ein Spannungsmesser bildet dann zu dem Draht, von dem wir abzweigen, einen Nebenschluss. Der Nebenschlussstrom i stellt sich, da der Widerstand W des Instruments konstant ist, ein nach dem Ohm'schen Gesetz:

$$i = \frac{E}{W}$$

wobei E die Spannung bedeutet, an die das Instrument angeschlossen ist. Entsprechend dieser Stromstärke i wird der Eisenkern tief oder weniger tief in die Spule gezogen.

Beispiel: Ein Spannungsmesser, welcher für 2 Volt maximale Spannung konstruiert ist, hat 210 Ohm Widerstand. Wir schicken durch einen Manganinstreifen von 0,1 Ohm Widerstand einen Strom von 18 Ampère und messen die Spannung an den Enden des Streifens mit diesem Instrument. Um wieviel Ampère vergrössert sich dadurch der Strom in den Zuleitungsdrähten?

Auflösung: Die Spannung an den Enden des Blechstreifens beträgt:

$$E = 18 \text{ Amp.} \cdot 0{,}1 \text{ Ohm} = 1{,}8 \text{ Volt.}$$

Die Stromstärke im Spannungsmesser beläuft sich auf:

$$i = \frac{1{,}8 \text{ Volt}}{210 \text{ Ohm}} = 0{,}0086 \text{ Ampère.}$$

Folglich ist die Stromstärke in den Zuleitungen bei Anschluss des Spannungsmessers:

$$J = 18 + 0{,}0086 = 18{,}0086 \text{ Ampère.}$$

Diese geringe Erhöhung der Stromstärke ist an technischen Instrumenten meistens nicht mehr zu erkennen.

67. Veränderung des Messbereichs bei Spannungsmessern.

Auch bei einem Spannungsmesser, der für eine bestimmte Spannung konstruiert ist, lässt sich das Messbereich ändern. Da die Stromstärke in der Spule des Instruments allein für die Stellung des Zeigers maassgebend ist, kann bei höheren Spannungen, als direkt an das Instrument gelegt werden dürfen, ein bekannter Widerstand vor die Spule geschaltet werden. Das sieht im Schema so aus, wie Fig. 54 zeigt. Dabei muss der Widerstand W_1 des Instruments bekannt sein. Die beiden Kreise a und b bezeichnen die Klemmen des nunmehrigen Spannungsmessers, die Anschlussdrähte sind durch Linien gekennzeichnet.

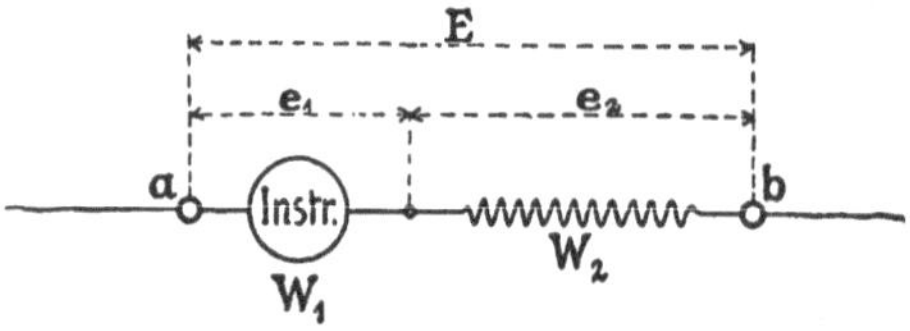

Fig. 54.

In demselben Maasse, wie der Widerstand zwischen den Klemmen a und b vergrössert wird, kann auch die Spannung zwischen ihnen gesteigert werden, ohne dass die Stromstärke zunimmt.

Ist die Spannung, die bei der äussersten Zeigerstellung am Instrument liegt, ausgedrückt durch e_1, und will man bis zur Spannung E messen, so muss bei der zugehörigen sehr kleinen Stromstärke im Vorschaltwiderstand eine Spannung aufgebraucht werden:

$$e_2 = E - e_1.$$

Da durch das Instrument dieselbe Stromstärke fliesst, wie durch den Vorschaltwiderstand W_2, besteht nach dem Ohm'schen Gesetz die Gleichung:

$$\frac{e_1}{e_2} = \frac{W_1}{W_2};$$

das heisst: Der Vorschaltwiderstand ist in demselben Maasse grösser zu bemessen, als der Instrumentenwiderstand, wie die zu vernichtende Spannung grösser ist, als die Instrumentenspannung.

Beispiel: Ein Spannungsmesser zeigt bis 1 Volt. Sein Widerstand beträgt 100 Ohm.

Wie gross muss der Vorschaltwiderstand sein, damit man

1. bis 10 Volt,
2. bis 100 Volt

mit diesem Instrument messen kann?

Auflösung: 1. Am Instrument liegt bei äusserster Zeigerstellung 1 Volt, daher müssen an den Enden des Vorschaltwiderstandes 9 Volt liegen. Letzterer muss daher neunmal so gross sein, als der Instrumentenwiderstand.

Die Grösse des Vorschaltwiderstandes beträgt

$$W_2 = 9 \cdot W_1 = 9 \cdot 100 = 900 \text{ Ohm.}$$

2. In diesem Fall müssen 99 Volt im Vorschaltwiderstand aufgebraucht werden, daher ist er zu bemessen:

$$W_2 = 99 \cdot W_1 = 99 \cdot 100 = 9900 \text{ Ohm.}$$

68. Messen von Widerständen mit der Wheatstone'schen Brücke.

Wenn zwei parallel geschaltete Drähte von Strom durchflossen sind, so herrscht zwischen den Verzweigungsstellen eine ganz bestimmte Spannung. Diese Spannung fällt innerhalb der Verzweigung ganz allmählich ab von dem höheren Wert zu dem niederen, je nach der Länge des durchlaufenen Drahtes; würden wir einen Spannungsmesser nacheinander so anlegen, wie es die gestrichelten Linien in Fig. 55 andeuten, so dass wir die Spannungen nur von einem Verzweigungs-

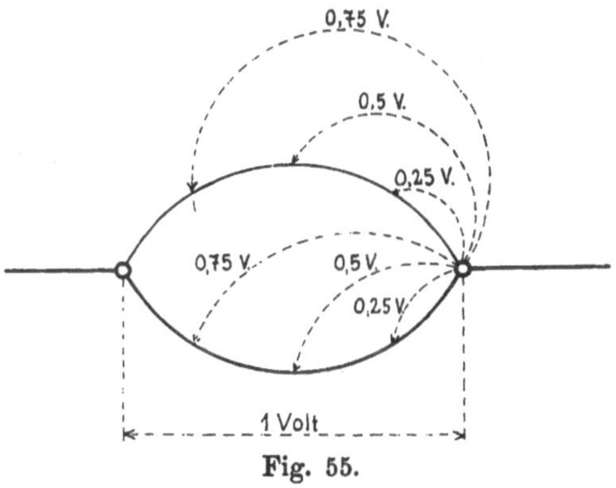

Fig. 55.

punkt aus messen, dann würden wir Werte erhalten können, wie sie z. B. in Fig. 55 eingetragen sind. Dabei können die Drähte von ungleicher Länge oder von ungleicher Dicke sein. An der halben Länge der einzelnen Zweige haben wir die halbe Spannung, an ein Viertel der Länge nur ein Viertel der Spannung gegenüber den Verzweigungsstellen.

Bringen wir nun, so wie es Fig. 56 zeigt, einen weiteren Draht zwischen zwei Punkte der Verzweigung, die einen Spannungsunterschied besitzen, so wird dieser dritte Draht von einem Strom durchflossen, denn zwischen seinen Enden liegt Spannung.

Anders ist das, wenn der Draht so liegt, wie es das Schema Fig. 57 angiebt. Hierbei soll zwischen den vier Drahtlängen *a, b, c* und *d* die Gleichung existieren:

$$\frac{a}{b} = \frac{c}{d}.$$

In diesem Fall sind zwei Punkte miteinander verbunden, die keinen Spannungsunterschied haben; es fliesst in diesem Verbindungsdrahte nun kein Strom.

Diese Anordnung ist zum Messen von Widerständen verwendet worden. Einer der beiden Zweigdrähte braucht gar nicht konstanten

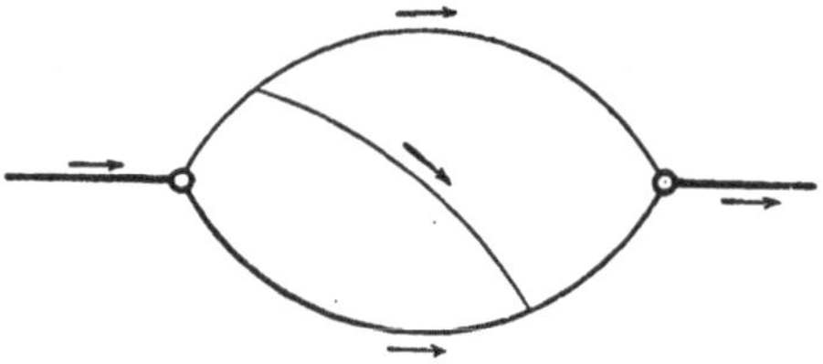

Fig. 56.

Querschnitt zu haben; man kann an Stelle dieses Drahtes, etwa des unteren, (siehe Fig. 58), zwei Widerstände hintereinander schalten, von denen der eine (*w*) bekannt, der andere (*x*) unbekannt ist. Als anderen Zweigdraht verwendet man einen dünnen geraden Draht aus Manganin oder einem ähnlichen Material, welcher über einen Maassstab gespannt ist.

Zwischen den Widerständen *w* und *x* zweigt ein Draht ab, der mehrmals um eine Magnetnadel und von da aus zu einem Schleif-

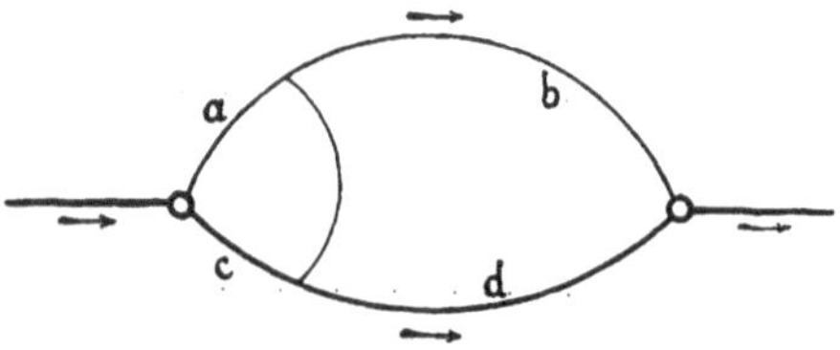

Fig. 57.

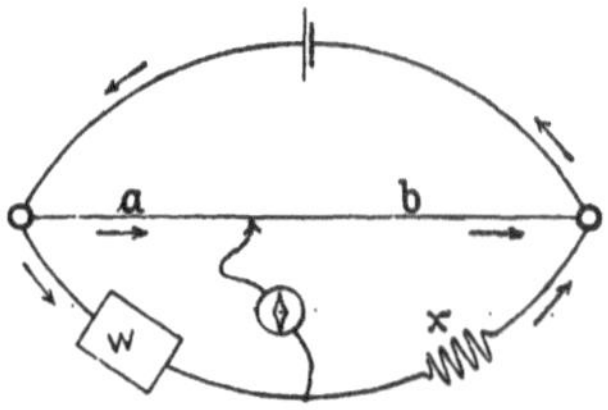

Fig. 58.

kontakt geführt ist, der über den ausgespannten Draht hin und her verschoben werden kann. Durch dieses Hin- und Herschieben kann man unter Beobachtung der Magnetnadel die Stelle des geraden Drahtes suchen, von der aus gemessen die Magnetnadel keinen Ausschlag giebt. In diesem Fall ist Stromlosigkeit in dem Verbindungsdraht und es herrscht zwischen den beiden Drahtlängen *a* und *b*, sowie zwischen den beiden Widerständen *w* und *x* die Beziehung:

$$\frac{a}{b} = \frac{w}{x},$$

oder der unbekannte Widerstand ist gefunden zu:

$$x = w \cdot \frac{b}{a}.$$

Diese Methode der Messung heisst die Methode der Wheatstone'schen Brücke. Als eigentliche Brücke bezeichnet man den Verbindungsdraht, in dessen Mitte die Magnetnadel liegt. Der ausgespannte Draht heisst der Messdraht.

Beispiel: Bei der Schaltung nach Figur 58 hat man Stromlosigkeit in der Brücke gefunden, während der Schleifkontakt auf 45,3 cm von links her gerechnet, steht. Die Länge des Messdrahtes ist 100 cm. Der bekannte Widerstand w war auf einem Stöpselrheostat eingestellt worden zu 100 Ohm.

Wie gross ist der zu messende Widerstand x?

Auflösung: Die Länge a ist gefunden zu 45,3 cm; die Länge b ergiebt sich demnach zu 100 — 45,3 = 54,7 cm.
Demnach ist der unbekannte Widerstand gefunden:

$$x = w \cdot \frac{b}{a} = 100 \cdot \frac{54,7}{45,3} = 121 \text{ Ohm}.$$

Achtes Kapitel.

Wärmemenge, Arbeit und Leistung des elektrischen Stromes.

69. Abhängigkeit der erzeugten Wärmemenge von Stromstärke und Widerstand. (Experimente.)

Bisher wurde nur gesehen, dass in stromdurchflossenen Drähten Wärme erzeugt wird. In folgenden Experimenten soll gezeigt werden, in welchem Maasse die erzeugte Wärmemenge von den elektrischen Grössen Stromstärke und Widerstand abhängig ist.

Wir bedienen uns dazu des Weinhold'schen Apparates, der schematisch durch die folgende Abbildung, Fig. 59, wiedergegeben ist. Er besteht aus zwei Glaskugeln, die beide gleich grossen Hohlraum haben und die beide nach unten in je ein Glasrohr auslaufen, welches U-förmig umgebogen ist. In jeder Kugel befindet sich ein Draht, der von einem elektrischen Strom

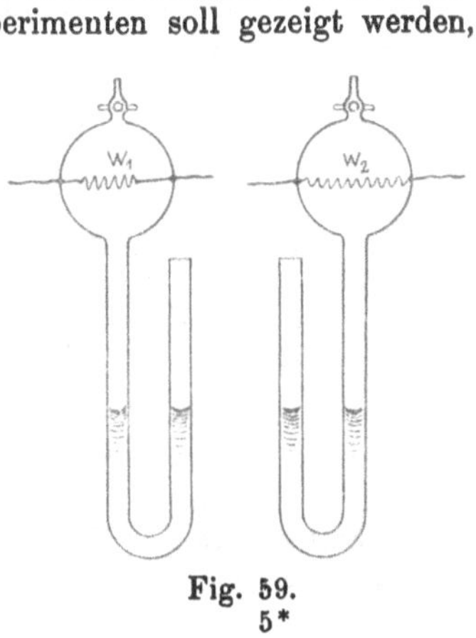

Fig. 59.

durchflossen werden kann. Die Zuleitungsdrähte gehen durch Gummistöpsel, welche in der Figur fortgelassen sind. Jede Kugel hat oben einen Glashahn, durch den das Kugelinnere mit der Aussenluft in Verbindung gesetzt werden kann. Die **U**-förmigen Rohre sind halb mit Wasser gefüllt.

In beiden Schenkeln des Rohres steht nach dem Gesetz der kommunizierenden Röhren das Wasser gleich hoch, wenn in der Kugel derselbe Druck herrscht, wie draussen. Entsteht aber in der Kugel ein Überdruck, so kann man denselben an dem Höhenunterschied der beiden Wasserspiegel ablesen.

Wird nun die in der Kugel eingeschlossene Luft erwärmt, so dehnt sie sich aus und erzeugt einen Überdruck in dem Hohlraum. Wenn das Glas keine Wärme ausstrahlt, dann steigt der Druck ungefähr in dem gleichen Maasse, wie die in die Kugel hineingeschickte Wärmemenge.

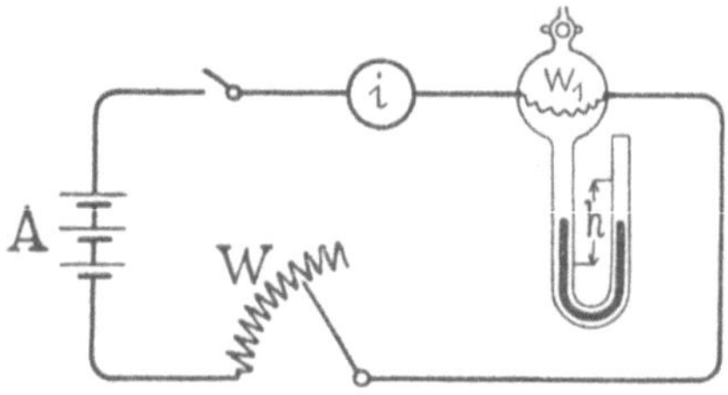

Fig. 60.

Zunächst wird der erste Widertand, w_1, in einen Stromkreis eingeschaltet, der durch das Schema von Fig. 60 angedeutet ist:

Der Strom geht von dem einen Pol der Elektrizitätsquelle A zu einem Ausschalter und weiter zu einem Strommesser; von da aus durch den eingeschlossenen Widerstand w_1 und zum zweiten Pol der Elektrizitätsquelle zurück unter Einschaltung eines Regulierwiderstandes W. Letzterer ist vorher so ausprobiert worden, dass wir eine Stromstärke bekommen:

$$i = 0{,}5 \text{ Ampère};$$

es fliesst dann nach erneutem Einschalten sofort eine bestimmte Stromstärke durch den Widerstand, der im Glasballon eingeschlossen ist. Der Strom erwärmt den Draht w_1, und dieser teilt seine Erwärmung der eingeschlossenen Luft mit. Diese dehnt sich aus und treibt das Wasser in dem **U**-Rohr in die Höhe.

Vor dem erneuten Stromschluss wird der Glashahn der Kugel geöffnet und wieder geschlossen, so dass die beiden Wasserspiegel in gleicher Höhe stehen. Vom Stromschluss ab wird die Zeit mit einer Sekundenuhr beobachtet. Wir erhalten dann verschiedene Steighöhen h je nach der Zeit des Stromdurchganges und wir beobachten in diesem Fall:

Nach $t = 5$ Sekunden ist $h = 0{,}5$ cm
„ $t = 10$ „ „ $h = 1{,}0$ „
„ $t = 15$ „ „ $h = 1{,}5$ „ .

Wir erhalten, wie der Versuch zeigt, jedesmal eine Druckhöhe, die in demselben Maasse steigt, wie die Zeitdauer des Stromdurchgangs.

Damit ist aus dem Vorherigen klar, dass hier auch die erzeugte Wärmemenge in demselben Maasse steigt, wie die Dauer des Stromdurchgangs.

Wir können beliebige Widerstände einschliessen und beliebige Stromstärken hindurchschicken; wenn das Gefäss keine Wärme fortleitet, lehren uns die Experimente in jedem Fall:

Die von einer bestimmten Stromstärke bei dem Durchfliessen eines bestimmten Widerstandes erzeugte Wärmemenge steigt in demselben Maasse, wie die Dauer des Stromdurchgangs.

Wir ändern nun die Schaltung der Fig. 60 insofern, als an Stelle des einen Widerstandes w_1 nun die beiden Widerstände w_1 und w_2 hintereinander eingeschaltet werden. Der Widerstand w_2 ist doppelt so gross als w_1. Es fliesst also durch beide Widerstände dieselbe Stromstärke, die wieder auf 0,5 Ampère mittels des Widerstandes W einreguliert wird. Auf die Zeitbeobachtung kommt es jetzt nicht mehr an. Vor erneutem Stromschluss setzen wir das Innere beider Ballons für kurze Zeit mit der Aussenluft in Verbindung und wir erhalten nach Stromschluss folgende Zahlen für die Druckhöhen:

bei dem Rohr zu w_1:		bei dem Rohr zu w_2:
$h_1 = 1$ cm	. . . .	$h_2 = 2$ cm
$h_1 = 2$ cm	. . . .	$h_2 = 4$ cm
$h_1 = 3$ cm	. . . .	$h_2 = 6$ cm

Diejenigen Werte, die durch die Punktreihen miteinander verbunden sind, sind gleichzeitige Ablesungen. Sie lehren, dass bei dem doppelten Widerstand hier der doppelte Druck, also auch die doppelte Wärmemenge erzeugt worden ist.

Wir können beliebige Widerstände einschliessen, die in beliebigem Maasse voneinander verschieden sind. Wenn die Gefässe keine Wärme ausstrahlen, finden wir bei allen Versuchen das Resultat:

Durchfliesst eine bestimmte Stromstärke einen Widerstand, so ist die in einer bestimmten Zeit in dem Widerstand erzeugte Wärmemenge proportional zur Grösse des Widerstandes.

In einem dritten Versuch wird die Schaltung der Figur 60 wieder hergestellt. Wir verändern jetzt die Stromstärke i und beobachten für eine bestimmte Zeitdauer die Steighöhe. Der Versuch ergiebt jedesmal nach einem Stromdurchgang von 10 Sekunden Dauer folgende Werte:

bei einer Stromstärke:	ist die Steighöhe:
$i = 0{,}5$ Ampère	$h = 1$ cm
$i = 1$ „	$h = 4$ cm
$i = 1{,}5$ „	$h = 9$ cm.

Bei dem Experiment erhalten wir, wie diese Zahlen sagen, eine Wärmemenge, die mit dem Quadrat der Stromstärke zunimmt. Das sehen wir daran, dass bei Verdoppelung der Stromstärke die vierfache, bei Verdreifachung die neunfache Wärmemenge erzeugt wird. Wir können das Resultat unmittelbar auf die Allgemeinheit übertragen:

Die in einem bestimmten Widerstand während einer gewissen Zeitdauer durch den Strom entwickelte Wärmemenge ist proportional dem Quadrat der Stromstärke.

70. Zusammenstellung der Beobachtungen. Das Joule'sche Gesetz.

Das Ergebnis dieser drei Versuche lässt sich in eine mathematische Form bringen. Bezeichnet nämlich:

i die Stromstärke in Ampère,
w den von i durchflossenen Widerstand in Ohm,
t die Zeitdauer des Stromdurchgangs in Sekunden,
Q die entwickelte Wärmemenge in Kalorien,

so existiert zwischen diesen Grössen die Gleichung:

$$Q = c \cdot i^2 \cdot w \cdot t,$$

wobei c eine Konstante bedeutet. Diese Konstante hat sich für die oben angegebenen Maasse durch genaue Versuche bestimmen lassen zu:

$$c = 0{,}00024.$$

Obige Betrachtungen über die Abhängigkeit der Wärmemenge von den elektrischen Grössen hat zuerst der Engländer Joule klargelegt und man bezeichnet die Gleichung:

$$Q = c \cdot i^2 \cdot w \cdot t$$

als das Joule'sche Gesetz. Es lautet in Worten:

Das Joule'sche Gesetz: Wird ein Widerstand W von einer Stromstärke J durchflossen, so ist die in t Sekunden erzeugte Wärmemenge proportional dem Ausdruck $J^2 \cdot W \cdot t$.

71. Die Arbeitsmenge des elektrischen Stromes.

Berücksichtigen wir, dass sich eine gewisse Anzahl Meterkilogramm auch durch eine gewisse Anzahl von Kalorien ausdrücken lässt, denn 424 mkg ist gleich einer Kalorie, so sagt uns das Resultat des vorigen Abschnittes:

Sobald ein elektrischer Strom i einen Widerstand durchfliesst, ist eine gewisse Arbeitsleistung damit verbunden. Die Arbeitsmenge A, welche bei dem Durchlaufen des Widerstandes w in t Sekunden umgesetzt worden ist, beläuft sich, genau wie die Anzahl Kalorien, auf:

$$A = c \cdot i^2 \cdot w \cdot t.$$

Wird die Arbeitsmenge A in Meterkilogramm ausgedrückt, so wird die Konstante c für die Berechnung der Meterkilogramm 424 mal so gross, als die Konstante im vorigen Abschnitt. Es ist

$$A \text{ mkg} = \frac{1}{9{,}81} \cdot (i \text{ Amp.})^2 \cdot w \text{ Ohm} \cdot t \text{ Sek.}$$

Aus dem Ohm'schen Gesetz geht hervor: da die Spannung an den Enden des Widerstandes

$$E = i \cdot w$$

ist, kann statt des Wertes $i \cdot w$ auch die Spannung E in die Arbeitsgleichung eingesetzt werden. Es wird dann:

$$A = c \cdot E \cdot i \cdot t$$

oder

$$A \text{ mkg} = \frac{1}{9{,}81} \cdot E \text{ Volt} \cdot i \text{ Amp.} \cdot t \text{ Sek.}$$

Wenn ein Strom in einer bestimmten Richtung fliesst, die als die positive angenommen wird, und wir haben dabei Arbeit aufzuwenden, so gewinnen wir diese Arbeit nicht zurück, wenn wir den Strom umkehren, denn in diesem Fall wäre:

$$A = c \cdot (-i) \cdot (-i) \cdot w \cdot t = + c \cdot i^2 \cdot w \cdot t.$$

Die geleistete Arbeitsmenge ist unabhängig von der Stromrichtung, daher ist auch bei dem Hindurchschicken eines Wechselstromes durch einen Widerstand stets eine gewisse Arbeitsmenge aufzuwenden.

72. Betrachtung einer Wasserleitung in Hinsicht auf Arbeit und Leistung.

Unter der Leistung verstehen wir, wie schon in dem ersten Kapitel betont worden ist, die Arbeitsmenge, welche bei irgend einer

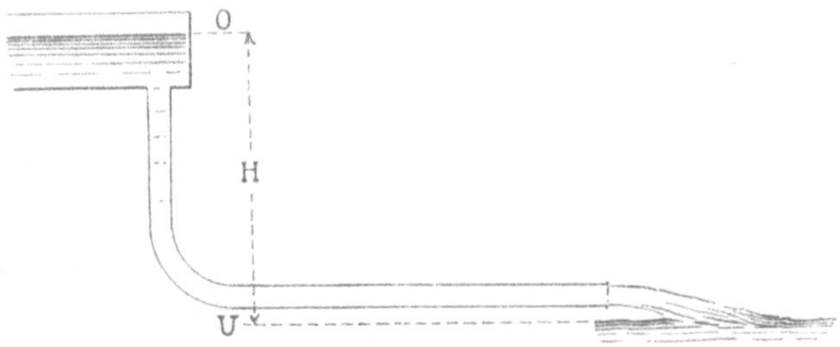

Fig. 61.

technischen Einrichtung pro Sekunde umgesetzt wird. Zum leichteren Verständnis der elektrischen Vorgänge betrachten wir zunächst eine Wasserleitung nach dieser Richtung hin.

Eine Wasserleitung soll durch die Fig. 61 gekennzeichnet sein.

Wir haben einen Oberwasserspiegel O und einen Unterwasserspiegel U. Auch das wurde in dem ersten Kapitel bereits erörtert, dass uns dabei dann eine gewisse Leistung, eine bestimmte Anzahl Meterkilogramm pro Sekunde zur Verfügung steht, wenn wir eine gewisse Wassermenge pro Sekunde vom Oberwasserspiegel zum Unterwasserspiegel fliessen lassen können. Wie wir diese Leistung ausnutzen können, das giebt die Lehre der Wasserräder und Turbinen. Hier kommt es nur darauf an, zu erkennen, eine wie grosse Leistung dabei auftritt.

Wenn pro Sekunde l kg Wasser um H Meter tiefer befördert werden, so ist die pro Sekunde geleistete Arbeit, oder die Leistung:

$$L = H \cdot l \text{ mkg/sec.}$$

Haben wir als Beispiel eine Wasserkraft von 10 m Druckhöhe und 150 Liter pro Sekunde, so ist die Leistung:

$$L = 10 \cdot 150 \text{ mkg/sec} = 1500 \text{ mkg/sec} = 20 \text{ Pferdestärken,}$$

da 75 mkg/sec eine Pferdestärke bedeuten. Ist die Wasserkraft t Sekunden in Betrieb, so ist die in den t Sekunden geleistete Arbeitsmenge

$$A = h \cdot l \cdot t \text{ mkg.}$$

Bei dem Ohm'schen Gesetz hatten wir verglichen:

1. die Stromstärke, oder die Elektrizitätsmenge pro Sekunde, mit der Wassermenge pro Sekunde,
2. die Spannung mit dem Wasserdruck, der zur Verfügung steht.

Die eben erwähnte Formel für die Arbeit bei einer Wasserleitung

$$A = h \cdot l \cdot t$$

verglichen mit der Formel für die Arbeit, welche wir aus der Elektrizität umgesetzt hatten:

$$A = c \cdot E \cdot i \cdot t$$

zeigt uns, dass wir den Vergleich auch hier weiter fortführen können.

73. Die Leistung des elektrischen Stromes und das „Watt".

Liegt eine Schaltung vor nach Art von Fig. 62, so dass wir Elektrizität durch einen Draht strömen lassen, der die Stromstärke J führt, und an dessen Enden die Spannung E liegt, so ist die pro Sekunde geleistete Arbeitsmenge oder die Leistung

Fig. 62.

$$L = c \cdot E \cdot J.$$

Die in dieser Gleichung auftretende Konstante c ist verschieden, je nach welchem Maass die Leistung gemessen wird, in Pferdestärken oder in Meterkilogramm pro Sekunde.

Die Elektrotechnik hat für die Leistung ein Maass eingeführt, bei dem die Konstante

$$c = 1$$

ist, wenn wir die Spannung in Volt und die Stromstärke in Ampère ausdrücken. Dieses Maass bezeichnete man früher mit dem Namen „Volt-Ampère". Derselbe ist jetzt veraltet und nur in der Wechselstromtechnik aus besonderen Gründen in Gebrauch, die später verstanden werden können. Heute bezeichnet man das Maass für die Leistung nach dem Erfinder der Dampfmaschine Watt.

Multiplizieren wir die Spannung an den Enden eines Drahtes, gemessen in **Volt**, mit der Stromstärke dieses Drahtes, gemessen in **Ampère**, so erhalten wir die Leistung, welche in diesem Draht umgesetzt worden ist, in **Watt**.

Tausend Watt bezeichnet man mit einem **Kilowatt** (KW). Zwischen dem technischen und dem Wattsystem bestehen dann folgende Beziehungen:

$$1 \text{ mkg/sec} = 9{,}81 \text{ Watt.}$$

Ist eine Leistung in Watt gegeben und will man sie in mkg/sec umrechnen, so gilt daher die Gleichung:

$$L \text{ Watt} \cdot \frac{1}{9{,}81} = L \text{ mkg/sec.}$$

Daraus folgt:

$$1 \text{ Pferdestärke} = 75 \cdot 9{,}81 \text{ Watt} = 736 \text{ Watt;}$$

Ist eine Leistung in Watt gegeben, so erhält man die Leistung in Pferdestärken:

$$L \text{ Watt} \cdot \frac{1}{736} = L \text{ PS.}$$

Das ergiebt weiter:

$$1 \text{ Pferdestärke} = 0{,}736 \text{ Kilowatt.}$$

Ist eine Leistung in Kilowatt gegeben, so erhält man die Leistung in Pferdestärken:

$$L \text{ KW} \cdot 0{,}736 = L \text{ PS;}$$

74. Der Leistungsverlust in einer Wasserleitung.

Ist bei der Wasserkraft-Anlage der Fig. 61 am Ende der Rohrleitung ein Wassermotor angeschlossen, so können wir niemals kurz vor dem Motor den ganzen Wasserdruck haben, der uns zur Verfügung steht, denn das Wasser im Zuleitungsrohr fliesst. Es wird daher zur Mündung hin, wie wir bei früheren Experimenten gesehen haben, infolge der Reibungsverluste im Rohr ein Druckabfall stattfinden. Dieser Druckabfall ist für unsere Wasserkraft in Fig. 63 mit h bezeichnet, während die gesamte verfügbare Druckhöhe mit H_1 angegeben ist. Es ist klar, am Motor ist uns dann nur noch eine Druckhöhe

$$H_2 = H_1 - h$$

übrig geblieben und der Motor kann uns bei l Litern pro Sekunde nur noch eine Leistung abgeben:

$$L_2 = H_2 \cdot l = (H_1 - h) \cdot l \text{ mkg/sec},$$

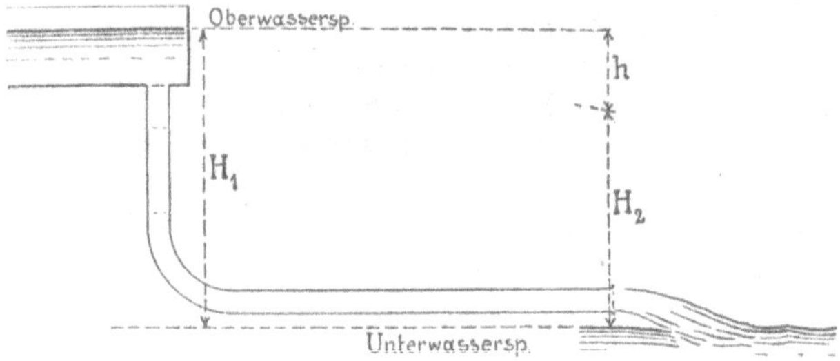

Fig. 63.

während ursprünglich zur Verfügung standen:

$$L_1 = H_1 \cdot l \text{ mkg/sec}.$$

Ein Teil der Leistung:

$$L_1 - L_2 = h \cdot l \text{ mkg/sec}$$

ist im Zuleitungsrohr verbraucht worden. Es bedeutet das einen Verlust an Pferdestärken im Rohr.

75. Der Leistungsverlust in einer elektrischen Leitung.

Es sei in Fig. 64 bezeichnet durch I eine Maschine, die als Elektrizitätsquelle dient, und durch II eine Verbrauchsstation; zwischen

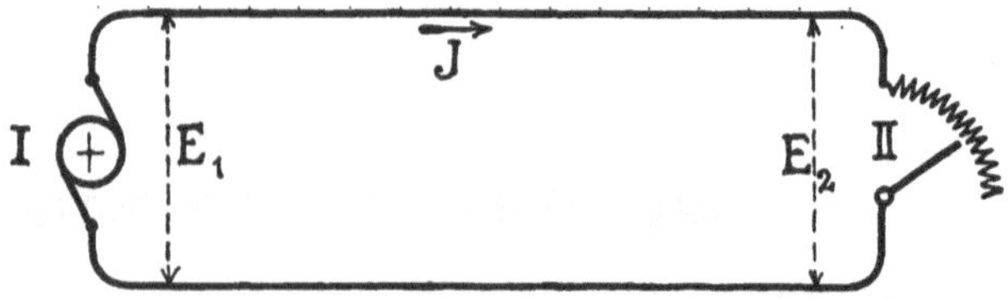

Fig. 64.

beiden Stationen liegen die Leitungsdrähte. Es wurde früher gesehen, dass wir in der Leitung einen Spannungsabfall haben; aus den Betrachtungen dieses Kapitels folgt, dass infolge dieses Spannungsabfalls in der Leitung an der Maschine eine grössere Anzahl Watt aufzuwenden ist, als man an der Verbrauchsstation haben will. Ist die Spannung an der Maschine E_1 und die Spannung an der Verbrauchsstelle E_2, so ist der Leitungsverlust an Spannung

$$e = E_1 - E_2 = J \cdot w,$$

wobei J die Stromstärke und w den Widerstand der Leitung bedeuten. Der Leistungsverlust in den Zuleitungsdrähten ist aber:

$$L_1 - L_2 = (E_1 - E_2)\, J = e\, J \text{ Watt},$$

wobei die Leistung an den Klemmen der Maschine sich ausdrückt:

$$L_1 = E_1 \cdot J$$

und die Leistung an den Klemmen der Verbrauchsstation:

$$L_2 = E_2 \cdot J;$$

also in demselben Maass, wie die Spannung an der Leitung abfällt, fällt auch die Zahl der Watt.

Nun ist es verständlich, weshalb in der Technik darauf zu sehen ist, dass der Spannungsabfall in einer Anlage nicht zu gross genommen wird. Die Folge wird zeigen, dass noch andere Gründe maassgebend sind. Häufig kommt auch dieser Grund in Frage.

1. Beispiel: An einer Centrale herrscht zwischen den Leitungen eine Spannung von 125 Volt; bei einer Stromstärke von 30 Ampère gehen bis zur Verbrauchsstation 5 Volt verloren. Wieviel Pferdestärken gehen in der Leitung verloren?

Auflösung: Die verlorene Leistung ist:

$$\text{Spannungsverlust} \times \text{Stromstärke}$$

$$5 \text{ Volt} \cdot 30 \text{ Amp.} = 150 \text{ Watt}.$$

Die Umrechnung in Pferdestärken geschieht nach der Formel:

$$L \text{ PS} = (L \text{ Watt}) : 736$$

$$L \text{ PS} = 150 : 736 = 0{,}204 \text{ Pferdestärken}.$$

2. Beispiel: Es sollen durch eine Leitung von 600 m Länge (hin und zurück gerechnet) 25 Pferdestärken zu einer Verbrauchsstation übertragen werden. Die Leitung darf eine Pferdestärke verbrauchen. Die Spannung an der Verbrauchsstelle betrage 500 Volt. Die Leitung sei aus Kupfer vom spez. Widerstand 1 : 60.

Wie stark muss die Leitung sein?

Auflösung: Man will an der Verbrauchsstation haben:

$$25 \text{ PS} = 736 \cdot 25 \text{ Watt} = 18\,400 \text{ Watt}.$$

An der Verbrauchsstation soll die Spannung 500 Volt betragen, daher rechnet sich die erforderliche Stromstärke:

$$J = \frac{L \text{ Watt}}{E_2 \text{ Volt}} = \frac{18\,400 \text{ Watt}}{500 \text{ Volt}} = 36{,}8 \text{ Ampère.}$$

In der Leitung darf verloren gehen:

$$1 \text{ PS} = 736 \text{ Watt;}$$

daher ist in der Leitung ein Spannungsverlust zulässig:

$$e = \frac{736 \text{ Watt}}{36{,}8 \text{ Amp.}} = 20 \text{ Volt.}$$

Aus der früheren Gleichung folgt der Leistungsquerschnitt:

$$q = \frac{l J \cdot c}{e} = \frac{600 \text{ m} \cdot 36{,}8 \text{ Amp.}}{20 \text{ Volt}} \cdot \frac{1}{60} = 18{,}4 \text{ qmm.}$$

Neuntes Kapitel.

Die Verteilung der Leistung.

76. Der Einfluss der Spannung auf die zu übertragende Leistung.

Je mehr Spannung in einer Leitung verbraucht werden darf, um so geringer wird der Querschnitt. Damit nun die verlorene Spannung einen geringen Prozentsatz der Gesamtspannung ausmacht, ist es vorteilhaft, die Gesamtspannung möglichst hoch zu wählen. Wenn eine bestimmte Leistung zu übertragen ist, wird dann die Zahl der Ampère in demselben Maasse geringer, wie die Spannung höher gewählt wird, und ausserdem darf der Widerstand der Leitung grösser sein, als bei niederer Spannung, wenn man denselben Prozentsatz von Verlusten haben will. Das heisst, die Leitung wird bei hoher Spannung bedeutend billiger als bei niederer.

Die Höhe der Spannung lässt sich nicht in das Unbegrenzte treiben, es sind dabei die Punkte maassgebend, die in den folgenden drei Abschnitten behandelt sind.

77. Die Gefahr bei elektrischen Betrieben.

Es ist lebensgefährlich, eine Leitung zu berühren, bei der die Spannung über eine gewisse Grenze hinausgeht. Das, was den Menschen tötet, ist nicht die Spannung, sondern die Stromstärke. Unsere Nerven vertragen nicht einmal eine Stromstärke von 0,001 Ampère. Die Stromstärke, die den Körper durchfliesst, stellt sich ein nach dem Ohm'schen Gesetz:

$$i = \frac{E}{W};$$

es kommt ausser der Spannung noch der Widerstand in Frage, den der Körper dem Strom entgegensetzt. Die menschliche Hornhaut leitet die Elektrizität in trocknem Zustand sehr schlecht, daher kann ein Mensch mit trocknen Händen und wenn die Berührungsfläche klein ist, eine höhere Spannung anfassen, als ein Mensch, der mit nassen Händen einen Metallkörper fest umklammert. Es ist vor allen Dingen gefährlich, die eine Hand mit dem einen Pol, die andere Hand mit dem anderen Pol einer Leitung in Berührung zu bringen, weil dann der Strom durch das Rückenmark geht. Wer im Laboratorium mit Hochspannung zu thun hat, muss Gummihandschuhe und Gummischuhe anziehen und dann auch noch vorsichtig sein. Es ist vorteilhaft, bei solchen Fällen eine Hand in der Tasche zu tragen.

Bei Wechselströmen ist die Gefahr höher als bei Gleichstrom. Es ist vorgekomen, dass Menschen durch 100 Volt Wechselstrom getötet worden sind. Die Gefahr liegt zum Teil darin, dass der Mensch durch den Strom gelähmt wird und nicht loslassen kann.

Die meisten Menschen können mit einer Hand zwei Klemmen, zwischen denen 100 Volt Wechselstrom oder 130 Volt Gleichstrom herrschen, noch berühren, ohne Schaden zu leiden. Aber Vorsicht ist in jedem Fall erforderlich. In Fällen der Gefahr ist von den Mitanwesenden in erster Linie der Ausschalter zu öffnen.

78. Schwierigkeiten in der Herstellung sehr hoher Spannung.

Elektrizität von hoher Spannung hat das Bestreben, überzuspringen. Bei technischen Betrieben sind das keine leichten Funken mehr, etwa wie bei den Versuchen mit dem Hartgummistab im zweiten Kapitel, sondern einem Funken folgt ein sehr empfindlicher Kurzschluss, der viel Unheil anrichtet. Eine Spannung von 5000 Volt durchschlägt zwischen zwei Spitzen einen Luftraum von etwa 5 mm.

Es ist schwer möglich, über eine bestimmte Spannung hinaus noch brauchbare Isolationsmaterialien zu finden, da sie leicht durchschlagen werden. Wie wir später sehen, tritt der Übelstand gerade bei den elektrischen Maschinen am deutlichsten hervor, weil dort die spannungsführenden Teile oft sehr nahe bei einander liegen müssen.

79. Geringe direkte Verwendbarkeit hoher Spannungen zu Betrieben.

In vielen Betrieben ist eine hohe Spannung nicht direkt verwendbar. Bei Wechselströmen kann man eine hohe Spannung auf eine niedere mit einfachen Mitteln umformen. Auf welche Art und Weise das geschieht, ergeben spätere Kapitel. Nur soll das vorausgeschickt werden, dass bei den Umformern oder Transformatoren die hineingeschickte Spannung hoch, die hineingeschickte Stromstärke klein ist. Dagegen ist die abgenommene Spannung gering und die abgenommene

Stromstärke gross. Und zwar herrscht dabei die folgende Beziehung, dass die hineingeschickte Leistung ungefähr gleich der abgegebenen Leistung ist. Also ist bei Wechselströmen dieser Punkt überwunden. Bei Gleichstrom ist das Umformen nur mit komplizierten Mitteln zu erreichen.

Direkte Verwendung finden in der Praxis am häufigsten die Spannungen:

65, 100, 120, 250 und 500 Volt.

Die ersten drei Spannungen und neuerdings auch die vierte findet Verwendung zu Beleuchtungsanlagen. Die zuletzt genannte von 500 Volt ist allgemein üblich bei elektrischen Strassenbahnen.

Gleichstrom wird nur selten über 600 Volt verwendet. Nur in Ausnahmefällen und zu besonderen Zwecken wählt man höhere Spannung.

Wechselstromanlagen haben in Deutschland selten höhere Spannung als 5000 Volt. In Amerika geht man bedeutend weiter.

Je grösser das Bereich einer Anlage ist, um so höhere Spannung wird im allgemeinen verwendet, weil die Leitungen sonst zu teuer werden würden. Über die zweckmässigste Wahl der Spannung muss in jedem Fall besonders entschieden werden.

80. Parallelschaltung der Abnahmestellen.

Wenn über ein gewisses Bereich die Leistung verteilt wird, so werden in der Technik alle Verbrauchsstationen parallel angeschlossen. Die an den Verbrauchsstellen angeschlossenen Schaltungen müssen für die Spannung eingerichtet sein, welche die Zentrale liefert. Für ein kleines Bereich sieht daher ein Schaltungsschema ungefähr so aus, wie es Fig. 65 darstellt. Die Klemmen I und II sind die Klemmen der Elektrizitätsquelle. Von ihnen gehen die Leitungen aus, die etwa als verlängerte Klemmen der Elektrizitätsquelle angesehen werden können. Man zweigt von diesen Leitungen jedesmal zwei Drähte dorthin ab, wo man die Leistung braucht. Wo die Wahl gelassen ist, legt man die Hauptstränge so, dass sie möglichst mitten durch die Absatzgebiete hindurchgehen. In Fig. 65 sind die einzelnen Abnahmestellen durch kleine Kreise angedeutet. Die Zahlen der Ampère, welche beispielsweise an diesen Stellen verbraucht werden, sind in die Kreise eingeschrieben. Die Zentrale hat dann die Summe der Ampère zu liefern, die sich aus allen Verbrauchsstellen ergiebt. Die Spannung zwischen zwei Leitungsdrähten ist mit Abzug der Leitungsverluste überall dieselbe wie an der Zentrale.

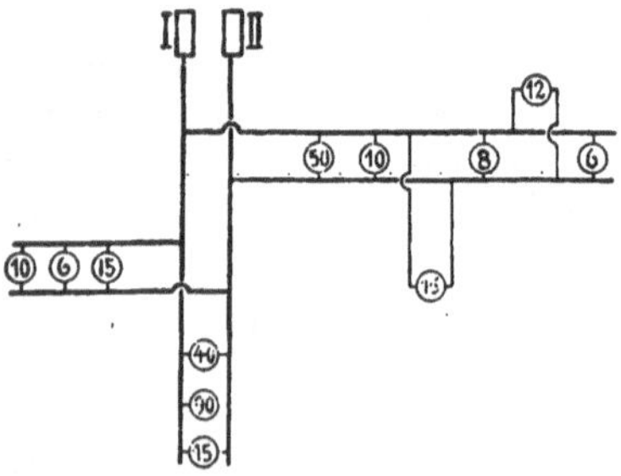

Fig. 65.

81. Das Leitungsnetz.

Ist das Absatzgebiet grösser, so verwendet man zweckmässig ein Schaltungsschema nach Art von Fig. 66. Gewöhnlich ziehen sich die Leitungen entlang der Strassenzüge. In jeder Strasse liegt ein positiver und ein negativer Draht. Von beiden Drähten zweigt man zu jeder Verbrauchsstelle ab. An den Strassenkreuzungen sind die positiven Drähte miteinander verbunden, ebenso sind dort die negativen Drähte miteinander verbunden. Einen einzigen geschlossenen Leitungs-

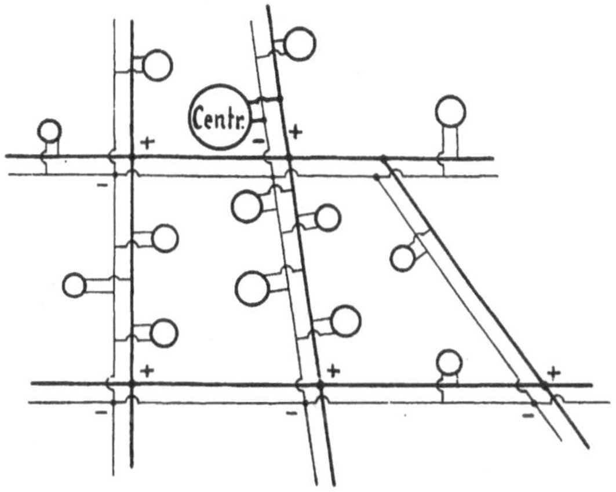

Fig. 66.

strang nennt man eine Ringleitung, eine Zusammenstellung mehrerer Ringleitungen heisst ein Leitungsnetz. Bei der Darstellung des Leitungsnetzes in Fig. 66 sind die negativen Drähte, die in Wirklichkeit ebenso stark sind, wie die positiven, etwas dünner gezeichnet, damit sie sich von den letzteren unterscheiden.

82. Das Dreileiter-System.

In vielen Fällen ist es vorteilhaft, ein Verteilungsschema nach Fig. 67 anzuwenden. Die Leitungsstränge bestehen dann aus drei Drähten, I, II und III, die im Schema auseinander gezogen sind. Die Elektrizitätsquelle, welche in dem Beispiel der Fig. 67 aus einer Anzahl von Elementen besteht, wird so eingerichtet, dass ihre Spannung in zwei Hälften abgenommen werden kann. Betrachtet man zunächst die beiden Leitungsdrähte I und II allein, wobei man sich auch die andere Hälfte der Elektrizitätsquelle ganz wegdenken kann, so ist der Draht I positiv gegen den Draht II. Betrachtet man aber die beiden Leitungsdrähte II und III, wobei man sich die erste Hälfte der Elektrizitätsquelle ganz wegdenken kann, so ist der Draht III negativ gegen den

Draht II. Wir können nun Verbrauchsstellen zwischen I und II oder zwischen II und III einschalten. Als dritte Möglichkeit ist gegeben die Schaltung einer Abnahmestation zwischen I und III; im letzteren Fall hat man die doppelte Spannung als in den beiden früheren Fällen.

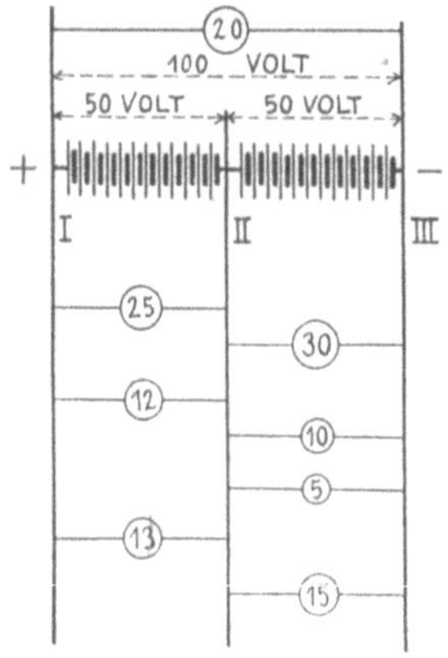

Fig. 67.

Der Draht II wird an die Erde angeschlossen und heisst der Mittelleiter. Die Drähte I und III werden isoliert verlegt und heissen die Aussenleiter. Die Belastung zwischen I und II, sowie zwischen II und III wird möglichst gleichmässig verteilt. Das ganze heisst dann das Dreileitersystem.

Die Vorteile dieses Systems sind folgende:

1. Man kann die doppelte Spannung anwenden. Bei guter Verteilung der Belastung auf beide Hälften fliesst im Mittelleiter fast kein Strom, die Zentrale arbeitet thatsächlich mit der doppelten Spannung gegenüber den Verbrauchsstationen, die Leitungen werden daher billiger.

2. Die Gefahr in den Verbrauchsstationen ist, da der Mittelleiter an der Erde liegt, nicht grösser, als ob die ganze Anlage die Hälfte ihrer thatsächlichen Spannung hätte.

Nachteil: Nur bei schlechter Verteilung der Verbrauchsstationen werden die beiden Hälften der Elektrizitätsquelle ungleich belastet. Nur von einer gewissen Grösse der Anlage ab ist es möglich, eine gleichmässige Verteilung der Belastung auf beide Hälften durchzuführen.

Zehntes Kapitel.

Die Ausrüstung der Leitungen.

83. Leitungen in geschlossenen Räumen.

Das Leitungsmaterial richtet sich nach der Räumlichkeit, man unterscheidet nach dieser Hinsicht trockene, feuchte und mit Gasen oder Dämpfen erfüllte Räume. Bei dem ersten Fall, der für Wohnräume stets anzunehmen ist, können die Leitungen unter Putz oder sichtbar montiert sein.

Bei sichtbaren Leitungen verwendet man Kupferdraht, der mit Hanf oder Jute umsponnen und gummiert oder asphaltiert ist. Er wird auf Porzellanrollen verlegt und an diesen mittels verzinnten Kupferdrahtes befestigt. Verlaufen mehrere Drähte parallel, so bringt man die Porzellanrollen auf gemeinsamen Leisten an, die in der Wand befestigt werden. Einzelne Rollen werden auf Dübel aufgeschraubt, die meistens eingegipst sind. Der Draht muss mindestens 1 cm von der Mauer und mindestens 4 cm von parallel verlaufenden Nachbardrähten entfernt sein. Die grösste zulässige Spannweite von Rolle zu Rolle beträgt 75 cm.

Bei Mauerdurchgängen lässt man am besten die Drähte frei durchgehen. Ist das nicht möglich, so bohrt man ein Loch durch die Wand, in das ein Hartgummirohr eingebracht wird. Letzteres muss an jeder Seite 1 cm vorstehen.

In feuchten Räumen verwendet man meistens blanke Leitungen, die auf Porzellanglocken, ähnlich den Telegraphenglocken montiert sind. Diese Isolierglocken müssen stets senkrecht stehen, so dass sich in der daran angebrachten Vertiefung keine Flüssigkeit sammeln kann. Die Leitungen müssen dann so verlegt sein, dass zufällige Berührung ausgeschlossen ist.

In Räumen, die von Gasen oder Dämpfen erfüllt sind, verlegt man sog. Gummiadern auf Porzellanglocken. Gummiadern sind Drähte, die von einer zusammenhängenden Gummischicht umgeben und ausserdem umsponnen sind. Die Porzellanglocken werden, wenn sie in grösserer Anzahl nebeneinander vorkommen, auf eisernen Stützen befestigt, die in die Wand eingegipst werden. Gummiadern müssen auch in trocknen Räumen verwendet werden, wo Drähte durch Metallrohre zu ziehen sind, was bei Beleuchtungskörpern stets der Fall ist. Drahtverbindungen werden stets verlötet, nur an Anschlussstellen befestigt man den Draht durch Verschraubung.

84. Die Verlegung in Rohren.

In geschlossenen Räumen verlegt man die Leitung gern unter Putz. Es ist das statthaft, wenn man Gummiadern anwendet und durch Papierumhüllung für Luftzutritt sorgt, durch den Ansammlung von Feuchtigkeit vermieden wird. Die so verlegten Leitungen haben den Nachteil, dass sie unveränderlich liegen bleiben müssen, oder dass Veränderungen nur unter Zerstörung des Putzes möglich sind.

Die Firma Bergmann & Co. und die Firma Gebr. Adt haben jede ein System ausgebildet, bei dem Rohre, welche keine scharfen Krümmungen machen dürfen, zunächst unter Putz verlegt werden. Dieses Rohrsystem ist an genügend vielen Stellen mit Anschluss- und Abzweigdosen versehen, deren Deckel über den Putz herausragt und abnehmbar ist. Durch diese Dosen werden die Leitungsdrähte nach

Fertigstellung des Baues eingebracht. Die Leitungen sind auswechelbar, haben Luftzutritt und liegen geschützt gegen zufällige Einflüsse. Auch bei Anwendung der Rohre ist Gummiader zu benutzen.

85. Die Freileitungen.

Leitungen im Freien verlegt man auf Isolierglocken aus Porzellan, welche an hölzernen oder eisernen Masten befestigt sind. Bei Anwendung hoher Spannungen sind als besonders auffälliges Merkmal farbige Isolierglocken in Gebrauch. Es ist Vorschrift, dass Hochspannungsleitungen mit einem Fangnetz ausgerüstet sind, durch das ein Herabfallen eines Drahtes zum öffentlichen Schutz vermieden wird.

Die Zahl der Stangen oder Masten berechnet man nach dem Kupfergewicht, das sie zu tragen haben, und nach einseitigem Winddruck, der einen Hauptteil der Belastung ausmacht. Man giebt den Drähten, die sich an einem Gestänge befinden, den gleichen Durchhang und berücksichtigt dabei die Temperatur, da bei verschiedener Erwärmung der Drähte sich der Durchhang ändert. Bei der kältesten Temperatur darf die Beanspruchung der Drähte auf Zug nicht die zulässige Grenze überschreiten. Bei den einzelnen Werken existieren Tabellen, nach denen der Durchhang bei bestimmter Temperatur zu bemessen ist. Drahtverbindungen werden stets verlötet und zwar darf die Lötstelle nicht auf Zug beansprucht sein.

Freileitungen müssen stets mit Blitzableitern ausgerüstet sein. Man bringt an geeigneten Stellen besonders konstruierte Metallteile dem Leitungsdraht sehr nahe. Diese Metallteile stehen durch einen dicken Kupferdraht mit der Erde in Verbindung, etwa durch Anschluss an ein in die Erde tief eingerammtes Rohr. Der Blitz zieht die kurze Luftstrecke vor und geht in die Erde.

Jede Firma hat besonders konstruierte Blitzschutz-Vorrichtungen, deren Aufgabe darin besteht, den Kurzschluss-Lichtbogen, den der Blitz nach sich zieht, zu vernichten.

86. Kabelleitungen.

Verlegt man die Leitungen in die Erde, so wendet man Kabel an. Dieselben bestehen aus Kupferdrahtseilen, die mit Isolationsmaterial, imprägnierten Gespinnsten, Gummi u. s. w. umgeben sind. Die Verlegung in die Erde dient sowohl dem Netz, als auch der Öffentlichkeit zur grösseren Sicherheit. Um das Eindringen von Feuchtigkeit zu verhindern, sind die Kabel mit einem Bleimantel versehen, über diesen bringt man meistens nochmals ein imprägniertes Gespinnst und eine Armierung, d. h. einen Schutz gegen äussere Zufälligkeiten, durch eine Bepanzerung mit Eisendrähten oder Eisenbändern.

Mehrere Adern, zwischen denen Spannung liegt, werden zu einem Kabel vereinigt.

An allen Anschluss- und Abzweigungsstellen bringt man gusseiserne Kästen an, in denen die Adern freigelegt und verlötet werden. Die Kästen bestehen aus zwei Hälften, die aufeinander geschraubt und mit Kolophonium ausgegossen werden. Die Kabel gehen wasserdicht durch Muffen, die bei dem Verschrauben der Kästen zusammengepresst werden. Man findet durch telephonische Zeichen bei Abzweigstellen und Kabelverbindungen diejenigen Drähte heraus, auf die es gerade ankommt.

87. Die Sicherungen. Allgemeines.

Da der innere Widerstand der Elektrizitätsquellen und der Leitungen sehr klein gehalten wird, ist jede Anlage gegen die Wirkung von Kurzschlüssen zu sichern. Bei direkter Berührung zweier Leitungen ohne Einschalten eines genügenden Widerstandes entsteht, wie wir gesehen haben, ein unzulässig starker Strom.

In den meisten Fällen benutzt man die Wärmewirkung dazu, sich gegen das Aufkommen dieses starken Stromes zu schützen. Zu dem Zweck werden an geeigneter Stelle in die Leitung Metallstreifen eingeschaltet, die so bemessen sind, dass sie sich bei Stromdurchgang normaler Art leicht erwärmen, dass sie aber bei Vergrösserung des Stromes abschmelzen und so den Stromdurchgang verhindern. Ein Abschmelzstreifen mit seiner Ausrüstung trägt den Namen Sicherung. Früher wurde zu diesen Sicherungen ausschliesslich Blei verwendet. Eine möglichst einfache Ausführungsform ist in Fig. 68 gegeben.

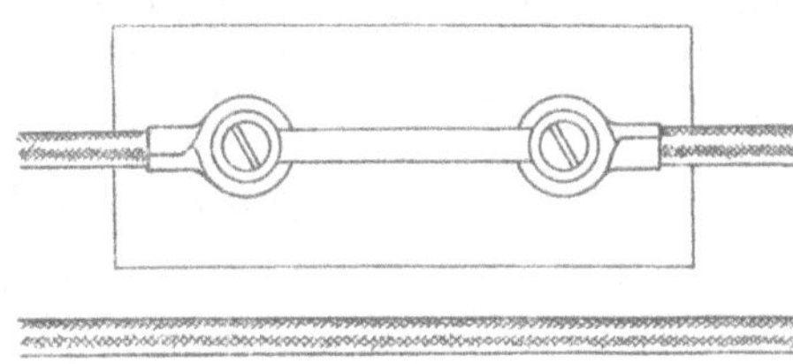

Fig. 68.

Sie zeigt zwei Leitungsdrähte, Hin- und Rückleitung, von denen einer eine Sicherung enthält. Bei Anwendung von zwei Sicherungen nach Art von Fig. 69 können beide Leitungsdrähte durch einen Kurzschluss von der Elektrizitätsquelle abgetrennt werden. In beiden Abbildungen laufen die Enden der Leitungsdrähte in Kabelschuhe aus, zwischen denen der Bleistreifen aufgeschraubt ist.

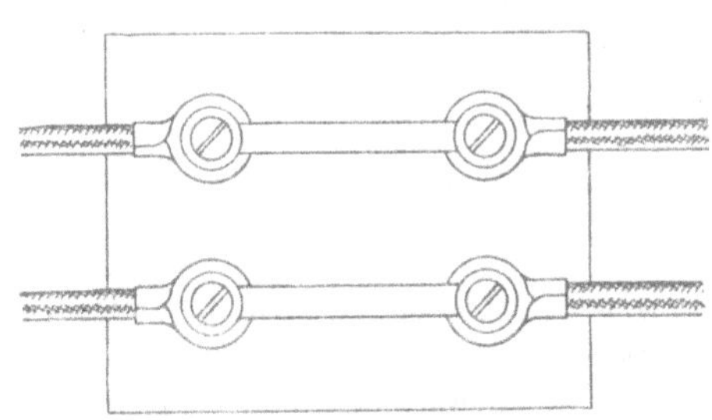

Fig. 69.

Die wichtigsten Anforderungen, die an eine Sicherung zu stellen sind, ergeben sich wie folgt:

1. Da an der Unterbrechungsstelle ein Lichtbogen entsteht, müssen die nicht abschmelzenden Teile der Leitungsenden weiter auseinanderstehen, als die Lichtbogenlänge bei der verwendeten Spannung beträgt.
2. Infolge der Wärmeentwicklung, vor allem bei dem Abschmelzen der Sicherung, sind alle brennbaren Teile in der Nähe von Sicherungen zu meiden. Man verhütet die Entstehung eines Brandes dadurch, dass man die Sicherung in ein Gehäuse aus feuerfestem Material, meist aus Porzellan oder Glas, einschliesst.

In den meisten Fällen werden beide Leitungsdrähte mit einer Sicherung versehen. Man schaltet Sicherungen im allgemeinen ein:

1. Unmittelbar hinter die Elektrizitätsquellen,
2. An Hauptleitungen direkt an der Centrale,
3. Bei Abzweigleitungen überall dort, wo sich der Querschnitt der Leitung ändert.

Genauere Bestimmungen enthalten die Sicherheitsvorschriften für elektrische Starkstromanlagen, herausgegeben vom Verband Deutscher Elektrotechniker. Die Sicherheitsvorschriften sind am Ende dieses Buches abgedruckt.

88. Ausführungsform einer Streifensicherung.

Jede Firma hat ihr bestimmtes Sicherungs-Material. Als Beispiel sei zunächst die Sicherung Fig. 70 gebracht. Der Sicherungsstreifen ist auf Pressspan geklebt (bei schwachen Strömen) oder neben einen Pressspanstreifen gelegt. Kontaktstücke aus Messing an den Enden

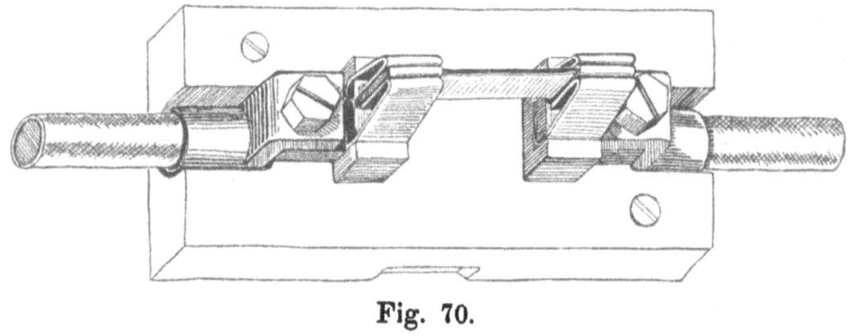

Fig. 70.

des Streifens vermitteln den Anschluss. Der Sicherungsstreifen erhält auf diese Weise auch bei Verwendung von sehr dünnem Bleiblech eine grössere Widerstandsfähigkeit und kann zwischen die beiden federnden Kontakte, welche sich am Gehäuse befinden, eingepresst werden.

89. Die Stöpselsicherung.

Eine viel verwendete Ausführungsform einer Sicherung zeigt Fig. 71. An einem Porzellan- oder Glasstöpsel befindet sich aussen ein Metallgewinde und von dem letzteren isoliert ein Metallknopf. Zwischen den beiden Teilen liegt im Innern des Stöpsels der Bleistreifen. Der

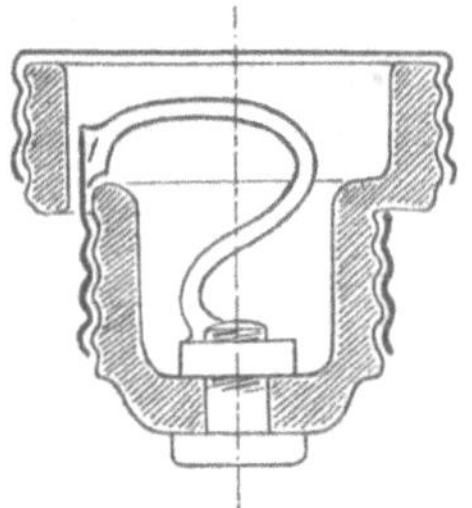

Fig. 71.

Fig. 72.

Hohlraum der Sicherung ist durch einen Metalldeckel mit Gewinde verschlossen.

Zu einem Stöpsel gehört eine Fassung aus Porzellan. Letztere enthält ein Muttergewinde, das mit dem einen Ende der Leitung in Verbindung steht, und eine Feder, die an das andere Leitungsende angeschlossen ist. Der Sicherungstopfen wird so weit in die Fassung gedreht, bis die Feder den erwähnten Metallkörper berührt nach Art von Fig. 72.

Fig. 73. Stöpselsicherung.

Das Äussere dieser Sicherung lässt Fig. 73 erkennen. Sie stellt eine zweipolige Sicherung dar. Auf der einen Seite ist der Stöpsel herausgeschraubt.

90. Die Patronensicherung von Siemens & Halske.

Es ist dafür zu sorgen, dass irrtümlicher Weise das Einsetzen einer zu starken Sicherung ausgeschlossen ist. Diese Anforderung hat zu den verschiedensten Konstruktionen geführt.

Die Patronen-Sicherung von Siemens & Halske genügt dieser Anforderung auf folgende Weise: Die Bleistreifen sind in einen Cementkörper nach Fig. 74 eingegossen. An den beiden Stirnflächen des Cylinders liegt je eine Kontaktscheibe aus Messing, an denen die Bleifäden angelötet sind. An mehreren Stellen, innerhalb von Vertiefungen liegen die Abschmelzdrähte frei, Bei Sicherungen für höhere Spannung sind innerhalb des Cementkörpers 2 Schmelzdrähte parallel geschaltet; sie sind dann im Zickzack geführt, wie die gerissene Linie in Fig. 74 andeutet. Man hat beobachtet, dass bei dieser Führung des Drahtes der Lichtbogen besser abreisst.

Der Cementkörper enthält zwei konzentrische Bohrungen, eine enge und eine weite. Die weite Bohrung ist je nach der Stärke der Sicherung tief oder weniger tief geführt. Am Sicherungsgehäuse befindet sich ein Dorn, der in die enge Bohrung der Patrone hineinpasst. Auf dem Dorn sind eine Anzahl von Scheiben aus Isoliermaterial befestigt, die nur in die weitere Bohrung der Patrone

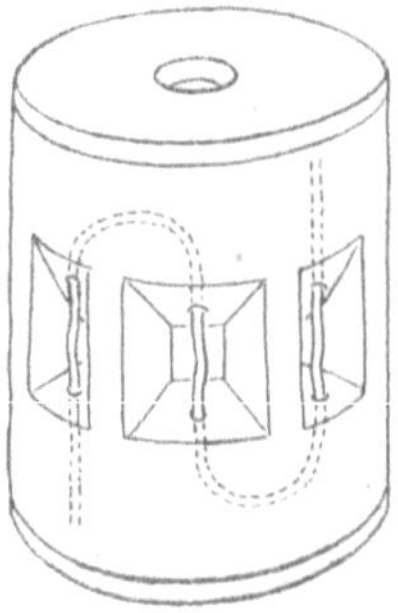

Fig. 74.

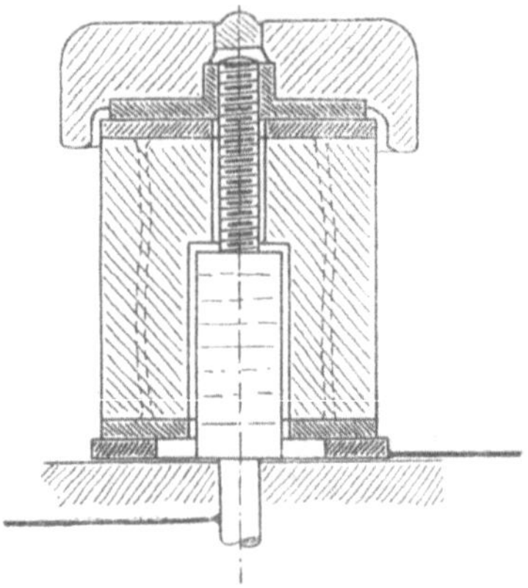

Fig. 75.

hineingebracht werden können. Ist eine Sicherung stärker, als sie in dem betreffenden Gehäuse sein darf, so lässt sich die Patrone nicht so weit auf den Dorn stecken, bis die untere Kontaktscheibe der Patrone den Anschluss erreicht. Das eine Ende der Leitung ist mit einem ringförmigen Kontaktstück verbunden, welches auf dem Grunde

Fig. 76. Patronensicherung.

des Gehäuses konzentrisch zum Dorn liegt, das andere Ende der Leitung steht mit dem Dorn selbst in Verbindung. Durch Aufschrauben einer Mutter auf die Patrone nach Fig. 75 ist die Sicherung angeschlossen. Eine Ausführungsform dieser Sicherungen giebt die Fig. 76, in der die Teile auseinander genommen sind. Bei der zusammengesetzten Sicherung liegt kein stromführender Teil an der Aussenseite.

91. Die neue Stöpselsicherung der Allgemeinen Elektrizitäts-Gesellschaft.

Die „Allgemeine Elektrizitäts-Gesellschaft" hat ihre Stöpselsicherungen zur Verwendung bei höherer Spannung umkonstruiert. Die Sicherung besteht nur aus Porzellan- und Metallteilen. Alle stromführenden Metallteile sind überdeckt, die Lufstrecke an der Abschmelzstelle ist gegenüber der alten Sicherung vorgrössert. Als Abschmelzmaterial verwendet man chemisch reines Silber, da letzteres der

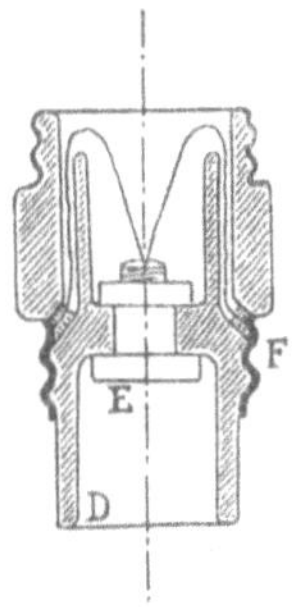

Fig. 77.

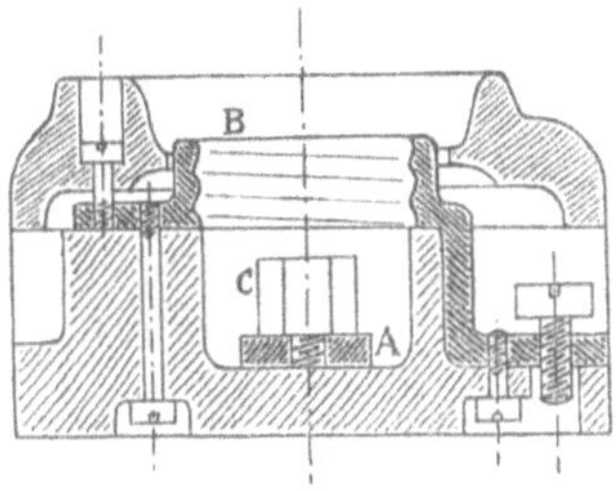

Fig. 78.

Witterung widersteht und mit geringer Explosion abschmilzt. Eine Zerstörung der Sicherung bei dem Durchbrennen des Abschmelzdrahtes, die an Bleisicherungen öfters beobachtet wird, ist dadurch ausgeschlossen. Die Konstruktion ist aus den Figuren 77 und 78 zu ersehen. Fig. 77 zeigt einen Stöpsel, Fig. 78 das Gehäuse im Schnitt. Die Metallschiene *A* ist mit dem einen, der Gewindeteil *B* mit dem anderen Ende des Leitungsdrahtes verbunden. Auf *A* befindet sich eine Kontaktschraube *C*, deren Kopf je nach der Stärke der Sicherung verschieden hoch sein kann. Bei dem Hineinschrauben einer zu starken Sicherung sitzt der Stöpselfuss *D* (Fig. 77) eher auf der Schiene *A* auf, als die Schraube *C* den Kontaktknopf *E* berührt. Von dem letztgenannten Knopf führt der Abschmelzdraht, der in einem

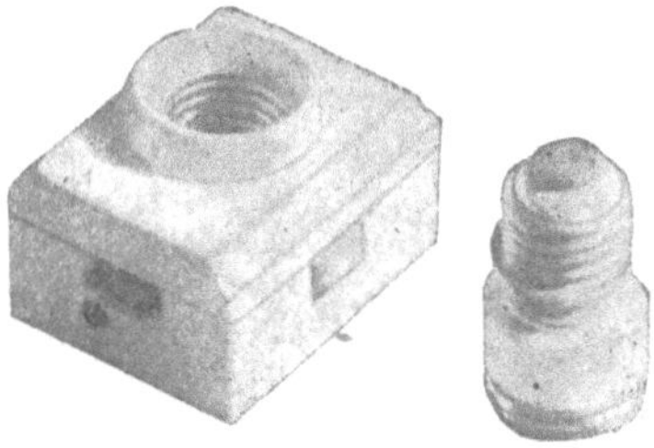

Fig. 79.

Winkelzug um eine Scheidewand aus Porzellan herumgeht, zu dem Metallgewinde *F* an der Aussenseite des Stöpsels. Dieses Gewinde ist bei der eingeschraubten Sicherung in Verbindung mit dem Gewindeteil *B* in Fig. 78.

Die hier beschriebene Stöpselform ist bis 550 Volt verwendbar. Das Äussere einer ähnlichen Konstruktion, die bis 250 Volt verwendet werden soll, ist durch Fig. 79 gegeben. Hier ist an dem äusseren Metallgewinde des Stöpsels ein Ring angelötet, der sich bei dem Einschrauben einer zu starken Sicherung auf den entsprechenden Gewindeteil des Gehäuses aufsetzt, ehe der Kontaktknopf den Anschluss erreicht hat.

92. Hochspannungs-Sicherungen.

Bei Hochspannungs-Sicherungen ist die gegenseitige Entfernung der Enden des Leitungsdrahtes sehr gross zu wählen, damit ein entstehender Lichtbogen abreissen kann. Der Sicherungsstreifen, der hier

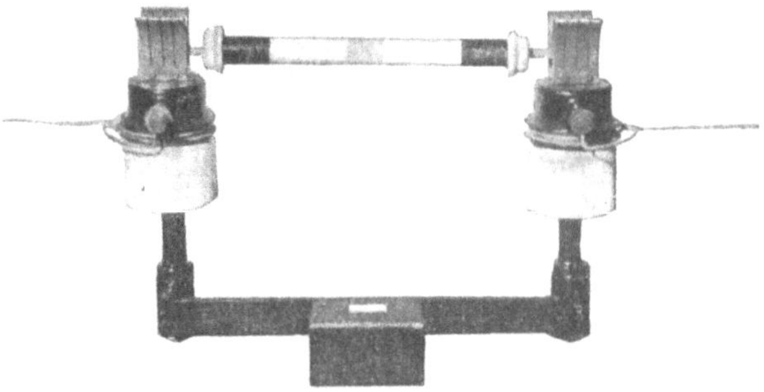

Fig. 80. Hochspannungs-Sicherung für Freileitungen.

meistens aus einem dünnen Kupferdraht besteht, wird in ein Glasrohr eingebaut, an dessen Enden metallene Kontaktstücke angebracht sind, die das Glasrohr zugleich verschliessen. Eine Form von Hochspannungs-Sicherungen, die im Freien an Leitungsmasten verwendet werden soll, zeigt Fig. 80; bei dem Einsetzen dieser Sicherungen muss man sich isolierender Zangen bedienen wegen der Gefahr, die mit dem Einsetzen verbunden ist.

Fig. 81.

Eine Konstruktion zur Verwendung in überdeckten Räumen ist durch Fig. 81 wiedergegeben. Die Sicherung mit dem Glasrohr ist an einem gläsernen Deckel befestigt, der an einem gläsernen Knopf angefasst wird. In einem Porzellangehäuse befinden sich federnde Kontakte, mit denen die Leitungsenden verbunden sind. Durch Aufsetzen des gläsernen Deckels auf das Gehäuse wird die Sicherung eingeschaltet.

93. Stöpselausschalter.

Beispiele einfacher Ausschalter sind bereits im zweiten Kapitel gegeben worden. Dort handelte es sich darum, den Begriff eines Ausschalters zu bilden, hier sollen einige Ausschalterkonstruktionen spezieller betrachtet werden.

In Laboratorien verwendet man öfters Stöpselausschalter nach Art von Fig. 82. Diese Ausschalter sind nur für niedrige Spannungen anzuwenden, denn die beiden Metallschienen, zwischen denen der Metallstöpsel eingebracht wird, stehen sehr nahe bei einander. Wenn die Spannung hoch ist, so kann bei der Stromunterbrechung zwischen den beiden Kontaktstücken ein Lichtbogen entstehen, der nicht auslischt. Das tritt dann ein, wenn die Lichtbogenlänge bei der betreffenden Spannung grösser ist, als der eingeschaltete Luftweg.

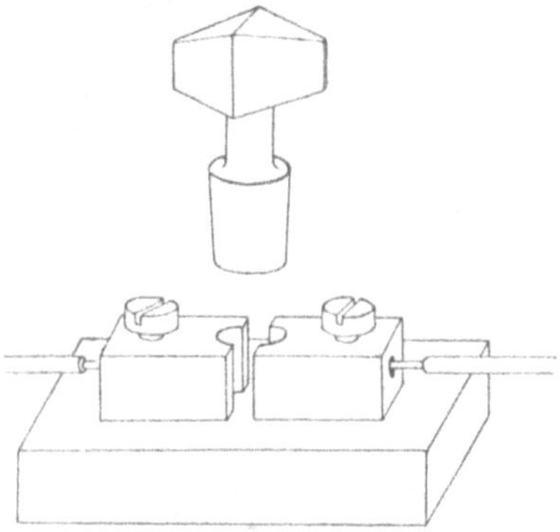

Fig. 82.

Man verwendet die Stöpselausschalter entweder nur bei Anwendung einer geringen Anzahl von Elementen oder zur Verbindung mehrerer Leitungsdrähte, in denen während des Ein- und Ausschaltens des Stöpsels kein Strom fliesst. Man hat in dem letzteren Fall dann einen geeigneten Unterbrecher an einer anderen Stelle des Stromkreises.

94. Einfache Kontakthebel.

Einfache Kontakthebel-Ausschalter stellen die beiden Figuren 8 und 10 des zweiten Kapitels dar. Es kommt dazu noch eine dritte häufig angewendete Form nach Fig. 83, die sich besonders bei Messapparaten vorfindet, an denen man mit schwachen Strömen zu thun hat.

Diese Ausschalter haben bei dem Vorzug der grossen Billigkeit und Einfachheit den Nachteil, dass der Drehpunkt des Kontakthebels zugleich auch zur Stromleitung dient. Der Hebel wird durch vielen Gebrauch locker, und mit dem Lockerwerden wird die Verbindung schlechter. Man muss darauf sehen, dass die Kontaktstellen der Ausschalter möglichst gute Federn besitzen, zwischen denen das metallische Verbindungsstück einen Reibungsweg zurückzulegen hat. Nur auf diese Weise halten sich die Kontakte sauber. In

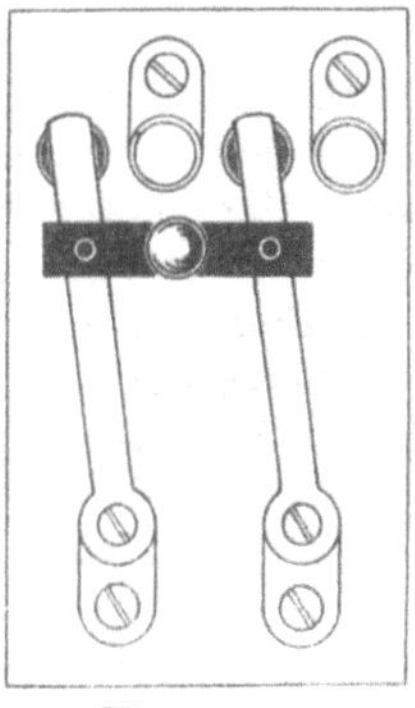

Fig. 83.

schlechten Kontakten ist der Übergangswiderstand gross, wenigstens für einen verhältnismässig kleinen Stromweg; dadurch entsteht viel Wärme an den Kontakten, eventuell Lichtbogenbildung, die das Material zerstört.

Diesen Übelstand, dass der Drehpunkt des Hebels bei dem Lockerwerden eine schlechte Verbindung giebt, vermeidet die Konstruktion nach Fig. 84. Hier ist der Drehpunkt des Hebels gar nicht von Strom durchflossen, es befinden sich an diesem zweipoligen Ausschalter vielmehr 4 federnde Kontakte, zwischen denen der Kontakthebel, das sogenannte Messer, hineingedrückt wird.

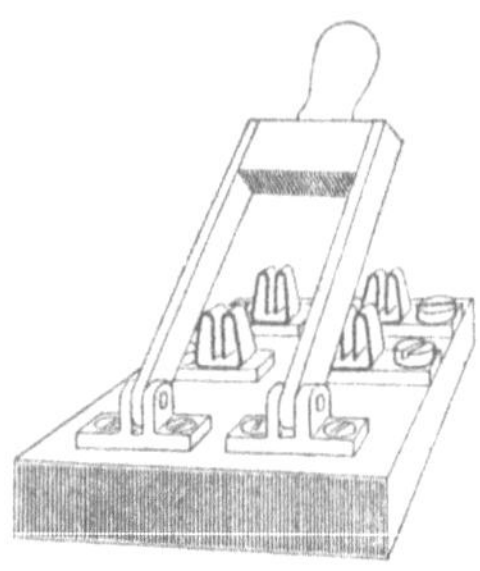

Fig. 84.

Aber einen zweiten Übelstand haben noch diese einfachen Kontakthebel, dass das Messer in einer Zwischenstellung zwischen Stromschluss und Stromunterbrechung stehen bleiben kann. Dadurch sind früher viele Störungen hervorgerufen worden, besonders wenn die Kontakthebel von selbst zufielen.

Aus diesem Grunde ist es allgemeine Vorschrift, an Schalttafeln die Ausschalter so anzubringen, dass der eingeschaltete Hebel nach oben steht. Auf diese Weise ist ein Stromschluss durch Zufälligkeit ausgeschlossen.

In der erwähnten Zwischenstellung verschmoren ausserdem die Kontakte, und es wird dadurch ein Ausschalter leicht unbrauchbar.

Man muss bei Stromunterbrechung die einfachen Kontakthebel schnell öffnen, damit der Lichtbogen schnell abreisst und die Kontakte nicht allmählich verdirbt.

95. Die Schnapp-Ausschalter.

Eine Zwischenstellung zwischen Stromschluss und Stromunterbrechung verhindern die Schnappausschalter, für den Fig. 85, der Dubois'sche Schlüssel, ein Beispiel giebt. Hier wird ein Ⴖförmig gebogener Metallteil zwischen zwei Federn zur Herbeiführung des Stromschlusses eingepresst. Derselbe wird durch Federkraft stets hochgedrückt, so lange die Reibungskraft zwischen den beiden Kontaktfedern ihn nicht festhält. Der Griff steht mit ihm in lockerer, drehbarer Verbindung, so dass bei dem Ausschalten ein Herausschnappen zustande kommt.

Eine weitere Ausführungsform zeigt der Schlüssel Fig. 86 von Bergmann & Co. Die Figur stellt einen zweipoligen Ausschalter dar, dessen Verwendung sich bei verhältnismässig hohen Spannungen bewährt hat. Ausschalter dieser Art werden ausserdem einpolig und dreipolig hergestellt.

Der Drehpunkt der Hebel dient nicht als Stromleitung, vielmehr wird je ein Messer zwischen zwei Federkontakte gedrückt. Über dieses Messer legt sich ein zweiter kastenförmiger Hebel, welcher mit dem Messer durch eine Feder verbunden ist. Im ersten Moment des Ausschaltens zieht man nur den oberen Hebel ohne das Messer zurück,

Fig. 85.
Dubois'scher Schlüssel.

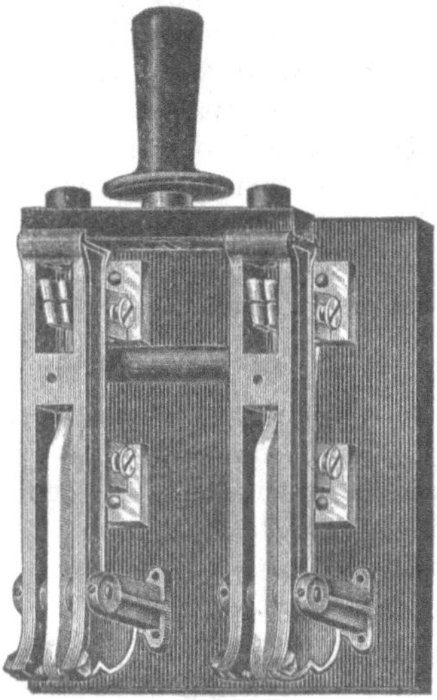

Fig. 86.
Bergmann-Ausschalter.

erst wenn zwischen beiden Hebeln die Federkraft gross genug geworden ist, schnappt das Messer aus den Kontakten heraus.

Bei solchen Schnapp-Ausschaltern ist es von Wichtigkeit, dass der Rückstoss nicht hart gegen die Unterlage des Ausschalters wirkt, weil solche Ausschalter meistens auf Marmorschaltbrettern montiert werden, die bisweilen durch den Rückschlag zerbrechen. Bei dem Bergmann-Ausschalter schlägt das Messer gegen den Hebel, den man bei dem Ausschalten in der Hand hat. Ein Rückschlag gegen das Schaltbrett ist hier vermieden.

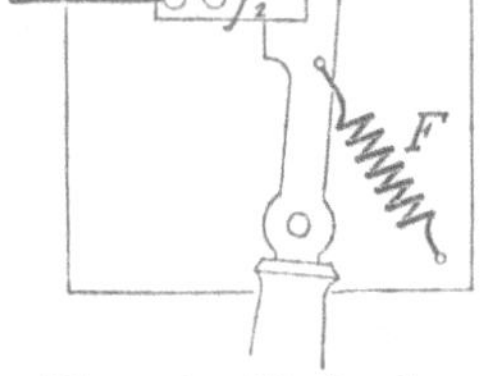

Fig. 87. Maximal-Automat (Schema).

96. Automatische Maximal-Ausschalter.

Man schützt sich gegen das Zustandekommen eines unvorschriftsmässig starken Stromes in einem Betriebe bisweilen ausser den Abschmelzsicherungen auch durch automatische Ausschalter, sogen. Automaten.

Zwischen die Federkontakte f_1 und f_2 in Fig. 87 wird ein Messer eingedrückt, welches den Stromschluss vermittelt. Eine Feder F zieht dieses Messer zurück, auch wenn es zwischen den Kontaktfedern liegt, und drückt es gegen die Nase einer Sperrklinke *S*, wodurch der Strom geschlossen bleibt. Die Sperrklinke trägt aber einen Anker aus weichem Eisen, der vor den Polen eines Elektromagneten liegt, dessen Spule von dem Strom der Anlage durchflossen ist. Wird der Strom durch irgend einen Anlass zu stark, so zieht der Elektromagnet das weiche Eisen an, hebt die Sperrklinke und lässt dadurch das Messer frei. Der Strom ist unterbrochen.

Diese Automaten wirken plötzlicher als Abschmelzsicherungen, da sich bei den letzteren erst eine gewisse Wärmemenge entwickeln muss, ehe ihre Wirkung in Kraft tritt. Ausserdem sind Automaten im Betriebe billiger, wenn öfters grössere Stromschwankungen eintreten.

97. Automatische Minimal-Ausschalter.

In manchen Betrieben werden automatische Minimal-Ausschalter verwendet, die dann in Kraft treten, wenn der Strom unter einen gewissen Wert sinkt. Man benutzt dazu ebenfalls die magnetische Wirkung des Stromes.

Fig. 88 zeigt ein Beispiel eines Minimal-Ausschalters von Voigt & Haeffner. Ein Kontakthebel, welcher die Kontaktfedern trägt, wird

Fig. 88. Minimal-Automat.

durch Federkraft in die Lage gezogen, welche die Figur zeigt. Die zurückziehende Kraft ist so gross, dass auch die Reibung an den Kontaktstellen den eingeschalteten Hebel nicht halten kann.

Seitlich des Hebels befinden sich die Pole eines Elektromagneten, dessen Spule vom Strom der Anlage durchflossen ist. Ein Anker aus weichem Eisen, an dem zugleich der Griff angebracht ist, wird von dem Elektromagneten bei Stromdurchgang angezogen und kann den Kontakthebel festhalten, wenn der Strom stark genug ist. Erst von einer gewissen minimalen Stromstärke ab wird der Anker losgelassen, und der Kontakthebel schnellt heraus.

Elftes Kapitel.

Die elektrische Beleuchtung.

98. Die Glühlampen. Allgemeines.

Bei den Glühlampen wird ein Kohlenfaden, der sich in einer luftleeren Glasbirne befindet, durch den elektrischen Strom bis zur Weissglut erhitzt. Metalldrähte finden zur Beleuchtung keine Anwendung, da ihr Schmelzpunkt der Weissglut zu nahe liegt. Die Glasbirne wird luftleer ausgepumpt, weil sonst der Kohlenfaden mit dem Sauerstoff der Luft verbrennen würde. Wird ein Gas in die Birne gebracht, welches keinen Sauerstoff enthält, so verbrennt die Kohle zwar nicht, aber die Lampe wird sehr heiss, die Wärme des Kohlenfadens teilt sich den benachbarten Teilen mit, und die Kohlenfaser selbst kann sich nicht genügend hoch erhitzen. Die Leuchtkraft der Lampe nimmt mit zunehmendem Druck in der Birne rasch ab. Man verlangt im Innern der Birne einen Druck von wenigstens 0,2 mm Quecksilbersäule.

Erfinder der Glühlampen ist der Amerikaner Edison, von dem der Gedanke herrührt, als Material des Glühfadens Kohle zu verwenden. Seine ersten Lampen pumpte er mit der von Toepler konstruierten Quecksilberluftpumpe aus.

99. Die Herstellung der Glühlampen.

In der Fabrikation der Kohlenbügel geht man aus von der Cellulose. Letztere ist das Zellengewebe des Holzes, dem auf chemischem Wege alle Pflanzensäfte, Harze etc., entzogen worden sind. Aus diesem Holzstoff wird eine Faser hergestellt, die bereits die Form des fertigen Bügels erhält. Sie wird dann karbonisiert, d. h. durch Ausglühen in luftdicht verschlossenen eisernen Kästen zu Kohle verwandelt.

Die Anschlussdrähte zu diesen Kohlenfäden bestehen aus Platin, da sie in das Glas der Birne eingeschmolzen werden müssen. Die Birne muss nämlich ein zugeschmolzener Glasballon sein, ohne Kitt verschlossen, da sie sonst nicht luftdicht ist. Platin hat denselben Ausdehnungs-Koeffizient wie Glas und lässt sich deshalb in Glas einschmelzen.

Die Platindrähte werden durch einen Glasriegel verbunden, ehe die Kohlenfaser an ihnen angebracht wird, und ihre Enden werden so weit auseinander gebogen, bis sich der Kohlenbügel daran befestigen lässt, ohne dass er eine Federung erleidet. Der Gedanke wird durch Fig. 89 veranschaulicht. Die Kohlenfäden werden an ihren Enden auf elektrischem Wege mit Kupfer überzogen, ähnlich wie es das Experiment in dem Kapitel über die Wirkungen der Elektrizität gezeigt hat. Durch Vermittlung dieses Kupferüberzuges lötet man die Kohlenbügel an die Platindrähte an. Dann wird die Lötstelle noch mit einem Kohlenüberzug versehen, ebenfalls auf elektrischem Wege, wie bei dem Kupfer, nur wendet man als Lösung dabei Kohlenwasserstoff an.

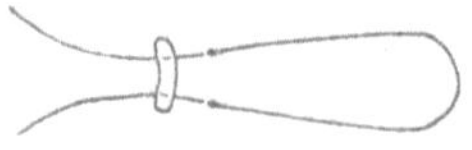

Fig. 89.

Nun wird die Birne geblasen, die über das bisherige Gebilde

Fig. 90.

Fig. 91.

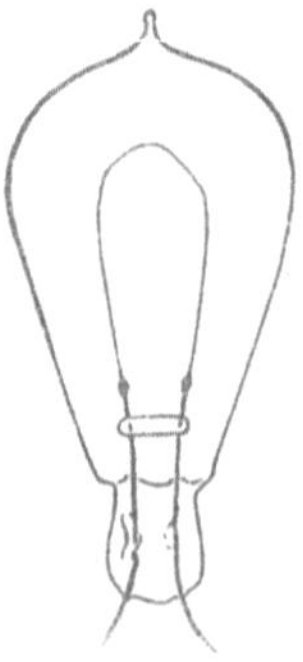

Fig. 92.

aufgeschmolzen wird, die aber noch ein Ansatzrohr trägt, so wie es in Fig. 90 abgebildet ist.

Eine grössere Anzahl solcher Lampen wird mit diesem Rohr an einen Stern angeschmolzen, der in der Mitte ein Standrohr trägt. Letzteres wird an ein Röhrensystem angeschlossen, das mit der Maschinen-Luftpumpe in Verbindung steht. Einen solchen Stern giebt im Grundriss Fig. 91 wieder.

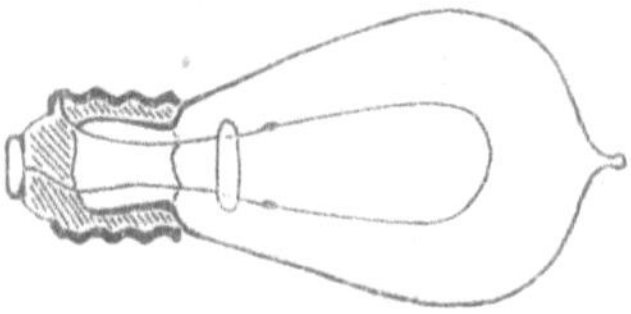

Fig. 93.

Viele Sterne dieser Art werden zu gleicher Zeit ausgepumpt. Ist die Lampe beinahe luftleer, so schliesst man die Enden der Platindrähte jeder Lampe an die elektrische Leitung an, stülpt Asbesttüten über jede Lampe und erwärmt sie auf diese Weise, damit ein besseres Evakuieren erreicht wird.

Nun erst kann die Lampe abgeschmolzen werden. Sie hat dann eine Form etwa nach Fig. 92.

Es erübrigt nur noch die Fassung daran anzubringen. Die weitaus häufigste Fassung ist das Edison-Gewinde. Eine Lampe für Edisonfassung wird in derselben Weise angeschlossen, wie der Sicherungsstöpsel in Fig. 73. Die nebenstehende Abbildung Fig. 93 zeigt eine Lampe mit Edison-Gewinde und zwar das letztere im Schnitt. Der eine Platindraht führt zu dem Gewinde, der andere zu dem zentralen Metallknopf. Der Raum zwischen dem Gewinde und der Lampe ist mit Gips ausgegossen. Eine Lampe ist mit Vorsicht einzuschrauben, damit sich die Fassung nicht von der Birne lockert.

100. Die Schaltung der Glühlampen.

Alle betriebsmässig zu verwendenden Glühlampen werden so hergestellt, dass sie bei dem Anschliessen an eine bestimmte Netzspannung gerade die richtige Weissglut erhalten. Damit ist über die Schaltung der Lampen bereits alles gesagt: Alle Glühlampen einer Anlage werden parallel zu einander geschaltet, d. h. von dem einen Leitungsdraht und von dem anderen Leitungsdraht führt man je einen dünneren Draht zu jeder Lampe hin. Demnach hat eine Beleuchtungsanlage für Glühlicht ein Schema etwa

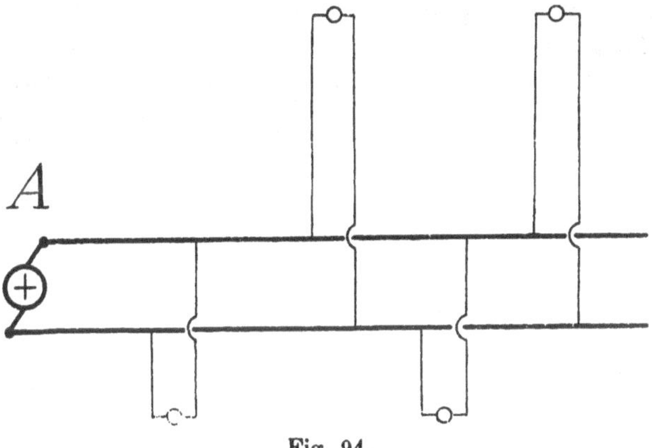

Fig. 94.

nach Fig. 94, in dem die Maschine in der bekannten Weise bei *A* angedeutet ist, und in dem jede Glühlampe durch einen kleinen Kreis bezeichnet wird.

Da unter Bezugnahme auf Abschnitt 80 in einem grösseren Bereich erstens alle Abnahmestellen parallel geschaltet sind, und zweitens bei jedem Abnehmer auch wieder alle Glühlampen parallel geschaltet sind, ergiebt sich, dass an jeder Lampe ungefähr die Spannung liegt, die die Maschine erzeugt. Die Stromstärke in der Maschine ist gleich der Summe der Stromstärken aller Lampen zusammen.

Am gebräuchlichsten sind Glühlichtanlagen mit den Spannungen:

60—65 Volt, 100—120 Volt, 220—240 Volt,

jedoch liefern die Fabriken auf Bestellung Lampen zu jeder Spannung bis 250 Volt.

101. Die Lichtstärke der Glühlampen.

Als Maass für die Lichtstärke der Glühlampen bedient man sich eines Normallichtes. Früher benutzte man dazu Kerzen von bestimmter Dochtdicke und Flammenhöhe, daher ist für die Lichteinheit noch der Name „1 Kerze“ im Gebrauch.

Ein genaueres und heute allgemein angewendetes Maass für die Lichtstärke ist die „Hefner-Einheit“; das ist diejenige Lichtstärke, die eine Amylacetatflamme von 40 mm Brennhöhe besitzt, wenn sie aus einem massiven Docht brennt, der in einer Hülse von 8 mm innerem und 8,3 mm äusserem Durchmesser steckt. Das Amylacetat, oder mit dem landläufigen Namen Apfeläther, ist deshalb gewählt, weil es sich sehr rein herstellen lässt. Die Hefner-Lampe muss, damit sie die richtige Lichtstärke giebt, in guter Luft brennen. Eine Hefner-Einheit, abgekürzt „1 HE“, wird öfters auch „eine Hefnerkerze“ genannt und ist ungefähr um ein Zehntel geringer als eine Normalkerze, abgekürzt „1 NK“.

Die Untersuchung der Lichtstärke einer Lampe nennt man das Photometrieren. Bei dem Photometrieren stellt man die Lichteinheit L_1 auf die eine Seite einer Photometerbank, die zu untersuchende Lampe mit der Lichtstärke L_2 auf die andere Seite in einer Entfernung mehrerer Meter. Zwischen beiden Lichtquellen befindet sich ein Photo-

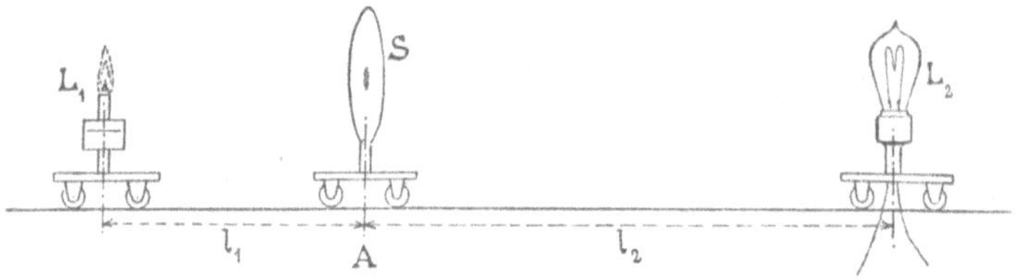

Fig. 95.

meterschirm S. Das Prinzip der Messung ist folgendes: Ein Blatt Papier enthält in der Mitte einen Stearinfleck. Brennt nur auf einer Seite eine Lichtquelle, so erscheint der Stearinfleck von der Lichtseite angesehen dunkel und gegen das Licht gesehen hell. Brennt dagegen auf beiden Seiten des Schirmes ein Licht, so wird sich eine Stelle finden lassen, bei der der Fleck von beiden Seiten gesehen verschwindet. Das ist die Stelle, bei der die Beleuchtung von beiden Lichtern her gleich stark ist. Ist A diese Stelle, so verhalten sich die Lichtstärken wie die Quadrate der zugehörigen Entfernungen vom Photometerschirm:

$$\frac{L_1}{L_2} = \frac{l_1^2}{l_2^2};$$

daraus lässt sich die unbekannte Lichtstärke L_2 berechnen.

Neuerdings verwendet man an Stelle des Papiers mit dem Stearinfleck optische Einrichtungen, mit denen im Prinzip genau so gearbeitet wird. Es gehört zu diesen Einrichtungen das Photometer von Lummer und Brodhun, auf dessen Einrichtung hier nicht näher eingegangen werden kann.

Die gebräuchlichste Lichtstärke für elektrische Glühlampen beträgt 16 Kerzen, ausserdem kommen häufig Lampen von 32 Kerzen vor. Die Fabriken stellen, wenn ihnen der Auftrag zuteil wird, Lampen von jeder Lichtstärke von etwa 8 bis 100 Kerzen her.

102. Die Beanspruchung der Glühlampen.

Die Glut des Kohlenfadens darf nicht zu hoch getrieben werden, da die Lampe darunter leidet.

Ändert man die Klemmenspannung einer Glühlampe und untersucht man dabei jedesmal die Zahl der Kerzen, welche die Lampe liefert, und den Stromverbrauch, so kann man die Zahl der Watt bestimmen, die pro Kerze aufgewendet werden müssen.

Aus solchen Versuchen ergiebt sich, dass die Lampe bei Weissglut der Kohle viel weniger Watt pro Kerze braucht, als bei Rotglut.

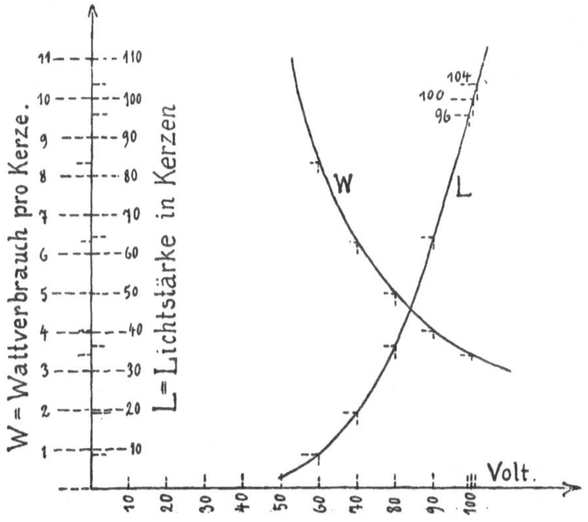

Fig. 96.

Man erhält dann für eine bestimmte Lampe die Zahl der Watt pro Kerze in Abhängigkeit von der Klemmenspannung der Lampe ungefähr nach dem Diagramm der Fig. 96. Das lässt sich untersuchen, bis die Lampe ungefähr 2 Watt pro Kerze braucht, dann brennt sie durch.

Einerseits soll eine Lampe in Betrieben möglichst viel Licht geben und dabei möglichst wenig Leistung verbrauchen. Andrerseits soll die

Lampe aber auch nicht zu schnell durchbrennen, d. h. sie soll eine möglichst grosse *Lebensdauer* haben. Eine Lampe, die wenig Watt pro Kerze braucht, hat, so ist der Fachausdruck, eine gute *Ökonomie.*

Alle Beobachtungen ergeben, dass Ökonomie und Lebensdauer in umgekehrter Beziehung stehen. Eine Lampe, die wenig Watt pro Kerze braucht, hat geringe Lebensdauer, eine Lampe, die mehr Leistung verbraucht, also dunkler glüht, kann sehr lange Lebensdauer besitzen.

Man lässt in den Betrieben die Lampen so hell glühen, dass sie ungefähr

3,4 Watt pro Kerze

verbrauchen, das wäre bei einer Lampe von 16 Kerzen bei einer Spannung von 110 Volt ein Stromverbrauch von 0,5 Ampère. Eine Lampe, die in dieser Weise glüht, hat, wenn sie von einer guten Firma bezogen ist, eine mittlere Lebensdauer von

800 Brennstunden.

Ist die Spannung um einen geringen Betrag zu hoch, so verkürzt sich die Lebensdauer bereits bedeutend.

Ein Prozent Schwankung in der Spannung giebt vier Prozent Schwankung in der Lichtstärke. Dieser Gedanke, der ebenfalls aus obigen Photometerversuchen entnommen wird, zeigt noch von einer anderen Seite, weshalb der Spannungsverlust in den Leitungen gering zu wählen ist, nicht nur der Leistungsverluste wegen. Und in grosser Entfernung von einer Centrale darf nicht eine Lampe für geringere Spannung verwendet werden, sonst brennt sie durch, wenn die übrigen Lampen, die an derselben Leitung angeschlossen werden können, ausgeschaltet sind.

An einem Glühlampennetz lässt man nie eine grössere Spannungsschwankung zu als 2 Prozent; daher werden die Leitungen für Lichtbetriebe verhältnismässig stark.

103. Berechnung der elektrischen Leistung einer Glühlichtanlage.

Ist eine Anlage zu beleuchten, so kann die Zahl der Pferdestärken, welche die Lichtanlage verbraucht, nach dem Obigen ausgerechnet werden. Man multipliziert die Kerzenstärke einer Lampe mit 3,4 und erhält dadurch den Wattverbrauch pro Lampe. Das multipliziert mit der Zahl der Lampen ergiebt den Wattverbrauch der ganzen Anlage, und diese Zahl dividiert durch 736 giebt die Zahl der Pferdestärken. Die Dampfmaschine der Anlage hat stets mehr zu leisten, da in der Dynamomaschine und in der Übertragung Verluste auftreten.

Beispiel: Es soll eine Anlage von 200 Glühlampen zu je 16 Kerzen mit 65 Volt betrieben werden.

a) Wieviel Pferdestärken verbrauchen die Lampen?

b) Wie gross ist die Stromstärke an der Maschine?

Auflösung:

a) Eine Lampe braucht $16 \cdot 3{,}4 = 55$ Watt

200 Lampen brauchen $55 \cdot 200 = 11\,000$ Watt;

das ergiebt in Pferdestärken $= \frac{11\,000}{736} = 15$ Pferdestärken.

b) Die Stromstärke der Anlage beträgt

$$\frac{\text{Zahl der Watt}}{\text{Zahl der Volt}} = \frac{11\,000}{65} = 170 \text{ Ampère.}$$

104. Die Prüfung einer Glühlampe.

Bei der Abnahme von Glühlampen ist das Augenmerk auf die technische Konstruktion und auf die Einhaltung der verlangten Eigenschaften zu richten.

Zu einer brauchbaren Konstruktion gehört:

1. Dass der Kohlenfaden an allen Stellen gleich stark ist. Wenn das nicht erfüllt ist, brennt die Lampe schnell durch. Um das zu untersuchen, schliesst man die Lampe an ihre Betriebsspannung an, wobei dünne Stellen am Kohlenbügel durch stärkeres Glühen zu erkennen sind. Man kann dabei ein dunkles Glas zu Hilfe nehmen.
2. Muss die Lampe gut ausgepumpt sein. Ein schlechtes Vakuum erkennt man daran, dass nach einem leichten Anstoss der Lampe der Bügel schnell zur Ruhe kommt.
3. Der Bügel darf nicht zu nahe den Glaswänden liegen.
4. Der Kohlenfaden darf nicht Abblätterungen zeigen.
5. Die Anschlussdrähte aus Platin dürfen sich gegenseitig nicht zu nahe kommen, da sonst leicht ein Kurzschluss entsteht.
6. Die Platindrähte müssen dick genug sein, sonst erwärmen sie sich durch den Strom und sprengen das Glas an der Einschmelzstelle.

Ist eine Lampe darauf zu prüfen, ob sie thatsächlich für den Anschluss an eine bestimmte Spannung geeignet ist, und ob sie dabei die angegebene Lichtstärke und den angegebenen Stromverbrauch einhält, so ist sie auf der Photometerbank zu untersuchen, wie das in Abschnitt 101 näher beschrieben wurde.

Die Einhaltung einer gewissen Brennstundendauer kann nur durch Dauerproben untersucht werden. Ein Anschliessen der Lampen an eine höhere Spannung kann darüber nicht genügenden Aufschluss geben.

105. Die elektrischen Bogenlampen. Allgemeines.

Bei den Bogenlampen verwendet man die Lichtbogenwirkung des elektrischen Stromes zur Beleuchtung. Man benutzt zu diesem Zweck nur Kohlenspitzen, da die Kohle erstens bei ihrer Verbrennung ein Licht abgiebt, das dem Tageslicht am ähnlichsten ist, und zweitens, weil sie das einzige Material ist, welches sauber abbrennt, ohne zu verschmoren.

Wie schon in dem Kapitel über die Wirkungen der Elektrizität gesehen wurde, bilden sich die Spitzen beim Abbrennen von selbst. Wir wissen weiterhin bereits, dass die Kohlen sich zuerst berühren müssen, damit der Lichtbogen entsteht. Ausserdem ist uns bekannt, dass die Kohle dabei aufgebraucht wird; aus diesem Grunde bedient man sich langer Kohlenstäbe, denn sonst würde die Brennzeit nicht genügend lang sein. Da die Kohlen an der Lichtbogenstelle abbrennen und auslöschen würden, wenn der Bogen zu lang wird, muss für eine selbstthätige Regulierung gesorgt sein. Letzteres ist die Aufgabe der verschiedenen Bogenlampenkonstruktionen.

106. Vorbetrachtung für die selbstthätige Regulierung von Bogenlampen.

Zur automatischen Regulierung einer Bogenlampe ist erforderlich, dass der Strom, der von zwei Klemmen konstanter Spannung bezogen wird, die Bogenlampe und einen zugehörigen Widerstand, den sogenannten Beruhigungswiderstand, hintereinander durchläuft. Man kann das so machen, ohne dass der Leistungsverlust im Widerstand Bedenken erregen könnte. Eine Bogenlampe braucht nämlich, wie photometrische Untersuchungen ergeben, viel weniger Watt pro Kerze, als eine Glühlampe, so dass man den Verlust im Vorschaltwiderstand ruhig mit in Kauf nimmt. Bei einer Bogenlampe kommen auf ein Watt etwa 3 Kerzen, also erhält man ungefähr zehnmal so viel Licht bei Aufwand einer bestimmten Leistung gegenüber der Glühlampenbeleuchtung.

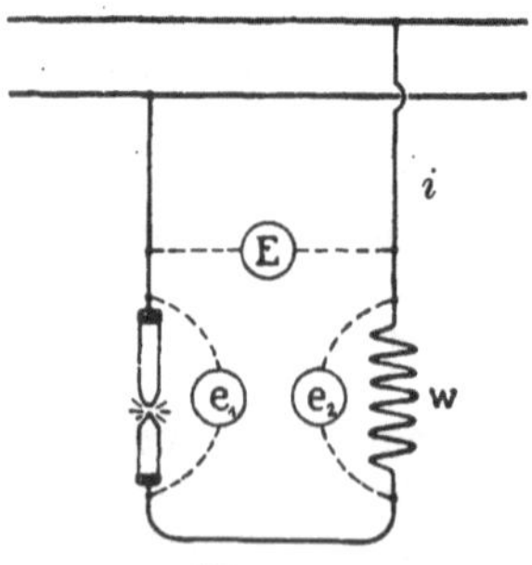

Fig. 97.

Zur Vorbereitung des Verständnisses einer Bogenlampenregulierung betrachten wir die Fig. 97, in welcher die Schaltung hergestellt ist, die oben erwähnt wurde. Die beiden starken Linien bedeuten die Leitung, die schwächeren Linien die Zuleitungsdrähte zur Lampe und zum Beruhigungswiderstand w. Die Kohlenspitzen-Entfernung soll aber vorläufig noch von Hand reguliert werden, wir betrachten dazu die elektrischen Vorgänge bei der Regulierung. Ein Spannungsmesser sei zu diesem Zweck angeschlossen erstens zwischen den beiden Kohlen; seine Angabe heisse e_1; ein zweiter an den Enden des Vorschaltwiderstands, giebt an eine Spannung e_2; einen dritten denken wir uns zwischen den Anschlussstellen der Leitung zum Beweis, dass hier die Spannung sich stets gleich bleibt, ihr Wert betrage E. Der Strom, welcher sowohl den Lichtbogen als auch den Widerstand w durchfliesst, sei ablesbar an einem Strommesser, dessen Angabe i sein möge.

Wir beobachten dabei Folgendes: Nähert man die Kohlenspitzen gegenseitig, während der Lichtbogen vorhanden ist, so steigt die Stromstärke i; das ist verständlich, weil dann ein kürzerer Luftraum zu überwinden ist. Mit Zunahme der Stromstärke wird die Spannung an den Enden des Vorschaltwiderstands w grösser, denn nach dem Ohm'schen Gesetz ist:

$$e_2 = i \cdot w.$$

Da nur die Spannung E im Ganzen zur Verfügung steht, so bleibt zwischen den Kohlenspitzen nur noch die Spannung

$$e_1 = E - e_2 = E - i w$$

übrig, d. h. die Spannung zwischen den Kohlen muss mit Vergrösserung der Stromstärke abnehmen.

Da nun die Kohlen abbrennen und der Strom von selbst immer schwächer wird, steigt auch, so lange man nicht reguliert, die Spannung an der Lampe. Diese Erscheinung, sowohl das Abnehmen, des Stromes als auch das Steigen der Spannung kann man benutzen, um eine automatische Regulierung herbeizuführen.

Je nach der Schaltung der Lampe unterscheidet man Hauptschluss-, Nebenschluss- und Differentiallampen. Bei der Hauptschlusslampe wird die Reguliervorrichtung nur durch die abnehmende Stromstärke ausgelöst, bei der Nebenschlusslampe benutzt man zur Auslösung nur das Steigen der Spannung zwischen den Kohlen, und bei der Differentiallampe werden beide Wirkungen gleichzeitig angewendet. Hauptschlusslampen kommen selten vor, daher werden sie hier übergangen.

Die Bogenlampen werden von den Firmen einreguliert geliefert. Wenn eine neu angeschlossene Lampe sich nicht beruhigen sollte, sind in den meisten Fällen die Pole falsch angeschlossen. Bei Gleichstrom wählt man zwischen den Kohlen eine Spannung von ungefähr 40 Volt, bei Wechselstromlampen ungefähr 30 Volt. Die Stromstärke der Lampe reguliert man am Vorschalt-Widerstand.

107. Die Regulierung der Nebenschlusslampen.

Man legt eine sehr feindrähtige Spule zwischen die beiden Kohlen, so wie der Spannungsmesser e_1 in Fig. 97 geschaltet ist; die Spule habe auch, wie der Spannungsmesser, einen sehr grossen Widerstand. Ein Eisenkern, welcher sich in der Spule befindet, wird durch den schwachen Strom in den Windungen magnetisch gemacht. Er ist um so stärker magnetisch, je stärker der Strom in der Spule ist, d. h. je höhere Spannung zwischen den Kohlen herrscht. Der Elektromagnet wirkt auf ein Stück weiches Eisen, welches vor dem Ende des Spulenkernes an einer Feder aufgehängt ist. Je höher die Spannung an der Lampe wird, d. h. je weiter die Kohlenspitzen auseinanderkommen, um so näher rückt das weiche Eisen *A*, siehe Fig. 98, an den Spulenkern. Sobald man die beiden Kohlenspitzen einander nähert, wird die Spannung zwischen ihnen geringer und das weiche Eisen geht wieder zurück.

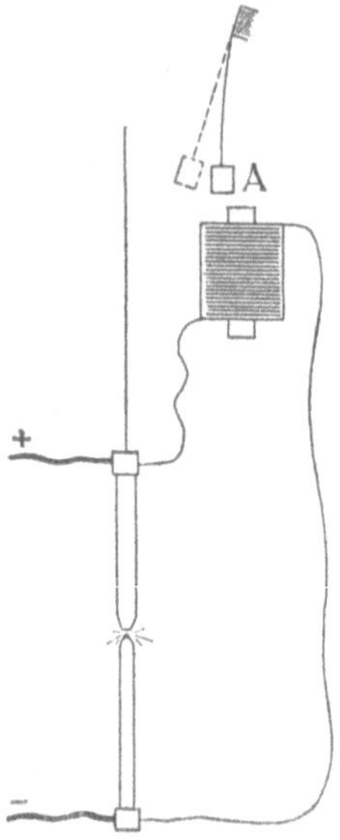

Fig. 98.

Dieser Anker *A* kann durch seine Bewegung irgend einen Nachstellmechanismus auslösen, durch den die Kohlen einander näher gerückt werden, wenn die Spannung zwischen den Kohlen bis zu einer bestimmten Höhe gestiegen ist. Sind die Kohlen genähert, so sinkt die Spannung an der Lampe, der Anker geht zurück und verhindert eine weitere Nachregulierung der Kohlen, bis die Spannung wieder gestiegen ist.

Bei dieser Art der Nachstellung liegt die regulierende Spule im Nebenschluss zum Lichtbogen. Solche Lampen heissen daher Nebenschlusslampen. Es giebt sehr viele Konstruktionen von Nebenschlusslampen. Im Folgenden seien zwei verschiedene Ausführungsformen etwas näher beschrieben.

108. Die Nebenschlusslampe von Körting & Mathiesen.

Die obere Kohle ist an einem Gewicht *G* eingeklemmt, welches an einer Kette *K* hängt; diese Kette ist so, wie es Fig. 99 zeigt, über eine Kettennuss *N* geführt und trägt auf der anderen Seite einen Stab *S* mit dem Halter der unteren Kohle; der Stab *S* besitzt in dem Rohr *R* eine Führung; letzteres ist aufgeschlitzt, dort wo der Halter der unteren Kohle auf- und abwärts verschiebbar ist. Sind die Kohlen kurz, so steht das Gewicht *G* tief und der Halter *H* hoch; die Kettennuss hat bei dem Abbrennen der Kohlen eine Anzahl von Umläufen auszuführen. An die Kettennuss schliesst sich ein Räderwerk, dessen letzte Welle ein Flügelrad *F* trägt. Das ganze Räderwerk ist drehbar angeordnet. Es trägt oben den Weicheisenanker *A* und wird durch eine Feder *f* zurückgezogen. Zwischen Kettennuss und Räderwerk befindet sich ein Sperrrad, so dass das Gewicht *G* stets nach oben geschoben werden kann. Lässt man es los, so sinkt es vorläufig nicht, da das Flügelrad *F* sich gegen einen Anschlag *a* legt. Erst bei dem Anschliessen der Lampe geschieht Folgendes:

Stehen die Kohlen anfänglich auseinander, so fliesst nur ein schwacher Strom durch die Nebenschlussspule. Die Spannung an der Lampe ist nur wenig verschieden von der Netzspannung. Der Anker *A* wird kräftig angezogen, so dass die obere Kohle infolge des Gewichtes G heruntersinkt bis zur Berührung der zweiten Kohle.

Von diesem Moment ab fliesst ein stärkerer Strom zur Lampe, und die Spannung an der Lampe fällt; der Anker A schnellt zurück, das Laufwerk ist festgehalten und ausserdem sind die Kohlen durch entsprechende Wahl des Drehpunktes um so viel auseinander gezogen, dass der Lichtbogen zustande kommt.

Mit Steigen der Spannung an der Lampe nähert sich der Anker wieder dem Magneten, bis das Flügelrad F von dem Anschlag a abfällt. Die Kohlen nähern sich bei einer Drehung des Flügelrades ein wenig, und der Anker wird wieder zurückgezogen.

Will man erreichen, dass die Regulierung bei einer bestimmten Spannung erfolgt, so geschieht das durch Veränderung der Federspannung f. Diese Lampe ist für Gleichstrom konstruiert, deshalb muss man auf das richtige Anschliessen der Pole achten. Die obere Kohle wählt man bei Gleichstrom stärker, damit sie erstens das Licht durch ihre Kraterbildung (vergl. Abschnitt 33) nach unten wirft, und zweitens, damit sie ebenso schnell abbrennt, wie die untere Kohle. Man hält dadurch den Lichtpunkt an derselben Stelle. Die untere Kohle ist gegen das Gestell isoliert, was durch die schwarze Schicht am unteren Halter ausgedrückt ist.

Die Lampe enthält in ihrer wirklichen Ausführungsform, die durch Figur 100 gegeben ist, eine kleine Luftbremse, die ein Schwirren verhindert. Der Nebenschlussmagnet ist zur Erzielung grösserer Kraftwirkung aus zwei Spulen zusammengesetzt.

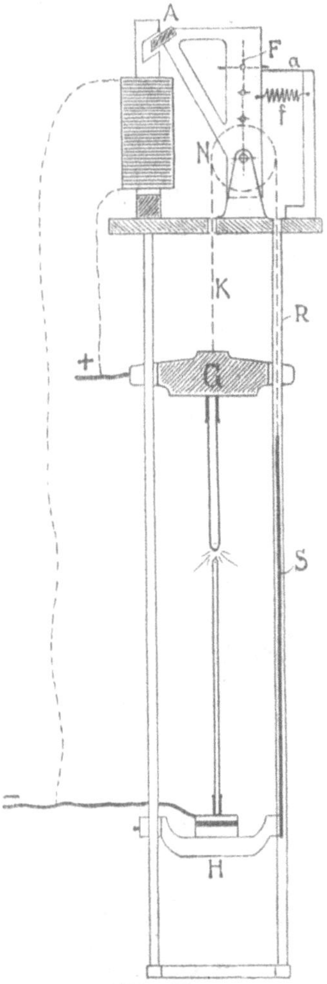

Fig. 99.

109. Nachstellvorrichtung mittels Wagner'schen Hammers.

Es giebt eine Reihe von Konstruktionen, bei denen man den Wagner'schen Hammer zum Nachschieben der Kohlen verwendet.

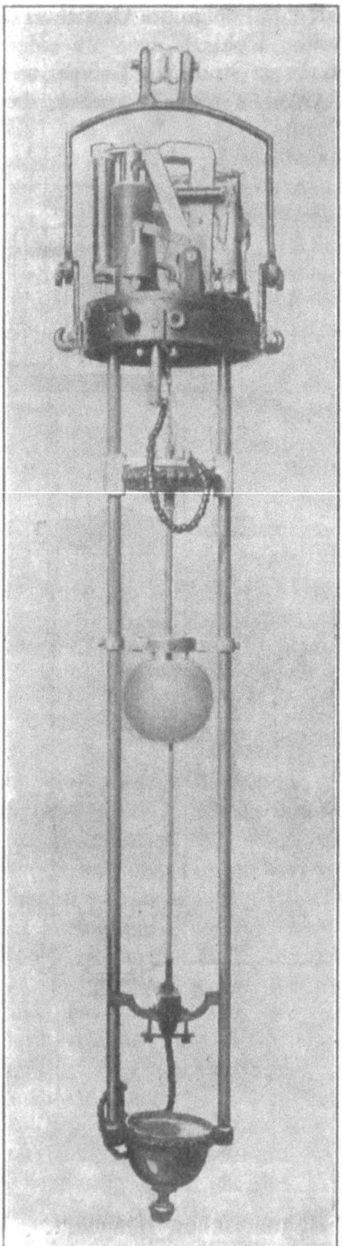

Fig. 100. Körting & Mathiesen.

Unter dem Wagner'schen Hammer versteht man die Unterbrechervorrichtung, die am häufigsten zu elektrischen Glocken Verwendung findet. Fig. 101 zeigt die Nachstellvorrichtung schematisch im Grundriss. Der Nebenschlussstrom fliesst zuerst durch die beiden Spulen. Von da aus führt ein Draht zur Befestigungsstelle des federnden Ankers *A*. An dem Anker ist eine zweite Feder angebracht, die an ihrem Ende ein Platinblech trägt; auf dieses Platinblech drückt eine Platinspitze, welche mit der zweiten Kohle verbunden ist.

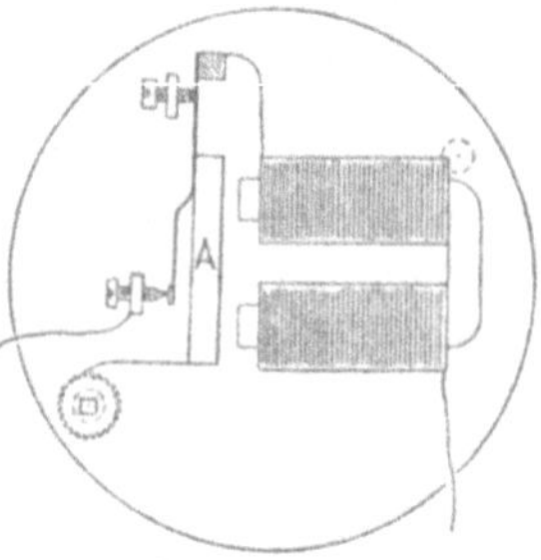

Fig. 101. Nachstellvorrichtung mit Hammer.

Fliesst ein genügend starker Strom durch die Spulen, so ziehen sie den Anker an; dadurch wird der Kontakt an der Platinspitze aufgehoben, der Strom ist unterbrochen. Nun schnellt der Anker zurück, weil mit dem Aufhören des Stromes auch der Magnetismus aufhört, und schliesst den Strom von neuem. Auf diese Weise werden einige aufeinander folgende Schläge des Ankers hervorgerufen.

Mit dem Anker *A* steht eine Sperrfeder in Verbindung, die bei jeder Schwingung des Ankers ein Sperrrad um einige Zähne weiter schiebt. Dieses Sperrrad sitzt auf einer Schraubenspindel, die in ein

Muttergewinde des Halters der oberen Kohle geschraubt ist. Durch Drehung der Spindel rückt die Kohle nach.

Der Anker führt aber nur diese Schwingungen aus, wenn die Spannung zwischen den Kohlen einen gewissen Wert überschritten hat. Seine Feder zieht ihn bei geringerer Spannung vom Nebenschlussmagneten ab; in dieser Stellung verbleibt er, wenn die Lampe kurz zuvor reguliert hat. Sobald aber die Kohlen abbrennen und die Spannung an der Lampe steigt, giebt der Hammer schliesslich einige Schläge, schiebt die Kohlen nach und ruht dann wieder einige Zeit.

Die Lampe wird auf bestimmte Spannung einreguliert, indem man den Abstand des Ankers von dem Magneten mittels einer Schraube ändert.

110. Der Bogenbilder.

Bei Lampen mit der letztgenannten Art von Nachstellvorrichtungen muss man einen Bogenbilder anwenden. Man versteht darunter eine Magnetspule, durch die der ganze Strom der Lampe fliesst und die gewöhnlich auf die untere Kohle einwirkt. In dem Moment nämlich, wo sich nach dem Anschliessen der Lampe die Kohlen berühren, kann ja die hier beschriebene Nachstellvorrichtung die Kohlen nicht wieder auseinanderziehen. Setzt man aber die untere Kohle auf den Anker eines zweiten Magneten, so wird der Anker, der bei Stromlosigkeit der Kohlen durch Federkraft hochgedrückt wurde, in dem Momente der Berührung der Kohlen nach unten gezogen und bleibt angezogen, so lange die Lampe brennt. Fig. 102 giebt in halb schematischer Weise die Ansicht eines Bogenbilders, der aus der Figur ohne weiteres zu verstehen ist.

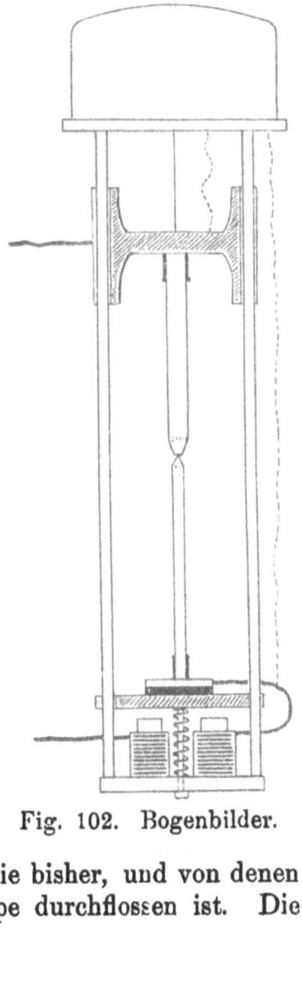
Fig. 102. Bogenbilder.

111. Die Regulierung der Differentiallampen.

Bei den bisherigen Lampen wurde zur Regulierung nur die Änderung des Stromes in einer Spannungsspule benutzt, welche parallel zum Lichtbogen geschaltet war.

Während die Spannung am Lichtbogen steigt, fällt die Stromstärke der Lampe. Diese beiden Wirkungen kann man zusammen benutzen. Man bringt an der Reguliervorrichtung zwei Spulen an, von denen die eine parallel zu den beiden Kohlen angeschlossen ist, so wie bisher, und von denen die andere von dem ganzen Strom der Lampe durchflossen ist. Die letztere Spule enthält dann dicke Windungen. Die Wirkungsweise dieser Lampen, welche den Namen Differentiallampen führen, wird am besten klar durch folgende zwei Beispiele:

112. Die Differentiallampe von Schuckert & Co.

Zur Erläuterung dient das Schema Fig. 103. Oben an der Lampe befindet sich eine Scheibe S, in deren Nut eine Schnur gelegt ist. Die Scheibe hat an ihrem Umfang sehr feine Zähne, so dass eine Verdrehung in der Figur nur im Sinne des Uhrzeigers möglich ist. An der Schnur hängt auf jeder Seite ein kegelförmiger Eisenkern. Weiter unten schliessen sich daran die Kohlenhalter, deren Führungen hier fortgelassen sind. Beide Kohlen mit den zugehörigen Eisenkernen sind ungefähr ausbalanciert. Um den Eisenkern der unteren Kohle fliesst der Hauptstrom, um den der oberen Kohle fliesst der Spannungsstrom.

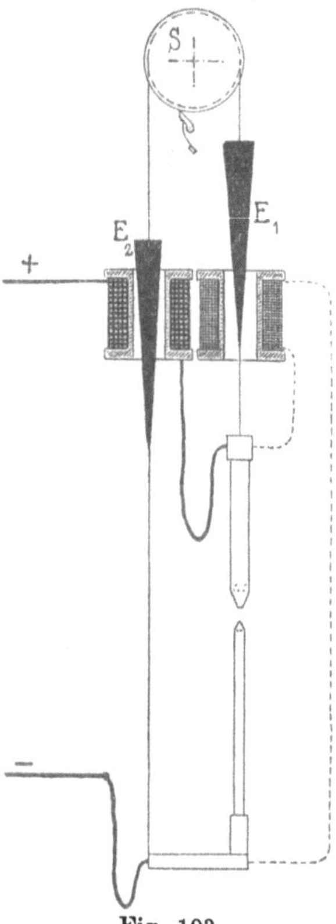

Fig. 103.

Stehen die Kohlen zunächst auseinander und schliesst man die Lampe an, so ist die Wirkung der Hauptstromspule sehr gering, dagegen wird der Eisenkern E_1, der in sehr vielen Windungen vom Spannungsstrom umflossen wird, kräftig in seine Spule gezogen, bis sich die Kohlen berühren. Bei dieser Bewegung dreht sich die Scheibe S. Von dem Moment ab, wo der starke Strom fliesst, wird auch der Eisenkern E_2 in seine Spule gezogen. Die Scheibe dreht sich dabei aber nicht, sondern die Schnur gleitet auf der Rolle. Dabei werden die Kohlen ein Stück auseinander gebracht, und der Lichtbogen ist fertig. Nimmt nun bei dem Verbrennen der Kohlen die Spannung zwischen ihnen zu, so überwiegt der Einfluss der Nebenschlussspule. Sie zieht den Eisenkern E_1 allmählich in sich herein und nähert dadurch die Kohlen gegenseitig bis der Strom so stark wird, dass die Wirkung der Hauptschlussspule überwiegt und die Kohlen dadurch ein Stück auseinandergezogen werden.

Die Lampe wird dadurch auf bestimmte Spannung einreguliert, dass man das Gewicht der einen oder der anderen Seite der Reguliervorrichtung durch kleine Auflegegewichte verändert. Es zieht dann ausser der magnetischen Kraft auch noch die Schwerkraft. Die Lampen werden so hergestellt, dass das Gewicht der Kohlen verhältnismässig wenig ausmacht.

Eine Ausführungsform der Lampe giebt Fig. 104. Die kegelförmigen Eisenkerne sind in Messingrohren untergebracht, welche den beiden Kohlenhaltern zugleich die nötige Führung geben. Die spezielle Anordnungsweise ist aus der Figur ersichtlich.

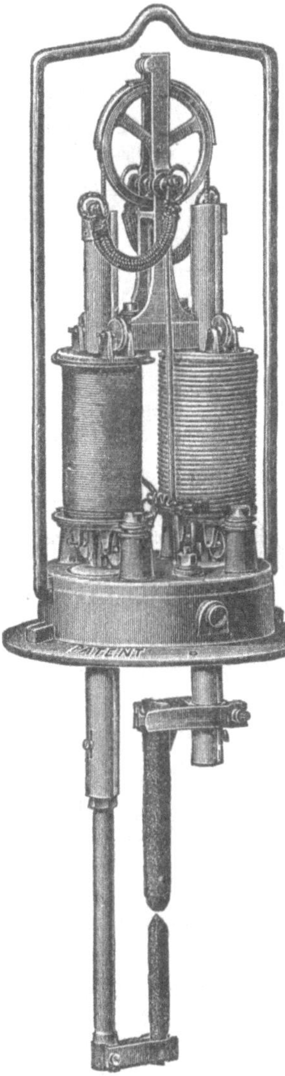

Fig. 104. Schuckert & Co.

113. Die Lampe der Elektrizitäts-Aktiengesellschaft „Helios“.

Diese Konstruktion ist wiederum eine Kettenlampe mit drehbar angeordnetem Räderwerk. Sie wird durch Figur 105 und 106 im Aufriss und Seitenriss wiedergegeben. Man sieht daran bei (48) die Hauptstromspule und bei (49) die Nebenschlussspule. Die Eisenkerne beider Spulen sind an die Enden eines zweiarmigen Hebels gehängt, der in der Mitte drehbar ist. An diesem Hebel befindet sich ein kleiner Blechstreifen, der den Hebel mit dem Räderwerk verbindet und eine Drehung des Letzteren verursacht, wenn entweder der eine oder der andere Eisenkern in seine Spule gezogen wird.

Die Verbindungskette der beiden Kohlen ist über eine Kettennuss geführt, von der aus das Räderwerk mit Hilfe des Gewichtes *G* betrieben wird. Auf der letzten Axe des Räderwerks sitzt ein Schleifrad *S*, gegen das der Haken *H* durch eine Feder *f* angedrückt wird. In diesem Falle hängen die beiden Kohlen fest.

Sobald aber der Eisenkern der Nebenschlussspule (49) infolge des Steigens der Spannung am Lichtbogen bis zu einer gewissen Tiefe eingezogen worden ist, legt sich der Haken *H* gegen die Schraube *s*; dreht sich nun das Räderwerk noch ein kleines Stück, so entfernt sich die Scheibe *S* von *H*, das Räderwerk wird frei,

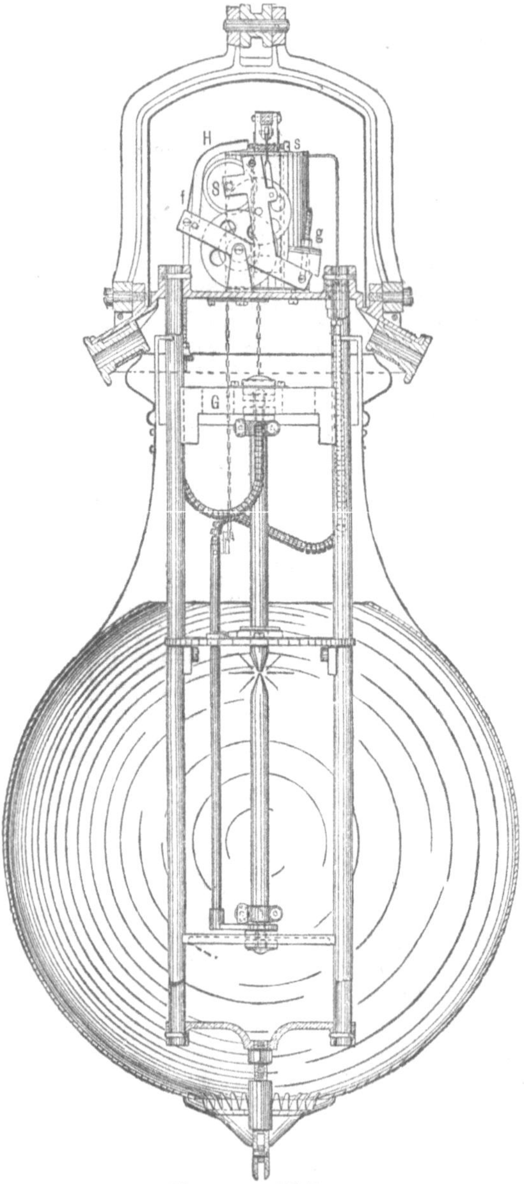

Fig. 105. Helios.

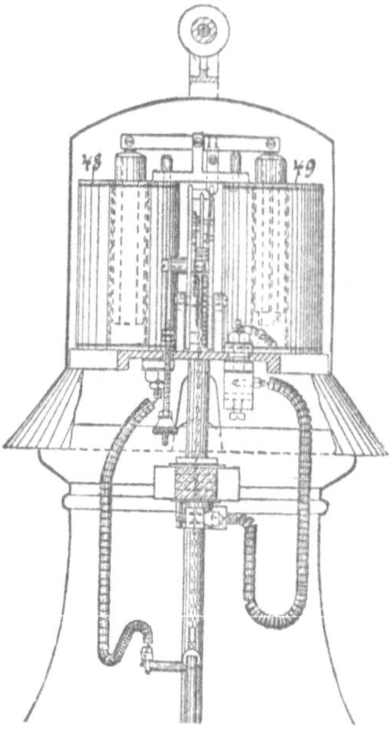

Fig. 106.

und die Kohlen nähern sich gegenseitig, bis durch Hereinziehen des Eisenkerns bei (48) infolge des Wachsens der Stromstärke sich *H* von *s* entfernt.

Fig. 105 zeigt über dem Lichtbogen einen Teller. Das hat folgenden Zweck: Diese Lampen brennen meistens als Wechselstromlampen, bei denen gleich starke Kohlen verwendet werden, und bei denen sich auch das Licht nach oben ebenso hell verteilt, als nach unten, da hier keine Kraterbildung eintritt. Die Scheibe überzieht sich vom Lichtbogen her mit feiner weisser Asche und reflektiert dann das Licht nach unten.

Das Einregulieren dieser Lampe auf bestimmte Spannung erfolgt durch Verstellen der Schraube *s*, oder durch Auflegen kleiner Gewichte auf den Rahmen des Räderwerkes bei *g*.

114. Schaltungsweise der Bogenlampen.

Bogenlampen können jede mit eigenem Vorschaltwiderstand in beliebiger Anzahl an ein Netz parallel angeschlossen werden, man vernichtet dabei etwa 25 % der Netzspannung im Beruhigungswiderstand. Eine beliebte Netzspannung für diesen Zweck ist bei Gleichstrom 65 Volt, wobei man etwa 20 Volt an den Enden des Vorschaltwiderstandes hat, die Lampe brennt dann mit 45 Volt. Man kann aber auch, wenn man ein Netz mit höherer Spannung hat, bis zu fünf Bogenlampen hintereinander schalten, die dann zusammen nur einen Beruhigungswiderstand brauchen. Ein Schema dieser Art zeigt Fig. 107 für zwei Gleichstromlampen in Serie. Die beiden starken Linien zu beiden Seiten bedeuten die Leitungen der Anlage, zwischen denen auch Glühlampen für 110 Volt angeschlossen werden können.

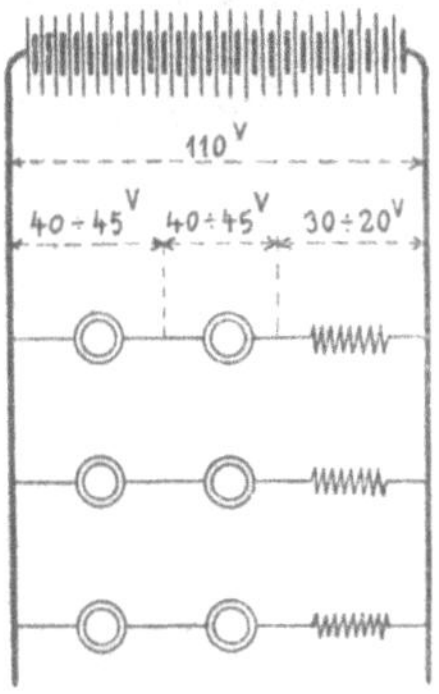

Fig. 107.

Bei der Verwendung von Glühlampen oder von Bogenlampen sind die §§ 15 und 16 der Sicherheitsvorschriften (s. d.) zu beachten.

115. Die Dauerbrand-Bogenlampen.

Wenn ein elektrischer Lichtbogen sich in einem sauerstoffarmen Raume befindet, so verbraucht er bei einer gewissen gegenseitigen Entfernung der Kohlenspitzen einen geringeren Strom, als in normaler Luft.

Der Lichtbogen verbraucht Sauerstoff. Schliesst man daher einen Lichtbogen durch einen Behälter ein, welcher nur eine geringe Luftzirkulation gestattet, so wird dem Inneren des Behälters der Sauerstoff rasch genommen.

Man benutzt diesen Umstand zu den Dauerbrand-Bogenlampen, von denen ein Beispiel nach der Konstruktion der Union Elektrizitäts-Gesellschaft in Fig. 108 abgebildet ist. Man sieht darin das den Lichtbogen umgebende Glas mit einem Verschlussdeckel, durch den die obere Kohle mit sehr geringem Spielraum durchgeführt ist. Das Glas hat eine sehr hohe Temperatur auszuhalten.

Solche Bogenlampen verbrauchen die Kohlenstäbe sehr langsam und bedürfen daher nur geringer Wartung. Man konstruiert Bogenlampen dieser Art von ungefähr 100 Stunden Brenndauer, während bei gewöhnlichen Bogenlampen in normalen Betrieben aller 24 Stunden neue Kohlen einzusetzen sind.

Da der Widerstand des Lichtbogens im sauerstoffarmen Raume grösser ist, als in Luft, können die Dauerbrandlampen direkt an 100 bis 110 Volt angeschlossen werden. Dabei ist der Stromverbrauch gering.

Die Vorzüge der Sparsamkeit und geringen Wartungsbedürftigkeit dieser Lampen werden ungefähr aufgewogen durch den Nachteil, dass der Lichtbogen im sauerstoffarmen Raum ein wenig angenehmes bläuliches Licht giebt. Der Wattverbrauch pro Kerze ist nicht geringer, als bei anderen Bogenlampen.

Eine Spezialkonstruktion von Lampen dieser Art fertigt die Jandus Elektrizitäts-Aktien-Gesellschaft, deren Lampen eine besonders

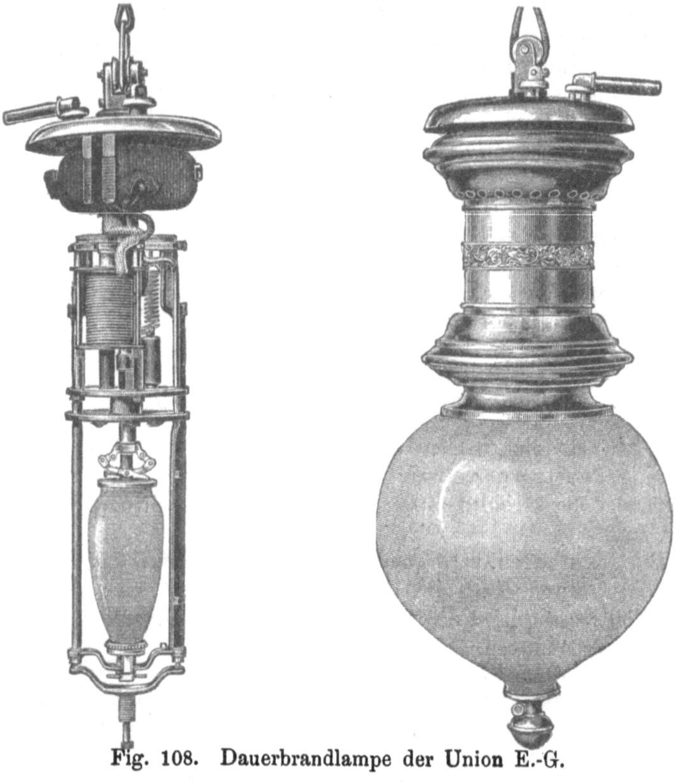

Fig. 108. Dauerbrandlampe der Union E.-G.

einfache Reguliervorrichtung ohne Räderwerk enthalten. In Amerika werden für Strassenbahnwagen Dauerbrand-Bogenlampen verwendet, die keine selbstthätige Reguliervorrichtung brauchen. Der Wagenführer hat hierbei etwa aller halben Stunden einmal von Hand nachzuregulieren, indem er auf einen Knopf an der Lampe drückt.

Zwölftes Kapitel.

Die Elemente.

116. Die galvanischen Elemente. Allgemeines.

In dem zweiten Kapitel wurde bereits erwähnt, was unter einem Element zu verstehen ist. Zwei Platten aus verschiedenen Metallen stehen in einer Lösung, welche den elektrischen Strom leitet. Es entsteht zwischen diesen beiden Platten eine Spannung. Daher fliesst durch einen Draht, der die beiden Platten verbindet, ein elektrischer Strom. Die Metalle und die Lösungen können beliebig sein, nur ist die Stärke und die Dauer der Wirkung von den verwendeten Materialien abhängig.

Die Ursache für die elektrische Wirkung ist die chemische Zersetzung der Bestandteile des Elementes.

Die Beobachtungen haben ergeben, dass bei chemischen Veränderungen von Materialien stets eine mechanische Arbeit auftritt. Wenn zwei Stoffe, damit sie sich chemisch verbinden, erwärmt werden müssen, führt man ihnen mit der Wärmemenge eine gewisse Arbeitsmenge zu. Andere Stoffe geben bei ihrer chemischen Verbindung (z. B. Kohle und Sauerstoff) eine Wärmemenge und damit eine Arbeitsmenge ab. Bei den Elementen erhält man die bei der Zersetzung abgegebene Arbeitsmenge in Form von Elektrizität. Der Arbeitsinhalt der chemischen Endprodukte ist bei einem Element, das während einer gewissen Zeitdauer einen Strom geliefert hat, geringer, als er vor der Stromlieferung war.

Die Verbrauchsmaterialien der Elemente sind zu teuer, als dass man sie für Starkstromanlagen verwenden könnte. Sie werden nur da gebraucht, wo die zu leistende Arbeitsmenge verschwindend klein ist, bei elektrischen Glocken, Telegraphen und Telephonen.

117. Die Polarisation.

Die einfachsten Elemente, bestehend aus zwei Metallen und einem Elektrolyt haben meistens den grossen Nachteil, dass ihre Spannung sehr bald zurückgeht. Diese Erscheinung hängt mit der Zersetzung der Lösung durch den elektrischen Strom zusammen. Besteht ein Element aus Kupfer und Zink in verdünnter Schwefelsäure, so scheidet der Strom an der einen Platte Sauerstoff, an der anderen Wasserstoff in Form von feinen Bläschen aus. Der Wasserstoff, der auch in der Chemie mit den Metallen Ähnlichkeit hat, wandert wie die Metalle in Richtung des Stromes. Die Ansammlung von Wasserstoff und Sauerstoff an den beiden Metallen bringt das Bestreben hervor, einen Strom in entgegengesetztem Sinne fliessen zu lassen, wodurch der resultierende Strom geschwächt wird. Man nennt diese Erscheinung Polarisation.

Es giebt Elemente, bei denen diese Polarisation durch neu hinzukommende chemische Wirkungen entweder bedeutend verringert oder beseitigt wird. Solche Elemente liefern einen konstanten Strom, man bezeichnet sie auch als konstante Elemente.

118. Das Daniell-Element.

Ein Daniell-Element, genannt nach seinem Erfinder **Daniell** (1836), ist in Fig. 109 im Schnitt gezeichnet. Kupfer steht in konzentrierter Kupfervitriollösung, amalgamiertes[1] Zink in sehr verdünnter Schwefelsäure. Beide Lösungen sind getrennt durch eine poröse Scheidewand, eine Thonzelle, welche gestattet, dass die Flüssigkeiten sich berühren, aber verhindert, dass sie sich mischen.

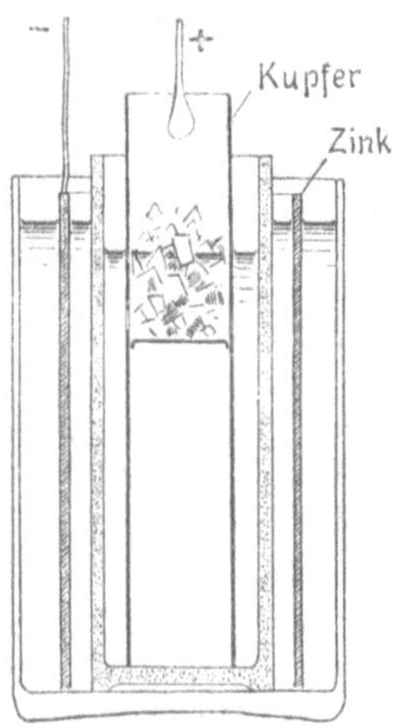

Fig. 109. Daniell-Element.

Die Spannung dieses Elementes beträgt ungefähr 1,1 Volt. Der innere Widerstand richtet sich nach der Konzentration der Säure und nach der Grösse und Form des Elementes. Für eine Elementenhöhe von ungefähr 20 cm ist bei normaler Konstruktion nach Art von Fig. 109 der innere Widerstand etwa 1 Ohm. Man erhält aus einem solchen Element höchstens etwa 1 Ampère.

Die Kupfervitriollösung muss durch Hineinlegen einiger Kupfervitriolstücke stets gesättigt gehalten werden. Unter guter Behandlung ist ein Daniell-Element monatelang zu verwenden. Infolge des grösseren spezifischen Gewichts der Kupfervitriollösung vermeidet man das Hindurchtreten dieser Lösung durch die Thonwand, indem der Flüssigkeitsspiegel der verdünnten Schwefelsäure etwas höher gehalten wird.

---

[1] „Amalgamiert" heisst mit „Quecksilber überzogen". Durch diesen Überzug schützt man das Zink vor Zersetzung, wenn kein Strom entnommen wird. Auf blankem Zink wird zum Amalgamieren in verdünnter Schwefelsäure ein Quecksilbertropfen zerrieben.

119. Erklärung der chemischen Vorgänge im Daniell-Element.

Die Bestandteile des Elementes sind mit chemischen Zeichen ausgedrückt:

$$Zn\ H_2SO_4 \parallel CuSO_4\ Cu.$$

Der obere Pfeil giebt an die Richtung des Stromes im Aussenkreis, der untere die Richtung des Stromes im Element.

Der Strom scheidet H_2SO_4 in H_2 und SO_4, sowie $CuSO_4$ in Cu und SO_4; Wasserstoff und Kupfer wandern in Richtung des Stromes (zur Kathode), die beiden SO_4 gegen den Strom (zur Anode).

Das ausgeschiedene Kupfer setzt sich an der Kupferplatte ab, das SO_4 der Schwefelsäure verbindet sich mit dem Zink zu $ZnSO_4$; das SO_4 des Kupfervitriols trifft sich an der porösen Thonwand mit dem Wasserstoff der Schwefelsäure und bildet dort neue Schwefelsäure; nach dem Gesagten lässt sich der Vorgang auf folgende Weise darstellen:

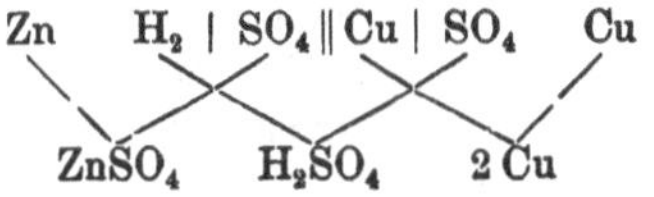

Das ausgeschiedene Zinkvitriol hält sich in dem Wasser der verdünnten Schwefelsäure auf. Die Anzahl Schwefelsäure-Moleküle bleibt stets gleich.

120. Das Leclanché-Element.

Leclanché schuf ein viel verwendetes Element, welches aus Fig. 110 zu erkennen ist. Ein amalgamierter Zinkstab befindet sich mit einem Cylinder aus Kohle und Braunstein in einer Lösung von reinem Salmiak. Die Herstellung dieser Braunsteincylinder geschieht bei Anwendung eines Bindemittels unter der hydraulischen Presse. An Stelle dieses Braunsteinkörpers kann auch eine mit Braunsteinstücken gefüllte Thonzelle benutzt werden, in der ein Kohlenstab bis auf den Grund reicht. Der Strom wird dann an dieser Kohle abgenommen.

Das Element bedarf nur geringer Wartung und kann bis zu einem Jahr und länger stehen, ohne dass die Bestandteile erneuert zu werden brauchen. Es ist sehr vorteilhaft für Hausglockenanlagen, hat aber den Nach-

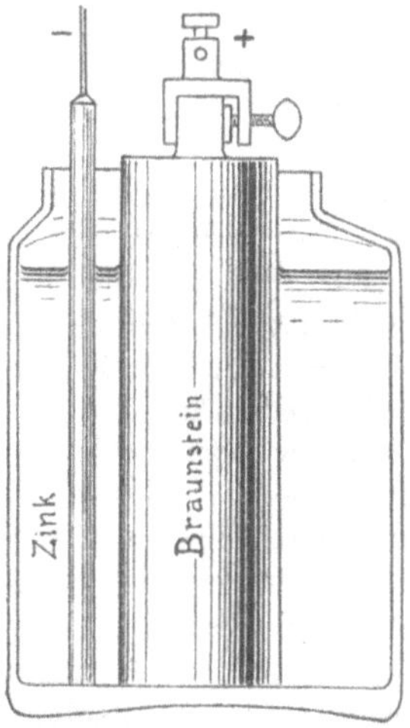

Fig. 110. Leclanché-Element.

teil, dass es sich nach einer gewissen Dauer des Stromdurchgangs allmählich polarisiert. Wenn es einige Zeit nicht beansprucht wird, erholt es sich und bekommt seine ursprüngliche Spannung wieder.

Für eine Elementenhöhe von 20 cm und bei normaler Konstruktion nach Art von Fig. 110 beträgt seine Spannung 1,5 Volt und sein innerer Widerstand 0,5 Ohm.

Wenn bei diesen Elementen das Glas von Salmiakkrystallen überzogen wird, genügt innen am oberen Rande des Glases ein Anstrich mit Leinölfirnis zur Vermeidung dieses Übelstandes.

121. Die Trockenelemente.

Im Handel giebt es eine grosse Anzahl verschiedener Trockenelemente. Man will bei Anwendung derselben sich von der Unbequemlichkeit frei machen, dass man es mit einer Flüssigkeit zu thun hat, die leicht verdunstet, und die in bewohnten Räumen gesundheitsschädlich wirken kann. Diese Elemente enthalten im Innern meistens eine feuchte Paste, welche die Stelle der Flüssigkeit vertritt. Durch luftdichten Abschluss ist ein Austrocknen der Paste verhindert. Es wird dabei meistens für den negativen Pol Zink, für den positiven Pol Kohle verwendet. Die Spannung solcher Elemente bewegt sich zwischen 1 und 1,7 Volt, der innere Widerstand zwischen 0,1 bis 0,4 Ohm.

122. Batterieschaltungen.

Je nach der Höhe der Spannung, die man erzielen will, können beliebig viele Elemente hintereinander zu einer Batterie verbunden werden. Der gesamte innere Widerstand steigt dabei unter Verwendung gleicher Elemente in demselben Maasse, wie die Zahl der Elemente zunimmt. Man kann also der ganzen Batterie nicht mehr Strom entnehmen, auch wenn die Enden kurz geschlossen werden, als man einem Element entnehmen kann.

Ein zweiter Fall ist denkbar, dass alle positiven Pole der Elemente untereinander und alle negativen untereinander verbunden sind. Dann ist die Spannung des ganzen Gebildes nicht höher als die eines einzigen Elementes, dagegen nimmt der innere Widerstand mit der Zahl der Elemente ab. Einem solchen Gebilde kann ein um so stärkerer Strom entnommen werden, je grösser die Zahl der Elemente ist. Diese Schaltung ist zu vergleichen mit einem einzigen Element, dessen Platten so gross sind, wie die Platten aller Elemente zusammen.

Eine dritte Möglichkeit ist vorhanden, mehrere hintereinander geschaltete Batterien von gleicher Elementenzahl parallel zu schalten. Die entnehmbare Stromstärke wächst dann in dem Maasse der parallel geschalteten Elemente, die Spannung in dem Maasse der hintereinander geschalteten Elemente.

123. Normalelemente.

Eine Klasse von Elementen dient nur zu Messzwecken. Es kommt dabei darauf an, dass sie möglichst konstante Spannung haben. Diese Elemente dürfen keinen Strom liefern, wenigstens nicht mehr als auf kurze Zeit etwa 0,00001 Ampère. Es ist infolgedessen die peinlichste Sorgfalt in der Behandlung dieser Elemente anzuwenden. Die Klemmen dieser Elemente dürfen nicht zu gleicher Zeit mit der Hand angefasst werden, da hierdurch bereits ein zu starker Strom entstehen würde. Die Behandlung muss deshalb so peinlich sein, weil bei Stromentnahme Polarisation eintritt, welche die Spannung herunterdrückt.

Hierher gehören das Clark-Element und das Weston-Element.

Dem **Clark-Element** ist durch die Reichsanstalt eine bestimmte Form gegeben worden, die allein zur amtlichen Beglaubigung zugelassen wird. Positive Elektrode ist ein amalgamiertes Platinblech, welches

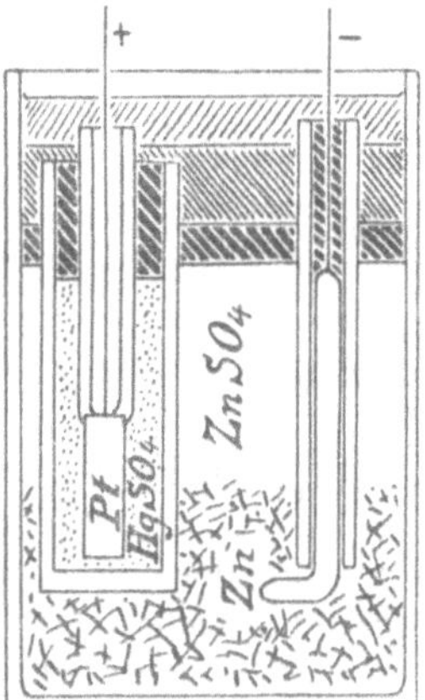

Fig. 111. Clark-Element.

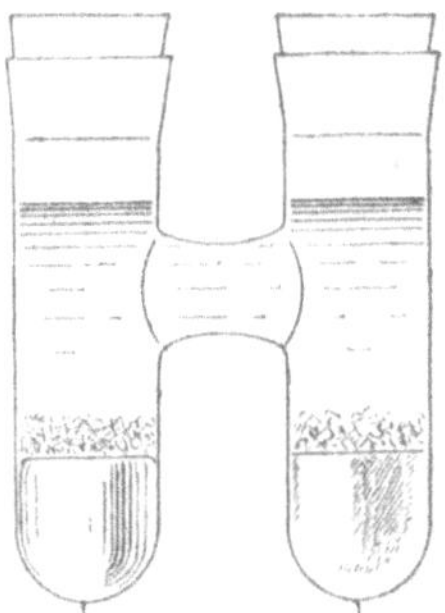

Fig. 112. Weston-Element.

in einer Paste von schwefelsaurem Quecksilberoxyd steht; als negative Elektrode dient ein amalgamierter Zinkstab, der zum Teil mit Paraffin in ein Glasrohr eingeschmolzen ist und in Zinksulfatkrystalle taucht, welche von konzentrierter Zinksulfatlösung umgeben sind. Fig. 111 giebt den Querschnitt eines Clark-Elementes. Zwischen den beiden Elektroden befindet sich eine Thonzelle; durch mehrere Übergüsse ist das Element geschützt.

Die Spannung dieses Elementes in Volt ist zu rechnen aus der Gleichung:

$$E = 1{,}434 - 0{,}00115\,(t - 15^{0}),$$

bei der t die Temperatur des Elementes bedeutet.

Bei dem **Weston-Element** steht Quecksilber unter einer Paste von Quecksilberoxydulsulfat (Hg_2SO_4), Kadmiumsulfatkrystallen mit gesättigter Lösung dieses Salzes, sowie aus metallischem Quecksilber. Den negativen Pol bildet ein Amalgam aus Kadmium und Quecksilber, welches mit einer Schicht von Kadmiumsulfatkrystallen bedeckt ist. Die Lösung zwischen beiden Elektroden ist konzentrierte Kadmiumsulfatlösung.

Der Vorzug dieses Elementes ist eine sehr geringe Temperaturkorrektion, denn seine Spannung in Volt beträgt:

$$E = 1{,}026 - 0{,}0000\,125\,(t - 20^0).$$

Das Äussere ist aus Fig. 112 erkennbar. Die Abbildung zeigt ein H-förmiges Gefäss, durch das zur Abnahme der Spannung zwei Platindrähte eingeschmolzen sind.

Dreizehntes Kapitel.

Die Akkumulatoren.

124. Die Akkumulatoren. Allgemeines.

Die bisher behandelten Elemente erzeugen den Strom und die damit verbundene elektrische Leistung durch Umsetzung ihrer Bestandteile in andere chemische Verbindungen, d. h. sie verbrauchen Materialien. Der Arbeitsinhalt der Materialien wird bei dem Zustandekommen des Stromes verringert.

Es giebt eine andere Klasse von Elementen, bei denen der Arbeitsinhalt der chemischen Bestandteile erst in das Element hineingebracht wird, indem man einen elektrischen Strom durch das Element schickt. Dieser Strom muss dann einer vorhandenen Elektrizitätsquelle entnommen werden. In technischen Betrieben benutzt man dazu die Dynamomaschinen. Die Elemente der zweiten Art heissen Akkumulatoren. Im Gegensatz zu der erstgenannten Klasse von Elementen, welche Primärelemente genannt werden, bezeichnet man die Akkumulatoren auch mit dem Namen Sekundärelemente.

Bei den Akkumulatoren lässt sich gewissermaassen eine bestimmte Menge von Elektrizität aufspeichern, die hineingebracht werden kann, während die Anlage sonst unbenutzt liegen würde, und die entnommen werden kann, wenn es der Betrieb erfordert.

125. Die Wirkungsweise der Akkumulatoren (Experimente).

In Fig. 113 bedeutet *A* eine Elektrizitätsquelle und *B* ein Gefäss, gefüllt mit verdünnter Schwefelsäure. In das Gefäss *B* tauchen zwei Platinbleche. Von jeder Klemme der Elektrizitätsquelle aus führt ein Draht zu einem Platinblech. Der Strom fliesst zunächst durch den Draht 1, dann durch die Schwefelsäure des Gefässes *B* und durch

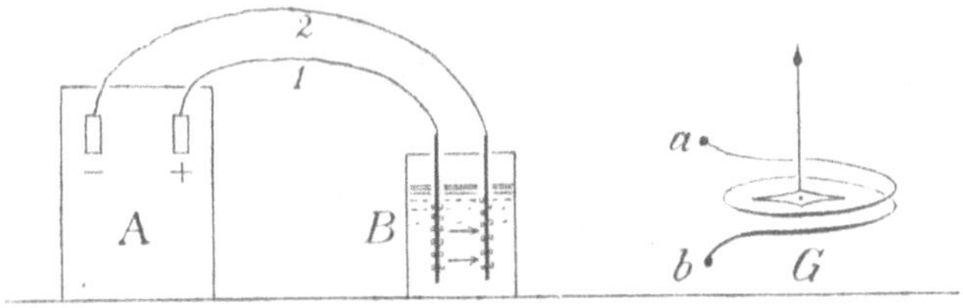

Fig. 113.

den Draht 2 zur Elektrizitätsquelle zurück. Die Stromrichtung in der Schwefelsäure ist durch Pfeile in der Figur angedeutet. Dabei entstehen an den Platinblechen kleine Blasen, die daran in leichter Weise haften bleiben. Bei dem Blech am Drahte 1 bestehen die Bläschen aus Sauerstoffgas, bei dem anderen Blech aus Wasserstoffgas.

Nun werden die Drähte 1 und 2 von der Elektrizitätsquelle abgenommen und an ein Instrument *G* angeschlossen, welches in Fig. 113 neben dem Gefäss *B* schematisch angedeutet ist. Fig. 114 stellt diese

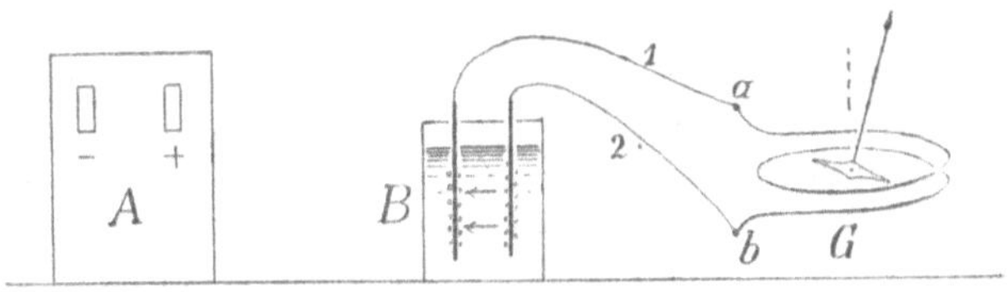

Fig. 114.

Schaltung dar. Das Instrument *G* ist im wesentlichen eine fein ausbalancierte Magnetnadel mit einem dünnen Zeiger, die von einigen Drahtwindungen umgeben ist. Ein solches Instrument heisst ein Galvanometer. Mit den Enden der Windungen sind die Drähte 1 und 2 verbunden. Der Zeiger des Galvanometers giebt in diesem Fall einen Ausschlag, daran sehen wir, dass ein elektrischer Strom fliesst.

Nach einiger Zeit des Stromdurchganges lässt der Ausschlag nach. Zugleich werden die Bläschen an den Platinblechen immer kleiner, sie verschwinden schliesslich ganz, und damit hört auch der Ausschlag am Galvanometer auf.

Wir untersuchen die Richtung des Ausschlags der Magnetnadel. Legen wir den positiven Pol der Elektrizitätsquelle *A*, bei welchem der Draht 1 angeschlossen war, an die Klemme *a* des Galvanometers, so schlägt der Zeiger beim Schliessen des Stromkreises nach rechts aus. Legen wir nun von dem Gefäss *B* aus den Draht 1 an die Galvanometerklemme *a*, so erhalten wir bei Stromschluss wiederum einen Ausschlag nach rechts. Die Stromrichtung im Galvanometer ist in beiden Fällen dieselbe. Diejenige Platinplatte, an welche der positive Pol der Elektrizitätsquelle gelegt worden war, ist jetzt zum positiven Pol geworden. In der Säure des Gefässes *B* floss der Strom bei dem Anschliessen der Elektrizitätsquelle umgekehrt als jetzt bei der Stromabgabe. Die Stromrichtung im zweiten Fall ist in Fig. 114 ebenfalls durch kleine Pfeile angedeutet.

Dieses Experiment lehrt, dass mit einer gewissen Menge Wasserstoff und mit einer gewissen Menge Sauerstoff, die in einer leitenden Lösung an zwei Blechen verteilt sind, ein elektrischer Strom hergestellt werden kann. Diese Form ist aber für die Technik nicht anwendbar, da die Gasblasen leicht abfallen und auch nur in kleinen Mengen an den Platten haften können.

Bei einem zweiten Experiment treten nun an die Stelle der beiden Platinbleche zwei Bleiplatten, die von Haus aus metallisch blank sind. Wir nehmen damit dieselben Experimente vor. Es zeigt sich wieder Wasserstoff- und Sauerstoffentwicklung, nur nehmen die Bleiplatten dabei verschiedene Farbe an. Die Platte, bei der der Strom von der Elektrizitätsquelle aus eintrat, färbt sich braun, die andere mattgrau. Die chemische Untersuchung dieses braunen Körpers hat gelehrt, dass wir es mit einer Verbindung von Blei und Sauerstoff, mit Bleisuperoxyd zu thun haben, der graue Körper hat sich ergeben als metallisches Blei in schwammiger Form, als sogen. Bleischwamm. Die Platten können aus der Säure herausgenommen werden, abgespült werden und längere Zeit an der Luft liegen, in jedem Fall, also auch nach vorherigem Herausnehmen aus der Säure, erhalten wir nun bei Herstellung der Schaltung nach Fig. 114 einen Ausschlag der Magnetnadel. Es fliesst ein Strom von der einen Platte zur anderen. Die Stromrichtung ist dieselbe geblieben wie bei dem vorigen Experiment: Diejenige Bleiplatte ist zum positiven Pol geworden, an die der positive Pol der Elektrizitätsquelle gelegt worden war.

Nach einiger Zeit des Stromdurchganges kehrt die Nadel in ihre Nullstellung zurück, die Platten sind erschöpft.

Das Glas mit den beiden Bleiplatten in Schwefelsäure ist ein Akkumulator in seiner einfachsten Form. Der erste Vorgang, das Anschliessen des Akkumulators an die Elektrizitätsquelle, heisst das Laden des Akkumulators. Den zweiten Vorgang, die Stromentnahme aus den Bleiplatten, nennt man das Entladen des Akkumulators. Diejenigen Elektrizitätsquellen, welche zu den bisherigen Experimenten verwendet wurden, sind Akkumulatoren.

Die Stromausnutzung bei diesem einfachsten Akkumulator war sehr mangelhaft, denn es war viel Wasserstoff und viel Sauerstoff entwichen. Die braune Schicht auf der positiven Platte blieb sehr dünn, ebenso die Schwammschicht auf der negativen. Der Strom konnte aus dem Blei nicht mehr wirksame Masse bilden. Technisch verwendbar ist dieser Akkumulator noch nicht.

126. Das Formieren der Platten nach Planté.

Planté hat entdeckt, dass bei oftmaligem Laden und Entladen der Akkumulatoren die wirksamen Schichten an Dicke zunehmen. Dabei muss der Strom von Zeit zu Zeit umgewendet werden. Ausserdem sind während der Behandlung Ruhepausen einzuschalten. Man kann, je dicker die Schichten sind, um so mehr Elektrizität in dem Akkumulator aufspeichern, ehe die Gase in Form von Bläschen aufsteigen. Diese Behandlung dauert bei massiven Platten monatelang, bis der Akkumulator technisch verwendbar wird. Der Prozess heisst das Formieren der Platten.

Infolge der langen Behandlung werden die nach Planté formierten Platten sehr teuer und konnten sich deshalb ohne weiteres nicht recht einbürgern.

Die moderne Technik hat Plantéplatten wieder aufgenommen aber sie stellt nicht dicke Platten her, sondern vergrössert die Oberfläche auf die eine oder die andere Weise. Ein Beispiel hierfür ist das Verfahren von Majert:

Mittels eines Stahles, der von einer Maschine geführt wird, schneidet man nach Fig. 115 schräg in eine Bleiplatte ein und lässt

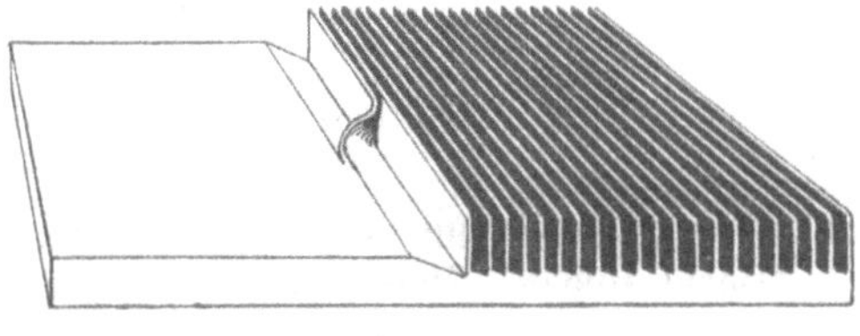

Fig. 115. Platte nach Majert.

den dadurch entstehenden Streifen unmittelbar durch den Stahl aufbiegen. Wenn die Platte auf beiden Seiten so vorgerichtet ist, unterwirft man sie der Formierung, die nun bedeutend kürzere Zeit in Anspruch nimmt. In dieser Weise bearbeitete und nach Planté formierte Platten finden bei elektrischen Strassenbahnwagen Anwendung.

127. Das Verfahren nach Faure.

Poröse, staubförmige Verbindungen von Blei und Sauerstoff formieren sich schneller, als metallisch zusammenhängendes Blei. Aus diesem Grunde trägt man chemisch reines Bleioxyd (Bleiglätte), welches mit Schwefelsäure zu einer Paste angemengt wird, auf ein Bleigerüst auf und unterwirft eine solche Platte dem Plantéprozess. Statt der Bleiglätte verwendet man auch Mennige und zwar letztere meistens für positive Platten. Der natürliche Zusammenhalt dieser Masse genügt nicht, es muss durch die Konstruktion des Bleigerüstes dafür gesorgt sein, dass die Paste gehalten wird. Das gilt um so mehr, da die Masse bei den chemischen Veränderungen, welche sie durchzumachen hat, ihr Volumen ändert und sich dadurch lockert.

Auf Form und Herstellung des Trägergerüstes beruhen viele Patente und hierin liegt der Hauptunterschied der wichtigsten Fabrikate. Man unterscheidet G i t t e r p l a t t e n und S e e l e n p l a t t e n. Sobald in der Mitte der Platte eine massive Bleischicht liegt, von der aus durch Haken oder Rippen die Füllmasse getragen wird, haben wir es mit

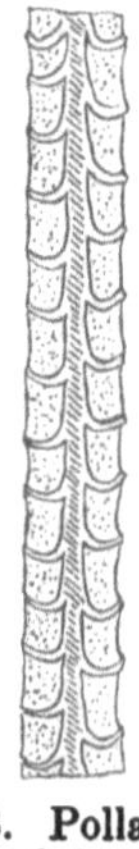

Fig. 116. Pollak-Platte (Schnitt).

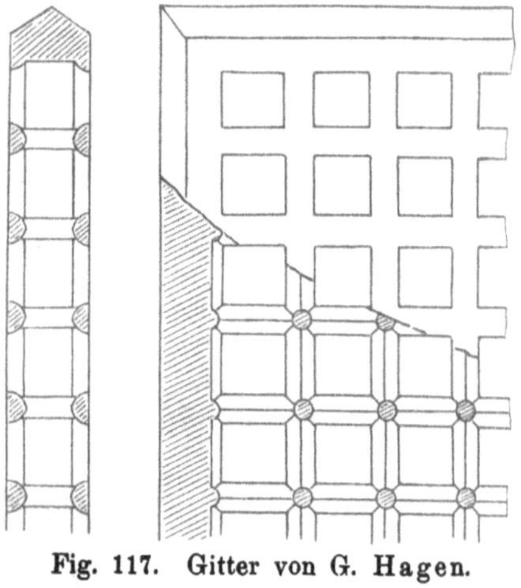

Fig. 117. Gitter von G. H a g e n.

Seelenplatten zu thun. Ein Beispiel hierfür ist die Platte der „Accumulatorenwerke System Pollak". Durch gezahnte Walzen werden aus Bleiplatten Haken herausgebogen, welche die aufgestrichene Masse tragen. Fig. 116 stellt eine solche Platte im Querschnitt dar.

Den Vorzug grosser Leichtigkeit besitzen die Gitterplatten. Die Hohlräume eines Bleigitters sind mit der wirksamen Masse ausgefüllt. Man verhindert ein Ausbröckeln der Paste dadurch, dass die Hohlräume nach aussen enger konstruiert werden, oder durch Anwendung von zwei Gittern, die aussen liegen und in irgend welcher Weise miteinander verbunden die Masse zwischen sich tragen. Fig. 117 stellt den Querschnitt und die Ansicht eines Gitters von G. Hagen dar. Beide Hälften des Gitters sind durch Bleistäbchen aneinander gehalten, die Füllmasse ist in der Figur fortgelassen. Der Rand der Platten wird stets verstärkt.

Bei dem Gitter von Correns sind zwei Netze mit sechseckigen Durchbrüchen gegeneinander versetzt, so dass die wirksame Masse ein zusammenhängendes Ganzes bildet. Die beiden Hälften des Gitters werden zusammenhängend gegossen.

Die Akkumulatoren werden von den Firmen formiert geliefert. Durch Anwendung der aufgetragenen Füllmasse konnten die Preise der Batterien allmählich billiger werden, da die lange Behandlung bis zur Verkaufsfähigkeit wegfällt. Es ist durch das Faure'sche Verfahren erst möglich geworden, dass die Akkumulatoren allgemeine Anwendung fanden.

128. Das Verfahren nach Tudor.

Eine Plantébatterie ist besser als eine Faure'sche Batterie, wenn erst die Masse genügend stark ist. Die beiden Produkte Bleisuperoxyd und Bleischwamm besitzen, wenn sie aus metallisch zusammenhängendem Blei entstanden sind, eine natürliche Festigkeit, die durch kein Bindemittel ersetzt werden kann.

Durch den Gebrauch formiert sich ein Akkumulator selbst. Es ist ein Gedanke von Tudor, Platten von grosser Oberfläche nur mit einer vorläufigen aufgetragenen Masse zu versehen, die so angebracht ist, dass sie abfällt, wenn die Batterie sich nach Planté formiert hat. Dieser Zustand tritt bei normaler Benutzung einer Batterie in etwa 2 Jahren ein. Batterien dieser Art fertigt in Deutschland die Akkumulatorenfabrik Aktien-Gesellschaft Hagen in Westfalen. Die Platten enthalten vertikale Rillen von etwa 1,5 mm Abstand, aus denen die aufgetragene Masse sich schliesslich in Form von feinem Staub ablöst. Die genannte Firma verwendet die Tudorplatten nur als positive Platten, während als negative bei ihr Gitterplatten gebräuchlich sind.

129. Die Zusammensetzung der Akkumulatoren und die Aufstellung einer Batterie.

Die positive Platte hat mehr Volumenänderung durchzumachen, als die negative. Bei einem zweiplattigen Akkumulator würde die positive, braune Platte nur von einer Seite beeinflusst werden und sich durch einseitige Ausdehnung krummziehen. Dieses Krummziehen vermeidet man dadurch, dass eine braune Platte stets zwischen zwei graue gesetzt wird. In technischer Ausführung hat ein Akkumulator beispielsweise die Form, wie sie Fig. 118 angiebt. Die Anforderungen, die man an die Konstruktion stellt, sind folgende:

1. Geringe Verschiebbarkeit des Plattensystems.
2. Verhinderung von Kurzschlüssen durch Krummziehen von Platten oder durch herabfallende Masse.
3. Möglichste Entlastung der Gefässwände.
4. Durchsichtigkeit des Plattensystems.
5. Einfache Montage der Zellen.

Zur Erzielung der geringen Verschiebbarkeit wendet man, wie die Figur zeigt, Glasrohre an, die zwischen die einzelnen Platten gestellt werden. Man verhütet das Umfallen dieser Röhren auf verschiedene Weise, worauf in der Figur nicht eingegangen ist. Die braunen, positiven Platten sind schwarz gezeichnet, die grauen, negativen, schraffiert. Damit ein fester seitlicher Druck gegen die Wände des Glases vermieden, aber eine geringe Ausdehnbarkeit des Systems zugelassen wird, wendet man an den entsprechenden Stellen Gummipolster (*g*) oder in bestimmter Weise hergerichtete Bleistreifen (im Aufriss links) an. Um dem Punkt 2 zu genügen, ist es erforderlich, dass die Platten nicht bis auf den Grund der Gefässe reichen, da sich dort die abfallende Masse ansammelt. Man stützt daher die Platten auf seitlich in der Säure stehende Glastafeln, die im Seitriss zu erkennen sind; andere Firmen hängen die Platten an dem Rand des Glases auf. Durchsichtigkeit des Plattensystems erreicht man durch Anwendung von Glasgefässen.

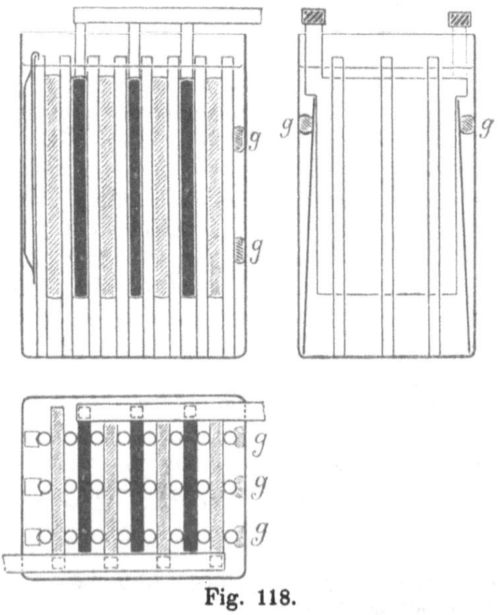

Fig. 118.

Bei grösseren Akkumulatoren muss diese Bedingung wegfallen, da grosse Glasgefässe unvorteilhaft herzustellen sind. Man bedient sich dann hölzerner Kästen, die mit Blei ausgefüttert werden. Bei Strassenbahn-Akkumulatoren, wo es auf Leichtigkeit ankommt, verwendet man Hartgummikästen.

Zur Vergrösserung von Akkumulatorzellen wendet man vor allem eine grössere Anzahl von Platten pro Zelle an. Die positiven Platten eines Akkumulators werden dann, ebenso wie die negativen, untereinander durch Bleibarren mittels Bleiverlötung verbunden. Das ist aus der Grundrissabbildung von Fig. 118 ersichtlich.

Sind mehrere Akkumulatoren zu einer Batterie zu verbinden, so kann die Aufstellung entweder nach dem Grundrissschema der Fig. 119 oder der Fig. 120 erfolgen. Die erstere Anordnung hat den Vorzug leichterer Durchsichtigkeit der einzelnen Gläser als bei Fall 2, und den Vorzug des leichteren Auswechselns einer Zelle bei Reparaturen. Die zweite Anordnung hat den Vorzug geringeren Widerstands in den Verbindungsteilen.

Unter den einzelnen Akkumulatoren-Gläsern und Kästen werden Porzellanfüsse angebracht um Entladungen durch die benetzten Ober-

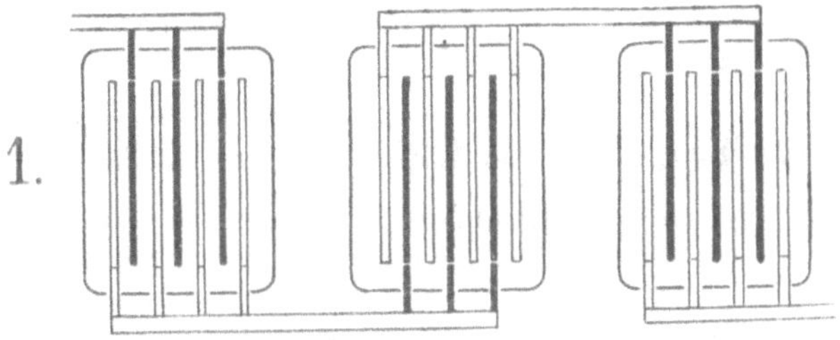

Fig. 119.

flächen der Gefässe zu verhüten. Man stellt die Zellen entweder auf Asphaltboden oder auf hölzerne Gerüste, die eigens für die Batterie hergestellt werden.

Da bei dem Laden der Akkumulatoren von den entwickelten Gasen Schwefelsäure mitgerissen wird, und zum schnellen Ableiten der

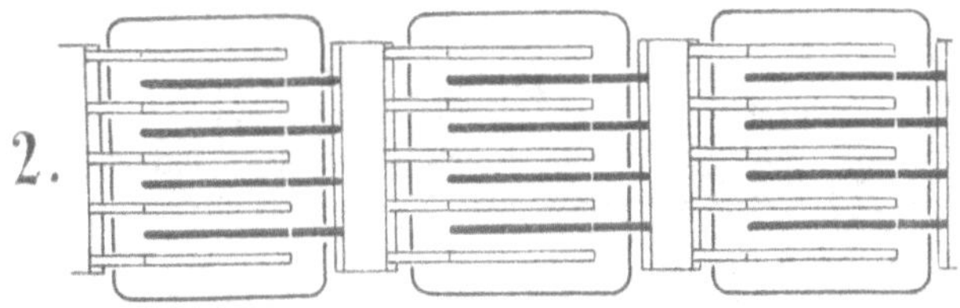

Fig. 120.

Gase müssen Akkumulatorenräume gut ventiliert sein. Die Wände und die Zuleitungsdrähte werden zum Schutz gegen die Schwefelsäure mit Lasurfarbe gestrichen, die für diesen Zweck fabriziert wird. Akkumulatorenräume sind zu nichts weiterem, als zur Aufnahme der Batterie zu verwenden. Am besten sind Räume, die nur einem geringen Temperaturwechsel unterliegen, etwas kühler als Zimmertemperatur und frei von Staub sind.

Zum Füllen einer Batterie ist nur chemisch reine Schwefelsäure verwendbar, da geringe Unreinigkeiten einer Batterie schaden können. Nur solche Säure kann angewendet werden, die speziell zu diesem

Zweck hergestellt ist, und von deren Güte man sich bei den Akkumulatorenfabrikanten vergewissert hat.

Die Schwefelsäure hat bei einem gewissen Verdünnungsgrade den geringsten spezifischen Widerstand; dieser Verdünnungsgrad, der ungefähr bei dem spezifischen Gewicht der Säure 1,18 liegt, wird für Akkumulatoren verwendet. Man unterscheidet Füllsäure und Nachfüllsäure. Erstere dient zum Füllen einer neu montierten Batterie, letztere, welche stets dünner ist als Füllsäure, zum Aufgiessen bei einer im Betrieb stehenden Batterie.

Obgleich die Batterien formiert geliefert werden, muss eine neu aufgestellte Batterie mehrmals geladen und entladen werden, ehe sie dem Betrieb übergeben werden kann.

130. Das Laden und das Entladen eines Akkumulators.

Ein betriebsfertiger Akkumulator hat stets eine Spannung in der Nähe von 2 Volt. Hat er diese Spannung nicht, so ist er verdorben. Will man eine bestimmte Anzahl Volt erreichen, so muss man so viel Zellen hintereinander schalten, bis die gewünschte Spannung erreicht ist, das wären für 120 Volt 60 Zellen, für 66 Volt 33 Zellen.

Bei der Ladung muss an die Enden der Batterie eine zweite Elektrizitätsquelle, meistens ist das eine Dynamomaschine, angelegt werden, deren Spannung höher ist, als die Spannung der Batterie. Der positive Pol der Batterie wird verbunden mit dem positiven Pol der Dynamomaschine. In die Leitung kann man sich einen Strommesser und einen Widerstand eingeschaltet denken, mit Hilfe dessen die Stromstärke der Ladung reguliert werden kann. Das Schema der Schaltung drückt dann Fig. 121 aus. V bedeutet darin einen Spannungsmesser, der sowohl an die Klemmen der Maschine M als auch an die Pole der Batterie B angeschlossen werden kann. A bedeutet den Strommesser.

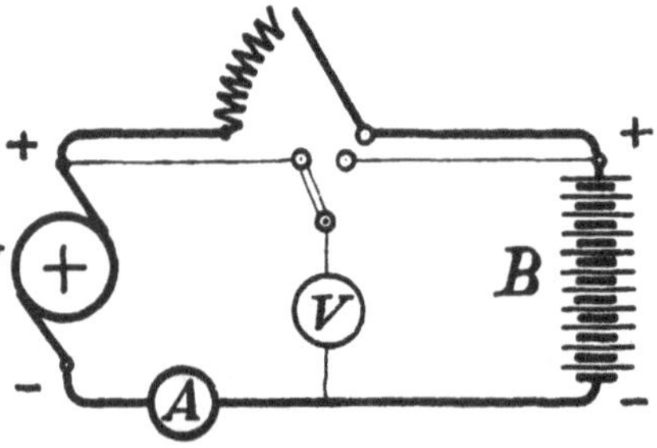

Fig. 121.

Erst wenn die Maschine eine höhere Spannung zeigt, als die Batterie, darf der Stromkreis geschlossen werden. Nun arbeitet die Maschine mit ihrer Spannung E gegen die Spannung e_1 der Batterie. Der Ladestrom hat dabei erstens die Spannung und zweitens den Widerstand der Batterie zu überwinden. Ist w der innere Widerstand der Batterie, so ist zu dessen Überwindung bei der Stromstärke J eine Spannung erforderlich

$$e_2 = J \cdot w.$$

Diese Spannung e_2 und die Spannung e_1, welche der Batterie innewohnt, müssen zusammen die anzuwendende Spannung E ergeben.

$$E = e + Jw.$$

Untersucht man die Spannung, die beim Fliessen des Ladestroms an den Klemmen eines Akkumulators herrscht, während der Dauer der ganzen Ladung, vom Stromschluss an, und trägt man die beobachteten Werte in ein Diagramm ein, bei dem die Zeit auf der horizontalen Axe, die Spannungen auf der vertikalen Axe aufgetragen sind, dann erhält man folgende Kurve (Fig. 122).

Die Spannung war zuerst 2 Volt; dann stieg sie schnell um einen geringen Betrag, aber blieb dann mehrere Stunden fast konstant und

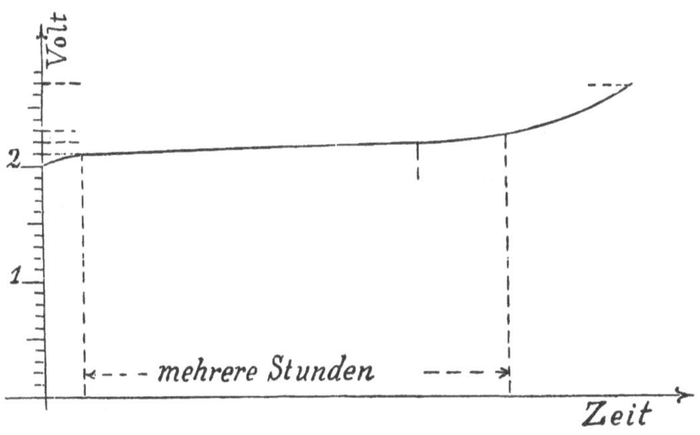

Fig. 122.

stieg während dieser langen Dauer nur um etwa 0,1 Volt. Nun begann eine Krümmung nach oben, die Spannung stieg über etwa 2,3 Volt hinaus, und der Akkumulator zeigte vom Beginn dieser Krümmung ab eine Gasentwicklung, er begann zu „kochen". Bis dahin ging der entwickelte Wasserstoff in die Säure. Von nun ab scheiden sich beide Gase aus, und die Spannung steigt bis auf etwa 2,7 Volt. Sobald der Akkumulator kocht, kann der Strom unterbrochen werden, die Ladung ist beendet.

Eine Batterie lässt man aus dem Grunde einige Zeit kochen, damit alle Zellen gleich voll werden. Diejenigen, welche die meiste wirksame Masse haben, kochen später und bleiben, wenn man nicht kochen lässt, mit der Spannung zurück.

Nach dem Unterbrechen des Ladestromes geht die Spannung an jeder Zelle ungefähr auf 2,2 Volt zurück.

Eine Batterie kann nach der Ladung ungefähr 10 bis 14 Tage stehen, wenn sie nicht benutzt wird. Nach dieser Zeit der Nichtbenutzung muss sie von neuem geladen werden.

Das Normale bei einem Betriebe ist, dass die Batterie vormittags geladen wird und des Abends und die Nacht hindurch einen Teil ihrer Ladung abgiebt.

Bei der **Entladung** beobachten wir in derselben Weise wie vorhin die Spannung zwischen den Polen einer Zelle. Der frisch geladene Akkumulator lässt nach Stromschluss sehr bald mit der Spannung wenig nach. Sie fällt in der ersten Zeit ungefähr auf 2 Volt. Von da ab beginnt eine Zeitdauer mehrerer Stunden, in der die Spannung fast konstant bleibt. Sie fällt bis 1,8 Volt langsam und von da ab schnell. Das Diagramm hierfür, welches eben so zu verstehen ist, wie das vorige, giebt Fig. 123.

Diese Darstellung lässt erkennen, dass der Akkumulator bei 1,8 Volt beinahe leer ist. Man entlädt in der That nie weiter, als

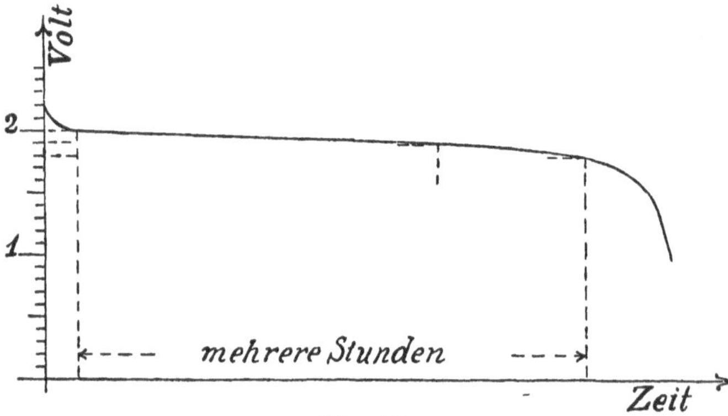

Fig. 123.

bis bei der normalen Stromstärke die Spannung auf 1,8 Volt gesunken ist. Der Akkumulator würde sonst leiden.

Nach der Unterbrechung des Entladestromes geht die Spannung sehr bald auf 2 Volt zurück, man darf aber dennoch nicht weiter entladen, die Spannung fällt dann bei Stromabnahme sofort rasch.

Ein Akkumulator darf nie in ungeladenem Zustand einige Zeit stehen, da sich darin Bleisulfatkrystalle bilden würden, welche ihn unbrauchbar machen können. Nach einer Entladung bis auf 1,8 Volt muss ein Akkumulator sofort neu geladen werden.

Die Schwefelsäure des Akkumulators ändert ihr spezifisches Gewicht, je nach der Ladung, die noch in dem Akkumulator enthalten ist, und zwar ist die Säure am schwersten im geladenen, am leichtesten im entladenen Zustand des Akkumulators.

Es giebt sehr einfache gläserne Schwimmkörper, die in schweren Lösungen weniger tief eintauchen als in leichten; an diesen Schwimmkörpern befindet sich eine Skala, an der man das spezifische Gewicht aus der Eintauchtiefe ablesen kann. Solche Schwimmkörper heissen

Aräometer. Lässt man ein solches Aräometer in die Lösung einer Zelle tauchen, so hat man nach dem Stande dieses Instrumentes ein Maass für den Ladezustand der Batterie.

131. Die Behandlung einer Akkumulatorenbatterie.

Bisher wurde erwähnt: Eine unbenutzt stehende Batterie muss aller 10 bis 14 Tage neu geladen werden. Eine Batterie darf nie leer stehen. Das sind die beiden wichtigsten Behandlungsvorschriften, es kommen jedoch noch einige dazu.

Die Säure in den einzelnen Zellen soll stets so hoch stehen, dass sich die Platten ganz in Säure befinden. Da nun bei dem Kochen Schwefelsäure mitgerissen wird, muss der Inhalt von Zeit zu Zeit mit „Nachfüllsäure“, welche ungefähr das spezifische Gewicht 1,05 hat, ergänzt werden.

Im Betriebe der Akkumulatoren setzen sich an den Platten leicht Bleibäumchen an, die einen Kurzschluss innerhalb der Zelle verursachen, wenn sie bis zur gegenüberstehenden Platte wachsen. Um dieser Bleibäumchen willen ist es gut, wenn ein Akkumulator durchsichtig ist. Man kann die Ansätze dann sehen (zur Erleichterung des Auffindens dient eine Durchleuchtelampe) und mit Glasstäben entfernen, die am Ende rund abgeschmolzen sind.

Ein Akkumulator, welcher einen Kurzschluss besitzt, weist beim Laden keine Gasentwicklung auf, da der Strom einen metallischen Übergang findet. Ein Akkumulator, der einen Kurzschluss gehabt hat, ist nach Entfernung des letzteren mehrmals zu laden und zu entladen, bis er seinen Dienst wieder thut. Entsteht ein Kurzschluss infolge Krummziehens einer Platte, so muss diese Platte seitens der Firma neu gerichtet werden.

Wenn ein Akkumulator leer gestanden hat und eine Entwicklung von Bleisulfatkrystallen eingetreten ist, so hat er zwar eine Spannung von 2 Volt, sobald er aber Strom abgeben soll, versagt er; die Spannung fällt sehr schnell, und die abgegebene Stromstärke ist sehr gering. Der Akkumulator bekommt durch die Bleisulfatkrystalle, welche sich auf den Platten verbreiten und durch weissliche Färbung zu erkennen sind, einen sehr grossen inneren Widerstand. Ein solcher Akkumulator kann manchmal dadurch gerettet werden, dass man einen Ladestrom hindurchschickt, der ungefähr die normale Ampèrezahl hat. Infolge des hohen inneren Widerstandes ist dabei eine bedeutend höhere Spannung aufzuwenden, als in normalen Fällen. Der Akkumulator wird dabei heiss. Durch längere Behandlung dieser Art können die Bleisulfatkrystalle entfernt werden.

132. Die chemischen Vorgänge im Akkumulator.

Auf der einen Seite ist vorhanden PbO_2, auf der anderen Seite Pb, zwischen beiden Platten befindet sich die Schwefelsäure H_2SO_4;

der Strom zerlegt die Schwefelsäure in H_2 und SO_4; bei der Ladung wandert der Wasserstoff zur grauen Platte, bei der Entladung zur braunen Platte, aber je nach der Stromstärke treten die Prozesse verschieden auf. Bei starkem Strom wird mehr Schwefelsäure zersetzt, als bei schwachem.

a) Vorgang bei Entladung mit normaler Stromstärke:

braune Platte: $PbO_2 + H_2SO_4 + H_2 = PbSO_4 + 2\,H_2O$,
graue Platte: $Pb + SO_4 = PbSO_4$.

b) Vorgang bei Ladung mit normaler Stromstärke:

braune Platte: $PbSO_4 + 2\,H_2O + SO_4 = PbO_2 + 2\,H_2SO_4$,
graue Platte: $PbSO_4 + H_2 = Pb + H_2SO_4$.

c) Vorgang bei Entladung mit hoher Stromstärke:

braune Platte: $PbO_2 + 2\,H_2 = Pb + 2\,H_2O$,
graue Platte: $Pb + 2\,H_2O + 2\,SO_4 = PbO_2 + 2\,H_2SO_4$.

Der Übergang der chemischen Wirkung von normaler zu hoher Stromstärke geschieht nicht plötzlich, es treten vielmehr beide Vorgänge, a und c, in verschiedenem Maasse gleichzeitig auf. Dadurch, dass bei Vorgang c an beiden Platten sich dieselben Bestandteile befinden (denn an der braunen Platte kommt zu PbO_2 hinzu Pb, und an der grauen Platte kommt zu Pb eine gewisse Menge PbO_2) erklärt sich das stets zu beobachtende Sinken der Spannung eines Akkumulators bei hoher Strombelastung.

Die bei dem Vorgang c freiwerdende Arbeitsmenge tritt zum Teil in Form von Wärme auf, die Akkumulatoren erwärmen sich bei der Entladung um wenige Grad.

133. Die Ampèrestundenzahl bei Akkumulatoren, die Wattstundenzahl und der Wirkungsgrad.

Bei einer Akkumulatorenbatterie kann man nach der Ladung eine gewisse Stromstärke für eine bestimmte Zeit abnehmen. Den Wert *Stromstärke* × *Zeit* drückt man aus in **Ampèrestunden.**

Es ist eine wichtige Anforderung, dass bei dem Laden einer Batterie nicht viel mehr Ampèrestunden aufzuwenden sind, als bei der Entladung entnommen werden können. Man vergleicht diese beiden Werte durch Bildung des Quotienten, bei dem im Zähler der Wert für die Entladung, im Nenner der Wert für die Ladung steht, und nennt diesen Bruch den Wirkungsgrad in Ampèrestunden.

Bei einer genaueren Untersuchung einer Batterie muss man die Zeit und die Stromstärke sowohl bei der Entladung, als auch bei der Ladung in kurzer Aufeinanderfolge messen und eine Summe von Werten *Stromstärke* × *Zeit* addieren. Es ist dann der Quotient aus den Summen dieser Werte zu bilden. Bezeichnet J die Stromstärke und t die Zeit, so ist:

$$\Sigma J \cdot t \,\text{Entl.} < \Sigma J \cdot t \,\text{Lad.}$$

und ausserdem der Wirkungsgrad in Ampèrestunden

$$\eta_1 = \frac{\Sigma J \cdot t \,\text{Entl.}}{\Sigma J \cdot t \,\text{Lad.}}.$$

Es hat sich ergeben, dass eine Batterie je nach der Entladestromstärke verschiedene Ampèrestundenzahlen liefert, obgleich sie jedesmal in gleicher Weise geladen worden ist. Bei grosser Stromstärke ist die Ampèrestundenzahl der Entladung kleiner als bei geringer Stromstärke. Beispielsweise für eine Batterie, die bei ihrer normalen Stromstärke von 60 Ampère 600 Ampèrestunden liefert, können folgende Verhältnisse eintreten:

10	Stunden Entladung	60	Ampère	(600 Amp.St.)
5	„ „	100	„	(500 „)
2	„ „	150	„	(300 „).

Diese Eigentümlichkeit ist mit der Verschiedenheit der chemischen Vorgänge bei normaler und hoher Strombelastung zu erklären.

Bei hoher Strombelastung treten sekundäre Wirkungen auf. Es entstehen dabei Produkte, die nur eine geringere Entnahme von Elektrizität zulassen.

Der Wirkungsgrad in Ampèrestunden ist eine Grösse, welche nicht über die hineingeschickte und entnommene Arbeit Aufschluss giebt. Die Arbeit in elektrischer Form drückt sich aus durch einen Wert *Spannung* × *Stromstärke* × *Zeit.* Ist die Spannung in Volt, die Stromstärke in Ampère und die Zeit in Stunden ausgedrückt, so giebt dieser Wert eine Zahl von *Wattstunden* an.

Beobachtet man bei der Entladung und bei der Ladung hintereinander in kurzer Aufeinanderfolge die Spannung und die Stromstärke einer Batterie, und bildet man dann den Quotienten aus der Summe der einzelnen Wattstundenwerte, bei dem wieder die Entladung in den Zähler, die Ladung in den Nenner tritt, so heisst dieser Bruch der Wirkungsgrad in Wattstunden.

Bedeutet E die Spannung an der Batterie, J die Stromstärke derselben und t die Zeit in Stunden, so ist der Wirkungsgrad in Wattstunden:

$$\eta_2 = \frac{\Sigma E \cdot J \cdot t \,\text{Entl.}}{\Sigma E \cdot J \cdot t \,\text{Lad.}}.$$

Dieser Wert η_2 ist ein Wirkungsgrad in mechanischem Sinne, so wie er im ersten Kapitel erklärt worden ist.

Bei einer normalen, stationären Batterie ist die Höhe des Wirkungsgrades in Ampèrestunden bei normaler Strombelastung ungefähr

$$\eta_1 = 0{,}9.$$

Der Wirkungsgrad in Wattstunden ist stets kleiner; als ein normaler Mittelwert kann dafür angesehen werden

$$\eta_2 = 0{,}75.$$

134. Plattengrösse und Stromstärke, Plattengewicht und Ampèrestundenzahl.

Die Stromdichte der Akkumulatoren, die Zahl der Ampère pro 1 qdm der braunen Platten, ist je nach dem Fabrikat verschieden. Man richtet sich dabei auch nach der Verwendungsart. Für transportable Strassenbahn-Akkumulatoren wird die Stromdichte grösser gewählt als für stationäre. Im letzteren Fall kann als Mittelwert 0,5 Ampère pro 1 qdm angesehen werden. Über 1 Ampère pro 1 qdm geht man bei stationären Akkumulatoren nur in Ausnahmefällen.

Anders ist das bei Bahn-Akkumulatoren: Zu Traktionszwecken konstruierte Batterien haben bisweilen bis zu 15 Ampère pro 1 qdm Plattengrösse auszuhalten.

Das Plattengewicht einer Zelle im Vergleich mit der Ampèrestundenzahl ist ebenfalls von Konstruktion und Verwendungsart des Akkumulators abhängig. Auch hier ist das Gewicht für stationäre Batterien grösser als für transportable. Man rechnet im ersteren Fall 4 bis 5 Ampèrestunden für 1 kg Plattengewicht, für Traktionszwecke geht man bis zu 15 Ampèrestunden pro 1 kg. Die Angaben sind deshalb unscharf, da die Ampèrestundenzahl von der Stromstärke abhängig ist. Diese Werte gelten für ein Element, also für 2 Volt. Je nach der Spannung steigt das Plattengewicht einer Batterie in demselben Maasse, wie die Zahl der verwendeten Zellen.

Beispiel: Wie gross ist das Plattengewicht einer stationären Batterie, die eine Stunde lang eine Pferdestärke liefern soll?

Auflösung: Die abzugebende Arbeit beträgt in Wattstunden:

$$A = 736 \text{ Watt} \times 1 \text{ Std.} = 736 \text{ Wattstunden.}$$

Diese Zahl dividiert durch 2 ergiebt die Zahl der Ampèrestunden, die geliefert werden müssten, wenn nur ein Element vorhanden wäre. Bei x Elementen sind die Wattstunden durch $2x$ zu dividieren; die Ampèrestunden werden dadurch geringer, aber das Plattengewicht der Batterie bleibt bei jeder Spannung dasselbe, wenn die Wattstunden einen bestimmten Betrag haben sollen, da die Zahl der Zellen grösser wird. Es kann daher gerechnet werden:

$$\frac{736 \text{ Wattst.}}{2 \text{ Volt}} = 368 \text{ Amp.St.}$$

Plattengewicht der Batterie:

$$P = \frac{368}{4} = 92 \text{ kg.}$$

135. Die Pufferbatterie.

Bei Strassenbahn-Centralen schaltet man zwischen die beiden Klemmen der Maschine eine Akkumulatoren-Batterie, welche dazu dient, die bei dem Bahnbetrieb entstehenden Spannungsschwankungen auszugleichen. Wird die Spannung am Netz verhältnismässig hoch, so nimmt die Batterie Elektrizität auf, fällt die Spannung unter ihren Mittelwert, so giebt die Batterie zugleich mit den Maschinen Strom an das Netz ab. Die Batterie ist ihrer Wirkung nach zu vergleichen mit einem Puffer, der Stösse ausgleicht, daher auch der Name *Pufferbatterie*. Man verwendet dazu besonders für diesen Zweck konstruierte Akkumulatoren.

Vierzehntes Kapitel.

Magnetismus und Elektromagnetismus.

136. Der Begriff des Magnetismus.

Ein Körper ist magnetisch, wenn er die Fähigkeit besitzt, weiches Eisen anzuziehen. Von Natur aus besitzt eine Verbindung aus Eisen und Sauerstoff diese Eigenschaft, man nennt sie deshalb Magneteisenstein. Ausser dem Eisen wird noch Nickel und Kobalt in schwacher Weise durch magnetische Körper beeinflusst. Der Magnetismus lässt sich von einem magnetischen Körper aus auf harte Stahlsorten dauernd übertragen. Ein Stahlkörper, welcher mit Magnetismus behaftet ist, heisst ein Magnet.

Fig. 124.

Wird ein gerader, stabförmiger Magnet in Eisenfeilspäne getaucht, so bleiben nach dem Herausziehen Eisenfeilspäne an den Enden des Stabes haften. Sie verteilen sich nach Art von Fig. 124, aus der zu ersehen ist, dass die Kraftwirkung hauptsächlich von den Enden des Magnetstabes ausgeht. Man nennt diejenigen Stellen eines Magneten, von denen aus die Kraftwirkung gerechnet werden kann, die Pole.

137. Nordmagnetismus und Südmagnetismus.

Hängt man zwei Magnetstäbe an verschiedenen Stellen frei beweglich im Raume auf, so dass sie eine horizontale Drehung ausführen können, so stellen sie sich parallel zu einander in einer bestimmten

Richtung ein. Diese Richtung heisst der magnetische Meridian des betreffenden Ortes und fällt für Europa ungefähr mit der geographischen Süd-Nordrichtung überein. Die Abweichung der magnetischen Nordrichtung von der geographischen ändert sich mit den Jahren in bestimmten Zeiten. Der Winkel dieser Abweichung heisst die Deklination des betreffenden Ortes. Denjenigen Pol des Magnetstabes, der nach Norden gerichtet ist, bezeichnet man mit dem Nordpol, den anderen mit dem Südpol des Magneten.

Hängt man einen ausbalancierten Magnetstab so auf, dass er sich in vertikaler Richtung drehen kann, so zeigt er eine bedeutende Ablenkung von der Horizontalebene. Den Ablenkungswinkel des Stabes von der Horizontalebene in der magnetischen Süd-Nordrichtung nennt man die Inklination des betreffenden Ortes.

Sowohl die Deklination als auch die Inklination sind für verschiedene Teile der Erde verschieden und wechseln fortwährend. Dasselbe gilt auch von der Grösse der magnetischen Kraft, mit der ein Stab in seine magnetische Ruhelage gezogen wird.

138. Die Gesetze der Anziehung und Abstossung zweier Magnetpole.

Pole, die bei freier Aufhängung eines Magnetstabes im Raume nach derselben Richtung zeigen, heissen gleichnamige Pole; solche, die nach entgegengesetzten Richtungen zeigen, ungleichnamige Pole. Wird der Nordpol eines Magneten dem Nordpol eines anderen Magneten genähert, so stossen sich die beiden Pole gegenseitig ab. Nähert man den Südpol eines Magneten dem Südpol eines zweiten, so stossen sich die beiden Pole ebenfalls gegenseitig ab. Bringt man dagegen den Südpol eines Magneten in die Nähe eines magnetischen Nordpoles, so ziehen sich die beiden Pole gegenseitig an.

Daraus folgen die beiden Sätze:

1. Ungleichnamige Magnetpole ziehen sich einander an.
2. Gleichnamige Magnetpole stossen sich einander ab.

Die Grösse der Kraft, mit der die beiden Pole aufeinander wirken, ist von der Wissenschaft untersucht worden. Drückt man die Stärke des einen Magnetpoles mit m_1, die Stärke des zweiten Magnetpoles mit m_2 und den gegenseitigen Abstand der Pole mit r aus, so erhält man die Kraft der gegenseitigen Anziehung oder Abstossung zu

$$P = c \cdot \frac{m_1 \cdot m_2}{r^2},$$

wobei c eine von dem Maasssystem abhängige Konstante bedeutet.

139. Das magnetische Feld, die Kraftlinien und die Feldstärke.

Ein Raum, in dem magnetische Kräfte wirken, heisst ein magnetisches Feld. Da von jedem Magnetpol eine Kraftwirkung ausgeht, ist er mit einem magnetischen Felde umgeben. Fig. 125 stellt einen Magnetpol M dar, von dem in einiger Entfernung ein zweiter Magnetpol m aufgestellt ist. M ist etwa zu denken als der Pol am Ende eines langen Magnetstabes, dessen zweiter Pol so weit entfernt liegt, dass er den Magnetismus des ersten nicht merkbar beeinflusst; m ist zu denken als die Spitze einer langen Magnetnadel, deren zweite Spitze ausserhalb des Bereiches der ersten liegt. Wandern wir nun mit dem Pol m in radialer Richtung immer weiter von M fort, so nimmt auch die gegenseitige Kraft P ab, und zwar, wie oben erwähnt worden war, proportional zum Quadrat der gegenseitigen Entfernung der beiden Pole.

Fig. 125.

Wir denken uns nun von dem Punkt M aus im Raume die vier Strahlen a, b, c und d gezogen, so wie es in Fig. 126 angedeutet ist. Die Strahlen sollen so liegen, dass man bei beliebigen parallelen Flächen Quadrate zwischen den Durchdringungspunkten einzeichnen kann. Die Fläche dieser Quadrate wächst dann proportional zum Quadrat des Abstandes dieser Fläche von dem Punkte M. Beispielsweise verdoppelt sich im doppelten Abstand die Quadratseite, daher wird im doppelten Abstand die Fläche des Quadrates viermal so gross.

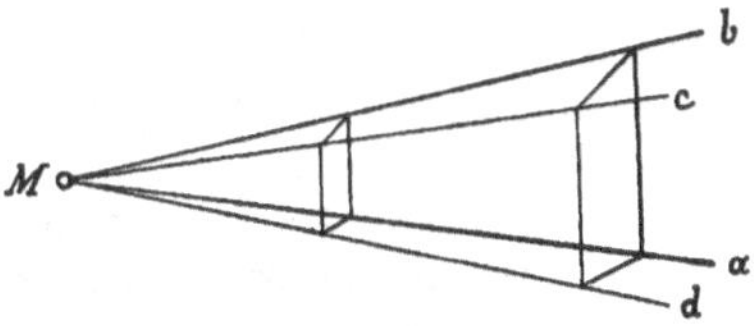

Fig. 126.

Wenn die Kraft proportional zum Quadrat des Abstandes abnimmt, während die Fläche proportional zum Quadrat des Abstandes grösser wird, so muss über jede Fläche zwischen den vier Strahlen ein gewisser Wert

$$(Kraft) \times (Fläche)$$

verteilt sein, der für jeden Abstand derselbe ist.

Aus dieser Thatsache geht die Vorstellung der Kraftlinien hervor. Man kann sich das magnetische Feld, das von einem Pol ausgeht, durch eine grosse Anzahl von radialen Linien ausgedrückt denken. Dort, wo die Linien dicht verlaufen, ist die magnetische Kraftwirkung gross, dort, wo sie weiter voneinander liegen, ist die magnetische Kraftwirkung geringer.

Die Dichte der gedachten Linien giebt Aufschluss über die Grösse der magnetischen Kraft, die Richtung der gedachten Linien giebt ein Maass für die Richtung der Kraft.

In der Technik ist die Zahl der Linien, die man sich pro 1 qcm Luftquerschnitt zu denken hat, als Maass für die Stärke des magnetischen Feldes erhoben worden. Man bezeichnet mit der Feldstärke 1 ein magnetisches Feld, bei dem pro 1 qcm Luftquerschnitt eine Kraftlinie verläuft.

Da eine Magnetnadel überall auf der Erde in eine Ruhelage gezogen wird, herrscht in jedem freien Raume ein magnetisches Feld. Die Erde ist mit diesem Magnetismus behaftet. Ihr magnetisches Feld an einem bestimmten Orte heisst das Erdfeld dieses Ortes.

Zum Vergleich mit späteren, in der Technik verwendeten Feldstärken dient die Angabe, dass die erdmagnetische Feldstärke in horizontaler Richtung gemessen für Mitteleuropa ungefähr 0,2 beträgt. Das heisst, ein vertikaler Luftquerschnitt von 5 qcm senkrecht zum magnetischen Meridian ist bei uns infolge des Erdmagnetismus von einer Kraftlinie durchsetzt.

140. Die Zerteilung von Magneten und die Vorstellung der Molekularmagnete.

Es wird zunächst ein einzelner Magnetstab an der Nordspitze einer Magnetnadel entlang geführt. Dabei zeigt sich, dass der Nordmagnetismus etwa bis zur Mitte des Magneten reicht, während über die andere Hälfte des Magneten nur Südmagnetismus verteilt ist.

Darauf bringen wir zwei Magnetstäbe, die beide die oben beschriebene Eigenschaft besitzen, in der Weise aneinander, dass ein Südpol gegen einen Nordpol gestossen ist. Führen wir in dieser gegenseitigen Stellung die beiden Magnete entlang der Magnetnadel, so zeigt der eine Stab nur Nordmagnetismus, der andere nur Südmagnetismus.

Die beiden Stäbe wirken in dieser Zusammenstellung wie ein einzelner Magnet.

Dieser Versuch ist gleichwertig mit demjenigen, als ob ein Magnetstab in zwei Teile zerlegt worden wäre, jeder Teil lässt sich wiederum zerlegen, bei jeder weiteren Teilung findet man dasselbe Resultat:

Zerlegt man einen Magnetstab in beliebig viele Teile, so zeigt jeder Teil in gleichem Maasse Südmagnetismus und Nordmagnetismus.

Die erwähnte Zerteilung kann man sich immer weiter fortgesetzt denken, man wird stets wieder selbständige Magnete erhalten. Das führt zu der Auffassung, die sich zur Erklärung einiger Vorgänge durchführen lässt, dass ein Magnetstab aus einer grossen Anzahl von Molekülen besteht, die selbst kleine Magnete sind. Auch wenn der Stahl noch nicht magnetisiert worden ist, sind diese Molekularmagnete bereits vorhanden, sie liegen dann nur wirr durcheinander, etwa wie es Fig. 127 angiebt. Diese wirr durcheinander liegenden Magnetmoleküle, bei denen der Nordpol schwarz, der Südpol weiss gezeichnet ist, üben nach aussen keine Wirkung aus.

Fig. 127.

Erst wenn ein vorhandener Magnet diesem Stahl genähert wird, so richten sich die kleinen Molekularmagnete, wie lauter kleine Magnetnadeln gleich, behalten bei Anwendung harten Stahles ihre Lage bei und wirken dann zusammen wie ein grosser Magnet. Die letztgenannte Lage der Molekularmagnete ist in Fig. 128 ausgedrückt. Der Nordpol des Magnetstabes entsteht an der Seite, nach welcher die Nordpole der Molekularmagnete zeigen.

Fig. 128.

141. Das Feld eines geraden Magneten.

Zur Veranschaulichung der magnetischen Kraftwirkungen verwendet man Eisenfeilspäne, die mittels eines Siebes auf ein Blatt Papier gestreut werden, welches sich in einem magnetischen Felde befindet. Die Eisenteilchen ziehen sich dann in der Richtung gegenseitig an, in der die magnetische Kraft wirkt und bilden zusammenhängende Linien, die einen Aufschluss über die Richtung der Kraft geben. In Richtung dieser Eisenfeillinien müssen dann auch die Kraftlinien verlaufen.

Wir legen über einen geraden Magnetstab einen Bogen Papier und erhalten nach dem Aufstreuen von Eisenfeilspänen Kurvenzüge, welche in Fig. 129 nachgebildet sind. Man sieht darin ein System von Linien, welches von dem einen Pol zu dem anderen verläuft und sich in den Raum ausbreitet, welcher den Stab umgiebt. Diejenigen Linien, welche nicht geschlossen gezeichnet sind, nehmen in Wirklichkeit ebenfalls ihren Verlauf von dem einen Pol zu dem anderen, nur auf sehr grossem Wege.

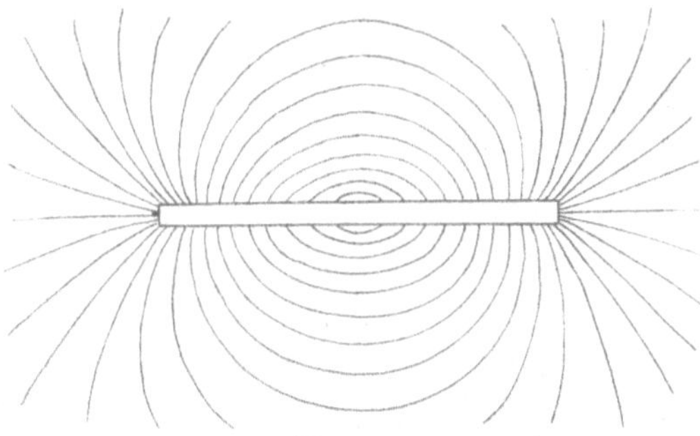

Fig. 129.

Die Fig. 129 giebt eine Veranschaulichung über die Verteilung der Feldstärken. Richtung und Grösse der Feldstärke sind an allen Stellen verschieden, mit Ausnahme der Symmetrieebene zwischen beiden

Polen, welche von den Kraftlinien an allen Stellen rechtwinklig durchsetzt wird.

Die Feldstärke ist am grössten in der Nähe des Magnetstabes, sie nimmt ab, je weiter die betrachtete Stelle von dem Magneten entfernt liegt.

142. Das Verhalten des weichen Eisens im magnetischen Felde. Permeabilität und magnetische Induktion.

Ein Magnet wurde mit einem Stück aus weichem Eisen unter einen Bogen Papier gelegt, so wie es Fig. 130 veranschaulicht. Es ist dabei unter *a b* der Stahlmagnet, unter *c d* das weiche Eisen zu verstehen. Streute man Eisenfeilspäne darüber, so erhielt man Linien-

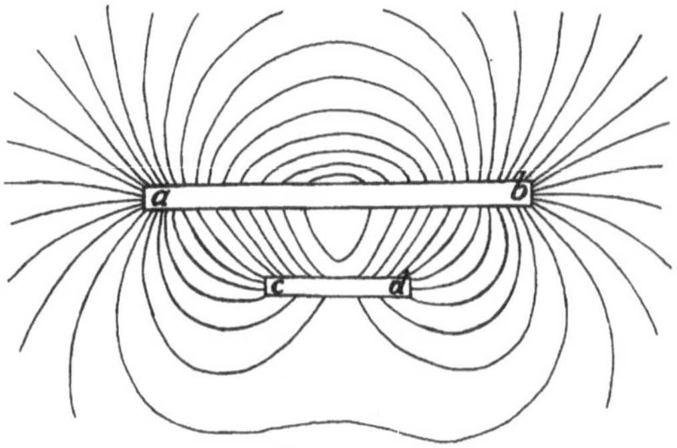

Fig. 130.

züge von der Form, wie sie die Abbildung angiebt. Diese Linien, welche mit den Kraftlinien parallel verlaufen, streben in grosser Zahl zu dem weichen Eisen hin. Während sonst an der Stelle, wo das Eisen liegt, die Feldstärke gering war, durchsetzen jetzt die Kraftlinien das Eisen in grosser Dichte.

Vergleicht man die Dichte der Kraftlinien im Eisen mit der Dichte der Kraftlinien, die an derselben Stelle in Luft vorhanden sein würde, durch Bildung des folgenden Quotienten

$$\frac{\text{Zahl der Kraftlinien im Eisen}}{\text{Zahl der Kraftlinien in Luft}},$$

so nennt man dieses Verhältnis die Permeabilität des betreffenden Materiales. An Stelle der Kraftlinien, welche das ganze Eisen durchsetzen, kann man auch diejenige Zahl einführen, welche durch 1 qcm Querschnitt des betreffenden Materiales hindurchgeht. Diese Grösse nennt man die magnetische Induktion des Materiales. Mit der früheren Erklärung der Feldstärke zusammen kann dann die Permeabilität auch ausgedrückt werden durch den Bruch:

$$\text{Permeabilität} = \frac{\text{Magnetische Induktion}}{\text{Feldstärke}}.$$

Für diese drei Grössen haben sich in der Technik ganz bestimmte Bezeichnungen herausgebildet. Die Permeabilität eines Materiales wird meistens ausgedrückt durch den griechischen Buchstaben My (μ). Die magnetische Induktion bezeichnt man mit dem Buchstaben B, die magnetische Feldstärke mit dem Buchstaben H. Auf diese Weise drückt sich die Permeabilität aus:

$$\mu = \frac{B}{H}.$$

Die Zahl von Kraftlinien, welche im ganzen durch einen Querschnitt von Q qcm des Materiales geht, drückt sich dann aus durch einen Wert:

$$(\mathit{Querschnitt}) \times (\mathit{Magn.\ Induktion})$$

und wird allgemein bezeichnet durch einen Buchstaben N, so dass man für die Gesamtzahl der Kraftlinien eines Eisenquerschnittes die Formel erhält:

$$N = Q \cdot B.$$

Für Luft lautet die entsprechende Gleichung:

$$N = Q \cdot H.$$

Man kann die magnetischen Erscheinungen vergleichen mit einem Kreislauf. Die magnetischen Kraftlinien sind ununterbrochene in sich geschlossene Kurven, denen eine bestimmte Richtung zukommt. Dort wo sie aus dem Eisen austreten, erzeugen sie einen Nordpol, dort wo sie in Eisen eintreten, erzeugen sie einen Südpol. Demnach ist als Richtung der Kraftlinien diejenige Richtung anzusehen, nach der sich die Nordspitze einer Magnetnadel in dem betreffenden Raume einstellen würde.

Man kann aber weiterhin die magnetischen Erscheinungen vergleichen mit einem elektrischen Kreislauf. Bei dieser Auffassung haben die verschiedenen Materialien (Eisen, Luft u. s. w.) verschiedenen Widerstand für Kraftlinien. Weiches Eisen bietet den Kraftlinien den geringsten Widerstand, daher wird es von den Kraftlinien vorgezogen und am dichtesten durchsetzt.

Die Lehre vom Magnetismus wird aber dadurch komplizierter, als die Lehre vom elektrischen Strom, dass der Widerstand, den eine bestimmte Eisenprobe den Kraftlinien entgegensetzt, keine einfache Materialkonstante ist, sondern von verschiedenen äusseren Umständen abhängt.

Die Verdichtung der Kraftlinien im Eisen ist abhängig von der Feldstärke, in der sich das Eisen gerade befindet. Wir können uns denken, man bewegte eine Eisenprobe in der Nähe der Symmetrieebene von Fig. 129 auf den Magnetstab zu, dann kommt das Eisen von einer schwächeren in eine immer grösser werdende Feldstärke. Man kann auf wissenschaftliche Weise genau die Feldstärke und die Induktion messen; das denken wir uns für eine Probe schwedischen

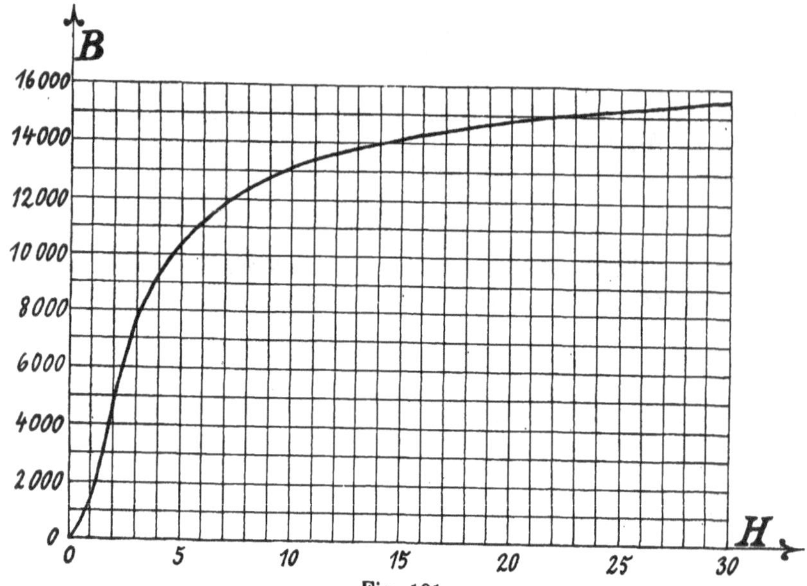

Fig. 131.

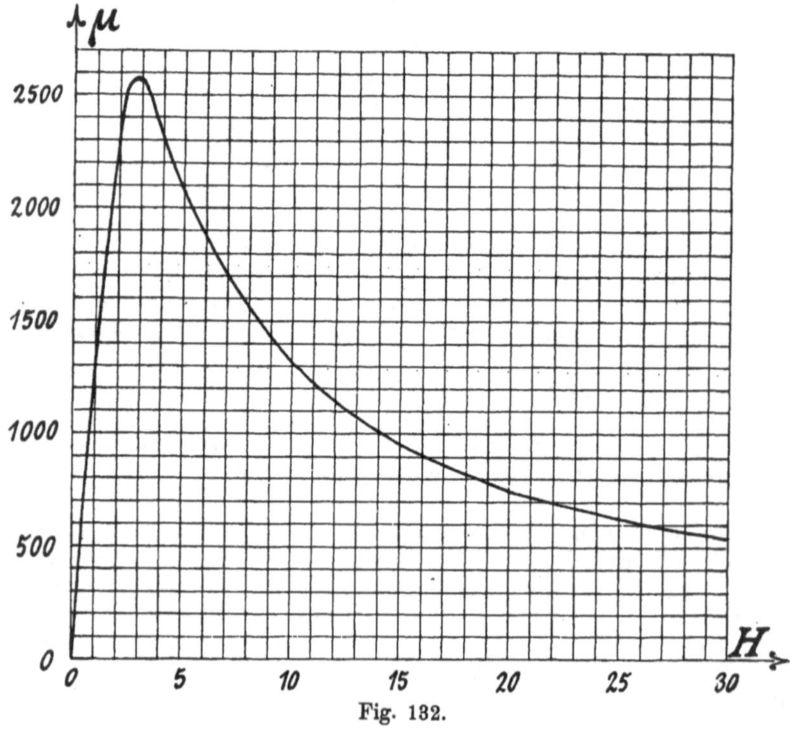

Fig. 132.

Eisens ausgeführt und die Werte in ein Diagramm eingetragen nach Art von Fig. 131.

Horizontal sind die Kraftliniendichten in Luft, vertikal die Kraftliniendichten im Eisen für die betreffenden Feldstärken aufgetragen. Das obige Diagramm besagt:

Bringt man die Eisenprobe zunächst in eine schwache Feldstärke, so nimmt die Kraftliniendichte im Eisen sehr schnell mit der Vergrösserung der Feldstärke zu. Bei hohen Feldstärken ist die Zunahme der Kraftliniendichte im Eisen mit Vergrösserung der Feldstärke geringer.

Bildet man aus obigem Diagramm für mehrere Punkte das Verhältnis

$$\mu = B : H,$$

und trägt man diese Werte ebenfalls in Abhängigkeit von der Feldstärke in ein Diagramm ein, so erhält man eine Kurve für die Permeabilität. Das ist mit Fig. 132 ausgeführt. Aus diesem Diagramm ist ersichtlich, dass bei einer ganz bestimmten Feldstärke die Verdichtung im Eisen am grössten ist. Bei diesem Material trifft das ein bei der Feldstärke $H = 2{,}8$.

143. Die Hysteresiserscheinung.

Die Dichte der Kraftlinien im Eisen ist nicht allein abhängig vom Material und von der Feldstärke, in der sich das Eisen momentan befindet, sondern auch von derjenigen, in der es sich vorher befunden hat. War das Material vorher stark magnetisiert, so sucht es den Magnetismus zu halten, war es vorher weniger magnetisch, so setzt es seiner Magnetisierung einen gewissen Widerstand entgegen. Diese Thatsache steht im Einklang mit der oben behandelten Anschauungsweise der Molekularmagnete. Letztere müssen sich bei der Magnetisierung um sich selbst drehen und reiben sich dabei gegenseitig. Bei dieser Drehung haben sie eine gewisse Reibungsarbeit zu überwinden.

Hebt man die äussere Feldstärke ganz auf, so bleibt immer noch eine gewisse magnetische Wirkung des Eisens zurück, benannt mit dem Namen „residenter Magnetismus". Um den residenten Magnetismus auszutreiben ist eine Feldstärke in entgegengesetztem Sinne anzuwenden, was dadurch etwa vorstellbar ist, dass die Eisenprobe in grosser Entfernung von dem Magnetstabe der Fig. 129 umgedreht und dann in der Symmetrieebene dem Stab genähert wird.

Ist durch die umgekehrte äussere Feldrichtung der residente Magnetismus der Probe ausgetrieben, so kann die Feldstärke in dieser letztgenannten Richtung noch weiter verstärkt werden. Man bekommt dann eine Induktion in dem Material, welche in der entgegengesetzten Richtung verläuft. Die Molekularmagnete drehen sich allmählich gegenüber ihrer früheren Magnetisierung um 180 Grad.

Setzen wir ein Eisen mehrere mal einer Ummagnetisierung dieser Art zwischen zwei Höchstwerten von positiver und negativer Feldstärke aus, so lassen sich die Beziehungen zwischen Feldstärke und Induktion

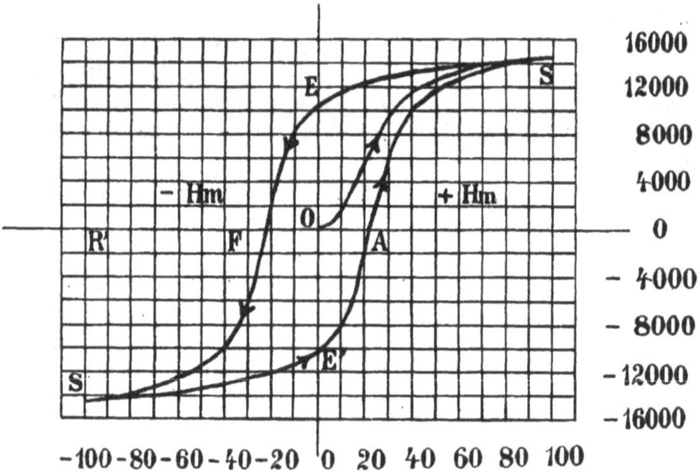

Fig. 133.

durch ein Diagramm darstellen, ähnlich der Fig. 133. Die darin zu Tage tretende Schleife stellt von der Abscissenaxe aus gerechnet die jeweilige Höhe der Induktion im Eisen dar. Die Pfeillinien an dieser Schleife geben Aufschluss, ob die Magnetisierung zu höheren oder zu niederen Feldstärken erfolgt ist. Die unteren Zahlen bedeuten die äusseren Feldstärken, die Zahlen an der Seite die Induktion. Die Kraftlinienzahl im Eisen infolge von remanentem Magnetismus, ist in der Figur bei *E*, bezw. bei *E'* zu entnehmen, wo die Feldstärke Null ist.

Fig. 134.

Durch die Schleife ist eine Fläche eingeschlossen, welche proportional zu der bei dem einmaligen Ummagnetisieren verbrauchten Arbeit ist.

Diese Erscheinung, das Zurückbleiben der Induktion im Eisen gegenüber der äusseren Feldstärke nennt man die Hysteresis, die dabei auftretende Reibungsarbeit die Hysteresisarbeit. Letztere ist bei verschiedenen Materialien verschieden.

Ummagnetisierung von Eisen kommt bei allen elektrischen Maschinen vor. Die obenstehende Abbildung, Fig. 134, zeigt z. B. das Eisen einer Dynamomaschine. Der äussere, hier feststehende Teil ist das Magnetgestell, der innere, cylinderförmige Teil der Anker. Letzterer wird mit grosser Geschwindigkeit im magnetischen Felde gedreht, während die Kraftlinien, die vom feststehenden Teil herrühren, stets dieselbe Richtung haben. Der rotierende Teil ist im vorliegenden Beispiel rechts stets Nordpol, links stets Südpol, er hat also während des Betriebes eine fortwährende Ummagnetisierung durchzumachen. Damit die Ummagnetisierungsarbeit möglichst gering gehalten wird, verwendet man für den rotierenden Teil bestes schwedisches Eisen.

Man will bei einer elektrischen Maschine viel Kraftlinien in dem magnetischen Kreislauf erhalten und konstruiert deshalb die Gestelle der Maschinen aus dickem Eisen, das eine genügende Permeabilität besitzt. Der Luftweg der Kraftlinien bietet in vielen Fällen den hauptsächlichsten Teil des magnetischen Widerstandes und wird deshalb bisweilen sehr kurz gehalten.

144. Das Feld eines geraden Leiters.

Der elektrische Strom ist stets mit einer magnetischen Wirkung verbunden. Bereits im dritten Kapitel wurde erkannt, dass die Magnetnadel in der Nähe eines stromdurchflossenen Drahtes nach ganz bestimmten Gesetzen abgelenkt, und dass weiches Eisen mit Hilfe des elektrischen Stromes magnetisiert wird. Da in der Nähe eines Stromleiters magnetische Kräfte auftreten, muss er von einem magnetischen Feld umgeben sein. Folgende zwei Experimente geben Aufschluss über den Verlauf der Kraftlinien in der Nähe eines Drahtes. Wir bedienen uns dabei zur figürlichen Darstellung einer bestimmten Bezeichnungsweise. Soll ein Draht, der im Querschnitt gezeichnet ist, von dem Strom in bestimmter Richtung durchflossen sein, so deutet man das nach Art von Fig. 135 durch Punkte und Kreuze an. Ein Punkt bedeutet die Spitze eines Pfeiles, der auf den Beschauer zeigt, ein Kreuz die Feder eines Pfeiles, der vom Beschauer aus abfliegt. Demnach zeigt Fig. 135 bei *a* den Querschnitt eines Drahtes, der in die Bildebene hinein vom Strom durchflossen ist, bei *b* einen Draht, dessen Strom auf den Beschauer zufliesst.

Fig. 135.

1. Versuch: Ein Draht wurde senkrecht aufgehängt, er war so angeschlossen, dass der Strom von oben nach unten floss. Eine Magnetnadel wurde an verschiedenen Stellen rund um den Draht aufgestellt. Sie nahm dann jedesmal eine Richtung nach der Ampère'schen Regel an, immer senkrecht zu der Verbindungslinie zwischen dem Draht und dem Drehpunkt der Nadel, so wie es Fig. 136 im Grundriss zeigt. Aus den

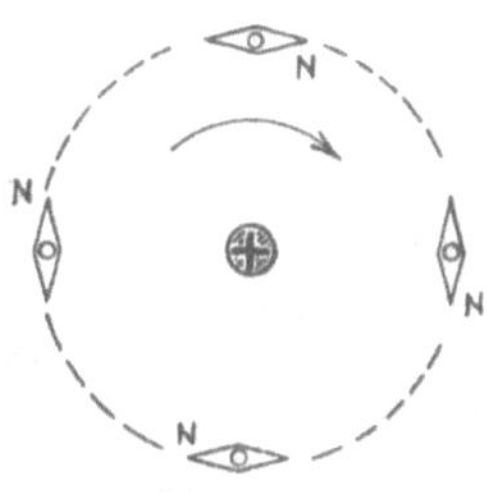

Fig. 136.

Einstellungen der Nadel sieht man, dass die Wirkung der magnetischen Kraft rund um den Draht gerichtet ist.

In der Fig. 136 fliesse der Strom vom Beschauer aus in die Bildebene hinein. Im Einklang mit der Ampère'schen Regel stellt sich der Nordpol immer in Richtung des Uhrzeigers ein. Es ist eine bestimmte Richtung des magnetischen Feldes vorhanden, was im Experiment daran erkennbar ist, dass bei Umkehr des Stromes die Nadel sich entgegengesetzt einstellt; die Richtung, nach der die Nordspitze zeigt, ist die Richtung des Feldes.

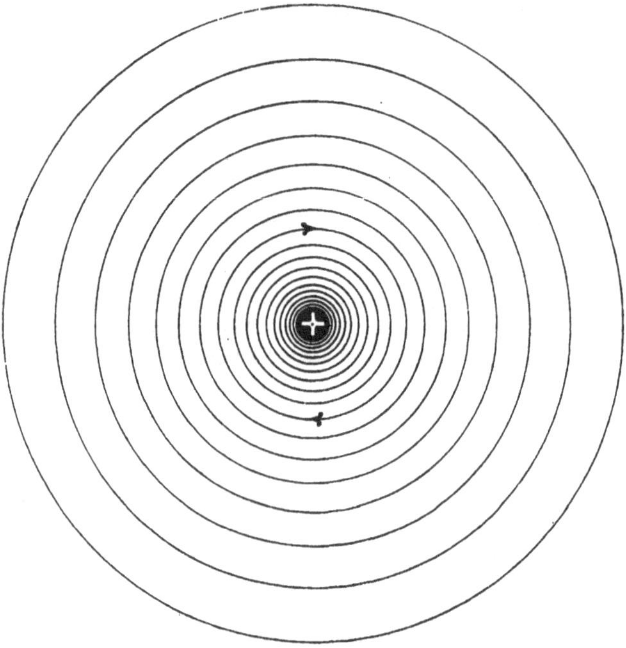

Fig. 137.

Bringt man eine Nadel in einen weiteren Abstand von dem Draht an, so zeigt sich, dass die Nadel sich langsamer einstellt und langsamer um ihre Ruhelage schwingt. Daraus lässt sich schliessen, dass bei grösserer Entfernung vom Draht auch die magnetische Kraft geringer wird. Das gilt ebenfalls an jeder Stelle rund um den Draht.

2. Versuch: Um den senkrecht ausgespannten Draht wurde ein horizontales Blatt Papier gelegt. Streute man Eisenfeilspäne auf das Papier, während Strom durch den Draht floss, so ordneten sich die Eisenfeilspäne in konzentrischen Kreisen um den Draht an. Die Kreise in der Nähe des Drahtes treten schärfer hervor, als in grösserem

Abstande. Das ist wiederum ein Zeichen dafür, dass das Feld in der Nähe des Drahtes grösser ist, als nach aussen hin.

Diese beiden Versuche zeigen, dass ein gerader Leiter von einem Felde umgeben ist, dass sich durch konzentrische Kreise um den Draht darstellen lässt. Dabei sind die Kraftlinien in der Nähe des Drahtes dichter, als in grösserer Entfernung. Genauere Untersuchungen zeigen, dass die Feldstärke in der Nähe eines langen durchflossenen Drahtes proportional zur Stromstärke und umgekehrt proportional zum Abstande ist.

Bedeutet „J" die Stromstärke im Drahte und „a" den Abstand einer bestimmten Stelle vom Drahte, so ist an dieser Stelle die Feldstärke

$$H = \frac{c \cdot J}{a},$$

wobei „c" eine Konstante bedeutet. Das ist durch die Fig. 137 schematisch dargestellt. Der Draht ist im Querschnitt gezeichnet, die ihn umgebenden Kreise bedeuten die Kraftlinien. Letztere nehmen in der Figur an Dichte proportional zu ihrem Abstand vom Draht ab, d. h. der gegenseitige Abstand der Linien nimmt in demselben Maasse zu, wie der Abstand vom Draht.

145. Das Feld zweier paralleler und gleichgerichteter Ströme.

Zwei gerade Drähte wurden senkrecht ausgespannt und so aneinander geschlossen, dass sie beim Anlegen an eine Elektrizitätsquelle

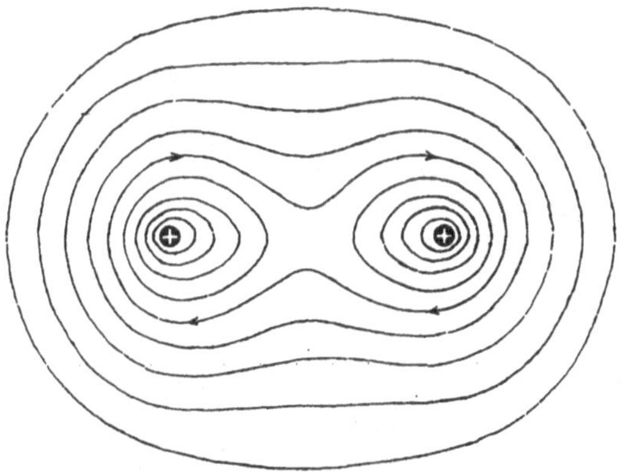

Fig. 138.

parallel und gleichgerichtet durchflossen wurden. Die beiden Drähte führten durch ein horizontales Blatt Papier hindurch, welches während des Stromdurchganges mit Eisenfeilspänen bestreut wurde. Wir erhielten dabei ein Linienbild nach Art von Fig. 138, aus dem zu sehen ist, dass eine Anzahl Kraftlinien beide Drähte gleichzeitig umspannt, während die Kraftlinien in der Nähe der Drähte keine Kreise mehr bilden, sondern nach der Mitte hingezogen sind.

Da in Richtung der Kraftlinien stets die magnetische Kraft wirkt, ziehen sich die beiden stromdurchflossenen Drähte mit ihrem Kraftliniensystem gegenseitig an.

Aus dieser Beobachtung wird das erste Ampère'sche Gesetz, dass sich parallele und gleichgerichtete Ströme einander anziehen, durch die magnetische Wirkung des elektrischen Stromes erklärt.

146. Das Feld zweier paralleler und entgegengesetzt gerichteter Ströme.

Fig. 139 zeigt im Grundriss zwei Drähte, die wiederum senkrecht ausgespannt sind, die aber so untereinander verbunden sind, dass der Strom in beiden Drähten in entgegengesetzten Richtungen verläuft. Ein horizontales Blatt Papier wird bei Stromdurchgang ebenfalls mit Eisenfeilspänen bestreut, die aber nun ein Bild nach Art von Fig. 139 liefern. Hier sind die geschlossenen Kraftlinienzüge der einzelnen Drähte nach aussen gedrängt, in der Mitte verlaufen die Kraftlinien senkrecht zur Verbindungslinie der beiden Drähte. Da die Kraftlinienzüge sich konzentrisch zu ihren Drähten einzustellen bestrebt sind, werden die beiden Drähte mit einer gewissen Kraftwirkung auseinander getrieben. Auf diese Weise ist das zweite Ampère'sche Gesetz, dass parallele und entgegengesetzt gerichtete Ströme sich gegenseitig abstossen, ebenfalls auf magnetische Weise erklärt.

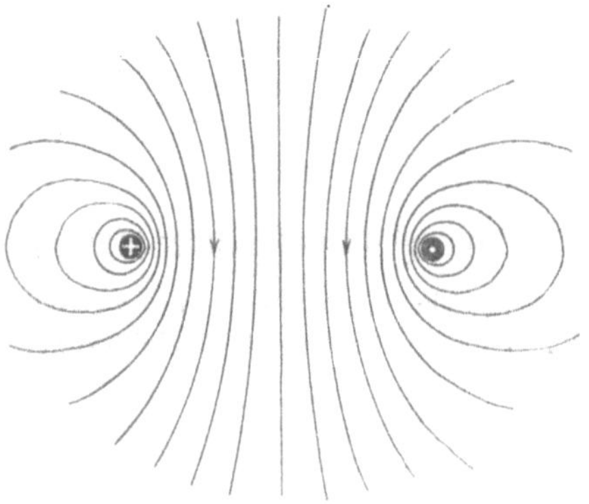

Fig. 139.

147. Das Feld eines kreisförmigen Leiters.

Wird ein Draht zu einem Reifen gebogen, so wie Fig. 140 zeigt, so treten bei Stromdurchgang die Kraftlinien innerhalb des Reifens von derselben Seite ein, es wirkt also der Umfang des ganzen Reifens für die umflossene Fläche in demselben Sinne.

Ein Versuch mit Eisenfeilspänen, die auf ein Blatt Papier gestreut werden, durch welches der Reifen hindurch-

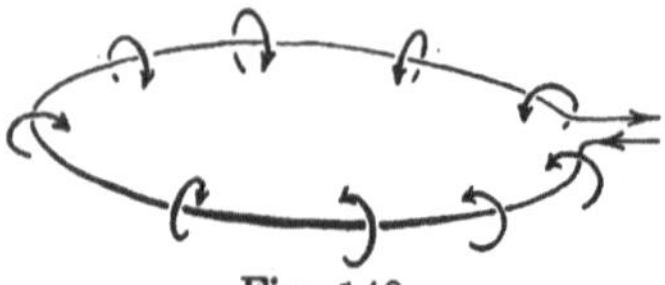

Fig. 140.

geht, führt zu demselben Resultat, das durch die frühere Fig. 139 ausgedrückt ist. In der Mitte des Reifens entsteht ein Raum, in dem die Kraftlinien nahezu gradlinig verlaufen und gleichmässig dicht verteilt sind.

148. Das Feld einer Spule. Die Ampèrewindungszahl.

Wenn wir den Draht mehrmals in derselben Weise im Kreise herumführen und von einem Strom durchfliessen lassen, so zeigt sich Folgendes: Jeder Draht behält sein magnetisches Feld bei, aber zwischen den Windungen hebt sich die Wirkung zum grössten Teil auf, während ausserhalb der Drähte die Wirkung des ganzen Stranges in derselben Richtung verläuft.

Fig. 141 giebt den Querschnitt einer Spule von sechs Windungen, die im Kreise herumgeführt sein sollen. Unten kommt der Strom aus der Bildebene heraus, oben tritt er in die Bildebene ein.

Die Pfeile geben die Richtung der erzeugten Kraftlinien an. Im Innern der Spule addieren sich die Wirkungen der einzelnen Windungen

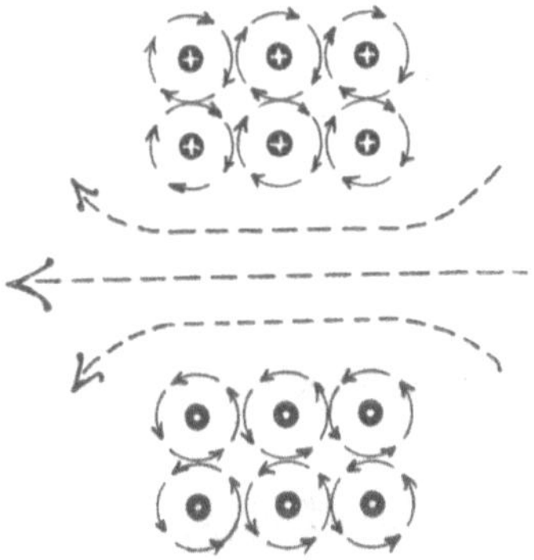

Fig. 141.

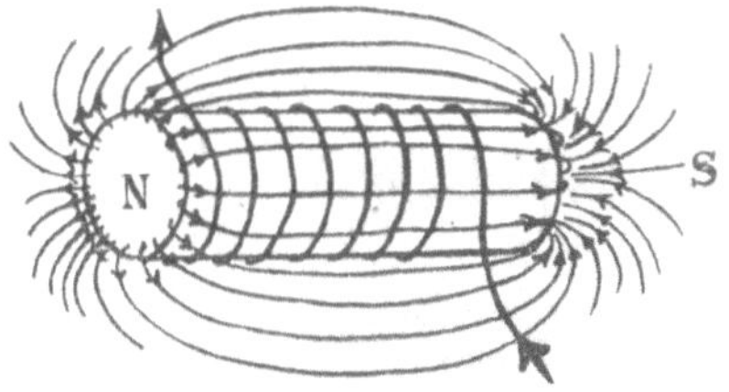

Fig. 142.

Der äussere Verlauf der Kraftlinien einer Spule ist zur leichteren Vorstellung durch Fig. 142 perspektivisch veranschaulicht. Die stärkere Linie stellt den Draht dar, die Pfeile an derselben bezeichnen die Stromrichtung.

Die Feldstärke innerhalb der Spule ist nicht allein von der Zahl der Windungen abhängig, sondern auch von der Stromstärke, welche in den Windungen fliesst. Genaue Untersuchungen haben ergeben, dass die magnetische Feldstärke in der Mitte der Spule in demselben Maasse wächst, wie der Wert:

$$(\textit{Stromstärke}) \times (\textit{Windungszahl}).$$

Multipliziert man die Zahl der Ampère, welche eine Spule führt, mit der Zahl ihrer Windungen, so heisst dieses Produkt die Ampèrewindungszahl der Spule.

Ein Resultat wissenschaftlicher Untersuchungen ist die Erkenntnis, dass im Innern einer Spule, welche lang ist gegen ihren Durchmesser, das Feld in der Nähe der Mitte nahezu parallel und gleichmässig dicht ist. Ein Feld, das diese Eigenschaft vollständig besitzt, heisst ein homogenes magnetisches Feld. Es lässt sich ausdrücken durch eine Anzahl paralleler gerader Kraftlinien, die voneinander gleichen Abstand haben.

149. Der geschlossene magnetische Kreis und der offene magnetische Kreis.

Wir können uns vorstellen, dass das Eisen einer Spule keine Enden hat, sondern ein in sich geschlossenes Ganzes bildet, so wie es beispielsweise in Fig. 143 ausgedrückt ist. In diesem Fall ziehen die durch den Strom in der Spule erzeugten Kraftlinien zur grössten Zahl den Weg durch das Eisen vor und verlaufen nur innerhalb dieses geschlossenenen Eisenkreises. Der Kraftlinienstrom bildet in diesem

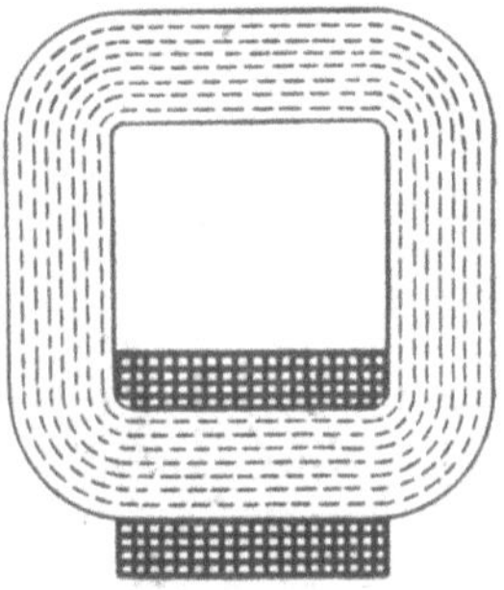

Fig. 143.

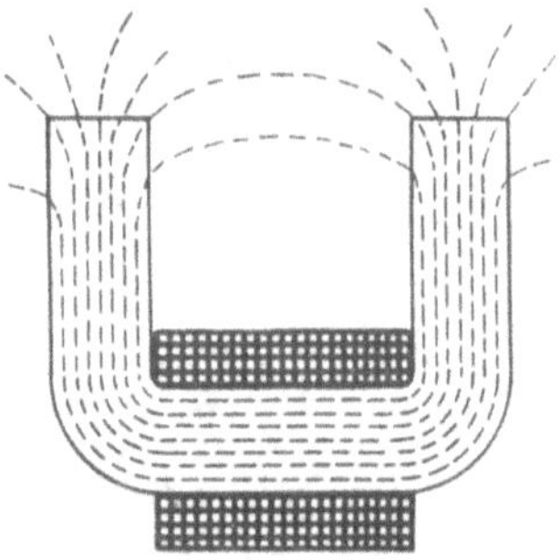

Fig. 144.

Fall einen geschlossenen magnetischen Kreis. Wenn keine Kraftlinien aus dem Eisen austreten, so entstehen auch keine Magnetpole, infolgedessen übt ein geschlossener magnetischer Kreis nach aussen keine Wirkung aus.

Jeder magnetische Kreislauf, in dem die Kraftlinien einen gewissen Luftweg zu überwinden haben, etwa als Beispiel ein Magnetkreis nach Art von Fig. 144, ist als offener magnetischer Kreis zu bezeichnen. Werden die beiden Pole durch ein eisernes Schlussstück verbunden, so kann aus dem offenen ein geschlossener Kreis hergestellt werden. Eine magnetische Kraftwirkung, die nach aussen wahrzunehmen ist, tritt an jeder Unterbrechungsstelle des Kreises auf.

150. Die Grösse der magnetischen Zugkraft im Vergleich mit der Kraftlinienzahl.

Die Zugkraft an einer Unterbrechungsstelle eines geschlossenen magnetischen Kreises, etwa wie bei dem aufgeschnittenen Eisenring der Fig. 145, ist durch die Wissenschaft ermittelt worden zu

$$P = c \cdot B^2 \cdot Q,$$

wobei B die magnetische Induktion des Materiales an der Unterbrechungsstelle, Q den Querschnitt der Unterbrechungsstelle und c eine zu dem Maasssystem gehörige Konstante bedeutet. Ist in dieser Gleichung P ausgedrückt in kg und Q in qcm, so ergiebt sich die Konstante zu $c = 0{,}000\,000\,040\,6$; es wäre demnach

$$P\text{kg} = 0{,}000\,000\,040\,6 \cdot B^2 \cdot Q.$$

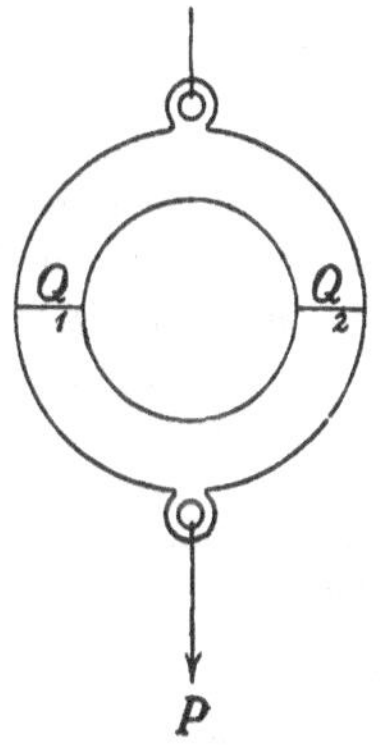

Fig. 145.

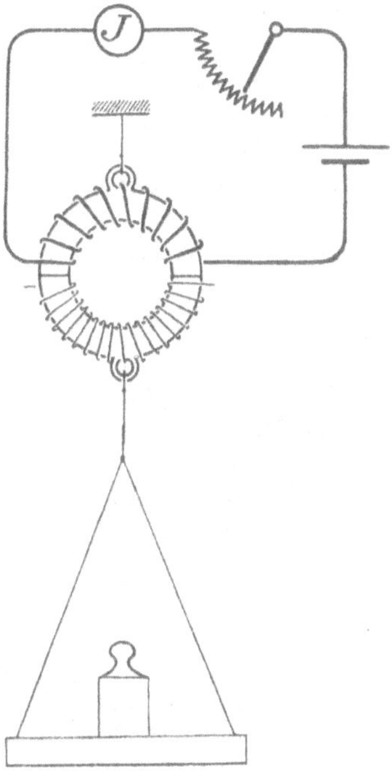

Fig. 146.

Für Q ist stets die Summe der Querschnittsflächen, also in der beigegebenen Figur $Q_1 + Q_2$ einzusetzen.

151. Experimentelle Untersuchungen der Kraftlinienzahl eines Kreises durch Abreiss-Versuche.

Man braucht in der Technik magnetische Kreise, die eine bestimmte Kraftlinienzahl enthalten. Es ist dabei sehr oft im voraus zu berechnen, wieviel Windungen die Magnetisierungsspule dieses Kreises haben muss und wieviel Ampère hindurch geschickt werden müssen, mit anderen Worten, wie gross die anzuwendende Ampèrewindungszahl ist. Zur Vorbereitung dafür dienen folgende Experimente:

Wir können nach Fig. 146 uns vorstellen, dass der Ring der vorigen Figur auf jeder Hälfte mit einer Wicklung versehen ist, die eine besteht aus vielen dünnen, die andere aus weniger dicken Windungen. Beide Windungszahlen sind bekannt. Man hängt nun ein gewisses Gewicht an die untere Ringhälfte, nachdem zuvor ein starker Strom in einer der beiden Wicklungen hergestellt worden ist. Der Strom wird durch ein Ampèremeter gemessen, Mit Hilfe eines Widerstandes im Stromkreise verringern wir die Zahl der Ampère und sehen, dass ein bestimmtes Gewicht jedesmal abreisst, wenn das Produkt aus (Ampère) × (Windungszahl) dasselbe ist. Dabei ist es gleichgültig, ob die vielen feinen, oder die weniger groben Windungen angeschlossen wurden.

Dieses Experiment soll nur zeigen, dass man bei einer bestimmten Ampèrewindungszahl in einem vorliegenden Eisenkreis stets dieselbe Zahl von Kraftlinien erhält.

Man kann aber in einer Reihe weiterer Experimente verschiedene Gewichte anhängen und aus diesen Gewichten beim Abreissen die Zahl der Kraftlinien zurückrechnen. Dazu ist die Formel am Schluss des vorigen Abschnittes zu verwenden. Aber ausserdem können Kreise von verschiedenem Durchmesser auf diese Weise untersucht werden. Je grösser der Durchmesser ist, um so länger ist der Weg der Kraftlinien im Eisen.

Die technischen Wissenschaften sind durch solche und ähnliche Versuche zu dem Resultat gelangt, dass jedes Material pro 1 cm des Kraftlinienweges eine bestimmte Ampèrewindungszahl braucht, wenn eine bestimmte magnetische Induktion darin erzeugt werden soll.

152. Die Ampèrewindungszahl eines magnetischen Kreises im Vergleich mit der Kraftlinienzahl.

Die folgenden Kurven, Fig. 147, enthalten für verschiedene technisch wichtige Materialien die Ampèrewindungszahl, die pro 1 cm Kraftlinien-

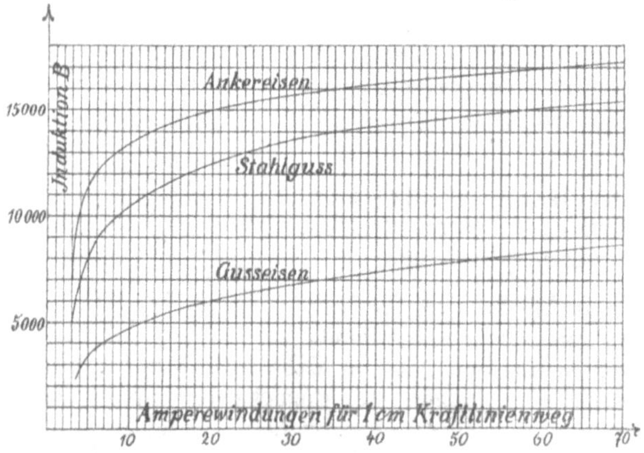

Fig. 147.

weg aufzuwenden ist, wenn in dem Material eine bestimmte Induktion B erreicht werden soll. Sie dienen zum Berechnen magnetischer Kreise.

Bei Luft bildet die entsprechende Kurve eine gerade Linie, dasselbe gilt für alle anderen Körper, die nicht Eisen sind, wie z. B. für Kupfer und Isolationsmaterialien. Für alle diese Körper ist pro 1 cm Kraftlinienweg eine bedeutend grössere Ampèrewindungszahl auf-

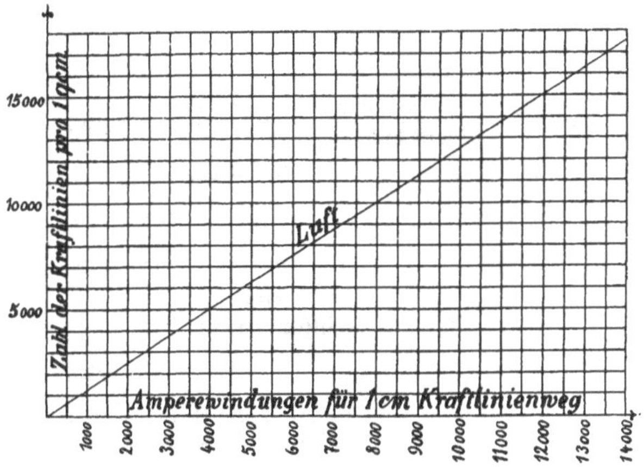

Fig. 148.

zuwenden als bei Eisensorten. Das Diagramm für Luft ist in Fig. 148 gegeben.

Die Anwendung aller dieser Kurven vollzieht sich in der Weise, dass man in Richtung der Ordinatenaxe die gewünschte Kraftliniendichte aufsucht und an der Abszissenaxe die erforderliche Ampèrewindungszahl abliest.

153. Die Berechnung magnetischer Kreise.

Wenn die Ampèrewindungszahl eines gegebenen Eisenkörpers, die zum Erreichen einer bestimmten Kraftlinienzahl erforderlich ist, im voraus berechnet werden soll, wendet man dazu die Kurven des vorigen Abschnittes an. Aus der gesamten Kraftlinienzahl N und dem gewählten Querschnitt des Eisens Q ist zunächst die Induktion zu ermitteln:

$$B = \frac{N}{Q}.$$

Für dieses B sucht man bei der Kurve des betreffenden Materiales die Ampèrewindungszahl für 1 cm Kraftlinienweg auf und multipliziert diesen Wert mit der Länge des Weges in diesem Material. Gehen die Kraftlinien durch mehrere Materialien hindurch, so ist die Summe der Ampèrewindungszahlen in der Magnetisierungsspule aufzuwenden.

Beispiel. Der Ring der Fig. 149 bestehe aus Gusseisen. Der äussere Durchmesser betrage 11 cm, der innere 9 cm; λ bezeichnet die Länge eines Luftweges von 4 mm; das Eisen habe einen quadratischen Querschnitt von 2 × 2 cm; wieviel Ampèrewindungen sind aufzuwenden, wenn 32 000 Kraftlinien darin erzeugt werden sollen?

Auflösung: Der Querschnitt des Eisens beträgt 4 qcm; die Induktion ist daher:

$$B = \frac{\text{gesamte Kraftlinienzahl}}{\text{Querschnitt}} = \frac{32\,000}{4} = 8000.$$

Die Länge des Kraftlinienweges im Eisen wird ermittelt zu:

$$l = (10 \cdot \pi)\,\text{cm} - \lambda\,\text{cm} = 10 \cdot 3{,}14 - 0{,}4 = 31\ \text{cm}.$$

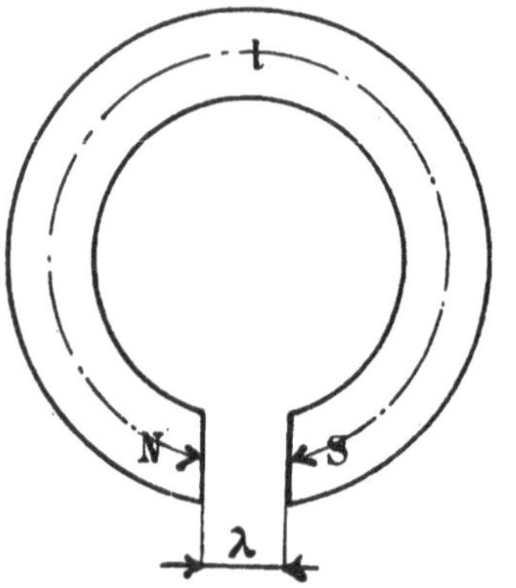

Fig. 149.

Aus der Kurve für Gusseisen ergiebt sich bei $B = 8000$ eine Ampèrewindungszahl für 1 cm Kraftlinienweg

$$\text{AW} = 52{,}5;$$

für den gesamten Kraftlinienweg sind daher aufzuwenden

$$\text{AW Eisen} = 52{,}5 \cdot 31 = 1627;$$

ausserdem ist der Luftraum von den Kraftlinien zu überwinden. Der Luftweg von 1 cm Länge braucht nach dem Diagramm der Fig. 148 bei $B = 8000$ eine Ampèrewindungszahl

$$\text{AW} = 6400;$$

er beträgt nur 0,4 cm, daher ist zu seiner Überwindung die Ampèrewindungszahl nötig:

$$\text{AW Luft} = 6400 \cdot 0{,}4 = 2560.$$

Für den ganzen magnetischen Kreis ist die Summe der berechneten Ampèrewindungszahlen erforderlich

$$\text{AW Ges.} = \text{AW Eisen} + \text{AW Luft} = 1627 + 2560 = 4187.$$

Resultat: Man braucht zu der gewünschten Magnetisierung des Ringes entweder 4187 Windungen für 1 Ampère oder 2094 Windungen für 2 Ampère u. s. w.

154. Die Polschuhe.

Das vorige Beispiel zeigt, dass ein verhältnismässig kleiner Luftraum bereits den grösseren Teil der Ampèrewindungen eines Kreises für sich beansprucht. Da die Ampèrewindungszahl eines Magnetgestelles in der Fabrikation mit Kupfer und im Betriebe mit Stromverbrauch Kosten verursacht, liegt der Gedanke nahe, an Ampèrewindungen zu sparen. Giebt man den Kraftlinien für den Luftraum einen grösseren Querschnitt zur Verfügung als im Eisen, so werden die Kraftlinien im Luftraum weniger dicht und brauchen nach dem Diagramm der Fig. 148 weniger Ampèrewindungen. Diese Verbreiterung des Luftquerschnittes führt zu Konstruktionen, von denen ein Beispiel Fig. 150 giebt. Die Verbreiterungen des Magneten an der Austritts- und Eintrittsstelle der Kraftlinien bezeichnet man als Polschuhe. In der obigen Figur sind die Polschuhe angesetzt, vielfach werden sie auch mit den Magnetkernen aus einem Stück gegossen.

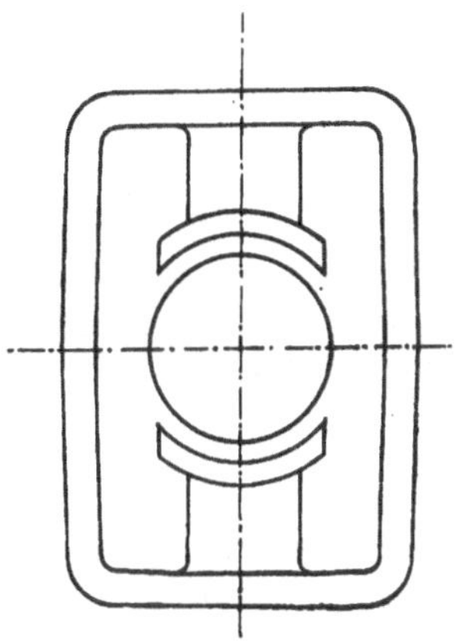

Fig. 150.

155. Die magnetische Streuung.

Es kommt bei technischen Konstruktionen darauf an, dass die erzeugten Kraftlinien in möglichst grosser Zahl durch einen bestimmten Teil des vorgeschriebenen Kreises verlaufen. Bei einer Dynamomaschine ist das der Anker. Es giebt aber stets einen gewissen Prozentsatz von Kraftlinien, die das Eisen verlassen und ihren Weg durch die Luft nehmen. Dabei verfehlen sie oft den Teil, auf dessen Kraftlinienzahl es ankommt. Diese Linien heissen Streulinien und man spricht von streuenden Maschinen. Fig. 115 zeigt an einem Beispiel eines Magnetgestelles, wie die Streulinien verlaufen können, sie sind in der Abbildung gerissen gezeichnet.

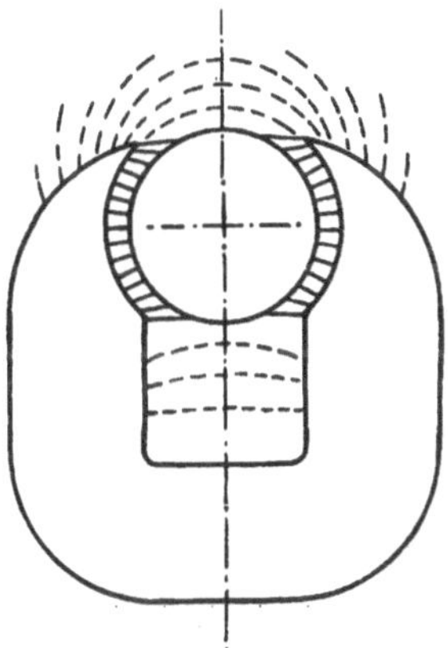

Fig. 151.

Einige verfehlen den Anker von den Polschuhen aus, andere gehen von dem einen Magnetschenkel zu dem anderen. Diese Streulinien, die bei alten Maschinen viel zahlreicher waren, als sie bei modernen Konstruktionen auftreten, bildeten häufig die Ursache der Magnetisierung von Taschenuhren in Dynamoräumen.

Fünfzehntes Kapitel.

Die Induktionserscheinungen.

156. Der Begriff der Induktions-Elektrizität.

Im Jahre 1831 entdeckte Faraday eine Erzeugungsart der Elektrizität, welche darauf beruht, dass man den Magnetismus zu Hilfe nimmt. Die so erzeugte Elektrizität führt den Namen der Induktions-Elektrizität. Diese Erzeugungsart ist die einzige, die in der Starkstromtechnik Verwendung findet. Sie hat sich im Laufe der Jahre entwickelt und fand die grösste Verbreitung seit der Erfindung der Dynamomaschinen. Die folgende Reihe von Experimenten lässt die einfachsten und grundlegenden Gesetzmässigkeiten erkennen.

157. Erstes Experiment. Die Induktions-Elektrizität an einem geraden Draht.

Ein ringförmiger Elektromagnet M in Figg. 152 und 153 führt zwischen seinen Polen eine Anzahl von Kraftlinien. Der Strom in

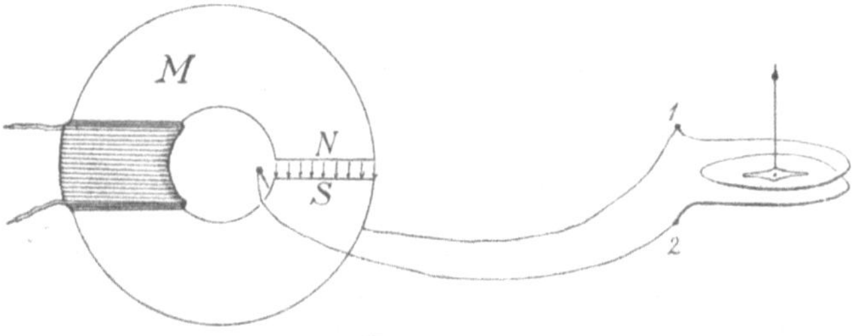

Fig. 152.

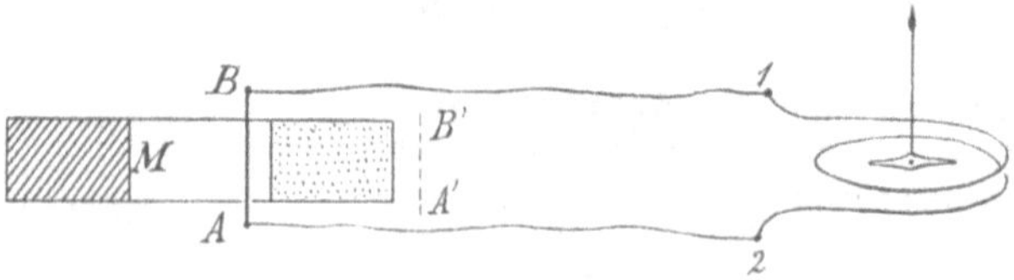

Fig. 153.

den Windungen des Magneten ist so gerichtet, dass der Nordpol N oben und der Südpol S unten entsteht. Demnach sind die Kraftlinien in ihrem Verlauf von oben nach unten gerichtet. In dem Luftraum zwischen den beiden Polen befindet sich ein Draht A B, der in

Fig. 152 nur als Punkt, in der Grundrissabbildung, Fig. 153 seiner Länge nach zu sehen ist. In der letzteren Figur sind die Kraftlinien als Punkte gezeichnet und sollen in die Bildebene hinein gerichtet sein.

Die Enden des Drahtes *A B* sind mit den Klemmen 1 und 2 des Galvanometers verbunden, das uns aus dem Gebiet der Akkumulatoren bereits bekannt ist. Es war früher ausprobiert worden, dass der Zeiger des Galvanometers nach rechts ausschlägt, wenn an Klemme 1 der positive und an Klemme 2 der negative Pol einer Elektrizitätsquelle gelegt wird.

Befindet sich nun der Draht *A B* zunächst am weitesten nach links, so wie es die Figur zeigt, und wird der Draht dann schnell durch die Kraftlinien hindurch bewegt bis zur Lage *A' B'*, so zeigt das Galvanometer einen Ausschlag nach rechts. Liegt aber der Draht zunächst bei *A' B'* und wird er dann in entgegengesetzter Richtung bewegt als vorhin, so zeigt das Galvanometer einen Ausschlag nach links.

Dieser Versuch lehrt: Wenn ein Draht in einem magnetischen Felde bewegt wird, so dass er seiner Länge nach Kraftlinien schneidet, entsteht ein elektrischer Strom, wenn die Enden des Drahtes ausserhalb des Feldes miteinander verbunden sind. Der Strom dauert nur so lange an, wie die Bewegung dauert. Man nennt diesen Strom einen Induktionsstrom. Verlaufen die Kraftlinien von oben nach unten und bewegt man den Draht von links nach rechts, so ist die Richtung des Stromes von vorn nach hinten.

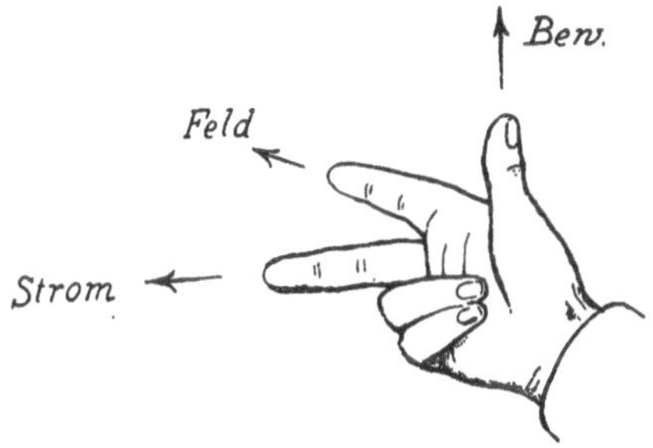

Fig. 154.

Bei umgekehrter Bewegungsrichtung ist die Stromrichtung umgekehrt.

Wir ändern die Versuchsanordnung in der Weise, dass wir den Strom in der Wicklung des Magneten *M* umkehren und damit auch die Richtung der Kraftlinien. Es wird dabei beobachtet, dass der Strom bei einer bestimmten Bewegungsrichtung nun umgekehrt verläuft als vorhin.

Es giebt eine Handregel, nach der man die Richtung des induzierten Stromes verfolgen kann; zu dem Zweck ist die rechte Hand in die Lage zu bringen, die Fig. 154 angiebt; Daumen, Zeigefinger und Mittelfinger bilden dabei zu einander rechte Winkel:

Regel der rechten Hand: induzierter Strom!

Man stellt den Zeigefinger der rechten Hand in Richtung der Kraftlinien und den Daumen in Richtung der Bewegung, so giebt der Mittelfinger die Richtung des induzierten Stromes an.

Wenn durch Abwesenheit eines Verbindungsdrahtes zwischen den Enden A und B kein Strom zustande kommt, entsteht zwischen diesen Stellen eine gewisse Spannung. Ist diese Spannung e und der Widerstand des gesamten Kreises w, so stellt sich die Stromstärke nach dem Ohm'schen Gesetz ein:

$$i = \frac{e}{w}.$$

158. Zweites Experiment. Beobachtungen bei einer einfachen Schleife.

Wir benutzen denselben Magnet, den wir zu dem vorigen Experiment brauchten; an Stelle des geraden Drahtes tritt hier eine Schleife, sonst ist die vorige Schaltung nicht geändert. Die Versuchsanordnung zeigt Fig. 155 im Grundriss. Die Kraftlinien verlaufen von oben nach unten, also bei der Figur in die Bildebene hinein.

Die Schleife, die ursprünglich ausserhalb des Kraftlinienstromes liegt, können wir beliebig in das Feld hineinführen, wir erhalten an

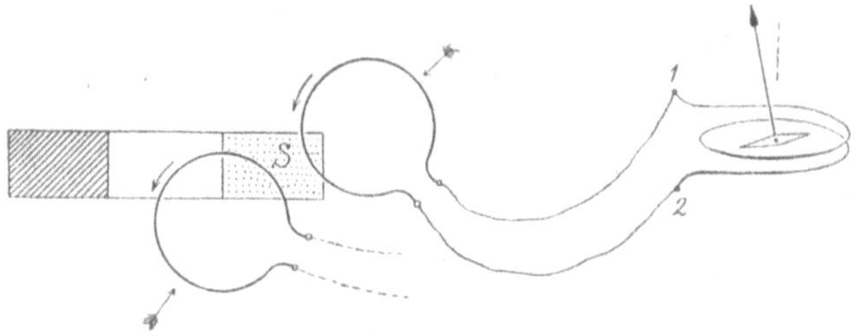

Fig. 155.

jedem Teil des Umfanges die Wirkung in demselben Sinn: Vermehren wir durch die Bewegung der Schleife die Zahl der Kraftlinien innerhalb des Umfanges, so erhalten wir einen Strom in Richtung der in Fig. 155 eingezeichneten Pfeile, vermindern wir durch die Bewegung der Schleife die eingeschlossene Kraftlinienzahl, so fliesst ein Strom in umgekehrter Richtung. In dieser Figur sind, wie bei den folgenden, gefiederte Pfeile zur Bezeichnung einer Bewegung, glatte Pfeile zur Bezeichnung der Stromrichtung angewendet.

Wir wenden nun den Magnetismus des Ringes, so dass die Kraftlinien von unten nach oben verlaufen. Jetzt erhalten wir bei Vermehrung der Kraftlinien innerhalb der Spule den Strom in umgekehrtem Sinn, gegenüber dem vorigen Versuch. Dasselbe beobachten wir bei Verringung der Kraftlinienzahl innerhalb der Schleife.

Weiterhin unterbrechen wir den Strom in der Wicklung des Magneten und legen die Schleife so, dass sie den Raum umgiebt, der erst mit Kraftlinien durchsetzt war, nach Art von Fig. 156.

Wir stellen nun durch Schliessung des Magnetisierungsstromes das Feld wieder her, so dass es von oben nach unten verläuft. Unmittelbar nach dem Stromschluss ist dabei ein Ausschlag des Galvanometerzeigers wahrzunehmen, und der Strom fliesst dabei in Richtung des Pfeiles in Fig. 156, d. h. in derselben Richtung, als ob die Spule von aussen her in das Feld hinein bewegt worden wäre.

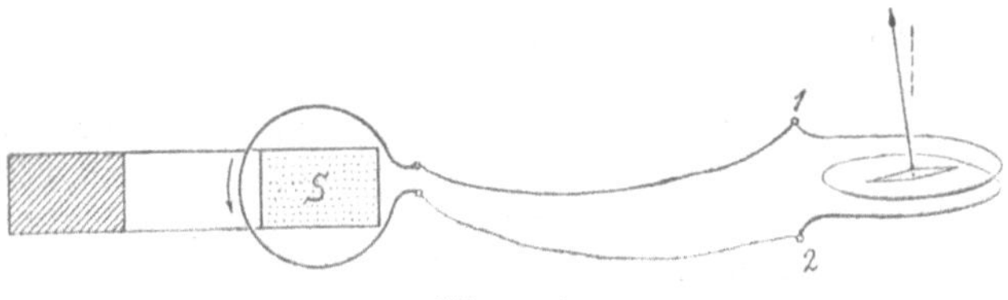

Fig. 156.

Erzeugen wir ein Feld in umgekehrter Richtung, so ändert sich auch die Richtung des Stromstosses.

Das Resultat dieser Versuche lautet: In einer Schleife, deren Enden durch einen Draht miteinander verbunden sind, wird ein Strom induziert, wenn sich innerhalb ihres Umfanges die Kraftlinienzahl ändert. Die Richtung des Stromes ist dabei diejenige, die man erhalten würde, wenn die Schleife von aussen in das Feld hineinbewegt worden wäre. Wenn wir einen Kraftlinienstrom von bestimmter Richtung unterbrechen und dann einen solchen in entgegengesetzter Richtung erregen, so bekommen wir innerhalb der Schleife beidemal Stromstösse von derselben Richtung. Aus diesem Grunde verdoppelt sich die Wirkung, wenn der Strom in der Magnetwicklung plötzlich kommutiert wird.

159. Drittes Experiment. Die Schleife mit mehreren Windungen.

Es wird eine Schleife mit mehreren Windungen in das magnetische Feld zwischen den Polen des Ringes hineinbewegt. Die Abbildung

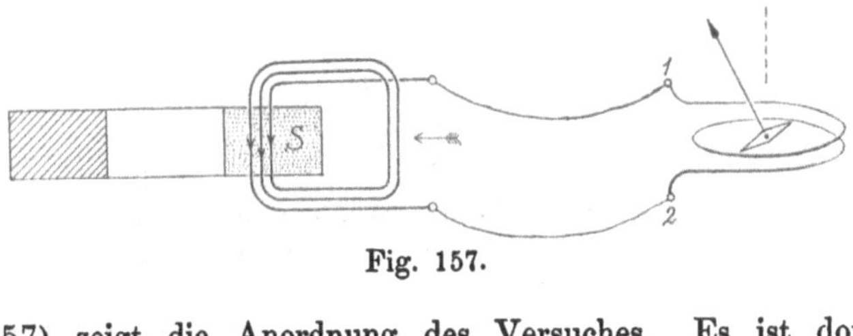

Fig. 157.

(Fig. 157) zeigt die Anordnung des Versuches. Es ist dort eine Schleife mit drei Windungen gezeichnet. Diejenigen drei Drähte, welche die Kraftlinien schneiden, sind durch die Führung der Windungen so miteinander verbunden, dass die Verbindungsdrähte der wirksamen Leiter ausserhalb des Feldes liegen. Bei der Bewegung der Schleife in das Feld hinein zeigt sich die Wirkung stärker. Die Nadel des Galvanometers schlägt weiter aus, als bei den früheren Experimenten.

Eine Betrachtung im Anschluss an diesen Versuch zeigt, dass die Wirkung in demselben Maasse zunehmen muss, wie die Zahl der Drähte vergrössert wird, welche den Kraftlinienstrom schneiden. Die Spannung, welche in dem ersten Versuch dieses Kapitels an einem Leiter erzeugt wurde, entsteht nun an den Enden jedes einzelnen Drahtes. Diese einzelnen Drähte sind verbunden wie eine galvanische Batterie, immer der positive Pol des einen Drahtes mit dem negativen Pol des nächsten Drahtes. Infolgedessen addieren sich die Spannungen aller Drähte einer Spule, wenn sich innerhalb der Spule die Kraftlinienzahl vermehrt oder vermindert.

Auf diese Weise kann eine beliebig hohe Spannung an den Enden einer Spule erzeugt werden, man braucht dazu nur einen genügenden Kraftlinienstrom und eine entsprechend hohe Anzahl von Windungen. Mit der Zahl der Windungen nimmt aus praktischen Gründen der Durchmesser des Drahtes ab, und damit vergrössert sich der Widerstand der Spule; also ist die Stromabnahme bei einer verhältnismässig hohen Spannung unter Anwendung dieser einfachen Spulen sehr niedrig begrenzt.

160. Viertes Experiment. Gegeneinanderschaltung zweier Drähte.

Bei der Anordnung nach Fig. 158 schneiden zwei Drähte den Kraftlinienstrom, aber innerhalb desselben Feldes ist der Draht hin- und zurückgeführt. Bewegen wir diese Schleife, welche mit ihren Enden A und B an die Klemmen 1 und 2 des Galvanometers an-

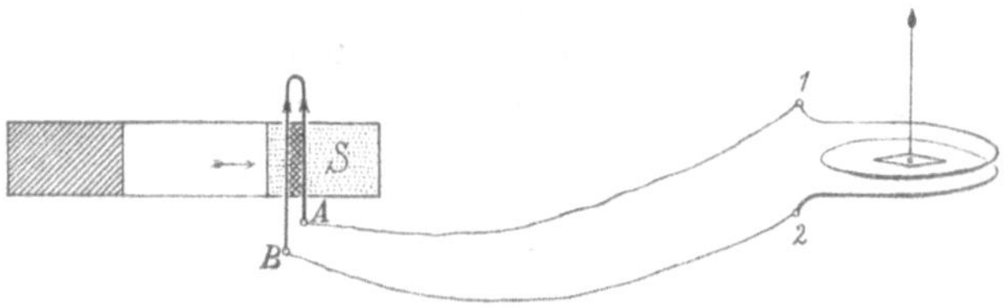

Fig. 158.

geschlossen ist, durch das Feld, so ist keine Wirkung wahrzunehmen. Die Spannung, welche zwischen den Enden des ersten Drahtes entsteht, ist gegen die gleich grosse Spannung des zweiten Drahtes geschaltet. Die beiden Spannungen heben sich für den Stromkreis einander auf. Innerhalb der Schleife hat man auch stets dieselbe Kraftlinienzahl, welche durch die doppelt schraffierte Fläche ausgedrückt ist.

161. Fünftes Experiment. Die Magnetisierungsspule im Vergleich mit der Induktionsspule.

Wir schalten die Magnetisierungsspule *M* mit einem Widerstand *W* in einen Stromkreis nach Fig. 159. Eine Induktionsspule *J* befindet sich im Innern der Magnetisierungsspule. Die Enden der Induktionsspule sind mit den Klemmen des Galvanometers verbunden. Wir beob-

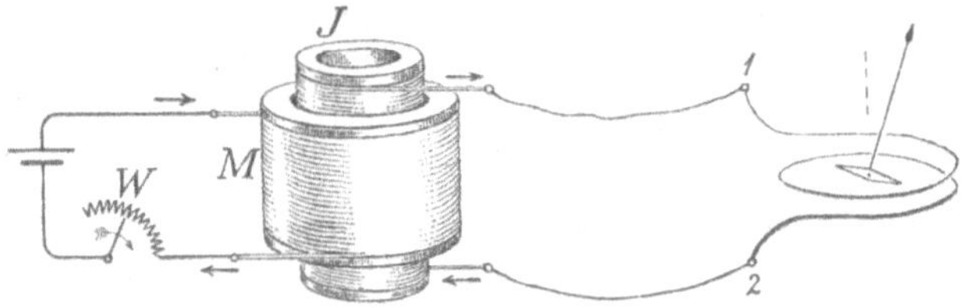

Fig. 159.

achten die Richtung des Magnetisierungsstromes im Vergleich mit der Richtung des Induktionsstromes.

Fliesst der Strom in der äusseren Spule von oben gesehen in Richtung des Uhrzeigers, so ist nach bekannter Regel das Feld der Spule von oben nach unten gerichtet. Würden wir nun die Induktionsspule von aussen her in das Feld hineinbewegen, so gäbe das nach der Regel der rechten Hand in der Induktionsspule einen Strom entgegengesetzt der Uhrzeigerdrehung. In unserer Versuchsanordnung vermehren wir die Kraftlinien innerhalb der Induktionsspule durch Verstärkung des Stromes in *M*. Wir erhalten dabei den Galvanometerausschlag nach rechts und sehen aus dem Experiment bestätigt, dass der induzierte Strom thatsächlich dem Magnetisierungsstrom entgegenläuft.

Es sind nun die Kraftlinien innerhalb der Induktionsspule vorhanden. Ihre Richtung verläuft von oben nach unten. Würde man nun die Induktionsspule aus dem Feld herausziehen, so erhielte man nach der Regel der rechten Hand einen Induktionsstrom in Richtung der Uhrzeigerdrehung. Im Experiment vermindern wir die Kraftlinienzahl durch Schwächung des Stromes in *M* und finden aus dem Ausschlag des Galvanometerzeigers nach links thatsächlich das Resultat, dass bei Schwächung des Feldes die Richtung des induzierten Stromes gleichlaufend mit der Richtung des Stromes in der Magnetisierungsspule ist.

Resultat: Stecken zwei Spulen ineinander, von denen die eine einen Strom führt, während die andere ursprünglich stromlos ist, so erhält man bei Verstärkung des vorhandenen Stromes einen Induktionsstrom von entgegengesetzter Richtung, bei Verschwächung einen Induktionsstrom von gleicher Richtung.

162. Sechstes Experiment. Die Arbeit und die Gegenarbeit bei der Induktionselektrizität.

Bei dem ersten Versuch dieses Kapitels wurde darauf hingewiesen, dass bei der angegebenen Bewegung eines Leiters durch ein Feld zunächst eine Spannung erzeugt wird. Die Stromstärke stellt sich bei dieser Spannung ein je nach dem Widerstand des Schliessungskreises. Das Produkt aus Stromstärke und Spannung drückt nach den Erörterungen des achten Kapitels eine gewisse Leistung aus. Da bei jeder Arbeitsleistung auch eine Gegenarbeit auftritt, muss bei dem Zustandekommen eines Induktionsstromes eine gewisse Leistung aufgewendet werden.

Folgendes Experiment giebt darüber Aufschluss:

Ein Kupferbügel *a b c d* in Fig. 160 ist in dem Felde unseres Elektromagneten frei beweglich. Der Bügel ist in sich geschlossen und

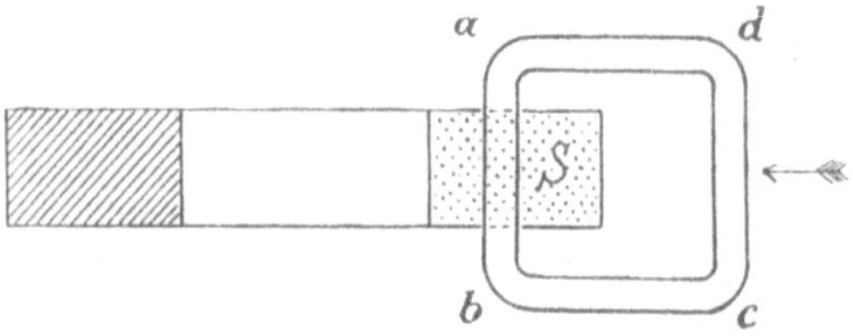

Fig. 160.

ist aus starkem Kupferdraht hergestellt. Fasst man ihn mit der Hand leicht an, und bewegt man ihn durch das Feld, so ist eine deutliche Kraftwirkung wahrzunehmen, die man bei der Bewegung zu überwinden hat. Da der Widerstand des Bügels sehr klein ist, erhält man bereits bei sehr geringer Spannung einen starken Strom und dadurch auch eine bereits merkbare aufzuwendende Leistung.

Die hier auftretende Kraft *P* multipliziert mit dem Wege, der pro Sekunde rechtwinklig zu den Kraftlinien zurückgelegt wird, ist eine Leistung, welche ebenso gross ist, wie die elektrische Leistung des Induktionsstromes. Letztere setzt sich bei dem Durchfliessen des Bügelwiderstandes in Wärme um.

163. Siebentes Experiment. Die induzierte Kraft und die induzierte Bewegung.

Den Magnet *M* denken wir uns in Fig. 161 so aufgestellt, dass in dem Luftraum zwischen seinen Polen die Kraftlinien in die Bildebene hinein gerichtet sind. Die vordere Hälfte des Magneten ist in der Zeichnung abgeschnitten gedacht, so dass nur der Südpol *S* sichtbar ist. In dem Felde des Magneten befindet sich ein Draht *A B*, dessen Enden in zwei Quecksilbernäpfe tauchen. Seine Richtung im Felde ist senkrecht, er kann eine gewisse Strecke horizontal verschoben werden. Die Pole einer Elektrizitätsquelle können unter

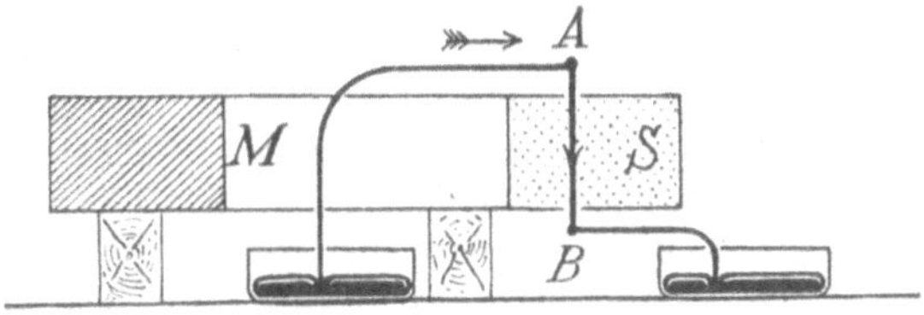

Fig. 161.

Vorschaltung eines Widerstandes an je einen Quecksilbernapf angeschlossen werden.

Bei Schliessung des Kreises verläuft, wie die Figur zeigt, ein Strom im Draht AB von oben nach unten. Wenn der Strom in dem magnetischen Felde fliesst, zeigt sich eine Kraftwirkung, die auf den Draht ausgeübt wird. Der Draht AB schnellt zur Seite und zwar in diesem Fall von rechts nach links. Nach Umkehr der Stromrichtung im Draht ist die Kraftwirkung entgegengesetzt und demzufolge auch die Bewegung. Ausserdem erhält man durch Umkehr des Magnetfeldes eine entgegengesetzte Wirkung.

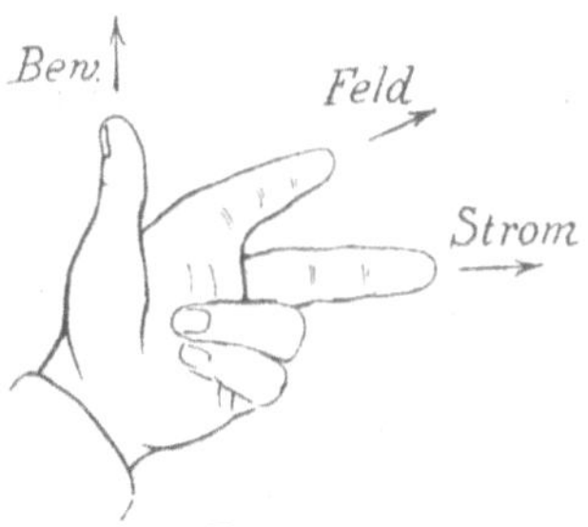

Fig. 162.

Die Richtung, nach der die Kraft wirkt, und in der die Bewegung eintritt, lässt sich merken nach der Regel der linken Hand, bei der die Finger, wie Fig. 162 zeigt, die entsprechende Stellung und dieselbe Bezeichnung haben, wie bei der früheren Handregel.

Regel der linken Hand: induzierte Kraft!

Man stellt den Zeigefinger der linken Hand in Richtung des Feldes und den Mittelfinger in Richtung des Stromes, so giebt der Daumen die Richtung der Kraftwirkung an.

164. Die Grösse der Induktionserscheinungen.

Bisher wurde erkannt, dass ein Draht, welcher in einem magnetischen Felde bewegt wird, so dass er der Länge nach Kraftlinien schneidet, zwischen seinen Enden eine gewisse Spannung führt. Über die Höhe der Spannung giebt folgende Formel Aufschluss, welche durch wissenschaftliche Untersuchungen gefunden ist:

Bezeichnet N sec die Zahl der Kraftlinien, die pro Sekunde von einem Draht geschnitten werden, so ist die Spannung zwischen den Enden des Drahtes in Volt

$$E\,\text{Volt} = 0{,}000\,000\,01 \cdot N\,\text{sec}.$$

Aus dieser Gleichung ist zu sehen, dass die Höhe der Spannung nur von der Zahl der pro Sekunde geschnittenen Kraftlinien abhängig ist. Denken wir uns ein Feld von gleichmässiger Dichte und grosser Ausdehnung, so erhöhen wir die Spannung an den Enden des Drahtes in demselben Maasse, wie wir seine Geschwindigkeit in dem Felde vergrössern. Bestreicht ein Draht eine Fläche von Q qcm pro Sekunde, in der überall die Feldstärke H herrscht, so ist für obige Gleichung auch zu setzen

$$E\,\text{Volt} = 0{,}000\,000\,01 \cdot Q\,\text{qcm/sec} \cdot H.$$

Nach den Ausführungen in Abschnitt 159 in diesem Kapitel erhöht sich die Spannung an den Enden einer Spule, deren Umfang Kraftlinien schneidet, unter sonst gleichen Bedingungen in demselben Maasse, wie die Zahl der Windungen zunimmt. Daher ist für eine Spule von z Windungen, deren Rand pro Sekunde N sec Kraftlinien schneidet, die Spannung zu rechnen nach dem Ausdruck

$$E\,\text{Volt} = 0{,}000\,000\,01 \cdot z \cdot N\,\text{sec}.$$

Ist ein Draht von der Länge l (in cm) in einem magnetischen Felde H von der Stromstärke J (Amp.) durchflossen, so wirkt auf ihn eine Kraft:

$$P\,\text{kg} = \frac{1}{9\,810\,000} \cdot H \cdot l\,\text{cm} \cdot J\,\text{Amp}.$$

Unter l ist hier die Länge des Drahtes verstanden, soweit sie in dem magnetischen Felde liegt. Nach dieser Gleichung ist ersichtlich, dass die Kraft proportional zum Felde, zur Länge und zur Stromstärke ist. Bei einem bestimmten vorliegenden Felde und bei gegebener Länge des wirksamen Drahtes wächst die Kraftwirkung in demselben Maasse, wie die Stromstärke.

Diese Kraftwirkung P wird bei z hintereinander geschalteteten Drähten, welche in dem Felde H einen Strom J führen, in demselben Maasse grösser, wie die Zahl der Drähte zunimmt. Es gilt in diesem Fall die Gleichung:

$$P\,\text{kg} = \frac{1}{9\,810\,000} \cdot H \cdot z \cdot l\,\text{cm} \cdot J\,\text{Amp}.$$

l bedeutet hier die wirksame Länge eines Drahtes.

Die hier angegebene Kraft P ist, wenn durch eine Bewegung ein Induktionsstrom erzeugt wird, bei der Bewegung zu überwinden; wird dagegen von einer Elektrizitätsquelle her ein Strom durch ein Feld geschickt, so ist diese Kraft P ausnutzbar.

Bei den Dynamomaschinen werden viele Drähte in einem starken magnetischen Felde bewegt, bei den Elektromotoren wird durch viele Drähte in einem starken magnetischen Felde ein Strom hindurchgeschickt.

165. Die Wirbelströme.

Bewegt man in einem magnetischen Felde eine grössere zusammenhängende Metallmasse, beispielsweise den Kupfersektor *a b c d* der Fig. 163, so entstehen an verschiedenen Stellen des Metalles Spannungsunterschiede, die sich im vollen Material ausgleichen können. Die dabei entstehenden Ströme, die infolge des geringen Widerstandes der Schliessungskreise sehr stark sind, nehmen einen wirbelförmigen Verlauf, sie heissen daher Wirbelströme. Der Magnet ist in Fig. 163 wiederum durchschnitten gedacht, die Kraftlinien sind in Form von Punkten eingezeichnet und sollen in die Bildebene hinein verlaufen. Der Südpol *S* liegt hinter dem Sektor und ist deshalb durch gerissene Linien angedeutet. Der Sektor ist als Pendel drehbar aufgehängt. In ihm entsteht bei der angegebenen Bewegung von links nach rechts oben der positive

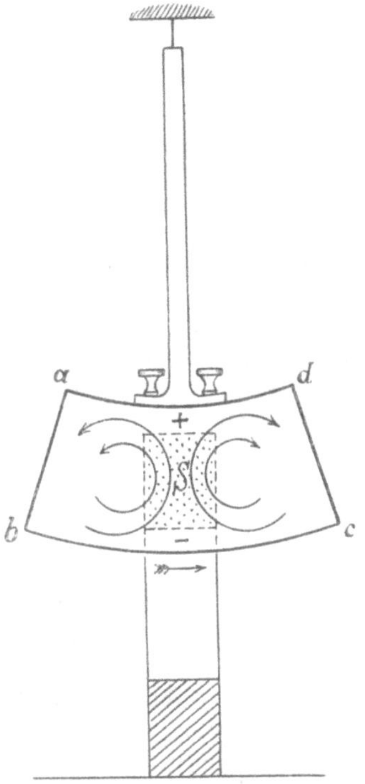

Fig. 163.

Fig. 164.

und unten der negative Pol. Befindet sich das Pendel in lebhafter Schwingung, und schliesst man den Strom der Magnetwicklung, so kommt das Pendel sofort zur Ruhe, da die erzeugten Induktionsströme die Bewegung aufhalten. Die Wirbelströme sind von Foucault entdeckt worden, daher nennt man sie auch Foucaultströme.

Wird an Stelle des zusammenhängenden Metalles ein zerteilter Sektor angewendet, wie er in Fig. 164 dargestellt ist, bei dem zwischen den einzelnen Schichten Isolationsmaterial liegt, so können die Wirbelströme sich nicht entwickeln. Schraubt man den hier gezeichneten

Sektor an das Pendel an, so wird die Schwingung des Pendels durch Erzeugung des Magnetfeldes nur in sehr geringem Maasse gedämpft.

Bei der Zerteilung eines beliebigen Metallstückes geht man von der Regel der rechten Hand aus und schichtet das Material am besten in Richtung der induzierten Spannung; das Auftreten von Wirbelströmen bei elektrischen Maschinen ist stets mit einem Verlust verbunden, da Wärme dabei erzeugt wird, die ausstrahlen muss. Der Arbeitsinhalt dieser Wärme geht dem Betrieb verloren.

Sechzehntes Kapitel.

Die Messinstrumente.

166. Allgemeines über Strom- und Spannungsmesser.

Elektrische Messinstrumente finden sich in jedem Betriebe vor. Sie sind deshalb notwendig, weil uns die direkten Sinneswerkzeuge zur Beurteilung der Elektrizität fehlen. Die einzigen ohne weiteres wahrnehmbaren Wirkungen der Elektrizität sind der Lichtbogen und die Wärmeentwicklung. Sie geben uns, wenn sie an unrichtiger Stelle in einem Betrieb auftreten, einen Fehler in der Anlage zu erkennen, wenn es gewöhnlich zur Vermeidung einer Störung zu spät ist. Durch Benutzung geeigneter Instrumente allein stellen wir uns einen Begriff über die Vorgänge in einem elektrischen Betriebe her.

Aus der Lehre von den Messinstrumenten kennen wir bisher den Unterschied zwischen Strommessern und Spannungsmessern. Erstere werden in einen Stromkreis eingeschaltet, d. h. die Leitung wird an einer Stelle zum Anbringen eines Strommessers (Ampèremeter) unterbrochen, das Instrument wird in den Querschnitt der Leitung eingefügt. Strommesser haben geringen Widerstand, damit sie bei Durchgang des Stromes nicht viel Spannung verbrauchen. Die Spannungsmesser (Voltmeter) hingegen werden stets zwischen zwei Stellen einer Leitung angeschaltet. Sie bilden stets eine Abzweigung von einem Teil des Stromkreises und besitzen einen hohen Widerstand, damit sie nicht viel Strom verbrauchen.

Wir kennen bisher zwei Methoden der Messung, entweder schliessen wir auf die Stromstärke aus dem Ausschlag einer Magnetnadel, um die der Strom in einigen Windungen geführt ist, oder wir erkennen die Stromstärke daran, wie tief ein weicher Eisenkern in eine Spule gezogen wird. Sowohl bei Strommessungen wie bei Spannungsmessungen ist der Strom im Instrument das, was die Wirkung verursacht. Dieser

Strom ist bei Spannungsmessern sehr gering, der Widerstand des Instrumentes ist konstant, daher ist der schwache Strom in einem Voltmeter proportional zur angelegten Spannung.

167. Die Klassen der Instrumente.

Bei dem Instrument mit dem Weicheisenkern verwenden wir die magnetisierende Wirkung des Stromes, bei der Magnetnadel verwenden wir die Wirkung des Stromes zusammen mit dem Erdmagnetismus. Letzterer ist nicht an allen Stellen gleich, daher sind solche Instrumente an den Ort gebunden, für den sie bestimmt sind.

Es giebt noch weitere Hauptklassen von Strom- und Spannungsmessern, die in Betrieben viel Verbreitung gefunden haben. Die Instrumente der einen Klasse enthalten einen Magnet, dessen unveränderliches Feld zur Messung benutzt wird. Dieses System ist von Deprez und d'Arsonval zuerst verwendet worden und hat durch Weston in der Technik Eingang gefunden. Wir bezeichnen dieses System das „Weston-System". Die Instrumente einer anderen Klasse beruhen auf der Wärmewirkung des Stromes in einem dünnen durchflossenen Draht. Der Draht dehnt sich durch die Wärme aus und bewegt dadurch einen Zeiger.

Eine weitere Gruppe von Instrumenten beruht auf der Wirkung zweier Ströme aufeinander, dahin gehören die Elektro-Dynamometer und die Wattmeter. Zwei stromdurchflossene Drähte üben aufeinander eine Kraftwirkung aus, die zur Messung benutzt wird.

Nach diesen Andeutungen können wir die Strom- und Spannungsmesser in die fünf Hauptklassen einteilen:

1. Erdmagnetische Instrumente.
2. Weicheisen-Instrumente.
3. Hitzdraht-Instrumente.
4. Das Weston-System.
5. Dynamometer und Wattmeter.

In dieser Reihenfolge sind die Beispiele der nächsten Abschnitte angeordnet. Es schliessen sich daran noch die Zähler, welche über die Arbeit Aufschluss geben, die einem Abnehmer von einer Centrale aus innerhalb einer gewissen Zeit zugeführt worden ist.

168. Arretier-Vorrichtungen.

Bei allen feinen Instrumenten, die bewegliche Teile enthalten, bringt man eine Vorrichtung an, mit deren Hilfe die beweglichen Teile vorübergehend festgestellt werden können. Nur dadurch ist es möglich, feine Instrumente von der einen zu einer anderen Stelle zu tragen, ohne dass die Spitzenlagerungen leiden. Bei manchen Instrumenten verwendet man dünne Seidenfäden, die ohne diese Einrichtung bei dem Transport zerreissen würden. Solche Festhalte-Vorrichtungen heissen allgemein „Arretier-Vorrichtungen“. Je nach der Konstruktion der Instrumente können sie auf verschiedene Weise arretiert werden, man muss das Instrument in jedem einzelnen Falle daraufhin vorsichtig untersuchen.

169. Bussolen.

Mit dem Namen Bussolen bezeichnet man solche Instrumente, bei denen eine Anzahl von Windungen um eine Magnetnadel geführt sind. Wenn sie zu Strommessungen verwendet werden sollen, müssen sie für den betreffenden Ort empirisch geaicht werden, d. h. man schaltet sie mit einem bekannten Instrument in einen Stromkreis, reguliert die Stromstärke von Ampère zu Ampère ein und schreibt auf ein unter der Magnetnadel liegendes Blatt zu jedem Ausschlag die zugehörige Ampèrezahl. Alle Bussolen stellt man so ein, dass die Nadel bei Stromlosigkeit parallel zu den Windungen steht.

Bussolen findet man in der Technik häufiger nur als Galvanoskope verwendet, man sieht aus dem Ausschlag der Nadel nur, dass ein Strom fliesst, und in welcher Richtung er fliesst. Im Laboratorium bedient man sich der Bussolen bei sogen. Nullmethoden, d. h. wo ein Leiter stromlos werden soll, wie bei der Widerstandsmessung mit der Wheatstone'schen Brücke, die in Abschnitt 68 beschrieben ist.

170. Das Montage-Galvanoskop.

Das Montage-Galvanoskop dient zu Isolationsmessungen. Es giebt kein Isolationsmaterial, das den Strom gar nicht leitet, daher muss in jeder Anlage die Isolation geprüft werden. Das Montage-Galvanoskop ist in Fig. 165 halb schematisch dargestellt. In einem Kasten ist eine kleine Trockenbatterie und eine Bussole untergebracht. Die Magnetnadel befindet sich an einer Welle mit einem Zeiger, der oben über eine Skala spielt. Die Bussole enthält zwei Wicklungen, eine grobe und eine feine, welche in Wirklichkeit übereinander liegen. Die Abbildung zeigt sie der Deutlichkeit wegen nebeneinander. Man erreicht durch Anwendung von zwei Wicklungen verschiedene Empfindlichkeit. Schaltet man nun einen sehr grossen Widerstand zwischen die Klemme links und eine der beiden Klemmen rechts, etwa

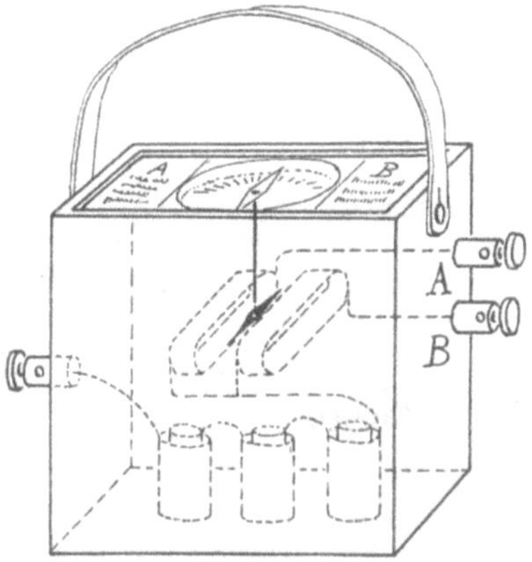

Fig. 165.

zwei Leitungsdrähte, die miteinander keine metallische Verbindung haben, so fliesst durch das Instrument ein äusserst schwacher Strom, und die Nadel giebt einen Ausschlag. Letzterer ist um so grösser, je weniger gut die Isolation der Leitung ist. Nach der Herstellung eines Instrumentes werden sehr grosse bekannte Widerstände in der angegebenen Weise angeschlossen und in kleinen Tabellen rechts und links vom Zifferblatt zu den betreffenden Widerständen die zugehörigen Ausschläge der Nadel aufgeschrieben.

In späteren Fällen kann man mit Hilfe dieser Tabellen aus dem Ausschlag die Grösse des Isolationswiderstandes bestimmen. Die eine Tabelle gilt bei Anschluss an Klemme *A*, die andere bei Anschluss an Klemme *B*. Isolationswiderstände belaufen sich bisweilen auf viele hunderttausend Ohm. Man darf keine gewöhnlichen Drahtwiderstände zwischen die Klemmen bringen, dann wird der Ausschlag zu gross, die Wicklung kann leiden und die Elemente erschöpfen sich. Die Angaben des Instrumentes sind vom Erdmagnetismus abhängig, es kann also nicht mit fertiger Tabelle sehr weit vom Herstellungsorte der letzteren verwendet werden. Zu genaueren Messungen wird es nicht benutzt.

171. Die Tangenten-Bussole.

Um eine kleine Magnetnadel führt ein grosser kreisförmiger Metallbügel, der vom Strom durchflossen ist. Die Magnetnadel befindet sich in der Mitte des Kreises.

Wie wir in Abschnitt 147 gesehen haben, ist das Feld in der Mitte einer kreisförmigen Stromschleife über einen gewissen Raumteil homogen. Steht der Bügel in Richtung der Nadel, d. h. in Richtung des Erdfeldes, so bildet das von dem Strom erzeugte Feld einen rechten Winkel mit dem Erdfeld. Die Nadel darf bei ihrer Drehung aus dem Bereich des homogenen Feldes nicht heraus kommen.

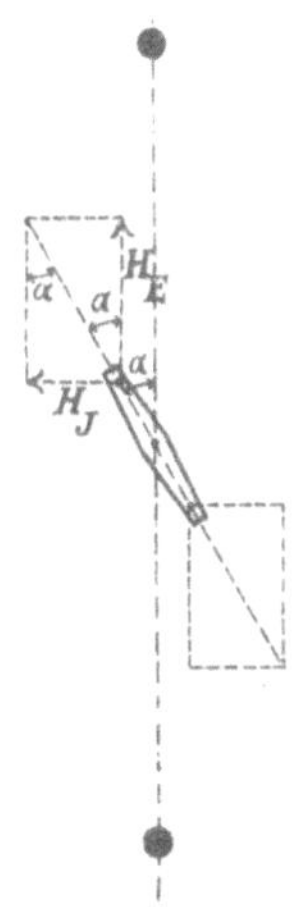

Fig. 166.

Wenn Strom im Bügel fliesst, so setzen sich die beiden Felder, das Erdfeld und das Feld des Stromes zu einem resultierenden Feld zusammen. In Richtung des letzteren stellt sich die Nadel ein.

Wir untersuchen, in welchem Maasse der Ausschlag der Nadel von der Stromstärke abhängig ist. Zu dem Zweck zerlegen wir die Kraft, die auf die Nadel wirkt, in ihre beiden Komponenten, was in Fig. 166 geschehen ist. Die Kraft H_E infolge des Erdfeldes ist konstant; das vom Strom herrührende Feld ist proportional zur Stromstärke,

$$H_J = c \cdot J;$$

die Nadel befindet sich im Gleichgewicht, wenn die resultierende Kraft in Richtung der Nadel verläuft. Bedeutet α ihren Ausschlagswinkel, so gilt die Gleichung:

$$\operatorname{tang} \alpha = \frac{H_J}{H_E} = \frac{c \cdot J}{H_E},$$

oder es ist

$$J = \frac{H_E}{c} \cdot \operatorname{tang} \alpha = R \cdot \operatorname{tang} \alpha.$$

Resultat: Die Stromstärke wächst in demselben Maasse bei der Tangentenbussole, wie die Tangente des Ausschlagswinkels.

Die Konstante R setzt sich zusammen aus der Stärke des Erdfeldes, aus der Polstärke der Nadel und aus dem Durchmesser des Reifens der Bussole. Sie führt den Namen „Reduktionsfaktor".

Man bestimmt sie für den betreffenden Ort mit Hilfe eines Kupfervoltameters, wie es in Abschnitt 31 bereits für ein anderes Instrument angegeben ist. Die Tangentenbussole findet nur im Laboratorium Verwendung.

172. Die Galvanometer.

Galvanometer dienen zu feinen Strom- und Spannungsmessungen. Sie werden entweder zu Lehrzwecken oder zu wissenschaftlichen Unter-

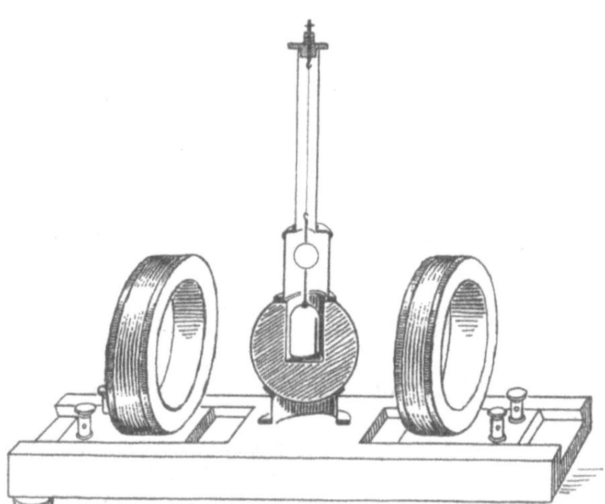

Fig. 167.

suchungen im Laboratorium verwendet. Es giebt viele Konstruktionen von Galvanometern, von denen nur eine, die am meisten verbreitet ist, hier als Beispiel folgt.

Das hier beschriebene Instrument besitzt, wie eine Tangentenbussole, einen Magneten, dessen Pole nahe bei einander liegen. Statt einer Windung sind eine grosse Anzahl von Windungen um diesen Magnet geführt. Man verwendet je nach dem Zweck der Messung Spulen mit dünnen oder dicken Windungen. Da die Magnetpole sehr nahe bei einander liegen, braucht der Durchmesser der Spulen nicht sehr gross zu sein. Die Entfernung zwischen Spulen und Magnet kann zum Erreichen verschiedener Empfindlichkeit verändert werden. Fig. 167 stellt ein Galvanometer dieser Art dar. Ein Magnet der hier verwendeten Form führt den Namen „Glockenmagnet". Er ist hufeisenförmig und aussen abgedreht. Ein Draht, an dem er befestigt ist, trägt einen kleinen runden Spiegel, welcher sich mit dem Mageten dreht. Letzterer ist an einem dünnen Seidenfaden (Coconfaden) aufgehängt. Man stellt das Galvanometer so auf, dass bei Stromlosigkeit die Verbindungslinie der beiden Magnetpole parallel zur Windungsebene der Spulen verläuft. Die beiden Spulen zusammen erzeugen ein Feld senkrecht zum Erdfeld. Man hat hierbei dasselbe Gesetz, wie bei der Tangentenbussole

$$i = c \cdot \text{tang}\, \alpha,$$

wobei i den Strom in den Windungen, α den Ausschlagswinkel des Magneten und c die Konstante des Galvanometers bedeuten.

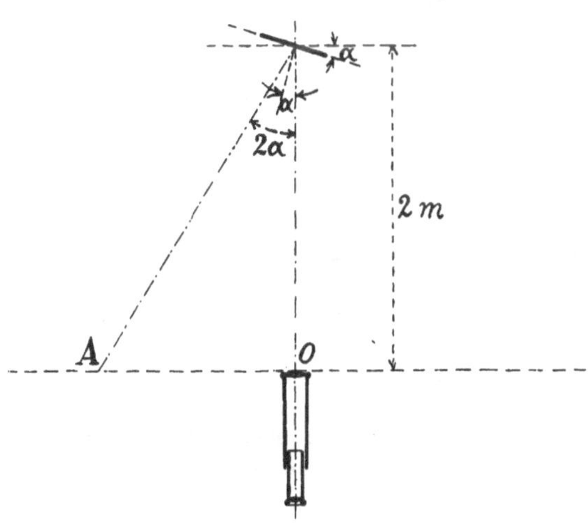

Fig. 168.

Die Ablesung erfolgt gewöhnlich mit Spiegel und Skala. In zwei Meter Abstand von dem Spiegel stellt man eine horizontal verlaufende Centimeter-Skala auf. Über der Mitte der Skala befindet sich ein Fernrohr. Letzteres wird so eingestellt, dass man bei Stromlosigkeit im Spiegel des Galvanometers die Mitte der Skala sieht, die mit Null bezeichnet sein möge, und von der aus die Centimeter nach beiden Seiten gezählt werden. Die Skala steht rechtwinklig zur Fernrohraxe. Sobald das Galvanometer einen Ausschlagswinkel α (in Fig. 168) zeigt, sieht man im Spiegel eine Stelle der Skala, die in der Abbildung mit A bezeichnet ist. Wie diese Grundrissfigur zeigt, liest man von Null bis A Werte ab, welche der Tangente des doppelten Ausschlagswinkels entsprechen. Für kleine Winkel sind die Ausschläge an der Skala gemessen proportional zur Stromstärke, für grössere Winkel muss man das Resultat durch Rechnung korrigieren.

Man schickt stets den Strom erst nach der einen, dann nach der anderen Richtung durch die Spulen und nimmt aus den Ausschlägen den Mittelwert.

Aus Fig. 167 ist zu sehen, dass der Glockenmagnet sich in der Höhlung eines massiven Balles dreht. Letzterer ist aus Kupfer hergestellt und dient zur Dämpfung der Schwingungen. Mit dem Glockenmagnet dreht sich sein Kraftliniensystem, welches das Kupfer schneidet und dabei Wirbelströme erzeugt, welche unnötige Schwingungen aufhalten.

Mit Galvanometern kann man nur in Räumen arbeiten, in deren Nähe keine elektrischen Maschinen laufen, überhaupt müssen in der Nähe erdmagnetischer Instrumente Eisenteile fern gehalten werden.

173. Die Weicheisen-Instrumente nach Kohlrausch.

Die Weicheisen-Instrumente nach Kohlrausch gehören zu der Gruppe von Instrumenten, bei denen ein Eisenkern in eine Spule gezogen wird. Will man nach diesem Prinzip brauchbare Instrumente erhalten, so hat man konstruktionelle Feinheiten zu beachten, die an dem folgenden Beispiel des Kohlrausch-Strommessers angedeutet sind.

Die Abbildung Fig. 169 zeigt ein solches Instrument schematisch im Schnitt, Fig. 170 die äussere Form. Die Feder f (Fig. 169) ist nicht fortlaufend gewunden, sie kehrt vielmehr in der Mitte um, damit der Eisenkern sich bei der Bewegung nicht dreht. Eine Drehung würde ein Schleifen des Zeigers in seinem Spalt, der aus Fig. 170 zu erkennen ist, veranlassen und damit die Genauigkeit der Messungen beeinträchtigen.

Die Dämpfung des Instrumentes geschieht unter Anwendung eines hohlen Eisenkernes, der oben geschlossen ist. In die Höhlung ragt ein Cylinder C aus dünnem Metall, der mit geringem Spiel in den Hohlraum passt. Wird das Instrument angeschlossen, so wirkt diese Anordnung als Luftbremse und der Zeiger kommt schnell zu Ruhe.

Bei dem Instrument sind dicke Metallteile vermieden, da es auch zur Messung von Wechselströmen verwendet wird. In dicken Metallteilen würden sich Wirbelströme bilden, die bei der hohen Wechselzahl von ungefähr 100 Umkehrungen pro Sekunde einen bedeutenden Leistungsverlust und starke Erwärmung verursachen würden.

Durch geeignete Anordnung von Spule und Eisenkern ist dafür

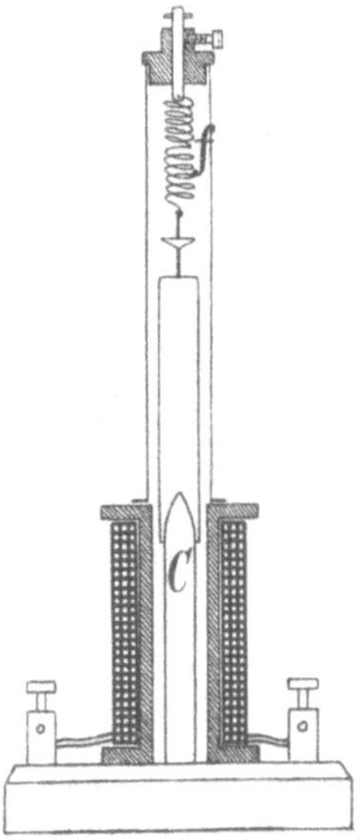

Fig. 169.

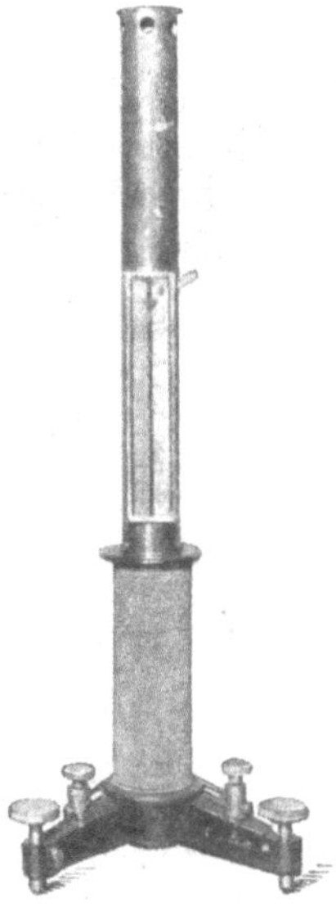

Fig. 170.

gesorgt, dass die Skala des Instrumentes über ein grosses Bereich gleichmässige Abstände von Ampère zu Ampère aufweist. Die Nullstellung des Zeigers kann mit Hilfe einer Schraube oben am Instrument einjustiert werden.

174. Die Weicheisen-Instrumente System Hummel.

Diese Instrumente sind in den Betrieben sowohl als Strom-, wie auch als Spannungsmesser am weitesten verbreitet. Fig. 171 zeigt ein solches in äusserer Ansicht. Ein kleines Eisenhäkchen ist innerhalb einer Spule erkennbar. Der Strom der Anlage oder ein schwacher „Spannungsstrom" wird durch die Spule geschickt, welche in Fig. 172 schematisch herausgezeichnet ist. Ein Häkchen oder eine Fahne aus dünnem Eisenblech ist in eine solche Form gebracht, wie sie bei *H* von vorn gesehen erscheint. Der Drehpunkt dieser Fahne, die mit dem Zeiger verbunden ist, ist so gewählt, dass sie sich bei Drehung in der angegebenen Richtung stets den Windungen nähert.

Fliesst nun Strom in den Windungen, so wird das Häkchen magnetisch und wird von den Windungen angezogen. Dieser magnetischen Anziehungskraft hält die Schwere des Zeigersystems das Gegengewicht, so dass der Zeiger je nach Grösse der magnetischen Anziehungskraft ausschlägt.

Diese Instrumente lassen sich für Wechselstrom und für Gleichstrom anwenden. Im ersteren Fall darf die Spulenhülse nicht aus zusammenhängendem Metall bestehen, da sonst starke Ströme in ihr induziert werden würden. Man schneidet daher die Metallhülsen bei solchen Instrumenten vor der Bewicklung bis zur Mitte hin auf.

Fig. 171.

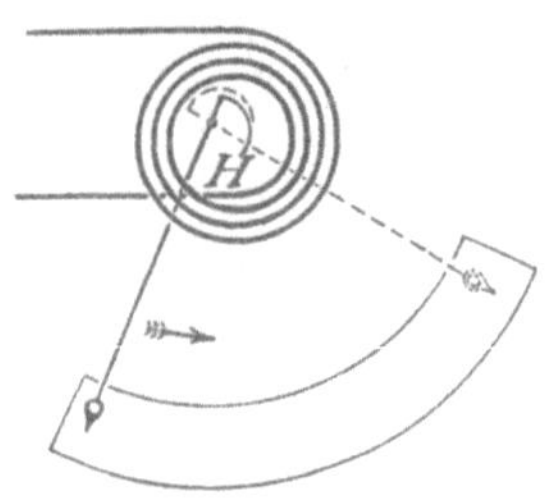

Fig. 172.

Diese Instrumente sind billig und verbrauchen wenig Leistung. Ihre Skala ist über das ganze Bereich ungleichmässig, man stellt die Skalen her durch Vergleich mit anderen Instrumenten. Die Einstellung ist bei Strömen, die nicht schwanken, sehr gut abzulesen, und die Angaben der Instrumente bleiben lange richtig. Bei Stromschwankungen pendelt der Zeiger auffällig hin und her, da man eine wirksame Dämpfung schwer daran anbringen kann.

175. Hitzdrahtspannungsmesser nach Cardew.

Ein sehr dünner, langer Draht von grossem Widerstand ist so geführt, wie es aus Fig. 173 ersichtlich ist. Die Punkte A und B sind fest. Von A aus verläuft ein Draht über eine Scheibe S_1 zu einem Metallstück M, von letzterem aus geht ein zweiter Draht abermals über eine Scheibe S_2 zum Punkte B. Die Scheiben S_1 und S_2 sitzen isoliert auf einer Welle, welche zwischen Spitzen drehbar ist. Vor den Draht ist ein grosser Widerstand W und eine Sicherung s geschaltet; A und C bedeuten die Klemmen des Instrumentes. Von M aus führt unter Zwischenschaltung eines Seidenfadens ein dünner Draht über eine Rolle R, welche mit dem Zeiger in Verbindung steht. An das Ende dieses dünnen Drahtes greift eine Feder f an, welche das ganze System spannt. Ist nun der Draht zwischen A und B von einem schwachen Spannungsstrom durchflossen, so dehnt er sich aus, die Feder f giebt nach, und der Zeiger dreht sich. Das Material des

Hitzdrahtes darf sich nicht sehr hoch erwärmen, es muss bei dem stärksten zulässigen Strom noch weit von der dunkeln Rotglut entfernt sein. Man braucht einen langen Draht, damit man dennoch genügende Ausdehnung erhält. Zum Hitzdraht verwendet man meistens Platin-Iridium.

Die Nullstellung des Zeigers kann durch eine Schraube einreguliert werden, welche die Punkte A und B verschiebt. Die Skala stellt man her durch Vergleich mit bekannten Instrumenten. An dem Wider-

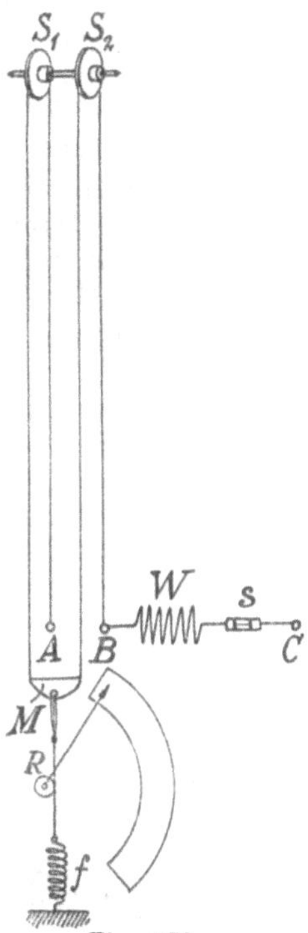

Fig. 173.

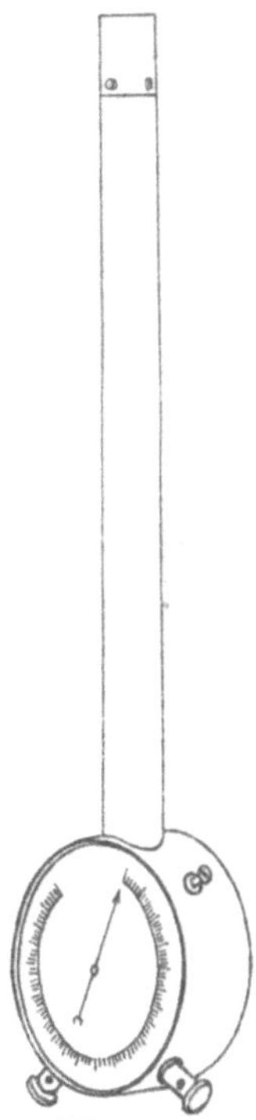

Fig. 174.

stand W kann man die Zeigerstellung vor dem Herstellen der Skala etwas regulieren. Eine Dämpfung lässt sich nicht leicht anbringen. Die Instrumente sind für Gleichstrom und für Wechselstrom verwendbar, da die Erwärmung von der Stromrichtung unabhängig ist.

Äusserlich erkennt man die Cardew-Voltmeter an dem langen Rohr, durch welches die Hitzdrähte verkleidet werden. Die äussere Form giebt Fig. 174 an.

176. Die Hitzdraht-Instrumente von Hartmann & Braun.

Die Firma Hartmann & Braun fertigt Hitzdraht-Instrumente, bei denen die Anwendung eines langen ausgespannten Drahtes vermieden ist. Man spannt einen kürzeren Hitzdraht nach Fig. 175 zwischen zwei festen Punkten A und B ein. In seiner Mitte greift ein zweiter Draht CD an; D ist ebenfalls ein fester Punkt. Bei E greift ein Faden an, der über eine Rolle geführt ist und der durch eine Feder F gespannt wird. Auf der Axe dieser Rolle sitzt der Zeiger. Dehnt sich der Hitzdraht bei Stromdurchgang aus, so legt der Punkt C senkrecht zur Verbindungslinie AB einen grösseren Weg zurück, als die Ausdehnung des Drahtes beträgt. Giebt C nach, so weicht E abermals in vergrössertem Maasse zur Seite aus. Es wirkt der doppelte Knick der Drähte, wie eine feine Hebelübersetzung.

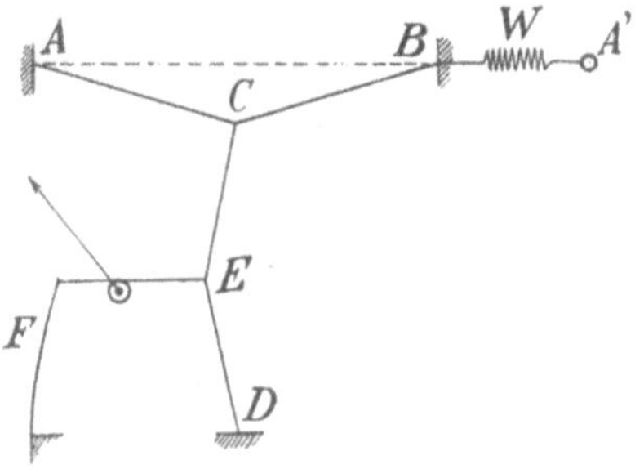

Fig. 175.

Bei Spannungsmessern schaltet man einen grossen Widerstand W vor den Hitzdraht, so dass die Punkte A und A' in Fig. 175 als Klemmen des Instrumentes anzusehen sind. Bei Strommessern hingegen verfährt man nach Fig. 176; man schaltet einen sehr geringen

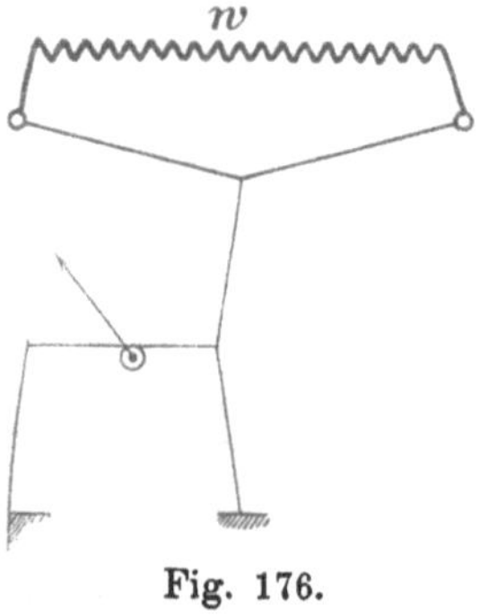

Fig. 176.

Fig. 177.

Widerstand w von grossem Querschnitt parallel zum Hitzdraht. Letzterer führt dann nur einen sehr kleinen, aber einen sehr bestimmten Bruchteil der gesamten Stromstärke.

Auf der Zeigeraxe sitzt eine Aluminiumscheibe, welche aus der äusseren Ansicht eines solchen Instrumentes, Fig. 177, zu erkennen ist. Die Scheibe dreht sich bei der Bewegung des Zeigers durch das Feld eines Stahlmagneten; es entstehen in der Scheibe dadurch Wirbelströme, welche ein unnötiges Pendeln des Zeigers aufhalten.

Diese Instrumente sind für Gleichstrom und für Wechselstrom anwendbar; ihre Skalen werden empirisch hergestellt durch Vergleich mit Normalinstrumenten. Die Nullstellung des Zeigers lässt sich durch eine Schraube korrigieren, welche eine Verschiebung des Punktes *A* ermöglicht. Vor den Hitzdraht wird gewöhnlich eine Sicherung gelegt.

177. Das Weston-System.

In Fig. 178 bedeutet *ABCD* einen Stahlmagneten mit Polschuhen. Zwischen den Polschuhen bei *C* und *D* befindet sich ein massiver fester Eisencylinder *E*. In dem Luftraum des magnetischen Kreises ist das Feld radial gerichtet, so wie es die Pfeile in der Abbildung andeuten. Das Feld ist an allen Stellen des Umfanges gleich stark. Eine Spule *S* aus feinem Draht kann sich um die Axe des Eisencylinders drehen, wobei sie sich durch das radiale Feld hindurch bewegt. Eine Spiralfeder, welche in der Figur besonders angegeben ist, zieht die Spule in ein bestimmte Ruhelage, wenn kein Strom fliesst. Ist in der Spule dagegen ein Strom vorhanden, so erhält sie auf beiden Seiten eine Kraft nach den Gesetzen, die in Abschnitt 163 behandelt worden sind. Ist z. B. das Feld von *C* nach *D* gerichtet, und fliesst der Strom unter dem Polschuh *C* auf den Beschauer zu, so erhält man nach der Regel der linken Hand eine Drehung der Spule im Sinn des Uhrzeigers. Denselben Drehsinn erhält man unter dem anderen Polschuh.

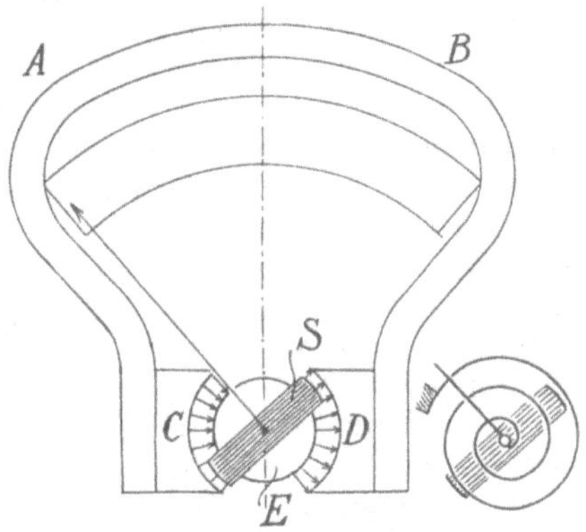

Fig. 178.

Die Grösse der Kraft, die auf die stromdurchflossene Spule im konstanten magnetischen Felde ausgeübt wird, ist proportional zur Stromstärke. Die Ausweichung der Feder ist proportional zur Kraft, infolgedessen ist die Verdrehung der Spule proportional zur Stromstärke, die darin fliesst.

Mit der Spule ist ein Zeiger verbunden, der über einer Skala beweglich ist. Nach obigen Betrachtungen ist ersichtlich, dass die Skala über ihren ganzen Verlauf eine gleichmässige Einteilung erhält.

Die Zuführung und Rückleitung des Stromes der beweglichen Spule erfolgt gewöhnlich durch Anwendung von zwei Spiralfedern, die voneinander isoliert und mit den Enden der Spule verbunden sind.

Durch diese Instrumente muss der Strom in einer bestimmten Richtung geschickt werden, sie sind daher für Wechselstrom nicht anwendbar.

Bei Spannungsmessern ist vor die Spule *S* ein sehr grosser Widerstand *W* geschaltet, so wie es Fig. 179 schematisch zeigt; es sind dann *a* und *b* die Klemmen des Spannungsmessers.

Bei Strommessern ist es unmöglich, den gesamten Strom durch die bewegliche Spule zu schicken. Man verfährt dann nach Fig. 180,

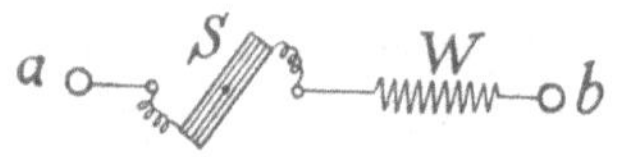

Fig. 179.

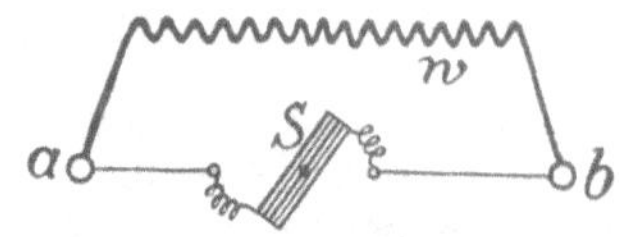

Fig. 180.

indem man einen sehr geringen Widerstand *w* von grossem Querschnitt parallel zur Spule schaltet. Die Stromstärken verteilen sich umgekehrt wie die Widerstände.

Bei sehr grossen Stromstärken legt man den parallel geschalteten Widerstand gewöhnlich ausserhalb des Instrumentes.

Fig. 181 giebt die Aussenansicht eines Instrumentes nach dem Weston-System, wie es zu Schalttafeln verwendet wird. Die bewegliche Spule und der Magnet ist darin erkennbar.

Die Dämpfung der Weston-Instrumente erfolgt durch Anwendung einer in sich geschlossenen Spulenhülse aus Aluminium; bei dem Pendeln des Zeigers würden in diesem Aluminium, welches sich mit der Spule durch das Feld bewegt, Wirbelströme erzeugt werden, welche die Bewegung aufhalten.

Fig. 181.

178. Das Elektro-Dynamometer.

Zur Messung von Strömen mit dem Dynamometer benutzt man die Kraft, mit der ein von Strom durchflossener fester Bügel auf einen frei beweglichen und ebenfalls von Strom durchflossenen Bügel wirkt. In Fig. 182 ist die Anordnung der Dynamometer, deren erste Konstruktion von Wilhelm Weber herrührt, schematisch dargestellt. Unter 1 ist der feste, unter 2 der bewegliche Bügel zu verstehen. Letzterer taucht mit seinen Enden in Quecksilbernäpfe. Er ist an einem Faden aufgehängt. Eine Feder f ist mit dem einen Ende an einem drehbaren Knopf, dem Torsionsknopf T, befestigt, mit dem anderen greift sie an der Axe des drehbaren Bügels an. Geht ein Strom durch das Instrument, so suchen sich die Bügel in eine Ebene zu stellen. Bei der Messung dreht man an dem Torsionsknopf so lange, bis die Torsionskraft der Feder den Bügel in seine alte Lage unter 90° zur Ebene des festen Bügels zurückzieht.

Die Kraft P, mit der die beiden Bügel jedesmal in derselben gegenseitigen Lage aufeinander wirken, ist proportional zu dem Quadrat der Stromstärke J:

$$P = c \cdot J^2;$$

die Verdrehung α der Feder ist proportional zur Kraft P, die daran wirkt:

$$\alpha = c_1 \cdot P;$$

aus diesen beiden Gleichungen zusammen folgt das Resultat:

$$J = C\sqrt{\alpha},$$

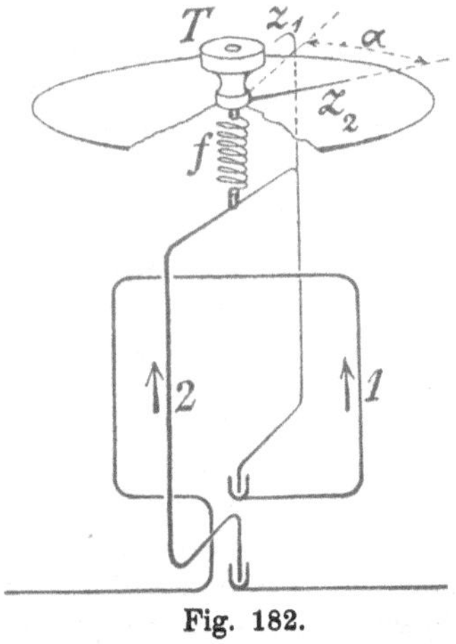

Fig. 182.

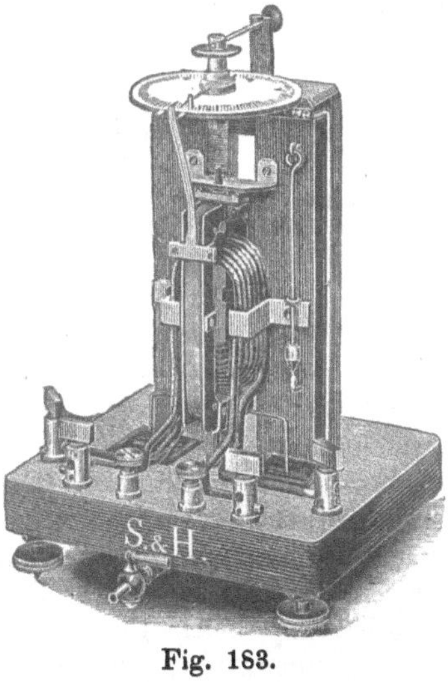

Fig. 183.

wobei C die Konstante des Instrumentes bedeutet, welche mittels eines Voltameters oder eines Normalinstrumentes bestimmt werden kann.

Damit das Instrument vollständig ist, muss an dem beweglichen Bügel ein Zeiger z_1 angebracht sein, welcher über einer Skala oben am Instrument spielt. Am Torsionsknopf fest befindet sich der Zeiger z_2, welcher über die Skala gedreht werden kann. Bei Stromlosigkeit muss der Zeiger z_1 genau gegenüber dem Torsionszeiger z_2 stehen, wenn letzterer auf den Nullpunkt der Skala gestellt wird. In dieser Lage steht der bewegliche Bügel unter 90° zum festen. Bei Stromdurchgang wird durch Verdrehung des Torsionsknopfes entgegengesetzt zum Ausschlag des Zeigers z_1 der letztere auf den Nullpunkt der Skala zurückgebracht, alsdann steht der bewegliche Bügel wieder unter 90° zum festen, und der Torsionszeiger giebt den Verdrehungs-Winkel α an.

An Stelle der zwei Bügel verwendet man auch zwei Spulen, eine feste und eine bewegliche. Meistens bringt man auch zwei feste Spulen an, die übereinander gewickelt sind, damit die Empfindlichkeit des Instrumentes verändert werden kann. Ein Instrument in dieser Ausführung zeigt Fig. 183, wie es von Siemens & Halske hergestellt wird. Auf die Skala des Instrumentes schreibt man meistens an Stelle der Winkelgrade die Wurzel aus diesen Werten, dann gilt, wenn n die Ablesung bei einer bestimmten Stromstärke J heissen möge, die Gleichung

$$J = C \cdot n,$$

wobei C dann die Instrumentenkonstante bedeutet.

Da der Drehsinn beider Spulen aufeinander unabhängig von der Stromrichtung ist, wie wir in Abschnitt 32 gesehen haben, und wie aus der Formel

$$P = c \cdot J^2$$

erkannt wird, sind die Instrumente auch für Wechselstrom anwendbar. Sie sind die Instrumente, die bei Wechselstrom die genauesten Ergebnisse liefern, daher sind sie in Probiersälen vielfach in Gebrauch.

179. Die Wattmeter: Allgemeines.

Um die Leistung zu messen, die von zwei Klemmen entnommen wird, genügt es bei Gleichstrom, die Zahl der Volt mit der Zahl der Ampère zu multiplizieren, das Produkt giebt die Zahl der Watt. Man braucht aber auch Instrumente, welche die Zahl der Watt direkt anzeigen, solche Instrumente heissen dann Wattmeter. Die Wattmeter enthalten stets zwei Spulen, von denen die eine den Strom der Anlage führt und wie ein Strommesser geschaltet ist, während die andere von einem sehr schwachen Strom durchflossen wird, den man unter Vorschaltung eines grossen, bifilar gewickelten Widerstandes den Klemmen der Anlage direkt entnimmt. Wattmeter werden hauptsächlich zu Wechselstrom-Messungen gebraucht.

180. Das Wattmeter von Ganz & Comp.

Das Instrument, welches Ähnlichkeit hat mit einem Dynamometer, besitzt eine feststehende Spule aus dickem Draht und eine bewegliche Spule aus mehreren dünnen Windungen, die ebenso aufgehängt ist, wie die bewegliche Spule des Dynamometers. Vor diese dünndrähtige Spule schaltet man einen sehr grossen Widerstand, der in dem Schaltungsschema Fig. 184 mit W_1 bezeichnet ist, während der Widerstand der beweglichen Spule W_2 heissen möge. Die Drähte 1 und 2 kommen von der Elektrizitätsquelle; a und b sind die Klemmen der Anlage, deren Leistungsverbrauch zu messen ist. Als Belastung sind eine Anzahl von Glühlampen gedacht. Die Spannung zwischen den Klemmen a und b sei E, die Stromstärke der Anlage J. Letztere durchfliesst die dickdrähtige feste Spule des Instrumentes. Der Spannungsstrom i stellt sich ein:

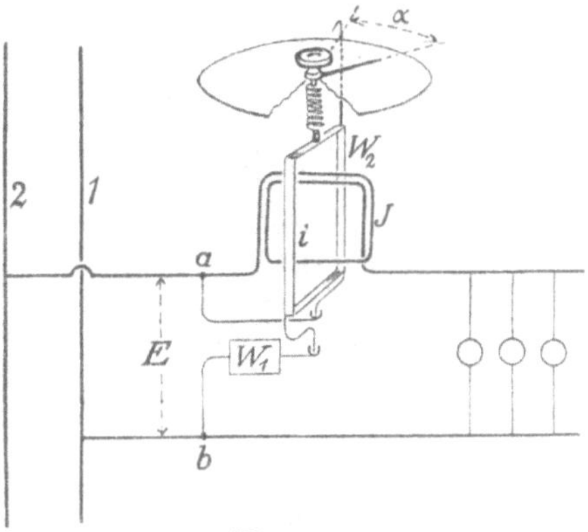

Fig. 184.

$$i = \frac{E}{W_1 + W_2},$$

die Leistung der Anlage ist

$$L = EJ.$$

Die Drehkraft P zwischen beiden Spulen beträgt

$$P = c \cdot J \cdot i,$$

wobei c eine Konstante bedeutet. Daraus folgt nach obigen Gleichungen:

$$P = c \cdot J \cdot \frac{E}{W_1 + W_2};$$

$W_1 + W_2$ ist ebenfalls konstant; wenn die Drehkraft durch Torsion der Feder um einen Winkel α ausgeglichen wird, so ist jedesmal wie bei dem Dynamometer die Verdrehung proportional zur Kraft

$$P = c_1 \alpha;$$

aus der vorigen Gleichung und dieser zusammen ergiebt sich das Resultat:

$$E \cdot J = \frac{c_1}{c} \cdot \alpha (W_1 + W_2)$$

oder:

$$L = C \cdot \alpha (W_1 + W_2),$$

wobei C die Konstante des Instrumentes ist, welche mit Hilfe von Normal-Instrumenten ermittelt werden muss. Der Widerstand $(W_1 + W_2)$ ist bekannt.

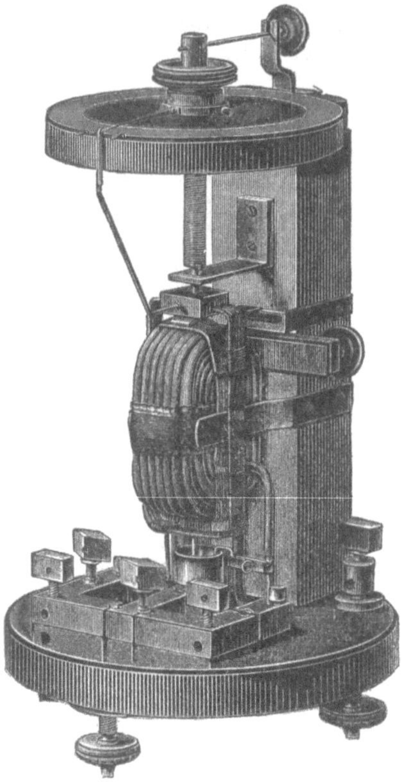

Fig. 185.

Fig. 185 stellt das Instrument in seiner Ausführungsform dar. Durch geeignete Schaltvorrichtung kann sowohl an den Stromspulen als auch am Vorschalt-Widerstand der Spannungsspule die Empfindlichkeit verändert werden. Zu diesen Instrumenten sind Widerstandskästen in Verwendung, deren Äusseres durch Fig. 186 gekennzeichnet ist. Man sieht darauf eine Umschaltvorrichtung, mit deren Hilfe der Ausschlag nach zwei Seiten gelesen werden kann.

Die Spannungsspule darf höchstens einen Strom von 0,1 Ampère bekommen, also müssen bei 100 Volt mindestens 1000 Ohm im Spannungskreise durchflossen werden. Es ist darauf zu achten, dass man von der Klemme *a* aus (Fig. 184) sowohl zur Strom-, als auch zur Spannungsspule des Instrumentes gelangen kann, ohne dass dabei ein grösserer Widerstand durchlaufen werden muss. Im anderen

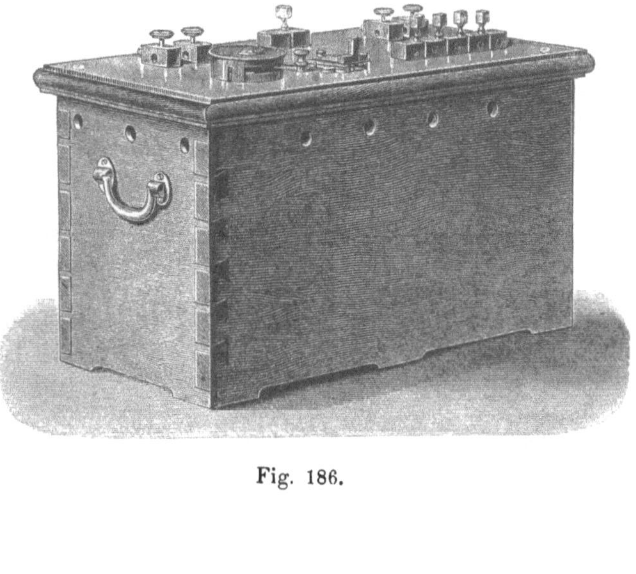

Fig. 186.

Fall entsteht zwischen beiden Spulen eine Spannungsdifferenz, die bei hoher Spannung zu empfindlichen Kurzschlüssen Anlass geben kann.

Das Instrument ist in Laboratorien und Probiersälen weit verbreitet.

181. Das Präzisions-Wattmeter von Siemens & Halske.

Das Präzisions-Wattmeter von Siemens & Halske ist ein direkt ablesbares Instrument, d. h. es giebt ein Zeiger automatisch die Zahl der Watt an, die eine Anlage liefert oder verbraucht. Ein ringförmiger Leiter, welcher nach Art von Fig. 187 von Strom durchflossen ist, liefert oberhalb oder unterhalb seines Verlaufes ein radiales Magnetfeld, das in einer bestimmten Entfernung von dem Ring überall gleich stark ist. Es wächst in demselben Maasse, wie die Stromstärke J, die durch den Ring fliesst.

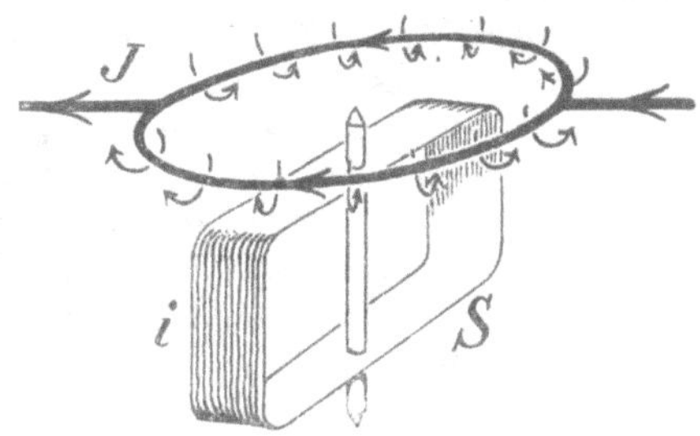

Fig. 187.

In dem radialen Teil des Feldes dreht sich, wie bei den Weston-Instrumenten, eine Spule S aus einer grösseren Anzahl von Windungen,

Fig. 188.

durch die der Spannungsstrom i fliesst. Diese Spule wird durch zwei Spiralfedern, welche zugleich zur Stromzuleitung dienen, in eine bestimmte Ruhelage gezogen, wenn entweder kein Strom J, oder kein

Spannungsstrom i vorhanden ist. Nur durch die Wirkung beider Ströme zusammen wirkt auf die Spule eine Drehkraft, die proportional zu dem Produkt der beiden Stromstärken, also auch proportional zur Leistung ist. Diese magnetische Kraft wird durch die Kraft der Spiralfeder ausgeglichen, die sich proportional zur Kraftwirkung verdreht.

Diese Betrachtung lehrt, dass die Ausschläge eines Zeigers, der mit der Spule auf einer Axe sitzt, proportional zur Leistung sind, man erhält also hier eine Skala, die über den ganzen Verlauf gleichmässig eingeteilt ist.

Die Abbildung Fig. 188 giebt das Äussere des ausgeführten Instrumentes. Das Gehäuse ist abgenommen. Der oben erwähnte Ring ist aus geblättertem Kupfer hergestellt, damit keine Wirbelströme auftreten können. Man sieht an der Figur ein auffälliges gebogenes Rohr, das in Verbindung mit einer darin beweglichen Scheibe als Luftbremse dient, ähnlicher Art, wie bei den Kohlrausch-Instrumenten. Dieses Wattmeter ist sowohl in Laboratorien, wie auch an Schalttafeln verwendbar.

182. Die Elektrizitätszähler. Allgemeines.

Wenn jemand von einer Zentrale Strom bezieht, so will die Zentrale wissen, wieviel Strom oder wieviel Leistung der Abnehmer eine gewisse Zeit hindurch bezogen hat. Die Instrumente zu dieser Angabe nennt man Zähler. Solche Zähler messen entweder nur den Stromverbrauch, der proportional zum Leistungsverbrauch sein würde, wenn an den Leitungen stets genau dieselbe Spannung läge. Die Spannung fällt aber bei Stromentnahme zwischen den Klemmen des Abnehmers um ein geringes, diesen Verlust in der Leitung müsste der Abnehmer, wenn er einen sogen. „Ampèrestundenzähler“ besitzt, mit bezahlen.

Man hat deshalb auch Zähler konstruiert, bei denen sowohl die Stromstärke, wie auch die Spannung zur Geltung kommt, sie heissen „Wattstundenzähler“. Es giebt Zähler sehr verschiedener Art. Im Folgenden sind nur zwei Beispiele angeführt.

183. Das System Aron.

Ein Zähler dieses Systemes enthält zwei Uhrwerke; das eine hat ein Pendel, auf welches nur die Schwerkraft der Erde einwirkt, das andere hat ein Pendel, auf welches sowohl die Schwerkraft der Erde, als auch eine magnetische Anziehungskraft einwirkt, wenn Strom durch den Zähler fliesst. Das zweite Pendel trägt zu diesem Zweck an seinem Ende einen Stahlmagneten, der über einer Spule schwingt. Die beiden Pendel und die Spule sind dargestellt in Fig. 189.

Bei Stromlosigkeit schwingen beide Pendel gleich schnell. Zwischen der Geschwindigkeit der beiden Uhrwerke ist kein Unterschied. Bei

Stromdurchgang durch die Spule schwingt das Pendel, das von der magnetischen Kraft beeinflusst wird, schneller; mit der Verkürzung der Schwingungsdauer dreht sich das Uhrwerk schneller, welches es treibt. Die Kraftzunahme, die dieses Pendel durch Einfluss der Spule erhält, ist proportional zur Stromstärke. Die Differenz in der Schwingungsdauer der beiden Pendel nimmt in demselben Maasse zu, wie die magnetische Kraft, also auch wie die Stromstärke.

Die Geschwindigkeitsdifferenz der beiden Gehwerke wird auf ein Zählwerk übertragen. Zu diesem Zweck wendet man das in Fig. 190 skizzierte Differential-Rädergetriebe an. Das Rad links steht etwa mit

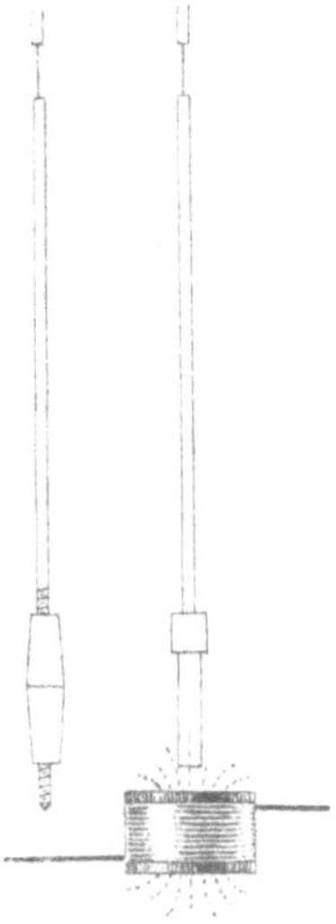

Fig. 189.

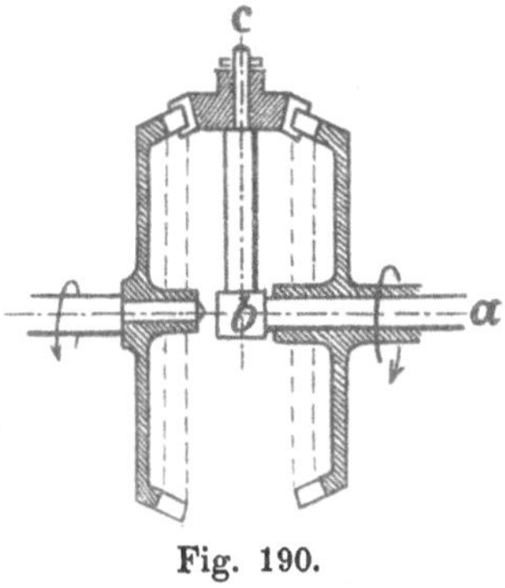

Fig. 190.

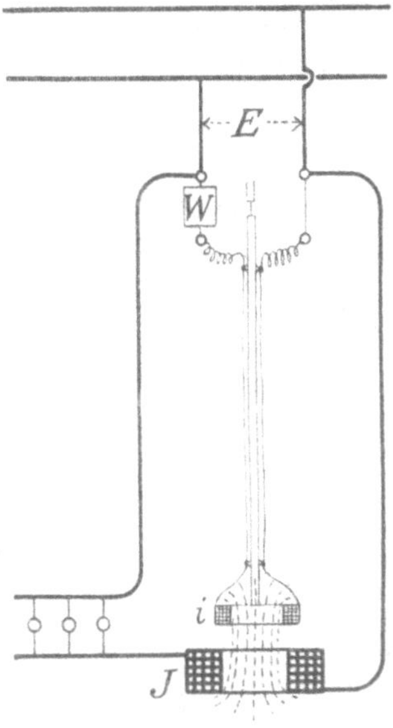

Fig. 191.

dem Uhrwerk in Verbindung, das Rad rechts mit dem Werk, auf das auch der Magnetismus einwirkt. Beide Räder drehen sich gegeneinander. Ein drittes, kleineres Rad, welches auf dem Dorn *b c* drehbar ist, greift gleichzeitig mit seinen Zähnen in die beiden seitlichen Räder ein. Drehen sich die letzteren mit gleicher Umfangsgeschwindigkeit, so bleibt das dritte, kleine Rad auf seiner Stelle stehen. Ist dagegen eine Geschwindigkeitsdifferenz vorhanden, so läuft das kleine Rad um durch Drehung um die Axe *a b*. Mit dieser Axe ist der Zeiger, bezw. das Zählwerk verbunden, welches so eingerichtet ist, dass es direkt den Ampèrestundenverbrauch angiebt.

Bei Wattstundenzählern kommt zu dem Strom auch die Spannung in Frage, die dem Abnehmer zugeschickt wird. Man wendet deshalb die Wirkung zweier stromdurchflossener Spulen aufeinander an und bringt das Pendel, welches in Fig. 191 gezeichnet ist, neben das Zeitpendel. Durch die feste Spule fliesst der Strom des Abnehmers, durch die bewegliche Spule, die sehr viele Windungen eines feinen Drahtes enthält, fliesst der Spannungsstrom, der unter Vorschaltung eines sehr grossen Widerstandes W direkt den Klemmen der Anlage entnommen wird. Dieser schwache Strom i stellt sich je nach der Spannung E der Anlage ein. Die Kraftwirkung P der beiden Spulen aufeinander ist proportional dem Produkt der beiden Stromstärken, also auch proportional der Leistung.

$$P = c \cdot J \cdot i = c_1 \cdot J \cdot E = c_1 \cdot L,$$

wobei c und c_1 Konstanten sind. Im übrigen gelten bei dem Wattstundenzähler dieselben Angaben, die bei dem Ampèrestundenzähler gemacht wurden.

184. Die Motorzähler.

Bei Motorzählern verwendet man die Kraft, mit der die Stromspule und Spannungsspule aufeinander wirken, zu einer Drehbewegung.

Zwei feststehende Spulen I in Fig. 192 werden von dem Strom durchflossen, den die Anlage verbraucht und erzeugen ein magnetisches Feld, proportional zur Stromstärke, welches den in der Figur angegebenen Verlauf hat. Eine drehbare Spule II wird von einem schwachen Strom durchflossen, der unter Vorschaltung eines grossen Widerstandes W direkt den Klemmen der Anlage entnommen wird.

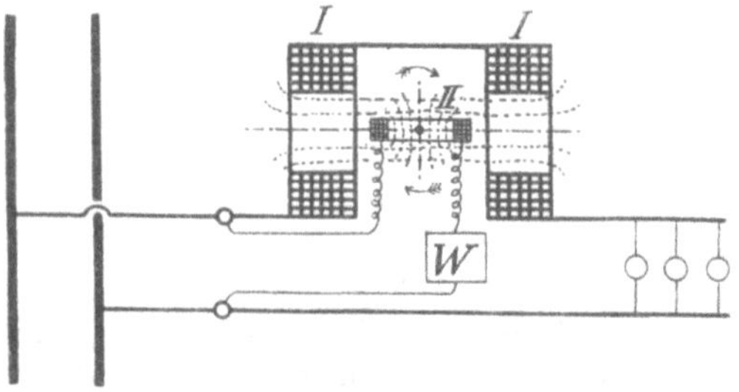

Fig. 192.

Solcher Spulen II befinden sich eine grössere Anzahl auf derselben Axe, die zusammen einen Ball B in Fig. 193 bilden und zusammen ein magnetisches Feld erzeugen, welches senkrecht zu dem Feld der festen Spulen steht, so wie es in Fig. 192 eingezeichnet ist. Die beiden Spulensysteme I und II üben nun aufeinander eine Kraft aus, die proportional zu dem Produkt aus Hauptstrom und Spannungsstrom ist, und die den Ball dreht. Durch einen Kommutator K in Fig. 193 und zwei darauf schleifende Federn F ist es ermöglicht, dass das Feld des Balles stets senkrecht zu dem Feld der festen Spulen bleibt; man erhält dann eine dauernde Rotation. Unten an der Axe des

Balles ist eine Wirbelstromscheibe S angebracht: eine Kupferscheibe dreht sich durch das Feld eines Stahlmagneten M. Die Vorrichtung wirkt als feine Bremse, die dem Ball eine Geschwindigkeit proportional zur magnetischen Kraftwirkung zukommen lässt. Die Umgangszahl des Balles in einem beliebigen Zeitintervall ist proportional zur Leistung, die die Anlage verbraucht hat. Es erübrigt daher nur eine auf der Axe des Balles sitzende Schnecke in ein Schneckenrad eingreifen zu lassen, welches mit dem Zählwerk in Verbindeng ist.

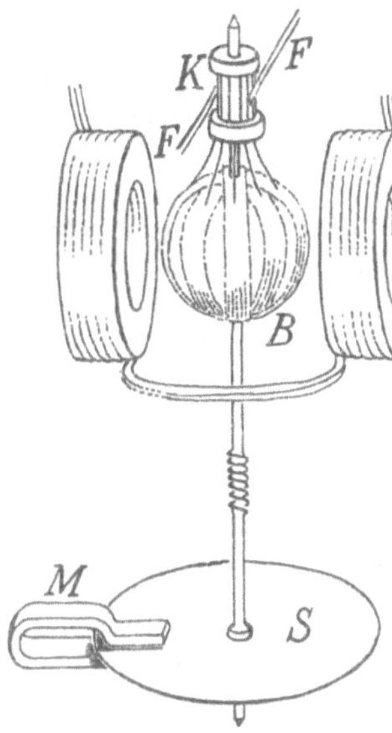

Fig. 193.

Fig. 194.

Die erste Ausführung eines Zählers dieser Art stammt von E. Thomson, man nennt diese Zähler deshalb auch Thomson-Zähler. Ein von der Firma Schuckert & Co. ausgeführter Motorzähler ist durch Fig. 194 wiedergegeben. Man sieht darin vorn das Zifferblatt, dahinter die Hauptstromspulen, zwischen denen sich der Ball befindet. Links ragt der grosse Vorschaltwiderstand des Spannungskreises hervor. Das Ganze wird mit einem Gehäuse überdeckt, das in der Abbildung fortgelassen ist.

Siebzehntes Kapitel.

Die Dynamomaschinen für Gleichstrom.

185. Grundgedanke der Dynamomaschinen.

Es liege ein eisernes Magnetgestell vor, so wie es die Fig. 195 zeigt. Es bestehe aus einem massiven, kräftigen Hufeisen, an dem oben zwei Cylinderflächen ausgedreht sind. Konzentrisch mit diesen

Flächen sei ein Cylinder aus weichem Eisen angebracht. Eine Anzahl von Kraftlinien, die auf irgend eine Weise erzeugt sind, soll dieses Gebilde durchsetzen, so dass sie in dem Luftraum in der angegebenen Weise verlaufen. Bringt man nun in diesen Luftraum einen Kupferdraht, und bewegt man ihn so, dass er Kraftlinien schneidet, so wird dabei an den Enden des Drahtes, wie ein früheres Experiment lehrt, eine gewisse Spannung erzeugt. Bei dem Draht links würde nach der Regel der rechten Hand bei der angegebenen Bewegungsrichtung ein Strom vom Beschauer aus in die Bildebene hineinfliessen, in einem Drahte auf der gegenüberliegenden Seite würde der Strom bei demselben Rotationssinn auf den Beschauer zu fliessen.

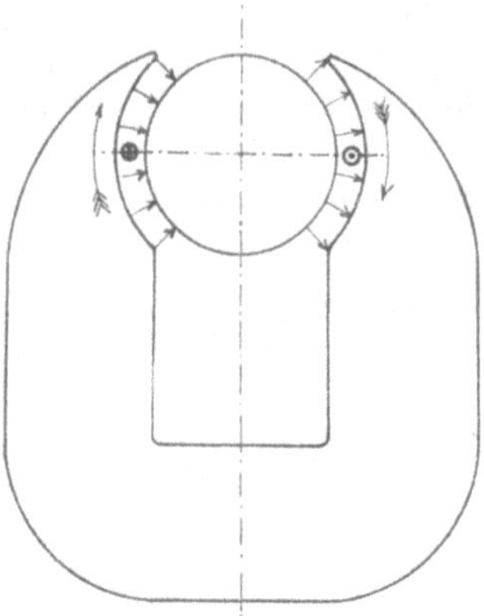

Fig. 195.

Statt dass man den Draht im Luftraume bewegt, kann man ihn auch auf dem cylindrischen Eisenkörper befestigen. Dreht man nun den Eisenkörper um seine Axe, so schneidet der Draht ebenfalls Kraftlinien, es ist also nichts an der Wirkung geändert. Die Spannung an den Enden eines Drahtes ist ziemlich gering für normale Feldstärke und normale Geschwindigkeit.

Befinden sich auf dem Eisenkörper mehrere Drähte nebeneinander, so wird an den Enden jedes Drahtes die entsprechende Spannung erzeugt. Es liegen dann unter dem einen Polschuh etwa vorn lauter positive Pole, auf der Rückseite lauter negative Pole; unter dem anderen Polschuh vorn die negativen und hinten die positiven. Verbindet man die einzelnen Drähte untereinander so, dass bei der Rotation immer ein positiver Pol an einen negativen Pol angeschlossen ist, so verstärkt sich die erzeugte Spannung unter sonst gleichen Verhältnissen in demselben Maasse, wie die Zahl der hintereinander geschalteten Drähte zunimmt. Man erreicht das unter Anwendung besonderer Wicklungen. Ein Eisenkörper dieser Art mit seiner Wicklung führt den Namen Anker.

186. Die Ringwicklung.

Bei der Ringwicklung wendet man einen Eisenkörper an, der in der Mitte eine weite Bohrung besitzt. Durch diese Bohrung führt man einen Verbindungsdraht jedesmal von dem hinteren Ende des einen Drahtes zu dem vorderen Ende des daneben liegenden Drahtes. Diese Wicklung führt man rund um das ganze Ankereisen fort. Wir denken uns vorläufig die beiden Enden der Wicklung dort, wo die beiden

Drahtenden wieder zusammenkommen, verlötet, so dass eine in sich geschlossene Wicklung entsteht. Dieser Gedanke ist in Fig. 196 zeich-

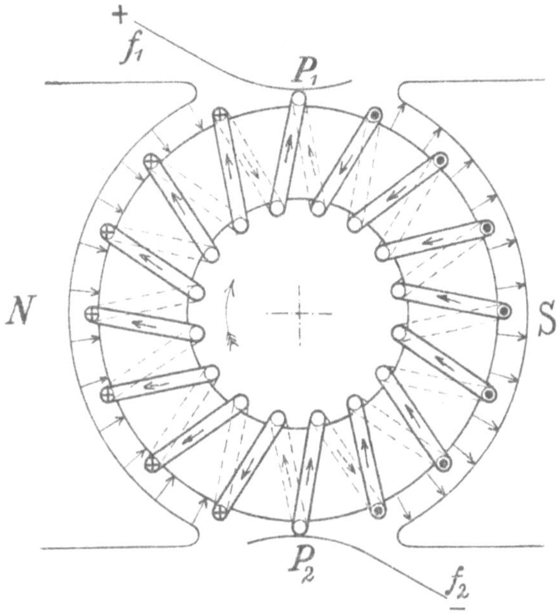

Fig. 196.

nerisch ausgeführt, es sind in dieser Abbildung zu beiden Seiten die Polschuhe angedeutet, zwischen denen die Kraftlinien durch das Ankereisen hindurch verlaufen.

Die Richtung dieser Kraftlinien ist durch Pfeile angedeutet.

Wir lassen nun dieses Gebilde zwischen den Polschuhen in dem Sinne rotieren, wie es der Federpfeil angiebt und untersuchen nach der Regel der rechten Hand, in welcher Richtung der induzierte Strom zu fliessen bestrebt ist. Wir zeichnen zu diesem Zweck kleine Pfeile in die Drähte an den Stirnseiten und sehen, dass an der Wicklung zwei ausgezeichnete Stellen P_1 und P_2 auftreten, nämlich in der Symmetrieebene zwischen beiden Polschuhen. Bei dem in der Zeichnung oben liegenden Draht strömt von zwei Seiten Elektrizität zu, bei dem unten liegenden Draht strömt nach zwei Seiten hin Elektrizität ab. An diesen beiden Stellen kann man zwei Federn f_1 und f_2 schleifen lassen, von denen bei der Rotation des Ringes ein Strom abgenommen werden kann. Der Strom verteilt sich von den Schleiffedern aus in zwei Hälften der Wicklung, die in jeder Stellung des Ankers wiederkehren.

Die hier angedeutete Wicklung führt den Namen „Ringwicklung“, einen Anker mit einer solchen Wicklung nennt man einen „Ring“. Der Ringanker ist zuerst von Pacinotti ausgeführt worden, durch Gramme ist er in die Technik gelangt.

187. Die Trommelwicklung.

Da bei der Rotation eines Ankers auf den beiden Stirnseiten ungleichnamige Pole gegenüber liegen, kann man daran denken, jedesmal zwei ungefähr gegenüber liegende Drähte direkt an den Stirnseiten zu verbinden. Man erhält auf diese Weise die Trommelwicklung. Auch

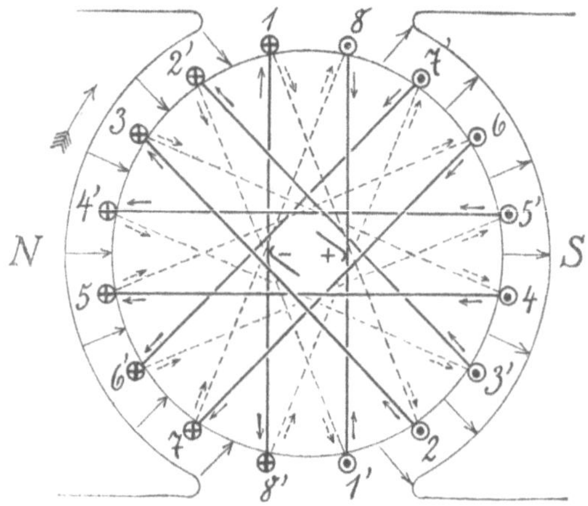

Fig. 197.

bei der Trommelwicklung muss der Strom wie bei dem Ringanker von den Schleiffedern aus durch zwei Hälften der Wicklung fliessen, die in jeder Stellung des Ankers wiederkehren.

Für ein Beispiel von 16 Ankerdrähten ist dieser Gedanke in Fig. 197 dargestellt. Durch einfache und durch gestrichene Zahlen sind die beiden Wicklungshälften für die betreffende Stellung des Ankers voneinander unterschieden.

Der Zug der Wicklung erfolgt in beiden Wicklungshälften nach der Reihenfolge der Zahlen. Ausserdem ist verbunden 1 mit 8′ und 1′ mit 8, so dass eine in sich geschlossene Wicklung zustande kommt. Die Abbildung ist so gedacht, dass die ausgezogenen Linien Verbindungsdrähte auf der Vorderseite darstellen, die gestrichelten Linien Verbindungsdrähte auf der Rückseite. Verfolgt man nun den Verlauf der Ströme, die in dieser Wicklung bei der angegebenen Rotations- und Feldrichtung induziert werden können, so sieht man: Bei dem einen der Verbindungsdrähte, die zunächst der Symmetrieebene liegen, kann nach zwei Seiten hin Elektrizität abströmen; bei dem anderen kann von zwei Seiten her Elektrizität zuströmen. Zwei Schleifkontakte, die jedesmal mit diesen beiden Drähten in Verbindung sind, gestatten also bei der Rotation eine fortwährende Stromabnahme. In jeder Stellung des Ankers ist von den Schleiffedern aus gerechnet der Weg des Stromes durch die Wicklung derselbe.

In beiden Fällen bei der Ringwicklung als auch bei der Trommelwicklung sind die einzelnen Drähte am Umfange des Ankers so geschaltet, wie es einer Batterieschaltung entspricht nach Art von Fig. 198. Der Strom teilt sich hier ebenfalls in zwei Hälften, jedes Element ist dabei zu vergleichen mit einem Ankerdraht. Der Widerstand der ganzen Batterie ist in dieser Schaltung halb so gross, als der Widerstand eines Zweiges. Dasselbe gilt von dem Widerstand des ganzen Ankers im Vergleich mit einem Zweige der Wicklung.

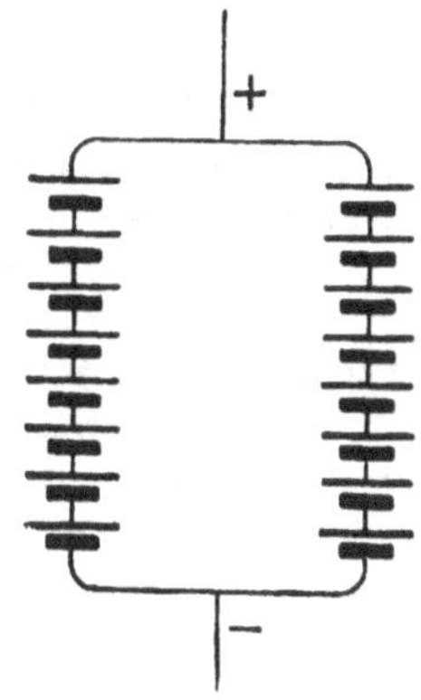

Fig. 198.

188. Einige Vorzüge und Nachteile beider Wicklungsarten.

Die bisherigen Zeichnungen der Ankerwicklungen sind nur schematisch. Aber schon das Schema lässt erkennen, welche Hauptunterschiede zwischen beiden Wicklungsarten existieren, welche Vorzüge und Nachteile beide Wicklungen haben.

Bei dem Ring braucht man im Vergleich zur Trommel mehr Draht, weil sowohl an den Stirnseiten als auch innerhalb der Bohrung Verbindungsdrähte verlaufen, die nichts zur Spannungserhöhung beitragen. Sie erhöhen nur den Widerstand und vergrössern das Kupfergewicht der Wicklung. Dabei ist aber ein Vorteil der Ringwicklung, dass zwei benachbarte Drähte sich jedesmal nur um soviel in der Spannung unterscheiden, als in einem einzelnen Leiter erzeugt wird.

Die Trommelwicklung ist in dieser Beziehung ungünstig, denn wie das Schema Fig. 197 zeigt, kreuzen sich die beiden Drähte, zwischen denen die höchste Spannung liegt, unmittelbar auf der Rückseite. Es ist also leicht ein Durchschlagen der Isolation zu befürchten und man muss zwischen solche Drähte viel Isoliermaterial legen. Dagegen ist die Länge des unwirksamen Drahtes bei der Trommelwicklung kürzer als bei der Ringwicklung, weil die Verbindungsdrähte nur auf der Stirnseite liegen.

Das Schema der Trommelwicklung zeigt, dass bei etwaigen Isolationsfehlern bisweilen die ganze Wicklung zu der Reparatur abgenommen werden muss; denn an beiden Stirnseiten entsteht ein Wulst, dessen Inneres unzugänglich ist. Bei der Ringwicklung ist eine Reparatur einfacher, weil man einen Teil der Wicklung entfernen kann, ohne die anderen Teile zugleich abnehmen zu müssen. Ausserdem ist die schadhafte Stelle sofort erkennbar.

189. Das Ankereisen und seine Befestigung.

Für das Eisen des Ankers kann man nicht ein massives Stück anwenden, weil darin Wirbelströme erzeugt werden, die das Material erhitzen und einen Arbeitsverlust verursachen würden. Man stellt daher das Ankereisen aus einzelnen Scheiben besten schwedischen Eisens zusammen. Die Technik benutzt dazu Bleche von 0,3 bis 0,5 mm Dicke. Die Ringe werden zuerst ausgeschnitten und dann abwechselnd mit Seidenpapier aufeinander gelegt. Einige Firmen bestreichen die Scheiben vor dem Zusammenlegen mit Ölfarbe.

Das Ankereisen wird zuerst mit der Welle fest verbunden und dann kommt die Wicklung darauf. Bei der Ringwicklung bedient man sich eines Armsternes, wie er als Beispiel in Fig. 199 angedeutet ist.

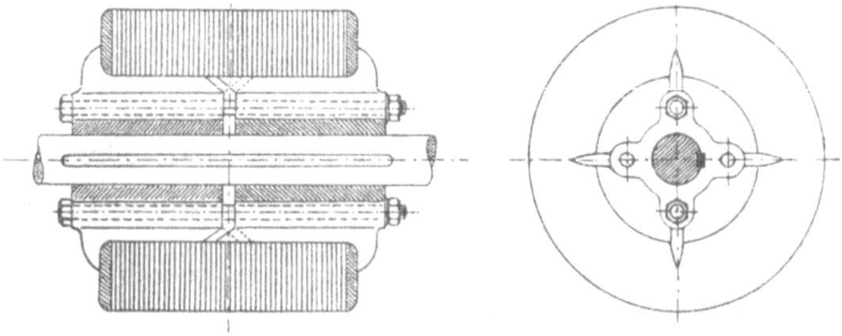

Fig. 199.

Die senkrecht schraffierten Flächen bedeuten den Querschnitt durch die Scheiben des Ankereisens. An beiden Stirnseiten ist eine Scheibe aus dickerem Eisen angebracht. Der Armstern besteht aus zwei Hälften, welche in die Höhlung des Ringes hineinpassen und sich mit ihren Ansätzen gegen die Stirnseiten des Ankers legen. Durch Anziehen von Schraubenbolzen, welche die beiden Hälften des Armsternes verbinden, können die Ankerbleche zusammengepresst werden.

Das Ankereisen wird von dem Armstern durch Pressung gehalten. Die beiden Hälften sind so konstruiert, dass einzelne Scheiben, die sich loslösen, dennoch gehalten werden. Das wird dadurch erreicht, dass der zwischen den beiden Hälften entstehende Luftraum von Arm zu Arm versetzt ist. Eine Feder zwischen Welle und Armstern hält das Ganze auf der Welle fest.

Bei einer Trommel geschieht die Befestigung des Ankereisens beispielsweise nach Fig. 200. Eine Hülse aus Rotguss ist an dem einen Ende mit einer Scheibe versehen, gegen welche die Ankerbleche gepresst werden. Eine zweite Scheibe ist auf die Hülse geschoben. Letztere trägt ein Gewinde, auf dem eine Mutter mit Gegenmutter sitzt. Durch Anziehen dieser Mutter werden die Ankerbleche aufeinander gepresst. Die Hülse wird durch Nut und Feder auf der Welle gehalten.

Scharfe Kanten müssen an dem Ankereisen vermieden werden, sie werden so weit abgerundet, als es möglich ist.

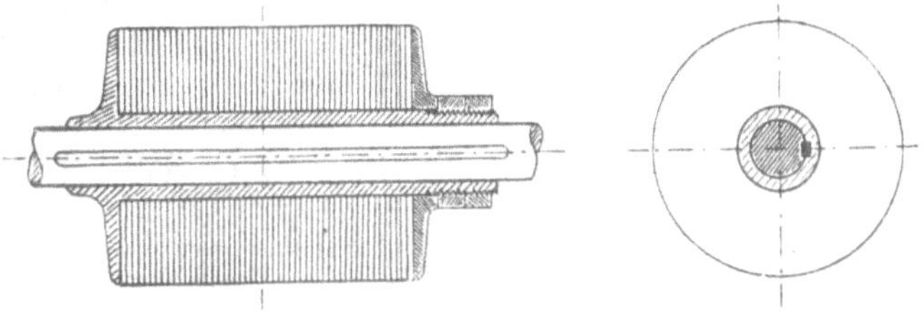

Fig. 200.

Nachdem das Eisen des Ankers mit der Welle fest verbunden ist, wird das Ganze sauber mit Pressspan verkleidet und zwar an allen Stellen, wo die Wicklung zu liegen kommt.

190. Die einfachsten Ausführungen der Wicklung.

Ein Ring wird in einzelnen Spulen gewickelt, so wie es Fig. 201 veranschaulicht. Bei den Armsternen, die in der Figur fortgelassen sind, rückt man inwendig die Wicklung etwas zur Seite. Der Ankerumfang wird zunächst nach der erforderlichen Spulenzahl gleichmässig eingeteilt. Jede Spule bekommt gleich viel Windungen. Man verwendet zu der Wicklung Draht aus bestem Kupfer, damit der Widerstand des Ankers möglichst gering wird. Die Umspinnung des Drahtes besteht aus Baumwolle oder Seide. Es ist vorteilhaft, wenn der äussere Durchmesser des Ringes ungefähr doppelt so gross ist wie der innere. Man legt dann auf den inneren Umfang des Ringes doppelt so viel Wicklungsschichten als aussen.

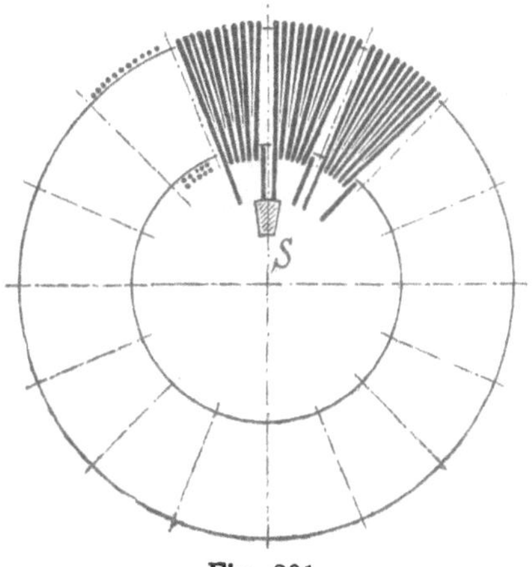

Fig. 201.

In obiger Figur ist das dadurch angedeutet, dass die Drähte an den Stirnseiten abwechselnd durchgezogen und keilförmig gezeichnet sind. Die keilförmigen Linien bedeuten Drähte, die unter den vorn liegenden Drähten verschwinden. Beide Enden jeder Spule führen vorläufig zur Mitte hin. Geht man von Spule zu Spule, so hat jede denselben Wicklungssinn. Es wird jedesmal das Ende der vorhergehenden

Spule mit dem Anfang der nächstfolgenden verbunden, und zwar geschieht das an einem Metallsektor, der in Fig. 201 bei *S* gezeichnet ist. Ein System solcher Metallsektoren umgiebt die Welle, es heisst der Kollektor der Maschine. Auf diesem Kollektor schleifen metallische Bürsten, welche zur Stromabnahme dienen. Jede Spule dieser Wicklung mit dem zugehörigen Kollektorstab ist als eine Windung in dem Schema der Fig. 196 anzusehen.

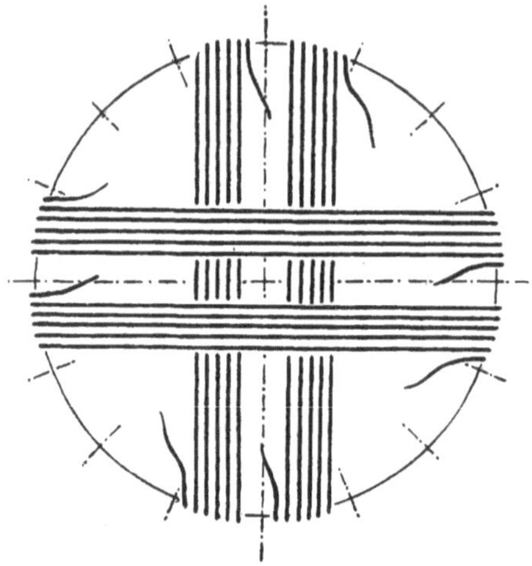

Fig. 202.

Auch bei einer Trommelwicklung teilt man den Umfang je nach der erforderlichen Spulenzahl ein und wickelt dann so, wie es Figur 202 zeigt, jedesmal zwei Spulen in paralleler Richtung nebeneinander, erst die vertikal liegenden, dann diejenigen, die in der Figur horizontal liegen würden, dann die unter 45° und wiederum die senkrecht dazu stehenden. Dabei wird jedesmal, wenn zwei Spulen fertig sind, eine besondere Isolierschicht an den Stirnseiten aufgelegt. In dem früheren Schema der Trommelwicklung, Fig. 197, kann man sich jedesmal die parallel vorn laufenden Drähte als zwei Spulen vorstellen, dagegen die hinten liegenden Drähte als einzelne Verbindungsdrähte zwischen den Spulen.

Die Verbindung der einzelnen Ankerspulen untereinander erfolgt auch hier nicht bei der Wicklung, sondern erst beim Anschliessen der frei hängenden Enden der einzelnen Spulen an den Kollektor. Bei dieser Arbeit muss man genau nach dem Schema beispielsweise der Fig. 197 vorgehen.

191. Der Kollektor.

Der Kollektor, dessen Zusammenhang mit der Ankerwicklung bereits im vorigen Abschnitt erörtert wurde, ist ein Gebilde von Metallsektoren, die untereinander und gegen die Welle isoliert sind. Er dient zur Stromabnahme, die mittels der darauf schleifenden Bürsten bewerkstelligt wird. Er muss folgenden Hauptanforderungen genügen:

1. Gute Isolation der einzelnen Teile.
2. Guter Halt der einzelnen Teile, auch wenn der Kollektor abgenutzt ist.

Eine einfache Kollektorkonstruktion, die viel angewendet wird, ist in Fig. 203 dargestellt. Die einzelnen Sektoren werden aus gewalztem Kupfer hergestellt.

Die Walzprofile sind derart, dass man bei einer bestimmten Anzahl Lamellen und bei bestimmter Dicke des dazwischen liegenden Isolationsmaterials einen Kollektor von gegebenem Durchmesser erhält. Zur gegenseitigen Befestigung der einzelnen Kollektorstücke sind in

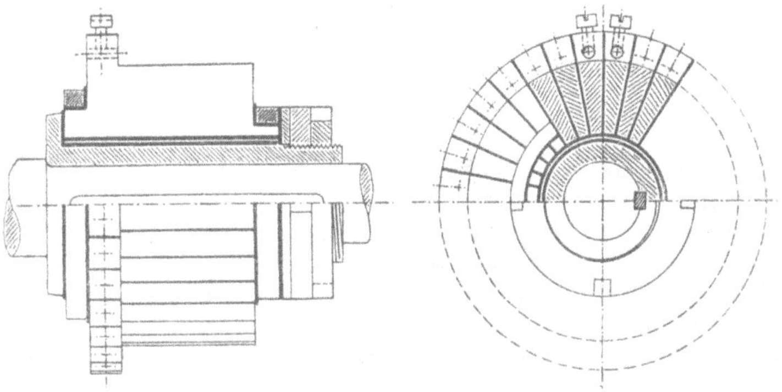

Fig. 203.

obiger Konstruktion Schrumpfringe gezeichnet, die auf Ansätzen des Kollektors angebracht sind. Die Schrumpfringe sind gegen die Kollekorteile isoliert, sie werden handwarm aufgezogen. Als Isolationsmaterial bedient man sich meistens des Pressspanes, bei höherer Spannung verwendet man auch Glimmer oder ein Kunstprodukt aus Glimmer und Schellack: Mikanit. Zur Isolation der Sektoren gegen die Hülse, mit der der Kollektor auf der Welle befestigt ist, verwendet man zwei Pressspanschichten, deren Stossstellen versetzt sind. Ein so konstruierter Kollektor wird gewöhnlich mittels Mutter und Gegenmutter auf der Hülse gehalten, die Hülse mittels Nut und Feder auf der Welle. In den verschiedenen Stadien der Herstellung wird ein Kollektor auf seine Isolation geprüft. Man benutzt dazu eine bedeutend höhere Spannung, als zwischen zwei Lamellen im Betriebe entstehen kann. In der Schaltungsanordnung nach Fig. 204 darf die Nadel des sehr feinen Galvanoskops G nicht über einen bestimmten Wert hinaus ausschlagen. Ist die Isolation nicht genügend, so sucht man den Fehler auf. Er besteht meistens aus einem Span, der vom Drehen herrührt, und der mittels eines scharfen Instrumentes entfernt wird.

Fig. 204.

Die Drähte, die vom Anker herkommen, werden bei kleinen Kollektoren angeschraubt. Da aber die Übergangsstelle sich lockern

kann und dann einen grossen Widerstand bietet, werden von mehreren Firmen bei grösseren Maschinen die Drähte angelötet.

Die Metallsektoren führen auch den Namen Kollektorsegmente oder Kollektorlamellen. Bei grossen Maschinen sind die Kollektoren so konstruiert, dass bei dem Lockerwerden einer Lamelle nicht der ganze Kollektor gelöst zu werden braucht. Man klemmt vielmehr jedesmal eine Anzahl nebeneinander liegender Segmente durch Keilwirkung fest. Bei einer Reparatur braucht dann nur der Teil des Kollektors gelöst zu werden, in dem sich der Fehler befindet.

192. Die Bürsten.

Diejenigen Teile, die den Strom vom Kollektor abnehmen, heissen die Bürsten. Sie müssen aus einem Material gefertigt sein, welches den Kollektor nicht zu sehr abnutzt. Man verwendet dazu Gebilde aus Kupferdrahtgaze oder aus sehr feinen Metallblechen. Am meisten benutzt man Bürsten aus präparierter Kohle oder Kupfer- und Kohlenbürsten nebeneinander. Die Berührungsfläche der Bürsten mit dem Kollektor muss so gross sein, dass an dieser Stelle kein Erwärmen eintritt. Man wählt die Bürstenauflagefläche nicht breiter, als dass höchstens zwei Kollektorstäbe gleichzeitig berührt werden. Bei Entnahme eines starken Stromes funken die Bürsten leicht. Es liegt das zum Teil mit an den verwendeten Materialien. Weiche Kohlenbürsten laufen auf hartgewalztem Kupfer sehr gut.

Die Bürsten müssen genau eingestellt sein, man erreicht das am besten durch Abzählen der Kollektorlamellen und durch Ausprobieren des funkenlosen Ganges.

193. Die Bürstenhalter.

Die Konstruktion der Bürstenhalter richtet sich nach dem Bürstenmaterial. Man will dabei folgenden drei besonderen Anforderungen genügen:

1. Die Bürste soll, auch wenn sie sich abgenutzt hat, mit ungefähr gleichem Druck auf dem Kollektor liegen.
2. Die Berührungsfläche soll sich bei der Abnutzung der Bürste nicht wesentlich vergrössern.
3. Die Bürste muss bei ihrer Abnutzung auf derselben Stelle des Kollektors bleiben.

Fig. 205 zeigt eine Bürstenhalterkonstruktion, wie sie für Kupferbürsten sehr verbreitet ist. Durch Lösen der Schraube *a* kann die Bürste nachgestellt werden, nach dem Lösen von *b* kann sie abgehoben oder neu angepresst werden.

Die Bürstenhalterkonstruktion nach Fig. 205 erfüllt obige Bedingungen nicht ganz, sie sind für Metallbürsten überhaupt alle schwer zu erreichen. Bei Kohlenbürsten ist diesen Anforderungen leichter zu genügen, da die Kohlen radial angepresst werden können.

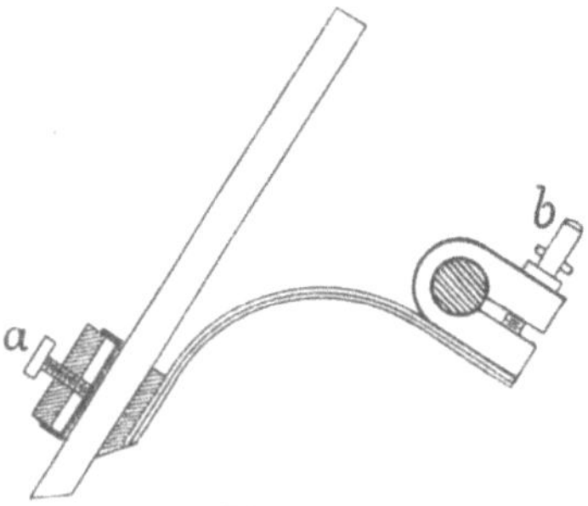

Fig. 205.

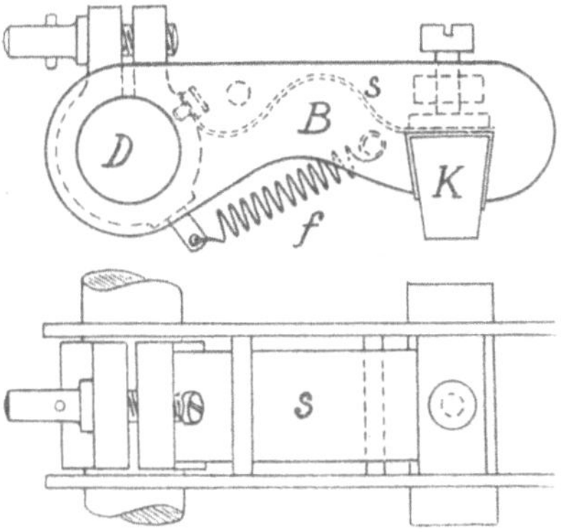

Fig. 206.

Ein Konstruktionsbeispiel bei Anwendung von Kohlenbürsten giebt Fig. 206. Die Kohle *K* ist auswechselbar an dem Bürstenhalter *B* befestigt, letzterer ist um den Dorn *D* drehbar angeordnet. Zwischen den beiden Führungsösen des Bürstenhalters befindet sich ein Klemmstück, welches für gewöhnlich auf dem Dorn festsitzt. An diesem Teile ist die Feder *f* befestigt, welche die Bürste anpresst. Durch Einstellen des Klemmstückes kann die Anpressungskraft reguliert werden. Ein Metallstreifen *s* führt den Strom von der Kohle zum Dorn.

194. Die Bürstenbrücke.

Ein Beispiel einer Bürstenbrücke ist in Fig. 207 gegeben. Auf den zwei Dornen D_1 und D_2 werden die Bürstenhalter befestigt. Zur Einstellung des funkenlosen Ganges der Maschine müssen die Bürsten konzentrisch zur Axe drehbar angeordnet sein. Man bringt dazu zum Beispiel an der äusseren Umhüllung des Lagers einen Ansatz mit einer Nut an. In diese Nut greift eine Schraube, die in der Bürstenbrücke sitzt. Bei einigem Lockern der Schraube ist die Bürstenbrücke drehbar, bei weiterem Zurückdrehen der Schraube abnehmbar. Die Dorne der Bürstenhalter sind mit Hilfe eines Futters aus geeignetem Maerial isoliert durch die Bürstenbrücke geführt. Unter die Mutter legt man gewöhnlich das Anschlussstück des Stromabnahmekabels. Bei sehr starken Strömen setzt man auf jeden Dorn eine Anzahl von Bürsten bei entsprechend breiteren Kollektoren.

Der Kollektor und die Bürstenbrücke muss von Kupferstaub, der durch das Schleifen der Bürsten entsteht, freigehalten werden, da andernfalls leicht Kurzschlüsse verursacht werden.

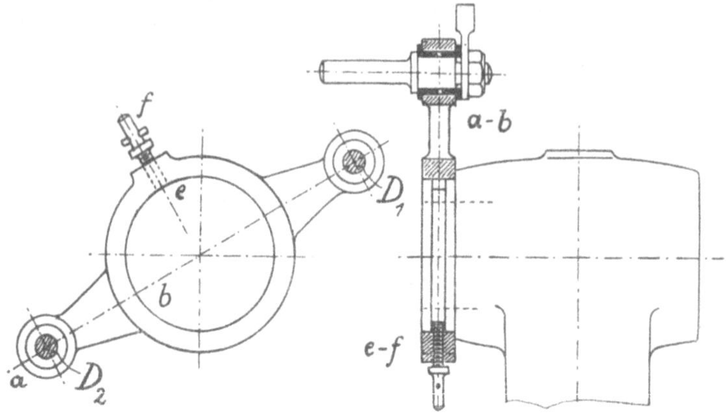

Fig. 207.

195. Die Erzeugung des Magnetfeldes.

Bei den bisherigen Betrachtungen wurde angenommen, dass in dem Magnetgestell eine bestimmte Anzahl von Kraftlinien vorhanden war. Man könnte sich denken, dass die Magnete etwa aus hartem Stahl beständen, der von Haus aus magnetisch gemacht ist. Kleine Maschinchen dieser Art werden für Signalzwecke gebraucht, doch ist das Verfahren für die Technik nicht anwendbar, weil solche Maschinen sehr teuer sein würden, und weil bei fortwährendem Betriebe der Magnetismus auch allmählich verschwinden würde. Man benutzt vielmehr Elektromagnete, indem man an beliebiger Stelle um das Eisen eine Wicklung legt. Eine solche Wicklung bezeichnet

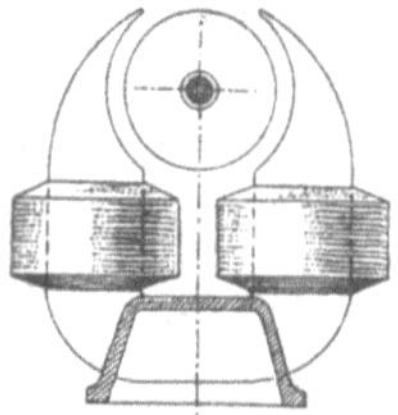

Fig. 208.
Hufeisen-Type.

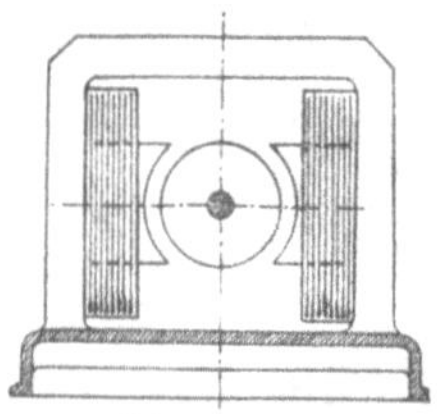

Fig. 209.
Lahmeyer-Type.

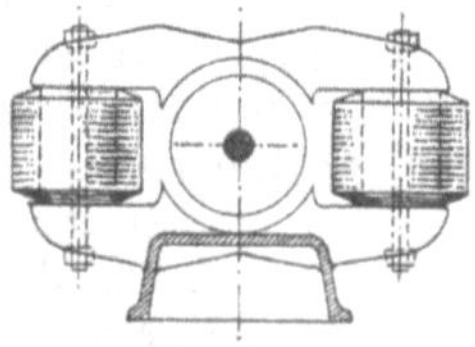

Fig. 210.
Manchester-Type.

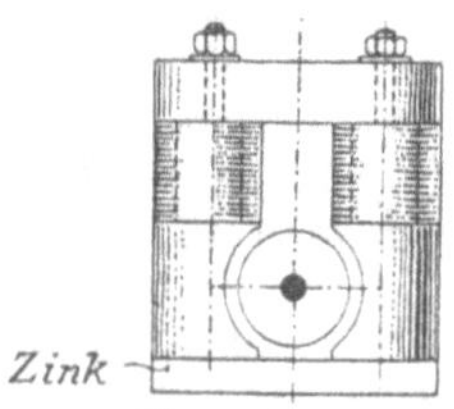

Fig. 211.
Verbesserte Edison-Type.

man mit den Namen: Feldwicklung, Magnetwicklung, Schenkelwicklung oder Erregerwicklung.

Figg. 208 bis 211 geben vier Beispiele für die Verteilung von Magnetwicklungen. Die Art und Weise, wie die Magnetspulen verteilt sind, ist sehr maassgebend für die Form der Maschine. Eine bestimmte Ausführungsform einer Maschine heisst ein Typ oder eine Type. Es wäre denkbar, dass die Magnetwicklungen ihren Strom von einer zweiten Elektrizitätsquelle, etwa von einer Anzahl Akkumulatoren erhielten. Eine solche Erregung von einer anderen Elektrizitätsquelle her nennt man eine separate Erregung.

Werner von Siemens hat die Erfindung gemacht, die Elektrizität, die im Anker erzeugt wird, zugleich zur Erregung des Magnetfeldes zu benutzen. Dieses Prinzip nennt man das Dynamoprinzip. In jedem Magnetgestell sind von einem früheren Betriebe her einige Kraftlinien vorhanden. Diese Kraftlinien erzeugen, wenn der Anker gedreht wird, eine geringe Spannung, infolge dieser Spannung entsteht ein geringer Strom in der Wicklung, welcher die Zahl der Kraftlinien vergrössert. Der grösseren Kraftlinienzahl entspricht dann auch eine grössere Stromstärke in der Magnetwicklung, die Maschine erregt sich selbst, bis das Gestell mit Kraftlinien gesättigt ist.

196. Nebenschluss- und Hauptschlussmaschinen.

Die erste Möglichkeit, die Wicklung anzuschliessen, ist die, wie sie Fig. 212 zeigt, in der A den Anker und M die Magnetwicklung der Maschine bedeutet. Die Schenkelwicklung liegt dabei direkt an den Bürsten, an denen auch der Belastungsstromkreis liegt. Als Belastung ist hier eine Anzahl Glühlampen gedacht. Bei dieser Schaltung liegt die Wicklung im Nebenschluss zum Anker und im Nebenschluss zur Belastung. Man nennt deshalb eine solche Maschine eine Nebenschlussmaschine.

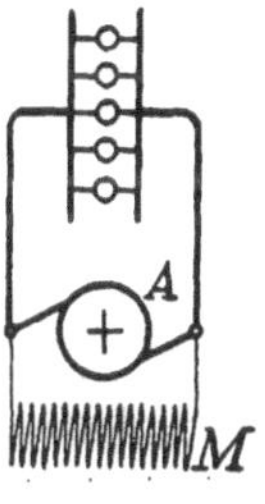

Fig. 212.

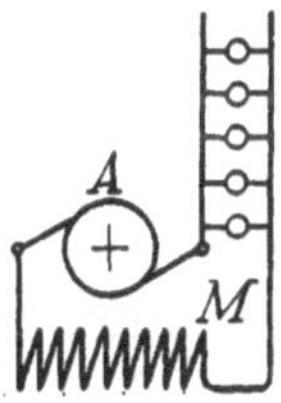

Fig. 213.

Man kann aber auch den Strom in einer zweiten Art abnehmen, so wie es Fig. 213 zeigt. Dabei sind der Anker, die Magnetwicklung und die Belastung hintereinander geschaltet, oder man sagt, sie liegen im Hauptschluss. Man nennt daher eine solche Maschine eine Hauptschlussmaschine, Reihenschluss- oder Serienmaschine.

Da man in der Magnetwicklung möglichst wenig Leistung verbrauchen will, so bekommt die Wicklung je nach ihrer Schaltung ein bestimmtes Äussere.

Bei der Nebenschlussmaschine liegt an den Feldmagneten die ganze Spannung; wenn die Leistung, welche die Wicklung verbraucht, klein sein soll, dann muss die Stromstärke klein sein, der Widerstand der Wicklung ist also gross zu wählen. Da aber eine bestimmte Ampèrewindungszahl zu erreichen ist, muss die Zahl der Windungen gross sein. Eine Nebenschlussmaschine ist daher an einer grossen Anzahl feiner Windungen erkennbar.

Bei der Hauptstrommaschine fliesst durch die Magnetwicklung die gesamte Stromstärke. Damit diese Wicklung wenig Strom verbraucht, ist dafür zu sorgen, dass der Spannungsabfall in der Wicklung gering ist, d. h. die Wicklung muss einen geringen Widerstand haben. Da die Stromstärke für Vollbetrieb gross ist, braucht man, um eine gewisse Ampèrewindungszahl zu erreichen, weniger Windungen. Eine Hauptstrommaschine erkennt man daher an einer geringen Anzahl dicker Windungen auf dem Magnetgestell.

197. Das Verhalten der Hauptschlussmaschine.

Da das Magnetgestell von einer bestimmten Anzahl von Windungen umgeben ist, ändert sich der Magnetismus des Gestelles bei Veränderung der Stromstärke, die in den Windungen fliesst. In demselben Maasse, wie der Strom steigt, nimmt auch die Ampèrewindungszahl des magnetischen Kreises zu. Es wurde nun früher in Abschnitt 152 gesehen, dass zwischen Ampèrewindungszahl und magnetischer Induktion ganz bestimmte Beziehungen existieren, die dort durch Kurven ausgedrückt waren. In derselben Weise, wie sich die Zahl der Kraftlinien pro Quadratcentimeter ändert, ändert sich

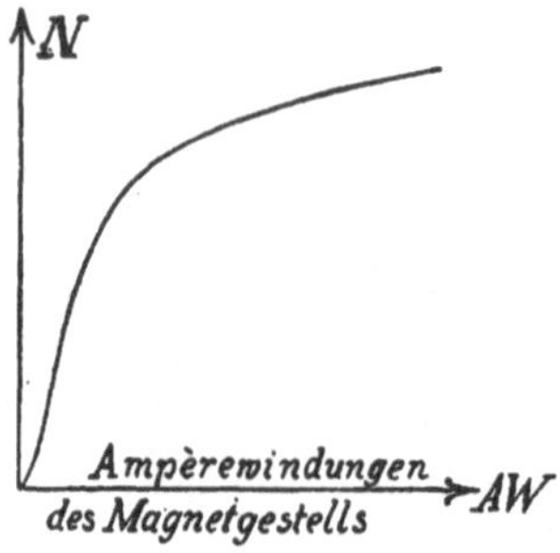

Fig. 214.

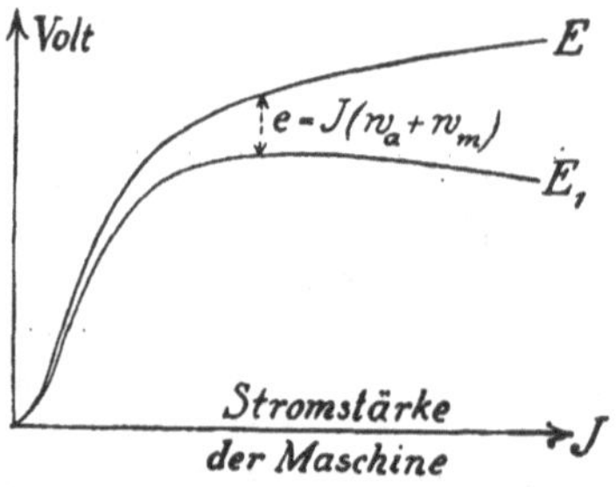

Fig. 215.

auch bei einer Dynamomaschine die Gesamtzahl N der Kraftlinien, die das Magnetgestell durchsetzen. Das ist durch Fig. 214 ausgedrückt, in der die Ampèrewindungen des Magnetgestelles auf der Abszisse und die Kraftlinien N als Ordinaten angetragen sind.

Rotiert nun der Anker einer Maschine, die nach Fig. 213 geschaltet ist, mit konstanter Tourenzahl, und entnimmt man der Maschine einen geringen Strom, so werden der geringen magnetischen Induktion wegen auch wenig Kraftlinien geschnitten, infolgedessen ist die erzeugte Spannung niedrig. Bei grösserer Stromabnahme dagegen steigt die Spannung der Maschine infolge der Vermehrung der Kraftlinien und zwar nach einem Gesetz, das der Induktionskurve des Materiales entspricht.

In Fig. 215 bedeutet E die Spannung, die bei den verschiedenen Stromstärken J in der Maschine durch das Schneiden der Kraftlinien erzeugt wird. Diese Spannung heisst die elektromotorische Kraft (EMK) der Maschine, und stellt sich bei der Hauptstrommaschine durch einen Kurvenzug dar, welcher der magnetischen Kurve in Fig. 214 ähnlich ist.

Ein solches Diagramm nennt man die Charakteristik der Maschine. Diese Kurve besagt, dass wir bei Stromlosigkeit gar keine Spannung haben, oder doch nur eine ganz geringe, die von den Kraftlinien herrührt, welche von früher her im Gestell verblieben sind. Bei Verstärkung eines schwachen Stromes steigt die erzeugte Spannung E schneller als bei grösserer Stromstärke.

Im Anker und in den Magnetwindungen wird ein Teil der erzeugten Spannung verbraucht, da der Widerstand des Ankers w_a und der Magnetwicklung w_m vom Strom durchflossen wird. Die Verbrauchsspannung e richtet sich nach der Gleichung

$$e = J(w_a + w_m).$$

Die Klemmenspannung der Maschine ist um diesen Wert e geringer als E. Es gilt daher

$$E = E_1 + J(w_a + w_m)$$

als Spannungsgleichung der Hauptschlussmaschine.

In dem Diagramm Fig. 215 ist die Klemmenspannung E_1 durch eine Linie ausgedrückt, die unterhalb E liegt und sich von dieser bei wachsender Stromstärke weiter entfernt.

In jedem Fall zeigt die Betrachtung der Charakteristik einer Hauptschlussmaschine, dass sie für Centralenbetriebe nicht verwendbar ist. Bei Centralenbetrieben soll zwischen den Leitungen stets ungefähr dieselbe Spannuag herrschen, gleichgültig, ob viel oder wenig Strom entnommen wird. Hauptschlussmaschinen werden mit Vorteil für Einzel-Kraftübertragungen angewendet.

198. Das Verhalten der Nebenschlussmaschine.

Bei der Nebenschlussmaschine, die nach Fig. 212 geschaltet ist, liegt die Wicklung direkt an den Bürsten. Rotiert der Anker, so erregt sich die Maschine und wir haben daher bereits eine Spannung zwischen den Bürsten, auch wenn der Anlage noch kein Strom entnommen wird. Sobald aber die Maschine nach aussen Strom liefert, wird zur Überwindung des Ankerwiderstandes durch diesen Strom ein gewisser Betrag der erzeugten Spannung im Anker verbraucht. Diese verbrauchte Spannung geht der Klemmenspannung verloren. Da nun aber die Spannung an den Klemmen geringer wird, wird auch der Strom im Nebenschluss geringer. Einer geringeren Ampèrewindungszahl entspricht eine geringere Zahl von Kraftlinien im Gestell.

Es fällt die Spannung der Maschine, während die Rotationsgeschwindigkeit konstant bleiben möge, bei wachsender Stromabnahme wegen des Spannungsabfalles im Anker und wegen der dadurch hervorgebrachten Verminderung der Kraftlinien.

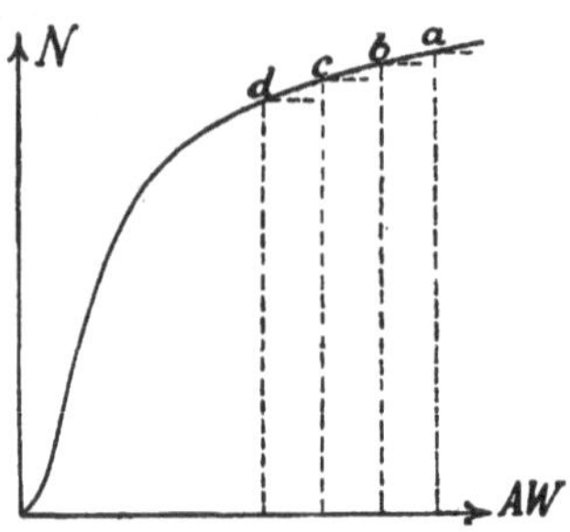

Fig. 216.

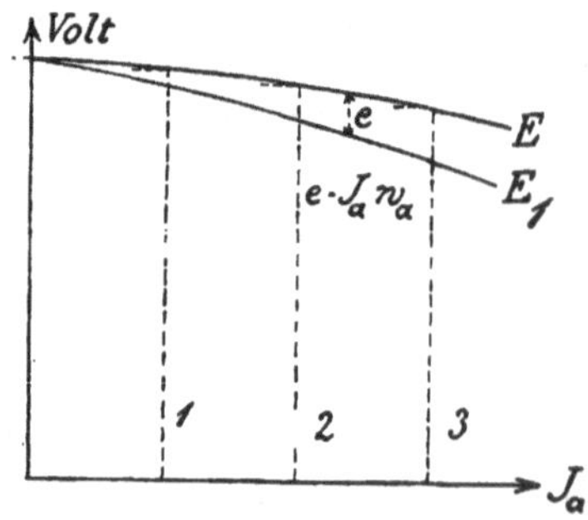

Fig. 217.

Aus der magnetischen Kurve des Eisens der Maschine, Fig. 216, folgt, dass die Charakteristik, Fig. 217, eine leichte Krümmung haben muss. Bedeutet *a* die Zahl der Kraftlinien, welche die Maschine bei Stromlosigkeit durchsetzen, so entspricht dieser Zahl auch die höchste induzierte Spannung *E*; dieser Punkt der Charakteristik liegt an der Ordinatenaxe. Die Punkte *b*, *c* und *d* der Kraftlinienzahl entsprechen den Belastungen 1, 2 und 3 in Fig. 217.

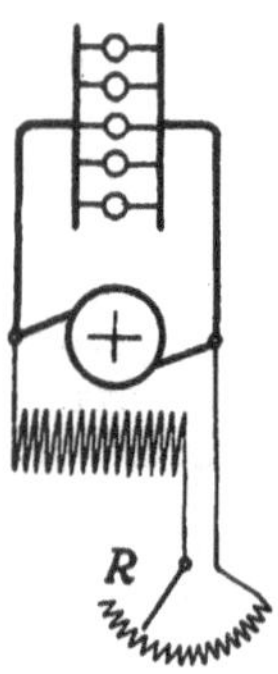

Fig. 218.

Die Kurve *E* stellt den Verlauf der elektromotorischen Kraft der Maschine dar. Die Klemmenspannung E_1 ist um soviel geringer, als der Spannungsverlust im Anker *e* bei der betreffenden Ankerstromstärke J_a beträgt. Es ist der Spannungsabfall

$$e = J_a \cdot w_a,$$

wobei w_a den Widerstand des Ankers bedeutet. Werden diese Werte *e* von der Kurve *E* abgezogen, so giebt die Kurve E_1 den Verlauf der Klemmenspannung bei den betreffenden Stromstärken. Daraus folgt die Gleichung der Nebenschlussmaschine:

$$E = E_1 + J_a \cdot w_a.$$

Diese Betrachtung der Nebenschlussmaschine lehrt, dass sie für Centralenbetriebe, bei denen man in jeder Belastung dieselbe Spannung zwischen den Leitungen haben will, auch noch nicht ganz geeignet ist. Man kann aber für jede Belastung dieselbe Klemmenspannung erreichen, wenn man vor die Magnetwicklung einen Widerstand schaltet, der in dem Schema Fig. 218 mit R bezeichnet ist. Läuft nun die Maschine leer, so wird die Stromstärke im Nebenschluss dadurch verringert, dass man an dem Regulierwiderstand, der auch den Namen Nebenschlussregulator führt, mehr Drahtspiralen einschaltet.

Fällt bei der Belastung der Maschine die Spannung, so verkleinert man den Widerstand des Nebenschlusses durch Verdrehung der Kurbel, bis die richtige Spannung wieder erreicht ist. Da die Spannung bei Lichtanlagen sich nur um ganz geringe Abstufungen ändern darf, können auch die Abstufungen des Nebenschlussregulators nur sehr klein sein. Man braucht deshalb sehr viele Knöpfe an dem Widerstand.

199. Die Compound-Maschine.

Wir können noch auf eine andere Weise erreichen, dass die Klemmenspannung einer Dynamomaschine mit zunehmender Belastung ungefähr dieselbe bleibt. Dazu wendet man zwei Wicklungen an, eine Nebenschlusswicklung und eine Hauptstromwicklung. Ein Blick auf die Charakteristik der beiden bisherigen Maschinen lehrt, dass die Spannung der Nebenschlussmaschine bei der Belastung langsam sinkt, dass die Spannung der Hauptstromwicklung bei der Belastung steigt. Wir können nun auf die Wicklung einer Nebenschlussmaschine eine geringe Anzahl von Windungen legen, welche von dem ganzen Strom des Aussenkreises durchflossen sind.

Diese Hauptstromwindungen werden so bemessen, dass sie die Ampèrewindungszahl ergänzen, so dass man in den Grenzen der vorkommenden Belastung eine nur wenig veränderliche Klemmenspannung an der Maschine erhält.

Der Strom in den Hauptschlusswindungen muss das Gestell in demselben Sinn umfliessen wie die Nebenschlusswicklung. Das ist in

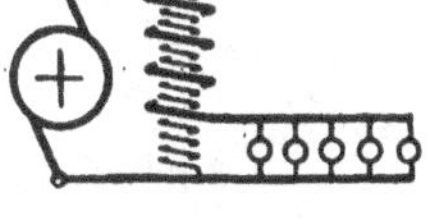

Fig. 219.

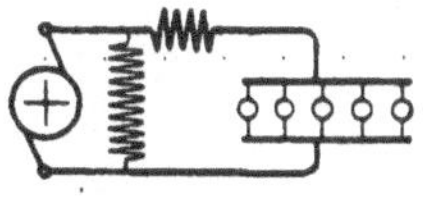

Fig. 220.

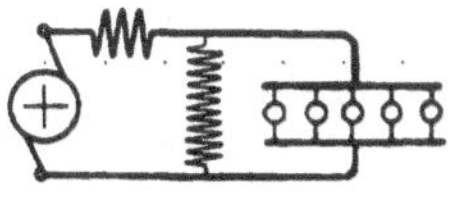

Fig. 221.

Fig. 219 angedeutet, in der nur die vorn liegenden Windungen gezeichnet sind. Die Nebenschlusswicklung kann entweder hinter den Hauptstromwindungen nach dem Schema der Fig. 220, oder vor den Hauptstromwindungen nach dem Schema der Fig. 221 angeschlossen sein. Die Schaltung nach Fig. 221 heisst kurzer Nebenschluss, die nach Fig. 220 langer Nebenschluss.

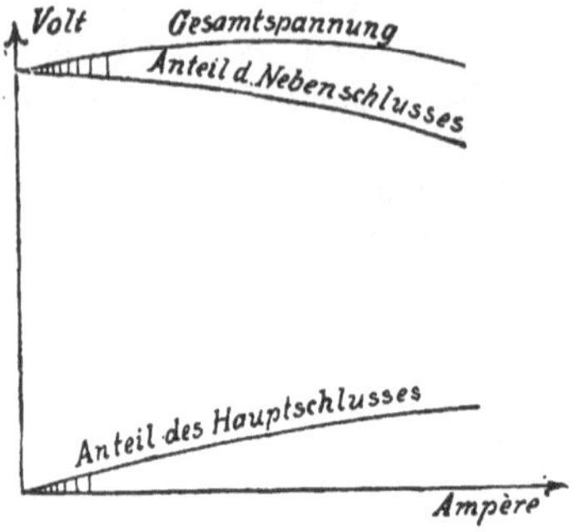

Fig. 222.

In der Charakteristik der Klemmenspannung bei konstanter Tourenzahl verteilen sich die Beiträge zur Spannung so, wie es durch die in Fig 222 gezeichneten Linien angedeutet ist. Die Werte, die von der Hauptstromwicklung herrühren, sind auf die zugehörigen Werte der Nebenschlusswicklung aufzutragen.

Die Compound-Maschinen haben in Verbindung mit Akkumulatoren unbequeme Eigenschaften, so dass sie verhältnismässig wenig angewandt werden. In jedem Fall muss man bei der Behandlung einer Compound-Maschine vorsichtig sein. Ein etwaiger Rückstrom aus der Akkumulatorenbatterie magnetisiert die Maschine um, was zu Schwierigkeiten Veranlassung giebt.

200. Die Ankerrückwirkung.

Diejenigen Windungen des Ankers, welche unterhalb eines Polschuhes liegen, erzeugen innerhalb des Polschuhes, des Ankereisens

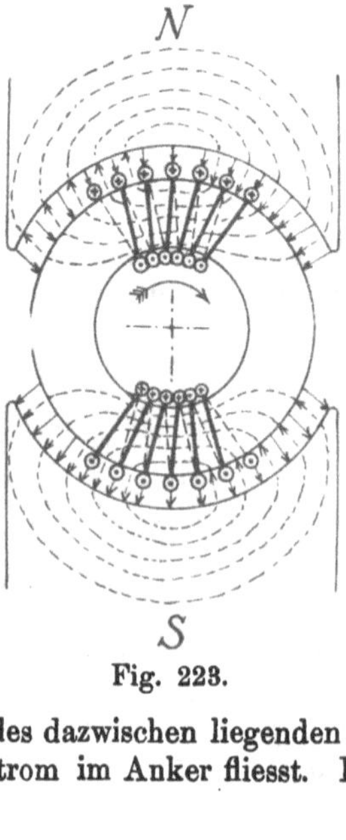

Fig. 223.

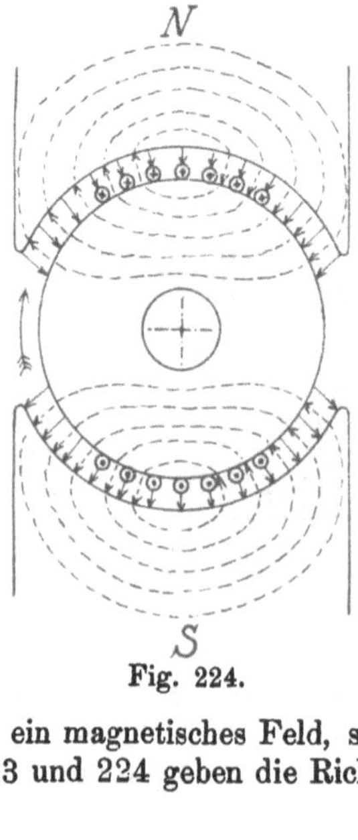

Fig. 224.

und des dazwischen liegenden Luftraumes ein magnetisches Feld, sobald ein Strom im Anker fliesst. Die Figg. 223 und 224 geben die Richtung dieses Feldes, welche bei Ring- und bei Trommelankern dieselbe ist, durch gerissene Linien an. Die Stromrichtung in den Ankerdrähten, das ursprüngliche Magnetfeld und der zugehörige Drehungssinn ist so eingezeichnet, wie die Verhältnisse bei einer Dynamomaschine liegen. Das Feld des Ankers ist, wie die Figuren zeigen, an dem Teil des Polschuhes, welcher der Drehung des Ankers entgegenliegt, gegen das ursprüngliche Feld gerichtet, dort wo der Ankerumfang den Polschuh verlässt, ist es mit dem ursprünglichen Felde gleichgerichtet. Das ist bei beiden Polschuhen der Fall, man unterscheidet an den Polschuhen das Vorderhorn und das Hinterhorn; das Vorderhorn ist diejenige Stelle des Polschuhes, wo die Ankerdrähte bei ihrer Rotation in das Feld eintreten, das Hinterhorn ist die Stelle, wo die Ankerdrähte das Feld verlassen.

Die Wirkung des von den Ankerwindungen erzeugten Feldes ist die, dass das ursprüngliche Feld bei der Belastung der Maschine am Vorderhorn verschwächt, am Hinterhorn verstärkt wird. Das ursprüngliche Feld, welches bei Stromlosigkeit ungefähr den Verlauf nach Fig. 225 hat, verläuft bei Stromdurchgang nach Art von Fig. 226.

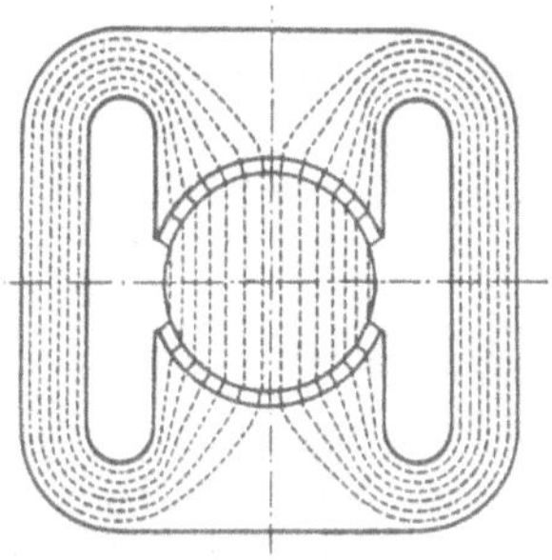

Fig. 225.

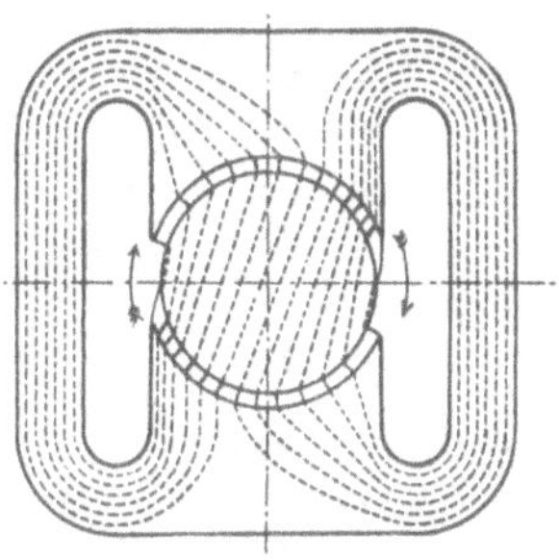

Fig. 226.

Der mittlere Kraftlinienweg wird bei Strombelastung grösser als bei Stromlosigkeit, und ausserdem erhält das Material eine höhere magnetische Induktion, da die Kraftlinien auf ein kleineres Bereich zusammengedrängt werden. Damit dieselbe Gesamtzahl der Kraftlinien zustande kommt, muss bei der Belastung der Maschine eine grössere Ampèrewindungszahl in der Feldwicklung aufgewendet werden, also vergrössern sich durch die Ankerrückwirkung die Verluste der Maschine.

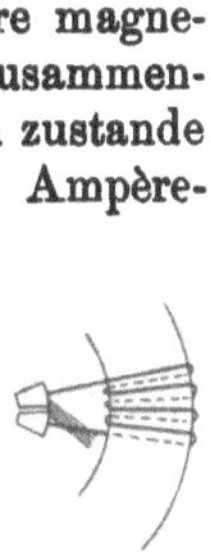

Fig. 227.

Weiterhin stört die Ankerrückwirkung insofern, als die Bürsten, die bei Stromlosigkeit in der Symmetrieebene zwischen beiden Polschuhen aufliegen, nun um ein Stück in Richtung der Ankerrotation verstellt werden müssen, weil die Ankerspulen in der Symmetrieebene noch Kraftlinien schneiden. Die Spule, welche durch die aufliegenden Bürsten kurz geschlossen ist, vergl. Fig. 227, erhielt im Falle, dass sie noch Kraftlinien schneidet, einen starken Strom, der den Anker erhitzt und den Kollektor zum Feuern bringt und dadurch zerstört. In jedem Fall ist bei funkenden Maschinen die Bürstenstellung für die jeweilige Stromstärke durch Einstellen auf funkenlosen Gang auszuprobieren.

Bei neueren Maschinen ist vielfach eine Bürstenverstellung nicht mehr nötig, die Technik ist so weit, dass die Wirkungen der Ankerreaktion nicht als störend hervortreten. Man erreicht das durch Anwendung eines grossen Luftraumes zwischen Polschuh und Ankereisen und durch entsprechende Form des Eisens der Maschine und durch entsprechend hohe magnetische Sättigung.

201. Wirbelströme in den Ankerdrähten.

Wenn bei Maschinen mit hoher Stromstärke dicke Kupferstäbe auf dem Ankerumfang liegen, so müssen diese Kupfermassen die Kraftlinien schneiden und werden dabei von Wirbelströmen durchsetzt, die das Material erwärmen und dadurch einen Leistungsverlust herbeiführen. Zur Vermeidung dieses Verlustes wickelt man statt eines starken Drahtes mehrere weniger starke isolierte Drähte parallel. Die Zerteilung des Materiales wirkt dann in derselben Weise, wie es in Abschnitt 165 behandelt wurde. Ein weiteres Mittel zur Vermeidung von Wirbelströmen in den Ankerdrähten ist in dem späteren Abschnitt über die Nutenanker angegeben.

202. Die Bilanz der Dynamomaschinen.

Eine Dynamomaschine lässt sich im allgemeinen um so günstiger konstruieren, je grösser sie ist. Die kleinsten Maschinen haben ungefähr 50 %, die grössten etwa 95 % Wirkungsgrad. Verluste treten bei einer Dynamomaschine auf:

1. als Wärme in der Ankerwicklung $L_{AW} = J_A^2 \cdot W_A$,
2. als Wärme in den Magnetwindungen $L_{MW} = J_M^2 \cdot W_M$,
3. durch Hysteresisarbeit des Ankereisens L_H,
4. durch Wirbelströme im Ankereisen und in den Ankerdrähten L_W,
5. Durch mechanische Reibung in den Lagern und an der Luft L_R.

Die Bilanzgleichung lautet:

Hineingeschickte Leistung = entnommener Leistung + Verlustleistung

$$L_1 = L_2 + L_{AW} + L_{MW} + L_H + L_W + L_R.$$

$$L_1 = EJ + J_A^2 W_A + J_M^2 W_M + (L_H + L_W + L_R).$$

Folgendes Beispiel giebt Aufschluss über die Verhältnisse bei einer mittelgrossen Dynamomaschine von etwa 5 Pferdestärken. Die fettgedruckten Werte sind dabei gegeben, die übrigen gerechnet.

Beispiel:

Abnehmbare Leistung = 5 PS = **3700** Watt
" Spannung = **120** Volt
" Stromstärke = 3700 : 120 = 30,8 Amp.

Widerstand der Ankerwindungen = **0,1** Ω
" " Magnetwindungen = **100** Ω

Stromstärke im Nebenschlusswiderstand = 120 : 100 = 1,2 Amp.
Ankerstromstärke = 30,8 + 1,2 = 32 Amp.

Spannungsverlust im Anker = 32 · 0,1 = 3,2 Volt

EMK = 120 + 3,2 = 123,2 Volt.

Aus obiger Bilanzgleichung wird für dieses Beispiel:

$$L_1 = [3700 + 32^2 \cdot 0{,}1 + 1{,}2^2 \cdot 100 + (\mathbf{100} + \mathbf{100} + \mathbf{200})]$$
$$= [3700 + 102 + 144 + 400] \text{ Watt};$$

$$\eta = \frac{3700}{3700 + 102 + 144 + 400} = \frac{3700}{4346} = 0{,}85.$$

Für die Summe der Verluste durch Hysteresis, Wirbelströme und mechanische Reibung sind in diesem Beispiel 400 Watt gesetzt, was den Thatsachen ungefähr entspricht.

Durch wissenschaftliche Erwägungen in Verbindung mit praktischen Beobachtungen hat man folgende genauere Formel konstruiert, welche die Hysteresisverluste in Watt ergiebt:

$$L_H = V \cdot B^{1,6} \cdot \nu \cdot c.$$

Dabei bedeutet:

V = Volumen des Ankereisens in ccm,
B = Induktion im Ankereisen,
ν = Zahl der Ummagnetisierungen pro Sekunde (2 bei 1 Umdrehung),
c = Konstante für Anwendung besten schwedischen Eisens
= 1 : 6 000 000 000.

Auf demselben Wege ist eine Erfahrungsformel für die Wirbelstromverluste im Ankereisen gefunden worden

$$L_W = V \cdot B^2 \nu^2 d^2 \cdot c,$$

wobei ausser den obigen Angaben bedeutet

d = Dicke der Ankerbleche in mm
c = Konstante für bestes schwedisches Eisen = 1 : 10 000 000 000 000.

Für die mechanische Reibung rechnet man bei Vollbelastung der Maschine etwa 3 % der elektrischen Nutzleistung.

$$L_R \cdot L_2 \cdot 0{,}03.$$

203. Spannung und Tourenzahl.

Die durch das Schneiden eines bestimmten Magnetfeldes erzeugte Spannung ist proportional der Zahl der hintereinander geschalteten Drähte, die den Kraftlinienstrom schneiden und der Geschwindigkeit, mit der die Drähte durch das Feld bewegt werden. Bei grösserer Geschwindigkeit werden mehr Kraftlinien pro Sekunde geschnitten.

Wenn eine Dynamomaschine etwa von einer zweiten Elektrizitätsquelle aus konstant erregt ist, so hat man den erwähnten Fall, die Spannung steigt proportional zur Tourenzahl. Erregt die Maschine, die hier als Nebenschluss- oder Compound-Maschine gedacht sei, sich selbst, so erhält man bei Vergrösserung der Tourenzahl die Spannungserhöhung noch beträchtlicher, da sich gleichzeitig der Erregerstrom und das Feld verstärkt.

Je schneller die Dynamomaschinen laufen, um so kleinere Typen braucht man für eine gewisse Leistung.

204. Die Belastungsgrenze der Dynamomaschinen.

Eine Dynamomaschine, die eine bestimmte Spannung zwischen ihren Klemmen erzeugt, liefert einen Strom nach dem Ohm'schen Gesetz, d. h. man braucht nur einen genügend kleinen Widerstand zwischen die Klemmen zu legen, so wird der Strom beliebig stark. Angenommen, dass die Kraftmaschine genügend stark ist, und dass die Erregung der Maschine so hoch getrieben werden kann, dass die Spannung bei der Strombelastung nicht zu sehr zurückgeht, hat die Stromabnahme dennoch eine praktische Grenze. Auch die Veränderung der Tourenzahl hat eine obere Grenze, so dass auch dadurch die abgenommene Leistung nicht beliebig hochgetrieben werden kann. Die Tourenzahl ist durch die Konstruktion des Ankers und durch die zur Verwendung kommenden Materialien begrenzt, die der Centrifugalkraft ausgesetzt sind.

Die Grenze der Stromabnahme ist durch die Erwärmung festgelegt, die infolge der Leistungsverluste in der Maschine entsteht. Die Isolationsmaterialien vertragen keine höhere Temperatur als etwa 100°. Die Stromwärme entsteht infolge des Widerstandes der Wicklungen, der Widerstand ist aber wiederum durch das Material der Wicklung festgelegt. Damit die erzeugte Wärmemenge ausstrahlen kann, rechnet man auf 1 Watt Verlust ungefähr 10 qcm Oberfläche.

Bisweilen ist die Belastungsgrenze der Dynamomaschinen auch durch das Feuern der Bürsten festgelegt, es giebt Maschinen, bei denen über eine gewisse Stromstärke hinaus keine funkenlose Bürstenstellung mehr gefunden werden kann. Bei guten Maschinen liegt die Funkengrenze höher als die Erwärmungsgrenze.

205. Die Nutenanker.

Bei modernen Maschinen verwendet man für das Ankereisen an Stelle kreisrunder Scheiben solche mit Zähnen und Nuten nach Art der Darstellung in Fig. 228. Diese gezahnten Scheiben werden auf Maschinen hergestellt und dann erst aufeinandergelegt. Die Wicklung bringt man in den Nuten unter, die mit Pressspan ausgefüttert und mit Hilfe eines Holzkeiles verschlossen werden, wie es Fig. 229 zeigt. Im Prinzip der Ankerwicklung ist durch diese Konstruktion nichts geändert, jeder Draht durchdringt das Kraftlinienfeld, nur ist er dabei von Eisen umschlossen. Mit dieser Anordnung sind eine Reihe von Vorzügen verbunden gegenüber glatten Ankern:

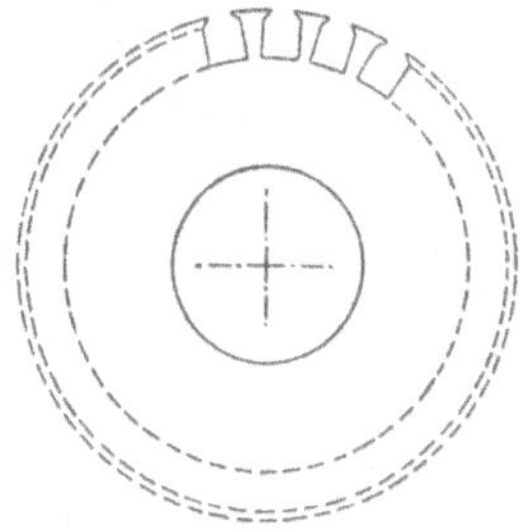

Fig. 228.

1. Bei Nutenankern werden auch in dicken Ankerdrähten keine Wirbelströme erzeugt, da die Nuten selbst nur sehr gering von Kraftlinien durchsetzt sind. Die Kraftlinien verlaufen um die Ankerdrähte herum durch das Eisen. Man kann daher unzerteilte Kupferstäbe anwenden, wodurch der für die Wicklung vorgesehene Querschnitt besser ausgenutzt wird, der anderenfalls zum grossen Teil mit Isolationsmaterial ausgefüllt werden müsste.

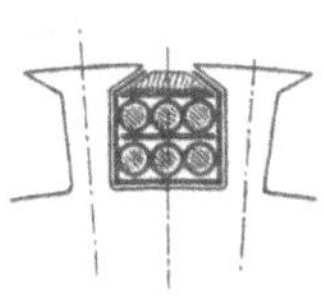

Fig. 229.

2. Die Ampèrewindungszahl der Feldmagnete wird bei Nutenankern geringer als bei glatten Ankern. Der Luftraum bietet bei den Dynamomaschinen meistens den grössten magnetischen Widerstand. Die radiale Ausdehnung des Luftraumes ist bei glatten Ankern stets grösser als bei Nutenankern, weil im ersteren Fall der Raum der Ankerwicklung als Luftraum gilt. Je geringer der Luftweg der Kraftlinien ist, um so geringer ist die Streuung einer Maschine, aus diesem Grunde wird die Ampèrewindungszahl der Magnetspulen besser ausgenutzt, als bei glatten Ankern.
3. Bei Nutenankern sind die Ankerdrähte besser gelagert, als bei glatten Ankern. Sie sind sowohl gegen äussere Verletzungen geschützt, als auch gegen die Wirkung der Centrifugalkraft und gegen tangentiale Zugkräfte, die bei glatten Ankern an den Ankerdrähten angreifen. Bei Nutenankern greift der magnetische Zug, die Kraft, die bei der Drehung zu überwinden ist, direkt an das Eisen des Ankers an. Bei Trommelwicklungen hat die bessere Lagerung der Drähte ganz besondere Bedeutung, man kann nun die Ankerspulen

mit Schablonen wickeln und nachträglich in den Anker einsetzen. Näheres darüber folgt in Abschnitt 212.

4. Die Abgabe der Wärme, die im Eisen durch die Hysteresis und durch die Wirbelströme entsteht, kann bei Nutenankern besser vor sich gehen, da das Eisen an seinem ganzen Umfange mit der Aussenluft in Verbindung steht. Bei dem glatten Anker ist das Eisen ganz in Isolationsmaterial eingepackt, Isolationsmaterialien für Elektrizität sind aber zugleich auch schlechte Wärmeleiter.

206. Ausführungsformen zweipoliger Maschinen.

Jede Firma hat ihre besonderen Typen. In früherer Zeit gingen die konstruktionellen Ausführungen weiter auseinander, gegenwärtig streben die meisten Firmen dem mehr oder weniger veränderten Lahmeyertypus zu. Unter dem letzteren versteht man eine Ausführungsform, bei der das Magnetgestell ungefähr nach der früheren Abbildung Fig. 209 gestaltet ist. Die Magnetwicklung sitzt auf den Polschuhen, der Kraftlinienstrom verteilt sich auf zwei symmetrische Hälften des Magnetgestelles. Diese Anordnung hat den Vorteil, dass der Anker von dem magnetischen Zug der Kraftlinien entlastet ist. Bei hufeisenförmigen Maschinen wird der Anker stets durch einseitigen magnetischen Zug zwischen die Magnetschenkel hineingezogen, wodurch die Welle oft sehr angestrengt wird, und wodurch die Spannung um den Anker sich ungleichmässig verteilt.

Eine Dynamotype der Firma Schuckert & Co. zeigt Fig. 230. Das Magnetgestell besteht aus Stahlguss oder aus Flusseisen, die Magnetwicklung sitzt auf den Polen, die besonders angesetzte Polschuhe tragen. Letztere umgreifen den Anker zu einem gewissen Teil und dienen dadurch zu seinem Schutz. Sie halten ausserdem die Magnetspulen auf den Polen fest. Der Kollektor besteht aus hartem Kupfer. Weiche Kohlenbürsten, die gegen den Kollektor radial geführt sind, nehmen den Strom ab. Auffällig ist bei diesen Maschinen der funkenlose Gang bis zu hoher Überlastung, ohne dass die Bürsten verstellt zu werden brauchen.

Fig. 230.

Eine weitere Ausführungsform zeigt die Abbildung Fig. 231 einer Maschine der Firma Kummer & Co. Auch hier liegt der Gedanke der Lahmeyertype zu Grunde. Die Magnetwicklung, welche in der Figur nicht zu erkennen ist, sitzt ebenfalls auf den Polschuhen und zwar oberhalb und unterhalb des Ankers, aber sie umgreift in beträchtlichem Maasse den Anker, wodurch letzterer von mehr Kraftlinien durchsetzt ist als das Magnetgestell. Mit dem Magnetgestell ist ein Gehäuse zusammengegossen, das zum Schutze der Maschine dient. Nur dort, wo sich die Bürsten befinden, ist eine Öffnung. Das Magnetgestell ist in der Horizontalebene der Ankeraxe geteilt. In der Abbildung ist ein Spannschlitten sichtbar. Letzterer ist auf das Fundament

Fig. 231.

geschraubt, während die Maschine auf dem Spannschlitten verschiebbar befestigt ist. Diese Konstruktion hat den Zweck, durch Verschieben der Maschine den Riemen spannen zu können.

Die Dynamomaschinen der meisten Firmen werden mit Ringschmierlagern ausgeführt, wodurch die Wartung vereinfacht wird.

207. Das Gestell der mehrpoligen Maschinen.

Über eine gewisse Leistung hinaus verwendet man Maschinen mit mehreren Magnetpolen. Es wechselt dabei stets ein Südpol mit einem Nordpol. Man erhält eine grössere Anzahl magnetischer Kreise nach Art der Fig. 232, die ein Beispiel der Magnetkreise einer vierpoligen Dynamomaschine giebt. In derselben Weise kann man 6, 8 und mehr Pole anordnen. Aussen hat man das Magnetgestell und innen das Ankereisen.

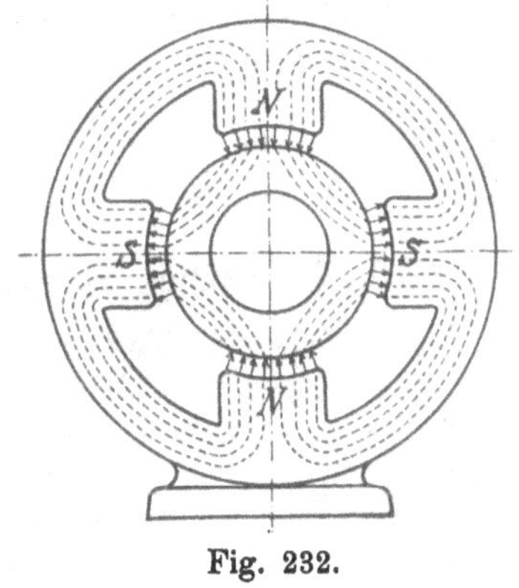

Fig. 232.

208. Einfache Ringwicklung bei mehrpoligen Maschinen.

Wir lassen einen Ring, der genau so gewickelt ist wie für eine zweipolige Maschine, innerhalb der Pole rotieren. Bei dem in der Fig. 233 angegebenen Drehsinn erhalten wir dann unter den Nordpolen lauter Spannungen, die einen Strom in die Bildebene hinein zu schicken bestrebt sind, bei den Südpolen erhalten wir Spannungen in entgegengesetzter Richtung. Verfolgt man die Richtung der Ströme, die erzeugt werden können, an den beiden Stirnseiten, so sieht man, dass überall zwischen zwei Polen ein ausgezeichneter Draht liegt, und zwar strömt bei der einen Stelle die Elektrizität von 2 Seiten auf den Draht zu, bei der nächsten nach 2 Seiten vom Draht ab. Das wiederholt sich abwechselnd. Diese Drähte kann man mit Schleifbürsten in Verbindung bringen, von denen sich bei der Rotation ein dauernder Strom abnehmen lässt.

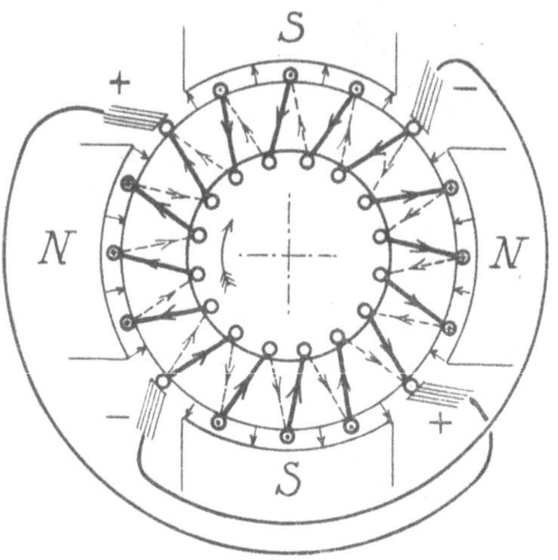

Fig. 233.

Man verbindet in den meisten Fällen alle negativen Bürsten miteinander und alle positiven Bürsten miteinander. Dabei erhält man an der Maschine dieselbe Spannung, die bei einem Polschuh erzeugt wird. Man kann aber der Maschine je nach Zahl der Pole eine grössere Stromstärke entnehmen, weil dem Strom im Anker ein grösserer Querschnitt zur Verfügung steht. Zur Vermehrung der Spannung dürfen die einzelnen elektrischen Pole nicht hintereinander geschaltet werden, wie bei einer Batterie, da Teile der Ankerwicklung dadurch kurz geschlossen werden.

209. Mehrpolige Trommelanker mit Parallelschaltung.

Bei mehrpoligen Trommelwicklungen, deren einzelne Teile parallel geschaltet sind, wiederholt sich von Pol zu Pol die Wicklung, wie sie bisher für eine zweipolige Maschine bekannt ist. Es ist bei dieser Anordnungsweise klar, dass eine Trommel, die für zwei Pole gewickelt ist, für vier Pole nicht verwendet werden kann, was ja bei dem Ring möglich ist. An einer Trommelwicklung lässt sich die Polzahl der

Maschine erkennen, zu der die Trommel gehört. Ein Beispiel einer vierpoligen Trommelwicklung lässt Fig. 234 erkennen, bei der zugleich arabische und römische Zahlen angewendet sind zum Auseinanderhalten der Teile der Wicklung. Die Zahlen und die Wicklung haben dieselbe Auf-

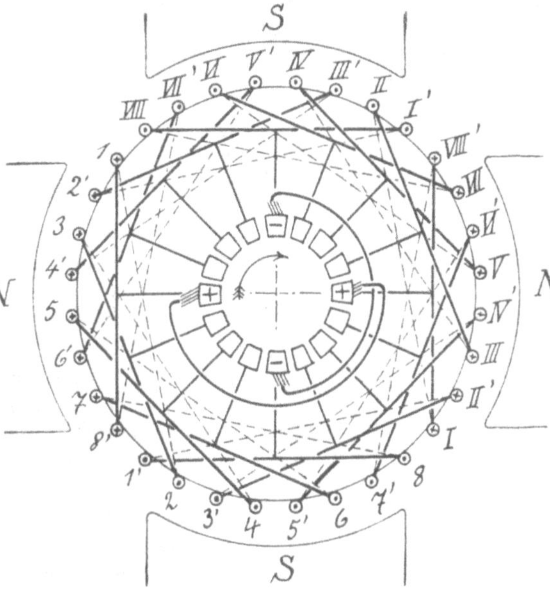

Fig. 234.

einanderfolge, wie bei der zweipoligen Trommel, daher ist die Figur ohne weiteres verständlich. Die hinten liegenden, schraffierten Drähte können auch als ganze Spulen gedacht sein, während die vorn liegenden, ausgezogenen Drähte als einzelne Drähte anzusehen sind, durch welche die Spulen verbunden werden. Die Verbindung zweier aufeinanderfolgender Spulen geschieht wiederum am Kollektor.

210. Ströme innerhalb mehrpoliger Maschinen.

Sowohl bei der Ring- als auch bei der Trommelwicklung sind die einzelnen Teile der Ankerwindungen parallel geschaltet, so wie es die Fig. 235 in einem einfachen Schema darstellt. Es ist darauf zu sehen, dass in jeder Abteilung der Wicklung dieselbe Spannung erzeugt wird. Im entgegengesetzten Falle würden nämlich innerhalb des Ankers Ströme zirkulieren können, auch wenn die Maschine nicht belastet ist.

Fig. 235.

In dem Schema Fig. 235 sei Spule Nr. 3 von etwas höherer Spannung. Die Pfeile zeigen dann den Verlauf der von ihr ausgehenden

Ströme. Diese störenden Einflüsse können dann eintreten, wenn ein Polschuh mehr Kraftlinien enthält als die übrigen. Dieser Fall kommt dann vor, wenn das Material des Magnetgestelles nicht gleichmässig ist, oder wenn der Anker excentrisch gelagert ist.

Die Fabrik korrigiert die Maschinen nach dieser Richtung hin. Aus diesem Grunde müssen bei der Montage von Maschinen die Polschuhe genau in der Reihenfolge angebracht werden, wie es die Firma durch Zeichen angeordnet hat.

211. Anker mit Serienwicklung.

Statt dass man durch Vermehrung der Pole dem Strom einen grösseren Querschnitt bei Durchgang durch den Anker zur Verfügung stellt, können auch Maschinen so gewickelt werden, dass sich die unter den einzelnen Polschuhen erzeugten Spannungen addieren. Dabei liegen die Hälfte aller Ankerdrähte hintereinander, wie bei einer zweipoligen Trommel. Es sind bei dieser Art der Wicklung die Drähte, welche unter gleichnamigen Polen liegen, hintereinander geschaltet, man nennt deshalb diese Wicklung eine „Serien-“ oder „Reihenwicklung“.

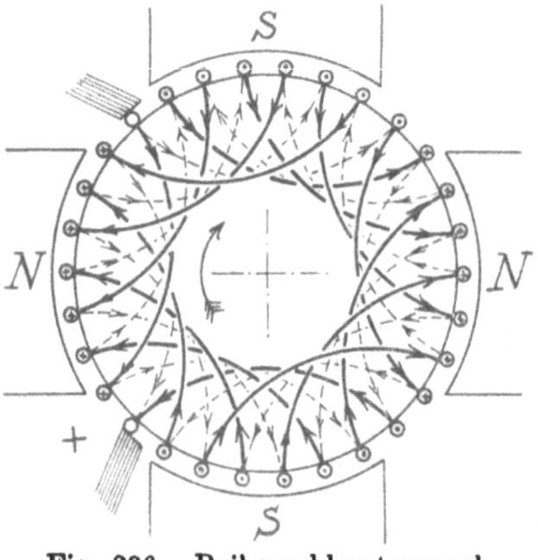

Fig. 236. Reihenschlusstrommel.

Ein Beispiel für eine vierpolige Trommelwicklung dieser Art giebt Fig. 236, bei der 30 Spulen rund um den Anker liegen, und bei deren Wicklung jedesmals 6 Spulen übersprungen sind. Den Stromverlauf zeigen die in der Figur angegebenen Pfeile. Es genügt, die Bürsten nur an zwei Stellen anzulegen.

Maschinen dieser Art werden seltener angewendet, als solche mit parallel geschalteten Ankerwicklungen. Man führt in entsprechender Weise auch Ringwicklungen aus, auf die hier aber nicht weiter eingegangen ist.

212. Mit Schablonen gewickelte Trommeln.

In Verbindung mit Nutenankern haben die Trommelwicklungen bei modernen Maschinen eine konstruktive Form erhalten, die den beim Wickeln entstehenden Wulst vermeidet. Die Verbindungslinie zwischen den Ankerdrähten ist dort auf der Mantelfläche des Ankers in zwei Schraubenlinien geführt, wie Fig. 237 zeigt.

Spulen dieser Art werden auf Schablonen fertig gewickelt und werden dann in die Nuten des Ankereisens eingebracht. Dabei legen sich die einzelnen Spulen schuppenartig aufeinander, so dass auf einfache Weise fehlerhafte Spulen ersetzt werden können. Ausserdem liegt bei dieser Konstruktion ein Luftraum zwischen den einzelnen

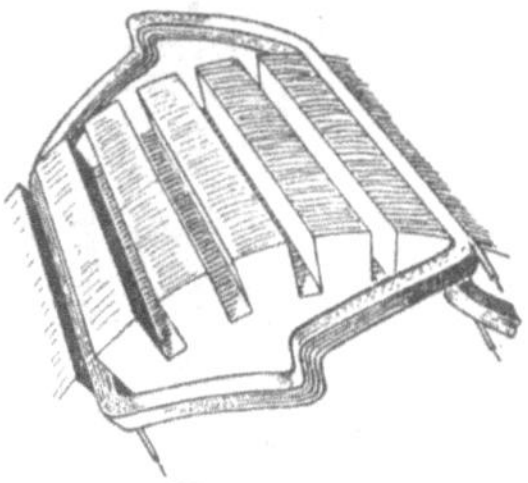

Fig. 237.

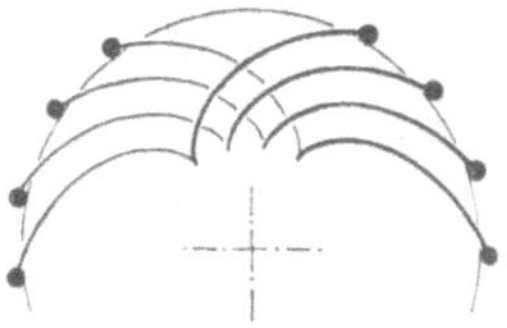

Fig. 238.

Spulen dort, wo sich die Drähte kreuzen, so dass erstens ein Kurzschluss zwischen den einzelnen Spulen nicht zu befürchten und dann aber, wenn er entsteht, direkt sichtbar ist.

Eine andere Art der Ausführungsform der Verbindungsdrähte stellt die Fig. 238 dar. Hier sind die Verbindungsdrähte an den Stirnseiten in Evolventenform geführt. Evolventen desselben Grundkreises haben die Eigentümlichkeit, überall gleichen Abstand von einander zu haben. Auch hier befindet sich ein Luftraum zwischen den nach rechts und den nach links verlaufenden Evolventen.

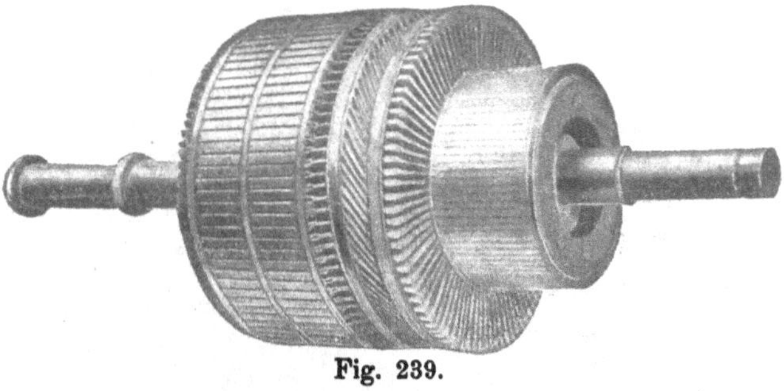

Fig. 239.

Die Enden einer jeden Spule, die an die Kollektorstücke angeschlossen werden, werden von der Stirnseite des Ankereisens aus neben den Strang der nächstfolgenden Spule gelegt; so erhält die Wicklung ein äusserst sauberes Ansehen. Der Hauptvorzug dieser Wicklung ist der, dass die Herstellung der Spulen auf Schablonen weniger Zeit

Fig. 240.

Fig. 241.

erfordert, als wenn jeder einzelne Draht von Hand durchgezogen werden müsste. Eine Trommel, die nach der hier beschriebenen Art gewickelt ist, stellt Fig. 239 dar. Sie gehört zu einer mehrpoligen Maschine der Elektrizitäts-Aktiengesellschaft „Helios“. Aus der Figur sind die Nuten des Ankereisens zu erkennen. Man sieht nur die oben liegenden schraubenförmig geführten Drähte an der Kollektorseite; die darunter liegenden verlaufen entgegengesetzt. Der Anker ist zum Schutz der freiliegenden Teile der Wicklung mit Bandagen ausgerüstet.

Die mechanische Herstellung der Spulen ist nur bei Trommeln möglich, die früher erwähnten Nachteile der Trommelwicklung sind durch diese Art der Konstruktion gehoben, daher werden Trommelwicklungen in der modernen Technik sehr viel angewendet; der einzige Vorzug der Ringwicklung ist ihre Einfachheit.

213. Ausführungsformen mehrpoliger Maschinen.

Bei mehrpoligen Maschinen sind die Ausführungsformen der einzelnen Firmen bedeutend mehr voneinander verschieden, als bei zweipoligen. Je grösser die Leistung der Maschine ist, um so mehr Pole wendet man an, doch lassen sich feste Grenzen nicht dafür angeben,

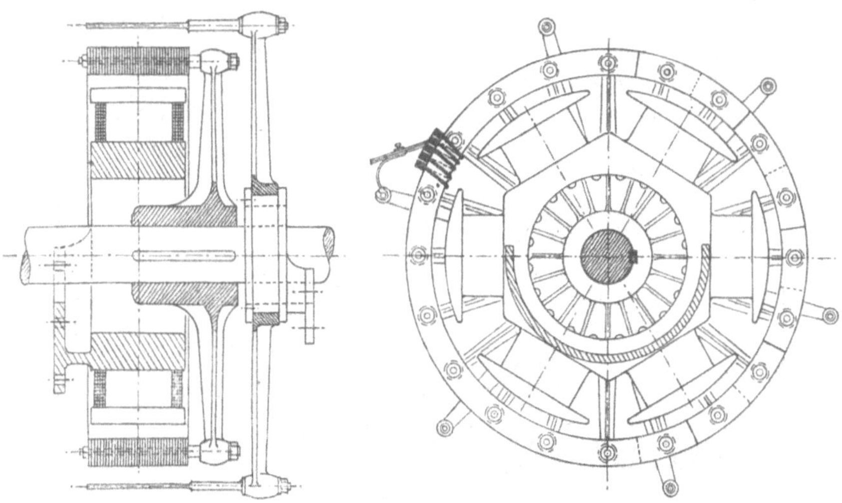

Fig. 242.

als Mittel wählt man etwa von 12 bis 80 KW vier Pole, von 80 bis 120 KW sechs Pole.

Die Figg. 240 und 241 geben zwei Beispiele für vierpolige Maschinen. Die erstere Abbildung stellt eine Type der Firma

Kummer & Co. dar, bei der das Magnetgestell an den Polen eingezogen ist. Es ist zusammenhängend gegossen und trägt auf der Rückseite der Darstellung einen angegossenen Bock für das Lager an der Riemen-

Fig. 243.

scheibe. Das vordere Lager wird von einem angeschraubten Bock getragen. Das Gestell ist mit angesetzten Polschuhen versehen.

Die zweite Abbildung zeigt eine Type der Elektrizitäts-Aktiengesellschaft „Helios“. Das Magnetgestell ist zweiteilig und hat angesetzte Pole, die an ihrem Ende polschuhartig erweitert sind, was sich aus der Figur nicht erkennen lässt. Die vorspringenden Polspitzen halten die Magnetspulen. Alle Typen dieser Firma sind mit Trommelankern ausgerüstet, deren mechanisch gewickelte Spulen in Nuten liegen.

Eine spezielle Form der mehrpoligen Maschinen sind die Innenpolmaschinen. Man hat einen festen Kranz von Magneten innerhalb des Ringankers, so wie es die Fig. 242 für eine sechspolige Maschine veranschaulicht. Hierbei schleifen die Bürsten auf der Aussenseite des Ankers, die zum Kollektor ausgebildet ist.

Der Ringanker muss bei dieser Konstruktion an einen Armstern aus Stahlguss befestigt werden, der an dem Anker seitlich angreift. Auf die Konstruktion des Armsternes in Verbindung mit dem Ankereisen wird besonderer Wert gelegt, da das Ganze ein leicht verschiebliches Gebilde ist und dabei den grossen Zug der Kraftlinien auszuhalten hat. Die vom Armstern aus durch das Ankereisen gehenden Stäbe halten die aus einzelnen Teilen bestehenden Ankerbleche zusammen, dadurch dass die Stossstellen der Bleche versetzt sind, so wie es in der Vorderansicht an der rechten Seite angedeutet ist. Die Bürstenbrücke wird bei dieser Konstruktion sehr gross. Sie ist auf einer Cylinderfläche drehbar, die an dem in der Seitenansicht rechts liegenden Lagerbock festgeschraubt ist. Das feststehende Magnetgestell ist an dem gegenüberliegenden Lagerbock angebracht.

Die Abbildung Fig. 243 zeigt eine Innenpolmaschine nach einer photographischen Aufnahme. Sie ist mit einer Dampfmaschine direkt gekuppelt. Zwischen dem Anker und der Bürstenbrücke befindet sich bei dieser Maschine ein Schutzmantel, im übrigen ist die Abbildung ohne weiteres verständlich. In der Figur sieht man zwei Hebel an der Bürstenbrücke, die zur Einregulierung der Bürsten dienen. Der Vorzug der Innenpolmaschinen ist der geringe Raumbedarf.

214. Die Vorausberechnung von Dynamomaschinen.

Man benutzt zur Berechnung des Ankerdurchmessers der Maschinen eine Formel, die sich durch praktische Erfahrung ergeben hat:

$$D = c \cdot \sqrt[3]{\frac{E \cdot J}{n} \cdot \frac{D}{L}}, \tag{1}$$

wobei bedeutet:

D = Durchmesser des Ankereisens in cm,
E = Klemmenspannung der Maschine,
J = Stromstärke der Maschine,
L = Länge des Ankereisens in Axenrichtung,
n = Tourenzahl pro Minute,
c = Konstante, die für Ringe = 13, für Trommeln = 11 ist.

Ist D bekannt, so rechnet man den Querschnitt des Ankereisens Q_a in Quadratcentimeter aus, nimmt die Induktion im Ankereisen ungefähr zu

$$B_a = 10\,000$$

an, wonach man die Zahl der Kraftlinien, welche das Ankereisen durchsetzen, erhält nach der Gleichung

$$N_a = Q_a \cdot B_a.$$

Ist Q_a der einfache Rotationsquerschnitt, so bekommt man die Zahl der Kraftlinien, welche durch einen Polschuh verlaufen

$$N = 2 \cdot Q_a \cdot B_a. \tag{2}$$

Mit diesem Resultat geht man in die Gleichung, welche die Zahl der Ankerdrähte liefert:

$$E_a = N z n \cdot \frac{1}{100\,000\,000}, \tag{3}$$

wobei z = Zahl der Ankerdrähte rund um den Anker sowohl für zweipolige, wie für mehrpolige Maschinen

und n = Tourenzahl des Ankers pro Sekunde zu setzen ist. Die Zahl der Drähte wird auf eine runde Summe gebracht, die in gleichmässigen Spulen untergebracht werden kann, danach wird n korrigiert.

Es ist N = Zahl der Kraftlinien, die durch einen Polschuh verlaufen, sowohl bei zweipoligen, wie bei mehrpoligen Maschinen

und E_a = gesamte EMK des Ankers, d. h. die Nutzspannung E plus dem Spannungsverlust e in der Ankerwicklung, der je nach Grösse der Maschine zu 1 bis 5 % der Nutzspannung im voraus geschätzt werden muss.

Gleichung (3) gilt für zweipolige Maschinen und für solche mehrpolige, deren gleichnamige Bürsten parallel geschaltet sind. Bei mehrpoligen Maschinen mit Serienanker ist die rechte Seite der Gleichung mit der halben Polzahl zu multiplizieren.

Da die Zahl der Ankerdrähte nun nach Gleichung (3) bekannt ist, lässt sich auch die Länge jedes Zweiges der Ankerwicklung ausrechnen und man erhält den Gesamtquerschnitt aller parallel geschalteten Ankerzweige zusammen nach der Formel aus Abschnitt 56

$$q = \frac{l \cdot J_a \cdot c}{e}, \tag{4}$$

dabei ist:

q = gesamter Kupferquerschnitt aller Ankerzweige zusammengenommen in Quadratmillimeter,

l = Länge des Kupferdrahtes in Meter eines der parallel geschalteten Ankerzweige von Bürste zu Bürste gerechnet,

J_a = gesamte Ankerstromstärke in allen Ankerzweigen zusammen. Bei Nebenschlussmaschinen ist J_a um 2 bis 5 %, je nach Grösse der Maschine höher zu taxieren, als der Nutzstrom J,

e = Spannungsverlust in der Ankerwicklung, der, wie bereits erwähnt, zu 1 bis 5 % der Nutzspannung geschätzt werden muss,

c = spezifischer Widerstand von Kupfer = 1 : 60.

Man kennt nun den gesamten Kupferquerschnitt der Ankerwicklung und rechnet den Durchmesser des einzelnen Ankerdrahtes aus. Es muss dann kontrolliert werden, ob die Wicklung samt der Isolation der Drähte untergebracht werden kann. Ist diese Möglichkeit gewährleistet, so entwirft man das Magnetgestell, in welchem die Induktion ein beträchtliches Maass über das Knie der Induktionskurve des betreffenden Materials (siehe Abschnitt 152) gewählt werden muss. Das ist dazu erforderlich, damit man eine gestreckte Charakteristik der Maschine erhält. Zu dem entworfenen Magnetgestell rechnet man die Ampèrewindungszahl eines magnetischen Kreises aus, die erforderlich ist zur Herstellung der nötigen Kraftlinienzahl. Die nach den Angaben in Abschnitt 153 ermittelte Ampèrewindungszahl ist um 10 bis 20 % zu erhöhen zur Überwindung des Einflusses der Streuung und der Ankerreaktion.

Legt man auf jeden Pol eine Magnetisierungsspule, so braucht jede einzelne nur die Hälfte der Ampèrewindungszahl zu erhalten, die für einen Kreis gerechnet worden ist, auch wenn zwei magnetische Kreise in ihr vereinigt werden.

Aus der Stromstärke, die in den Magnetwindungen fliessen soll, und der errechneten Ampèrewindungszahl jeder Spule ergiebt sich die Zahl ihrer Windungen. Es ist wiederum zu kontrollieren, ob die Wicklung untergebracht werden kann, deren Querschnitt sich wiederum nach Abschnitt 56 aus ihrer Länge, ihrer Stromstärke i_m und der Spannung an ihren Enden berechnet.

Zum Schluss ist sowohl für den Anker, als auch für die Magnetwicklung zu untersuchen, ob die in den Windungen erzeugte Wärme genügend ausstrahlen kann. Man bedarf pro 1 Watt Verlust in den Windungen einer abkühlenden Aussenflächt von 10 qcm.

215. Beispiel für die Berechnung einer Nebenschlussmaschine.

Gegeben:

Nutzspannung E = 120 Volt
Nutzstrom J = 85 Amp.
Umgangszahl n_{min} = 1000

Die Maschine soll als Trommel-Maschine ausgeführt werden, zweipolig, Lahmeyertypus, mit Gussstahlgestell; es sei

$L : D$ des Ankers = 1 (Quadrattrommel).

Mit Benutzung der Bezeichnungen des vorigen Abschnittes wird:

Durchmesser des Ankereisens:

$$D = c\sqrt[3]{\frac{E \cdot J}{n}} = 11\sqrt[3]{\frac{120 \cdot 85}{1000}} = 24 \text{ cm}.$$

Innerer Durchmesser des Ankereisens zum Durchbringen der Welle gewählt zu:

$$D' = 7 \text{ cm}.$$

Rotationsquerschnitt des Ankereisens:

$$Q_a = 24 \cdot (12 - 3{,}5) = 204 \text{ qcm};$$

hiervon sind $10\,^0/_0$ abzuziehen, da das Papier zwischen den Ankerblechen den Eisenquerschnitt verkleinert,

$$Q_a = 184 \text{ qcm}.$$

Zahl der Kraftlinien eines Poles:

$$N = 2 \cdot Q_a \cdot B_a = 2 \cdot 184 \cdot 10\,000 = 3\,680\,000$$

Zahl der Ankerdrähte rundum:

$$z = \frac{100\,000\,000 \cdot (E + e)}{N \cdot n\,\text{sec}} = \frac{100\,000\,000\,(120 + 3)}{3\,680\,000 \cdot 16{,}66} = 200;$$

gewählt werden 192 Leiter, die in 48 Nuten zu je vier Leitern untergebracht werden sollen. Zwei Leiter in je einer Nut gehören zu derselben Spule, also erhält man 48 Spulen und 48 Kollektorstäbe. Die Maschine ist statt mit 1000 nun mit 1040 Touren laufen zu lassen.

Die Länge des Drahtes in einem Ankerzweig wird angenähert bestimmt:

$$l = \frac{z}{2}(L + 1{,}8\,D) = 96\,(24 + 42) = 6400 \text{ cm} = 64 \text{ m}.$$

Der Ankerstrom wird taxiert zu

$$J_a = J + i_m = 85 + 2 = 87 \text{ Ampère}.$$

Der Spannungsverlust im Anker wurde bereits vorläufig angenommen zu

$$e = 3 \text{ Volt},$$

daher folgt für den Kupferquerschnitt beider Ankerkreise zusammen

$$q = \frac{l \cdot J_a \cdot c}{e} = \frac{64 \cdot 87}{3 \cdot 60} = 31 \text{ qmm},$$

daher der Durchmesser eines Ankerdrahtes:

$$d = \sqrt{15{,}5 \cdot \frac{4}{\pi}} = 4{,}45 \text{ mm}.$$

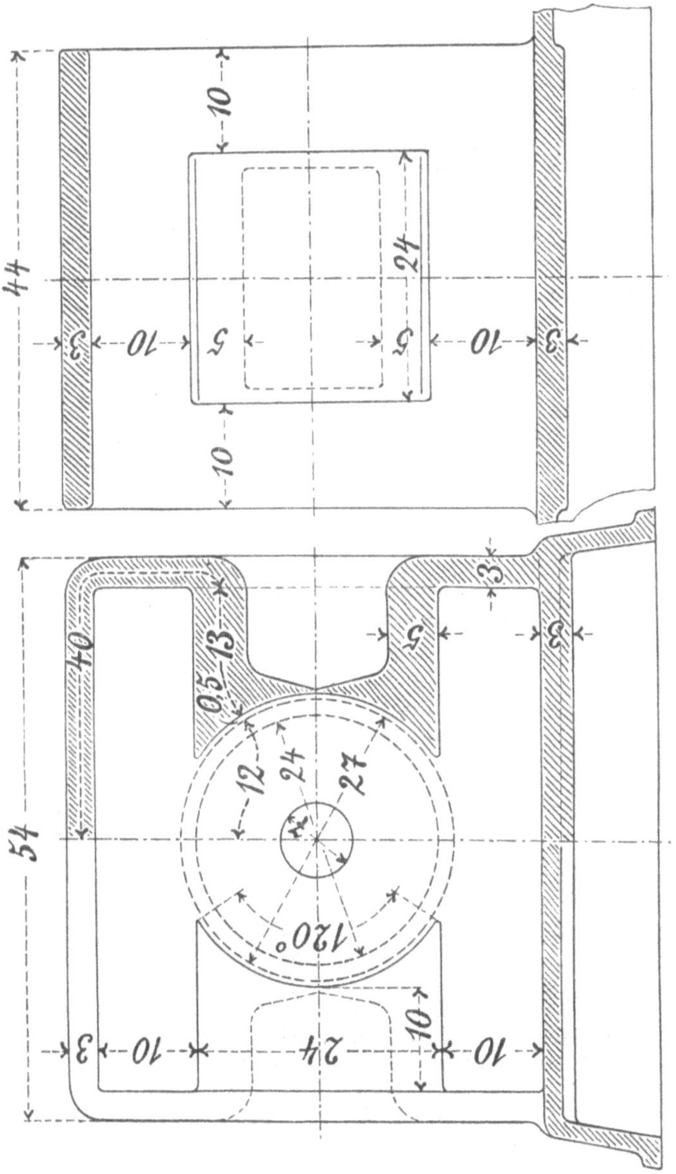

Fig. 244.

Gewählt wird ein Draht vom Durchmesser:

$$d = 4 \text{ mm},$$

mit einem Querschnitt von 12,6 statt 15,5 qmm, so dass statt 3 Volt nun $3 \cdot \frac{15{,}5}{12{,}6} = 3{,}7$ Volt im Anker verloren gehen. Ein Draht von 4 mm Durchmesser ist umsponnen etwa 5 mm dick; der Umfang des Ankereisens beträgt

$$24 \cdot \pi = 75{,}5 \text{ cm};$$

von Mitte bis Mitte Zahn gerechnet erhält man 75,5 : 48 = 1,58 cm, während zwei Drähte nebeneinanderliegend etwa 1 cm beanspruchen. Man kann daher die vier Drähte in der Nut so anordnen, dass zwei nebeneinander und zwei übereinander liegen, es bleiben dann abzüglich des Pressspanes noch etwa 4 mm für die untere Stegdicke übrig. Der äussere Durchmesser des Nutenankers beträgt nun etwa 27 cm.

Dem Magnetgestell soll eine Form zu Grunde gelegt werden, die aus Fig. 244 zu erkennen ist, und deren hier interessierende Maasse aus der folgenden Tabelle ersichtlich sind, die zugleich die Ausrechnung der Ampèrewindungszahlen nach den Kurven aus Abschnitt 152 enthält:

Tabelle der Berechnung eines magnetischen Kreises.

Bez.	Mat.	Querschn. qcm	Kraftl. d. Kreises	Ind. B	Weg cm	Ampw. f. 1 cm	Ampw. f. d. Weg
Anker	Schmied.	184	1 840 000	10 000	24	3,75	90
Luftr.	Luft	338	1 840 000	5 450	1	4350	4350
Polsch.	Stahlg.	120	1 840 000	15 330	26	67	1740
Gestell	Stahlg.	132	1 840 000	13 900	80	34	2720
						Summe	8900
			Für Streuung und Ankerrückwirkung				1100
							10000 Ampw.

Da die Wicklung auf zwei Polschuhen untergebracht wird, erhält jede Spule 5000 Ampèrewindungen. Es war von vorn herein taxiert die Erregerstromstärke

$$i_m = 2 \text{ Ampère},$$

es hätte jede Spule aus 2500 Windungen zu bestehen. Die mittlere Länge einer Windung wird vorläufig geschätzt zu 1,27 m. Es beträgt dann die Länge des Drahtes auf einer Spule

$$l = 1{,}27 \cdot 2500 = 3180 \text{ m}.$$

Die Spannung an den Enden einer Spule beträgt die Hälfte der Klemmenspannung der Maschine

$$e = 60 \text{ Volt}.$$

Daraus ergiebt sich der Querschnitt des Drahtes der Magnetspule für Kupfer von $c = 1:60$ zu

$$q = \frac{l \cdot i_m \cdot c}{e} = \frac{3180 \cdot 2}{60 \cdot 60} = 1{,}77 \text{ qmm}$$

und der Durchmesser des Drahtes

$$d = \sqrt{q \cdot \frac{4}{\pi}} = 1{,}5 \text{ mm}.$$

Dieser Draht ist umsponnen 2 mm stark. Auf einen Wicklungsquerschnitt von 10 × 10 cm, der in dem Magnetgestell vorgesehen war, lassen sich gerade noch 2500 Windungen dieses Drahtes anordnen, wobei auch noch ein Spulenrahmen Platz hat; es können dabei 45 Windungen pro Schicht in 55 Schichten übereinander liegen. Man erhält in Wirklichkeit die erst taxierte mittlere Länge einer Windung.

Die Abkühlung dieser Maschine ist genügend, denn es werden 2 Amp. · 120 Volt = 240 Watt in der Magnetwicklung verbraucht, die Oberfläche der Spulen beträgt mehr als 2400 qcm. Im Anker werden 3,7·Volt · 87 Amp. = 322 Watt in Wärme umgesetzt, die Oberfläche des Ankereisens beträgt allein 2940 qcm, die Wicklung steht zu beiden Seiten des Ankereisens ein beträchtliches Stück über, so dass sich ihre abkühlende Fläche noch vergrössert.

Eine ausgeführte Maschine zeigt nie genau das Verhalten, das ausgerechnet worden ist, jedoch lässt sich durch geringe Änderung der Tourenzahl in den meisten Fällen die gewünschte Spannung erreichen.

216. Das Parallelschalten von Nebenschlussmaschinen.

In technischen Betrieben dürfen Spannungsschwankungen an einem Netz nur in geringem Maasse auftreten. Alle Schaltungen während des Betriebes haben daher so zu erfolgen, dass keine Stösse bemerkbar sind. Es dürfen aus diesem Grunde Kreise mit grossen Stromstärken bei Centralbetrieben nicht plötzlich unterbrochen, oder plötzlich eingeschaltet werden. Ein Fall, der häufig zu Spannungsschwankungen Anlass geben kann, ist das Parallelschalten mehrerer Maschinen, zu dessen Verständnis hier einige Angaben über die Schaltungsweise von Centralen vorausgeschickt werden.

Grössere Centralen besitzen meistens eine Anzahl von Maschinen, die, wenn sie auf ein Netz arbeiten, je nach Bedarf parallel geschaltet werden können. Diese Maschinen sind für dieselbe Spannung konstruiert. Die Verbindung zwischen Bürsten und Nebenschlusswicklung erfolgt nicht an der Maschine selbst, sondern es gehen von jeder Maschine aus zwei starke und zwei schwache Leitungen zu einem Schaltbrett. Die starken Leitungen aller Maschinen, die mit den Bürsten in Verbindung stehen, werden bei der Schalttafel an zwei Kupferschienen parallel angeschlossen. Zwischen der Dynamo und den Kupferschienen befindet sich ein zweipoliger Ausschalter und ein Strommesser. Von den Kupferschienen aus zweigen dann jedesmal unter Zwischenschaltung einer zweipoligen Sicherung und eines zweipoligen Ausschalters die einzelnen Leitungsstränge des Netzes ab. Von diesen Sammelschienen wird auch die Erregung der einzelnen Dynamos unter Zwischenschaltung eines Nebenschlussregulators mit Stromunterbrecher abgenommen. Es dienen dazu die beiden vorher erwähnten dünnen Leitungen, die von jeder Maschine zur Schalttafel führen, und die an der Maschine mit der Magnetwicklung verbunden sind.

Der Beginn eines Betriebes erfolgt nun so, dass zunächst eine Maschine in normalen Gang gesetzt wird, ohne dass sie angeschlossen ist. Dann erst erregt man die Maschine durch Eindrücken des Maschinen-Stromschlusshebels und durch langsames Verdrehen der Kurbel am Nebenschlussregulator. Während dieses Vorganges ist noch keine Leitung des Netzes angeschlossen. Man beobachtet die Spannung der Maschine und reguliert, bis sie den richtigen Wert erreicht hat. Jede Maschine hat entweder selbst einen Spannungsmesser oder kann einzeln an einen Spannungsmesser angelegt werden. Erst wenn die vorschriftsmässige Spannung dauernd erreicht ist, wird das Netz angeschlossen. Die Einregulierung der Spannung bei Zunahme der Belastung geschieht, wie bereits früher erwähnt, am Nebenschlussregulator. Ist die erste Maschine nahe an der Grenze ihrer Belastung, setzt man zunächst eine zweite Maschine in Gang. Dann schaltet man den Nebenschluss ein und reguliert am Nebenschlusswiderstand der zweiten Maschine so lange, bis ihre Spannung gleich der Netzspannung ist. Die Erregerwicklung der zweiten Maschine wird sofort von dem normalen Strom durchflossen, da die Sammelschienen von der ersten Maschine her bereits Spannung haben. Erst wenn die zweite Maschine die richtige Spannung zeigt, darf ihr Stromschlusshebel eingedrückt werden. Durch den Anker der zweiten Maschine fliesst dann zunächst kein Strom, die Maschine ist ohne eine Spannungsschwankung an das Netz angeschlossen worden. Nun kann der Stromanteil der zugeschalteten Maschine ohne plötzliche Übergänge einreguliert werden, indem man am Nebenschlussregulator der zweiten Maschine allmählich der Belastung des Netzes entsprechend Widerstand ausschaltet. Genau in dieser Weise verfährt man bei jeder weiteren zuzuschaltenden Maschine. Die Abschaltung erfolgt, indem die betreffende Maschine ebenfalls erst mit Hilfe des Nebenschlussregulators stromlos gemacht ist.

Es giebt Schaltungsweisen, bei denen der beim Abschalten des Nebenschlusses einer Maschine entstehende grosse Funke vermieden wird. Auf diese Anordnungen kann hier nicht eingegangen werden.

Ebenso ist in den Rahmen dieses Buches der Fall nicht aufgenommen, dass eine Centrale während des Betriebes Akkumulatoren zu laden und nach Bedürfnis zu entladen gestattet. Bei Dreileiter-Anlagen würde sich die Betrachtung noch mehr komplizieren.

Achtzehntes Kapitel.

Die Motoren für Gleichstrom.

217. Allgemeines.

Die Lehre von den Elektromotoren schliesst sich an an den Fundamentalversuch des Abschnittes 163. Dort wurde gesehen, dass auf einen stromdurchflossenen Draht im magnetischen Felde eine Kraftwirkung ausgeübt wird, deren Richtung nach der Regel der linken Hand vorausbestimmt werden kann. Bei den Elektromotoren befinden sich viele stromdurchflossene Drähte in einem starken magnetischen Felde. Man erhält dadurch eine so grosse Kraftwirkung, dass man sie zu technischen Betrieben verwenden kann. Es ist dazu eine Elektrizitätsquelle erforderlich, die imstande ist, die genügende Leistung abzugeben, d. h. bei einer gewissen Anzahl Volt die nötige Ampèrezahl zu liefern. Bei dem Betrieb von Elektromotoren verwendet man meistens als Elektrizitätsquelle die Maschine einer Centralstation, seltener eine Akkumulatorenbatterie, in der man eine bestimmte Wattstundenzahl aufgespeichert hatte.

218. Die Anker der Gleichstrommotoren.

Es liege zunächst wieder ein Ringanker vor, der genau so gewickelt ist, wie bei einer Dynamomaschine. Der Ring befinde sich zwischen zwei Polschuhen, von denen aus eine gewisse Anzahl von Kraftlinien das Ankereisen durchsetzen. Diesem Anker wird ein Strom von einer vorhandenen Elektrizitätsquelle aus zugeführt. Zu diesem Zweck liegen zwei Bürsten an derselben Stelle, wo sie bei der Dynamomaschine lagen, in der Symmetrieebene zwischen beiden Polschuhen. Wir legen an die obere Bürste den positiven Pol der Elektrizitätsquelle, an die untere den negativen. Die Richtung des Magnetfeldes sei wiederum angenommen von links nach rechts. Die Anordnung veranschaulicht Fig. 245.

Das Schema dieser Figur zeigt, dass in den Ankerdrähten der Strom in entgegengesetztem Sinne fliesst, als das bei einer Dynamomaschine der Fall war, die oben den positiven Pol hatte. Sowohl auf der linken, als auch auf der rechten Seite des Ringes sind alle Drähte, die unter einem Polschuh liegen, in derselben Richtung durchflossen, es addieren sich die Kraftwirkungen der einzelnen Drähte. Die Regel der linken Hand besagt, dass die Drähte unter dem Nordpol, deren Strom auf den Beschauer zuläuft, eine Kraftwirkung von unten nach oben erhalten, die entgegengesetzt durchflossenenen Drähte unter dem Südpol erhalten eine Kraft von oben nach unten. Beide Seiten der Wicklung suchen den Ring in demselben Sinne zu drehen.

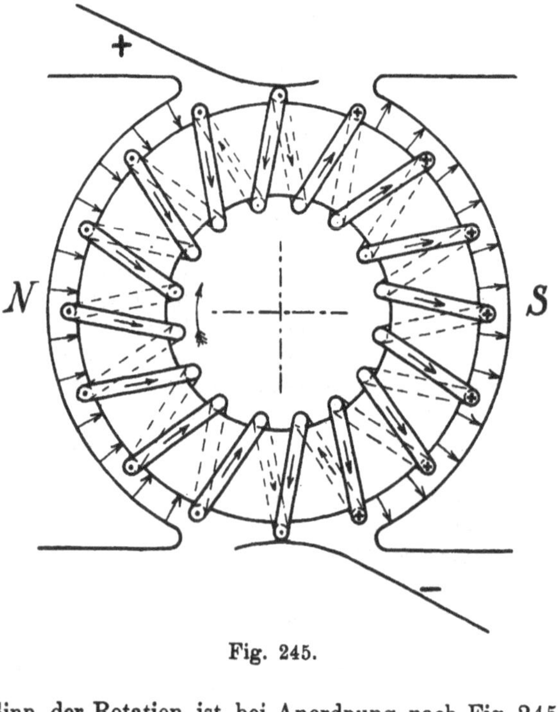

Fig. 245.

Der Sinn der Rotation ist bei Anordnung nach Fig. 245 derselbe, den man anwenden musste, um bei der Dynamomaschine oben den positiven Pol zu erhalten.

Dasselbe Resultat, zu dem wir bei dem Ring gekommen sind, erhalten wir auch bei der Untersuchung eines Trommelankers. Schicken wir diesem an der Stelle einen Strom zu, an der wir bei der Dynamo einen Strom entnahmen, so erhalten wir ebenfalls unter beiden Polschuhen eine Kraftwirkung, die in demselben Rotationssinn zu drehen sucht. Daraus lässt sich schon erkennen, dass jede Gleichstrom-Dynamomaschine bei dem Hindurchschicken eines Gleichstromes von einer vorhandenen Elektrizitätsquelle aus auch als Motor verwendet werden kann.

219. Die elektromotorische Gegenkraft.

Es liege zunächst ein magnetisches Feld vor, das in Fig. 246 durch vier dünne Linien begrenzt ist. In diesem Felde befinde sich der Draht *a b*. Die Kraftlinien, welche durch Punkte angedeutet sind, haben ihre Richtung in die Tafelebene hinein.

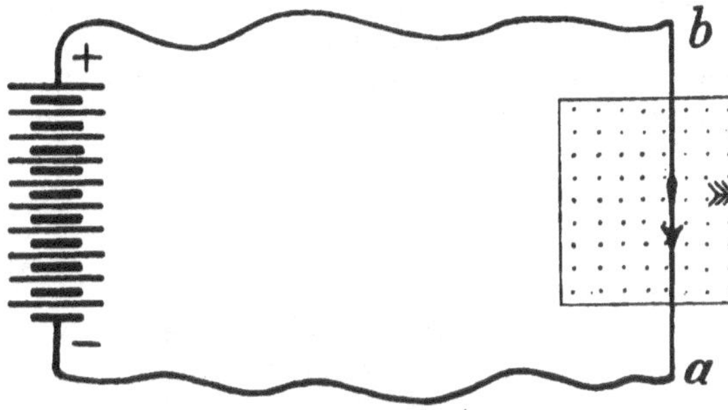

Fig. 246.

Wird nun an den Draht eine Elektrizitätsquelle angeschlossen mit der Spannung E, so fliesst, wenn der Draht zunächst festgehalten wird, eine Stromstärke J hindurch, welche sich nach dem Ohm'schen Gesetz einstellt. Ist w der Widerstand des ganzen Kreises, so gilt die Gleichung

I. (Draht in Ruhe) $E = J \cdot w$.

Wird nun der Draht losgelassen, so dass er infolge dieser Kraftwirkung durch das Feld gleitet, so schneidet er bei seiner Bewegung Kraftlinien. Die Bewegungsrichtung erhielten wir nach der Regel der linken Hand in Richtung des Federpfeiles. Nach der Regel der rechten Hand bekommen wir nun eine Spannung e an den Enden des Drahtes, welche durch das Schneiden der Kraftlinien erzeugt wird. Die Richtung dieser Spannung e ist, wie die beiden Handregeln ergeben, entgegengesetzt der Spannung E, welche an die Enden des Drahtes gelegt worden ist.

Der in den Draht hineingeschickte Strom hat nunmehr nicht nur den Widerstand zu überwinden, sondern auch die Spannung e. Diejenige Spannung, durch welche nun der Strom in dem Kreise hergestellt wird, ist die Differenz $E - e$, so dass die Gleichung gilt:

II. (Draht in Bewegung) $E - e = i w$.

In dem letzten Fall ist die Stromstärke kleiner, als im ersten Fall, da die Spannung E als konstant anzusehen ist. Die Spannung e wirkt, als ob eine Anzahl Elektrizitätsquellen in dem Drahte $a b$ gegengeschaltet wären.

Die Spannung, welche ein vom Strom getriebener Draht im magnetischen Felde gegen die angelegte Spannung erzeugt, heisst die elektromotorische Gegenkraft des Drahtes.

220. Die elektromotorische Gegenkraft bei einem Gleichstrommotor.

Dasselbe, was bei einem einzigen Draht erkannt wurde, gilt auch bei einem Anker eines Motors, nur bewegen sich hier viele hintereinander geschaltetete Drähte in einem magnetischen Felde, daher addieren sich die Gegenspannungen der einzelnen Drähte. Wird der Anker eines Motors zunächst festgehalten, und legt man eine Spannung E an die Bürsten, so erhält man die Stromstärke nach folgender Gleichung:

1. $$J = \frac{E}{w_a},$$

wobei w_a den Widerstand des Ankers bedeutet.

Lässt man nun den Anker infolge der Kraftwirkung rotieren, so schneiden die Drähte Kraftlinien und verursachen zwischen den Bürsten eine Gegenspannung e, welche ausser dem Ankerwiderstand von der Stromstärke überwunden werden muss. Letztere stellt sich nun ein nach der Gleichung

2. $$i = \frac{E - e}{w_a}.$$

Da die Stromstärke i bei der Rotation geringer ist als J beim Stillstand, so erhält man unter Annahme eines konstanten Kraftlinienflusses bei zunehmender Rotation eine geringer werdende Kraftwirkung. Die Kraftwirkung der einzelnen Drähte zusammen multipliziert mit dem Radius des Ankers ergiebt das Drehmoment.

221. Das Verhalten eines Motors von konstanter Feldstärke.

In dem vorigen Abschnitt wurde gesehen, die Stromstärke ist am grössten, wenn der Anker festgehalten wird, sie nimmt ab, wenn der Anker rotiert. Läuft nun ein Motor ganz leer, so beschleunigt er sich zunächst infolge der Kraft, die an dem Umfang wirkt. Die Tourenzahl kann aber nur bis zu einem bestimmten Wert zunehmen, über den sie nicht hinauskommt, dieser Wert ist dann erreicht, wenn die durch das Schneiden der Kraftlinien erzeugte Spannung e ebenso gross ist, wie die angelegte Spannung E. Würde e grösser als E, so hätte man es nicht mehr mit einem Motor, sondern mit einer Dynamomaschine zu thun, und der Anker müsste von aussen gedreht werden. In dem Fall, wo $e = E$ wird, fliesst kein Strom in der Wicklung, der Motor verbraucht keine Leistung, was dann streng richtig wäre, wenn sich ein völliger Leerlauf ohne Verluste im Anker herstellen liesse.

Belastet man nun die Welle des Motors etwa durch eine Bremsvorrichtung, so wird der Motor zunächst das Bestreben haben, stehen zu bleiben. Sobald sich aber die Tourenzahl des Ankers verringert, wird auch die elektromotorische Gegenkraft e geringer, und der Strom im Anker verstärkt sich. Mit der Verstärkung des Stromes vergrössert sich die Kraftwirkung am Umfang des Ankers. Der Motor bleibt daher nicht stehen, er verringert nur seine Tourenzahl bis zu dem Wert, wo der Ankerstrom stark genug ist, das Drehmoment zu überwinden.

Die Gegenspannung ist von der Zahl der Kraftlinien abhängig, die pro Sekunde geschnitten werden. Da das Feld konstant ist, nimmt die Gegenspannung in demselben Maasse ab, wie die Geschwindigkeit des Ankerumfanges. Die Stromstärke nimmt proportional zum angelegten Drehmoment zu und mit ihr der Wert $E - e$, der gleich dem Wert *Ankerstrom* × *Ankerwiderstand* ist. Das Diagramm Fig. 247 in

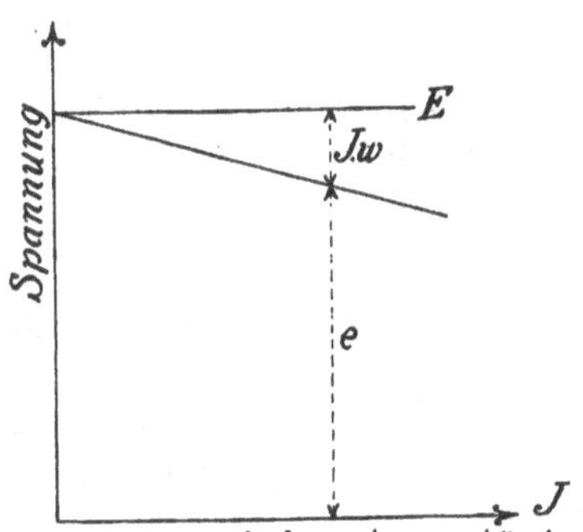

Fig. 247.

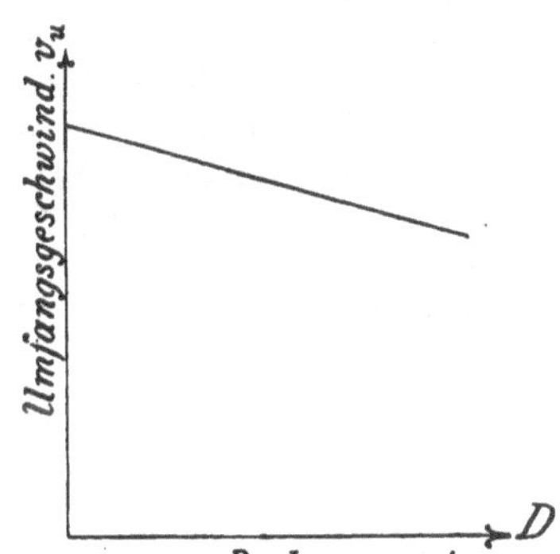

Fig. 248.

Verbindung mit Fig. 248 veranschaulicht diesen Gedanken. Links ist horizontal die Ankerstromstärke J und vertikal die Spannung angetragen. Da die angelegte Spannung E konstant ist, wird sie durch eine horizontale Linie begrenzt. Der Wert $J \cdot w$ nimmt proportional zur Stromstärke J zu, da der Ankerwiderstand w derselbe bleibt. Das Diagramm rechts zeigt auf der horizontalen Axe die Drehmomente. Letztere wachsen proportional zu J. Die vertikal aufgetragenen Umfangsgeschwindigkeiten v_u stellen sich so ein, wie es den für Fig. 247 übrig gebliebenen Werten für e entspricht. Es folgt das Resultat:

Bei einem Motor mit konstanter Kraftlinienzahl nimmt die Geschwindigkeit in demselben Maasse ab, wie das Drehmoment zunimmt.

222. Der Nebenschlussmotor und sein Verhalten.

Die Kraftlinienzahl des Magnetgestelles wird bei einem Nebenschlussmotor dadurch hergestellt, dass eine Magnetwicklung an dieselbe Elektrizitätsquelle angeschlossen wird, die auch den Strom für den

Anker liefert. Die Magnetwicklung liegt dann im Nebenschluss zum Anker. Sie besteht, wie bei den Nebenschluss-Dynamomaschinen aus vielen dünnen Windungen, damit ihr Strom- und Leistungsverbrauch gering ist. Das Schema der Fig. 249 zeigt die Schaltung eines Nebenschlussmotors, der an zwei Leitungsdrähten einer Centrale angeschlossen ist. Da bei einem technischen Betriebe die Netzspannung E ungefähr konstant gehalten wird, fliesst bei diesem Motor stets derselbe Strom im Nebenschluss, man hat dieselbe Ampèrewindungszahl, also auch stets die gleiche Anzahl von Kraftlinien im Gestell.

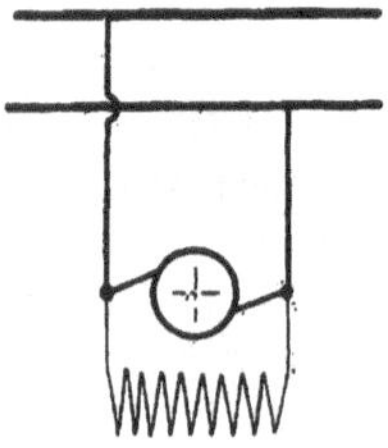

Fig. 249.

Einen Motor, der in der Weise angeschlossen ist, wie es obige Figur ausdrückt, denken wir uns im Betriebe. Er zeigt dann das Verhalten, wie wir es im vorigen Abschnitt behandelt haben. Wenn der Motor leer läuft, d. h. wenn er keine Arbeit zu leisten hat, so ist seine Geschwindigkeit am grössten, und die erzeugte elektromotorische Gegenkraft e ist nur um weniges geringer als die angelegte Spannung E. Der Strom im Anker ist daher bei Leerlauf sehr gering.

Sobald der Motor belastet wird, lässt nach der Erörterung des vorigen Abschnitts die Tourenzahl nach, und es fliesst ein stärkerer Strom im Anker. Da aber der Ankerwiderstand bei technischen Konstruktionen sehr gering gehalten wird, genügt schon eine sehr kleine Verringerung der Tourenzahl und infolgedessen auch eine sehr kleine Verringerung der elektromotorischen Gegenkraft e dazu, um den Strom im Anker beträchtlich zu erhöhen.

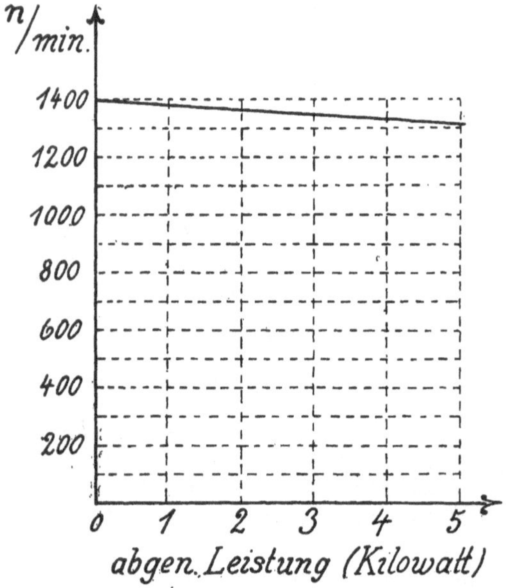

Fig. 250.

Man erhält bei einem normalen Nebenschlussmotor von mehreren Kilowatt zwischen der abgenommenen Leistung L_2 und der Tourenzahl ungefähr ein solches Diagramm, wie es in Fig. 250 gezeichnet ist. Die Tourenzahl ändert sich von Nullbelastung bis auf Vollbelastung nur um wenige Prozent. Diesem Diagramm entspricht dann ein Diagramm der elektrischen Grössen nach Fig. 251, aus dem zu sehen ist, in welchem Maasse sichet wa die angelegte Spannung E in die elektromotorische Gegenkraft e zerlegt und in den Teil $J_a \cdot w_a$, der zur Überwindung des Ankerwiderstandes erforderlich ist. Bei Leerlauf verbraucht erstens die Magnetwicklung ihren Strom und zweitens hat man auch einen geringen Strom im Anker infolge der Lagerreibungsarbeit und infolge der Verluste im Anker. Daher erreicht die Gegenspannung e niemals den Wert der angelegten Spannung E. Es fliesst also auch im Leerlauf ein Strom durch den Motor, nur ist er sehr gering.

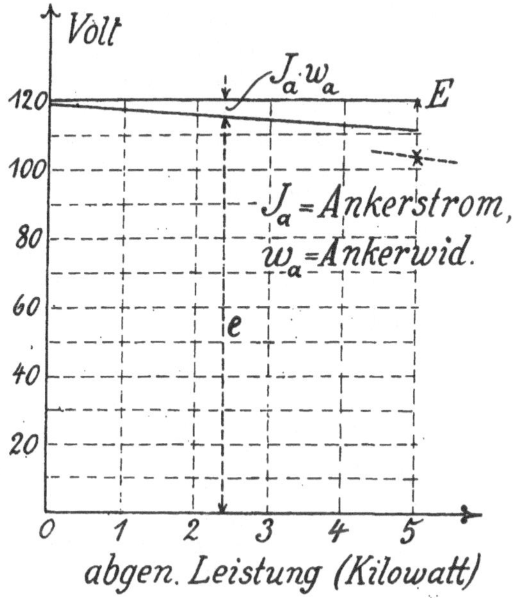

Fig. 251.

Resultat. Ein Nebenschlussmotor, der an konstante Spannung gelegt ist, entnimmt aus der Leitung so viel Strom, als er für die betreffende Belastung braucht. Dabei verringert sich seine Tourenzahl von Nullbelastung bis auf Vollbelastung nur um wenige Prozent.

223. Regulierung der Tourenzahl eines Nebenschlussmotors.

Für viele Betriebe ist eine konstante Tourenzahl erforderlich, in anderen Betrieben will man die Tourenzahl nach Belieben regulieren können. Zur Vergrösserung der Tourenzahl bei einem bestimmten Drehmoment ist es erforderlich, mehr Leistung in den Motor hineinzuschicken, d. h. wenn die Netzspannung E konstant ist, muss der Ankerstrom vergrössert werden. Zur Ermöglichung dieses Gedankens ist es erforderlich, dass die elektromotorische Gegenkraft verringert wird; während die Tourenzahl höher ist.

Da die elektromotorische Gegenkraft abhängig ist von der Zahl der Kraftlinien, die pro Sekunde geschnitten werden, so kann sie nur durch eine Schwächung des Magnetfeldes verringert werden. Man schaltet daher vor der Nebenschlusswicklung einen Regulierwiderstand R

nach dem Schema der Fig. 252. Bei einer Schwächung des Magnetfeldes würde man bei derselben Stromstärke das Drehmoment verringern, da im Anschluss an die Erörterungen des Abschnittes 164 das Drehmoment für einen bestimmten Motor

$$D = c \cdot J_a \cdot H$$

ist, wobei c eine Konstante für den betreffenden Motor, J_a die Ankerstromstärke und H die Feldstärke bedeutet.

Das Diagramm Fig. 251 zeigt bei 5 Kilowatt durch gerissene Linien ausgedrückt eine Verkleinerung der elektromotorischen Gegenkraft e, welche auf angegebene Weise erreicht sein soll. Man sieht aus diesem Diagramm, dass die Spannung $E - e$, welche den Strom im Anker liefert, prozentual schneller steigt, als die Feldstärke abnimmt, die bei derselben Tourenzahl proportional zu e ist. Aus diesem Grunde wird der Werth

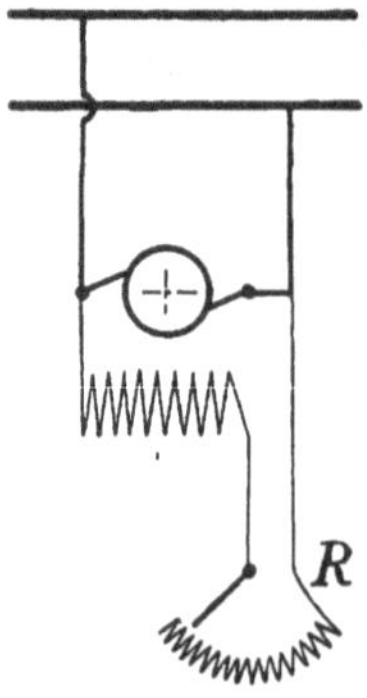

Fig. 252.

$$D = c \cdot J_a \cdot H$$

grösser, obgleich H kleiner wird.

Aus dieser Betrachtung folgt, dass durch Schwächung des Magnetfeldes thatsächlich das Drehmoment des Motors vergrössert wird. Zieht an der Welle des Motors ein bestimmtes äusseres Drehmoment, so wirkt das vergrösserte treibende Drehmoment auf eine Beschleunigung der Ankerdrehung hin. Durch Schwächung des Magnetfeldes lässt sich die Tourenzahl beliebig ändern, doch ist es unvorteilhaft, eine Regulierung um mehr als 10 bis 20 Prozent auf diese Weise vorzunehmen, weil der Wirkungsgrad des Motors sich dabei verringert.

Die moderne Technik hat Nebenschlussmotoren konstruiert, deren Tourenzahl in weiten Grenzen verändert werden kann, ohne dass der Wirkungsgrad herabgedrückt wird. Man erreicht das dadurch, dass die Ankerwicklung aus mehreren Teilen besteht, die entweder parallel oder hintereinander geschaltet werden können. Bei Parallelschaltung von etwa zwei Wicklungshälften wird die Zahl der Leiter rund um den Anker auf die Hälfte herabgesetzt. Bei einer bestimmten Feldstärke ist dann die elektromotorische Gegenkraft halb so gross, als bei Hintereinanderschaltung. Der Ankerstrom hat dabei die halbe Länge und den doppelten Querschnitt zu durchlaufen, der Widerstand des Ankers wird viermal so klein, so dass er zu grösserer Stromaufnahme geeignet ist.

224. Anlasswiderstände für Nebenschlussmotoren.

Wenn ein Motor im Stillstand so an ein Netz angeschlossen wird, wie es Fig. 249 ausdrückt, so entsteht Kurzschluss. Es fehlt die elektromotorische Gegenkraft, der Strom im Anker wird daher sehr stark, die Spannung an den Klemmen des Motors fällt infolge des Widerstandes des übrigen Stromkreises sehr beträchtlich, des Nebenschluss führt infolgedessen nur einen sehr geringen Strom, so dass im Magnetgestell nicht die genügenden Kraftlinien vorhanden sind, den Motor in Gang zu setzen. Der hierbei entstehende Strom würde unzulässig stark sein, eine Sicherung, die vor den Motor gelegt ist, würde bei dem unmittelbaren Anschliessen des Motors sofort durchschmelzen.

Wendet man dagegen eine Schaltung nach Fig. 253 an, bei der vor dem Anker ein Widerstand liegt, so versetzt sich der Motor allmählich in Drehung und entwickelt dabei seine elektromotorische Gegenkraft mit zunehmender Geschwindigkeit.

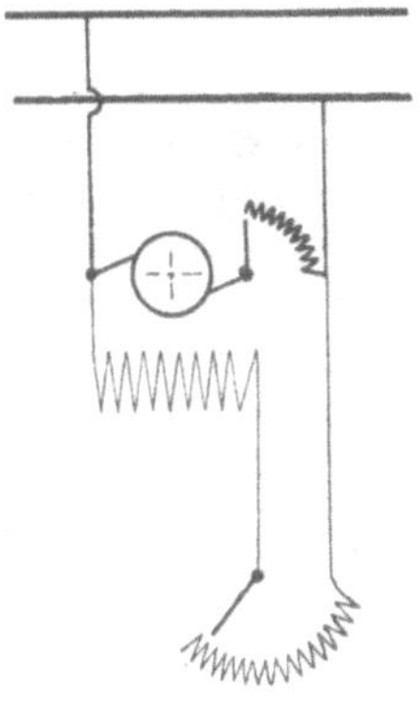
Fig. 253.

Schliesslich kann der Anker unmittelbar an das Netz gelegt werden, und er zeigt dann das Verhalten, wie es bisher behandelt worden war.

Nur bei sehr kleinen Nebenschlussmotoren von 0,1 bis 0,5 PS konstruiert man die Wicklungen so, dass der Motor ohne weiteres an seine Betriebsspannung angeschlossen werden kann. Solche Motoren haben aber einen verhältnismässig grossen Ankerwiderstand, einen verhältnismässig kleinen Widerstand der Magnetwicklung und infolgedessen einen niedrigen Wirkungsgrad.

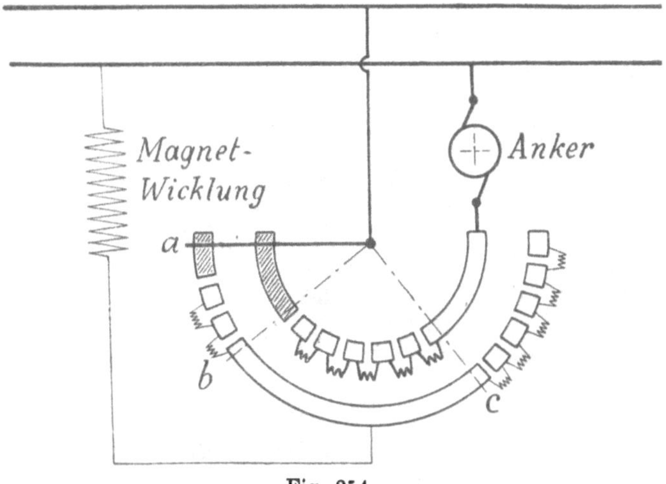

Fig. 254.

Zum Betriebe der Nebenschlussmotoren verbindet man in der Technik die Vorschaltwiderstände des Ankers mit den Regulierwiderständen und nennt das Ganze eine Anlassvorrichtung.

Fig. 254 giebt ein Beispiel für eine solche Konstruktion. Der

Anker und die Magnetwicklung sind dabei schematisch eingezeichnet, so wie sie in Verbindung mit dem Anlasswiderstand an das Netz angeschlossen werden. Es ist hierbei eine einzige Kurbel angewendet, die über ein System von Metallschienen und Knöpfen hingleiten kann.

Steht die Kurbel am weitesten nach links bei *a*, so ist der Motor ausgeschaltet. Bei der Verdrehung der Kurbel schliesst man zunächst die Magnetwicklung an, anfangs unter Vorschaltung einiger Widerstände, weiterhin schliesst man sie bei *b* unmittelbar an das Netz.

Jetzt ist das Feld des Motors hergestellt und nun erst kann der Anker angeschlossen werden, was durch weitere Verdrehung der Kurbel von links nach rechts bewerkstelligt wird. Dabei sind vor dem Anker zunächst einige dickdrähtige Widerstände eingeschaltet, welche in der Fig. 254 durch kleine Spiralen angedeutet sind. Bei weiterer Verdrehung der Kurbel in demselben Sinne kommt eine Stelle *c*, wo Anker und Wicklung an das Netz kurz angeschlossen sind.

Bei dieser Stellung der Kurbel hat der Motor bei Leerlauf seine betriebsmässige Tourenzahl. Nimmt letztere bei der Belastung ab, so vergrössert man sie durch Vorschaltung von Widerständen vor die Nebenschlusswicklung, was ebenfalls durch eine weitere Rechtsdrehung der Kurbel erfolgt. Beim Ausschalten des Motors wird die Kurbel schnell nach links zurückgedreht, bis sie wieder auf Stellung *a* steht. Die Widerstände, welche in der Figur links vor die Nebenschluss-

Fig. 255.

wicklung geschaltet sind, haben den Zweck, das plötzliche Abreissen und Einschalten des Erregerstromes zu verhindern, weil dabei leicht die Magnetwicklung durchschlagen könnte. Verschiedene Firmen haben andere Spezial-Einrichtungen, die denselben Zweck verfolgen, und die wirksamer sind, doch führt es zu weit, darauf näher einzugehen.

Ein Beispiel für die technische Ausführung eines Anlasswiderstandes giebt in der Abbildung Fig. 255. Ein Anlasswiderstand der

Elektrizitäts-Aktiengesellschaft „Helios" ist hier geöffnet dargestellt. Mehrere Porzellancylinder sind mit Nickelindraht bewickelt. Von bestimmten Stellen des Drahtes aus führen Verbindungskabel zu den Knöpfen, über welche die Kurbel gleitet. Bei diesen Anlassern ist hervorzuheben, dass sie den Motor nach Art eines Minimal-Automaten ausschalten, wenn der Strom von der Centrale aus durch irgend einen Anlass unterbrochen wird. Andernfalls ist man auf die Zuverlässigkeit des Bedienungspersonales angewiesen.

225. Die Umsteuerung eines Nebenschlussmotors.

Die Bewegungsrichtung eines Nebenschlussmotors, dessen Magnetwicklung an den Bürsten unveränderlich angeschlossen ist, bleibt dieselbe, wenn die Anschlussdrähte des Motors vertauscht werden. Durch Umkehr der Pole verändert man die Stromrichtung im Anker gleichzeitig mit der Stromrichtung in den Magnetspulen. Umkehr von Feld und Ankerstrom ergiebt nach der Regel der linken Hand wiederum dieselbe Drehrichtung.

Soll ein Motor entgegengesetzt laufen, so ist entweder allein die Feldrichtung, oder allein die Richtung des Ankerstromes umzukehren. Beide Arten der Umsteuerung kommen vor, jedoch ist das übliche, den Ankerstrom zu kommutieren, da die Isolation der Magnetwicklung bei plötzlichem Umschalten leicht durchschlägt.

226. Automatische Anlasser.

In vielen Fällen verwendet man automatische Anlasswiderstände. Sie werden dort angewandt, wo das Ein- und Aussschalten der Motoren unkundigem Personal überlassen werden muss, oder wo aus praktischen Gründen Anlasswiderstand und Motor im allgemeinen schwer zugänglich sind. Diese automatischen Anlasswiderstände werden durch einen Zug einem Seil in Bewegung gesetzt. Darauf sinkt ein, in besonderer Weise geführtes Gewicht langsam herunter und schaltet die vor dem Anker liegenden Widerstände aus. Die Verlangsamung dieser Bewegung erreicht man durch ein Hemmwerk ähnlich wie bei Pendeluhren.

Einen automatischen Anlasser der „Allgemeinen Elektrizitäts-Gesellschaft" zeigt Fig. 256. Eine zuvorderst liegende Schiene ist senkrecht geführt und ruht auf einem Kurbelzapfen, der an der von Hand zu bedienenden Welle sitzt. An dieser Schiene befinden sich vier Kohlenbürsten, die in der Abbildung ihre tiefste Stellung einnehmen, die dann erforderlich ist, wenn der Motor sich im Betrieb befindet. Das Metallstück, auf dem sie jetzt aufliegen, ist direkt mit dem Anker verbunden. Von hier aus aufwärts schliesst sich ein System von Metall-Lamellen mit dazwischen liegendem Isoliermaterial. Diese

Lamellen entsprechen den Knöpfen des Anker-Vorschaltwiderstandes. Oberhalb der Lamellen ist ein Isolierstück angebracht, auf dem die Bürsten in der Ausschaltstellung ruhen. Bei ausgeschaltetem Motor steht der Kurbelzapfen, der die Schiene trägt, in höchster Stellung.

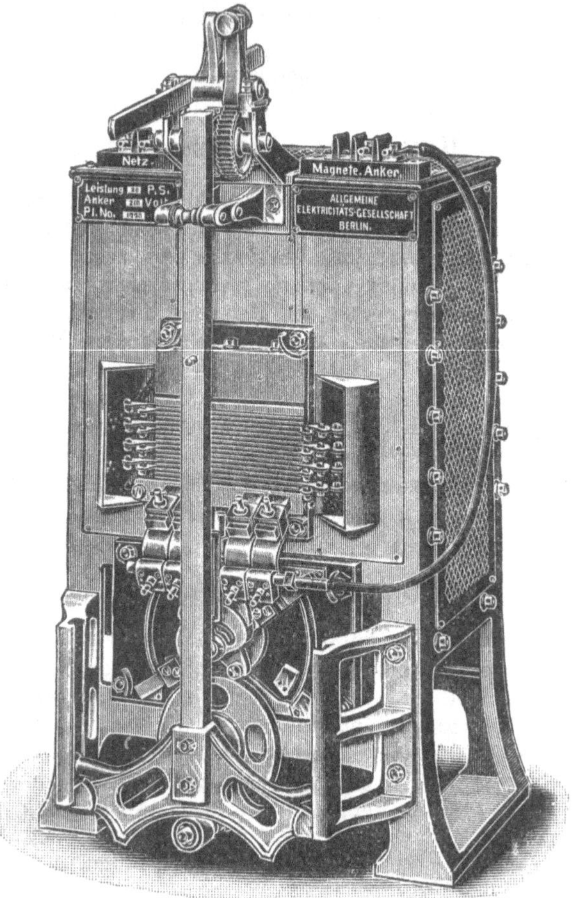

Fig. 256.

Je nachdem, ob der Kurbelzapfen durch Rechts- oder Linksdrehung in seine tiefste Stelle gebracht wird, läuft der Motor nach rechts oder links um. Das wird durch einen Kontakthebel erreicht, der in der Abbildung Fig. 256 von rechts oben nach links unten gerichtet ist. Diese Stellung entspricht einer vorherigen Drehung des Kurbelzapfens im Uhrzeigersinn. Wäre die Kurbel auf dem anderen Wege nach unten bewegt worden, so würde der Kontakthebel in entgegengesetzter

Richtung stehen. Das Schema der Schaltung, Fig. 257, erklärt diese Vorrichtung, die den Namen eines Kommutators führt.

Der in Fig. 256 oben befindliche und nach vorn reichende Hebel wird durch das Hemmwerk bei der Abwärtsbewegung der Schiene in eine schwingende Bewegung versetzt, wie das Pendel einer Pendeluhr. Während die Schiene mit den Bürsten ihren senkrechten Weg ausführt, läuft der Motor an.

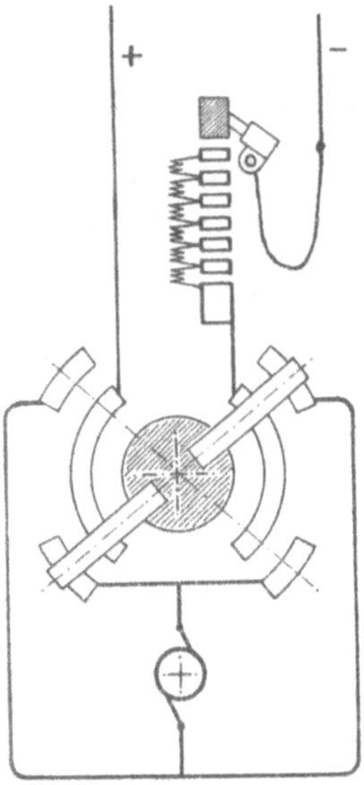

Fig. 257.

227. Der Hauptschlussmotor und sein Verhalten.

Bei einem Hauptschlussmotor ist die Magnetwicklung und der Anker hintereinander geschaltet, so wie es Fig. 258 andeutet, die einen Hauptschlussmotor schematisch dar-

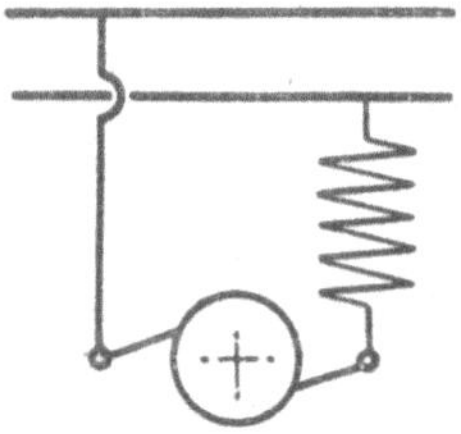

Fig. 258.

stellt, wie er an zwei Leitungen, die von einer Centrale kommen, angeschlossen wird. Damit die Magnetwicklung wenig Leistung verbraucht, muss ihr Widerstand klein sein; da der ganze Strom hindurchgeht, braucht man nur eine geringe Anzahl von Windungen. Ein Hauptstrommotor ist daher, wie eine Hauptstromdynamomaschine an einer geringen Anzahl dicker Magnetwindungen zu erkennen.

Da Magnetwicklung und Anker hintereinander, oder was dasselbe heisst, in Serie geschaltet sind, hat man zugleich mit einem kräftigen Strom im Anker auch ein kräftiges magnetisches Feld; ist der Strom schwach, so ist auch die Feldstärke des Motors gering. Das Drehmoment, das auf den Anker ausgeübt wird, ist wiederum

$$D = c \cdot J_a \cdot H,$$

wobei J_a den Ankerstrom, H die Feldstärke und c eine zu dem betreffenden Motor gehörige Konstante bedeutet. Bei dem Nebenschlussmotor war H konstant, hier wächst H mit J_a, also erhält man bei einem Hauptstrommotor ein besonders grosses Drehmoment, wenn der Strom stark ist.

Wir legen den Motor an konstante Spannung E und untersuchen sein Verhalten im Betriebe. Es ist hier vorteilhaft, die Umfangsgeschwindigkeit als horizontale Axe eines Diagrammes zu zeichnen, vertikal werden wiederum die Spannungen aufgetragen. Der Strom stellt sich nach dem Ohm'schen Gesetz ein. Ist der Anker des Motors festgehalten, so gilt:

$$J_a = \frac{E}{w_a + w_m},$$

wobei J_a den Ankerstrom = Magnetstrom, E die Klemmenspannung, w_a den Widerstand des Ankers und w_m den Widerstand der Magnetwicklung bedeutet. Alle Spannung E wird nur zur Herstellung des Stromes verwendet, wir legen das Resultat fest durch ein kleines Kreuz im Axenschnittpunkt des Diagrammes Fig. 259. Das Drehmoment ist in diesem Fall sehr gross. Gestatten wir nun dem Anker eine Rotation,

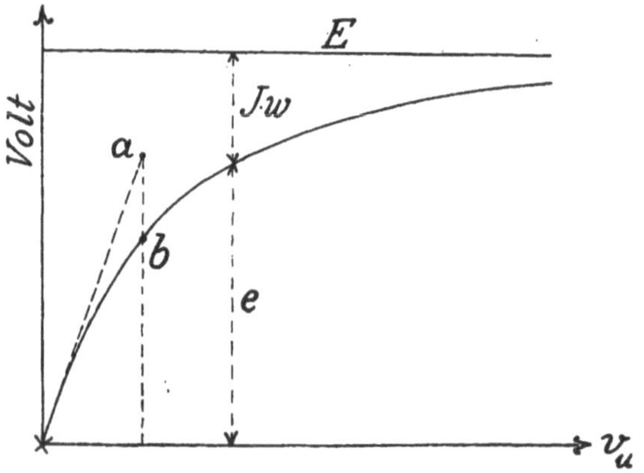

Fig. 259.

so würde die elektromotorische Gegenkraft e in demselben Maasse wachsen, wie die Umfangsgeschwindigkeit, wenn die Feldstärke konstant bliebe; dieser Gedanke würde sich in dem Diagramm ausdrücken durch eine gerade Linie, die auf den Punkt a zustrebt. Mit dem Auftreten der elektromotorischen Gegenkraft nimmt aber der Strom ab, daher nimmt auch das Feld ab, die Gegenspannung stellt sich bei der betreffenden Geschwindigkeit unterhalb des Punktes a, etwa bei dem Punkte b ein. Die Erfahrung hat ergeben, dass die Gegenspannung e mit zunehmender Geschwindigkeit ungefähr nach einer Kurve steigt, die das Diagramm Fig. 259 wiedergiebt. Diese Kurve e erreicht die Linie der konstanten Klemmenspannung E niemals, da auch bei Leerlauf infolge der Ankerverluste ein gewisses Drehmoment ausgeübt werden muss, so dass ein bestimmter Leerlaufstrom im Anker fliesst.

Mit Verringerung des angelegten Drehmomentes nimmt die Stromstärke ab, die nun auch ein schwächeres Feld herstellt. Das schwächere Feld sucht bei einer bestimmten Geschwindigkeit eine geringere Gegenspannung e zu erzeugen, wodurch der Strom des Motors verstärkt werden würde. Bei Verringerung des Drehmomentes sucht eine grössere Umfangskraft aufzukommen, das kann nur darauf hinauslaufen, dass der Motor sich mit abnehmender Belastung überaus hoch beschleunigt.

Hauptstrommotoren nehmen thatsächlich bei zu geringer Belastung Tourenzahlen an, die betriebsgefährlich sind, man sagt, der Motor geht durch. Für bestimmte Grenzen der Belastung lässt sich sagen, ein Hauptschlussmotor reguliert auf konstante Leistung, bei hohem Drehmoment ist die Tourenzahl gering, bei kleinem Drehmoment ist die Tourenzahl gross. Der folgende Abschnitt giebt in Form von Diagrammen genaueren Aufschluss über die Leistungsverhältnisse des Hauptstrommotors.

Resultat. Ein Hauptstrommotor, der an konstante Klemmenspannung gelegt ist, richtet seine Tourenzahl in hohem Maasse ein nach der Belastung, die man von ihm fordert. Die Stromstärke entnimmt er von selbst dem Netz in der Höhe, wie er sie braucht, bei Leerlauf ist jedoch die Stromstärke immer noch beträchtlich, während die Tourenzahl des Motors unzulässig hoch wird.

228. Vergleichende Diagramme beider Motoren.

Über das Verhalten eines Motors erhält man den genauesten Aufschluss, wenn man ihn betriebsmässig belastet unter den Verhältnissen, für die er bestimmt ist; man würde dann Stromstärke und Spannung, sowie das abgegebene Drehmoment und die Tourenzahl beobachten. Das ist aber für viele Fälle sehr schwierig, daher belastet man die Motoren, indem man sie bremst durch Anlegung eines Bremszaunes oder eines Bremsbandes. Bei dem Bremsen wird das Drehmoment verändert; aus dem Drehmoment und der Tourenzahl erhält man jedesmal die abgenommene Leistung. Zu gleicher Zeit wird die eingeführte elektrische Leistung gemessen durch Bildung des Produktes aus Stromstärke und Spannung. Aus der gebremsten Leistung in mkg/sec erhält man die gebremste Leistung in Watt, indem man die mkg/sec mit 9,81 multipliziert. Auf diese Weise können beide Leistungen verglichen werden, man erhält den Wirkungsgrad, der für die Güte des Motors von grosser Bedeutung ist.

Auf diese Weise können die Diagramme experimentell ermittelt werden, die in den beiden folgenden Figuren für konstante Klemmenspannung dargestellt sind. Fig. 260 zeigt in drei Diagrammen das genauere Verhalten des Hauptschlussmotors, Fig. 261 ebenfalls in den entsprechenden Diagrammen das Verhalten des Nebenschlussmotors. In beiden Diagrammen sind die abgenommenen Drehmomente D_2 horizontal aufgetragen. Zunächst ist die Tourenzahl n des Hauptstrommotors vom Leerlauf bis zum Stillstand gezeichnet, die in hohem Grade veränderlich ist. Ihr gegenüber steht die gleichmässig abnehmende Tourenzahl des Nebenschlussmotors. In zweiter Linie sind angetragen die Werte der eingeführten Leistung L_1 und der abgenommenen Leistung L_2, sowohl für den Hauptschluss- wie für den Nebenschlussmotor. Die Werte zwischen L_1 und L_2 sind Verlustleistungen. Drittens schliesslich ist die Kurve des Wirkungsgrades

$$\eta = L_2 : L_1$$

für beide Motoren gezeichnet. Die Form dieser Diagramme ist aus den früheren Abschnitten verständlich. Man sieht daraus, dass es vor-

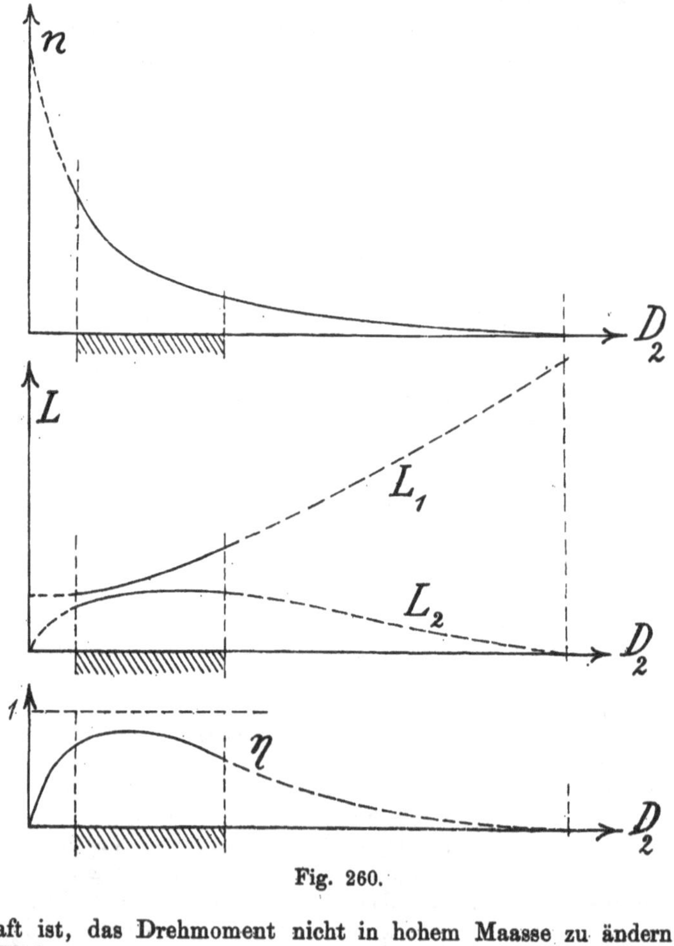

Fig. 260.

teilhaft ist, das Drehmoment nicht in hohem Maasse zu ändern, da der Wirkungsgrad nur für ein bestimmtes Bereich günstig ist. Das verwendbare Bereich ist durch Schraffierung an der horizontalen Axe gekennzeichnet. Bei dem Hauptstrommotor kommt dieses Bereich nicht bis an den Leerlauf heran infolge der unzulässig hohen Tourenzahl.

Der weitere Verlauf der Kurven, der technisch keine Bedeutung hat, ist mit gerissenen Linien dargestellt. Die Stromstärke würde an diesen

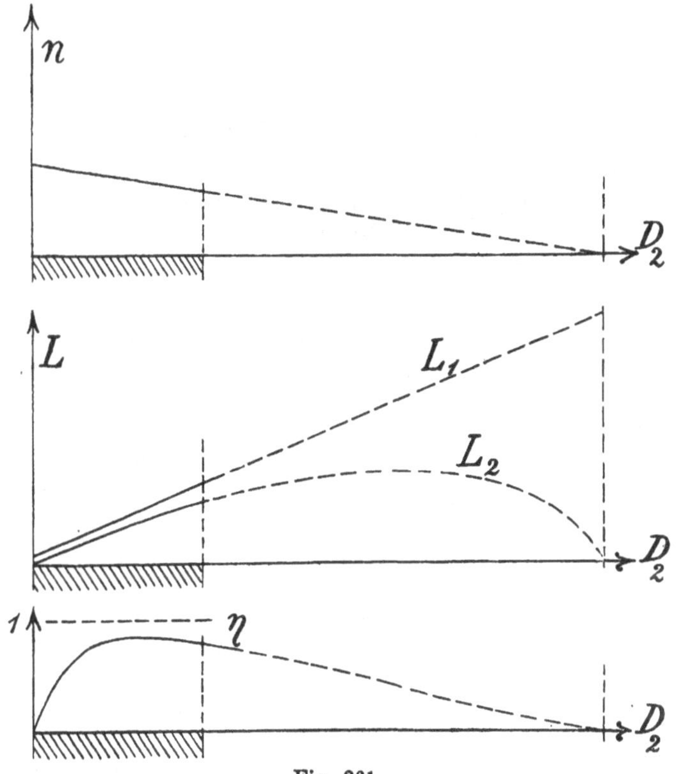

Fig. 261.

Stellen so hoch werden, dass sie der Motor nicht verträgt. Die Grenze der Belastung ergiebt sich durch die Erwärmung.

229. Die Bilanzgleichung der Motoren.

Die Bilanzgleichung der Motoren ist dieselbe, wie bei den Dynamomaschinen, nur ist bei der aufgewendeten Leistung die Leistung an den Klemmen, bei der Nutzleistung das Produkt aus Ankerstromstärke und elektromotorischer Gegenkraft einzusetzen. Mit früheren Bezeichnungen ist:

Aufgew. Leist. = Nutzleist. + Verlustleistungen

$$E \cdot J = E_a \cdot J_a + J_a^2 w_a + J_m^2 w_m + L_{\text{Hyst.}} + L_{\text{Wirb.}} + L_{\text{Reib.}}$$

Einen Aufschluss über das Verhältnis der Verluste zu der Nutzleistung erhält man am besten aus den experimentellen Ermittlungen, wie sie im vorigen Abschnitt erwähnt worden sind. Da man die Nutzleistung durch Bremsen kennt, und J_a, w_a, J_m und w_m messen kann, erhält man aus den Versuchen und der Bilanzgleichung zusammen die drei Verluste:

$$L_{\text{Hyst.}} + L_{\text{Wirb.}} + L_{\text{Reib.}}.$$

230. Die Überlastung beider Motoren.

Hauptschluss- und Nebenschlussmotor zeigen verschiedene Eigenschaften, wenn sie überlastet werden. Bei einem überlasteten Nebenschlussmotor sinkt bei steigender Stromstärke die Klemmenspannung, da ein Leitungsnetz für beliebig hohe Belastung nicht hergestellt werden kann. Die Feldstärke wird infolge des Spannungsabfalles geringer, ohne dass der Strom dabei in dem hohen Maasse zunehmen kann, wie das bei konstanter Klemmenspannung der Fall ist. Die Umfangskraft lässt nach, da das Feld fehlt, der Nebenschlussmotor bleibt in der Überlastung leicht stehen, auch wenn sie nur vorübergehend stossweise eintritt.

Auch bei einem Hauptstrommotor sinkt in der Überlastung die Klemmenspannung. Letztere ist aber nicht für die Feldstärke maassgebend, da das Feld durch die Stromstärke des Motors hergestellt wird. In der Überlastung verstärkt sich Strom und Feld gleichzeitig, das Drehmoment fällt nicht ab, es vergrössert sich vielmehr, auch wenn die Klemmenspannung abnimmt. Ein Hauptstrommotor überwindet kurz andauernde hohe Überlastungen und bleibt bei Belastungsstössen nicht stehen, man sagt er zieht durch.

231. Anwendungsgebiete beider Motoren.

Die Eigenschaften des Hauptschluss-, als auch des Nebenschlussmotors sind für technische Betriebe von Wert.

Ein Nebenschlussmotor, dessen Tourenzahl bei Anschluss an ein Netz beinahe konstant bleibt, eignet sich vor allem für Werkstattsbetriebe; er verbraucht wenig Leistung im Leerlauf, braucht deshalb selten ein- und ausgeschaltet zu werden und kann auf sehr ökonomische Weise in der Tourenzahl reguliert werden, wenn die Änderung der letzteren nicht sehr beträchtlich ist.

Ein Hauptschlussmotor dagegen ist am Platze, wo geringe Belastung schnell überwunden werden soll, wo hohe Belastung dagegen eine geringe Geschwindigkeit erfordert. Letzteres ist der Fall bei Hebezeugen. Das leere Hakengewicht soll schnell, eine schwere Last soll langsam bewegt werden. Bei mechanischem Antrieb erreicht man das durch Vorgelege, ein Hauptstrommotor erfüllt diese Anforderung von selbst.

Ausserdem ist ein Hauptstrommotor dort angebracht, wo ein Betrieb oftmaliges Ein- und Ausschalten der Belastung erfordert. Er zieht kräftig an und setzt sich schnell in Bewegung. Diese Eigenschaft verwertet man bei Strassenbahnen, die alle durch Hauptstrommotoren betrieben werden. Der Motor liegt unter dem Wagen, man ist mit dem Platz beschränkt. Ein Nebenschlussmotor könnte jede Belastung nur mit der ihm eigentümlichen Geschwindigkeit überwinden, sonst bliebe er stehen. Auf Steigungen bei elektrischen Bahnen müsste er das grössere Drehmoment mit seiner angenähert konstanten Geschwindigkeit überwinden, der Motor müsste daher für die grösste vorkommende Leistung konstruiert sein, er würde selbst sehr gross. Ein Hauptstrommotor überwindet die Steigung, ohne dass er für bedeutend grössere Leistung konstruiert zu sein brauchte, er überwindet die Steigung mit geringer Geschwindigkeit. Der Motor braucht nicht grösser zu sein, als es der mittleren Leistung entspricht, er hat unter dem Wagen Platz.

232. Die Regulierung der Hauptschlussmotoren.

Bei kleinen Hauptschlussmotoren schaltet man zur Regulierung der Tourenzahl nur einen veränderlichen Widerstand vor den Motor. Man verringert dadurch zugleich das Feld und den Ankerstrom und schützt auf diese Weise den Motor gegen eine zu hohe Tourenzahl bei niedriger Belastung.

Entnimmt man einem Hauptstrommotor ein grosses Drehmoment, so läuft er langsamer. Biswcilen will man aber auch bei einem grossen Drehmoment die Tourenzahl erhöhen. In diesem Fall schaltet man einen Widerstand parallel zur Magnetwicklung, dadurch würde bei derselben Ankerstromstärke das Feld schwächer werden, die elektromotorische Gegenkraft wird geringer, infolgedessen steigt die Ankerstromstärke und das hineingeschickte Drehmoment, die Tourenzahl nimmt zu. Auch hier wieder steigt die Ankerstromstärke prozentual in höherem Maasse, als das Feld schwächer wird, so wie es in Abschnitt 223 bei den Nebenschlussmotoren erkannt wurde. Die Reguliervorrichtung eines Hauptschlussmotors drückt sich demnach schematisch aus durch Fig. 262.

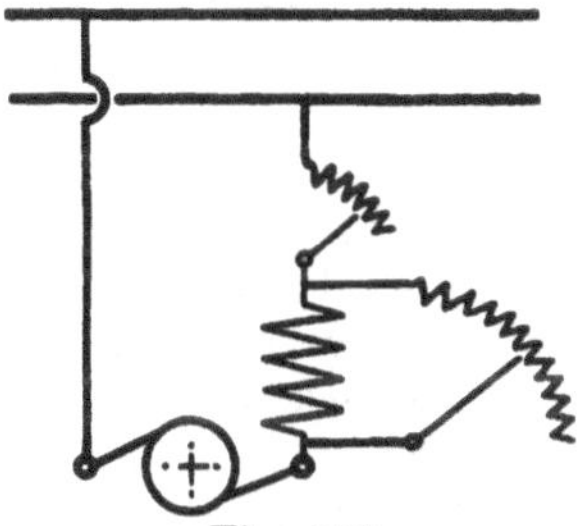

Fig. 262.

233. Die elektrische Bremsung.

Ein Elektromotor, der sich in Drehung befindet, der aber schnell stehen bleiben soll, kann elektrisch gebremst werden. Zu diesem Zweck löst man die Klemmen des Motors von der Leitung los und schaltet zwischen ihnen einige Widerstände. Der Motor wirkt dann als Dynamo, er erregt sich selbst, schickt einen Strom durch die Widerstände und setzt die in den rotierenden Massen enthaltene Arbeit in Wärme um. Dabei ist aber Folgendes zu beachten:

Früher wurde gesehen: Bei einer bestimmten Kraftlinienrichtung und einer bestimmten Drehrichtung hat man bei der Dynamomaschine an derselben Bürste den positiven Pol, an die bei dem Motor der positive Pol zu legen ist. Betrachten wir daraufhin einen Nebenschlussmotor mit Fig. 263. Die Leitungsdrähte, deren Pole in der Figur bezeichnet sind, sind abgeschaltet, der Motor arbeitet auf den Widerstand w. Bei dem Abschalten des Motors wird nun die Magnetwicklung in demselben Sinn durchflossen, wie vorher, also das Feld behält seine Richtung bei.

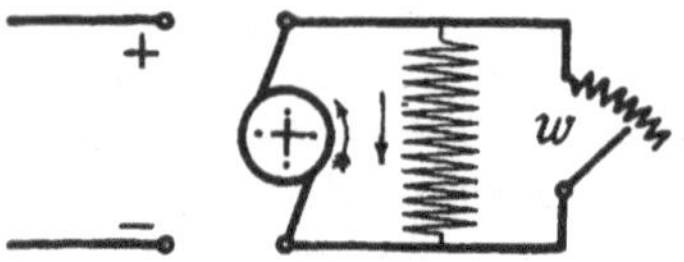

Fig. 263.

Dagegen bei einem Hauptstrommotor: In Fig. 264 sind die Zuleitungsdrähte des Hauptstrommotors ebenfalls abgeschaltet. An P_1 lag vorher der positive Pol der Elektrizitätsquelle, bei demselben Drehsinn und derselben Feldrichtung erhalten wir nun, wo der Motor als Dynamo läuft, ebenfalls den positiven Pol bei P_1, die Magnet

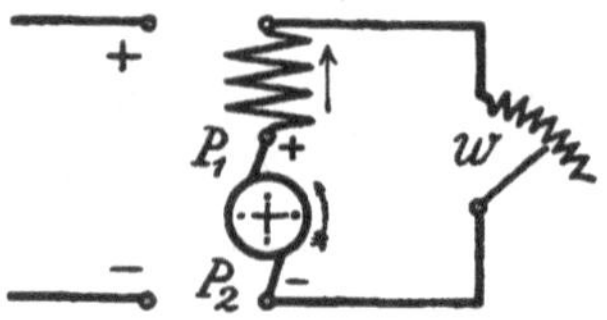

Fig. 264.

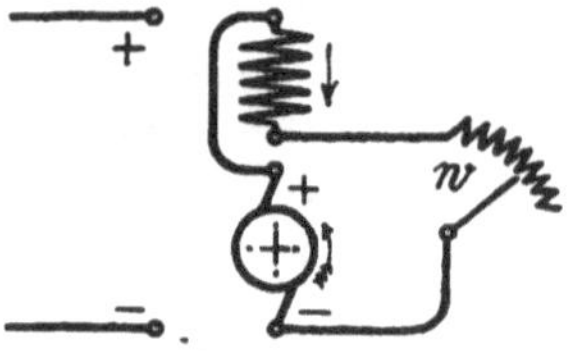

Fig. 265.

wicklung wird aber in umgekehrtem Sinn durchflossen, gegen vorhin; statt dass die Kraftlinien sich vermehren, vernichtet der entstehende Strom die vorhandenen Kraftlinien, der Motor erregt sich vorläufig nicht als Dynamo. Sobald aber eine Schaltung nach Fig. 265 vorgenommen wird, in der die Anschlüsse zwischen Bürsten und Magnetwicklung vertauscht sind, kann sich das Feld verstärken, der Motor kann sich nun selbst erregen und eine Bremswirkung verursachen.

In den Anwendungsgebieten der Nebenschlussmotoren ist eine elektrische Bremsung seltener erforderlich. In dem Anwendungsgebiet der Hauptschlussmotoren, bei elektrischen Bahnen und Hebezeugen, wird dagegen die elektrische Bremsung allgemein benutzt.

234. Ausführungsformen von Gleichstrommotoren.

In vielen Betrieben verwendet man für Motoren dieselben Typen wie für Dynamomaschinen, je nach Grösse der Leistung zwei oder mehrpolig. In Maschinenräumen, wo sich nur sachkundiges Personal aufhält, und wo der Motor nicht den Witterungseinflüssen oder Staub ausgesetzt ist, sind keine besonderen Konstruktionen für Motoren erforderlich. Für andere Betriebe hingegen, besonders für den Betrieb von Strassenbahnen und Hebezeugen giebt man den Motoren besondere

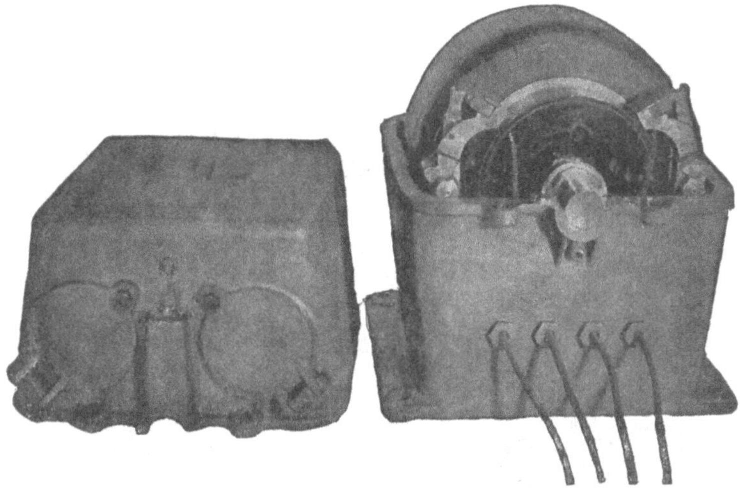

Fig. 266.

Ausführungsformen mit regen- und staubdichtem Gehäuse. In diesen Fällen erhält das Magnetgestell eine solche Form, dass es den ganzen Motor kastenförmig umschliesst und nur die Riemenscheibe und Lager zugänglich lässt. Die Motoren dieser Konstruktion heissen Kapselmotoren und werden von den Firmen verschieden ausgeführt. Ein Beispiel einer Konstruktion giebt Fig. 266, die einen wasserdichten Motor der Union Elektrizitäts-Gesellschaft darstellt. In der Abbildung ist die obere Hälfte des Gehäuses abgenommen. Die Type ist vierpolig, jedoch sind nur zwei Magnetspulen angewendet. Das ist auf die Weise möglich, dass zwei gegenüberliegende Pole mit einer Wicklung versehen werden, welche die Pole gleichnamig magnetisch macht. Die Kraftlinien schliessen sich dann durch die beiden unbewickelten Pole; Magnetpole in dieser Anordnungsweise bezeichnet man mit dem Namen „Folgepole“.

Ganz spezielle Konstruktion erhalten die Strassenbahnmotoren. Sie sind vor allem dem Strassenstaub ausgesetzt, erfordern ausserdem eine sehr gedrungene Bauart, da sie unter dem Wagen Platz haben müssen, und bedürfen einer ganz besonderen Aufhängung, damit Stösse vermieden werden. Ein Strassenbahnmotor dreht sich bei A in Fig. 267 um die Axe der Wagenräder. Auf der anderen Seite befindet sich eine Feder F, die mit dem einen Ende am Wagenuntergestell und mit dem anderen Ende an dem Gehäuse des Motors befestigt ist. Durch diese Art der Aufhängung bleibt die Entfernung zwischen Wagenaxe

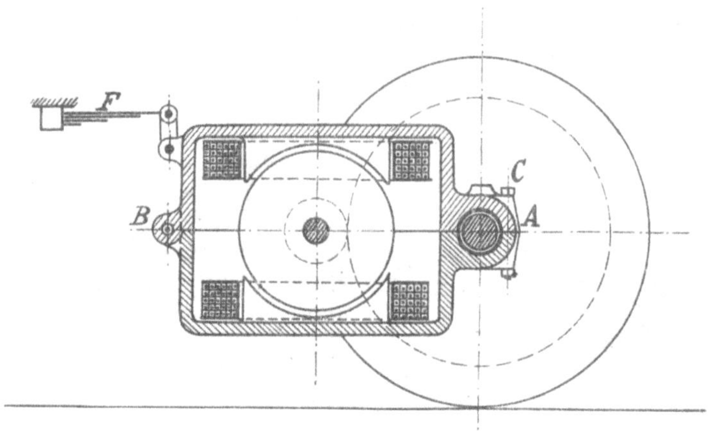

Fig. 267.

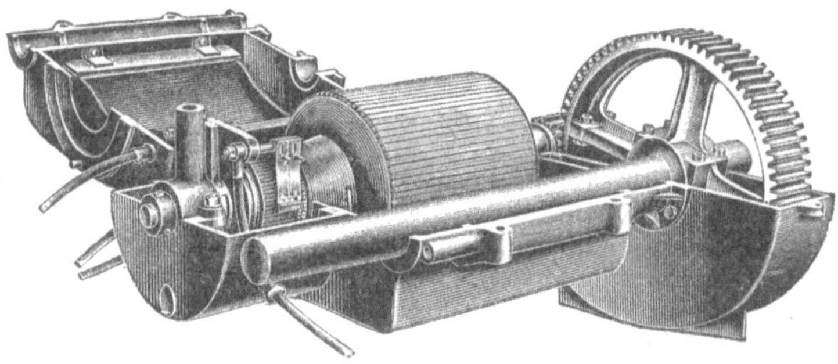

Fig. 268.

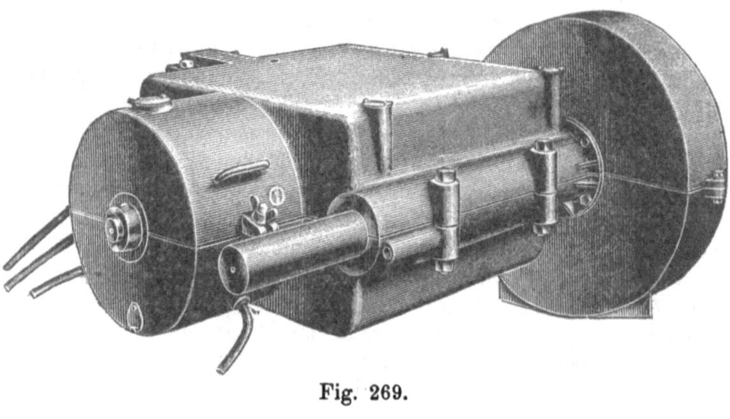

Fig. 269.

und Motorwelle stets dieselbe, so dass ein Stirnräderpaar die Drehung des Ankers auf die Wagenaxe übertragen kann. Einige Firmen verwenden zweipolige, andere vierpolige Motoren. Häufig sieht man auch solche mit Folgepolen. Auch hier umgiebt das Magnetgehäuse den Motor ganz. Um den Anker zugängig zu machen, wird das Gehäuse aufklappbar eingerichtet, die untere Hälfte dreht sich um das Scharnier *B* in Fig. 267. Einige Bolzen bei *C* halten den fertigen Motor zusammen.

Die Abbildungen Figg. 268 und 269 zeigen einen zweipoligen Motor für Strassenbahnen aufgeklappt und geschlossen. Auch das Stirnräderpaar läuft in geschlossener Kapsel. Der Kollektor kann durch besonderen Deckel vom Wagen aus freigelegt werden, um etwaigen kleineren Schäden sofort abhelfen zu können. Ebenfalls vom Wageninnern aus erfolgt die Schmierung. Der hier abgebildete Motor stammt von der Firma Kummer & Co.

235. Der Kontroler.

Unter einem Kontroler versteht man eine Reguliervorrichtung eines Motors für Strassenbahnen oder Hebezeuge. Durch Verdrehen einer Kurbel kann man verschiedene Geschwindigkeiten bei den entsprechenden Belastungen herstellen, und ausserdem ist es durch den Kontroler ermöglicht, elektrisch zu bremsen und umzusteuern. Er ist bei Strassenbahnen am Stande des Fahrers angebracht. Eine Walze, die mit der verstellbaren Kurbel fest verbunden ist, enthält eine Anzahl Kontakte, auf denen mehrere Federn schleifen. Die Kontakte sind so untereinander verbunden, dass jedesmal die entsprechende Schaltung hergestellt wird.

Auf welche Weise das geschieht, wird klar an dem folgenden Beispiel eines Strassenbahn-Kontrolers. Bei Strassenbahnen werden zwei Motoren angewendet, jeder arbeitet auf eine Wagenaxe; sie können zu langsamer Fahrt hintereinander oder zu schneller Fahrt nebeneinander geschaltet werden. Bei diesen zwei Schaltungsweisen werden zuerst Widerstände vor die Motoren gelegt, die zur Beschleunigung der Fahrt allmählich abzuschalten sind. Zur Rückwärtsfahrt oder zum elektrischen Bremsen vertauscht man die Anschlüsse zwischen Anker und Magnetwicklung. Die hier erwähnten Schaltungen sind schematisch dargestellt in Fig. 270.

Die vier verwendeten Widerstände sind mit *a*, *b*, *c* und *d* bezeichnet, die Anker der beiden Motoren mit *A* und *B*, die zugehörigen Magnetwicklungen mit w_A und w_B. Mit den kleinen Zahlen 1 und 2 sind die Anschlüsse der betreffenden Teile verstanden. Die Anschlussstelle an die Leitung ist mit *L*, die Anschlussstelle an die Erde mit *E* angedeutet. Die Rückleitung erfolgt bei Strassenbahnen durch die Schienen, zwischen Fahrdraht und Schienen liegt eine Spannung von 500 Volt. Bei Stellung 0 des Schemas ist ausgeschaltet, die Leitung wird dazu an mehreren Stellen unterbrochen. Stellungen 1 bis 5 zeigen beide Motoren hintereinander, Stellungen 9 bis 12 beide Motoren parallel. Schaltungen 6, 7 und 8 sind bei dem Kontroler dieses Beispiels aus technischen Gründen erforderlich, sie sind nur Übergangs-

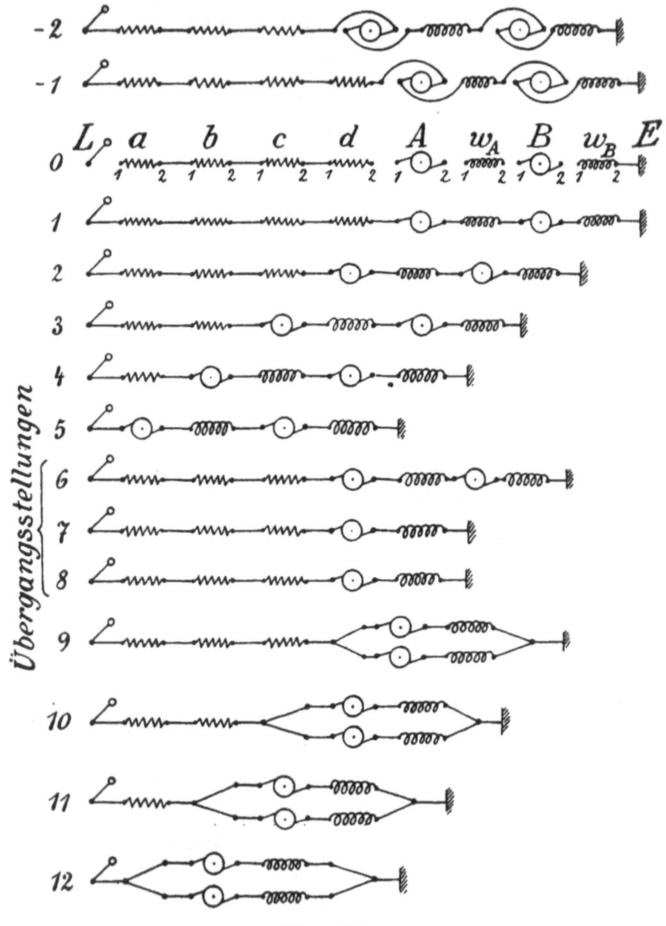

Fig. 270.

stellungen. Das Schema nach — 1 oder — 2 wird bei der Rückwärtsfahrt oder zum Bremsen angewendet.

Damit diese Schaltungen bequem hergestellt werden können, verwendet man zweckmässig zwei Kurbeln, von denen die eine nur zwei Stellungen (I und II im Folgenden) einerseits zur Vorwärtsfahrt, andererseits zur Rückwärtsfahrt oder zum Bremsen aufweist. Die andere Kurbel hat 13 Stellungen, die den Fällen 0 bis 12 entsprechen.

Erstere Kurbel kann nur verstellt werden, während der Strom unterbrochen ist. Da bei dem Unterbrechen des Stromes lange Lichtbogen entstehen, bewegt sich die Walze, an der die Unterbrechungen erfolgen, in einem magnetischen Felde, welches durch den Strom selbst hergestellt wird. Dazu befindet sich in dem Kontroler ein Elektromagnet, dessen Windungen vom Fahrdraht aus gerechnet zuerst durchflossen werden, ehe der Strom irgend welche Schaltung durchlaufen hat. Durch das magnetische Feld wird der Lichtbogen ausgelöscht, der Magnet heisst daher der Bläser.

Im Folgenden ist das Schema des Kontrolers für obige Schaltungen klargelegt. Die Walze mit den Stellungen 0 bis 12 ist in Verbindung mit der kleineren Walze in Fig. 271 abgewickelt dargestellt. Links liegen die Schleiffedern, die über die Kontakte der Walzen hingleiten. An jeder Schleiffeder ist angegeben, mit welchem Teile der Schaltung von Fig. 270 sie in Verbindung steht. Die Federn berühren in jeder Stellung diejenigen Kontakte der Walze, die in einer Mantellinie liegen. Jede Stellung der Walze entspricht dem mit derselben Nummer in

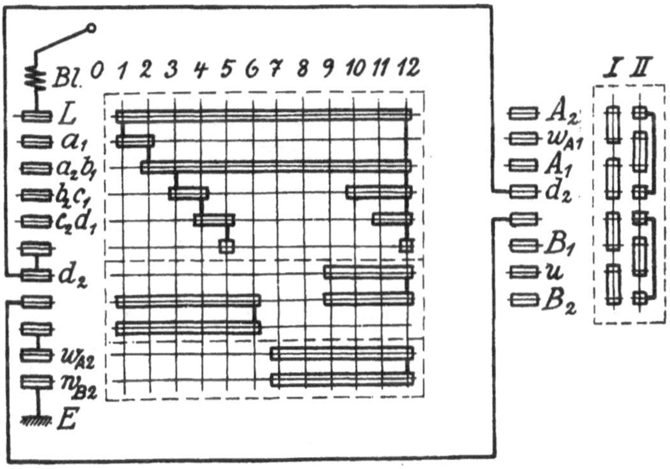

Fig. 271.

Fig. 270 bezeichneten Schaltungsschema. Wenn die kleine Walze auf I steht, gelten die positiven Zahlen in Fig. 270, wenn sie auf II steht, die negativen.

Die starken Linien im Schema der Walzen bedeuten metallische Verbindungen zwischen den einzelnen Kontaktringen. Die grosse Walze, bei der obiges Schema angewendet ist, kann aus drei zusammenhängenden Metallteilen konstruiert werden, die an den Stellen, wo gerissene Linien eingezeichnet sind, isoliert miteinander verbunden sind.

Einen Kontroler mit nur einer Walze, der nicht zu der oben beschriebenen Schaltungsweise gehört, zeigt die Abbildung Fig. 272. Links sieht man dort die Reihe der Schleiffedern, zwischen denen Platten aus

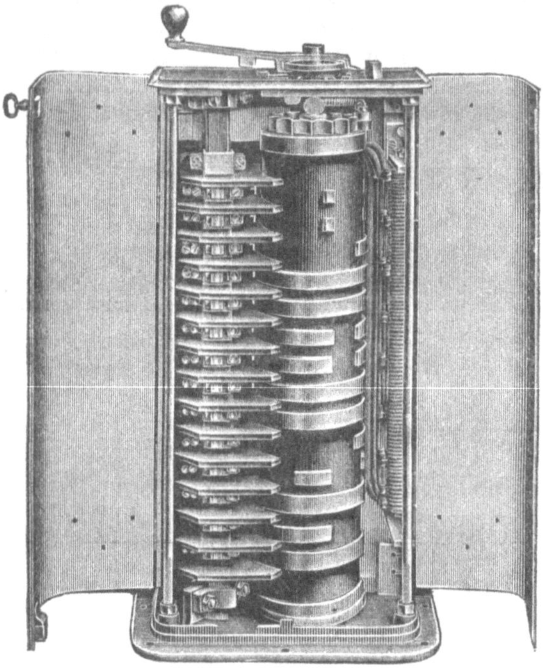

Fig. 272.

feuerfestem Isolationsmaterial stehen, rechts die Walze mit ihren Kontaktringen. Man verwendet Kupfer- oder Kohlenkontakte. Letztere haben den Vorzug, gegenüber metallischen, dass sie nicht verschmoren, dagegen den Nachteil, dass sie leicht abbrechen.

236. Der Kompoundmotor und sein Verhalten.

Liegt ursprünglich ein Nebenschlussmotor vor, der an konstante Klemmensspannung angeschlossen ist, so kann seine Tourenzahl vom Leerlauf bis zur Vollbelastung automatisch in hohem Grade konstant gehalten werden, indem man die erforderliche Schwächung des Feldes durch den Ankerstrom selbst besorgen lässt. Man legt einige Hauptstromwindungen auf die Nebenschlusswicklung, die aber in umgekehrtem Sinn durchflossen werden als der Nebenschluss. Auf diese Weise kann auch durch Erhöhung der Zahl der Hauptschlusswindungen in der Belastung eine höhere Tourenzahl erreicht werden, als im Leerlauf, was oft erwünscht ist, da die Riemengleitverluste mit der Belastung zunehmen. In dem letzteren Fall ist der Motor überkompoundiert. Kompoundmotoren sind für Überlastung nicht geeignet, da bei Abnahme der Klemmenspannung leicht das Feld der Hauptstromwindungen vorherrscht und den Motor plötzlich in umgekehrte Drehrichtung versetzt. Aus diesem Grunde müssen die Kompoundmotoren vorsichtig behandelt werden, sie sind daher weniger verbreitet, als die bisher behandelten.

Fig. 273.

Lässt man einen Kompoundmotor zunächst als Motor, nach Fig. 273, dann bei demselben Drehsinn als Dynamomaschine laufen, wie es Fig. 274 darstellt, so werden bei der Dynamo ohne vorherige Umschaltung die beiden Wicklungen in demselben Sinne durchflossen. Man erhält eine richtig kompoundierte Dynamomaschine. Daraus folgt, dass jede Kompoundmaschine ohne weiteres bei Anlegung an eine Elektrizitätsquelle ein Kompoundmotor ist.

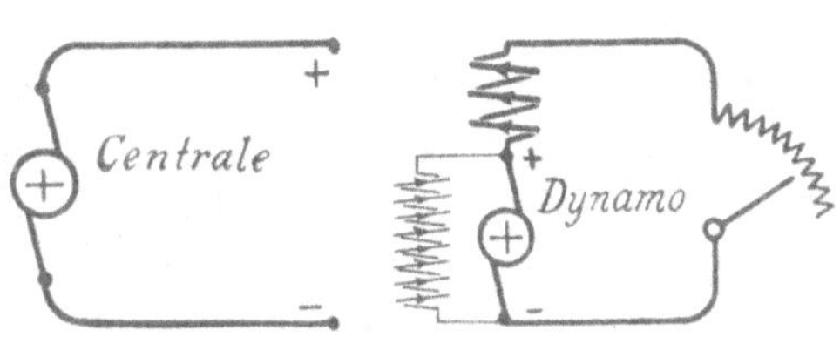

Fig. 274.

237. Die Ankerreaktion bei den Gleichstrommotoren und die Bürstenverstellung.

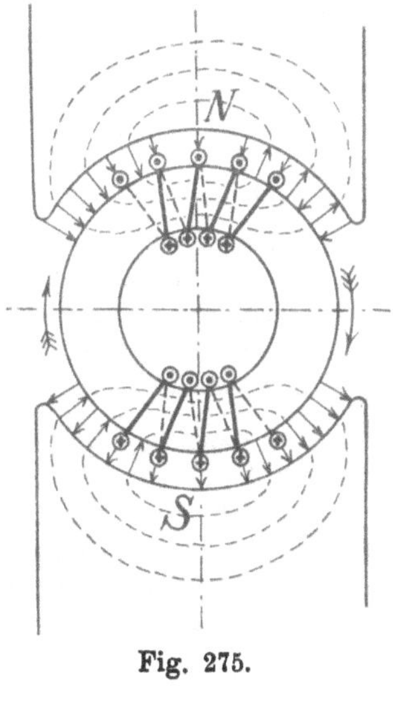

Fig. 275.

Der Strom in den Ankerdrähten erzeugt sowohl bei Ring- wie bei Trommelwicklung innerhalb der Polschuhe ein magnetisches Feld, welches den in Figur 275 eingezeichneten Verlauf hat. Dabei ist die Richtung des ursprünglichen Feldes, des Ankerstromes und der Rotation so angegeben, wie die Verhältnisse bei einem Motor liegen. Man kann sich von der Richtigkeit nach der Regel der linken Hand überzeugen. Bei einem Motor wirkt das Ankerfeld am Vorderhorn des Polschuhes in dem Sinne des ursprünglichen Feldes, am Hinterhorn ist es gegen das ursprüngliche Feld gerichtet. Mit den Erörterungen des Abschnittes 200 ergiebt sich demgemäss eine Verdichtung der Kraftlinien am Vorderhorn, eine Verdünnung am Hinterhorn. Aus diesem Grunde verschiebt sich auch die Auflagerstelle der Bürsten, wenn die Wirkung der Ankerreaktion bei einem Motor hervortreten sollte; aber die Bürsten müssen bei einem belasteten Motor nicht ein Stück im Sinne der Drehrichtung, wie bei einer Dynamo, sondern entgegengesetzt der Drehrichtung verschoben werden. Auch hier wird der funkenlose Gang durch Probieren ermittelt.

238. Rechnungen an Gleichstrommotoren.

Auch bei einem Motor geht man in der Vorausberechnung einer Type so vor, wie das bei einer Dynamomaschine der Fall war. Auch hier ermittelt man zunächst den Ankerdurchmesser nach der Formel

$$D = c \cdot \sqrt[3]{\frac{E \cdot J}{n} \cdot \frac{D}{L}}, \qquad (1')$$

wobei dieselben Bezeichnungen gelten, wie in Abschnitt 214. Die Zahl der Kraftlinien eines Polschuhes bekommt man wiederum aus

$$N = 2 \cdot Q_a \cdot B_a \qquad (2')$$

und die Zahl der Drähte rund um den Anker nach der Gleichung

$$E_a = N \cdot z \cdot n \cdot \frac{1}{100\,000\,000}, \qquad (3')$$

alles unter den Voraussetzungen und mit den Bezeichnungen des Abschnittes 214. Nur ist unter E_a hier die elektromotorische Gegenkraft in Volt verstanden.

Die Umfangskraft, die auf einen Motor ausgeübt wird, rechnet man nach der Formel, die bereits in Abschnitt 164 angegeben wurde:

$$P_u = \frac{1}{9\,810\,000} H \cdot z' \cdot l \cdot J, \qquad (4')$$

wobei bedeutet:

P_u = Umfangskraft in Kilogramm,
H = Feldstärke unter den Polschuhen,
z' = Gesamtzahl der Drähte unter den Polschuhen,
l = wirksame Länge eines Ankerdrahtes in Centimeter,
J = Stromstärke eines Ankerdrahtes in Ampère.

Bei Nebenschlussmotoren ist die Feldstärke konstant, wenn die angelegte Spannung konstant ist; man erhält daher die Umfangskraft aus Gleichung (4') direkt, indem man verschiedene Stromstärken darin einsetzt. Die zugehörige Tourenzahl ergiebt sich dann nach Gleichung (3'), worin für E_a der Wert der Klemmenspannung abzüglich des jedesmaligen Spannungsverlustes durch Ankerwiderstand einzusetzen ist.

Bei Hauptschlussmotoren nimmt man zunächst verschiedene Kraftlinienzahlen N in dem Magnetgestell des Motors an, bestimmt daraus mit Hilfe der Kurven aus Abschnitt 152 die erforderlichen Ampèrewindungszahlen und schliesslich, da die Zahl der Magnetwindungen vorliegt, die erforderliche Stromstärke J' in denselben. Mit diesem J' und zugehörigen H ist die Umfangskraft nach Gleichung (4') bekannt, da der Strom J in dem Ankerdraht ein bestimmtes Vielfaches von J' ist. Die zu der betreffenden Umfangskraft gehörige Tourenzahl erhält man nun aus (3'), indem für E_a der Wert eingesetzt wird, der übrig bleibt, wenn man von der Klemmenspannung E den Spannungsverlust im Anker und in den Magnetwindungen abzieht.

239. Allgemeine Anforderungen bei Dynamomaschinen und Motoren.

Die allgemeinen Anforderungen, die man sowohl an Dynamomaschinen, als auch an Motoren stellt, sind folgende:

1. Funkenloser Gang in jeder vorkommenden Belastung,
2. Keine Bürstenverstellung bei normaler Belastung,
3. Möglichkeit zeitweiliger Überlastung.
4. Geringe Wartungsbedürftigkeit,
5. Geringe Reparaturbedürftigkeit,
6. Geringes Gewicht,
7. Mässig guter Wirkungsgrad.

Die Dynamomaschinen und Motoren haben in der Technik einen Entwicklungsgang durchgemacht, so dass sie den höchsten Anforderungen immer mehr genügen können. Einige Anforderungen widersprechen sich, das ist der funkenlose Gang bei hohem Wirkungsgrad. Auf den letzteren hat die ältere Technik mehr Wert gelegt, als die moderne. Unerfüllbar ist die Anforderung geringerer Tourenzahlen bei Anwendung mässig kleiner Motoren, wenn eine bestimmte Leistung erzielt werden soll. Für langsamen Gang werden die Typen sehr gross und infolgedessen sehr teuer. Die Unerfüllbarkeit dieser Anforderung liegt darin, dass zum Erzeugen einer Spannung eine gewisse Geschwindigkeit eines Drahtes im magnetischen Felde gehört. Es giebt keine Materialien, in denen man die Kraftlinien auf einen engeren Raum zusammendrängt, als im Eisen.

Neunzehntes Kapitel.

Der Wechselstrom.

240. Begriff über die Entstehung eines Wechselstromes.

Rotiert ein Draht durch die Kraftlinien eines Magnetgestelles, das beispielsweise durch Fig. 276 ausgedrückt ist, so befindet er sich in dem einen Moment unter einem Südpol und in dem nächsten Moment unter einem Nordpol. Es entsteht daher zwischen den Enden des Drahtes eine fortwährend wechselnde Spannung. Ein Strom würde,

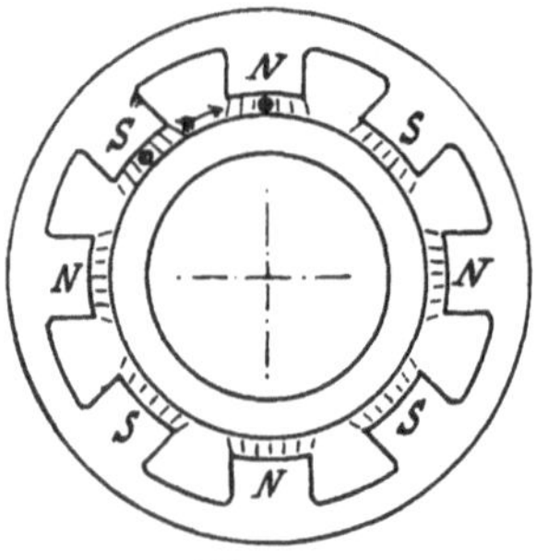

Fig. 276.

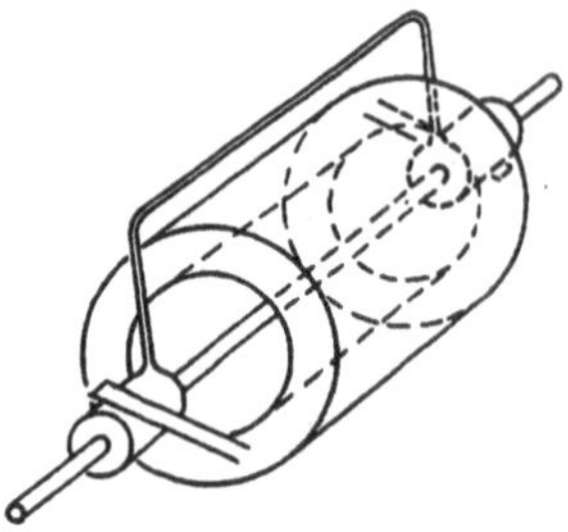

Fig. 277.

wenn die Enden des Drahtes ausserhalb des Feldes miteinander verbunden wären, bei der angegebenen Bewegungsrichtung unter einem Nordpol in die Bildebene hinein, unter einem Südpol aus der Bildebene heraustreten.

Bringt man an den Enden des Drahtes metallische Ringe an, die nach Fig. 277 isoliert und konzentrisch zur Welle sitzen, so kann man auf diesen Ringen Federn schleifen lassen, von denen ein hin- und hergehender Strom entnommen werden kann. Ein solcher Strom heisst ein Wechselstrom.

Auf diesem Prinzip beruht die Erzeugung der Wechselströme in der Technik. Nur wird an einem einzigen Draht bei anwendbaren Geschwindigkeiten und Feldstärken eine so geringe Spannung erzeugt, dass sie keine technische Verwendung finden kann. Man schaltet daher eine grosse Anzahl von Drähten hintereinander.

Auf welche Weise das vorteilhaft geschieht, darüber geben spätere Abschnitte Auskunft; hier sei nur darauf hingewiesen, dass zwei Drähte, die gleichzeitig unter ungleichnamigen Magnetpolen liegen, bei der Rotation auf derselben Seite des Magnetgestelles ungleichnamige elektrische Pole besitzen. Es kann daher eine fortlaufende Hintereinanderschaltung durch Verbindungsdrähte an den Stirnseiten des Magnetgestelles erfolgen, ähnlich wie bei der Serientrommel des Abschnittes 211. Die Enden einer solchen Wicklung brauchten dann nur mit den beiden Schleifringen verbunden zu sein. Der Kollektor kommt in Wegfall.

241. Die Kurve der Spannung.

Die Kraftlinien, die aus einem Polschuh austreten, durchsetzen nicht nur den Luftraum, der unmittelbar unter ihnen liegt, sondern sie breiten sich auch nach der Seite aus und werden immer dichter, je mehr die betrachtete Stelle dem Pole näher rückt. In der Mitte zwischen zwei Polen treten keine Kraftlinien in das Eisen ein, daher wird an dieser Stelle bei der Rotation eines Drahtes auch keine Spannung erzeugt. In dem Maasse nun, wie die Kraftlinien bei dem Heranrücken eines Drahtes an den Polschuh dichter werden, steigt auch die Spannung zwischen den Enden des Drahtes, wenn seine Rotationsgeschwindigkeit konstant ist. Unterhalb des Polschuhes bleibt die Spannung, wenn der Luftraum überall radial gleich gross ist, ungefähr konstant. Bei dem Verlassen des Poles schliesslich fällt die Spannung entsprechend der Verminderung der Kraftliniendichte, wird in der Mitte gleich Null und steigt von da ab bis zum nächsten Pol in entgegengesetzter Richtung.

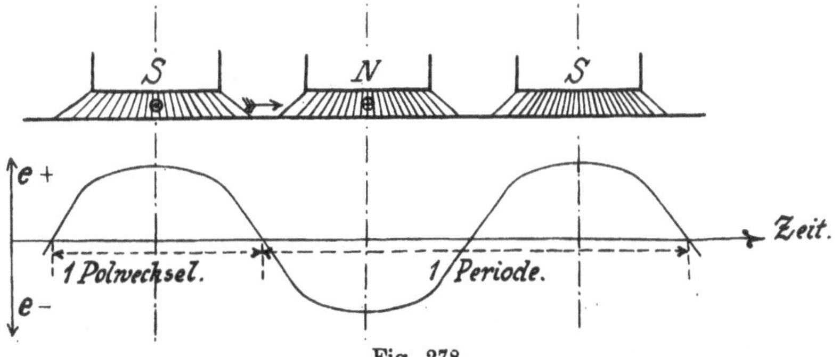

Fig. 278.

Der ganze Verlauf der Spannung lässt sich durch ein Diagramm darstellen. In Fig. 278 sind zunächst die Polflächen, an denen der Draht vorbeiwandert, in gerader Linie gezeichnet. Die Abstände von Polschuh zu Polschuh sind auf dem Rotationskreis des Leiters gemessen. Unter diesen Polschuhen ist von einer horizontalen Axe aus jedesmal die Spannung in einem bestimmten Maassstab senkrecht aufgetragen, die zu der darüber liegenden Stelle gehört. Liegt vorn der positive Pol des Drahtes, so ist die Spannung nach oben, liegt vorn der negative, so ist die Spannung nach unten aufgetragen. Das Diagramm heisst die Spannungskurve des betreffenden Leiters. Den Teil der Kurve, der zwischen zwei Durchgangspunkten durch die Abscissenaxe liegt, nennt man einen Polwechsel, den Teil von dem einen Durchgangspunkt bis zum übernächsten eine Periode der Spannung. Bereits früher wurde darauf hingewiesen, dass bei den meisten Wechselstrom-Anlagen die Zahl der Polwechsel pro Sekunde in der Nähe von 100 liegt. Weshalb Ströme von höherer Wechselzahl unzweckmässig sind, kann erst später verstanden werden. Bei niedrigerer Wechselzahl ist das Licht der Bogenlampen unvorteilhaft, da es einen flackernden Eindruck machen würde.

Durch die Form der Polschuhe kann dem Kraftlinienstrom eine bestimmte Verteilung gegeben werden; dadurch ist es möglich, auch eine bestimmte Form der Spannungskurve bei einer Maschine zu erreichen. Der nächste Abschnitt erläutert ein weiteres Mittel, mit Hilfe dessen die Kurvenform in noch weiterem Maasse beliebig gestaltet werden kann.

242. Die Spannungskurve bei der Bewegung einer Spule.

Es werde ein System von Spulen vor einer Reihe von feststehenden Magneten vorbeibewegt, bei dem die einzelnen Drähte so untereinander verbunden sind, wie es Fig. 279 angiebt. Die Nordpole und die Süd-

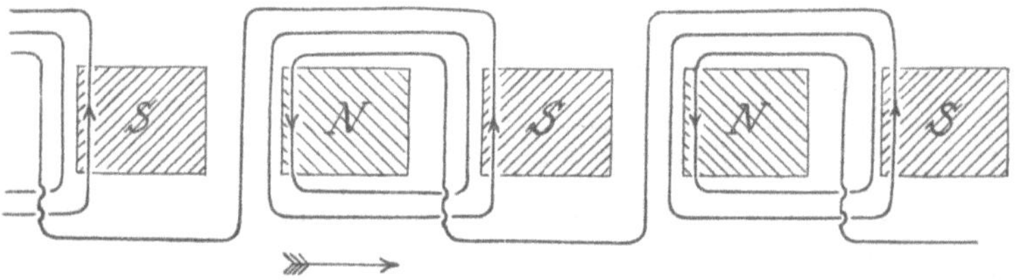

Fig. 279.

pole sind in der Abbildung so schraffiert gezeichnet, dass die Kreuzungspunkte zwischen den Drähten und den schraffierten Linien bei einer Bewegung des Drahtes in der Richtung wandern, wie der induzierte Strom verlaufen würde.

Stehen die Spulen in der Stellung, welche die Figur zeigt, so bewegt sich bei jeder Spule nur ein Draht innerhalb des Feldes, aber die von jedem Magnetpol herrührende Spannung würde entlang des ganzen Drahtes einen Strom von derselben Richtung erzeugen. In einem späteren Augenblick, als die Figur angiebt, würden sich überall zwei Drähte innerhalb des Feldes bewegen, mithin steigt die Spannung auf den doppelten Wert. In einem folgenden Moment steigt die Spannung abermals, da nun drei Drähte mitwirken. Das Entsprechende ist bei dem Verlassen der Magnetpole wahrzunehmen, hier fällt die Spannung stufenweise ab.

Je nachdem, wie die Abstände der Polschuhe im Verhältnis zu den Magnetdimensionen bemessen sind, und je nach der Verteilung

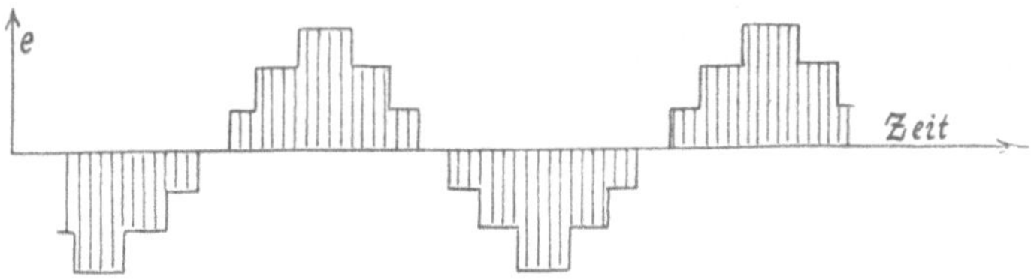

Fig. 280.

der Wicklung, bekommt die Kurve eine andere Form. Bei oben angegebenen Verhältnissen würde die Kurve ungefähr eine Form nach Fig. 280 haben. In Wirklichkeit gleichen sich die Stufen zum grössten

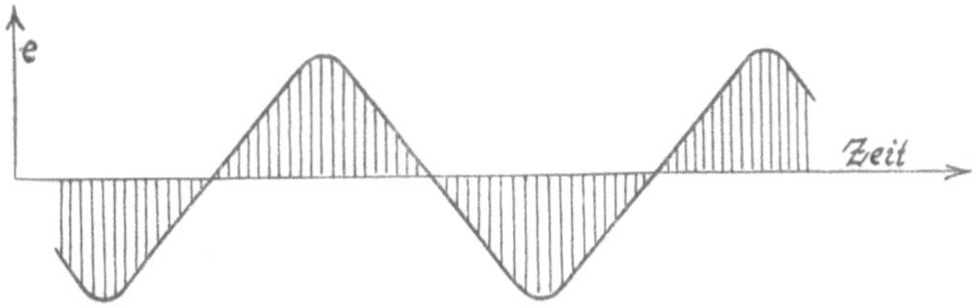

Fig. 281.

Teil aus, da der Übergang der Drähte in das Feld nicht plötzlich erfolgt. Wenn eine Maschine nach obigem Schema gewickelt ist, sieht ihre Kurve in Wirklichkeit ähnlich aus, wie sie die Abbildung Fig. 281 veranschaulicht.

243. Die Rotation einer Schleife in einem homogenen Feld.

Wir denken uns eine Schleife, deren Form in Fig. 282 perspektivisch gezeichnet ist, rotierend zwischen zwei Magnetpolen N und S. Die Feldstärke sei an allen Stellen des für die Schleife in Frage kommenden Raumes konstant und gleich gerichtet. Ebenfalls sei die Rotationsgeschwindigkeit konstant. Es ist ohne weiteres ersichtlich, dass sich die Spannungen, die in den beiden Drähten ab und cd induziert werden, in jeder Lage addieren, und dass die in beiden Drähten erzeugten Spannungen für einen und denselben Moment in jeder Lage der Schleife gleich gross sind.

Um nun das Gesetz für das Ansteigen und Fallen der Spannung zu verfolgen, genügt es in diesem Fall, einen einzigen Draht zu betrachten. Zu diesem Zweck teilen wir auf Fig. 283 den durchlaufenen Umfang in eine Anzahl von Teilen; wir denken uns die Rotation an dem Radius 1, dann beträgt der ganze Umfang 2π, ein Viertel des Umfanges $\pi/2$ u. s. w., nach den Bezeichnungen der Figur.

Bewegt sich der Draht gerade in der Symmetrieebene zwischen beiden Polflächen, in der Figur

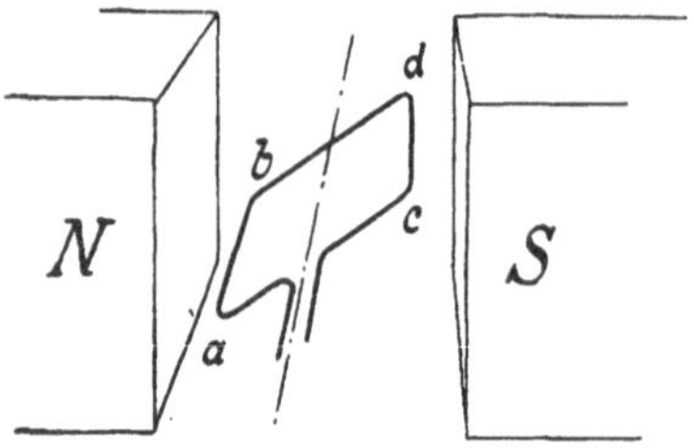

Fig. 282.

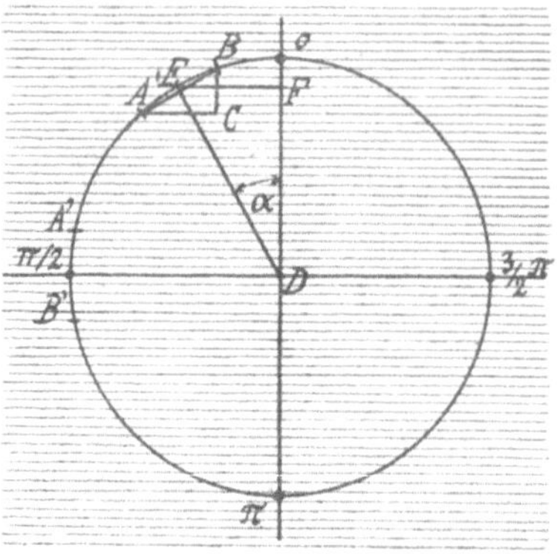

Fig. 283.

bei Stellung 0 oder π, so streift er an den Kraftlinien entlang, ohne sie zu schneiden, daher wird an diesem Punkt bei der Rotation keine Spannung erzeugt.

Bewegt sich dagegen der Draht bei dem Winkel α von der Symmetrieebene aus gemessen, so werden über einen bestimmten Teil des Umfanges AB weniger Kraftlinien geschnitten, als etwa bei der Stellung $\pi/2$ über einen gleichen Teil des Umfanges $A'B'$. Zeichnet man von den Endpunkten des betrachteten Teiles jedesmal eine Linie parallel und eine zweite Linie senkrecht zu den Kraftlinien, so wird dadurch etwa bei dem Winkel α ein Dreieck ABC ausgeschnitten, welches dem Dreieck DEF ähnlich ist. Es tritt daher in dem kleinen Dreieck ebenfalls der Winkel α auf, und die Linie BC, welche jedesmal der Zahl der geschnittenen Kraftlinien entspricht, ist proportional zum Sinus des Winkels α. Es lässt sich daher für beliebige Winkel α die Grösse der induzierten Spannung aufstellen durch die Gleichung

$$e = c \cdot \sin \alpha,$$

wobei c eine Konstante bedeutet. Wie gross diese Konstante ist, ergiebt sich aus der Betrachtung der Stelle, wo

$$\alpha = \frac{\pi}{2}$$

ist. Hier werden die Kraftlinien senkrecht geschnitten, und hier ist die Spannung daher am grössten. Der Sinus von $\pi/2$ ist gleich 1, daher ergiebt sich die Grösse c als diejenige Spannung, die im Maximum erzeugt werden kann, und die mit e_0 bezeichnet werden möge.

Aus obiger Gleichung wird dann die momentane Spannung bei dem Winkel α

$$c = e_0 \cdot \sin \alpha.$$

Den Wert e_0 bezeichnet man als die Amplitude der Spannung. Hat ein Strom ν Wechsel pro Sekunde, so erhält man aus obiger Gleichung die Grösse der Spannung zur Zeit t (ausgedrückt in Sekunden)

$$e = e_0 \sin \nu \pi t.$$

Trägt man den abgewickelten Rotationsumfang auf einer horizontalen Axe auf, so wie es in Fig. 284 geschehen ist, dann kann man bei

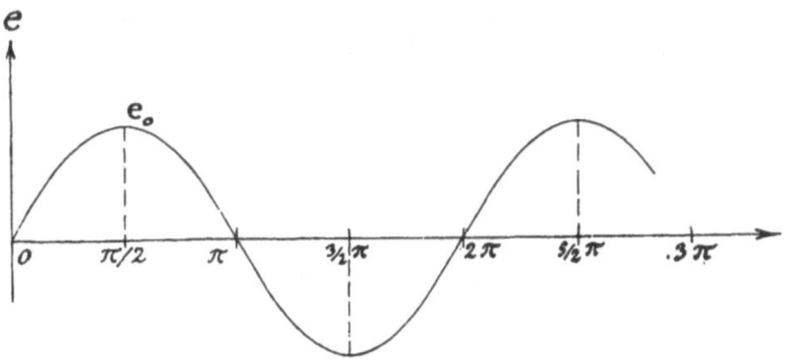

Fig. 284.

jedem Winkel aus Fig. 283 die zugehörige Linie BC vertikal antragen. Letztere Linien geben dann nach Verbindung ihrer Endpunkte ein Bild über den zeitlichen Verlauf der Spannung. Die dabei zu Tage tretende Wellenlinie ist eine Sinuskurve, man sagt daher, unter oben angegebenen Verhältnissen hat die Spannung einen sinusförmigen Verlauf.

244. Erregermaschinen.

Zur Erzeugung des Kraftlinienstromes in einem Magnetgestell lässt sich bei Wechselstrom nicht die im Anker induzierte Elektrizität verwenden, da die Magnete ihre Pole nicht wechseln dürfen. Bei Beginn der Wechselstromtechnik versuchte man zur Herstellung des Magnetfeldes permanente Stahlmagnete zu verwenden, doch diese Maschinen wurden zu teuer und erwiesen sich als unpraktisch.

In allen Fällen wendet man in der modernen Technik zur Erregung der Wechselstrommaschinen Elektromagnete an. Ist in einem Betriebe neben der Wechselstromanlage auch eine Gleichstromanlage vorhanden, so kann der Strom für die Magnetwicklung dieser Gleichstromanlage entnommen werden. Meistens ist das aber nicht der Fall. Man bedarf dann einer kleinen Gleichstromdynamomaschine, welche den Erregerstrom liefert und daher den Namen Erregermaschine führt. Diese Dynamo, für die ausschliesslich Nebenschlussmaschinen in Gebrauch sind, wird gewöhnlich durch dieselbe Antriebsmaschine in Gang gesetzt, die auch die Wechselstrommaschine betreibt. In vielen Fällen setzt man den Anker der Gleichstrom-Dynamo direkt auf die Welle der Wechselstrommaschine.

Eine Erregermaschine hat in ihrem Nebenschluss ebenfalls einen Nebenschlussregulator, wie er in Abschnitt 198 behandelt worden ist. Die Feldwicklung der Wechselstrommaschine zweigt von den Bürsten ab. Soll nun die Spannung der Wechselstrommaschine bei einer bestimmten Tourenzahl auf eine bestimmte Höhe gebracht werden, so geschieht das durch Verstärkung des Erregerstromes in ihren Magneten. Diese Verstärkung erfolgt durch Erhöhen der Spannung an den Klemmen der Erregermaschine vermittelst ihres Nebenschlussregulators. Diese Schaltungsweise wird deshalb gewählt, damit nur der schwache Nebenschlussstrom Widerstände zu durchfliessen braucht, also damit möglichst wenig Leistung verloren geht.

Bei dem Anlassen einer Wechselstrommaschine versetzt man zunächst die Dynamo mit ihrer Erregermaschine in normale Rotation. Man schliesst die Erregerwicklung der Wechselstrommaschine an, ehe die Erregermaschine auf Spannung gebracht ist, und nun erst erregt man durch Verdrehen der Kurbel des Nebenschlussregulators die Erregermaschine bis die Wechselstrommaschine die gewünschte Spannung hat. In entsprechender Weise wird ordnungsgemäss ein Wechselstrombetrieb unterbrochen durch Wegnahme des Magnetisierungsstromes der Erregermaschine. Arbeiten mehrere Wechselstrommaschinen auf ein Netz, so geschieht das Anschliessen auf ganz besondere Weise, wie es später in dem Abschnitt „Parallelschaltung von Wechselstrommaschinen" erörtert werden soll.

245. Wechselstrommaschinen mit Ring- und Trommelanker.

Für kleinere Wechselstrommaschinen verwendet man bisweilen Maschinen mit Ring- oder Trommelanker, die den Gleichstrommaschinen äusserlich ähnlich sind, und die nur an Stelle des Kollektors zwei Schleifringe besitzen.

Ein Ring soll so bewickelt sein, wie es in Abschnitt 186 beschrieben worden ist, mit einer fortlaufenden in sich geschlossenen Wicklung. Von zwei gegenüberliegenden Stellen des Ringes A und B führt eine Abzweigung zu den Schleifringen a und b in Fig. 285, von denen der Strom abgenommen wird.

Stehen A und B gerade in der Symmetrieebene zwischen den beiden Polschuhen N und S, so liegt der Fall so, wie es bei dem Gleichstrommaschinen behandelt wurde: während der Rotation liefern beide Zweige des Ringes einen Strom in gleichem Sinne zu der Abnahmestelle hin. Bei der angegebenen Kraftlinien- und Bewegungsrichtung ist nach der in Fig. 285 gezeichneten Stellung A positiv, B negativ. Dreht sich nun der Ring und kommt er in die Lage nach Fig. 286, in der *A* mitten unter dem Südpol liegt, so hat jede der Wicklungshälften ebenso viel Kraftlinien, die in der einen Richtung verlaufen, zu schneiden, als in der entgegengesetzten. Die in den einzelnen Zweigen erzeugte

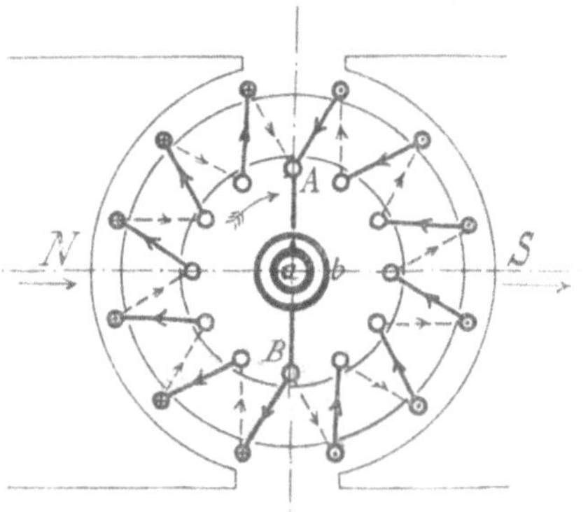

Fig. 285.

Spannung ist daher in Summa gleich Null. Bei der Stellung nach Fig. 286 liegt also zwischen *A* und *B* keine Spannung. In Zwischenstellungen überwiegt entweder die eine oder die andere Seite, es erfolgt daher ein allmählicher Übergang der Spannung vom Höchstwert auf Null.

Befindet sich bei weiterer Rotation der Punkt *A* in der tiefsten Stellung, so ist *A* negativ und *B* positiv, der Übergang erfolgt wiederum allmählich, man erhält daher zwischen den Schleifringen einen Wechselstrom, der durch beide Ankerhälften geschlossen wird.

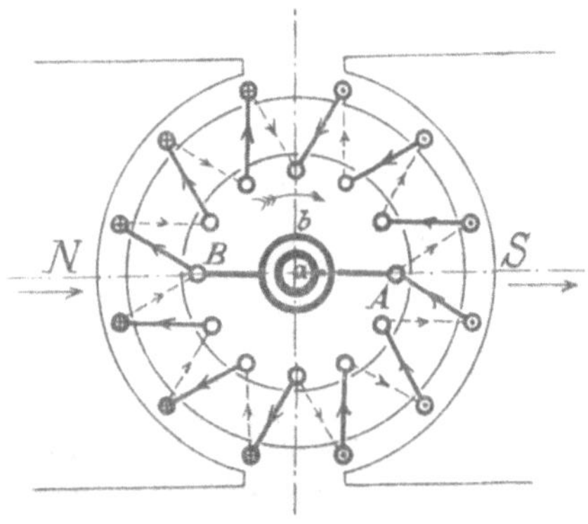

Fig. 286.

Ganz Entsprechendes, wie es hier für den Ring gesehen wurde, gilt auch bei der Trommel. Auch hier können von zwei Stellen der Wicklung aus, die gleiche Drahtlängen einschliessen, Abzweigungen zu Schleifringen geführt werden. Die Wirkung bleibt dabei dieselbe. Anstelle eines zweipoligen Gestelles kann auch sowohl bei Ring als bei Trommel ein mehrpoliges Gestell treten, die Abzweigungen vom Anker zu den Schleifringen befinden sich dann jedesmal in der Mitte zwischen zwei Polschuhen. Die einzelnen Teile der Ankerwicklung sind dann parallel geschaltet. Häufiger werden jedoch bei dieser Art von Maschinen Serienwicklungen angebracht, da man bei Wechselstrom meistens höhere Spannungen erzeugen will, als bei Gleichstrom.

Das empfindlichste Element ist bei Gleichstrommaschinen der Kollektor, dessen Isolationsfähigkeit der Spannung die Grenze setzt. Zwei Schleifringe dagegen lassen sich voneinander sehr gut und sicher isolieren.

Eine Maschine der Firma Schuckert & Co., der hier behandelten Art stellt Fig. 287 dar. Links ist die Erregermaschine sichtbar, die auf einem Konsol montiert und mit der Hauptwelle direkt gekuppelt ist.

Fig. 287.

Die hier abgebildete Wechselstrommaschine ist sechspolig. Kleinere Maschinen dieser Art werden für Betriebe überhaupt nicht gebaut, da Wechselstrommaschinen nur dort in Anwendung kommen, wo grössere Gebiete mit elektrischer Energie zu versorgen sind. Die direkt gekuppelten Erregermaschinen aller Wechselstrommaschinen sind verhältnismässig gross, da sie mit sehr niedriger Tourenzahl laufen. Für die Erregung verwendet man bis zu fünf Prozent der Gesamtleistung der Wechselstrommaschine. Bei grösseren Typen ist der Prozentsatz der Erregerleistung bisweilen etwas geringer. Maschinen der oben beschriebenen Art werden für kleine Centralen mit Vorliebe verwendet.

246. Wechselstrommaschinen mit feststehendem Anker.

Die häufigste Anordnungsweise, die man bei Wechselstrommaschinen trifft, ist die, dass der Anker feststeht und ein Kranz von Erregerspulen sich innerhalb des Ankers dreht. Der einfachste Fall, der hier vorkommen kann, ist durch Fig. 288 schematisch veranschaulicht. Den Erregerspulen, die sich innerhalb des feststehenden Ankers drehen, muss bei dieser Anordnung der Strom durch zwei Schleifringe zugeführt werden, die in der Abbildung mit *a* und *b* bezeichnet sind. Er durchläuft alle Magnetspulen in diesem Schema hintereinander und erzeugt abwechselnd einen Südpol und einen Nordpol. Der feststehende Teil enthält eine gleiche Anzahl von Induktionsspulen, die auf einem Eisenkörper von geblättertem Eisen sitzen. Das Eisen der Erregermagnete wird von manchen Firmen massiv, von anderen geblättert verwendet. Die Spulen des feststehenden Teiles sind in obigem Schema ebenfalls hintereinander und zwar so gewickelt, dass sie abwechselnd einen Südpol und einen Nordpol erzeugen würden, wenn sie von einem Gleichstrom durchflossen wären. Die Enden des Drahtes, der auf dem feststehenden Teile, dem Anker, liegt, sind die Klemmen der Maschine und in der Figur mit I und II bezeichnet.

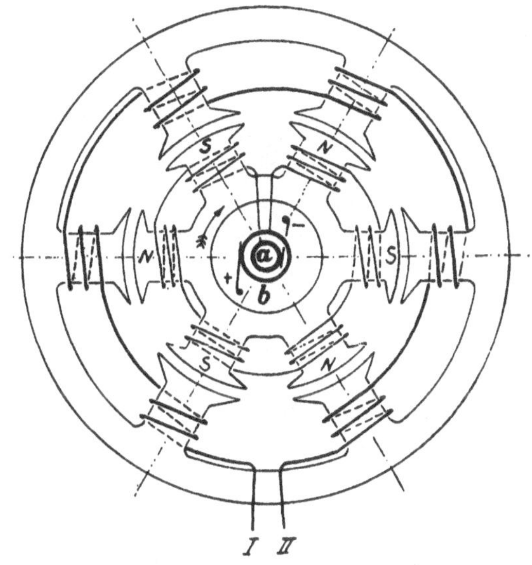

Fig. 288.

Bewegt sich nun ein Nordpol gerade an den Drähten vorbei, die zwischen zwei Eisenkernen der Induktionsspulen liegen, so ist die Wirkung dieselbe, als ob die Kraftlinien diese Drähte schnitten. Es wird an diesen Drähten eine Spannung erzeugt, die für die Drähte, welche innerhalb einer Abteilung liegen, gleich gerichtet ist. Die Richtung des Stromes, welcher zufolge dieser Spannung fliessen würde, ergiebt sich nach derselben Handregel, wie sie in Abschnitt 157 entwickelt wurde, nur ist zu berücksichtigen, dass die Bewegungsrichtung der Drähte relativ zu dem Felde entgegengesetzt der Drehrichtung der Magnete ist.

Die Wicklungsweise des Ankers, wie sie durch Fig. 288 dargestellt wurde, kann auch ausgedrückt werden nach Art von Fig. 289, bei der die Zusammengehörigkeit der Drähte innerhalb einer Nut deutlicher zu Tage tritt. Es zeigt sich, dass in demselben Moment, wo die eine Leitergruppe sich vor einem Nordpol befindet, die benachbarten Leitergruppen sich vor Südpolen befinden; es wird dadurch in den benachbarten Abteilungen ein Strom in entgegengesetzter Richtung erzeugt. Der Strom tritt in der einen Nut jedesmal aus der Bildebene heraus und verläuft bei der nächsten Nut in die Bildebene hinein. Die Wirkung aller Nuten zusammen ist die, dass alle die Einzelspannungen, die in jedem Draht erzeugt werden, für den ganzen Anker hintereinander geschaltet sind.

Ist der Erregerkranz um einen Polabstand weitergerückt, so ist die Nut, die vorher in der einen Richtung durchflossen wurde, jetzt

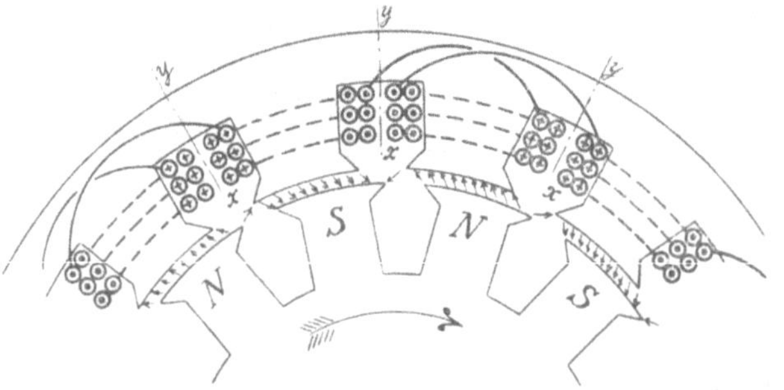

Fig. 289.

in entgegengesetzter Richtung durchflossen; wiederum sind dabei alle einzelnen Drähte mit ihren Spannungen hintereinander geschaltet.

Bewegt sich aber ein Magnetpol genau vor der Mitte des Eisens einer Induktionsspule, so werden für diesen Moment keine Ankerdrähte von Kraftlinien geschnitten, die Spannung ist daher am Anker für diesen Moment gleich Null. Bei der Rotation erfolgt wiederum der Übergang von der maximalen Spannung bis zur Null und zur maximalen entgegengesetzten Spannung allmählich, so dass an dem Anker eine nach einer bestimmten Kurvenform wechselnde Spannung entsteht.

Eine Wicklung nach dem Schema der Fig. 289 heisst eine Schleifenwicklung. Häufig werden die Drähte einer Schleife in verschiedenen Nuten untergebracht, etwa ähnlich, wie nach dem Schema der früheren Fig. 279. Eine einzige Windung dieser Figur entspricht einer Anzahl von Windungen, die in einer Nut liegen, während die benachbarte Windung in diesem Schema eine zweite Spule bedeutet, die in den benachbarten Nuten untergebracht ist. Man erreicht auf diese Weise spitze Kurven gemäss den Erörterungen des Abschnittes 242.

Ein anderes Wicklungsschema für Wechselstrommaschinen zeigt Fig. 290. Auch hier liegen die Drähte in Nuten, aber die Wicklung ist fortlaufend weitergeführt, indem ein Draht, der etwa gerade vor einem Nordpol liegt, an einer Stirnseite mit einem Draht verbunden ist, der sich gerade unter einem Südpol befindet. Von hier aus geht es auf der anderen Stirnseite zu dem nächsten Nordpol und so weiter fort, bis der Anker fertig gewickelt ist. Eine Wicklung dieser Art heisst eine Wellenwicklung.

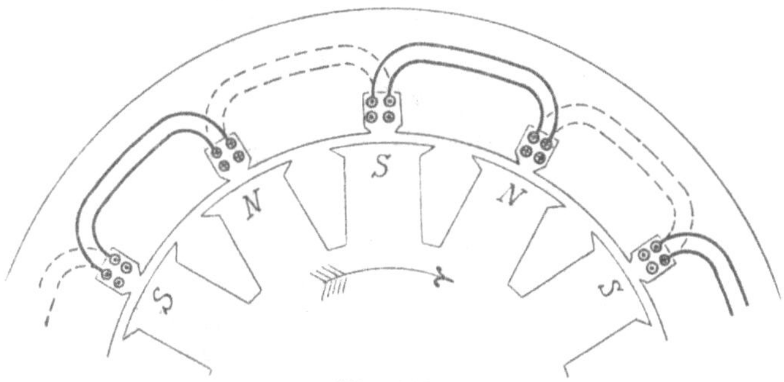

Fig. 290.

Damit die Maschinen praktisch brauchbar sind, müssen neben den elektrischen Anforderungen eine Reihe von Anforderungen in konstruktiver Hinsicht erfüllt sein. Dazu gehören:

1. Genügende mechanische Festigkeit aller Teile,
2. Leichte Montage der Maschine,
3. Auswechselbarkeit etwa schadhaft gewordener Teile in kürzester Zeit.

Die genügende mechanische Festigkeit ist deshalb besonders hervorzuheben, weil das geblätterte Eisen des Ankers kein Konstruktionsteil ist, der sich selbst trägt. Es wird gewöhnlich an gusseisernen feststehenden Kränzen angebracht und durch Bolzen gehalten. Diese Kränze schützen zugleich die Wicklung vor zufälligen Berührungen. Zur leichten Montage der Maschine lässt man beispielsweise im Eisen zwischen zwei Induktionsspulen entlang der Linien x—y in Fig. 289 einen kleinen Luftraum und schraubt jede Spule mit ihrem Eisenkern einzeln an. Man erreicht dadurch zugleich leichte Auswechselbarkeit einer schadhaften Spule.

Es muss dazu bei den meisten Konstruktionen der Erregerkranz aus dem Anker herausgezogen werden können; bisweilen wird dasselbe auch durch Verschiebung des Ankers mittels grosser Schraubenspindeln erreicht.

Eine andere Konstruktion zeigt die Abbildung einer Wechselstrommaschine der Aktien-Gesellschaft Elektricitätswerke, vorm. O. L. Kummer & Co., Fig. 291. Diese Maschine, bei der seitlich die Erregermaschine sichtbar ist, enthält an ihrem Fundament auf beiden Seiten je einen cylinderförmigen Teil, der oben zum Einbringen der Welle mit dem Erregerkranz teilweise abgenommen werden kann. Um diese Cylinder ist ein für gewöhnlich feststehender Armstern so angebracht, dass er nach Lösen einiger Schrauben gedreht werden kann. Der

Armstern trägt das Ankereisen mit dem Kranz der Induktionsspulen. Das Ankereisen mit seiner Wicklung ist in verschiedene Sektoren geteilt, die von dem äusseren Umfang aus befestigt sind und nach aussen abgehoben werden können. Bei teilweise auswechselbaren Ankern können

Fig. 291.

nur Schleifenwicklungen verwendet werden. Ist nun ein Sektor des Ankers durch einen anderen zu ersetzen, so kann das, wenn er zugängig ist, ohne weiteres erfolgen; ist er dagegen in normaler Lage unzugängig, so löst man die Schrauben, die den Armstern festhalten, und dreht den letzteren so weit, bis die schadhafte Spule erreicht werden kann.

247. Die effektive Spannung und die effektive Stromstärke.

Arbeitet eine Wechselstrommaschine auf einen Kreis, der aus gewöhnlichen Drahtwiderständen oder aus Glühlampen besteht, so ändert sich die Stromstärke periodisch mit der Spannung. In dem Moment, wo die Spannung ihren Höchstwert erreicht, ist auch der Strom am stärksten. Ist die Spannung Null, so fliesst auch kein Strom in der Leitung. Kehrt sich die Spannung um, so fliesst auch zu gleicher Zeit ein Strom in entgegengesetzter Richtung. Dieser

Gedanke lässt sich durch ein Diagramm ausdrücken, so wie es beispielsweise Fig. 292 zeigt. Es ist darin die Zeit auf der horizontalen, Strom und Spannung auf der vertikalen Axe aufgetragen und man

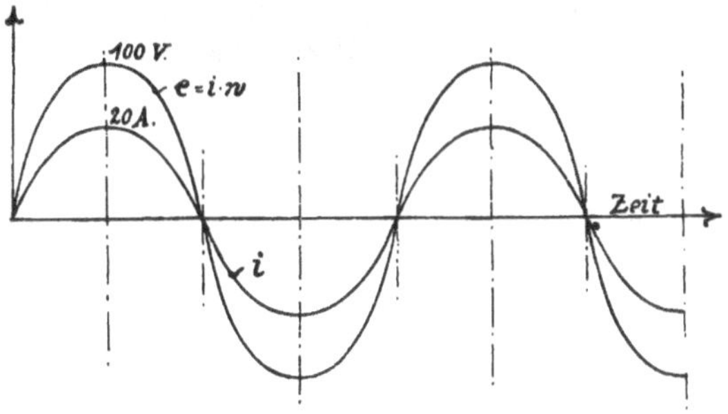

Fig. 292.

sieht, dass der Kurvenzug des Stromes i ähnlich dem Kurvenzug der Spannung e verläuft. Dabei ist das Verhältnis der gleichzeitigen Werte immer dasselbe. In jedem Moment ist der Wert

$$\frac{e}{i} = w$$

wobei w den Widerstand des Kreises bedeutet. Man sagt in diesem Fall, Spannung und Strom liegen in gleicher Phase.

Wie gross ist die Leistung, die bei diesem Vorgang umgesetzt wird? Die Leistung ist in jedem Moment gleich der Spannung mal der Stromstärke, die in demselben Moment fliesst; es ist

$$l = e \cdot i,$$

wobei unter l, e und i Momentanwerte verstanden sind. An Stelle von e kann hier auch nach dem Ohm'schen Gesetz $i \cdot w$ gesetzt werden, es wird dann

$$l = i^2 \cdot w;$$

Um nun die mittlere Leistung zu bestimmen, die umgesetzt wird, ist es erforderlich, für eine grosse Anzahl aufeinander folgender Momente diese Werte $l = i^2 \cdot w$ zu bestimmen. Wir denken uns das auf Grund der Kurve nach Fig. 292 ausgeführt und erhalten dann ein Diagramm, wie es Fig. 293 zeigt. Hier liegen alle Werte nach der positiven Seite, da das Quadrat einer negativen Grösse ebenfalls positiv ist. Nun ist es möglich, eine Ausgleichslinie zu ziehen, die von der Abscissenaxe aus gerechnet über eine Periode eine Fläche begrenzt, welche ebenso gross ist, wie die Summe der in Fig. 293 senkrecht schraffierten Einzelflächen. Ist diese Gerade die Linie AB, so bedeutet die Grösse L die mittlere oder die effektive Leistung. Es ist

$$L = (\Sigma e \cdot i \cdot t) : t = (\Sigma i^2 w \cdot t) : t,$$

wobei unter t ein Zeitintervall verstanden wird, in dem eine ganze Anzahl von Perioden aufgeht.

Wird diese Leistung L durch w dividiert, so erhält man das Quadrat der mittleren Stromstärke. Zieht man daraus die Quadratwurzel, so erhält man einen Wert, der die effektive Stromstärke genannt wird. Diese effektive Stromstärke, die fortan mit J bezeichnet

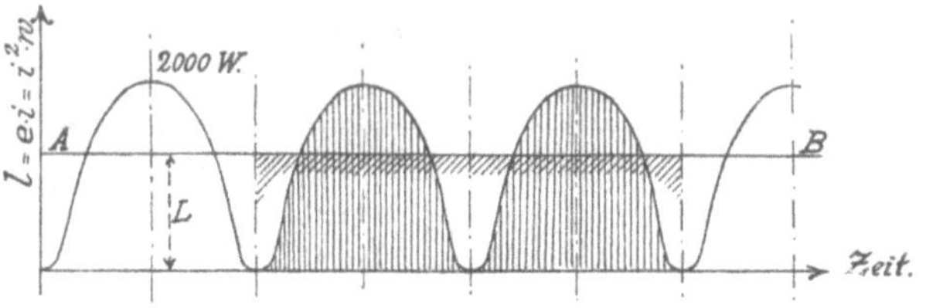

Fig. 293.

werden soll, ist der Wert, den die Strommesser, welche für Wechselstrom verwendbar sind, angeben.

Multipliziert man diese effektive Stromstärke J mit dem Widerstand des Kreises, so erhält man die effektive Spannung E.

Dieser Wert E ist derjenige, den die Spannungsmesser angeben, die zu Wechselstrom-Messungen dienen. Multipliziert man die effektive Stromstärke in Ampère mit der effektiven Spannung in Volt, so bekommt man dadurch die effektive Leistung in Watt.

$$L = E \cdot J.$$

Diese Betrachtungen gelten nur für gewöhnliche Drahtwiderstände und Glühlampen. Was unter gewöhnlichen Drahtwiderständen zu verstehen ist, wird aus dem nächsten Abschnitt klar.

Zusammenfassung: Die effektive Stromstärke ist die Quadratwurzel aus dem mittleren Quadrat der Stromstärke. Die effektive Spannung ist die Quadratwurzel aus dem mittleren Quadrat der Spannung.

Folgt ein Wechselstrom dem Sinusgesetz, also hat die Kurve eine Form, wie sie in Abschnitt 243 behandelt worden ist, so kann der effektive Wert für Strom und Spannung durch Rechnung gefunden werden. Sei e_0 die Amplitude der Spannung und i_0 die Amplitude der Stromstärke, so ergiebt sich für diesen Fall:

$$E = e_0 \frac{1}{\sqrt{2}} \quad \text{und} \quad J = i_0 \frac{1}{\sqrt{2}}.$$

Hat eine Kurve keine Sinusform, so rechnet man meistens, als ob dennoch das Sinusgesetz vorläge, mit den beiden soeben angeführten Gleichungen. Dazu ist es aber erforderlich, dass man die rechte Seite noch mit einem Faktor multipliziert, der sich für die bestimmte Kurvenform durch experimentelle Untersuchung in früheren Fällen ergeben hat. Dieser Faktor f liegt bei Kurven, die nicht erheblich von der Sinusform abweichen, nahe der Eins.

Bei der Isolation aller Wechselströme ist die höchste auftretende Spannung, also die Amplitude maassgebend.

Beispiel: Wie hoch ist die höchste auftretende Spannung bei einem Wechselstrom, dessen effektive Spannung

$$E = 1000 \text{ Volt}$$

beträgt, bei einer Kurvenform, der der Faktor

$$f = 0{,}95$$

eigen ist?

Auflösung: Aus der Gleichung

$$E = e_0 \cdot f \cdot \frac{1}{\sqrt{2}}$$

folgt für die Amplitude:

$$e_0 = \frac{E}{f} \cdot \sqrt{2} = \frac{1000}{0{,}95} \cdot \sqrt{2} = 1480 \text{ Volt.}$$

Die maximale Spannung beträgt in diesem Fall 1480 Volt, während die ablesbare Spannung 1000 Volt ist.

248. Der Begriff der Selbstinduktion.

Wird ein Draht, der erst stromlos war, plötzlich von einem Strom durchflossen, so muss der Strom sich erst das Kraftliniensystem bilden, das nach den Erörterungen des Abschnittes 144 jeden Stromleiter umgiebt. Nach den Erörterungen des Kapitels der Induktionserscheinungen ist dieser Vorgang gleichbedeutend mit dem, als ob der Draht von aussen her in das Feld hineinbewegt worden wäre. Wir denken uns mit der früheren Fig. 137 einen geraden Draht, der vom Auge des Beschauers aus in die Bildebene hinein verlaufen möge. Es werde vorn der positive Pol einer Gleichstrom-Elektrizitätsquelle und am Ende des Drahtes in weiterer Entfernung der negative Pol angeschlossen.

Demzufolge giebt das einen plötzlichen Stromstoss in die Bildebene hinein. Wir denken uns nun das kreisförmige Feld der Fig. 137 vorhanden, ohne dass der Draht sich in der Mitte des Feldes befindet, aber der Draht soll in dieses Feld radial hineinbewegt werden. Wir können ihn von jeder beliebigen Seite hineinbewegen, in jedem Fall werden die Kraftlinien so geschnitten, dass nach der Regel der rechten Hand dadurch eine Spannung erzeugt wird, welche einen Strom in Richtung auf den Beschauer hin zu schicken bestrebt ist.

Diese Spannung tritt auch auf bei dem plötzlichen Anschliessen eines Drahtes, und zwar wirkt diese Spannung entgegen der ursprünglich vorhandenen, der treibenden Spannung. Diese Erscheinung heisst die *Selbstinduktion* und die dabei auftretende Gegenspannung die *Selbstinduktionsspannung*.

Die Folge dieser Erscheinung ist, dass ein Draht im ersten Moment nach dem Anschliessen noch nicht von dem Strom durchflossen ist, der dem Ohm'schen Gesetz entspricht, sondern dass der Strom allmählich ansteigt, zuerst schnell und dann immer langsamer, weil sich im späteren Verlauf bereits die meisten Kraftlinien gebildet haben.

Das Gesetz, nach dem ein Strom ansteigt, ist von der Wissenschaft untersucht worden und es hat sich die Formel herausgestellt:

$$i = \frac{E}{W}\left(1 - e^{-\frac{W}{s}\cdot t}\right),$$

worin zu verstehen ist unter
i = Momentanwert der Stromstärke,
t = Zahl der Sekunden des betrachteten Momentes nach dem Anschliessen des Drahtes,
E = Spannung der Elektrizitätsquelle in Volt,
W = Ohm'schen Widerstand des Stromkreises,
e = Basis des natürlichen Logarithmensystems = 2,718,
S = eine Konstante, welche zu dem betreffenden Stromkreis gehört, und welche von der Form des Stromkreises abhängig ist. Diese Grösse S heisst der *Selbstinduktions-Koeffizient* des betreffenden Kreises.

Aus obiger Gleichung geht das Gesetz des Anstieges nicht ohne weiteres anschaulich hervor. In Fig. 294 ist der Verlauf des Anstieges graphisch dargestellt, indem für die Werte der Gleichung bestimmte Annahmen gemacht worden sind. In Richtung der horizontalen Axe ist die Zeit, in Richtung der vertikalen jedesmal die zugehörige Momentanstromstärke aufgetragen. Für gerade Drähte hat die Selbstinduktion auch bei beträchtlicher Länge verhältnismässig geringen Einfluss und die Stromstärke erreicht bereits nach sehr kleinen Bruchteilen einer Sekunde praktisch ihren Maximalwert. Mathematisch genau würde der Maximalwert erst nach unendlich langer Zeit eintreten.

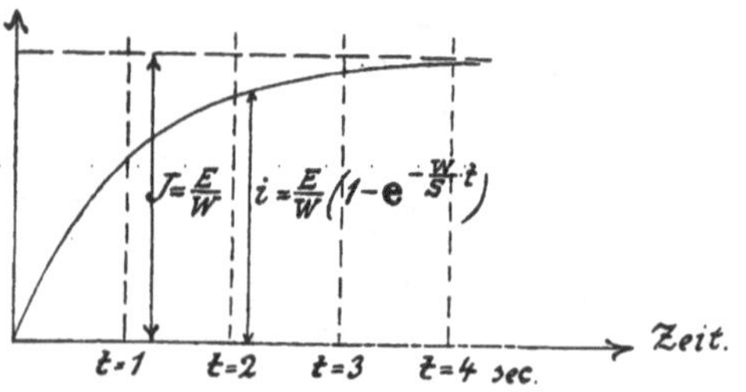

Fig. 294.

Ist dagegen ein Draht zu einer Spule gewickelt, so wird die Selbstinduktionswirkung grösser. Das Feld, welches im Inneren der Spule, die zunächst kein Eisen enthalten möge, erzeugt wird, ist proportional zur Zahl der Windungen z.

Die an einer Spule, welche plötzlich von Kraftlinien durchsetzt wird, erzeugte Spannung ist ebenfalls proportional zur Windungszahl. Die Wirkung der Selbstinduktion und somit auch der Selbstinduktions-Koeffizient steigt daher proportional zum Quadrat der Windungszahl.

Man hat für kreisringförmige Spulen, deren Dimensionen in Fig. 294 mit R und r bezeichnet sind, den Selbstinduktionskoeffizienten berechnet zu

$$S = 4\pi z^2 \left(R - \sqrt{R^2 - r^2}\right) \cdot 10^{-9};$$

Der Selbstinduktionskoeffizient wird gemessen nach Quadrant.

Für Spulen ähnlichen Querschnittes ändert sich der Wert um einige Prozent, doch soll darauf hier nicht weiter eingegangen werden.

Enthält eine Spule einen Eisenkern, so vergrössert sich die Selbstinduktion beträchtlich. Die Verhältnisse lassen sich in diesem Fall durch Rechnung nicht genau ermitteln. Es kommt hier die Permeabilität μ des Eisens in Frage. Multipliziert man den Selbstinduktionskoeffizient einer Spule ohne Eisen mit μ, so erhält man annähernd den nunmehrigen Selbstinduktionskoeffizienten, wenn die magnetische Induktion so niedrig ist, dass sie proportional zur Ampèrewindungszahl gesetzt werden kann.

Beispiel: Eine Spule nach Fig. 295 habe die Dimensionen

$R = 14$ cm

$r = 7$ cm.

Sie bestehe aus 1600 Windungen eines Drahtes von 2 mm Kupferdurchmesser, dessen Widerstand 7,8 Ohm betragen möge.

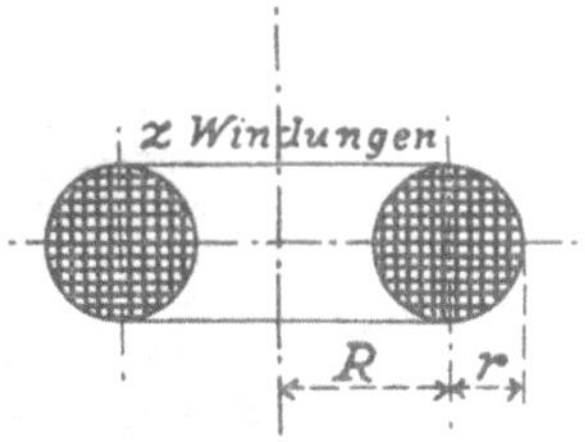

Fig. 295.

1. Wie gross ist die maximale Stromstärke, wenn die Spule an 100 Volt angeschlossen wird?
2. Wie gross ist die Stromstärke nach 0,1 Sekunden, wenn die Spule kein Eisen enthält?
3. Wie gross ist die Stromstärke nach 0,1 Sekunden, wenn die Kraftlinien im Innern der Spule durch das Einbringen eines Schmiedeisenkörpers auf das 1000fache vermehrt werden?

Auflösung:

1. Die maximale Stromstärke rechnet sich nach dem Ohm'schen Gesetz:

$$J = \frac{E}{W} = \frac{100}{7,8} = 12,82 \text{ Amp.}$$

2. Die Stromstärke nach 0,1 Sekunde beträgt:

$$i = 12{,}82\left(1 - e^{-\frac{7{,}8 \cdot 0{,}1}{S}}\right).$$

Dabei ergiebt sich

$$S = 4\,\pi \cdot 1600 \cdot 1600 \cdot (14 - \sqrt{14^2 - 7^2}) \cdot 10^{-9}$$
$$= 0{,}061 \text{ Quadrant;}$$

$$i = 12{,}82\left(1 - 2{,}718^{-\frac{7{,}8 \cdot 0{,}1}{0{,}061}}\right)$$
$$= 12{,}82\,(1 - 0{,}00\,000\,278) \text{ Amp.}$$

Die Stromstärke hat bis auf rund 3 Millionstel ihren Maximalwert erreicht.

3. Der Selbstinduktionskoeffizient wird 1000 mal so gross:

$$S = 61 \text{ Quadrant;}$$

daraus folgt für die Stromstärke nach 0,1 Sekunden:

$$i = 12{,}82\left(1 - 2{,}718^{-\frac{7{,}8 \cdot 0{,}1}{61}}\right)$$
$$= 12{,}82\,(1 - 0{,}99)$$
$$= 0{,}1282$$

Die Stromstärke ist erst auf rund 1 Prozent des Maximalwertes gestiegen.

Dieses Beispiel zeigt, in wie hohem Maasse die Selbstinduktionswirkung vergrössert wird, wenn eine Spule Eisen enthält. Als ge-

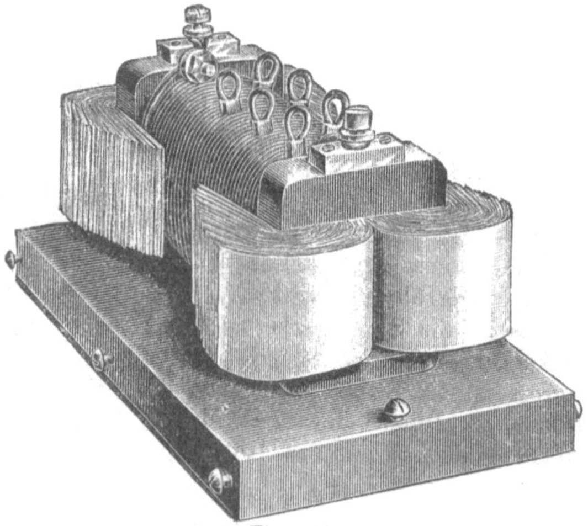

Fig. 296.

wöhnliche Drahtwiderstände werden von nun ab solche Widerstände verstanden, deren Selbstinduktion so klein ist, dass sie vernachlässigt werden kann. Das langsame Ansteigen des Stromes hat dazu geführt, die oben behandelten Spulen dort anzuwenden, wo eine plötzliche Vergrösserung der Stromstärke vermieden werden soll. Sie führen in der Technik den Namen Drosselspulen. Fig. 296 veranschaulicht eine solche Induktions- oder Drosselspule, wie sie zur Verwendung in technischen Betrieben hergestellt wird. Das Eisen des Spulenkernes ist geblättert und an beiden Seiten umgebogen. Die Wicklung ist durch oben sichtbare Ösen so angeordnet, dass man eine Drosselung verschiedenen Grades erreichen kann, je nachdem viel oder wenig Windungen in den Stromkreis eingeschaltet sind.

Wird ein stromdurchflossener Leiter plötzlich von seiner Elektrizitätsquelle abgeschaltet, so ist er bei dem Abschalten noch von seinem Kraftliniensystem umgeben. Letzteres verschwindet aber nach dem Unterbrechen und es ist dabei die Wirkung vorhanden, als ob der Draht aus den Kraftlinien herausbewegt würde. Dadurch wird an dem Draht nach dem Abschalten eine Spannung induziert, welche nach der Regel der rechten Hand einen Strom zu schicken trachtet, der dem ursprünglichen Strom gleichgerichtet ist. Wird in einem Kreis plötzlich die Spannung weggenommen, ohne dass der Kreis unterbrochen wird, so fällt der Strom nach einer Kurve

$$i = \frac{E}{W} \cdot \left(e^{-\frac{W}{S} \cdot t}\right),$$

wobei dieselben Bezeichnungen gelten, die bei der Gleichung für den Anstieg der Stromstärke angewendet wurden. Der Abfall ist für bestimmte Werte von E, W und S in dem Diagramm Fig. 297 gezeichnet.

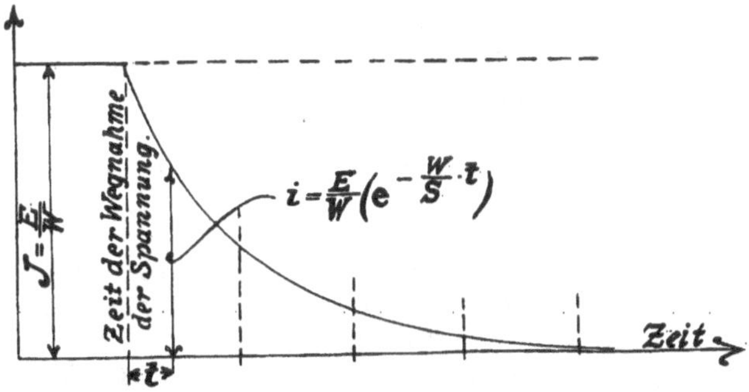

Fig. 297.

Der nach Wegnahme der Spannung noch fliessende Strom heisst bisweilen nach älterer Bezeichnung der Extrastrom. Auch diese Wirkung wird bei einer Spule verstärkt gegenüber der Wirkung, die eintreten würde, wenn der Draht ausgestreckt wäre. Auch hier erhöht ein Eisenkern in der Spule die Wirkung beträchtlich.

249. Die Selbstinduktion bei Wechselströmen und die Phasenverschiebung.

Ein Strom, der im Entstehen begriffen ist, kann, wenn er einen Widerstand mit Selbstinduktion, einen *induktiven Widerstand,* zu durchlaufen hat, nach den Betrachtungen des vorigen Abschnittes nicht momentan zu der Höhe kommen, die er nach dem Ohm'schen Gesetz haben müsste. Ein Wechselstrom entsteht und verschwindet in fortwährender Aufeinanderfolge, daher kann der Strom nicht gleichzeitig mit der Spannung aufkommen. Die der Stromstärke entgegenstehende Spannung der Selbstinduktion ist proportional zur Änderung der Stromstärke. In Fig. 298 ist die Zeit auf der horizontalen Axe, die Strom-

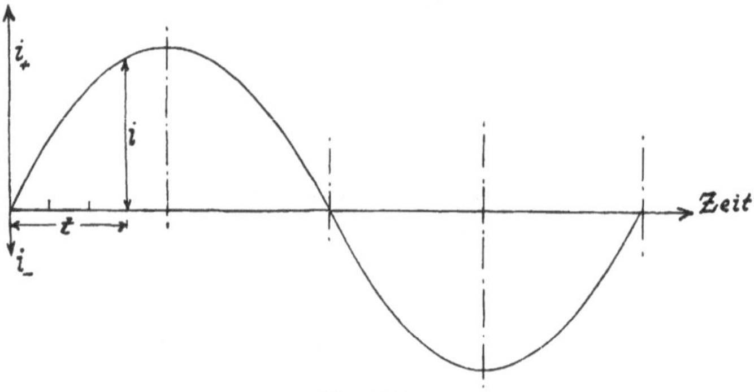

Fig. 298.

stärke i eines sinusförmigen Wechselstromes in Richtung der vertikalen Axe gezeichnet. Die Änderung der Stromstärke ist dort am grössten, wo die Kurve am steilsten zur Horizontalaxe verläuft, d. h. in obiger Figur im Schnittpunkt mit der Axe. Die Änderung ist dort am geringsten, wo die Kurve parallel zur Zeitaxe gerichtet ist, d. h. bei dem maximalen Wert der Stromstärke. Die Spannung der Selbstinduktion erreicht daher dort, wo der Strom gleich Null ist, in Fig. 298 einen Höchstwert, dort, wo der Strom ein Maximum hat, ist die Selbstinduktionsspannung gleich Null. Der Verlauf der Selbstinduktionsspannung zwischen diesen Werten ist von der Form der Stromkurve abhängig. Bei Sinusströmen verfolgt die Selbstinduktionsspannung ebenfalls ein Sinusgesetz, es lässt sich daher der hier entwickelte Gedanke durch ein Diagramm ausdrücken, welches Fig. 299 zeigt. Die Spannung der Selbstinduktion e_s ist gleichgerichtet der verschwindenden und entgegengesetzt der entstehenden Stromstärke i. Zwischen der Stromstärke und der Selbstinduktionsspannung besteht, wie Fig. 299 erkennen lässt, eine Verschiebung. Diese Verschiebung wird in der Technik nach einem Winkel gemessen. Man geht dabei zurück auf die Betrachtungen des Abschnittes 243 und rechnet eine Periode des Wechselstromes als eine volle Umdrehung der dort rotierend gedachten

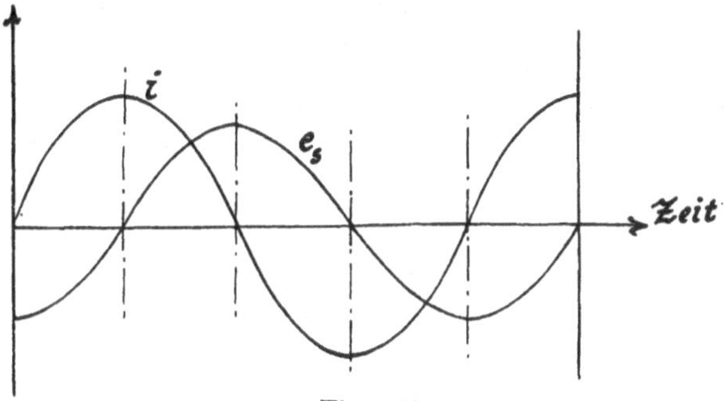

Fig. 299.

Spule. Eine Stromperiode entspricht dabei einer ganzen Umdrehung der Spule, also einem Winkel von 360 Grad. In diesem Sinne ist die Selbstinduktionsspannung um 90° gegen die Stromstärke verschoben und zwar eilt die Selbstinduktionsspannung der Stromstärke um 90° voraus. Man sagt, zwischen beiden liegt eine Phasenverschiebung vor.

Bei Wechselströmen wird die Vorstellung erleichtert durch ein Polardiagramm, in dem die Zeit als Winkel aufgetragen wird, und zwar richtet man das Diagramm so ein, dass eine Periode, wie bei der oben erwähnten Spule, eine ganze Umdrehung bildet. Nach einem solchen Diagramm drückt sich eine Sinuskurve durch zwei

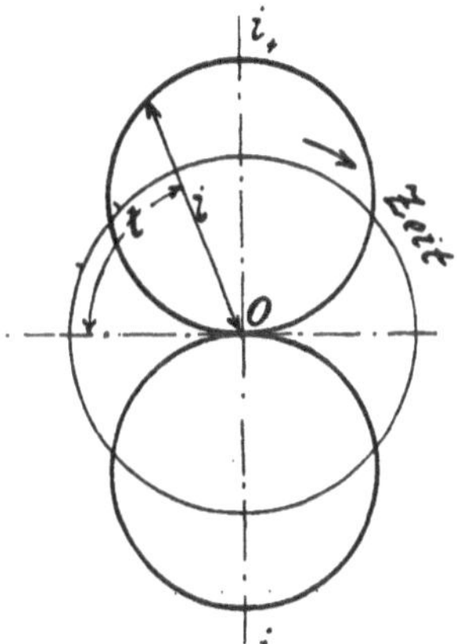

Fig. 300.

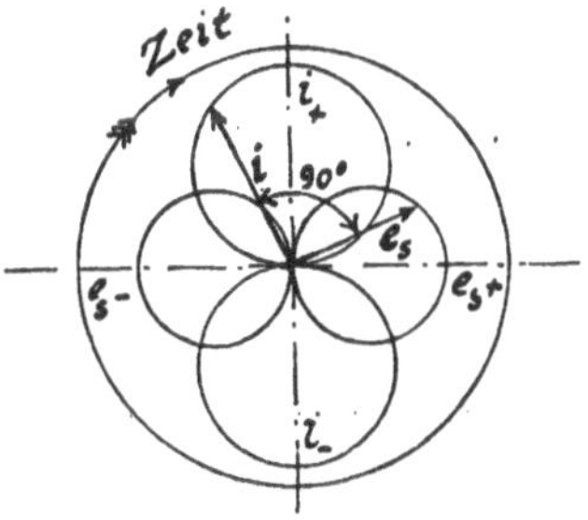

Fig. 301.

Kreise nach Art von Fig. 300 aus, bei der die Momentanwerte der Stromstärke von dem Punkt O aus zu messen sind.

Das Diagramm Fig. 299, in dem die Selbstinduktionsspannung e_s und die Stromstärke i eingezeichnet waren, zeigt in Polarkoordinaten Fig. 301, in der sich auch e_s durch zwei Kreise, einen positiven und einen negativen darstellt. Zeitlich zusammengehörige Werte von i und e_s sind jedesmal diejenigen, die von einem Vektor an beiden Kreisen begrenzt werden. Die Kreise sind um 90° zu einander versetzt. Das heisst ebenfalls, wie es Fig. 299 besagte, dass $i = o$ ist, wo e_s sein Maximum hat, und umgekehrt. Ebenfalls sind Zwischenwerte, die zeitlich um eine Viertelperiode auseinanderstehen, die aber um ein gleiches Zeitintervall vom Maximum entfernt sind, durch zwei rechtwinklig zu einander stehende Radienvektoren ausgedrückt.

Damit der Strom i den Widerstand einer Spule durchlaufen kann, ist eine Spannung aufzuwenden, die in jedem Moment proportional zu i ist, d. h., die in gleicher Phase mit der Stromstärke i liegt.

Diese Spannung, deren Momentanwert mit e_i bezeichnet sein möge, ist in jedem Moment

$$e_i = i \cdot w,$$

wobei i den Momentanwert des Stromes und w den Widerstand der Spule in Ohm, den sog. *Ohm'schen Widerstand*, bedeutet. Andrerseits ist auch die Selbstinduktionsspannung e_s zu überwinden. Dabei sind die Maxima von e_s und e_i um 90° verschoben. Die an einen induktiven Widerstand gelegte Wechselspannung e muss den beiden zeitlich zu einander verschobenen Spannungen das Gleichgewicht halten und zer-

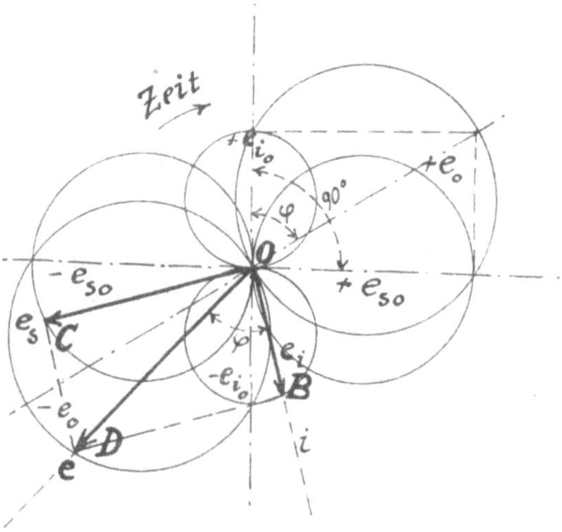

Fig. 302.

legt sich daher als Resultante zweier rechtwinklig zu einander stehenden Komponenten in zwei Teile e_i und e_s, die beispielsweise in dem Diagramm Fig. 302 mit OB und OC bezeichnet sind. In diesem Diagramm seien e_s und e_i in demselben Maassstab von O aus aufgetragen. Die Strecke OD stellt die geometrische Summe beider Grössen dar. Das für alle Punkte ausgeführt ergiebt für e einen positiven und einen negativen Kreis, dessen grösster Radiusvektor e_0 mit dem Höchstwert der Spannung e_{i0} einen Winkel φ bildet. Die Stromstärke liegt in derselben Phase, wie e_i und bleibt daher zeitlich hinter der Spannung e, welche die *treibende Spannung* genannt wird, um den Winkel φ zurück. Der Winkel φ ist hier ein Zeitmaass.

Die Resultante OD aus den zeitlich nicht zusammenfallenden Werten OB und OC ist für alle Punkte gleichwertig der algebraischen Summe der zeitlich zusammengehörigen Werte, also gleich der Summe der beiden Radienvektoren der Grundkreise.

Da für das Aufkommen der Stromstärke i nur der Wert e_i verwendet werden kann, lässt sich erkennen, dass die Amplitude der Stromstärke geringer ist, als wenn die ganze Spannung e zur Überwindung des Ohm'schen Widerstandes verbraucht werden könnte.

Resultat: Durchläuft ein Strom einen induktiven Widerstand, so bewirkt die Selbstinduktion

1. ein Zurückbleiben des Stromes hinter der Spannung,
2. eine Verringerung der Stromstärke, gegenüber dem Wert, der nach dem Ohm'schen Gesetz eintreten müsste.

Das Zurückbleiben des Stromes hinter der Spannung kann nie mehr als $\varphi = 90^0$ betragen; $\varphi = 90^0$ gilt für den Fall, wo die Spannung e_s den Wert e_i so bedeutend überwiegt, dass letzterer vernachlässigt werden kann.

Die Verringerung der Stromstärke gilt in derselben Weise, wie für die Momentanwerte, auch für den effektiven Wert. Schaltet man einen Strommesser vor einen induktiven Widerstand, so misst man

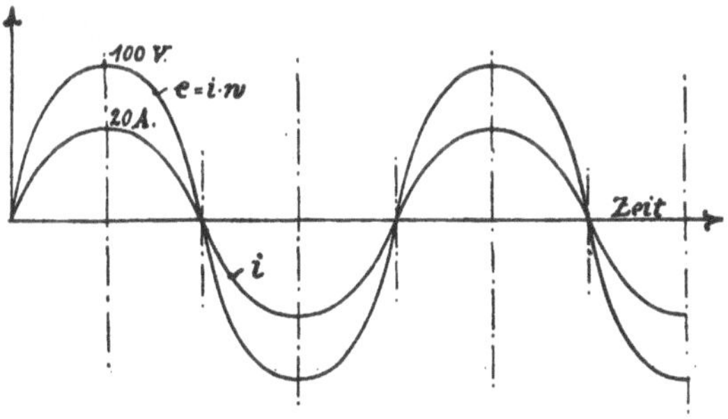

Fig. 303.

den effektiven Wert des in der Phase zurückbleibenden Stromes J. Zweigt man von den Enden eines induktiven Widerstandes zu einem Spannungsmesser ab, so misst man den Effektivwert der treibenden Spannung E, die der Stromstärke um den Winkel φ vorauseilt.

Ausser Spannungen und Stromstärken haben Feldstärken und Ampèrewindungszahlen, zwischen denen eine Phasendifferenz besteht, Resultanten, deren Grösse und Richtung sich in einem Polardiagramm mit zeitlichem Winkelmaassstab nach Art eines Kräfteparallelogrammes finden lässt.

Nach der früheren Darstellungsweise, in der die Zeit horizontal und die zugehörigen elektrischen Werte vertikal aufgetragen wurden, zeigt Fig. 303 den Fall, dass eine Spannung e auf einen selbstinduktionslosen Widerstand arbeitet. Spannung und Strom treten zu gleicher Zeit auf. Fig. 304 giebt den Fall, dass etwa bei demselben Ohm'schen Widerstand des Kreises eine mässige Selbstinduktion

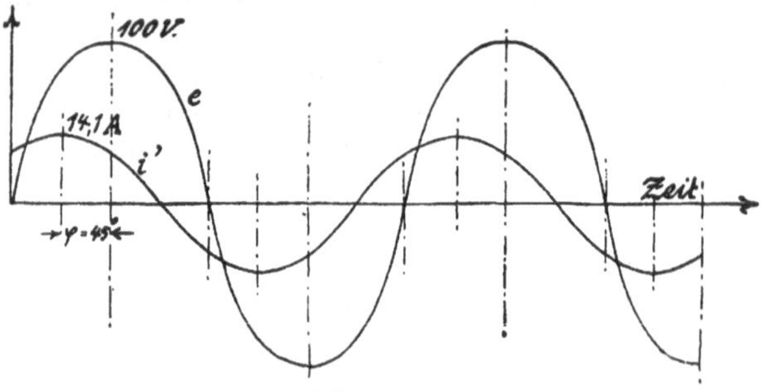

Fig. 304.

darin auftritt. Die Stromstärke i' ist nun geringer als i und zeitlich um einen gewissen Betrag gegenüber der Spannung verschoben. Den Fall endlich, dass bei demselben Ohm'schen Widerstand des Kreises eine grosse Selbstinduktion in dem Kreise enthalten ist, veranschaulicht Fig. 305, in der Spannung und Strom eine Phasenverschiebung

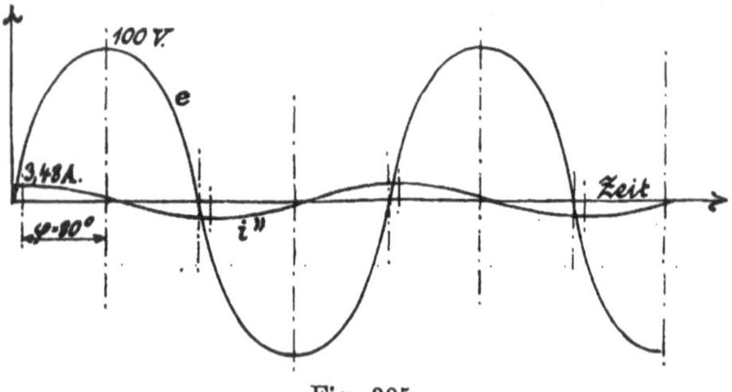

Fig. 305.

von 80^0 aufweisen. Die Stromstärke i'' ist in diesem Fall bedeutend geringer, als i und i' in den beiden vorigen Fällen.

Eine um nahezu 90^0 gegen die Spannung verschobene Stromstärke kann beträchtliche Werte annehmen, wenn der Ohm'sche Widerstand des Kreises sehr gering ist. Dabei ist aber ein Strom immer noch bedeutend geringer, als ein Gleichstrom bei derselben Spannung in diesem Kreise sein würde.

250. Die Leistung eines Wechselstromes bei induktivem Widerstand und der Leistungsfaktor cos φ.

Arbeitet ein Wechselstrom auf induktionslosen Widerstand, so ist die Leistung

$$L = E \cdot J,$$

worin E den effektiven Wert der Spannung in Volt, J den effektiven Wert der Stromstärke in Ampère und L die effektive Leistung in Watt bedeutet.

Die Leistung ist in jedem Moment das Produkt aus der Spannung und der Stromstärke, die in einem und demselben Moment auftreten. Bei induktivem Widerstand tritt aber die Stromstärke später auf, als die Spannung; ist die Selbstinduktion gross und der Ohm'sche Widerstand klein, so kann sogar der Strom in dem Moment am grössten sein, wo die Spannung gleich Null ist, und die Spannung am höchsten, wo der Strom gleich Null ist. In diesem Fall wäre die Phasenverschiebung nahezu 90°.

Ähnlich, wie die Maximalwerte in Fig. 302, können auch die Effektivwerte zu einem Diagramm vereinigt werden.

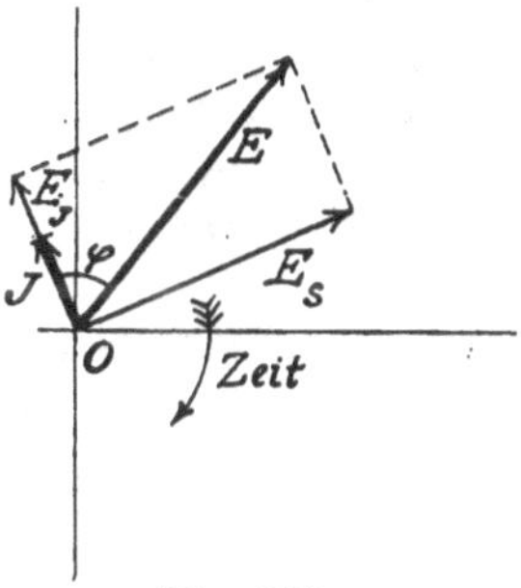

Fig. 306.

Fig. 306 zeigt ein Diagramm der effektiven Grössen der treibenden Spannung E, der Selbstinduktionsspannung E_s, der zur Überwindung des Ohm'schen Widerstandes erforderlichen Spannung E_J, sowie der Stromstärke J, alle Werte nach Grösse und Richtung, wobei der Federpfeil die Richtung angiebt, nach der die Winkelwerte für die Zeit aufgetragen sind. Für die Leistung kommt nur die Komponente der Spannung in Frage, die mit der Stromstärke gleichzeitig auftritt, daher ist die Leistung

$$L = E_J \cdot J.$$

Nach den Entwickelungen des vorigen Abschnittes ist E_J stets rechtwinklig zu E_s, so dass

$$E = E \cdot \cos\varphi$$

ist, wobei φ den Winkel der Phasenverschiebung zwischen Strom und Spannung bedeutet. Es folgt daher für die effektive Leistung

$$L = E \cdot J \cdot \cos\varphi.$$

Resultat: Man multipliziert, wenn ein induktiver Widerstand vorliegt, das Produkt aus der effektiven Stromstärke und der effektiven Spannung mit dem Cosinus der Phasenverschiebung zwischen Strom und Spannung und erhält dadurch die Leistung, die dem Widerstand zugeführt wird. Der Cosinus der Phasenverschiebung führt den Namen *Leistungsfaktor*.

Zur experimentellen Bestimmung der Leistung, die ein induktiver Widerstand aufnimmt, schaltet man ein Wattmeter so, wie es in Abschnitt 180 angegeben wurde. Der Ausschlag des Wattmeterzeigers richtet sich nach den gleichzeitig auftretenden Werten von Strom und Spannung und ist daher auch für Wechselstrom proportional zur Leistung. Für diesen Fall ist die Konstante des Wattmeters zu verwenden, die mittels Gleichstromes gefunden wurde. Misst man bei Wechselstrom ausser der Leistung L zugleich die Stromstärke J und Spannung E, so erhält man aus der Gleichung

$$L = E \cdot J \cdot \cos \varphi$$

den Leistungsfaktor und die Phasenverschiebung.

Es kann vorkommen, dass ein induktiver Widerstand von einem beträchtlichen Wechselstrom durchflossen wird, und dass an seinen Enden eine beträchtliche Spannung liegt, während er nur geringe Leistung in sich aufnimmt. Es gehört dazu nur, dass die Phasenverschiebung zwischen Strom und Spannung gross ist, also dass φ in der Nähe von 90^0 und somit $\cos \varphi$ in der Nähe von Null liegt.

251. Der scheinbare Widerstand induktiver Stromkreise und der Einfluss der Wechselzahl.

Beträgt der Ohm'sche Widerstand eines Kreises w, so ist zu seiner Überwindung eine Spannung nötig, die mit dem Strom in gleicher Phase liegt. Der Momentanwert dieser Spannung e ist in jedem Fall gleich dem Momentanwert des Stromes i multipliziert mit w. Es ist

$$e = i \cdot w.$$

Folgt der Wechselstrom dem Sinusgesetz, so ist der Momentanwert des Stromes i ausgedrückt durch die Amplitude i_0 zu setzen:

$$i = i_0 \sin \nu \pi t,$$

wobei t die Zeit in Sekunden, ν die Wechselzahl pro Sekunde und π seinen Wert in gewöhnlichem Sinne bedeutet. Die Grösse $\nu \cdot \pi$ ist gleichwertig der Umfangsgeschwindigkeit der in Abschnitt 243 rotierend gedachten Spule.

In dem Polardiagramm Fig. 307 sei durch die Linie i_0 die Amplitude der Stromstärke nach Grösse und Richtung gezeichnet. Die von O aus zu rechnende Linie e_{0w} bedeute dann die maximale, zur Überwindung des Widerstandes w erforderliche Spannung, die mit i_0 in gleicher Phase liegt.

$$e_{0w} = i_0 \cdot w.$$

In gleichem Maassstab wie e_{0w} ist die Amplitude der um 90^0 vorauseilenden Selbstinduktionsspannung als Linie e_{0s} von O aus aufgetragen. Dieser Maximalwert der Selbstinduktionsspannung ist für einen bestimmten induktiven Widerstand proportional zur Amplitude der Stromstärke und proportional zur Umfangsgeschwindigkeit der oben erwähnten Spule, bezw. der Wechselzahl.

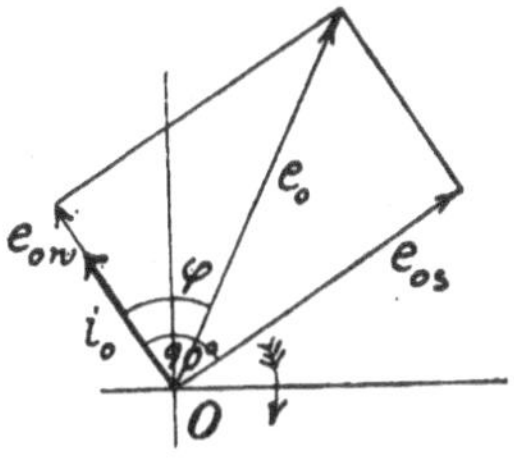

Fig. 307.

Die Proportionalitätskonstante ist der Selbstinduktions-Koeffizient, so dass sich der Ausdruck für e_{0s} ergiebt:

$$e_{0s} = S \cdot i_0 \cdot v \pi ;$$

die Diagonale des aus den Seiten e_{0w} und e_{0s} konstruierten Rechteckes ist dann, wie Abschnitt 249 besagte, nach Richtung und Grösse der Maximalwert der treibenden Spannung e_0. Unter Anwendung des Pythagoreischen Lehrsatzes folgt dann:

$$e_0 = \sqrt{(i_0\, w)^2 + (S \cdot i_0 \cdot v \cdot \pi)^2}$$

oder

$$e_0 = i_0 \sqrt{w^2 + v^2 \pi^2 S^2}$$

Resultat: Multipliziert man den Maximalwert der Stromstärke mit dem Ausdruck $\sqrt{w^2 + v^2 \pi^2 S^2}$, so erhält man den Maximalwert oder die Amplitude der treibenden Spannung. Dabei bedeutet w den Widerstand und S den Selbstinduktionskoeffizienten desjenigen Teiles eines Stromkreises, von dessen Enden aus die treibende Spannung gerechnet ist. Der Wert v bedeutet die Wechselzahl pro Sekunde.

Das, was für die Maximalwerte gilt, gilt in diesem Fall auch für die Effektivwerte. Misst man an den Enden eines induktiven Widerstandes die Spannung E und misst man ausserdem die den induktiven Widerstand durchfliessende Stromstärke J, so gilt die Gleichung:

$$E = J \cdot \sqrt{w^2 + v^2 \pi^2 S^2},$$

oder

$$E = J \cdot W,$$

wobei im übrigen die oben angegebenen Bezeichnungen gelten. Den Wurzelwert W in obigem Ausdruck nennt man den *scheinbaren Widerstand* des Teiles des Stromkreises, da er entsprechend dem Ohm'schen Gesetz bei Gleichstrom das Verhältnis der Werte $E : J$ angiebt.

Anstelle obiger Gleichung kann auch gesetzt werden:

$$E \cdot \cos \varphi = J \cdot w,$$

wobei der Selbstinduktionskoeffizient versteckt in dem Wert cos φ enthalten ist. Die Betrachtung obigen Wurzelwertes besagt nämlich, dass er gleichwertig ist mit der Hypotenuse eines rechtwinkligen Dreieckes mit den Katheten $\nu \pi S$ und w. Der Wert $\nu \pi S$ führt den Namen *Induktanz*. Dieses Dreieck ist in Fig. 308 bei ABC gezeichnet. Der Widerstand w ist mit der Phase der Stromstärke zu überwinden, der Wert $\nu \pi S$ um 90^0 dazu verschoben, die resultierende W schliesst wiederum mit w den Winkel φ ein, welcher gleichwertig ist mit demjenigen Winkel, um den der Strom hinter der Spannung zurückbleibt. Daher gilt die Gleichung

$$\operatorname{tang} \varphi = \frac{\nu \pi S}{w}.$$

Obige Betrachtung lehrt, dass der scheinbare Widerstand unter sonst gleichen Verhältnissen mit der Wechselzahl zunimmt. Man würde bei hoher Wechselzahl nur einen sehr geringen Strom durch einen induktiven Widerstand schicken können, oder man müsste die Spannung bedeutend hoch wählen, wodurch aber die Gefahr vergrössert wird. Diese Dinge sind für die obere Begrenzung der Wechselzahl

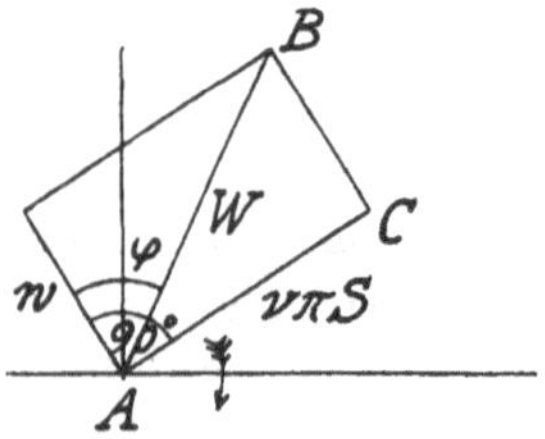

Fig. 308.

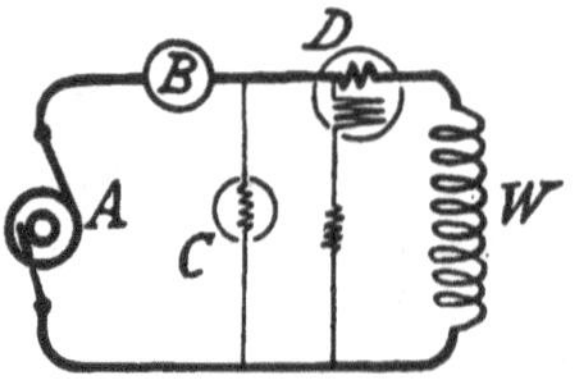

Fig. 309.

in der Wechselstromtechnik maassgebend. In Deutschland geht man daher selten und nur wenig über die Wechselzahl $\nu = 100$, oder was dasselbe heisst, über 50 Perioden pro Sek. (= 50 ~) hinaus.

Die experimentelle Bestimmung von Selbstinduktionskoeffizienten kann dadurch geschehen, dass man zu gleicher Zeit Stromstärke, Spannung, Leistung und Wechselzahl an einem induktiven Widerstand misst. Beispielsweise kann dazu die Schaltung nach Fig. 309 verwendet werden, in der A die Wechselstrommaschine, B ein Dynamometer, C einen Wechselstrom-Spannungsmesser und D ein Wattmeter bedeuten. Der induktive Widerstand ist mit W bezeichnet. Wie bereits früher erwähnt wurde, ist die Leistung

$$L = E \cdot J \cdot \cos \varphi,$$

wobei L, E und J abgelesene Werte bedeuten; damit ist $\cos \varphi$ bekannt. In einer Tabelle ist dann die Tangente dieses Winkels φ zu suchen und man erhält aus der Gleichung

$$\operatorname{tang} \varphi = \frac{\nu \pi S}{w}$$

den Selbstinduktionskoeffizienten S. Die Wechselzahl v wird gefunden durch Multiplikation der sekundlichen Tourenzahl der Dynamomaschine mit der Zahl der Magnetpole des Gestelles. Der Ohm'sche Widerstand w kann mit Gleichstrom gemessen werden.

Drückt man E in Volt, J in Ampère und w in Ohm aus, so erhält man den Selbstinduktionskoeffizienten in Quadrant.

Beispiel: Die Spule des Beispieles aus Abschnitt 248 zeigte, wie dort gerechnet wurde, bei dem Anschliessen an 100 Volt Gleichstrom eine endgültige Stromstärke

$$J = 12{,}82 \text{ Ampère}.$$

Dabei betrug ihr Widerstand

$$W = 7{,}8 \text{ Ohm};$$

ihr Selbstinduktionskoeffizient ohne Eisen soll sich auf

1. $$S_1 = 0{,}061 \text{ Quadrant}$$

belaufen, bei Anwendung eines Eisenkernes betrage er

2. $$S_2 = 61 \text{ Quadrant}.$$

Es soll nun ein Wechselstrom, der dem Sinusgesetz folgt, hindurchgeschickt werden. Die effektive Spannung betrage 100 Volt, die Wechselzahl pro Sek. sei

a) $$v = 90$$

b) $$v = 110.$$

Wie hoch ist die effektive Stromstärke J bei den Fällen

1a), 1b), 2a) und 2b)?

1a) Der scheinbare Widerstand beträgt:

$$W = \sqrt{w^2 + v^2 \pi^2 S^2}$$
$$= \sqrt{7{,}8^2 + 90^2 \cdot \pi^2 \cdot 0{,}061^2}$$
$$= \sqrt{60{,}8 + 8100 \cdot 9{,}87 \cdot 0{,}00372}$$
$$= \sqrt{60{,}8 + 297{,}5} = \sqrt{358{,}3}$$
$$= 18{,}92 \text{ technische Einheiten.}^1$$

Die Stromstärke beläuft sich daher auf:

$$J = \frac{E}{W} = \frac{100}{18{,}92} = 5{,}28 \text{ Ampère}.$$

---

[1] Ein Name zur Bezeichnung dieser Grösse existiert nicht, da dieser Wert für einen bestimmten Leiterteil von der Wechselzahl abhängt.

1b) Der scheinbare Widerstand beträgt

$$W = \sqrt{7,8^2 + 110^2 \cdot \pi^2 \cdot 0,061^2}$$
$$= \sqrt{60,8 + 12\,200 \cdot 9,87 \cdot 0,00\,372}$$
$$= \sqrt{60,8 + 448}$$
$$= \sqrt{508,8}$$
$$= 22,55 \text{ technische Einheiten.}$$

Die Stromstärke beläuft sich daher auf

$$J = \frac{100}{22,55} = 4,43 \text{ Ampère.}$$

2a) Der scheinbare Widerstand ist:

$$W = \sqrt{7,8^2 + 90^2 \pi^2 \cdot 61^2}$$
$$= \sqrt{60,8 + 8100 \cdot 9,87 \cdot 3721}$$
$$= \sqrt{60,8 + 297\,500\,000}$$
$$= \sqrt{297\,500\,000}$$
$$= 17\,240 \text{ technische Einheiten.}$$

Der Ohm'sche Widerstand trägt hier zur Grösse des scheinbaren Widerstandes nur einen verschwindend kleinen Teil bei. Die Stromstärke würde sich theoretisch einstellen auf

$$J = \frac{100}{17\,240} = 0,0058 \text{ Ampère.}$$

2b) Der scheinbare Widerstand beträgt, da auch hier der Ohm'sche Widerstand vernachlässigt werden kann:

$$W = \sqrt{110^2 \cdot \pi^2 \cdot 61^2}$$
$$= \sqrt{448\,000\,000}$$
$$= 21\,160 \text{ technische Einheiten,}$$

und die Stromstärke wird sein

$$J = \frac{E}{W} = \frac{100}{21\,160} = 0,00473 \text{ Ampère.}$$

Obige Rechnungen bei Fall 2a und 2b, die bei Vorhandensein von Eisen gelten sollen, ergeben nur ideelle Werte, da die Stromstärke infolge der Hysteresisarbeit, die im Eisen auftritt, grösser sein würde.

252. Die Transformatoren (Umformer).

Es wurde bereits in dem Kapitel über die Verteilung der Leistung (Abschnitt 79) erwähnt, dass bei Wechselstrom eine hohe Spannung in niedere durch Transformatoren umgeformt werden kann und zwar so, dass die abnehmbare Leistung dem Wert der hineingeschickten Leistung nahe kommt. Man kann dadurch elektrische Leistung auf sehr weite Entfernungen übertragen, ohne dass erhebliche Verluste eintreten. Die Spannung an der Fernleitung ist hoch, die Stromstärke klein. Die abgenommene Spannung ist gering, die Stromstärke gross. Ebenfalls kann eine niedere Spannung auf eine höhere transformiert werden, was aber seltener geschieht, da bei modernen Wechselstromcentralen die Maschinen direkt Hochspannung erzeugen.

Die Wirkung der Transformatoren oder Umformer beruht auf dem 5. Experiment des Kapitels der Induktionserscheinungen (Abschnitt 161). Wie dort gesehen wurde, erhält man an den Enden einer Spule, die von einem sich vermehrenden oder sich vermindernden Kraftlinienstrom durchsetzt wird, eine Spannung. Der Kraftlinienstrom wurde dort erzeugt durch eine zweite Spule, die dort die Magnetisierungsspule genannt war.

Schickt man durch diese letztere Spule einen Wechselstrom, so erhält man in ihrem Inneren ein magnetisches Feld, das fortwährend seine Stärke ändert. Die Kraftlinien wechseln dabei ihre Richtung von einem positiven bis zu einem negativen Maximum und zwar steigt und fällt ihre Dichte entsprechend der Kurvenform des Magnetisierungsstromes.

An der Induktionsspule erhält man infolgedessen eine ebenfalls wechselnde Spannung. Der Effektivwert dieser Spannung ist aber, wenn an dem Verlauf des hin- und hergehenden Kraftlinienflusses nichts geändert wird, proportional zur Windungszahl der Induktionsspule. Hat die letztere sehr viele Windungen, während die Magnetisierungsspule deren wenige hat, so transformiert man hinauf. Schickt man dagegen den Magnetisierungsstrom durch die Spule mit vielen Windungen, so erhält man an der Spule mit weniger Windungen eine geringere Spannung.

In der Technik bezeichnet man die Spule, in die der Strom von der Maschine her eintritt, als die primäre Spule, diejenige, bei der die transformierte Spannung abgenommen wird, als die sekundäre. In den meisten Fällen ist, da man bei technischen Betrieben gewöhnlich nur heruntertransformiert, die primäre Spannung hoch, die primäre Stromstärke klein, dagegen die sekundäre Spannung niedrig, die sekundäre Stromstärke gross.

Man verwendet für technische Betriebe nur Transformatoren mit Eisenkernen. Der Kern ist, wie bei dem Anker der Dynamomaschinen, aus möglichst dünnen Blechen besten schwedischen Eisens zusammengesetzt, die voneinander durch Seidenpapier oder Firnis isoliert sind. Bei der Konstruktion der Transformatoren kommt es darauf an, zu erreichen, dass möglichst alle von der primären Spule erzeugten Kraftlinien durch die Sekundärspule gehen. Man erreicht das auf verschiedene Weise; hierin beruht der Hauptunterschied der einzelnen Typen. Es ist weiterhin von Wichtigkeit, dafür zu sorgen, dass die beiden Spulen äusserst sorgfältig voneinander isoliert sind, damit nicht die Hochspannung in das Netz der Niederspannung übertritt. Dieser

Fall wäre für das Bereich des Niederspannungsnetzes lebensgefährlich und gäbe zu Betriebsstörungen Anlass.

Man unterscheidet Transformatoren mit offenem und solche mit geschlossenem magnetischen Kreis. Beide Arten haben in Betrieben ihre Vorzüge und Nachteile, auf die aber hier nicht eingegangen werden kann.

Eine spezielle Anordnungsweise ist durch Fig. 310 dargestellt. Ein in sich geschlossener Eisenkreis trägt an zwei sich gegenüberliegenden Seiten je eine Spule. Auf der einen Seite liegt die Hochspannung, auf der anderen die Niederspannung. Die Niederspannungsseite hat eine geringe Anzahl dicker Windungen, die Hochspannungsseite eine grosse Anzahl feiner Windungen. Die Kraftlinien nehmen hierbei ihren Verlauf, so wie es die gerissenen Linien andeuten. Transformatoren dieser Anordnungsweise tragen den landläufigen Namen der „Kerntype". Häufig werden auch bei Kerntypen die primären und sekundären Wicklungen übereinander oder in mehrfacher Unterteilung nebeneinander gelegt, so wie es Fig. 310 a darstellt. Man bewickelt dabei aber stets beide Schenkel des Eisengestelles. Bei der Herstellung dieser Transfor-

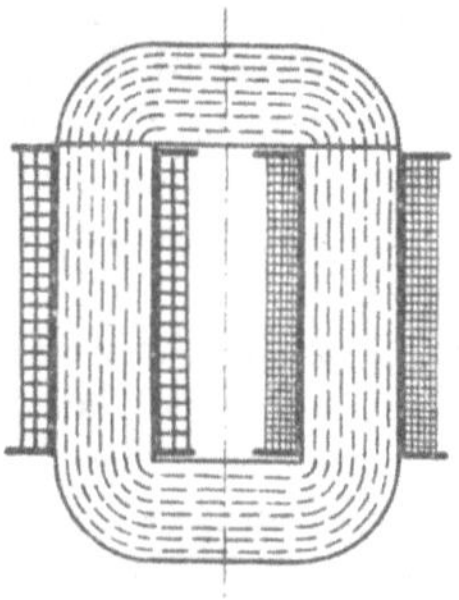

Fig. 310.

Fig. 310 a. Transformator (Kerntype) der E. A. G. „Helios".

matoren sowie der folgenden Type kommt es darauf an, dass die Spulen zuerst fertig gewickelt werden können, und dass das Eisen erst nachträglich eingebracht wird. Die einzelnen Firmen lösen die Aufgabe auf verschiedene Weise, entweder durch Aufbringen eines Schlussjoches, oder durch besondere Teilung der Eisenbleche.

Der Kerntype gegenüber steht die Manteltype, für die Fig. 311 ein Beispiel darstellt. Der hier abgebildete Transformator stammt von der Firma Schuckert & Co. Bei der Manteltype hat das einzelne Eisenblech eine Gestalt etwa nach Fig. 312. Ein mittlerer einseitig abgetrennter Steg wird von den Kupferwindungen umflossen; die Kraftlinien verteilen sich von den Enden dieses Steges aus zu beiden Seiten durch das in sich geschlossene Eisen aussen um die Wicklung herum. Den Gedanken veranschaulicht Fig. 313, in welcher der Verlauf der Kraftlinien gerissen eingezeichnet ist. Die Hochspannungsspule sitzt

Fig. 311.

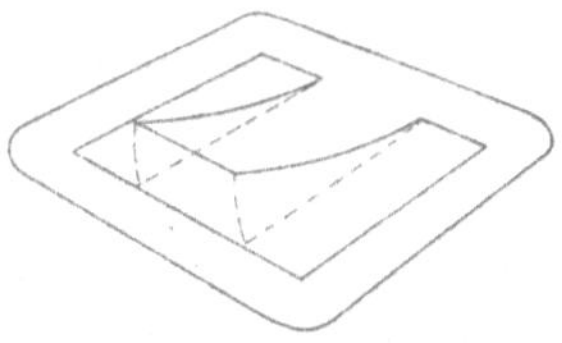

Fig. 312.

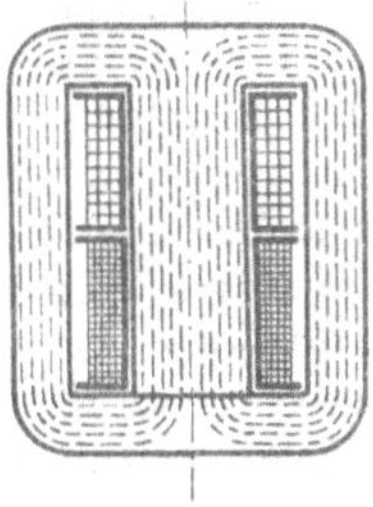

Fig. 313.

bei den Umformern der Manteltype meistens neben der Niederspannungsspule, so wie es ebenfalls die obige Abbildung zeigt. Das Eisen wird eingebracht, indem der mittlere Steg einer Anzahl von Blechen zunächst durch den Hohlraum der Spulen durchgesteckt wird. Darauf zieht man den aussen liegenden Eisenkranz über die Kupferwindungen hinweg. Das geschieht abwechselnd versetzt, bis der Hohlraum der Spulen mit Eisen ausgefüllt ist.

253. Die Wirkungsweise der Transformatoren.

Die momentane Spannung, die in einer Spule von bestimmter Windungszahl erzeugt wird, ist proportional zur Änderung der hindurchgehenden Kraftlinienzahl in dem betrachteten Moment. Ein Diagramm, das auf der horizontalen Axe in bestimmtem Maassstabe die Zeit, auf der vertikalen Axe in bestimmtem Maassstabe die Gesamtzahl der Kraftlinien enthält, giebt durch die Steilheit dieser Kurve ein Maass für die Grösse der Änderung in der Kraftlinienzahl. Bei Transformatoren wählt man nie sehr hohe Induktion im Eisen, höhstens etwa bis $B = 4000$, daher kann die Gesamtzahl N der Kraftlinien in jedem Moment proportional zur Stromstärke in der Magnetisierungsspule gesetzt werden. Befolgt der Magnetisierungsstrom das Sinusgesetz, wie es in Fig. 314 durch Kurve i_1 ausgedrückt ist, so ist seine Änderung am grössten, wo der Strom durch Null geht. Daher ist die Änderung der Kraftlinienzahl ebenfalls in diesem Moment am grössten; demzufolge hat hier die in der offenen Sekundärspule erzeugte Spannung e_2

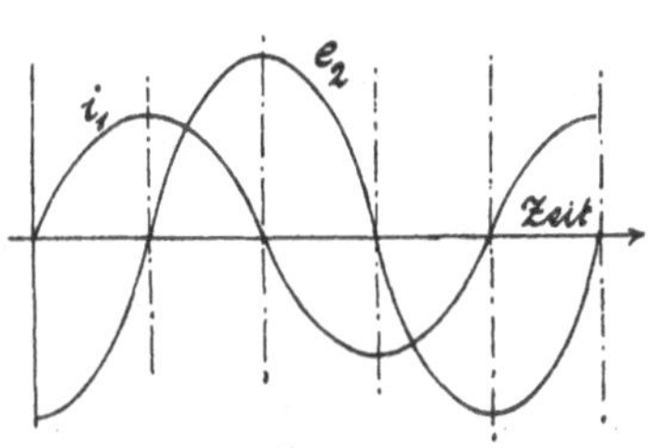

Fig. 314.

einen Maximalwert. Ist der Primärstrom bei einem Maximum angelangt, so ändert er sich für einen Moment gar nicht, daher muss an dieser Stelle die in der Sekundärspule induzierte Spannung gleich Null sein. Bei sinusförmigem Magnetisierungsstrom ist auch die induzierte sekundäre Spannung sinusförmig, wie aber obige Betrachtung lehrt, ist die induzierte Spannung in der Phase um 90° gegen die Magnetisierungs-Stromstärke verschoben.

Resultat: Wird der sekundären Spule eines Transformators kein Strom entnommen, so besteht zwischen dem Primärstrom und der abnehmbaren Spannung eine Phasenverschiebung um 90°. Daher verbraucht ein Transformator in diesem Zustand, welcher als Leerlauf bezeichnet wird, keine Leistung. Bei dieser Betrachtung sind aber die Verluste infolge von Hysteresis und Wirbelströmen nicht berücksichtigt. Von einem leerlaufenden Transformator wird infolge dieser Verluste dennoch eine geringe Leistung verbraucht.

Wendet man bei Umformern primär spitze Kurven an, ähnlich der Fig. 315 bei i_1, so erhält man während des Anstieges oder Abfalles des Primärstromes eine nahezu konstante Sekundärspannung e_2, während bei dem Knie des primären Stromes die Sekundärspannung plötzlich das entgegen gesetzte Vorzeichen annimmt. Die hier bezeichneten Verhältnisse werden von einigen Firmen für Lichtanlagen bevorzugt.

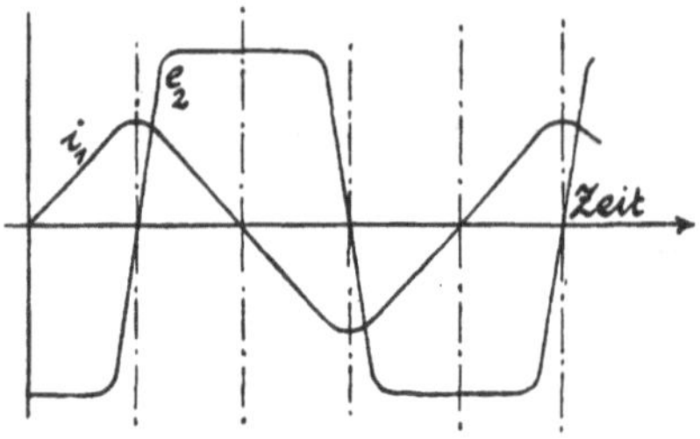

Fig. 315.

Entnimmt man der sekundären Spule Strom, so erzeugt dieser Strom innerhalb der sekundären Wicklung ein Magnetfeld. Abschnitt 161 hat ergeben, dass der Strom in der Sekundärspule entgegengesetzt dem Primärstrom, wenn dieser steigt, gleichgerichtet dem Primärstrom ist, wenn letzterer fällt.

So wie die Ströme zu einander stehen, verhalten sich auch die Felder. Das Feld der sekundären Spule ist bestrebt, dem primären Feld um 90° vorauszueilen. Das primäre Feld hat das sekundäre Feld zu überwinden. In dem Moment, wo das sekundäre Feld ein Maximum hat, kann daher der primäre Strom nicht Null sein, er muss vielmehr noch eine gewisse Grösse im Sinn des sekundären Feldes haben, d. h. der Phasenwinkel verkleinert sich. Mit steigender Strombelastung eines Transformators fallen die primäre und sekundäre Phase immer näher zusammen.

Wie bei Widerständen mit Selbstinduktion kann die thatsächlich fliessende Primärstromstärke als Resultante zweier rechtwinklig zu einander stehenden Stromkomponenten angesehen werden. Die eine Komponente ist der Strom, der das primäre Magnetfeld liefert, der

Erregerstrom, die andere Komponente, ist der Strom, der dem in der Sekundärspule entnommenen Strom entspricht. Diese Stromkomponente ist um soviel grösser gegen den Sekundärstrom, als das Übersetzungsverhältnis des Transformators beträgt. Die letztere Komponente des Primärstromes heisst der Arbeitsstrom.

Das Diagramm Fig. 316 stellt diesen Gedanken in Zeichnung dar. Die Winkel um den Punkt O sind ein Maass für die Zeit, wobei ein Winkel von 360° einer ganzen Stromperiode entspricht. J_E bedeutet den effektiven Erregerstrom, J_A den Arbeitsstrom, während J die resultierende von beiden, die thatsächlich fliessende Primärstromstärke darstellt, für beides ebenfalls die Effektivwerte.

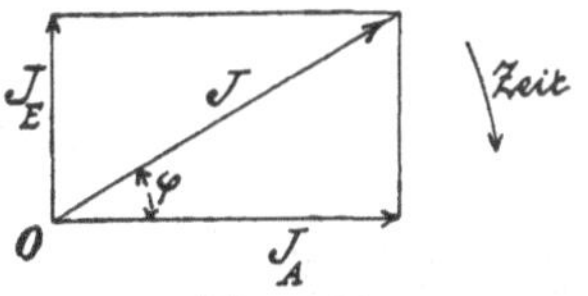

Fig. 316.

Der Winkel φ giebt dann die Phasenverschiebung zwischen dem thatsächlichen und dem Arbeit leistenden Strom an. Das Diagramm zeigt, dass der Phasenwinkel φ bei Abnahme einer geringen Sekundärstromstärke gross ist, der cos φ dagegen klein. Bei Abnahme eines beträchtlichen Sekundärstromes wird φ klein und cos φ gross, d. h. nahezu = 1. Die Erregerstromstärke J_E ändert zwischen Leerlauf und Vollbelastung ihren Wert nur unbedeutend.

Die treibende Primärspannung liegt in derselben Phase, wie J_A, daher ist zur Bestimmung der Leistung erforderlich nur die effektive Arbeitskomponente mit der effektiven Spannung zu multiplizieren. Diese Betrachtung gilt streng nur für den Fall, dass der Transformator kein Eisen enthielte. Berücksichtigt man das Vorhandensein von Eisen und die Komponente in Richtung des Arbeitsstromes, die zur Überwindung der Hysteresis und Wirbelstromverluste erforderlich ist, so kompliziert sich die Betrachtung.

Die technischen Wissenschaften haben Diagramme aufgestellt, in denen alle Verluste berücksichtigt werden können, und die zur genauen Untersuchung eines Transformators erforderlich sind. Für die meisten Fälle genügt es aber, auf einfachere Weise einen Transformator zu untersuchen, so wie es im folgenden Abschnitt angedeutet ist.

254. Die Untersuchung eines Transformators.

Man braucht zur Untersuchung eines Transformators

1. die Wechselstrommaschine, die auf den Transformator arbeiten soll, oder wenigstens eine Maschine gleicher Kurvenform, Spannung und Wechselzahl.
2. einen Belastungsstromkreis, der streng genommen dem Belastungsstromkreis entsprechen soll, für den der Transformator geschaffen ist. Wird an den Transformator ein Lichtnetz angeschlossen, so schickt man den Sekundärstrom durch eine

Anzahl von Lampen, soll der Transformator die noch später zu erörternden Motoren treiben, die eine induktive Belastung bilden, so hat man den Transformator bei genauer Untersuchung auf Motoren arbeiten zu lassen.

3. Einen primären und einen sekundären Spannungsmesser,
4. Einen primären und einen sekundären Strommesser,
5. Ein primäres und ein sekundäres Wattmeter.

Die Anordnung der Schaltung erfolgt nach dem Schema Fig. 317.

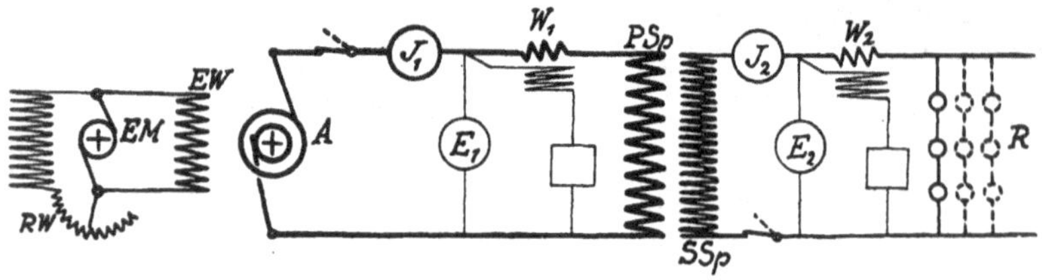

Fig. 317.

Dabei bedeutet:

EM = Erregermaschine der Wechselstrom-Dynamo,
RW = Regulierwiderstand der Erregermaschine,
EW = Erregerwicklung der Wechselstrommaschine,
A = Anker der Wechselstrommaschine,
PSp = Primäre Spule des Transformators,
J_1 = Primärer Strommesser,
E_1 = Primärer Spannungsmesser,
W_1 = Primäres Wattmeter,
SSp = Sekundäre Spule des Transformators,
J_2 = Sekundärer Strommesser,
E_2 = Sekundärer Spannungsmesser,
W_2 = Sekundäres Wattmeter,
R = Belastungs-Widerstand.[1]

Bei einem Transformator ist zu untersuchen:

1. ob er keinen Kurzschluss in den Wicklungen oder gegen das Gestell enthält. Das geschieht am besten mit der Betriebsspannung, indem man vor dem Hauptversuch das eine Ende

[1] Bei den Versuchen ist vorsichtig umzugehen. Es wird hier auf Abschnitt 77 dieses Lehrbuches aufmerksam gemacht. Die Schaltung wird hergestellt während die Maschine steht, oder wenigstens nicht erregt ist. Vor jeder Arbeit am Transformator oder vor jeder Berührung seiner Leitungen, sowie bei jeder Änderung der Belastung im Sekundärkreise im Falle des Hinauftransformierens, ist die Erregung der Dynamo wegzunehmen. Die Leitungen sind so zu legen, dass sie vor zufälliger Berührung geschützt sind. Ausserdem hat sich der Beobachter des Hochspannungs-Wattmeters der Gummischuhe und Gummihandschuhe zu bedienen. Der Arbeitsplatz ist im Laboratorium abzusperren.

einer Wicklung an den einen Pol der Maschine, den anderen Pol derselben an das Eisen des Transformators anschliesst und mit der Erregung der Wechselstrommaschine langsam höher geht. Bei einem Kurzschluss, der sich durch Abschmelzen einer vorgeschalteten Sicherung zu erkennen giebt, ist sofort die Erregung zu beseitigen.

2. Ob der Transformator das richtige Übersetzungsverhältnis hat. Zu diesem Zweck stellt man die in Fig. 317 angegebene Schaltung her, lässt aber den Sekundärkreis noch offen und beobachtet die primäre und die sekundäre Spannung, nachdem zuvor die richtige Wechselzahl aus Tourenzahl der Maschine und Polzahl derselben festgestellt worden ist.

   Ist bei der vorgeschriebenen Primärspannung die sekundäre Spannung die gewünschte, so ist das Übersetzungsverhältnis richtig.

3. Der Leerlaufstrom und die Leerlaufleistung. Die Kenntnis des ersteren ist deshalb erforderlich, weil von ihm herrührend Leistungsverluste auftreten, auch wenn die vom Transformator abgenommene Leistung sehr gering sein sollte. Die am primären Wattmeter bei offenem Sekundärkreis abzulesende Leerlaufleistung des Transformators ist maassgebend für den sog. Jahreswirkungsgrad. Man versteht darunter das Verhältnis der innerhalb eines Jahres dem Transformator abgenommenen und zugeführten Arbeit. Da ein Transformator viel leer zu laufen hat, muss die Leerlaufleistung gering sein. Sie darf nur wenige Prozent der maximalen Leistung betragen.

4. Der Wirkungsgrad in verschiedenen Belastungsstufen und der sekundäre Spannungsabfall bei konstanter Primärspannung. Auch hier dient die Schaltung der Fig. 317, nur werden schrittweise mehr Lampen an den Sekundärkreis angeschlossen. Dabei ist in jeder Belastungsstufe zu beobachten:

primäre Stromstärke	sekundäre Stromstärke
primäre Spannung	sekundäre Spannung
primäre Leistung	sekundäre Leistung.

Zu kontrollieren ist die Tourenzahl der Maschine, eventuell ist sie jedesmal auf einen bestimmten Wert einzuregulieren, damit die Wechselzahl dieselbe bleibt.

Das Verhältnis:

$$\frac{\text{sekundäre Leistung}}{\text{primäre Leistung}}$$

giebt direkt den Wirkungsgrad für jede Stufe. Aus den Werten

$$\frac{\text{sekundäre Spannung}}{\text{primäre Spannung}}$$

erhält man den Abfall des Übersetzungsverhältnisses bei Zunahme der Belastung. Der Abfall ist durch die Verluste im Transformator bedingt, die durch Ohm'schen Widerstand der Spulen und durch vergrösserte Eisenverluste entstehen.

Aus den drei primären Werten zusammen erhält man nach der Gleichung:

$$L = E \cdot J \cdot \cos\varphi$$

den Leistungsfaktor und die Phasenverschiebung des Primärstromes gegen die primäre Spannung.

Aus den drei sekundären Werten, die alle drei zu beobachten nur dann Zweck hat, wenn der Transformator auf induktive Belastung arbeitet, erhält man die Phasenverschiebung des Belastungskreises. Der Wirkungsgrad ist bei induktiver Belastung einige Prozent geringer als bei induktionsloser.

255. Die Berechnung eines Transformators.

Für einen Transformator ist meistens die Leistung, die primäre Spannung, die sekundäre Spannung und die Wechselzahl gegeben. Ähnlich wie bei den Dynamomaschinen bestimmt man die einzelnen Grössen aus der Annahme der Verluste, die im Transformator auftreten dürfen. Ausserdem ergeben sich andere Verluste, wie der für Hysteresis und Wirbelströme, sowie der Verlust durch Streuung, aus Beobachtungen an praktisch ausgeführten Transformatoren. Durch Annahme verschiedener Eisenquerschnitte ermittelt man, welche Konstruktion am günstigsten, d. h. bei technischer Gleichwertigkeit am billigsten ist. Folgendes Beispiel enthält die Formeln, nach denen zu rechnen ist. Die dabei angegebenen Verlustgrössen entsprechen thatsächlichen Verhältnissen.

Beispiel:

a) gegebene Werte:

Abnehmbare sekundäre Leistung		$L_2 =$	3 KW
Primäre Spannung	(effektiv)	$E_1 =$	2040 Volt
Sekundäre abnehmbare Spannung	(effektiv)	$E_2 =$	120 Volt
Wechselzahl pro Sekunde		$\nu =$	100

b) zweckmässige Annahmen nach Erfahrungen an ausgeführten Transformatoren:

Kupferverlust primär	$= 1\%$ von L_2	$= l_1 =$	30 Watt
Kupferverlust sekundär	$= 1\%$ von L_2	$= l_2 =$	30 Watt
Maximale Induktion (Amplitude)		$B_{max} =$	5000

bei dieser Induktion beträgt ungefähr:

Eisenverlust (Hyst. und Wirb.)	$= 3\%$ von L_2	$= l_e =$	90 Watt
Verlust durch Streuung	$= 1\%$ von L_2	$= l_s =$	30 Watt

c) taxierter Eisenquerschnitt:

$$Q = 70 \text{ qcm}.$$

Es ist zu ermitteln die Zahl der primären und sekundären Windungen und ihre Drahtdicke. Ausserdem ist zu entscheiden, ob der Transformator bei dem taxierten Eisenquerschnitt ausführbar ist. Angenommen sei induktionslose Belastung.

Auflösung:

1. Sekundäre Stromstärke J_2 (effektiv) aus:

$$J_2 \cdot E_2 = 3000 \text{ Watt.}$$

$$J_2 = \frac{3000}{120} = 25{,}0 \text{ Ampère.}$$

2. Der angenommene Kupferverlust im Sekundärkreis von 30 Watt giebt den sekundären Widerstand w_2 aus der Gleichung:

$$J_2^2 \cdot w_2 = l_2;$$

$$w_2 = \frac{l_2}{J_2^2} = \frac{30}{25 \cdot 25} = 0{,}048 \text{ Ohm.}$$

3. Die primäre Stromstärke J_1 bestimmt sich aus der Bilanzgleichung:

Primäre Leistung = sekundäre Leistung + Summe aller Verluste

$$J_1 E_1 \cdot \cos\varphi_1 \quad = \quad J_2 E_2' \quad + \quad \Sigma \text{ aller Verluste.}$$

Dabei ist nach den Erfahrungen der Praxis:

$\cos\varphi_1$ für Vollbelastung = 0,99
„ 0,25 Belastung 0,94
„ 0,08 „ = 0,79.

E_2' bedeutet die gesamte im Sekundärkreis zu erzeugende effektive Spannung, die gleich ist dem Wert (Klemmenspannung + Spannungsverlust in den Windungen). Es ist:

$$E_2' = E_2 + 0{,}01\, E_2 = E_2 + e_2 = 120 + 1{,}2 = 121{,}2 \text{ Volt.}$$

Aus der Bilanzgleichung folgt:

$$\frac{J_2'}{J_1} = \frac{E_1}{E_2'}\left(\cos\varphi_1 - \frac{\Sigma \text{ aller Verl.}}{J_1 E_1}\right), \text{ oder:}$$

$$J_1 = \frac{J_2}{\frac{E_1}{E_2'}\left(\cos\varphi_1 - \frac{\Sigma \text{ aller Verl.}}{L_1}\right)}$$

$$= \frac{25}{\frac{2040}{121{,}2}\left(0{,}99 - \frac{30 + 30 + 90 + 30}{3000 + 30 + 30 + 90 + 30}\right)}$$

$$= \frac{25}{16{,}8\left(0{,}99 - \frac{180}{3180}\right)} = 1{,}6 \text{ Ampère.}$$

4. Der Kupferverlust im Primärkreis ergiebt den Widerstand der primären Windungen:

$$J_1^2 \cdot w_1 = l_1$$

$$w_1 = \frac{l_1}{J_1^2} = \frac{30}{1{,}6 \cdot 1{,}6} = 11{,}7 \text{ Ohm}.$$

Diesem Widerstand entspricht bei 1,6 Ampère ein Spannungsabfall in den primären Windungen $e_1 = 18{,}8$ Volt.

5. Die Bestimmung der Wicklungen primär und sekundär erfolgt unter Ausgang von der Gleichung:

$$E = N \cdot z \cdot v \cdot \pi \cdot 0{,}00000001, \tag{1}$$

worin zu setzen ist:

E = effektive Spannung (EMK) einer Spule,
N = mittlere Kraftlinienzahl, welche die Spule durchsetzt,
z = Zahl der Windungen der Spule,
v = Wechselzahl pro Sekunde.

Unter der mittleren Kraftlinienzahl ist verstanden der Wert

$$N = \frac{B}{\sqrt{2}} \cdot Q = B' \cdot Q,$$

worin B die Maximalinduktion (= 5000), B' die mittlere Induktion und Q den Querschnitt des Eisenkernes bedeutet. Zur weiteren Berechnung des Transformators wird der taxierte Eisenquerschnitt $Q = 70$ qcm eingeführt.

Man erhält die sekundäre Windungszahl:

$$z_2 = \frac{E_2' \cdot 100\,000\,000}{v \cdot \pi \cdot Q \cdot B'}$$

$$= \frac{121{,}2 \cdot 100\,000\,000}{100 \cdot 3{,}14 \cdot 70 \cdot 3536}$$

$$= 156 \text{ Windungen}.$$

Die primäre Windungszahl z_1 wird gerechnet aus dem Verhältnis der primären und sekundären Spannung nach der Gleichung:

$$z_1 = \frac{E_1}{E_2'} \cdot z_2 + 1{,}6\,\%; \tag{2}$$

Die Vermehrung der Windungszahl um 1,6% entspricht einer Vermehrung der Induktion um 1%, die infolge der Streuung erforderlich ist. Aus obiger Gleichung folgt:

$$z_1 = \frac{2040}{121{,}2} \cdot 156 + 1{,}6\,\%$$

$$= 2623 + 1{,}6\,\%$$

$$= 2665 \text{ Windungen}.$$

Der weiteren Berechnung der Wicklungen geht voraus die Berechnung des Eisengestelles. Ein Liter schwedisches Eisen, bestehend aus Eisenblechen von 0,5 mm Dicke verbraucht bei $\nu = 100$ und $B_{max} = 5000$ für Wirbelstrom- und Hysteresisverlust 13 Watt. Es waren zusammen 90 Watt Eisenverluste angenommen worden, daher muss, damit die Rechnung richtig bleibt, das Eisen $90:13 = 6{,}9$ Liter Raum einnehmen.

Ein Eisenvolumen von 6,9 cdm bei einem Querschnitt von 70 qcm hat als Länge des mittleren Eisenweges 99 cm; nimmt das Isoliermaterial zwischen den Blechen 0,1 des Querschnittes ein, so ist der Durchmesser des Eisenkernes

$$d = \sqrt{\frac{4}{\pi \cdot 0{,}9} \cdot 70} = 10 \text{ cm.}$$

Es soll die sekundäre Wicklung innen, die primäre aussen angeordnet werden. Man wählt zunächst eine Gestellform, die auf Grund der obigen Rechnungen beruht, und probiert, ob die Wicklungen untergebracht werden können. Auf diese Weise sei das Gestell Fig. 318 zunächst angenommen. Die Abbildung zeigt auch, wie die Spulen angeordnet sein sollen. Um rechnen zu können, muss man zunächst den Durchmesser der untersten Spule taxieren. Die taxierte mittlere Länge einer sekundären Windung beträgt bei Annahme von 1,5 mm radialem Spiel der Pappspule und 5 mm Dicke der letzteren, sowie bei Annahme von 30 mm Wicklungshöhe:

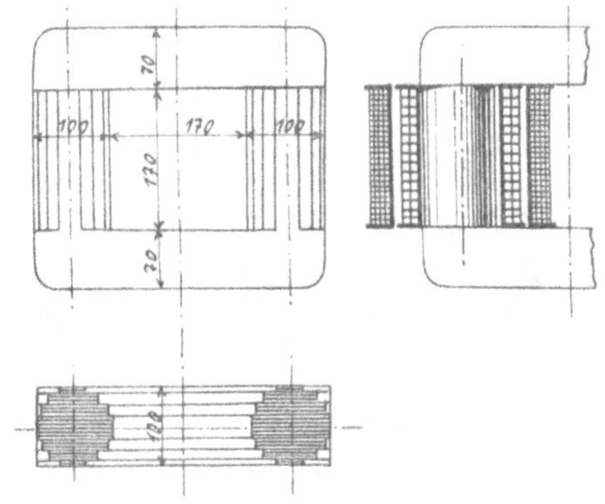

Fig. 318.

$$s'' = 45 \text{ cm;}$$

für 156 Windungen wird die ganze Länge des sekundären Drahtes:

$$s_2 = 70 \text{ m.}$$

Der Drahtquerschnitt ist

$$q_2 = \frac{s_2 J_2 c}{e_2} = \frac{70 \cdot 25 \cdot 1}{1{,}2 \cdot 60} = 24{,}4 \text{ qmm.}$$

Gewählt ein Draht von $d_2 = 5{,}5$ mm Kupferdurchmesser, d. i. 8 mm Durchmesser mit Isolation.

Auf 2 × 16 cm Spulenlänge gehen in einer Schicht 39 Windungen des 8 mm starken Drahtes, daher sind 156 : 39 = 4 Schichten erforderlich. Die radiale Dicke dieser Wicklung beträgt 4 × 8 − 10 % = 28,8 mm, das stimmt mit der Annahme von 45 cm Länge für eine Windung nahezu überein.

Obige 10 Prozent können bei Berechnung der Wicklungshöhe abgezogen werden, weil der Draht sich jedesmal in die Vertiefungen der darunterliegenden Schicht legt. Der äussere Durchmesser der sekundären Spulen beträgt 173 mm. Beide Sekundärspulen sind bei dieser Rechnung hintereinander geschaltet gedacht.

Die primären Spulen sollen die sekundären umgeben. Es sei wiederum 1,5 mm radiales Spiel der Papphülse angenommen, deren Pappdicke 5 mm betrage. Taxiert man die Höhe der Primärwindungen ebenfalls auf 30 mm, so ergiebt das eine mittlere Drahtlänge pro Windung:

$$s' = 68 \text{ cm}.$$

Für die ganze primäre Wicklung (2665 Windungen) ist demnach der Draht lang

$$s_1 = 1810 \text{ m};$$

es folgt für die primären Windungen der Drahtquerschnitt:

$$q_1 = \frac{s_1 J_1 c}{e_1} = \frac{1810 \cdot 1,6 \cdot 1}{18,8 \cdot 60} = 2,57 \text{ qmm}.$$

Gewählt wird ein Draht vom Kupferdurchmesser $d_1 = 1,8$ mm mit 2,545 qmm Querschnitt. Der Durchmesser des Drahtes mit Isolation betrage 2,4 mm. Alsdann gehen bei 2 × 16 cm Spulenlänge auf eine Schicht (2 · 160) : 2,4 = 134 Windungen. Im ganzen werden 2665 Windungen verlangt, das giebt 2665 : 134 = 20 Schichten mit einer Wicklungshöhe von 20 × 2,4 − 10 % = 43,2 mm. Von vorn herein waren 30 mm Wicklungshöhe angenommen; bei rund 44 mm Höhe ist die mittlere Länge einer Windung um 14 · π mm grösser, d. h. es ist s' in Wirklichkeit statt 68 cm nun 72,4 cm, und der primäre Spannungsverlust statt 1 % nun 1,07 %, was noch als zulässig gelten möge. Andernfalls wäre die Rechnung des letzten Absatzes zu wiederholen. Der äussere Durchmesser der primären Spule beträgt 230 mm.

Endlich ist zu kontrollieren, ob das angenommene Eisengestell ausreicht, so dass die Wicklung daran Platz hat. Der Raum zwischen den beiden Schenkeln muss wenigstens betragen:

$$(1,5 + 5 + 30 + 1,5 + 5 + 44) \cdot 2 = 174 \text{ mm}.$$

In Fig. 318 war für diesen Abstand 170 mm angenommen; eine Vergrösserung des Abstandes der Schenkel um 10 mm vermehrt das Eisen um 70 × 2 ccm = 0,14 l, und den angenommenen Verlust im Eisen von 90 Watt um 0,14 · 13 = 1,8 Watt, was hier ebenfalls noch zulässig sein soll.

Ein auf diese Weise berechneter Transformator ist darauf zu prüfen, ob die, durch die Verluste herbeigeführte Erwärmung nicht zu hoch ist. Die Oberfläche des Transformators muss so gross sein, dass die entwickelte Wärmemenge ohne bedeutende Temperaturerhöhung ausstrahlen kann. Diese Bedingung ist bei Transformatoren erfüllt, wenn man auf 1 Watt Verlust ungefähr 15 qcm Oberfläche rechnen kann. Für diesen Transformator müsste die Abkühlungsfläche daher wenigstens $180 \times 15 = 2700$ qcm betragen, was für beide Spulen allein bereits erfüllt ist, da die Oberfläche beider Spulen zusammen ungefähr 3600 qcm gross ist.

256. Der Synchronmotor.

Befinden sich zwei Wechselstrommaschinen, die gleiche Polzahl haben sollen, in gleichschneller Rotation, so dass in jedem Moment an beiden Maschinen die Stellung der Erregerspulen zu den Ankerspulen dieselbe ist, so bezeichnet man die beiden Bewegungen der Maschinen als synchron. In der Elektrotechnik spricht man auch von Synchronismus, wenn die beiden Maschinen ungleiche Polzahl haben, wobei dann die Maschine mit der geringeren Polzahl genau entsprechend der letzteren schneller laufen muss. Hierbei ist wiederum die Bedingung erfüllt, dass die relative Stellung der Erregerspulen zu den Ankerspulen an beiden Maschinen in jedem Moment die gleiche ist.

Die beiden synchron laufenden Wechselstrommaschinen sollen so erregt sein, dass man an ihrem Anker die gleiche Spannung hat. Man kann dann die Klemmen der beiden Maschinen, die für einen Moment gleichzeitig positiv, und die beiden, die in demselben Moment negativ sind, zusammenschalten, so sendet keine der beiden Maschinen einen Strom in die andere. Die Spannungen der beiden Maschinen halten sich in jedem Moment das Gleichgewicht. Die Schaltung der beiden Maschinen und eine Stellung der beiden Erregerwicklungen, wie sie dieser Betrachtung zu Grunde liegt, ist für das Beispiel einer vierpoligen Maschine durch Fig. 319 ausgedrückt.

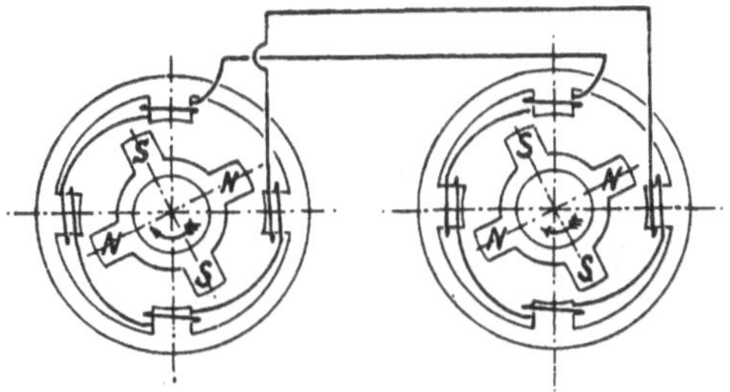

Fig. 319.

Bleibt dagegen eine der beiden Maschinen um ein wenig in der Stellung gegen die andere zurück, so fallen die Spannungskurven beider Maschinen nicht mehr genau zusammen. Es sendet die Maschine, deren Spannung in einem Moment höher ist als die der anderen, für diesen Moment einen Strom durch die andere, der gegen die Spannung der letzteren gerichtet ist. Durch diesen Strom wird eine Kraftwirkung auf die zurückbleibende Maschine ausgeübt, die nach der Regel der linken Hand die Maschine in derselben Richtung dreht, in der sie als Dynamo läuft.

Denken wir uns nun nur eine der beiden in Fig. 319 angedeuteten Maschine als Dynamo angetrieben, während der von aussen kommende Antrieb der zweiten fortgenommen wird, so läuft die letztere synchron weiter. Sobald ihre Tourenzahl das Bestreben hat, abzunehmen, bleibt die als Motor laufende Maschine mit ihren Polen etwas gegen die entsprechende Stellung der treibenden Maschine zurück, wodurch die am Motor herrschende Spannung abnimmt und wodurch das Aufkommen eines Stromes im Motoranker ermöglicht wird. Da der Strom infolge des Synchronismus jedesmal von dem einen bis zum nächsten Erregerpol seine Richtung wechselt, ist der Drehsinn des Motors fortlaufend derselbe. Die eigene Spannung des Motors nimmt bei dem Zurückbleiben der Pole deshalb ab, weil sich dadurch der Luftweg der Kraftlinien vergrössert. Da die Ampèrewindungen der Erregung dieselben bleiben, nimmt die Zahl der Kraftlinien im Gestell des Motors ab. Der Motor muss bei dem Zurückbleiben der Pole stets mit derselben Tourenzahl laufen. Bei zunehmender Belastung nimmt nur der Abstand zwischen Ankerpol und Erregerpol zu, so dass aus dem Schema des Leerlaufes Fig. 319 nun das Schema Fig. 320 entsteht. Sobald die Tourenzahl des Motors geringer wird, ist der Synchronismus aufgehoben, es findet keine regelmässige Kraftwirkung zwischen dem Anker und den Erregerpolen mehr statt, der Motor bleibt stehen, er fällt aus der Phase.

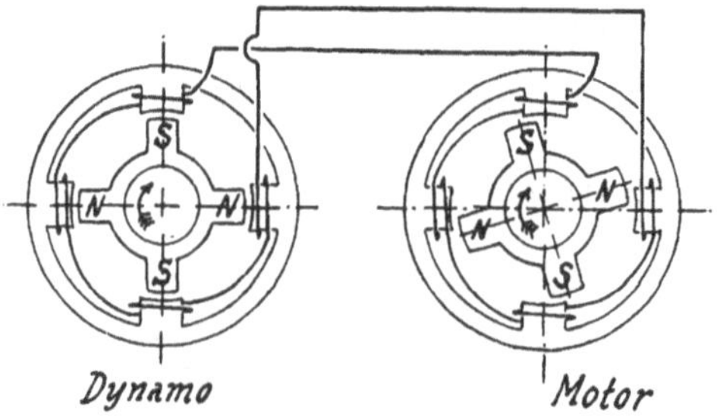

Fig. 320.

Durch plötzliche Stösse, die der Motor zu überwinden hat, kann er leicht aus dem Synchronismus herausgebracht werden, denn infolge der Selbstinduktion der Ankerwicklung steigt der Strom nicht sofort auf den Wert, der genügt, eine zur Überwindung des Stosses zureichende Kraftwirkung zu erzielen. Ausserdem ist das Andrehen der Synchromotoren nur mit besonderen Hilfsmitteln möglich, die im nächsten Abschnitt erörtert werden. Aus diesen beiden Gründen haben Synchronmotoren nur in dem Fall Anwendung gefunden, wo man sie unbedingt nötig hat, bei Wechselstrom-Gleichstrom-Umformern. Letztere sind im Prinzip dasselbe, wie Synchromotoren, die mit einer Gleichstromdynamo auf einer Welle sitzen. Der Grund für die Verwendung der Synchronmotoren in diesem Falle ist der, dass dieser Motor mit annähernd so hohem Wirkungsgrad arbeitet, wie man ihn bei Gleichstrommotoren derselben Leistung erreicht. Im Späteren werden andere Wechselstrommotoren behandelt werden, deren Betrieb bequemer, deren Wirkungsgrad aber niedriger ist.

257. Das Parallelschalten von Wechselstrommaschinen.

Das Parallelschalten zweier Wechselstrommaschinen ist dasselbe, wie das Anschliessen eines Synchronmotors an eine Wechselstromdynamo. Im letzteren Falle bedient man sich einer kleinen Antriebsmaschine, die nur den Leerlauf des Motors zu überwinden hat, und die meistens aus einem kleinen Elektromotor besteht. Dieser kleinere Motor wird bei dem Andrehen entweder von Akkumulatoren betrieben, oder er ist ein Wechselstrommotor der später zu behandelnden Art. Alles, was hier von dem Parallelschalten gesagt ist, gilt auch für das Anschliessen von Synchronmotoren.

Mehrere Wechselstrommaschinen, die nicht fortdauernd zu gleicher Zeit das Maximum und das Minimum ihrer Spannungskurve haben, können nicht gleichzeitig an ein und dasselbe Netz angeschlossen werden. Es würden dann in wirrer Weise starke Ströme von Maschine zu Maschine fliessen, die sehr gefährliche Stösse und Überlastungen herbeiführen würden. Parallel zu schaltende Wechselstrommaschinen müssen synchron laufen. Der Synchronismus ist nur mit besonderen Mitteln herzustellen, sind zwei Wechselstrommaschinen dagegen einmal parallel geschaltet, so stellt sich der Synchronismus selbst ein. Eine Maschine, die das Bestreben hat, nachzubleiben, wird als Synchronmotor von den übrigen Maschinen aus betrieben. Eine Maschine, die das Bestreben hat, vorzueilen, müsste die übrigen als Synchronmotoren mitziehen, wird aber daran verhindert, weil die Leistung ihrer Betriebsmaschine gewöhnlich nicht dazu ausreicht.

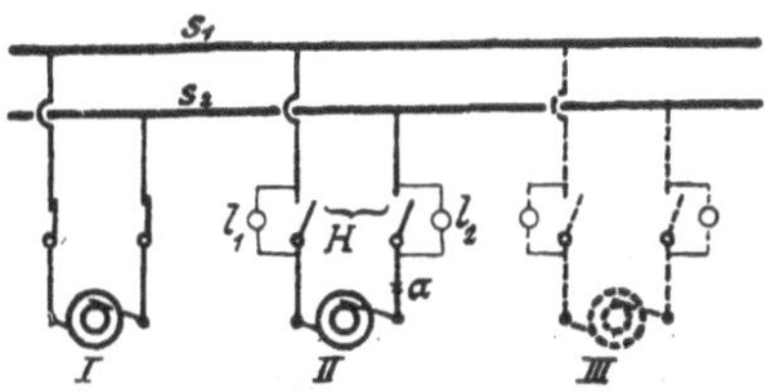

Fig. 321.

Zu dem Parallelschalten ist es erforderlich, dass die Geschwindigkeit der Betriebsmaschine in sehr feiner Weise geändert werden kann. Man erreicht das entweder durch Drosselung des Dampfes, durch feine Verstellungen des Regulators, oder durch elektrische Bremsung, indem der bewegliche Eisenkern einer starken Magnetspule je nach der Stromstärke in der Spule auf eine mechanische Bremse wirkt.

In Fig. 321 sei Maschine I, von der nur der Anker schematisch angedeutet ist, bereits im Betriebe und an die Sammelschienen s_1 und s_2

angeschlossen. Maschine II soll erst angeschlossen werden. Zu dem Zweck wird sie zunächst in Gang gesetzt und erregt, so dass ihre Spannung bei angenähert richtiger Tourenzahl ungefähr gleich der Netzspannung ist. Um nun den Synchronismus und die Konphasität genau zu erkennen, bedient man sich einer Einrichtung, die in der Figur mit l_1 und l_2 angedeutet ist. Eine Anzahl hintereinander geschalteter Glühlampen werden zwischen die Kontakte des Ausschalters gelegt, der die anzuschliessende Maschine vom Netz trennt. Sind beide Spannungen, die des Netzes und der Maschine, eine zeitlang in jedem Moment entgegengesetzt, so leuchten die Lampen hell auf. Decken sich beide Phasen, so ist keine Spannung zwischen den Kontakten vorhanden, und die Lampen bleiben dunkel. Hat die anzuschliessende Maschine ungefähr die richtige Tourenzahl, so werden die sog. Phasenlampen abwechselnd hell und dunkel und zwar dauert die Aufeinanderfolge immer länger, je mehr die Tourenzahl sich der richtigen nähert. Man reguliert so lange die Geschwindigkeit der anzuschaltenden Maschine, bis das Tempo der Phasenlampen möglichst langsam geworden ist und drückt den Ausschalter hinein, wenn die Lampen am dunkelsten sind. Es ist vorteilhaft, etwas vor dem dunkelsten Stadium einzuschalten, da die Kohlenfaser Zeit zur Abkühlung braucht und die Erwärmung daher etwas hinter dem Strom zurückbleibt. In vielen Fällen werden auch an Stelle der Lampen Spannungsmesser mit sehr leichtem Zeigerwerk verwendet. Vor die anzuschliessende Maschine, etwa bei a in Fig. 321 schaltet man bisweilen eine durch Fig. 322 schematisch skizzierte Anordnung. Sie besteht aus einer Anzahl hintereinander liegenden Induktionsspulen (s. Abschnitt 248) mit Eisenkernen, zu denen parallel sich die Ausschalter h befinden. Letztere sind offen, während der Anschlusshebel H in Fig. 321 eingedrückt wird. Erst nach dem Eindrücken von H werden die Hebel h eingeschaltet. Fällt nun nach dem Anschliessen die zugeschaltete Maschine ausser Tritt, so verhindern die Induktionsspulen ein Auftreten erheblicher Stromstösse. Bei Phasengleichheit, wo die Stromstärke bedeutend geringer ist, als bei dem Aussertrittfallen, kommt der induktive Widerstand der vorgeschalteten Spulen weniger in Frage, da der induktive Widerstand der Maschine bedeutend grösser ist.

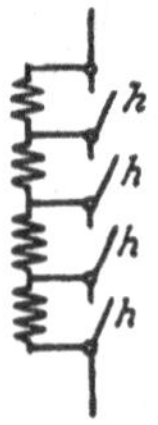

Fig. 322.

Die Schaltung der Phasenlampen nach Fig. 321 ist nur möglich bei niederer Spannung. Da aber die meisten Wechselstromcentralen mit Hochspannung arbeiten, müssen zum Betrieb der Phasenlampen zwei kleine Transformatoren angewendet werden. Man legt die Primärwicklung des einen Transformators zwischen die Sammelschienen, diejenige des zweiten Transformators zwischen die Klemmen der zuzuschaltenden Maschine. Die beiden Sekundärwicklungen werden hintereinander geschaltet. Ihr Stromkreis wird durch die Phasenlampe geschlossen. Bei dieser Anordnung kann die Maschine je nach der Schaltung der Sekundärspulen entweder bei dem Aufleuchten oder bei dem Erlöschen der Lampe angeschaltet werden. In den einzelnen Betrieben muss man sich vor dem Parallelschalten darüber unterrichten.

Zwanzigstes Kapitel.

Die Mehrphasenströme.

258. Allgemeines über Kraftübertragung durch Wechselstrom.

Das vorige Kapitel lässt erkennen, dass eine bequeme Kraftübertragung durch Wechselstrom daran scheitert, dass man bei dem Motor eine durch die Geschwindigkeit des Generators vorgeschriebene Tourenzahl, selbst beim Einschalten eines Motors haben muss. Man wünscht, um an Leitungsmaterial und an Effektverlusten sparen zu können, Kraftübertragungen auf sehr grosse Entfernung mit hoher Spannung vorzunehmen und ist daher auch hier auf Wechselstrom angewiesen, da man Gleichstrom von hoher Spannung nicht erzeugen und nicht leicht verwenden, ausserdem aber auch nicht leicht transformieren kann. Es giebt Gleichstromtransformatoren, sie sind aber nichts als ein Aggregat eines Gleichstrommotors für hohe Spannung und einer direkt mit dem Motor gekuppelten Gleichstromdynamo niederer Spannung, also ein Gebilde, das wartungsbedürftig ist, und das aus diesem Grunde seltener verwendet wird.

Ein Aushilfsverfahren ist es, einen Hauptstrommotor, dessen ganzes Eisengestell aus lamellierten Eisenblechen besteht, mittels Wechselstromes zu betreiben. Die Möglichkeit dafür ist vorhanden, da die Drehrichtung eines Hauptstrommotors von der Stromrichtung unabhängig ist. Die Drehrichtung ist ebenfalls bei dem Nebenschlussmotor nach den Erörterungen in Abschnitt 225 bei beiden Stromrichtungen dieselbe, ein Nebenschlussmotor ist aber für Wechselstrom deshalb unverwendbar, weil in den Nebenschluss infolge der hohen Selbstinduktion kein Strom eintreten würde. Bei einem Hauptschlussmotor durchläuft der Arbeitsstrom, der im Anker verbraucht wird, und der mit der Spannung in gleicher Phase liegt, auch die Magnetwicklung und dadurch tritt die Selbstinduktion der Wicklungen nicht so störend auf, dass ein Hauptstrommotor als unbrauchbar für Wechselstrom bezeichnet werden müsste. Man wendet ihn aber bei Wechselstrom nicht gern an, da sein Kollektor selbst bei geringer Belastung des Motors sehr stark funkt und dadurch einer schnellen Abnutzung unterworfen ist.

Bei Wechselstrom-Kraftübertragungen verwendet man, wenn es sich nicht um Einzelübertragungen hoher Leistung handelt, ein wanderndes Magnetfeld. Was darunter zu verstehen ist, und wie die Kraftübertragung durch diese Wanderfelder erfolgt, behandeln die nächsten Abschnitte.

259. Der Begriff des Wanderfeldes und des Drehfeldes.

Unter einem Wanderfeld versteht man ein magnetisches Feld, das im Raume eine gewisse Geschwindigkeit senkrecht zu seiner Kraftlinienrichtung besitzt. Ein einfacher Fall der Entstehung eines Wanderfeldes wäre der, dass ein Magnet durch den Raum bewegt wird, so wie es Fig. 323 andeutet. Der dort abgebildete Hufeisenmagnet soll

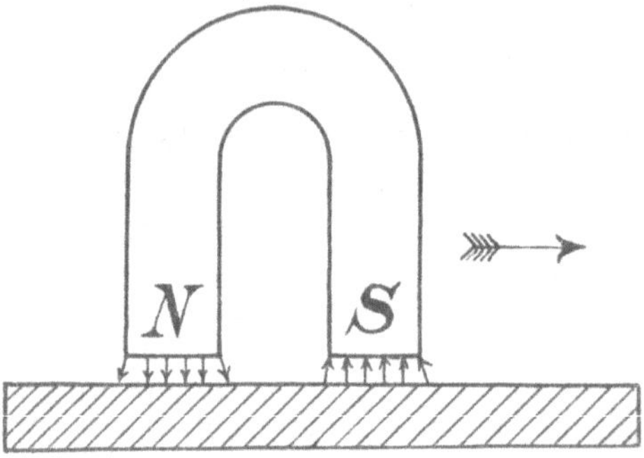

Fig. 323.

in Richtung des Pfeiles dicht über eine Eisenplatte bewegt werden. Unter seinen Polen entsteht dann ein mit der Bewegung des Magneten fortschreitendes Magnetfeld.

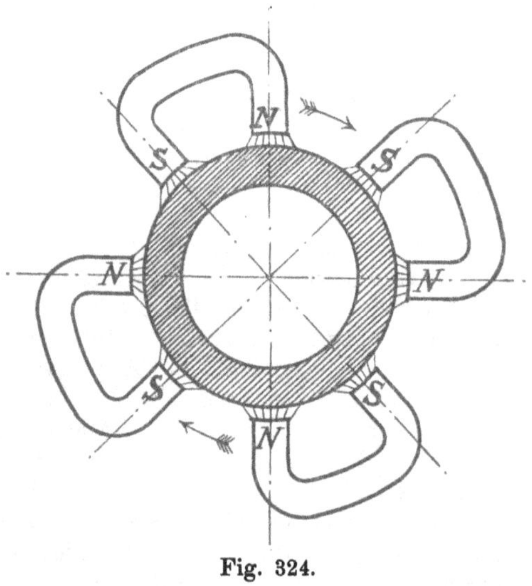

Fig. 324.

Ein Fall, wie er in der Technik häufiger vorkommt, ist der, dass ein Magnetfeld eine Kreisbewegung ausführt, wobei die Kraftlinien stets radial verlaufen. Das ist z. B. der Fall, wenn nach Fig. 324

die dort gezeichneten Magnetpole um einen cylindrischen Eisenkörper rotieren. Ein magnetisches Feld, das eine Bewegung in diesem Sinne ausführt, bezeichnet man in der Technik als ein *Drehfeld.*

Als ein Drehfeld kann das Feld eines Erregersternes bezeichnet werden, der innerhalb des feststehenden Ankers einer Wechelstrommaschine rotiert. Die Anordnungen nach Fig. 323 und 324 dienen nur zur Erklärung der Begriffe. Die Drehfelder, von denen später die Rede sein wird, werden durch elektrische Ströme erzeugt.

260. Ein geschlossener Leiter im Wanderfeld.

Es sei ein starker Kupferdraht *a b c d* der Fig. 325 zu einer in sich geschlossenen Schleife gebogen und verlötet. Wird diese Schleife durch das magnetische Feld der vorläufig noch feststehend gedachten Polreihe der Fig. 325 hindurchgezogen, so wird in der Schleife vor

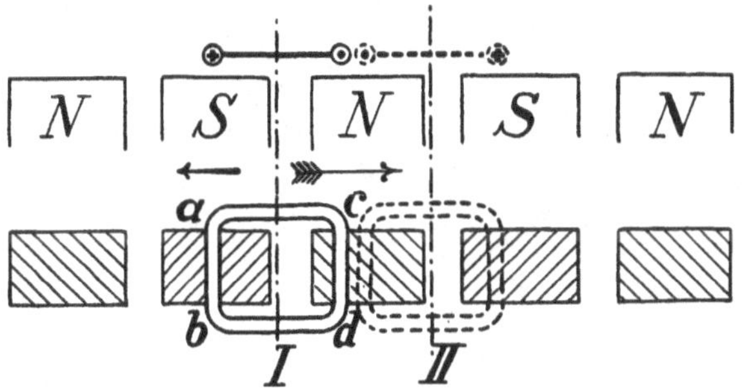

Fig. 325.

jedem Pol nach dem 6. Experiment des 15. Kapitels (Abschnitt 162) ein Strom induziert, und infolge dessen eine Kraftwirkung ausgeübt, die der Bewegung des Bügels entgegenstrebt. Nach der Regel der rechten Hand fliesst bei Stellung I und bei der durch den Federpfeil angegebenen Bewegungsrichtung der Strom unter dem Nordpol auf den Beschauer zu. Die durch den induzierten Strom erzeugte Kraftwirkung ergiebt sich nach der Regel der linken Hand unter beiden Polen in Richtung des ungefiederten Pfeils. Dieselbe Richtung der Kraftwirkung erhält man auch bei Stellung II, nur durchfliesst der Induktionsstrom den Bügel in umgekehrter Richtung.

Hält man nun den Bügel *a b c d* fest und bewegt man die Reihe der Magnetpole in entgegengesetzter Richtung gegenüber der vorherigen Bewegung der Schleife, so werden die unter den Polen liegenden Drähte *a b* und *c d* genau in derselben Weise von Kraftlinien geschnitten, wie im vorigen Fall; daher wird auch im Kupfer ein Strom von derselben Richtung induziert und auf das Kupfer eine Kraft ausgeübt in derselben Richtung, wie bei Fig. 325.

1. Resultat: Bewegt man einen Magnetkranz mit abwechselnden Polen über eine in sich geschlossene Schleife, die sich von dem einem bis zu dem anderen Pol erstreckt, so wird auf diese Schleife eine Kraft ausgeübt, welche sie in Richtung der Magnetpol-Bewegung mitzunehmen bestrebt ist.

Denken wir uns weiterhin nach Fig. 326 eine grössere Anzahl in sich geschlossener Spulen rund um einen zunächst feststehenden

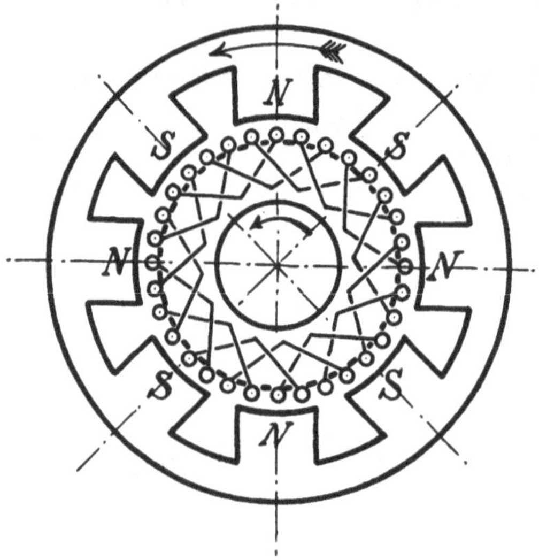

Fig. 326.

cylinderischen Eisenkörper gelegt und an ihm befestigt, so werden bei der Drehung des Magnetkranzes die Drähte sämtlicher Schleifen von Kraftlinien geschnitten. Jede einzelne Schleife trägt mit dem in ihr induzierten Strom zu einer Kraftwirkung bei, die den inneren cylinderischen Teil der Feldbewegung nachzudrehen sucht.

Dies ist der Grundgedanke zu den später näher zu betrachtenden Drehfeldmotoren. Wird nun der cylindrische Teil, der die in sich geschlossene Wicklung trägt, und der den Namen *Läufer* führt, losgelassen, so dass er sich um seine Axe drehen kann, so wird er durch die induzierten Ströme in Drehung versetzt. Seine Geschwindigkeit kann aber nicht grösser werden, als die Umfangsgeschwindigkeit des Feldes, weil bei gleicher Geschwindigkeit die Wicklung nicht mehr von Kraftlinien geschnitten wird, und weil dann auch der Induktionsstrom und somit auch die Kraftwirkung aufhört.

Hat der Läufer ein bestimmtes Drehmoment zu überwinden, so stellt sich seine Geschwindigkeit stets langsamer ein, als die Feldgeschwindigkeit. Ein Beharrungszustand ist dann erreicht, wenn der Läufer um so viel nachbleibt, dass die Zahl der pro Sekunde geschnittenen Kraftlinien ausreicht einen Strom zu induzieren, der zusammen mit dem Felde der äusseren Umfangskraft das Gleichgewicht hält.

Daraus folgt: wenn die Stärke des rotierenden Feldes konstant ist, müssen zum Erzeugen eines stärkeren Stromes mehr Kraftlinien pro Sekunde von der Wicklung geschnitten werden. Das heisst, in diesem Fall muss der Läufer mehr gegen das Feld zurückbleiben, als wenn nur ein schwacher Strom induziert zu werden braucht. Ein starker Strom ist erforderlich, wenn das Drehmoment des Läufers gross ist, ein schwacher Strom wird gebraucht, wenn der Läufer ein geringes Drehmoment zu überwinden hat.

2. Resultat: Befindet sich ein cylindrischer Eisenkörper, dessen Umfang mit einer Anzahl von in sich geschlossenen Schleifen versehen ist, in einem konstanten magnetischen Felde, das sich mit konstanter Winkelgeschwindigkeit dreht, so folgt der Eisenkörper dieser Drehung und zwar bleibt er mit seiner Tourenzahl um so mehr hinter der Feldgeschwindigkeit zurück, je grösser das zu überwindende Drehmoment ist.

261. Die Übertragung eines Drehfeldes durch drei Wechselströme. Der Drehstrom.

Fig. 327 stellt das Schema einer Wechselstrommaschine dar, bei der nicht jedem Ankerpol ein Erregerpol gegenübersteht, sondern bei der zwischen je zwei Erregerpolen überall zwei weitere Ankerpole angeordnet sind.

Bei der Verbindung der Ankerspulen werden jedesmal zwei Pole übersprungen. Die hintereinander geschaltenen Wicklungen würden, wenn sie von Gleichstrom durchflossen wären, abwechselnd einen Südpol und einen Nordpol erzeugen. Es sind in nachstehender Figur in einem Anker gleichsam drei Wechselstrommaschinen vereinigt, die von einem Erregerkranz magnetisiert werden. Jedesmal zwei aufeinanderfolgende Magnetpole des Ankers sind in einander entgegengetztem Drehsinn gewickelt.

Des leichteren Verständnisses wegen sei in Fig. 328 ein Teil des Ankers mit den Erregerpolen in gerader Linie dargestellt. Die Ankerwicklung hätte ebenso gut eine grössere Anzahl von hintereinander geschalteten Polen umfassen können, als die in der Figur gezeichneten zwei Pole. Die sechs Enden dieser Ankerwicklungen sind mit 1 und 1', 2 und 2', 3 und 3', bezeichnet.

Jede einzelne der drei Ankerwicklungen bekommt, wenn die Erregerpole an den Ankerspulen vorbeiwandern, zwischen ihren Enden eine wechselnde Spannung. Die drei Spannungskurven decken sich aber nicht gleichzeitig, sondern jede der drei hat zu einer anderen Zeit ihr Maximum. Fig. 328 enthält unter dem Schema der Ankerwicklung die Spannungskurven der drei Wicklungen. Die Kurve I

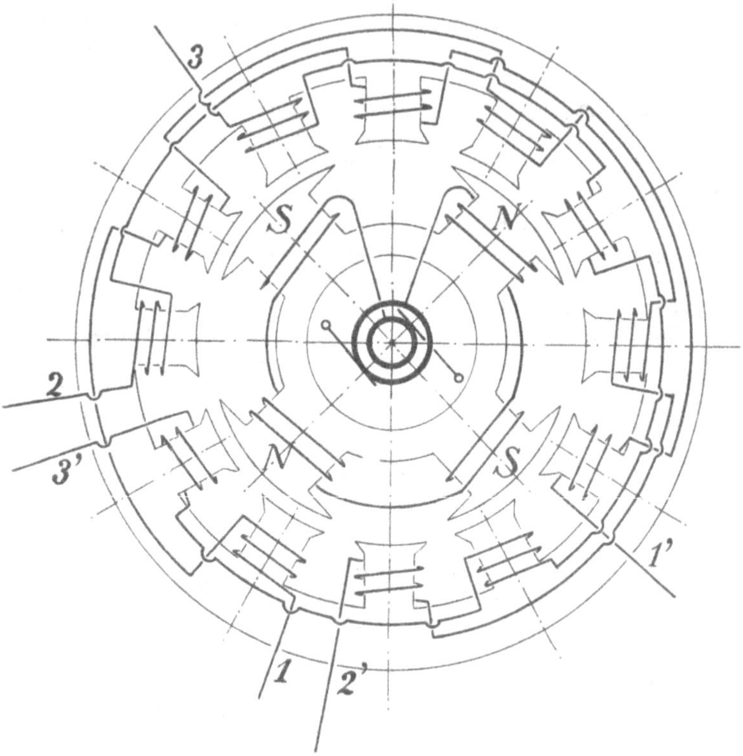

Fig. 327.

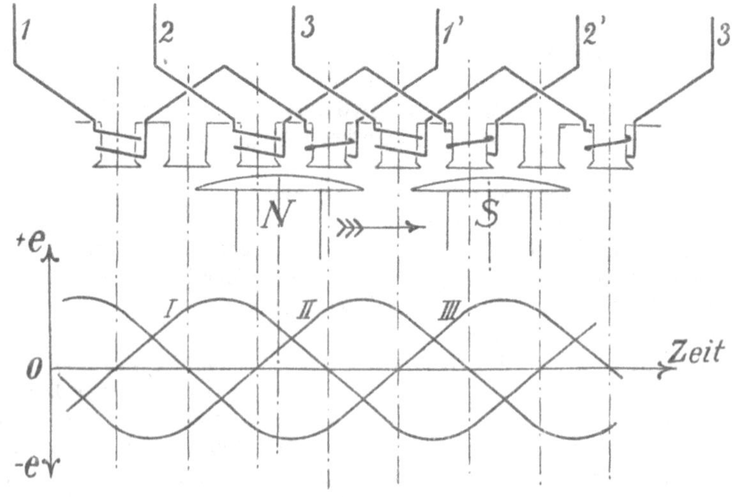

Fig. 328.

bezeichnet von der horizontalen Axe aus gerechnet die Spannung zwischen Klemme 1 und 1′, II diejenige zwischen 2 und 2′, und III diejenige zwischen 3 und 3′. Eine vertikale Linie durch diese Kurven giebt an jeder Stelle gleichzeitige Werte an. Die drei Spannungsphasen der einzelnen Wicklungen sind um gleiche zeitliche Zwischenräume verschoben, vorausgesetzt, dass die Erregerpole sich mit konstanter Geschwindigkeit bewegen. Betrachtet man wiederum die Zeit einer ganzen Stromperiode als einen Winkel von 360°, so beträgt die gegenseitige Verschiebung der drei Phasen jedesmal 120°.

Es sei nun mit dem Anker der in Fig. 327 bezw. 328 angedeuteten Dynamomaschine ein zweiter, vollständig gleich angeordneter Anker verbunden und zwar so wie es durch Fig. 329 dargestellt ist.

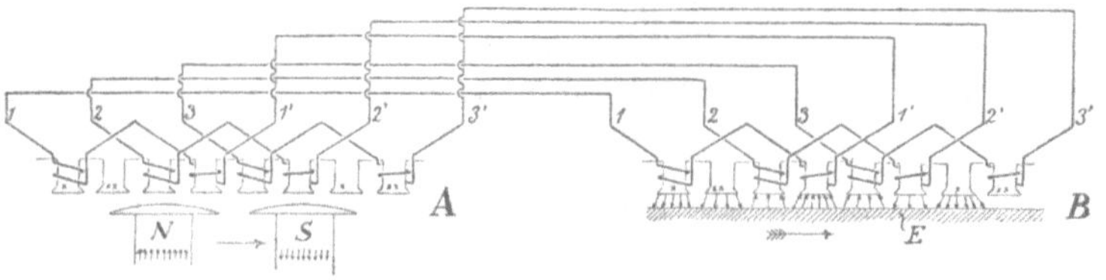

Fig. 329.

Unter den Polen des zweiten Ankers (bei *B*) befinde sich in geringem Abstand eine zusammenhängende Eisenmasse *E*. Von dem Dynamoanker bei *A* aus fliessen nun Wechselströme in die Spulen des Ankers von *B* hinein, und erzeugen dort ein magnetisches Feld. Dieses letztere ist jedesmal unter dem Pol am stärksten, wo gerade der Strom am stärksten ist. Oben wurde gesehen, die Klemmen 1—1′, 2—2′, 3—3′ erhalten bei der Bewegung der Erregerpole der Reihe nach Spannung. Infolgedessen erhalten auch die Ankerpole bei *B* der Reihe nach ein magnetisches Feld, das von Pol zu Pol wandert ohne bei dem Wandern seine Richtung zu wechseln.

Bei der in Fig. 329 angegebenen Schaltung erfolgt die Wanderung des Feldes bei *B* in derselben Bewegungsrichtung, wie die der Erregerpole bei Station *A*. Jeder einzelne Magnetpol des feststehenden Ankers bei *B* ändert dabei in jeder Stromperiode einmal seine Kraftlinienrichtung. Diese Änderung erfolgt nicht plötzlich, sondern entsprechend der Stromkurve der Dynamomaschine. Dabei ist vorausgesetzt, dass die magnetische Induktion im Eisen des Ankers von *B* nicht zu hoch ist, so dass noch Proportionalität angenommen werden kann. Das abnehmende Feld des vorhergehenden Poles ist gleichgerichtet dem zunehmenden Feld des folgenden Poles. Beide Felder setzen sich in den Zeiten, wo weder der vorherhergehende noch der folgende Pol ein Maximum von Kraftlinien führt, zu einem resultierenden Feld zusammen, dessen Stärke nahezu der Feldstärke, die im Maximum unter einem Pol herrscht, gleich ist. Daher erfolgt die Wanderung des Feldes von Pol zu Pol nicht sprungweise, sondern mit nahezu konstanter Winkelgeschwindigkeit.

Wie diese Betrachtung zeigt, ist durch die in Fig. 329 angedeutete Einrichtung bei Station *B* auf elektrischem Wege dasselbe erreicht, als ob eine Reihe von Magnetpolen über die Eisenmasse *E* hinwegbewegt würde.

Auf dem oben beschriebenenen Verfahren der Übertragung eines Wanderfeldes bezw. eines Drehfeldes auf elektrischem Wege in Verbindung mit dem Verhalten des im vorigen Abschnitt angedeuteten Läufers beruht die am meisten verwendete Art der Kraftübertragung mittels Wechselstroms. Überträgt man das Drehfeld durch drei Wechselströme, so wie es in diesem Abschnitt behandelt wurde, so bezeichnet man die drei zusammengehörigen Wechselströme mit dem Namen *Drehstrom* oder *Dreiphasenstrom*.

Ausser der in Fig 328 angedeuteten Anordnung werden noch weitere Arten von Wicklungen angewendet, bei denen das Prinzip

Fig. 330.

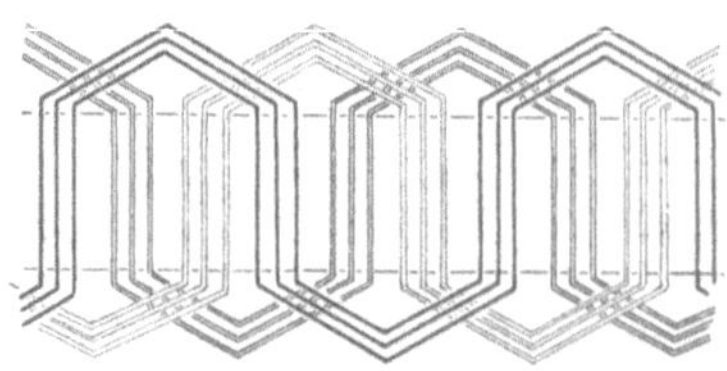

Fig. 331.

dasselbe ist. Erstens nämlich können die Ankerpole so gross gemacht werden, dass die Pole der einzelnen Phasen ineinander greifen. Das verdeutlicht Fig. 330, bei der man von der Axe des Ankers aus auf die Wicklung sieht. Die Ankerdrähte werden in Nuten gelegt. Gegen Fig. 328 ist bei Fig. 330 nichts geändert, als dass jeder Magnetpol einen grösseren Teil des Ankerumfanges einnimmt.

Fig. 332.

Zweitens werden auch bei Drehstrom die bereits bei Einphasendynamomaschinen erwähnten Wellenwicklungen angewendet. Fig. 331 giebt dafür ein Schema. Die abwechselnden Magnetpole bilden sich bei dieser Anordnung jedesmal zwischen zwei Nuten, die an einer Stirnseite miteinander verbunden sind. Ein drittes Verfahren besteht schliesslich darin, die Ankerwicklung in Schleifen so anzuordnen, dass bei dem Hindurchschicken eines Stromes Folgepole entstehen. Das Schema für diese Art der Wicklung ist durch Fig. 332 gezeichnet. In jedem der obigen drei Schemata sind die drei Phasen durch verschiedene Schwärzegrade auseinandergehalten.

262. Der Drehstrom: Die Anwendung von drei Drähten.

Eine an beliebiger Stelle durch das vereinigte Diagramm eines Dreiphasenstromes (Fig. 333) gezogene Vertikallinie giebt zu erkennen, dass in jedem Moment zwei Phasen in der einen und die übrig bleibende in entgegengesetzter Richtung durchlaufen werden. Der Strom der

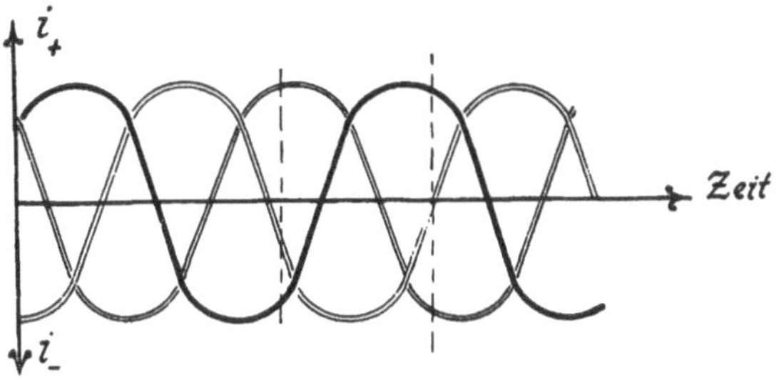

Fig. 333.

einen Richtung ist stets grösser, als jeder der beiden entgegengesetzten Ströme. In dem Moment, wo der Strom einer Phase gleich Null ist, sind die Ströme der beiden übrigen Phasen entgegengesetzt und gleich gross. Es liegt der Gedanke nahe, zu erwägen, ob nicht jedesmal zwei Phasen als Rückleitung für die dritte benutzt werden können. Man würde dann bei der Übertragung des Drehfeldes nur drei Drähte brauchen.

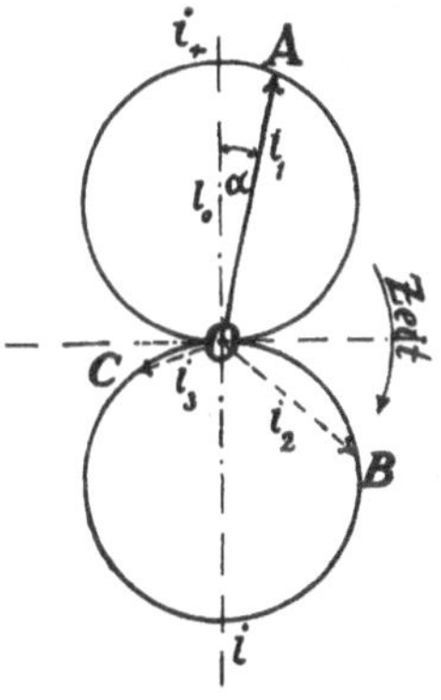

Fig. 334.

In Fig. 334 sind die bereits bekannten zwei Kreise, die eine Sinuskurve im Polardiagramm darstellen, gezeichnet. Lässt man in diesem Diagramm drei Radienvektoren rotieren, die um 120^0 zu einander versetzt sind, so geben diese Linien OA, OB und OC jedesmal für den betrachteten Moment α zusammengehörige Werte der Stromstärke an. Ist in einer Phase die Stromstärke nach der positiven Seite hin nahe bei dem Maximum, so sind in den beiden übrigen Phasen die Stromstärken negativ und nahe bei der Hälfte ihres Wertes. Lässt sich beweisen, dass die Summe der drei Linien OA, OB und OC gleich Null ist, so bedeutet das, die Summe der Ströme in den drei Phasen ist für jeden Moment gleich Null, oder was dasselbe heisst, man kann mit drei Drähten ein Drehfeld übertragen, wobei jedesmal ein positiver Strom die Rückleitung in den beiden übrigen Drähten findet, und umgekehrt.

Wir nehmen mit Fig. 334 an, die Stromstärke i_1 bei Phase 1 stünde unter dem Winkel α, dann ergiebt sich für Phase 2 eine gleichzeitige Stromstärke i_2, die dem Winkel $\alpha + 120^0$ und für Phase 3 eine solche, die dem Winkel $\alpha + 240^0$ entspricht.

Es ist, wenn i_0 den Maximalwert oder die Amplitude des Stromes bedeutet:

$$OA = i_0 \cdot \cos\alpha$$

$$OB = i_0 \cos(\alpha + 120^0) = i_0 \cos\alpha \cos 120^0 + i_0 \sin\alpha \sin 120^0$$

$$OC = i_0 \cos(\alpha + 240^0) = i_0 \cos\alpha \cos 240^0 + i_0 \sin\alpha \sin 240^0.$$

Fernerhin ist bekannt:

$$\cos 120^0 = -\sin 30^0 = -0{,}5$$

$$\sin 120^0 = +\cos 30^0 = +0{,}86603$$

$$\cos 240^0 = -\sin 30^0 = -0{,}5$$

$$\sin 240^0 = -\cos 30^0 = -0{,}86603$$

Daraus folgt:

$$OA = +i_0 \cos\alpha$$

$$OB = -0{,}5\, i_0 \cos\alpha + 0{,}86603\, i_0 \sin\alpha$$

$$OC = -0{,}5\, i_0 \cos\alpha - 0{,}86603\, i_0 \sin\alpha$$

$$OA + OB + OC = 0$$

Die Rechnung lässt erkennen, dass die Summe der drei Radienvektoren gleich Null ist, unabhängig vom Winkel α. Das auf die Momentanwerte der Ströme angewendet bedeutet:

Resultat: Die Summe der drei Ströme in den einzelnen Phasen eines Drehstromes ist in jedem Moment gleich Null, daher genügen drei Drähte zur Übertragung eines Drehfeldes.

263. Die Schaltung von Drehstrom-Anlagen.

Zur Verbindung zweier Drehstromanker, von denen der eine zur Dynamo, der andere zu einem Motor gehören kann, bedient man sich hauptsächlich zweier Schaltungen.

Fig. 335.

Wir denken uns zunächst mit den Bezeichnungen der früheren Abbildung Fig. 328 verbunden 1' mit 2, und 2' mit 3 und 3' mit 1. Ist die ganze Wicklung 1—1' in Fig. 335 durch eine Zickzacklinie ausgedrückt, ebenso 2—2' und 3—3', so gleicht diese Schaltung im Schema einem Dreieck, daher führt sie den Namen *Dreieckschaltung*. In diesem Dreieck fliesst bei der Rotation des Erregerkranzes zunächst kein Strom, denn von den Spannungen der einzelnen Phasen gilt dasselbe, was in dem vorigen Abschnitt von den Strömen gesagt wurde, sie ergänzen sich gegenseitig zu Null, d. h. die Spannungen der 2. und 3. Phase zusammen halten derjenigen der ersten das Gleichgewicht u. s. w.

fort. An den Verbindungsstellen I, II und III tritt nun aber die Spannung auf. Von diesen Stellen aus ist der Strom abnehmbar und man erhält von diesen drei Punkten aus drei Leitungen, durch die ein Strom nach den Gesetzen fliessen kann, die im vorigen Abschnitt behandelt worden sind. Bei dem Motor sind nun die drei entsprechenden Wicklungen 1—1′, 2—2′ und 3—3′ genau so geschaltet wie bei der Dynamo, so dass eine Drehstromübertragung in Dreiecksschaltung durch das Schema Fig. 336 ausgedrückt werden kann.

Vertauscht man in Fig. 336 zwei Drähte, so dass etwa I mit II′ und I′ mit II verbunden wird, so wandert das Feld bei dem Motor in entgegengesetzter Richtung gegenüber dem ersten Fall. Zur Um-

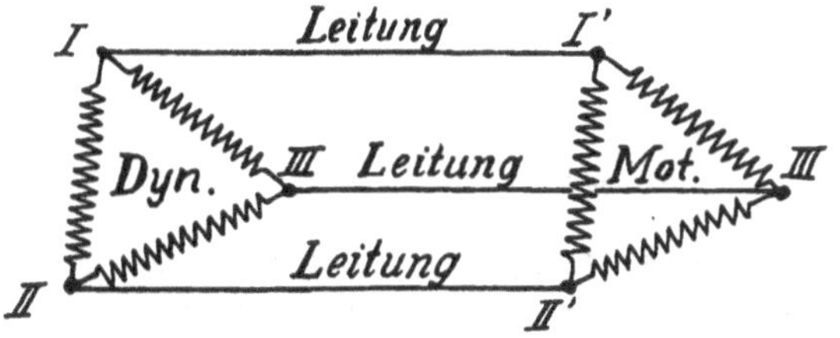

Fig. 336.

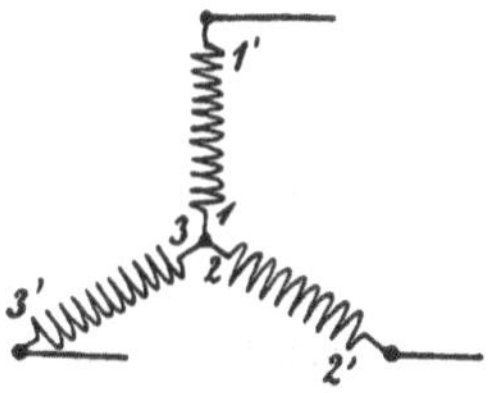

Fig. 337.

kehr der Rotationsrichtung eines Drehstrommotors hat man daher nur zwei Zuleitungen zu vertauschen. In der früheren Fig. 328 können auch die drei Punkte 1, 2 und 3 miteinander verbunden werden. Die drei übrigbleibenden Enden der Wicklung bilden dann die Klemmen der Drehstrommaschine. Schematisch ist diese Schaltung durch Fig. 337 ausgedrückt, die einem Stern ähnlich ist; infolge dieses Umstandes führt die hier bezeichnete Schaltung den Namen *Sternschaltung*. Der Punkt, an dem die drei Wicklungen zusammenstossen, heisst der *Nullpunkt*. Von dem Nullpunkt bis zu einer Klemme der Maschine ist die Spannung stets geringer, als von Klemme zu Klemme. Die effektive Spannung von Leitung zu Leitung ist sowohl unter Voraussetzung

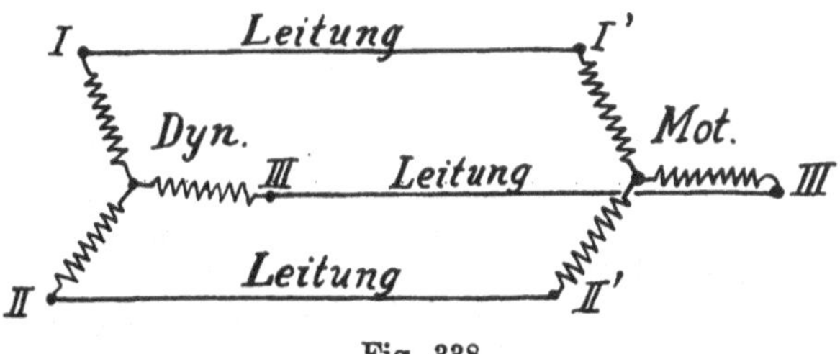

Fig. 338.

der Stern- als auch der Dreieckschaltung bei Drehstrom für alle drei Phasen gleich. Die Verbindung eines Motors mit einer Dynamo in Sternschaltung zeigt Fig. 338. Für die Umsteuerung eines Drehstrommotors in Sternschaltung gilt dasselbe, wie bei der Dreieckschaltung, ebenfalls Vertauschung zweier Zuleitungsdrähte.

Es giebt eine Vereinigung von Stern- und Dreiecksschaltung, bei der man einen Teil der Ankerspulen in Sternschaltung, die übrigen in Dreieck anschliesst. Das Schema für diese Schaltung, die als *kombinierte Schaltung* bezeichnet wird, stellt Fig. 339 dar.

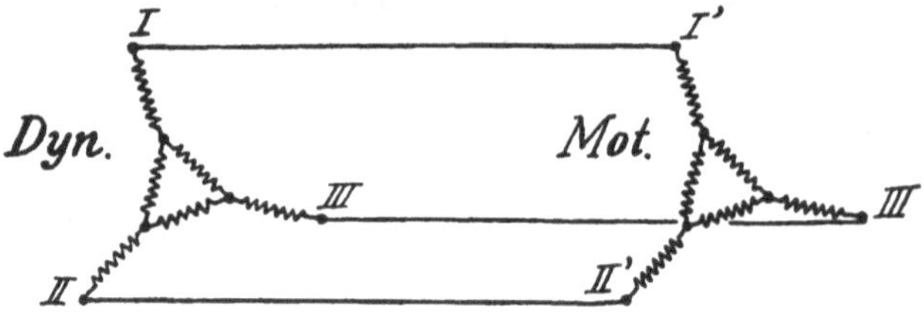

Fig. 339.

Man kann in Dreieck geschaltete Motoren an Dynamomaschinen mit Sternschaltung anschliessen und umgekehrt, nur muss der Motor für die Spannung der Dynamomaschine geeignet sein. Eine und dieselbe Maschine ergiebt unter sonst gleichen Umständen bei Dreieckschaltung geringere Spannung als bei Sternschaltung, lässt aber eine höhere Strombelastung zu. Bei Sternschaltung verbindet man bisweilen auch die Nullpunkte der Dynamomaschine und des Motors und nennt diese Leitung die Nullleitung, während die drei zuerst erwähnten Leiter die Aussenleiter genannt werden.

Ist eine Drehstromanlage nicht allein zur Kraftübertragung, sondern auch für Beleuchtungszwecke zu verwenden, so kann man

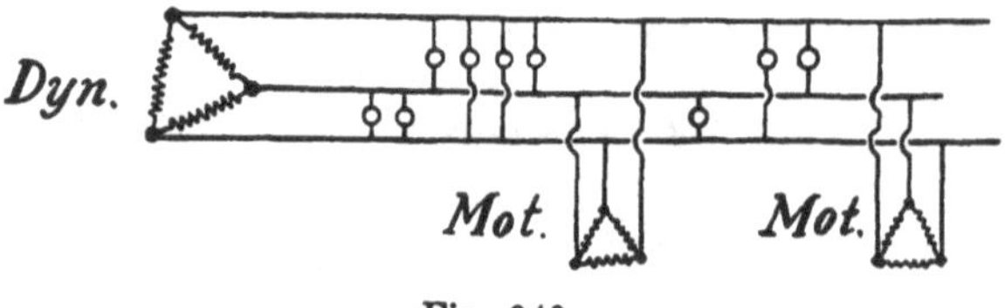

Fig. 340.

die Lampen nach dem Schema der Fig. 340 direkt zwischen zwei Aussenleiter anschliessen. Man verteilt dann die Lampen auf alle drei Phasen möglichst gleichmässig, so dass die einzelnen Phasen annähernd gleich belastet sind. Eine andere für die Beleuchtung öfters angewendete Schaltung zeigt Fig. 341, bei der die Lampen zwischen den Aussenleitern und dem Nullleiter geschaltet sind. Auch hier ist die Belastung möglichst gleichmässig auf alle Phasen zu verteilen. Für die Beleuchtung ist hier jede Phase der Drehstromdynamo eine für sich allein bestehen könnende einphasige Wechselstrommaschine, während nur für die Motoren alle drei Phasen zusammenwirken. Die zuletzt beschriebene Schaltung hat den Vorzug, dass die Lampen an niedrigerer Spannung liegen, als die Motoren. Man kann durch diese Anordnung

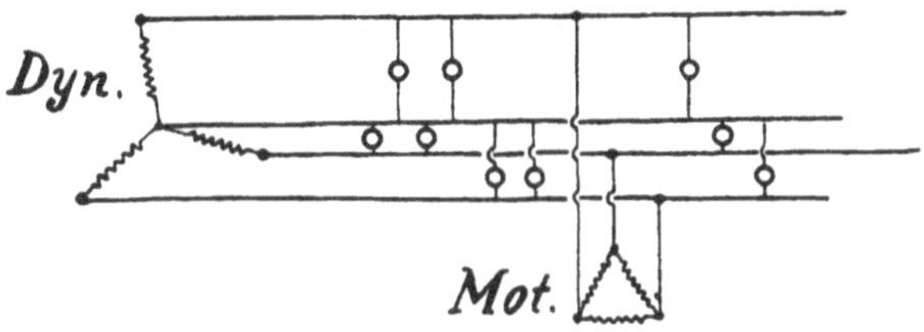

Fig. 341.

an Leitungskupfer sparen, da die Abnahme grösserer Leistungen nun auch bei höherer Spannung erfolgt.

Dreiphasenstrom, der nur durch drei Drähte fortgeleitet wird, heisst *verketteter Dreiphasenstrom.* Die Spannung zwischen den Aussenleitern im Gegensatz zur Spannung vom Nullpunkt aus gerechnet bezeichnet man als *verkettete Spannung.*

264. Der Drehstrom: Stromstärke und Spannung bei Sternschaltung und Dreieckschaltung.

Ein Blick auf das Schema einer Sternschaltung, das mit Fig. 342 wiederholt ist, lässt erkennen, dass in den Leitungsdrähten 1, 2 und 3, die rechtwinklig zur Bildebene gedacht sind, der Strom ebenso stark ist, wie in den Wicklungen der einzelnen Phasen der Dynamomaschine. Die Spulen der Dynamo und die zugehörigen Leitungen sind hintereinander geschaltet. Die Spannung von 0 bis 1 oder von 0 bis 2 oder von 0 bis 3 ist diejenige, die eine einphasige Wechselstrommaschine haben würde, wenn die beiden übrigen Phasen nicht da wären.

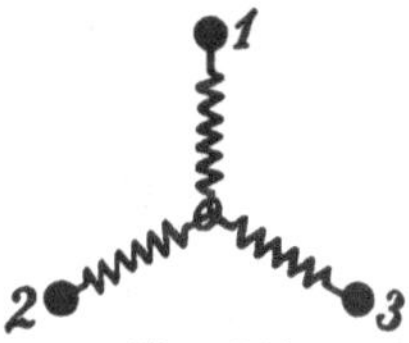

Fig. 342.

Auf die Spannung zwischen 1 und 2, 2 und 3, oder 3 und 1 wirken nun zwei Phasen zusammen. Die Spannung zwischen zwei Aussenleitern ist in jedem Moment gleich der Differenz der Spannung der voreilenden und der zeitlich nächstfolgenden Phase. Hierbei ist die Spannung jeder Phase vom Nullpunkt aus gerechnet und mit ihrem zugehörigen Vorzeichen einzusetzen.

Bedeutet e_0 die Amplitude der Spannung einer Phase, gemessen zwischen dem Nullpunkt und einem Aussenleiter, so ist mit den Bezeichnungen des Abschnittes 243 die Momentanspannung zur Zeit t:

$$e = e_0 \sin \nu \pi t,$$

wofür hier zur Abkürzung geschrieben wird:

$$e = e_0 \sin \alpha.$$

Dabei ist α als zeitlicher Winkel gedacht.

Der Momentanwert der Spannung zwischen Nullpunkt und Aussenleiter bei der zeitlich nächstfolgenden Phase ist unter Voraussetzung gleicher Amplituden:

$$e' = e_0 \sin (\alpha - 120^0)$$
$$= e_0 [\sin \alpha \cos 120^0 - \cos \alpha \sin 120^0].$$

Es folgt daraus, wenn e und e' gleichzeitige Werte bedeuten, die Spannung zwischen den zugehörigen Aussenleitern:

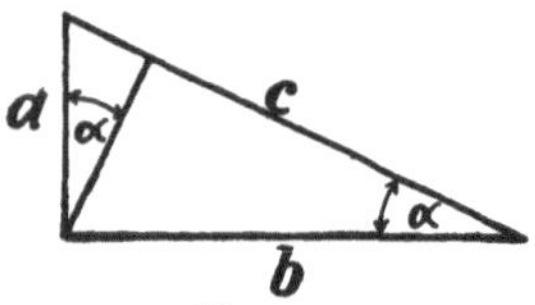

Fig. 343.

$$e - e' = e_0 \sin \alpha - e_0 \sin \alpha \cos 120^0 + e_0 \cos \alpha \sin 120^0,$$
$$= e_0 [\sin \alpha (1 - \cos 120^0) + \cos \alpha \sin 120^0],$$
$$= e_0 [\sin \alpha (1 + 0{,}5) + \cos \alpha \cdot 0{,}86603].$$

In einem rechtwinkligen Dreieck, Fig. 343, das auch den Winkel α enthält, seien die Katheten a und b benannt. Es kann dann die Hypotenuse ausser dem Ausdruck $c = \sqrt{a^2 + b^2}$ noch geschrieben werden:

$$c = a \sin \alpha + b \cos \alpha.$$

Daraus folgt:

Ist man von dem Winkel α unabhängig, so kann man den Ausdruck $a \sin \alpha + b \cos \alpha$ auch ersetzen durch den Ausdruck $\sqrt{a^2 + b^2}$.

Bei der Rechnung mit Effektivwerten an Stelle der Momentanspannungen ist man vom zeitlichen Winkel α unabhängig und kann daher obige Umformung vornehmen. So, wie die Momentanwerte verhalten sich auch die Effektivwerte. Bedeutet E die effektive Spannung an den einzelnen Phasen vom Nullpunkt aus gerechnet, und E' die effektive Spannung von Aussenleiter zu Aussenleiter, so gilt:

$$E' = E \sqrt{1{,}5^2 + 0{,}86603^2} = E \sqrt{3}.$$

Resultat: Bei einer Drehstrom-Sternschaltung beträgt die Spannung zwischen den Aussenleitern das $\sqrt{3}$-fache der Spannung einer einzelnen Phase vom Nullpunkt aus gemessen.

Bei Dreieckschaltung liegt an den Leitungen die Spannung in der Höhe, wie sie in den einzelnen Phasen erzeugt wird. Hier fliessen aber in einer Leitung die Ströme aus zwei Phasen zusammen. Genau das Entsprechende, was bei der Sternschaltung von den Spannungen gesagt wurde, lässt sich bei Dreieckschaltung in Bezug auf die Stromstärken verfolgen, so dass das Resultat lautet:

Resultat: Bei einer Drehstrom-Dreieckschaltung beträgt die Stromstärke in den Aussenleitern das $\sqrt{3}$-fache der Stromstärke, die in der Wicklung einer einzelnen Phase auftritt.

265. Die Leistung bei einer Drehstrom-Übertragung.

Es sei zunächst der Fall der Sternschaltung vorausgesetzt. Ausserdem soll vorläufig die Annahme gemacht sein, dass die Drehstromdynamo auf selbstinduktionslose Widerstände, also nicht auf Motoren arbeitet. In diesem Fall, dass etwa nur Beleuchtung an die von der Dynamo ausgehenden Leitungen angeschlossen sein soll, ist der Strom zu gleicher Zeit mit dem Maximum der Spannungskurve am stärksten.

Unter den hier genannten Voraussetzungen kann jede Phase vom Nullpunkt aus gerechnet als eine selbständige Wechselstromdynamo aufgefasst werden.

Ist E die effektive Spannung zwischen dem Nullpunkt und jedem der drei Aussenleiter und bedeutet J die effektive Stromstärke in jedem der drei Aussenleiter bei gleicher Belastung der drei Phasen, so ist die Leistung der ganzen Drehstromdynamo gleich der Summe der Leistungen der drei einzelnen Phasen:

$$L = 3 \cdot E \cdot J.$$

Die Spannung zwischen Nullpunkt und Aussenleiter wird seltener ins Auge gefasst. Rechnet man, wie es meistens geschieht, mit der Spannung E' zwischen den Aussenleitern, so kann die Leistung aus der Formel des früheren Abschnittes

$$E' = E\sqrt{3}$$

gerechnet werden. Drückt man in obiger Formel für die Leistung den Wert E durch E' aus, so folgt, da $E = E' : \sqrt{3}$ ist, die Leistung aller drei Phasen zusammen:

$$L = 3 \cdot \frac{E'}{\sqrt{3}} \cdot J = E' J \cdot \sqrt{3} \cdot$$

Weiterhin bei der Dreieckschaltung gilt: Die Spannung E' zwischen den Aussenleitern wird direkt an jeder Phase erzeugt; auch hier kann zunächst jede Phase als selbständige Wechselstromdynamo gelten. Ist E' die effektive Spannung zwischen zwei Phasen und J_W die effektive Stromstärke in der Ankerwicklung, so ist die Leistung der ganzen Dynamo

$$L = 3 \cdot E' \cdot J_W.$$

Da die Stromstärke im Aussenleiter

$$J = J_W \cdot \sqrt{3}$$

beträgt, folgt für die Leistung L, ausgedrückt durch E' und J, derselbe Wert, wie bei Sternschaltung:

$$L = 3 \cdot E' \cdot \frac{J}{\sqrt{3}} = E' J \cdot \sqrt{3} \cdot$$

Der Fall, dass bei Drehstromanlagen keine Phasenverschiebung vorliegt, ist sehr selten, da man gerade Motoren betreiben will. Die Berechnung der Leistung für diesen Fall ist unter Einführung eines Phasenverschiebungswinkels umständlich, durch Anwendung eines Kunstgriffes hingegen kann man leicht zu dem Resultat gelangen:

Bei Annahme der Sternschaltung ist der Momentanwert der Leistung:

$$l = e_1 i_1 + e_2 i_2 + e_3 i_3,$$

wobei e_1, e_2 und e_3 gleichzeitige Momentanwerte der Spannung an den drei Phasen vom Nullpunkt aus bedeuten, während i_1, i_2 und i_3 die zu demselben Moment gehörigen Stromstärken der drei Phasen sein sollen. Die momentane Leistung ist in jedem Fall das Produkt aus der momentanen Stromstärke und der gleichzeitig auftretenden Spannung. Für die gesamte Leistung der Drehstrommaschine folgt daher der Wert der oben angeführten Gleichung. Man kann nun zu dieser Gleichung zwei Werte addieren und zugleich wieder subtrahieren, ohne ihre Giltigkeit zu vernichten:

$$l = e_1 (i_1 + i_2 + i_3) - e_1 i_2 - e_1 i_3 + e_2 i_2 + e_3 i_3.$$

Bei einer Drehstromanlage ist nun stets die Summe der Ströme in den drei Leitungen zusammen gleich Null, denn es muss ebenso viel Elektrizität durch die Leitungen abströmen, als der Maschine wieder zuströmt. Es wird daher

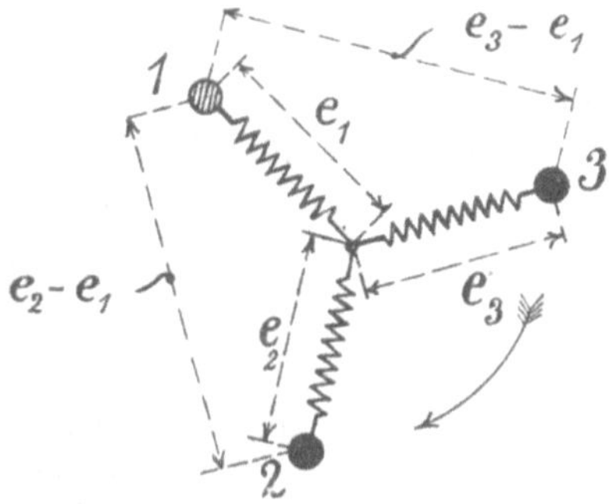

Fig. 344.

$$l = e_1 \cdot 0 - e_1 i_2 - e_1 i_3 + e_2 i_2 + e_3 i_3 = i_2 (e_2 - e_1) + i_3 (e_3 - e_1).$$

Die Werte $e_2 - e_1$ und $e_3 - e_1$ sind momentane Spannungen zwischen den Aussenleitern; die Werte i_2 und i_3 momentane Ströme in den Aussenleitern. Mit diesem Resultat betrachten wir die Fig. 344, in der die drei Aussenleiter im Querschnitt dargestellt sein sollen. Die Drähte sind gedacht, als verliefen sie senkrecht zur Bildebene.

Durch den Kreispfeil sei der Rotationssinn des Drehstromes angegeben. Der Sinn der letzten Gleichung ist folgender:

Resultat: Die momentane Leistung einer Drehstrom-Übertragung ist in jedem Fall gleich der Summe der Momentanleistungen, die sich zusammensetzen aus dem Strom zweier Aussenleiter und aus den Spannungen zwischen diesen Leitern und dem dritten Leiter, dessen Strom nicht in Betracht zu ziehen ist.

Dieser Satz ist nicht so aufzufassen, als ob man zweimal das Produkt der effektiven Stromstärke und der effektiven Aussenspannung zu nehmen hätte. Das ist deshalb nicht richtig, weil Strom und Spannung nicht gleichzeitig auftreten. Bei obiger Betrachtung ist der Strom das eine Mal zusammengebracht mit der im Drehsinn ihm vorauseilenden, das andere Mal mit der ihm nachbleibenden Spannung.

Die effektive Leistung, die sich aus den Werten $i_2 (e_2 - e_1)$ und $i_3 (e_3 - e_1)$ bildet, kann durch zwei Wattmeter W_1 und W_2 gemessen werden, die entsprechend den obigen Betrachtungen nach dem Schema der Fig. 345 angeschlossen sind. Von demjenigen Leiter, dessen

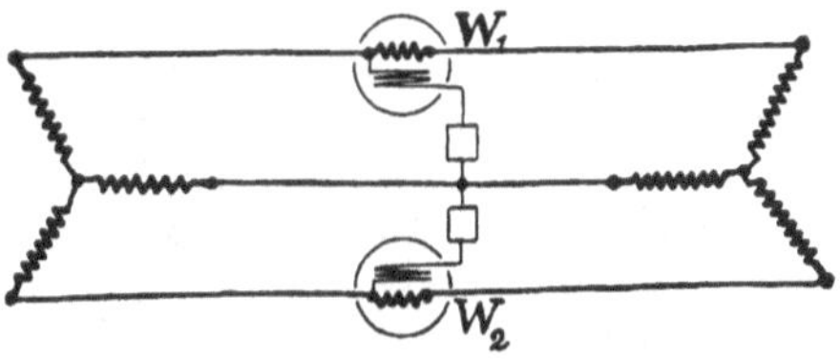

Fig. 345.

Strom unberücksichtigt bleibt, gehen beide Spannungsleitungen aus. Giebt das eine Wattmeter die Leistung L_1, das andere die Leistung L_2 an, so ist die Summe der beiden Leistungen $L_1 + L_2$ in jedem Fall gleich der effektiven Leistung, die von der ganzen Drehstromdynamo ausgeht.

Da bei diesem Resultat nur Ströme in den Aussenleitern und Spannungen zwischen Aussenleitern in Betracht kommen, ist es gleichgültig, ob die Anlage in Dreieck- oder Sternschaltung ausgeführt ist.

Die Leistung L_1 oder die Leistung L_2, die man bei der Schaltung nach Fig. 345 erhält, kann, wenn die Phasenverschiebung über einen gewissen Wert hinausgeht, negativ sein. Die kleinere Leistung ist dann von der grösseren abzuziehen. Bei einem bestimmten Phasenwinkel wird eine der beiden Leistungen gleich Null und bei kleinerem Phasenwinkel werden beide Leistungen positiv. Aus diesem Grunde hat man vor dem Versuch die beiden Wattmeter so einzurichten, dass sie in Abzweigung von einer und derselben Elektrizitätsquelle einen Ausschlag von gleicher Richtung geben.

Ebenso, wie die beiden Wattmeter geschaltet werden, schliesst man auch Drehstromzähler an. Es giebt Drehstromzähler sowohl nach dem Aron'schen, als auch nach dem Thomson'schen System. Beide Systeme enthalten aber zwei Stromspulen und zwei Spannungsspulen. Durch den Zählmechanismus ist es ermöglicht, die Summe der Arbeiten aus beiden Phasen an einem einzigen Zeigerwerk abzulesen.

266. Die Drehstrommotoren.

Von den Drehstrommotoren ist bereits bekannt, dass sie auf ihrem feststehenden Anker drei Wicklungen besitzen, die entweder zu einem Dreieck oder zu einem Stern geschaltet sind. Diese drei Wicklungen erzeugen zusammen beim Anschliessen an ein Drehstromnetz ein magnetisches Feld, das entlang des inneren Ankerumfanges wandert. Die Umfangsgeschwindigkeit des Feldes ist durch die Wicklung des Ankers und durch die Periodenzahl der Centrale festgelegt. Die Tourenzahl des Feldes ist bei Speisung aus demselben Leitungsnetz umgekehrt proportional zur Polzahl des Ankers.

Es ist weiterhin bereits bekannt, dass in der Bohrung des Ankers eine Eisenmasse drehbar angeordnet ist, die eine in sich geschlossene Wicklung enthält. Diese Wicklung, die Läuferwicklung, erhält keinen Strom direkt aus dem Netz, sondern die darin auftretenden Ströme werden bei der Rotation des Kraftlinienfeldes induziert. Die Zusammenwirkung zwischen diesen Strömen und dem rotierenden Magnetfeld verursacht eine Drehung des Läufers in Richtung der Feldbewegung. Ist der Motor belastet, so bleibt er in der Tourenzahl um einige Prozent gegen den Leerlauf zurück; dadurch werden pro Sekunde mehr Läuferdrähte durch die Kraftlinien geschnitten, der Läuferstrom verstärkt sich daher und ist dadurch imstande, zusammen mit dem rotierenden Feld das vergrösserte Drehmoment zu überwinden. Das Nachbleiben des Läufers heisst die *Schlüpfung*, man drückt sie in Prozent der Tourenzahl des Feldes aus.

Es ist nun dafür zu sorgen, dass der Läuferstrom am grössten ist, während die stromdurchflossenen Läuferdrähte sich gerade in einem starken magnetischen Felde befinden. Das stellt sich bei Motoren, die einmal im Betrieb sind, von selbst ein. Nur wenn ein Motor in Gang gesetzt wird, also wenn der Läufer noch stillsteht, kommt der erwähnte Fall in Betracht. Man wählt nämlich vorteilhaft den Ohm'schen Widerstand sowohl der Ankerwicklung, wie auch, was hier ins Gewicht fällt, der Läuferwicklung sehr gering, damit die Leistungsverluste im Motor gering sind. Über den sehr kleinen Ohm'schen Widerstand des Läufers überwiegt der induktive Widerstand, so dass Läuferspannung und Läuferstrom beim Anlassen nahezu um 90^0 gegeneinander verschoben sind, daher ist der Läuferstrom, wenn keine besonderen Anlassvorkehrungen getroffen sind, gerade dort am grössten, wo das magnetische Feld nahezu gleich Null ist, d. h. es würde auch bei beträchtlichem Läuferstrom nur ein geringes Drehmoment auf den Läufer einwirken.

Wenn der Ohm'sche Widerstand des Läuferkreises den induktiven überwiegt, wird die Phase des Läuferstromes weniger gegen die Phase der Läuferspannung verschoben. Unter dieser Vorraussetzung würde der Strom des Läufers noch in das Magnetfeld hineinkommen, der Motor würde kräftiger anziehen, als unter sonst gleichen Verhältnissen bei geringem Läuferwiderstand. Zudem ist bei vergrössertem Läuferwiderstand der Läuferstrom weniger stark, also auch die Stromaufnahme des Motors geringer.

Man benutzt den oben erwähnten Umstand zum Anlassen von Drehstrommotoren. Der Läufer erhält dann keine unmittelbar kurzgeschlossene Wicklung, sondern man wickelt ihn in Wellen, oder auch in Schleifen mit einer Polzahl ganz entsprechend derjenigen des Ankers. Die Läuferwicklung wird dann auch in drei Phasen angeordnet, die entweder in Stern- oder in Dreieckschaltung miteinander verbunden sind. Den Strom, der den drei Klemmen des Läufers entnommen werden kann, schickt man durch drei induktionslose Widerstände, die allmählich beim Anlassen abgeschaltet werden. Man bedient sich also zum Anlassen einer Einrichtung, die durch Fig. 346 schematisch angedeutet ist. Das äussere Dreieck bezeichnet die Wicklung des Ankers, das innere die Wicklung des Läufers, während von den Klemmen des Läufers aus Drähte zu den drei Widerständen w_1, w_2 und w_3 führen, die durch eine gemeinsame dreifache Metallkurbel K gleichmässig verkleinert werden können. Steht die Kurbel bei der durch Null angegebenen Stelle, so ist die Läuferwicklung in sich kurz geschlossen; also hat man die Verhältnisse, wie sie bei dem Betrieb verlangt werden. Bei dem Anlassen schaltet man zuerst durch den dreipoligen Hebel H den Anker ein, während die Kurbel K noch den Läuferkreis offen lässt. Nun verdreht man K langsam dem Anlauf des Motors folgend auf die mit Null bezeichnete Stelle zu, wo sie während des Betriebes stehen bleibt. Man schaltet den Motor ab durch Herausziehen des Hebels H, worauf noch das Zurückdrehen von K zu folgen hat.

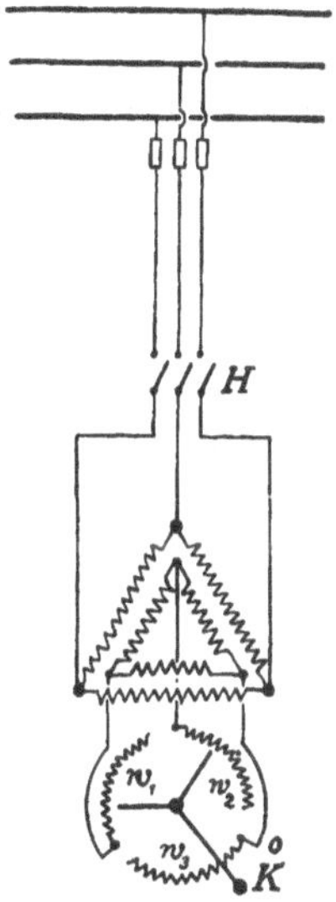

Fig. 346.

In der Leitung zwischen dem Anlasswiderstand und den Läuferklemmen befinden sich drei Schleifringe, durch die auch während des Betriebes der gesamte Läuferstrom geführt werden muss.

Wenn nun der Läufer während des Betriebes mit einer Tourenzahl rotiert, die der Tourenzahl des Feldes nahe kommt, so werden in den Phasen des Läufers Wechselströme induziert mit sehr geringer Wechselzahl. Würde der Läufer festgehalten, so wäre die Wechselzahl in der Läuferwicklung gleich der Wechselzahl der Centrale. Im Betriebe des Motors ist aber die Wechselzahl von dem Geschwindigkeitsunterschied zwischen Feld und Läufer abhängig. Hat z. B. ein Motor 5 % Schlüpfung, während die Centrale 100 Wechsel/Sek. liefert, so ist die Wechselzahl im Läufer $0{,}05 \times 100 = 5$ Wechsel/Sek. Die Phasenverschiebung ist, wie im Abschnitt 251 gezeigt wurde, von der

Induktanz $v \pi S$ abhängig, also tritt der induktive Widerstand eines Kreises bei geringerer Wechselzahl gegen den Ohm'schen Widerstand zurück. Aus diesem Grunde herrscht zwischen Feld und Läuferstrom bei einem in Betrieb befindlichen Motor nur eine sehr geringe Verschiebung, so dass der Läuferstrom am stärksten ist, wo auch das magnetische Feld stark ist.

Einen Drehstrommotor mit Schleifringen, wie er von der Allgemeinen Elektrizitäts-Gesellschaft ausgeführt wird, zeigt Fig. 347. Man stellt auch Motoren mit vollständig kurzgeschlossenem Läufer her, deren Widerstand dann aber grösser gewählt werden muss, als bei Anwendung von Phasenläufern. Andernfalls würde der Anlauf erschwert werden. Motoren mit Kurzschluss- oder Trillerläufern laufen nur bei Leergang oder nur unter verhältnismässig hoher Anlaufstromstärke an. Man schaltet zur Vermeidung eines Stromstosses bei grösseren Motoren mit Trillerläufer Widerstände vor jede Phase in die Zuleitungsdrähte; diese Widerstände werden durch gemeinsame Kurbel gleichmässig, beim An-

Fig. 347. Drehstrommotor der A. E. G. mit Schleifringen.

laufen des Motors langsam abgeschaltet. Einen Motor mit Kurzschlussläufer ebenfalls von der Allgemeinen Elektrizitäts-Gesellschaft zeigt Fig. 348; ein solcher Motor beansprucht nur eine äusserst geringe Wartung. Es giebt keine Schleifringe, es kann, so lange der Motor nicht Schaden leidet, keine Feuererscheinung auftreten, da überhaupt keine Stromunterbrechungsstelle vorhanden ist. Der Läufer dieses Motors hat eine Gestalt nach Fig. 349; die Kupferleiter des Läufers liegen in Nuten. Sämtliche Kupferstäbe sind zu beiden Stirnseiten durch je einen Kupferring mittels Lötung untereinander verbunden.

Der Luftraum zwischen Anker und Läufer wird bei allen Drehfeldmotoren sehr klein gehalten, bei manchen Firmen beträgt er für

5-pferdige Motoren bis zu $^1/_2$ mm; diese Konstruktionsweise hat einen besseren Wirkungsgrad des Motors zur Folge. Der Wirkungsgrad der

Fig. 348. Drehstrommotor der A. E. G. mit Kurzschlussläufer.

Drehstrommotoren ist durchschnittlich niedriger, als der der Gleichstrommotoren. Man erreicht bei 1,5-pferdigen Motoren etwa 75, bei 7-pferdigen etwa 85 % Wirkungsgrad.

Ausser den bisher behandelten Drehstrommotoren giebt es noch solche, die auf demselben Prinzip beruhen, wie die synchronen Wechselstrommotoren: ein Kranz von Magnetpolen, die durch Gleichstrom erregt werden, befindet sich innerhalb eines Drehstromankers. Die Pole rotieren synchron mit dem Felde und bleiben bei Arbeitsleistung nur in der Phase etwas hinter dem Feld zurück. Ein Motor dieser Art läuft nur dann leer an, wenn man nach dem Prinzip der bisher beschriebenen Drehstrommotoren eine Induktionswirkung in den Polschuhen zum Anlauf benutzt. In vielen Fällen dreht man die synchronen Drehstrommotoren durch einen besonderen kleinen Motor an. Die zuerst behandelten Drehstrommotoren heissen zur Unterscheidung von dem synchronen asynchrone Motoren. Synchrone Drehstrommotoren

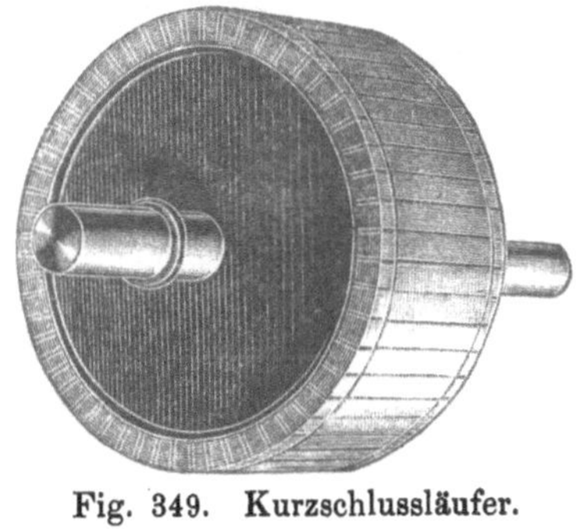

Fig. 349. Kurzschlussläufer.

sind mit höherem Wirkungsgrad herstellbar, als asynchrone und kommen daher dort in Betracht, wo es sich um die Umwandlung grösserer Leistung in eine andere Stromart handelt.

267. Drehstromtransformatoren.

Die erste Möglichkeit, Drehstrom auf andere Spannung umzuformen, beruht darauf, den Wechselstrom jeder Phase einzeln zu transformieren. Man braucht dazu drei Transformatoren, wie sie bisher bekannt sind und schaltet die primären Spulen der drei Einzelumformer entweder zu einem Dreieck oder zu einem Stern. Ebenso

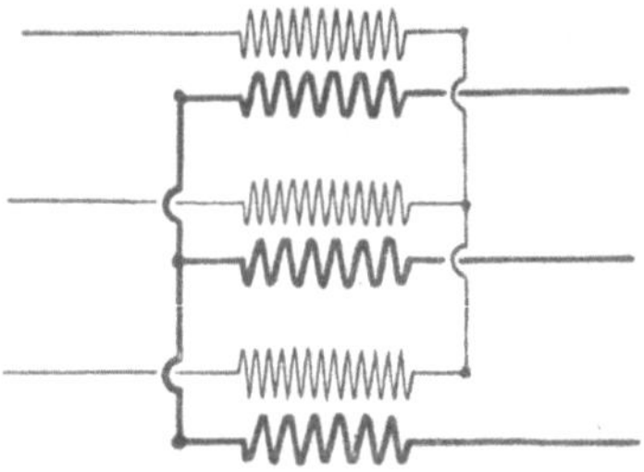

Fig. 350. Drei Transformatoren in Sternschaltung.

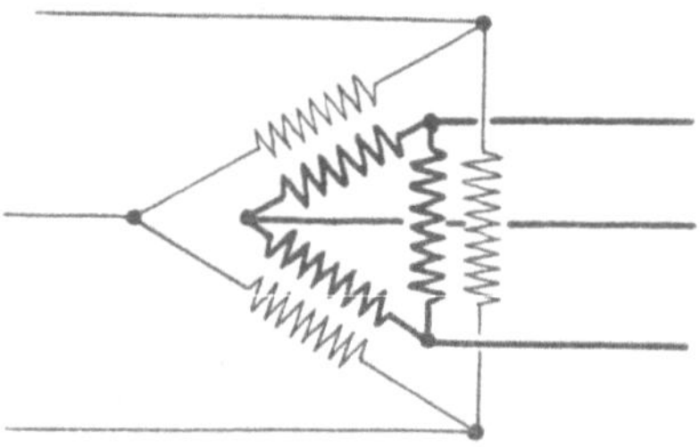

Fig. 351. Drei Transformatoren in Dreieckschaltung.

verfährt man mit den Sekundärspulen. Schaltet man primär in Dreieck, sekundär in Stern, oder umgekehrt, so ändert man das Übersetzungsverhältnis um das $\sqrt{3}$-fache oder um das $1:\sqrt{3}$-fache. Das Schema dieser Transformatorschaltungen bei Stern und Dreieck zeigen

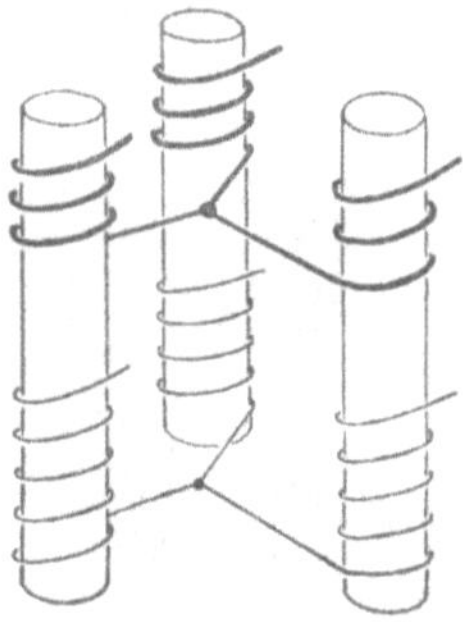

Fig. 352.

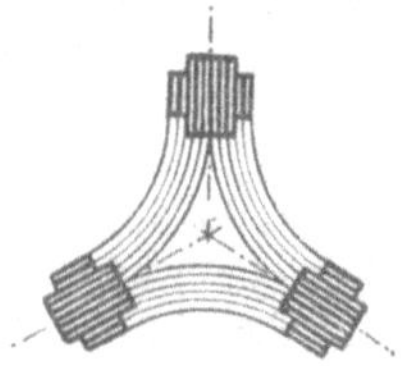

Fig. 353.

die Figg. 350 und 351, bei denen jedesmal zwei zusammengehörige Spulen einen Transformator bedeuten.

Es giebt eine zweite Möglichkeit Drehstrom zu transformieren, bei der nur ein Eisengestell verwendet wird. Denken wir uns zunächst mit Fig. 352 drei Eisenkerne, von denen jeder eine Primär-

und eine Sekundärwicklung besitzt. Es ist dann aus der Thatsache, dass die Summe der drei Ströme stets gleich Null ist, klar, dass gleichzeitig in den drei Schenkeln zusammen ebenso viel nach oben gerichtete Kraftlinien erzeugt werden, als nach unten verlaufende. Das gilt für jeden Moment der Stromperiode. Aus diesem Grunde genügt es, die drei Eisenkerne oben und unten durch je eine Eisenplatte zu verbinden. Die Kraftlinien finden dann von dem einen Pol aus ihren Weg durch die beiden übrigen Schenkel zurück. Für die oberen und unteren Schlussjoche, wie auch für die Schenkel verwendet man lamelliertes Eisen, das schichtweise zum Ausfüllen der runden Spulenhöhlung verschiedene Breite hat. Ein Beispiel für eine Anordnung giebt Fig. 353 im Grundriss. Die Bleche des unteren Schlussjoches können mit dem Eisen der Spulenkerne aus einem Stück bestehen, während

Fig. 354.

das obere Schlussjoch nach dem Aufbringen der Spulen aufgesetzt wird. Die primären und sekundären Spulen werden vielfach unterteilt, so dass auf einem Schenkel mehrmals primäre und sekundäre Wicklung aufeinanderfolgt. Das ist sichtbar aus der Abbildung eines Drehstromtransformators von Schuckert & Co., Fig. 354; die andere Hälfte dieser Abbildung zeigt einen gleichen Transformator mit Schutzmantel.

Durch den Drehstrom ist die Aufgabe gelöst, eine Form der Leistung zu schaffen, die sowohl für Licht-, als auch für Kraftabgabe geeignet ist, und die auf weite Entfernungen mit den Vorzügen des Wechselstromes übertragen werden kann.

268. Die Übertragung eines Wanderfeldes durch zwei Wechselströme. Der Zweiphasenstrom.

Zur elektrischen Übertragung eines Drehfeldes, bezw. eines Wanderfeldes, bedient man sich ausser des Drehstromes auch des Zweiphasenstromes. Der Anker einer Dynamomaschine ist nach dem Schema der Fig. 355 mit zwei Wicklungen versehen. Würde man durch eine dieser Ankerwicklungen einen Gleichstrom schicken, so entstünde da-

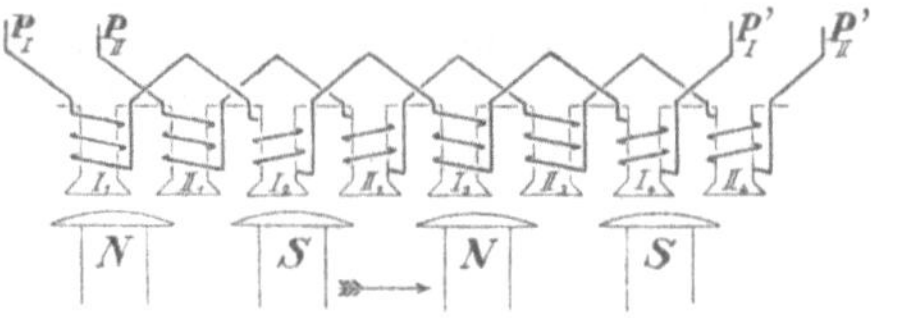

Fig. 355.

durch eine Reihe von abwechselnd Süd- und Nordpolen, wobei aber zwischen zwei Polen jedesmal ein Eisenkern übersprungen wird. Die übrigbleibenden Pole stehen jedesmal in der Mitte zwischen zweien der erstgenannten Gruppe. Sie sind ebenfalls mit einer Wicklung umgeben, die der Wicklung der ersten Gruppe genau entspricht. Bei dem etwaigen Anlegen einer Gleichstromquelle an die parallel geschalteten Wicklungen I und II würden abwechselnd zwei Südpole und zwei Nordpole nebeneinander entstehen. An den Polen vorbei streicht ein Erregerstern, dessen Magnetpole jedesmal einen doppelt so grossen Abstand voneinander besitzen, als die einzelnen Ankerpole. Zwischen den Enden der beiden Wicklungen P_{I} und P_{I}', sowie P_{II} und P_{II}' entsteht bei der Rotation des Erregersternes eine wechselnde Spannung; die Wicklungen I und II sind aufzufassen, wie die Ankerwicklungen zweier selbständiger Wechselstrommaschinen. Dreht sich der Erregerstern im Sinne des in Fig. 355 eingezeichneten

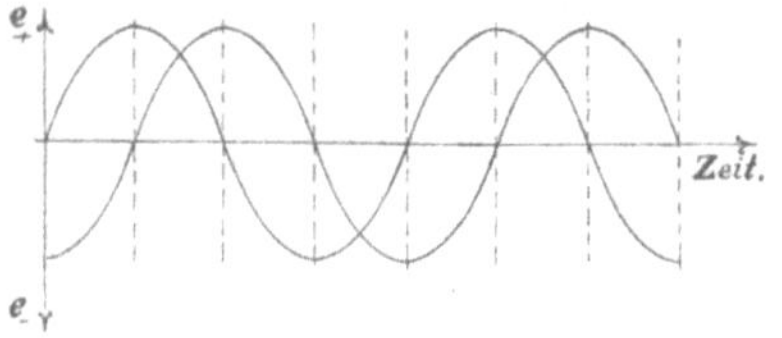

Fig. 356.

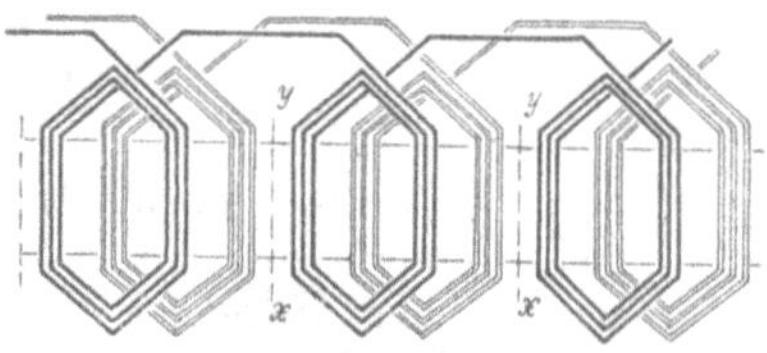

Fig. 357.

Federpfeiles, so bekommt die Wicklung II die Spannung stets etwas später als Wicklung I. Berücksichtigt man, dass eine ganze Periode in der Zeit zustande kommt, wo ein Erregerpol von I_1 bis I_3 wandert, so ist klar, dass die Spannungen der beiden Ankerwicklungen um eine Viertelperiode zu einander verschoben sind. Man erhält demnach bei obiger Wicklungsanordnung ein Diagramm, das durch Fig. 356

ausgedrückt ist. Die Spannungen der beiden Wicklungen sind in der Phase um 90° zu einander verschoben. Eine Dynamomaschine, die mit dieser Wicklungsanordnung ausgerüstet ist, heisst eine Zweiphasenmaschine.

Man baut meistens die Anker der Zweiphasenmaschinen so, dass die Pole ineinander übergreifen, wobei die Ankerdrähte in Nuten liegen. Durch Unterteilung der einzelnen Spulen kann man wiederum bestimmte Kurvenform erreichen. Ein beliebte Anordnungsweise zeigt Fig. 357, bei welcher der Anker in Folgepolen gewickelt ist; man kann bei Anwendung einer so verteilten Wicklung den Anker aus mehreren Teilen zusammensetzen, die mit den zugehörigen Spulen ausgewechselt werden können. Die Teilung erfolgt jedesmal bei den Stellen *x*—*y*.

Wir denken uns nun an Hand der Fig. 358 einen Dynamoanker *A* der hier beschriebenen Art angeschlossen an einen zweiten

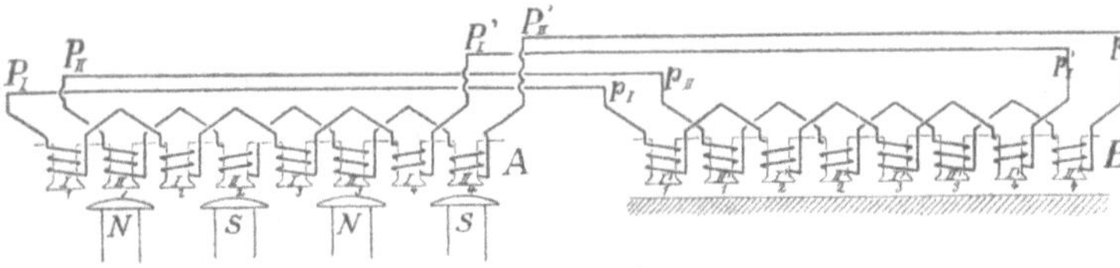

Fig. 358.

Anker *B*, der ebenfalls zwei entsprechende Wicklungen besitzt. In dem Moment, wo ein Erreger-Nordpol vor II_1 steht, fliesst bei der Bewegungsrichtung des Magnetsternes von links nach rechts ein Strom durch Phase I, während der Strom in Phase II gleich Null ist. Der Strom von Phase I erzeugt in I_1' einen Nordpol, in I_2' einen Südpol. Steht ein Nordpol der Dynamo vor I_2, so wird in Phase II ein Strom erzeugt, der den Pol II_1' zum Nordpol, den Pol II_2' zum Südpol macht. Phase I führt in diesem Moment keinen Strom. Bei einer Zwischenstellung zwischen den beiden bisher betrachteten Momenten ist der Strom in Phase I gleichgerichtet dem Strom in Phase II, so dass beide Pole (bei *B*) I_1' und II_1' Nordpole, oder I_2' und II_2' beide Südpole sind.

Befindet sich ein Erreger-Nordpol vor II_2, so wird Phase I gerade im entgegengesetzten Sinn durchflossen, als vorhin, Phase II bleibt für diesen Moment stromlos. Daher wird nun bei *B* der Pol I_2' nordmagnetisch, I_1' südmagnetisch. Für einen weiteren betrachteten Moment, bei dem der Erreger-Nordpol sich gerade vor dem nächstfolgenden Ankerpol bewegen soll, wird II_2' bei *B* Nordpol, II_1' Südpol. Aus dieser ganzen Erörterung folgt, dass auch bei Anwendung zweiphasiger Anker ein Wanderfeld und somit auch ein Drehfeld auf elektrische Weise übertragen werden kann. Die Verwendung des auf diese Weise übertragenen Drehfeldes zum Betriebe von Motoren erfolgt, wie bei Drehstrom, ebenfalls durch Anbringen eines Läufers innerhalb des Ankers der Station B. Für die Läufer gilt hier dasselbe, was bei Drehstrom darüber gesagt worden ist. Bei Phasenläufern kann die Läuferwicklung entweder zweiphasig oder dreiphasig angeordnet sein. Ebenso verwendet man bei dreiphasigem Motoranker bisweilen zweiphasige Läufer.

269. Der Zweiphasenstrom: Die Übertragung durch drei Drähte.

Es ist allgemein üblich, drei Leitungen, statt vier, bei den Zweiphasenanlagen anzuwenden. Man schaltet zu diesem Zweck die beiden Phasen hintereinander und bringt an der Verbindungsstelle der Phasen I und II, sowie an dem äusseren Ende der beiden Phasen je eine Leitung an. Das wäre mit den Bezeichnungen des früheren Schemas Fig. 358 so zu verstehen, dass P_I' mit P_{II} verbunden eine gemeinsame Leitung erhält, während die Klemmen P_I und P_{II}' die äusseren Klemmen der Maschine bilden würden. Der Gedanke ist für eine einzelne Maschine in einem leichter übersichtlichen Schema mit den früheren Bezeichnungen durch Fig. 359 dargestellt. In genau entsprechender Weise wird ein Motor geschaltet, der an eine Anlage angeschlossen wird, so dass für eine Kraftübertragung durch Zweiphasenstrom das Schema Fig. 360 gilt. Die Umkehr der Drehrichtung erfolgt durch Vertauschen der beiden Aussenleiter.

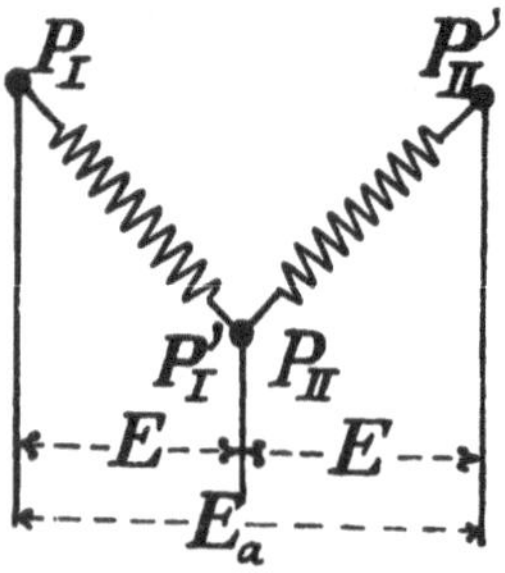

Fig. 359.

Wie gross ist die Spannung E_a zwischen den Klemmen P_I und P_{II}', ausgedrückt in der Spannung E zwischen den Aussenleitern und

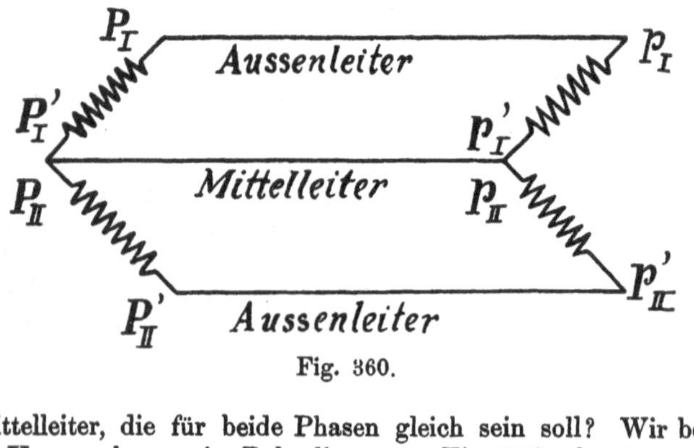

Fig. 360.

dem Mittelleiter, die für beide Phasen gleich sein soll? Wir benutzen zu der Untersuchung ein Polardiagramm Fig. 361, das in der mehrfach erörterten Weise zu verstehen ist.

Es stellen sich bei sinusförmigem Verlauf die Spannungen e_1 und e_2 von Phase I und II (dem Vorzeichen nach von einem Aussenleiter zum anderen gerechnet) als zwei Paare von Kreisen dar, die um 90° verdreht sind. Eine Linie von O aus (z. B. OA) giebt durch ihre Schnittpunkte mit den Kreisen für jeden Moment gleichzeitige Werte der Spannung an beiden Phasen an. Lässt man nun einen Vektor rotieren, so bedeutet die Summe der beiden durch die Kreise begrenzten Strecken in jedem Moment die Spannung e_a zwischen den zwei Aussenleitern.

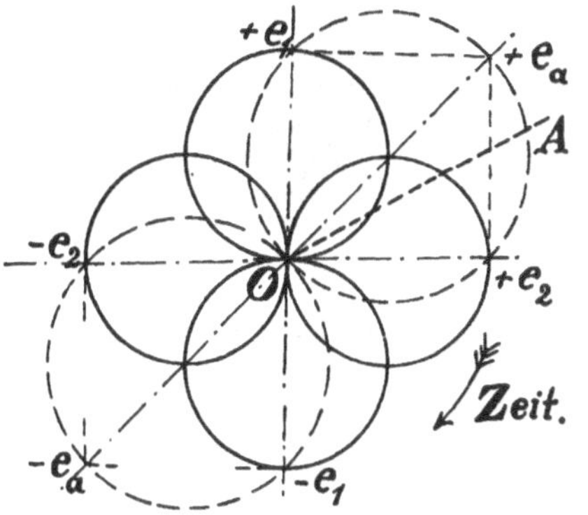

Fig. 361.

Von den sich gegenüberliegenden Kreisen ist jedesmal der eine positiv, der andere negativ. Dort, wo die beiden positiven Kreise sich am meisten decken, und dort, wo die beiden negativen sich am meisten decken, ist e_a am grössten. Dort aber, wo ein positiver Kreis sich mit einem negativen Kreis deckt, giebt es je eine Stelle, wo die Spannung e_a gleich Null ist.

Es ist aus der Zeuner'schen Anwendung des Polardiagrammes bei Schieberbewegungen bekannt, dass die Addition zweier nach Art von Fig. 361 gegeneinander verschobener Kreise wiederum einen Kreis, und zwar den der Relativbewegung, ergiebt. In der Anwendung auf das Zweiphasen-Diagramm besagt das: Es lässt sich die relative oder verkettete Spannung e_a zwischen den beiden Aussenleitern wiederum durch zwei Kreise ausdrücken, von denen der eine positiv, der andere negativ ist. Die Amplitude der Spannung e_a befindet sich dort, wo zwei positive oder zwei negative Kreise sich schneiden und sie beträgt, da der Schnittpunkt unter 45° liegt, gleich der Amplitude von e multipliziert mit $\sqrt{2}$. Es ist mit den Bezeichnungen der Figur:

$$e_{a\,\max} = e_{\max} \cdot \sqrt{2}.$$

Da die verkettete Spannung ebenfalls sich als Kreis darstellt, würde sie in einem rechtwinkligen Diagramm ebenfalls, wie die beiden Einzelspannungen, sich durch eine Sinuskurve ausdrücken lassen. Letztere liegt zwischen den beiden Kurven der Einzelspannungen e um $^1/_8$ Periode gegen beide verschoben. So wie die Amplituden sich verhalten, verhalten sich auch die Effektivwerte, daher folgt der Satz:

1. Resultat: Die verkettete Effektivspannung zwischen den Aussenleitern einer Zweiphasenanlage ist gleich der $\sqrt{2}$-fachen Effektivspannung der einzelnen Phasen.

Wie gross ist die Stromstärke des Mittelleiters, wenn beide Teile der Anlage gleich belastet sind? Als Belastung seien Glühlampen angenommen, die nach dem Schema der Fig. 362 zwischen dem Mittel-

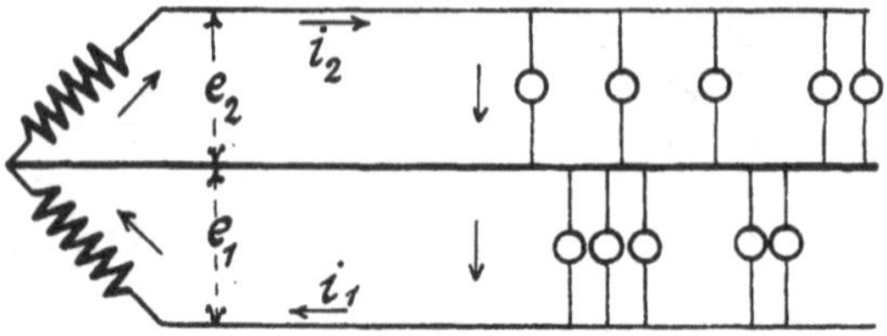

Fig. 362.

leiter und den beiden Aussenleitern gleichmässig verteilt sind. Die Stromstärke in jedem der beiden Aussenleiter verfolgt dasselbe Gesetz, wie die Spannung der einzelnen Phasen. In dem Moment, wo bei-

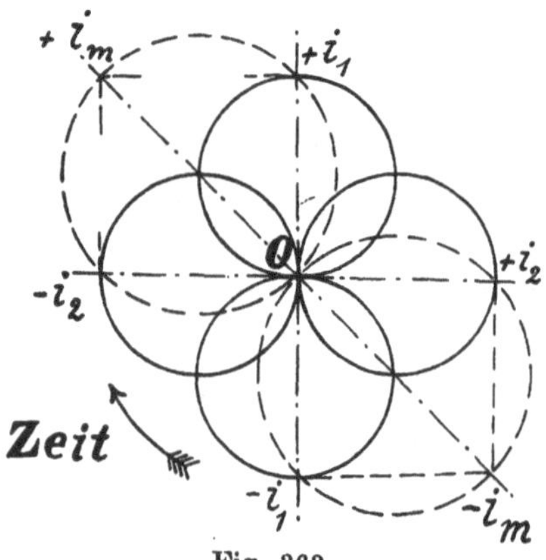

Fig. 363.

spielsweise e_1 am grössten ist, hat auch bei induktionsloser Belastung der Strom im Aussenleiter i_1 ein Maximum, und wo $e_1 = 0$ ist, fliesst auch für diesen Augenblick im Aussenleiter kein Strom. Ist der Verlauf von e sinusförmig, so folgt auch i dem Sinusgesetz. Die Ströme in beiden Phasen drücken sich dann durch ein Diagramm aus, wie es Fig. 363 andeutet. Die Amplituden der beiden Ströme i_1 und i_2 sind um ein Viertel der Stromperiode auseinander. Ein Vektor, den man in dem Diagramm Fig. 363 um O rotieren lässt, schneidet durch die Kreislinien von O aus gerechnet jedesmal zusammengehörige Werte aus, welche gleichzeitige Werte für die Stromstärke der beiden Phasen i_1 und i_2 darstellen. Im Mittelleiter fliesst in jedem Moment die Differenz dieser beiden Ströme

$$i_m = i_1 - i_2,$$

wobei i_m, i_1 und i_2 Momentanwerte bedeuten und mit ihrem jeweiligen Vorzeichen einzusetzen sind. Die Differenz kommt in Frage, wie ein Blick auf das Schaltschema Fig. 362 zeigt. In dem Moment, wo die Ströme in beiden Phasen gleich gross und gleich gerichtet sind, d. h. dasselbe Vorzeichen besitzen, verbindet der Mittelleiter zwei Stellen des Stromkreises, zwischen denen kein Spannungsunterschied besteht, er ist daher für diesen Moment stromlos. Haben die Ströme dagegen in beiden Phasen entgegengesetztes Vorzeichen, so fliesst numerisch die Summe beider Ströme im Mittelleiter.

Der Strom i_m folgt, wenn i_1 und i_2 sinusförmig sind, ebenfalls dem Sinusgesetz, und zwar ist seine Amplitude, wie die Fig. 363 erkennen lässt,

$$i_{m\,max} = i_{1\,max} \cdot \sqrt{2} = i_{2\,max} \cdot \sqrt{2}.$$

Auch hier wieder verhalten sich die Amplituden wie die Effektivwerte. Es ist, wenn J die effektive Stromstärke in jedem der beiden Aussenleiter sein soll, der Effektivstrom im Mittelleiter:

$$J_m = J\sqrt{2}.$$

2. Resultat: Der Mittelleiter einer Zweiphasenanlage führt bei gleicher Stromstärke in den Aussenleitern einen Effektivstrom, der gleich dem $\sqrt{2}$-fachen des effektiven Stromes im Aussenleiter beträgt, und der gegen die Spannung zwischen den Aussenleitern um 90^0 verschoben ist.

Würde man an Stelle eines Mittelleiters zwei einzelne Leiter anwenden und die Phasen nicht verketten, so würde jeder der beiden Drähte, die an Stelle des Mittelleiters treten, vom ganzen Strom J_1 bezw. J_2 durchflossen sein, oder beide Drähte zusammen vom Strom $J_1 + J_2$, wofür bei gleicher Stromstärke in beiden Phasen $2\,J$ geschrieben sein soll. Für den gleichen Spannungsverlust braucht die Mittelleitung bei verketteten Strömen nur für die Stromstärke $J\sqrt{2}$ berechnet zu sein. Durch die Verkettung wird daher eine Ersparnis an Leitungsmaterial herbeigeführt.

270. Die Leistung bei Zweiphasenanlagen.

Eine Zweiphasenanlage kann direkt als eine Zusammenstellung von zwei Einphasenanlagen angesehen werden. Wird an den Klemmen beider Phasen die gleiche effektive Spannung E erzeugt, und fliesst in beiden Phasen die gleiche effektive Stromstärke J, so ist die Leistung der gesamten Anlage, wenn beide Phasen auf induktionslosem Stromkreis arbeiten:

$$L = 2 \cdot E \cdot J.$$

Rechnet man nur mit dem Strom im Aussenleiter J und mit der verketteten Spannung E_A, so lässt sich, da

$$E_A = E\sqrt{2}, \quad \text{oder} \quad E = E_A/\sqrt{2}$$

ist, für die Leistung auch schreiben:

$$L = E_A \cdot J \cdot \sqrt{2}.$$

Phasengleichheit und induktionslose Belastung ist aber bei den Anlagen selten vorhanden, daher misst man die Leistung bei Zweiphasenanlagen stets durch Anwendung von zwei Wattmetern, die nach dem Schema der Fig. 364 bei W_1 und W_2 an jede Phase einzeln an-

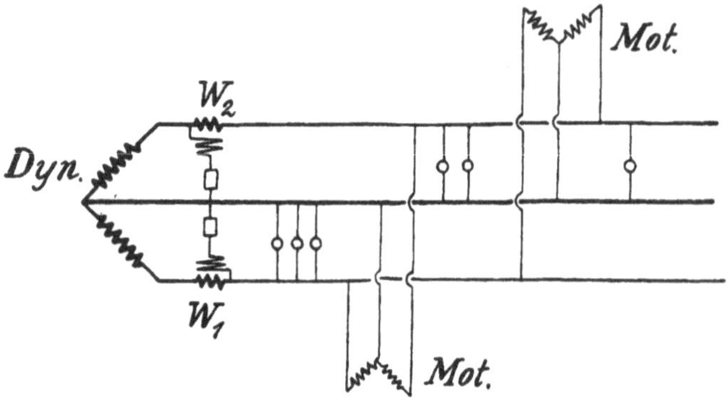

Fig. 364.

geschlossen werden. Es ist dann die Leistung in jedem Fall, auch bei Phasenverschiebung zwischen Strom und Spannung, gleich der Summe der Leistungen, die jedes einzelne Wattmeter angiebt. Das gilt auch für ungleich belastete Phasen. Die Zähler für Zweiphasenstrom besitzen, wie bei dem Drehstrom, ebenfalls zwei Stromspulen und zwei Spannungsspulen, die auf ein einziges Zählwerk einwirken können. Sie werden geschaltet, so wie es obige Fig. 364 für das Wattmeter angiebt.

271. Zweiphasen-Transformatoren.

Die Umformung eines hochgespannten Zweiphasenstromes auf einen solchen von niederer Spannung und umgekehrt, kann erstens durch Anwendung zweier Einphasentransformatoren erfolgen, die nach dem Schema Fig. 365 anzuschliessen sind. Jeder Transformator multipliziert oder dividiert die Spannung seiner Phase im Verhältnis seiner primären und sekundären Windungszahl, so dass zwischen primärer und sekundärer Spannung in beiden Phasen gleiche zeitliche Winkel entstehen. Sekundär erhält man dann ebenfalls wieder Ströme, die in beiden Phasen um 90° zu einander verschoben sind.

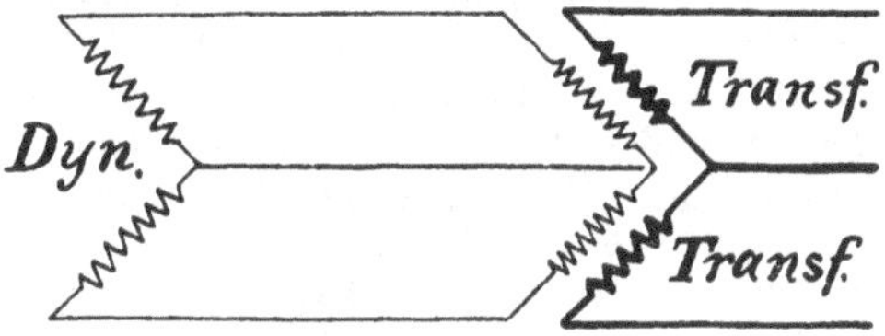

Fig. 365.

Kombinierte Zweiphasenumformer enthalten die vier Wicklungen an einem Eisengestell, das drei Joche besitzt, so wie es die Fig. 366, oder drei Schenkel, so wie es Fig. 367 andeutet. Das mittlere Stück x—y hat einen Eisenquerschnttt, der um das $\sqrt{2}$-fache grösser ist, als der Querschnitt des übrigen Eisengestelles und dient dazu, den

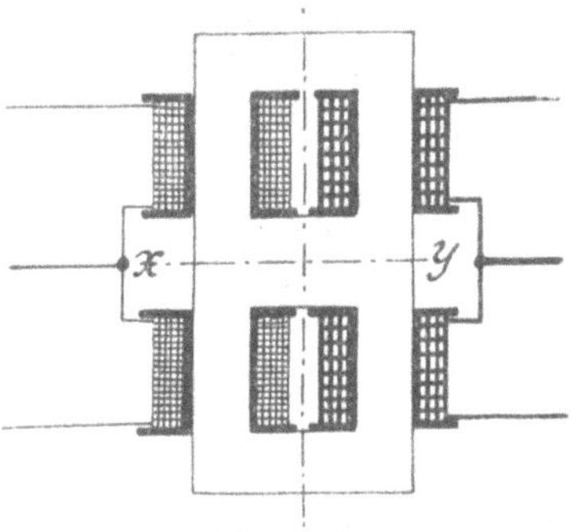

Fig. 366.

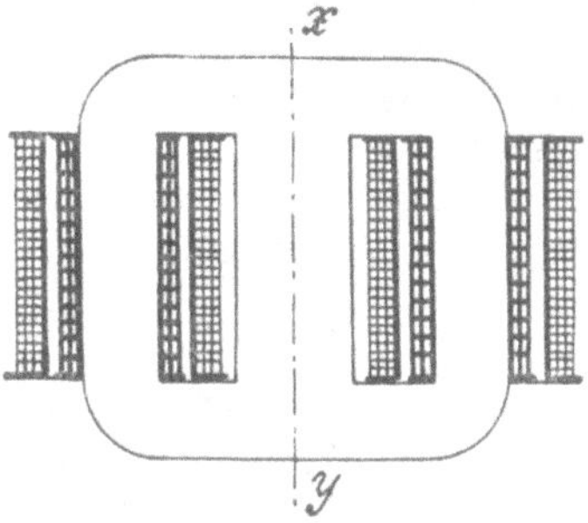

Fig. 367.

Kraftlinienstrom für die Zeit aufzunehmen, während der die Kraftlinien, die von beiden Primärwicklungen herrühren, auf dieses mittlere Stück zulaufen, oder von diesem mittleren Teil abströmen. Für den Moment, während dessen die Ströme in beiden Primärwicklungen gleich gross sind und einen Induktionsfluss erzeugen, der für das äussere Gestell in demselben Drehsinn verläuft, bleibt der mittlere Steg, wie die Brücke bei der Wheatstone'schen Schaltung ohne Strom, so hier ohne Kraftlinienfluss.

Von den Sekundärwindungen aus erfolgt nun die Schaltung der einzelnen Abnahmestellen so, wie die Schaltungen bisher von der Dynamomaschine aus angegeben worden sind. Häufig verwendet man zwei Sekundärnetze, das eine für Licht, das andere für Kraft. Dabei kann jedes Netz von einem eigenen Transformator gespeist werden. Die primären Windungen der beiden Transformatoren werden dann meistens parallel an ein einziges Hochspannungsnetz angeschlossen.

Werden die sekundären Bereiche mehrerer Transformatoren ebenfalls parallel geschaltet, d. h. zu einem Netz vereinigt, so ist darauf zu achten, dass die aneinander geschlossenen Drähte in derselben Aufeinanderfolge den Strom führen. Andernfalls würde Kurzschluss entstehen. Man ermittelt die zusammengehörigen Aussenleiter am besten durch aufeinander folgendes Anschliessen eines kleinen Motors zuerst an die eine, dann an die andere Leitung; diejenigen Drähte gehören zusammen, von denen aus der Motor ohne Vertauschung der Zuleitungsdrähte dieselbe Drehrichtung erhält. Das gleiche Verfahren wendet man bei der Parallelschaltung von Drehstromtransformatoren an und bei dem Montieren von Schalttafeln in Centralen, bei denen mehrere Zweiphasen- oder Dreiphasenmaschinen parallel geschaltet werden sollen.

272. Die asynchronen Motoren für einphasigen Wechselstrom.

Nach dem Vorbilde der asynchronen Mehrphasenmotoren hat man auch einphasige Motoren mit feststehendem Anker und mit darin drehbarem Läufer konstruiert. Dieser Läufer trägt, wie bei den Mehrphasenmotoren eine während des Betriebes in sich geschlossene Wicklung. Folgende Betrachtung lässt die Wirkungsweise dieser Motoren erkennen:

Es liege ein feststehender Wechselstromanker vor, der etwa nach Fig. 368 bewickelt sein soll, und zwar vorläufig mit nur einer fort-

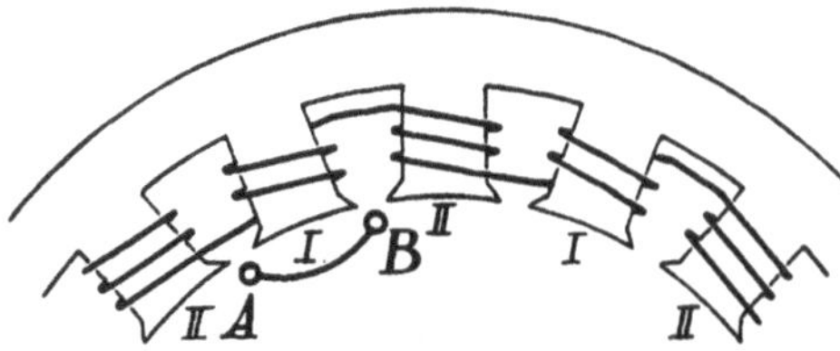

Fig. 368.

laufenden Wicklung, wie bei einer einfachen Wechselstromdynamomaschine.

Ein Wechselstrom, der die Windungen des Ankers durchfliesst, erzeugt während der einen halben Periode etwa bei I einen Nordpol und zugleich bei II einen Südpol. Während der anderen halben Periode hat der Strom die entgegengesetzte Richtung und bildet bei I einen Südpol, bei II einen Nordpol. Es soll nun zunächst eine in sich geschlossene Windung *A B* vor den Polen vorbeibewegt werden. Die Geschwindigkeit dieser Windung sei so gross, dass sie während eines Wechsels der Spannung um einen Pol weiterrückt. Unter dieser Voraussetzung befindet sich die Spule etwa nach dem Bilde der Fig. 368 vor einem Nordpol in der dort gezeichneten Stellung, während der Pol I gerade die maximale Anzahl seiner Kraftlinien aussendet. Einen Polwechsel später steht dann die Spule in derselben Stellung unter Pol II, der jetzt gleichnamig mit dem Pol ist, der vorher bei I erzeugt worden war. Wenn auch die Stärke des von der Ankerwicklung herrührenden magnetischen Feldes während des Überganges von I zu II einmal Null geworden ist, findet die bewegliche Spule bei II wieder dieselbe Feldrichtung vor, die bei dem Verlassen von I geherrscht hatte. Man kann daher, wenn man von der Schwankung der Feldstärke absieht, ein einfaches Wechselfeld als ein Wanderfeld auffassen, dass pro halbe Periode um einen Polabstand vorrückt. In der bewegten Spule *A B* wird während der Abnahme des Feldes zwar ein kurzer Stromstoss in der einen Richtung erzeugt, der aber durch das darauffolgende Anwachsen der Feldstärke, die für Spule *A B* wieder in derselben Richtung verläuft, ausgeglichen wird. Es ist also für die bewegte Spule bei ihrer Bewegung von Pol zu Pol in Summa die Wirkung vorhanden, als ob die Spule keine Kraftlinien geschnitten hätte. Aus diesem Grunde wird auch in der Spule bei ihrer Bewegung von Pol zu Pol in Summa kein Strom erzeugt.

Bleibt die Spule *A B* dagegen in ihrer Bewegung etwas gegen die Feldgeschwindigkeit zurück, so wird sie bei dem nächsten Pol nicht von derselben Anzahl von Kraftlinien durchsetzt, als sie bei dem vorherigen Pol innerhalb ihrer Windungen aufgenommen hatte. Es findet dann innerhalb der Windungen der Spule *A B* bei ihrer Bewegung von Pol zu Pol eine Abnahme von Kraftlinien statt. Dieser Verminderung der Kraftlinienzahl entspricht in den Windungen der Spule ein induzierter Strom, der nach dem fünften Experiment des 15. Kapitels gleichgerichtet ist zu dem Strom der davorliegenden Ankerspule. Dieser induzierte Strom der Spule *A B* übt in Verbindung mit dem magnetischen Felde eine Kraft auf die Spule aus, die sie in der einmal begonnenen Bewegung weiterzubringen sucht. In der Spule *A B* fliesst bei fortgesetzter Bewegung, wie es auch bei Läuferspulen der Mehrphasenmotoren gesehen wurde, ein Wechselstrom mit sehr geringer Wechselzahl. Die letztere ist um so höher, je mehr die bewegte Spule hinter der Feldgeschwindigkeit zurückbleibt, oder was dasselbe heisst, je grösser die Kraft ist, welche die Spule bei ihrer Bewegung auszuüben hat.

Die ganze Betrachtung lässt schliessen, dass auch bei einphasigem Wechselstrom ein Läufer im Sinne des Läufers der Mehrphasenmotoren in andauernder Rotation erhalten werden kann. Man braucht dann nur ebenfalls wieder eine grosse Anzahl in sich geschlossener Wicklungen *A B* dicht nebeneinander rund um einen drehbaren Körper aus lamelliertem Eisen anzuordnen. Die Läufer werden bei grösseren Einphasenmotoren aber nur als Phasenläufer gewickelt, zweiphasig oder dreiphasig je nach dem Belieben der ausführenden Firmen. Trillerläufer können nur bei sehr kleinen Motoren, etwa bis zu 2 PS, verwendet werden. Einphasenmotoren müssen mit besonderen Mitteln angedreht werden, die das Anlaufen unter grösserem Stromaufwand von statten gehen lassen, als es bei Mehrphasenmotoren möglich ist. Über Anlassvorrichtungen der Einphasenmotoren handelt der nächste Abschnitt.

Einphasenmotoren für bestimmte Leistung sind stets grösser als Mehrphasenmotoren für dieselbe Leistung. Der Grund dafür ist in dem Schwanken des Drehfeldes zu suchen, wodurch im Läufer ausser dem verwendeten Läuferstrom auch unnötige Stromstösse erzeugt werden, die Wärme verursachen. Ausserdem kann bei Einphasenmotoren keine so hohe Schlüpfung angewendet werden, wie bei Mehrphasenmotoren. Erstere bleiben in der Überlastung leichter stehen. Für die Grenzen normaler Belastung ist die Schlüpfung, wie bei den Mehrphasenmotoren, proportional zum Drehmoment.

273. Anlassvorrichtungen für Einphasenmotoren.

Asynchrone Einphasenmotoren laufen nicht nach dem Anschliessen von selbst an. Selbst bei Anwendung eines Phasenläufers, mit Anlasswiderstand im Läuferkreise erhält man im Stillstand des Läufers kein Drehmoment. Das liegt daran, weil für den Stillstand ein Wechselfeld nicht als Drehfeld angesehen werden kann. In der Auffassung des vorigen Abschnittes, also bei rotierendem Läufer, kann ja das Wechselfeld als ein Drehfeld sowohl nach der einen, als auch nach der anderen Richtung gelten. Im Stillstand des Läufers heben sich die Kraftwicklungen des als Drehfeld angesehenen Wechselfeldes nach beiden Drehrichtungen hin auf.

Aus diesem Grunde muss man für das Anlassen ein wirkliches Drehfeld herstellen. Darunter ist verstanden, dass das magnetische Feld in keinem Moment ganz verschwindet, wie es bei einem einfachen Wechselfeld in der Mitte zwischen zwei Amplituden der Fall ist. Vielmehr muss das Feld an dieser Stelle noch eine gewisse Stärke in derselben Richtung haben, in der es schwächer geworden ist, und in der es bei der Annäherung an den nächstfolgenden Pol wieder zunimmt. Dieses Verhalten lässt sich aber nur erreichen durch Anwendung mehrerer Ankerwicklungen, wie bei einem dreiphasigen oder zweiphasigen Anker.

Man lässt einphasige Asynchronmotoren zweiphasig an, wobei man aber den Strom der zweiten Phase nicht von der Centrale beziehen kann, sondern wobei man sich die zweite Phase am Orte des Motors für die Zeit des Anlassens durch geeignete Mittel selbst herstellen muss.

Die erste Methode zur Herstellung der zweiten Phase ist folgende: Der Anker des Motors besitzt zwei Wicklungen, die um zwei Systeme von Polen gewunden sind. Letztere sind angeordnet wie bei einem Zweiphasenanker nach Fig. 355. Die beiden Wicklungen I und II sind hintereinander geschaltet wie es Fig. 369 schematisch zeigt, und werden mit ihren äusseren Enden P_{I} und P_{II}' bei A und B an die beiden von der Centrale kommenden Leitungen angeschlossen. Von der Stelle *C* aus führt eine Abzweigung zu einem induktiven Widerstand *W*, unter dem man sich eine Spule nach Fig. 296 vorzustellen hat. Die andere Klemme von *W* schliesst entweder bei *A* oder bei *B* an, je nach der gewünschten Drehrichtung.

Durchfliesst nun ein Strom in der Richtung von *A* nach *B* die Wicklungen I und II, so würden allemal je zwei nebeneinander stehende Pole der Gruppe I und II zu gleicher Zeit gleichnamig magnetisch werden, wenn die Spule *W* nicht da wäre. Von *C* aus teilt sich

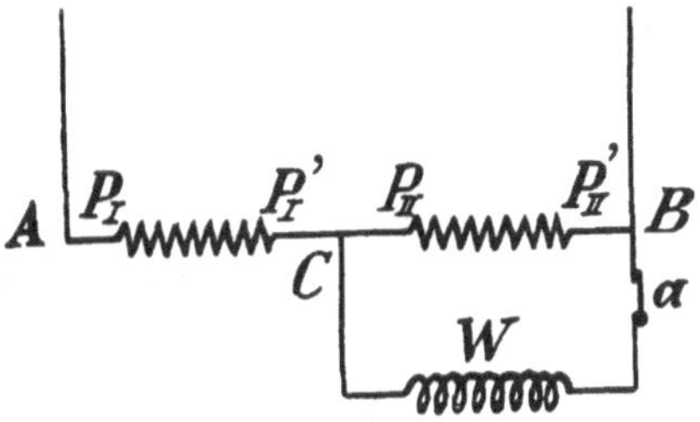

Fig. 369.

aber der Strom und durchfliesst zugleich die Spule *W*, deren Kern dadurch von Kraftlinien durchsetzt wird. Verschwindet nun der von *A* nach *B* verlaufende Strom, so erzeugen die in dem Eisenkern von *W* aufgespeicherten Kraftlinien bei ihrem Verschwinden einen Induktionsstrom durch Wicklung II in Richtung von *B* nach *C*.

Steigt nun bei dem nächsten Wechsel der von der Centrale kommende Strom in der Richtung von *B* nach *A*, so fliesst in Wicklung II die Summe des Centralenstromes und des Induktionsstromes. Erst bei dem Abfallen des von *B* nach *A* verlaufenden Stromstosses arbeitet der Induktionsstrom der Spule *W* in der Wicklung II dem Centralenstrome entgegen. Es folgt daraus, dass der Strom in II stets eher sein Maximum erreicht, als der Strom in I. Man erhält daher infolge der Induktionswirkung der Spule *W* eine Verschiebung der Ströme in beiden Ankerwicklungen.

Die Betrachtungen zeigen, dass mit Hilfe der Anordnung nach Fig. 369 die Herstellung eines angenäherten Zweiphasenstromes durch einen einphasigen möglich ist. Das verlohnt sich aber nur für kurze Zeit, da diese Einrichtung unökonomisch arbeitet.

In Wirklichkeit erhält man bei dem Anlassen von Motoren auf oben beschriebene Weise weder eine Verschiebung um vollständige 90° noch gleiche Amplituden der Stromstärke. Jedoch genügt die Einrichtung in Verbindung mit Phasenläufer und Anlasswiderstand im Läuferkreis zum Anlassen kleiner Motoren bis zu etwa 8 PS. Grössere Motoren lässt man ungern an ein Lichtnetz nach dieser Methode anschliessen, da der Stromverbrauch beim Anlassen verhältnismässig gross ist und Lichtschwankungen verursachen würde. Ein Motor, der mit Induktionsspule und mit Anlasswiderstand im Läuferkreis in Gang gesetzt wird, verbraucht bei unbelastetem Anlauf schon das 1,5-fache der vollen Betriebsstromstärke.

Hat der Motor nach allmählichem Abschalten der in dem Läuferkreis angebrachten Widerstände seine volle Tourenzahl erreicht, so schaltet man die Induktionsspule ab. Zu diesem Zweck unterbricht man mit Hilfe eines Ausschalters bei *a* in Fig. 369 die Zuleitung der Induktionsspule. Von da ab wirken die beiden Polgruppen I und II des Ankers gleichzeitig und man hat die Verhältnisse, wie sie im vorigen Abschnitt behandelt wurden.

An Stelle der Induktionsspule bedient man sich auch einer *Anlasskapazität.* Man versteht darunter eine grössere Anzahl hintereinander geschalteter Plattenpaare, von denen allemal je zwei sich in einem gemeinsamen Behälter in einem wässrigen Elektrolyt gegenüberstehen. Die Platten stellt man gewöhnlich der Billigkeit wegen aus Eisenblech her, als Elektrolyt wählt man eine Lösung von 35 Teilen krystallisierter Soda in 65 Teilen Wasser. Durchfliesst nun ein Strom die nach Fig. 370 bei *K* angeschlossenen Zellen in Richtung von *C*

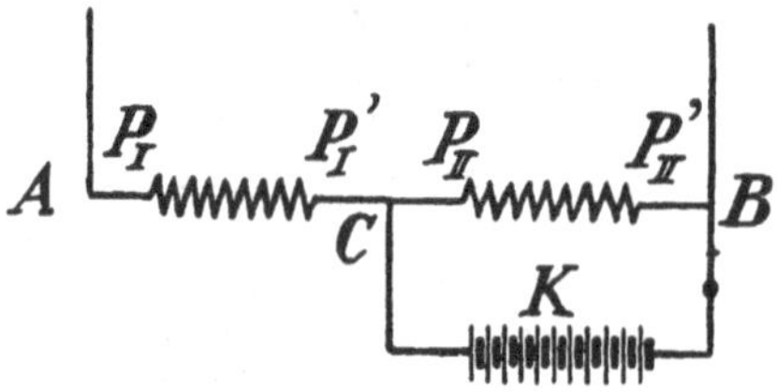

Fig. 370.

nach *B*, so erzeugt er an den nach *B* hin liegenden Platten Wasserstoff, an den nach *C* hin liegenden Sauerstoff. Nimmt der Strom ab oder wird er unterbrochen, so sind die Platten geladen, wie bei einer Akkumulatorenbatterie. Sie geben dann durch die Wicklung II einen Strom ab, der in dieser Wicklung nach derselben Richtung fliesst, wie Wicklung II vorher beim Laden der Kapazität durchflossen war. Folgt nun eine Stromanschwellung von der Centrale her in Richtung von *B* nach *A*, so ist dieser Strom innerhalb der Kapazität zuerst dem von den Zellen ausgehenden Strom gleich gerichtet, dem in II fliessenden Strom entgegengerichtet. Die Zellen werden dabei entgegengesetzt geladen und holen, wenn der Centralenstrom schwindet, durch Wicklung II einen Stromstoss im Sinne des vorherigen Stromes nach. Durchfliesst ein Wechselstrom die Schaltung *A* bis *B*, so stellt der Strom der Kapazität sich gegen den Centralenstrom um 90^0 verschoben ein. Er bleibt aber entgegen den Verhältnissen bei Anwendung der Induktionsspule um 90° in der Phase zurück. Aus diesem Grunde würde ein Motor, bei dem an derselben Phase das eine Mal eine Induktionsspule, das andere Mal eine Kapazität parallel geschaltet wird, in beiden Fällen verschiedene Drehrichtung aufweisen.

Man schaltet bei der Kapazität stets so viele Zellen hintereinander, dass die Zellenzahl multipliziert mit 2 ungefähr die Effektivspannung ergiebt, die zwischen ihren Endpunkten liegen soll, also bei Schaltung nach Fig. 370 etwa das $\left(1:\sqrt{2}\right)$-fache der effektiven Netzspannung. Bei technischen Ausführungen einer Kapazität setzt man eine Anzahl von Eisenblechen, die mittels Gummistreifen vor gegenseitiger Berührung geschützt sind in ein einziges Gefäss mit isolierenden Wänden. Die Eisenbleche müssen bei dieser Konstruktion bis hart an die seitlichen Begrenzungswände des Gefässes hinanreichen. Die Flüssigkeit im Gefäss darf dabei nicht höher als bis zum oberen Rande der Platten stehen.

Sowohl bei Anwendung von Induktionsspulen als auch bei Anwendung von Anlasskapazitäten fliesst in der parallel geschalteten Ankerwicklung nicht allein der Strom, der von der Hilfsvorrichtung ausgeht, sondern vielmehr in jedem Moment die Summe dieses Hilfsstromes und des Centralenstromes. Daher kann bei Anwendung nur einer Hilfsvorrichtung in beiden Phasen niemals eine Verschiebung der Ströme um 90° eintreten. Sobald man aber eine Schaltung nach dem Schema der Fig. 371 anbringt, bei der zur Phase I eine Kapa-

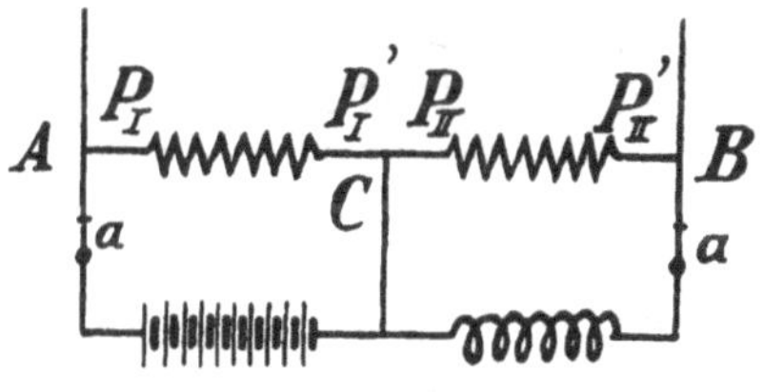

Fig. 371.

zität, zur Phase II eine Induktionsspule parallel geschaltet sind, ist es möglich, eine Verschiebung von 90° nahezu zu erreichen. Daher benutzt man diese Schaltung für grössere Motoren, bei denen der Anlaufstrom nicht zu hoch gegen den Betriebsstrom steigen darf. Das Normale ist bei asynchronen Einphasenmotoren nicht über Typen von etwa 12 PS, hinauszugehen. Motoren dieser Leistung laufen so bequem an, dass sie meistens noch an Lichtnetzen grösserer Centralen angeschlossen werden dürfen.

Die Firma Brown, Boveri & Co. ordnet ihre Einphasenmotoren nach Fig. 372 an. Der Motor enthält ebenfalls zwei Wicklungen, von denen die eine I direkt an das Netz, die andere II unter Vorschaltung einer Kapazität an dasselbe angeschlossen wird. Wicklung II ist nur eine Hilfswicklung, deren Strom dann, wenn der Motor seine Touren-

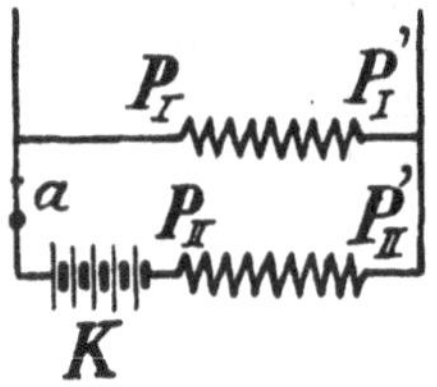

Fig. 372.

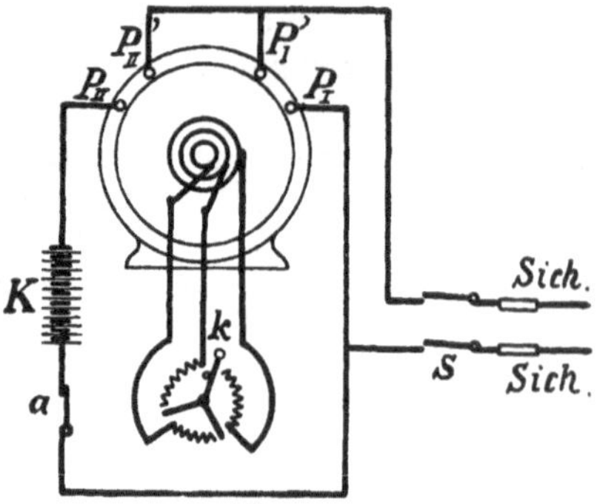

Fig. 373.

zahl besitzt, unterbrochen wird, und die während des Betriebes tot liegt. Das genauere Schaltschema dieser Anlasseinrichtung zeigt Fig. 373.

Vor dem Anlassen ist es erforderlich, die dreifache Kurbel *k* des Anlasswiderstandes auf den Unterbrecherknopf zu drehen. Dann drückt man zum Anlassen den Hebel *a* und darauf den Ausschalter *s* ein. Nun verdreht man die Kurbel *k* des Anlassers langsam dem Anlauf des Motors folgend so lange, bis alle Vorschaltwiderstände herausgenommen sind und die Läuferwicklung kurzgeschlossen ist. Die Kurbel *k* bleibt während des Betriebes in dieser Stellung stehen. Hat der Motor seine Tourenzahl, so wird der Schalter bei *a* geöffnet und nun kann der Motor belastet werden. Zum Abschalten wird bei *s* unterbrochen.

Man hat versucht beide Wicklungen eines Einphasenmotors für den Betrieb parallel zu schalten und ist dabei aber zu keinem günstigen Resultat gekommen, da eine Wicklung dann in die andere arbeitet.

Schliesslich ist noch eine Art des Anlassens von Asynchronmotoren zu erwähnen, die höchstens bis zu etwa 3 PS, in Anwendung kommt und die durch Schema Fig. 374 angedeutet ist. Es gehört dazu ein Motor mit Trillerläufer. Man legt den Anlasswiderstand in diesem Fall vor den Anker, so wie es in Fig. 374 bei W_1 angedeutet ist, und legt zu der einen Phasenwicklung des Ankers einen selbstinduktionslosen Widerstand W_2 parallel. Zwischen Phase I und Phase II entsteht dann bei dem Anlassen infolge der verschiedenen Selbstinduktionsverhältnisse in den Teilen *AC* und *CB* des Stromkreises eine geringe Phasenverschiebung die aber hinreichend ist unter verhältnissmässig hohem

Stromaufwand ein für das Anlassen genügendes Drehmoment zu erzeugen. Meistens legt man den parallel geschalteten Widerstand, der als „*Phasenwiderstand*“ bezeichnet wird, mit dem Vorschaltwiderstand in ein Gehäuse, so dass die Anordnung mit ihren Einzelheiten aus Fig. 375 zu erkennen ist. Man braucht zum Anlassen dabei ausser dem Anlasswiderstand

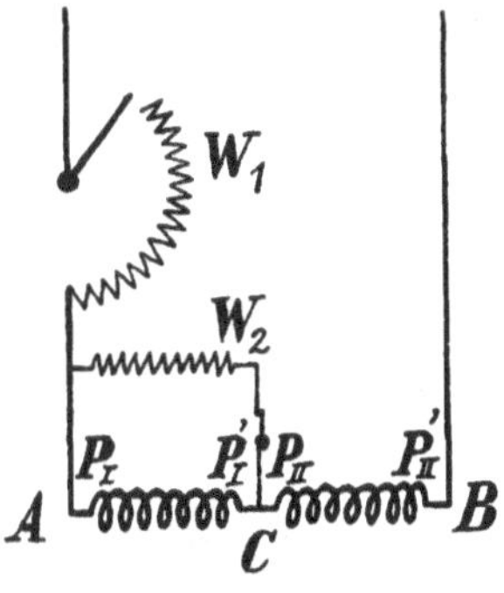

Fig. 374.

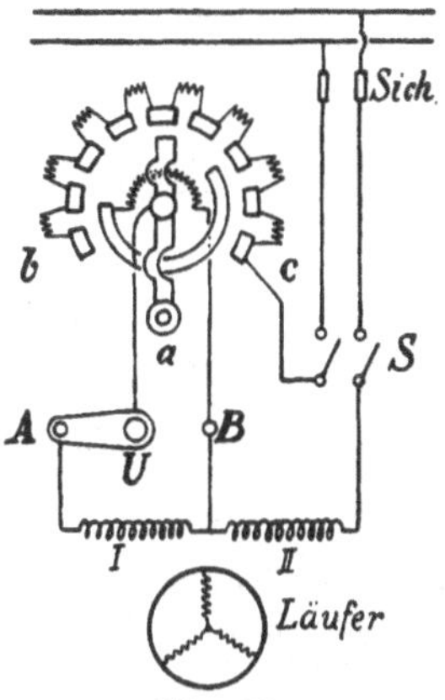

Fig. 375.

noch einen einpoligen Umschalter *U*. Zum Anschliessen eines Motors, nach dieser Art wird zunächst der Riemen auf die Leerscheibe gebracht und Schalter *U* auf Stellung *A* gedreht. Dann erst wird der zweipolige Hebel *S* eingeschaltet, worauf die Kurbel des Anlassers über *b* nach *c* zu drehen ist. Die Stellung *c* ist Betriebsstellung und die Kurbel muss, während der Motor läuft, dauernd in dieser Stellung belassen werden. Hat der Motor seine normale Tourenzahl erreicht, so kann der Riemen auf Arbeit eingerückt werden.

Bei geringer Belastung des Motors lässt man meistens den Schalter *U* auf *A* stehen, so dass die beiden Phasen I und II hintereinander geschaltet sind. Bei grosser Belastung wird *U* während des Betriebes auf *B* gestellt. Man arbeitet in diesem Fall nur mit einer Phase. Bei Stellung des Umschalters auf *A* ist der Wirkungsgrad bei geringer, auf *B* bei grösserer Belastung am günstigsten.

Zum Abstellen des Motors bringt man den Riemen auf die Leerscheibe, schaltet *U* auf Stellung *A* und dreht die Kurbel des Anlassers über *b* nach *a* zurück. Zum Schluss wird Schalter *S* geöffnet.

Alphabetisches Register.

Anhang.

Sicherheitsvorschriften,

herausgegeben vom Verband Deutscher Elektrotechniker.[1]

a) Für elektrische Starkstrom-Anlagen (bis 250 Volt).

Abteilung I.

Die Vorschriften dieser Abteilung gelten für elektrische Starkstrom-Anlagen mit Spannungen bis 250 Volt zwischen irgend zwei Leitungen oder einer Leitung und Erde, mit Ausschluss unterirdischer Leitungsnetze, elektrischer Bahnen und elektrochemischer Betriebsapparate.

Für solche gewerbliche Betriebe, welche die darin beschäftigten Personen der Gefährdung durch elektrische Ströme erfahrungsgemäss besonders zugänglich machen, gelten ausser den nachstehenden Vorschriften die im Anhang A enthaltenen Zusatzbestimmungen.

I. Betriebsräume und -Anlagen.

§ 1. Dynamomaschinen, Elektromotoren, Transformatoren und Stromwender, welche nicht in besonderen luft- und staubdichten Schutzkästen stehen, dürfen nur in Räumen aufgestellt werden, in denen normalerweise eine Explosion durch Entzündung von Gasen, Staub und Fasern ausgeschlossen ist. In allen Fällen ist die Aufstellung derart auszuführen, dass etwaige im Betriebe der elektrischen Einrichtungen auftretende Feuererscheinungen keine Entzündung von brennbaren Stoffen hervorrufen können.

§ 2. In Akkumulatorräumen darf keine andere als elektrische Glühlichtbeleuchtung verwendet werden. Solche Räume müssen dauernd gut ventiliert sein. Die einzelnen Zellen sind gegen das Gestell und letzteres ist gegen Erde durch Glas, Porzellan oder ähnliche nicht hygroskopische Unterlagen zu isolieren. Es müssen Vorkehrungen getroffen werden, um beim Auslaufen von Säure eine Gefährdung des Gebäudes zu vermeiden. Während der Ladung dürfen in diesen Räumen glühende oder brennende Gegenstände nicht geduldet werden.

§ 3. Die Hauptschalttafeln in Betriebsräumen sollen aus unverbrennlichem Material bestehen, oder es müssen sämtliche stromführende Teile auf isolierenden und feuersicheren Unterlagen montiert werden. Sicherungen, Schalter und alle Apparate, in denen betriebsmässig Stromunterbrechung stattfindet, müssen derart angeordnet sein, dass etwaige im Betriebe der elektrischen Einrichtungen auftretende Feuererscheinungen benachbarte brennbare Stoffe nicht entzünden können und unterliegen überdies den in § 1 gegebenen Vorschriften.

Für Regulierwiderstände gelten die Bestimmungen des § 14.

---

[1] Abgedruckt mit Genehmigung des Verbandes Deutscher Elektrotechniker und der Verlagsbuchhandlung Julius Springer in Berlin. Einzelne Exemplare dieser Sicherheitsvorschriften sind zum Preise von M. 0,50, 10 Expl. für M. 4,50, 25 Expl. für M. 10,—, 100 Expl. für M. 35,— von der genannten Verlagsbuchhandlung zu beziehen.

II. Leitungen.

§ 4. Das Kupfer der Stromleitungen muss den Normalien des Verbandes Deutscher Elektrotechniker[1] entsprechen.

§ 5. Die höchste zulässige Betriebs-Stromstärke für isolierte Drähte und Kabel aus Leitungskupfer ist aus nachstehender Tabelle zu entnehmen:

Querschnitt in Quadratmillimeter	Betriebs-Stromstärke in Ampère	Querschnitt in Quadratmillimeter	Betriebs-Stromstärke in Ampère
0,75	3	95	165
1	4	120	200
1,5	6	150	235
2,5	10	185	275
4	15	240	330
6	20	310	400
10	30	400	500
16	40	500	600
25	60	625	700
35	80	800	850
50	100	1000	1000
70	130		

Blanke Kupferleitungen bis zu 50 qmm Querschnitt unterliegen den Vorschriften der vorstehenden Tabelle; blanke Kupferleitungen von 50 bis 1000 qmm Querschnitt können mit 2 Ampère für den Quadratmillimeter belastet werden.

Bei Verwendung von Drähten aus anderen Metallen müssen die Querschnitte entsprechend grösser gewählt werden.

Der geringste zulässige Querschnitt für isolierte Kupferleitungen, ausser an und in Beleuchtungskörpern, ist 1 qmm, an und in Beleuchtungskörpern $^3/_4$ qmm.

Der geringste zulässige Querschnitt von blanken Leitungen in Gebäuden ist 4 qmm, derjenige von blanken oder isolierten Freileitungen aus Kupfer oder anderen Metallen von mindestens gleich grosser Bruchfestigkeit ist 6 qmm.

§ 6. Blanke Leitungen (Bezeichnung B oder B E) sind nur ausserhalb von Gebäuden und in feuersicheren Räumen ohne brennbaren Inhalt, soweit sie vor Beschädigungen oder zufälliger Berührung gesichert sind, ferner in Maschinen- und Akkumulatorräumen, welche nur dem Bedienungspersonal zugänglich sind, gestattet. Ausnahmsweise sind auch in nicht feuersicheren Räumen, in welchen ätzende Dünste auftreten, blanke Leitungen zulässig, wenn dieselben durch einen geeigneten Überzug gegen Oxydation geschützt sind.

Blanke Leitungen sind nur auf Isolierglocken zu verlegen und müssen, soweit sie nicht unausschaltbare Parallelzweige sind, voneinander bei Spannweiten von über 6 m mindestens 30 cm, bei Spannweiten von 4 bis 6 m mindestens 20 cm und bei kleineren Spannweiten mindestens 15 cm, von der Wand in allen Fällen mindestens 10 cm entfernt sein. Bei Verbindungsleitungen zwischen Akkumulatoren, Maschinen und Schalttafel sind Isolierrollen und kleinere Abstände zulässig.

Im Freien müssen blanke Leitungen wenigstens 4 m über dem Erdboden verlegt werden. Den örtlichen Verhältnissen entsprechend sind Freileitungen durch Blitzschutzvorrichtungen zu sichern, die auch bei wiederholten Blitzschlägen wirksam bleiben. Es ist dabei auf eine gute Erdleitung Bedacht zu nehmen, welche unter möglichster Vermeidung von Krümmungen auszuführen ist.

Bezüglich der Sicherung vorhandener Telephon- und Telegraphenleitungen gegen Freileitungen wird auf § 12 des Telegraphengesetzes vom 6. April 1892 verwiesen.[2]

[1] Siehe Anhang B.

[2] Dieser Paragraph lautet: Elektrische Anlagen sind, wenn eine Störung des Betriebes an einer Leitung durch die andere eingetreten oder zu be-

Betriebsmässig geerdete, blanke Leitungen fallen nicht unter die Bestimmungen des § 6.

Isolierte Einfachleitungen.

§ 7. a) Leitungen (Bezeichnung U), welche eine doppelte, fest auf dem Draht aufliegende, mit geeigneter Masse imprägnierte und nicht brüchige Umhüllung von faserigem Isoliermaterial haben, dürfen, soweit ätzende Dämpfe nicht zu befürchten sind, auf Isolierglocken überall, dagegen auf Isolierrollen, Isolierringen oder diesen gleichwertigen Befestigungsstücken nur in ganz trockenen Räumen verwendet werden. Sie sind in einem Abstand von mindestens 2,5 cm voneinander zu verlegen.

b) Leitungen (Bezeichnung J), die unter der oben beschriebenen Umhüllung von faserigem Isoliermaterial noch mit einer zuverlässigen, aus Gummiband hergestellten Umwicklung versehen sind, dürfen, soweit ätzende Dämpfe nicht zu befürchten sind, auf Isolierglocken überall, dagegen auf Rollen, Ringen und Klemmen, und in isolierenden Rohren, sowie an und in Beleuchtungskörpern nur in solchen Räumen verlegt werden, welche im normalen Zustande trocken sind.

c) Leitungen (Bezeichnung G), bei welchen die Gummiisolierung in Form einer ununterbrochenen, nahtlosen und vollkommen wasserdichten Hülle hergestellt ist, dürfen, soweit ätzende Dämpfe nicht zu befürchten sind, auch in feuchten Räumen angewendet werden.

d) Blanke Bleikabel (Bezeichnung K B), bestehend aus einer oder mehreren Kupferseelen, starken Isolierschichten und einem nahtlosen einfachen, oder einem mehrfachen Bleimantel, müssen gegen mechanische Beschädigung geschützt sein und dürfen nicht unmittelbar mit Stoffen, welche das Blei angreifen, in Berührung kommen.

e) Asphaltierte Bleikabel (Bezeichnung K A) dürfen nur da verlegt werden, wo sie gegen mechanische Beschädigung geschützt sind.

f) Asphaltierte armierte Bleikabel (Bezeichnung K E) bedürfen eines besonderen mechanischen Schutzes nicht.

g) Bleikabel jeder Art dürfen nur mit Endverschlüssen, Abzweigmuffen oder gleichwertigen Vorkehrungen, welche das Eindringen von Feuchtigkeit wirksam verhindern und gleichzeitig einen guten elektrischen Anschluss vermitteln, verwendet werden.

An den Befestigungsstellen ist darauf zu achten, dass der Bleimantel nicht eingedrückt oder verletzt wird; Rohrhaken sind daher nur bei armierten Kabeln als Befestigungsmittel zulässig.

Blanke Bleikabel, deren Kupferseele weniger als 6 qmm Querschnitt hat, sind nur dann zulässig, wenn ihre Isolation aus vulkanisiertem Gummi oder gleichwertigem Material besteht.

h) Bei eisenarmierten Kabeln für Ein- oder Mehrphasenstrom müssen sämtliche zu einem Stromkreis gehörigen Leitungen in demselben Kabel enthalten sein.

i) Wenn vulkanisierte Gummiisolierung verwendet wird, muss der Leiter verzinnt sein.

Mehrfachleitungen.

(Bezeichnung L.)

§ 8. a) Leitungsschnur darf in trockenen Räumen verwendet werden, wenn jede der Leitungen in folgender Art hergestellt ist:

Die Kupferseele besteht aus Drähten unter 0,5 mm Durchmesser; darüber befindet sich eine Umspinnung aus Baumwolle, welche von einer dichten,

---

fürchten ist, auf Kosten desjenigen Teiles, welcher durch eine spätere Anlage oder durch eine später eintretende Änderung einer bestehenden Anlage diese Störung oder die Gefahr derselben veranlasst, nach Möglichkeit so auszuführen, dass sie sich nicht störend beeinflussen.

das Eindringen von Feuchtigkeit verhindernden Schicht Gummi umhüllt ist; hierauf folgt wieder eine Umwicklung mit Baumwolle, und als äusserste Hülle eine Umklöppelung aus widerstandsfähigem Stoff, der nicht brennbarer sein darf als Seide oder Glanzgarn.

Der geringste zulässige Querschnitt für biegsame Leitungsschnur zum Anschluss beweglicher Lampen und Apparate ist 1 qmm für jede Leitung.

b) Derartige Leitungsschnur darf nur in normal trockenen Räumen und in einem Abstand von mindestens 5 mm vor der Wand- oder Deckenfläche, jedoch niemals in unmittelbarer Berührung mit leicht entzündbaren Gegenständen fest verlegt werden. Bei fester Verlegung darf der Querschnitt jeder Leitung nicht kleiner als 1,5 und nicht grösser als 4 qmm sein.

c) Beim Anschluss biegsamer Leitungsschnur an Fassungen, Anschlussdosen und andere Apparate müssen die Enden der Kupferlitzen verlötet sein.

Die Anschluss- und Verbindungsstellen müssen vor Zug geschützt sein.

d) Biegsame Mehrfachleitungen zum Anschluss von Lampen und Apparaten sind in feuchten Räumen und im Freien zulässig, wenn jeder Leiter nach § 7 c und i hergestellt ist und die Leiter durch eine Umhüllung von widerstandsfähigem Isoliermaterial geschützt sind.

e) Drähte bis 6 qmm Querschnitt, oder Litzen, welche aus Drähten von mehr als 0,5 mm Durchmesser zusammengesetzt sind, dürfen, wenn ihre Beschaffenheit mindestens den Vorschriften 7 b und i entspricht, verdrillt oder in gemeinschaftlicher Umhüllung in trockenen Räumen wie Einzelleitungen nach 7 b fest verlegt werden.

Verlegung.

§ 9. a) Alle Leitungen und Apparate müssen auch nach der Verlegung in ihrer ganzen Ausdehnung in solcher Weise zugänglich sein, dass sie jeder Zeit geprüft und ausgewechselt werden können.

b) Drahtverbindungen. Drähte dürfen nur durch Verlöten oder eine gleich gute Verbindungsart verbunden werden. Drähte durch einfaches Umeinanderschlingen der Drahtenden zu verbinden, ist unzulässig.

Zur Herstellung von Lötstellen dürfen Lötmittel, welche das Metall angreifen, nicht verwendet werden. Die fertige Verbindungsstelle ist entsprechend der Art der betreffenden Leitungen sorgfältig zu isolieren.

Abzweigungen von frei gespannten Leitungen sind von Zug zu entlasten.

Zum Anschlusse an Schalttafeln oder Apparate sind alle Leitungen über 25 qmm Querschnitt mit Kabelschuhen oder einem gleichwertigen Verbindungsmittel zu versehen. Drahtseile von geringerem Querschnitt müssen, wenn sie nicht gleichfalls Kabelschuhe erhalten, an den Enden verlötet werden.

c) Kreuzungen von stromführenden Leitungen unter sich und mit sonstigen Metallteilen sind so auszuführen, dass Berührung ausgeschlossen ist. Kann kein genügender Abstand eingehalten werden, so sollen isolierende Rohre übergeschoben oder isolierende Platten dazwischen gelegt werden, um die Berührung zu verhindern. Rohre und Platten sind sorgfältig zu befestigen und gegen Lagenveränderung zu schützen.

d) Wand- und Deckendurchgänge sind entweder der in dem betreffenden Raume gewählten Verlegungsart entsprechend auszuführen, oder es sind haltbare Rohre aus isolierendem Material (Holz ausgeschlossen), welche ein bequemes Durchziehen der Leitungen gestatten, zu verwenden. In diesem Falle ist für jede einzeln verlegte Leitung, sowie für jede Mehrfachleitung je ein Rohr zu verwenden, und die Rohre sind in geeigneter Weise abzudichten. Die Rohre müssen über Decken- und Wandflächen mindestens 2 cm und über Fussböden mindestens 10 cm vorstehen und sind in letzterem Falle gegen mechanische Beschädigung zu schützen. In feuchten Räumen sind entweder Porzellanrohre zu verwenden, deren Enden nach Art der Isolierglocken ausgebildet sind, oder die Leitungen sind frei durch genügend weite Kanäle zu führen.

Betriebsmässig geerdete Leitungen fallen nicht unter die Bestimmungen des § 9 d.

e) Schutzverkleidungen sind da anzubringen, wo Gefahr vorliegt, dass Leitungen beschädigt werden können, und sollen so hergestellt werden, dass die Luft zutreten kann. Leitungen können auch durch Rohre geschützt werden.

III. Isolierung und Befestigung der Leitungen.

§ 10. Für die Befestigungsmittel und die Verlegung aller Arten von Leitungen gelten folgende Bestimmungen.

a) Isolierglocken dürfen im Freien nur in aufrechter Stellung, in gedeckten Räumen nur in solcher Lage befestigt werden, dass sich keine Feuchtigkeit in der Glocke ansammeln kann.

b) Isolierrollen und -ringe müssen so geformt und angebracht sein, dass die Leitung in feuchten Räumen wenigstens 10 mm und in trockenen Räumen wenigstens 5 mm lichten Abstand von der Wand hat.

Bei Führung längs der Wand soll auf je 80 cm mindestens eine Befestigungsstelle kommen. Bei Führung an den Decken kann die Entfernung im Anschluss an die Deckenkonstruktion ausnahmsweise grösser sein.

c) Klemmen müssen aus isolierendem Material oder Metall mit isolierenden Einlagen und Unterlagen bestehen und sind nur in normal trockenen Räumen zulässig.

Auch bei Klemmen müssen die Leitungen von der Wand einen Abstand von mindestens 5 mm haben. Die Kanten der Klemmen müssen so geformt sein, dass sie keine Beschädigung des Isoliermaterials verursachen können.

d) Mehrfachleitungen dürfen nicht so befestigt werden, dass ihre Einzelleiter aufeinander gepresst sind; metallene Bindedrähte sind hierbei nicht zulässig.

e) Rohre können zur Verlegung von isolierten Leitungen mit einer Isolation nach § 7 b oder c unter Putz, in und auf Wänden, Decken und Fussböden verwendet werden, sofern sie den Zutritt der Feuchtigkeit dauernd verhindern. Rohre für Leitungen nach § 7 b müssen aus Isoliermaterial bestehen oder mit Isoliermaterial ausgekleidet sein. Rohre für Leitungen nach § 7 c können aus Metall ohne isolierende Auskleidung bestehen. Es ist gestattet, Hin- und Rückleitungen in dasselbe Rohr zu verlegen; mehr als drei Leiter in demselben Rohre sind nicht zulässig. Bei Verwendung metallener Rohre für Wechselstromleitungen müssen Hin- und Rückleitungen in demselben Rohre geführt werden. Drahtverbindungen dürfen nicht innerhalb der Rohre, sondern nur in Verbindungsdosen ausgeführt werden, welche jederzeit leicht geöffnet werden können. Die lichte Weite der Rohre, die Zahl und der Radius der Krümmungen, sowie die Zahl der Dosen müssen so gewählt werden, dass man die Leitungen jederzeit leicht einziehen und entfernen kann.

Die Rohre sind so herzurichten, dass die Isolation der Leitungen durch vorstehende Teile und scharfe Kanten nicht verletzt werden kann; die Stossstellen müssen sicher abgedichtet sein. Die Rohre sind so zu verlegen, dass sich an keiner Stelle Wasser ansammeln kann. Nach der Verlegung ist die höher gelegene Mündung des Rohrkanals luftdicht zu verschliessen.

f) Holzleisten sind zur Verlegung von Leitungen nicht gestattet. Krampen sind nur zur Befestigung von betriebsmässig geerdeten blanken Leitungen zulässig.

g) Einführungsstücke. Bei Wand-Durchgängen ins Freie sind Einführungsstücke von isolierendem und feuersicherem Material mit abwärts gekrümmtem Ende zu verwenden.

h) Bei Durchführungen der Leitungen durch hölzerne Wände und hölzerne Schalttafeln müssen die Öffnungen durch isolierende und feuersichere Tüllen ausgefüttert sein.

IV. Apparate.

§ 11. Die stromführenden Teile sämtlicher in eine Leitung eingeschalteten Apparate müssen auf feuersicheren, auch in feuchten Räumen gut isolierenden Unterlagen montiert und von Schutzkästen derart umgeben sein, dass sie sowohl vor Berührung durch Unbefugte geschützt, als auch von brennbaren Gegenständen feuersicher getrennt sind.

Die stromführenden Teile sämtlicher Apparate müssen mit gleichwertigen Mitteln und ebenso sorgfältig von der Erde isoliert sein, wie die in den betreffenden Räumen verlegten Leitungen. Bei Einführung von Leitungen muss der für die Leitung vorgeschriebene Abstand von der Wand gewahrt bleiben. Die Kontakte sind derart zu bemessen, dass durch den stärksten vorkommenden Betriebsstrom keine Erwärmung von mehr als 50° C. über Lufttemperatur eintreten kann. Für Apparate in Betriebsräumen gilt § 3.

Sicherungen.

§ 12. a) Die neutralen oder Null-Leitungen bei Mehrleiter- und Mehrphasensystemen, sowie alle betriebsmässig geerdeten blanken Leitungen dürfen keine Sicherungen enthalten; dagegen sind alle übrigen Leitungen, welche von der Schalttafel nach den Verbrauchsstellen führen, durch Abschmelzsicherungen oder andere selbstthätige Stromunterbrecher zu schützen.

b) Die höchste zulässige Abschmelzstromstärke bestimmt sich (mit Ausnahme des unter g angeführten Falles) aus folgender Tabelle:

Drahtquerschnitt in Quadratmillimeter	Normalstromstärke der Sicherung in Ampère	Abschmelzstromstärke der Sicherung in Ampère
0,75	6	12
1	6	12
1,5	6	12
2,5	10	20
4	15	30
6	20	40
10	30	60
16	40	80
25	60	120
35	80	160
50	100	200
70	130	260
95	165	330
120	200	400
150	235	470
185	275	550
240	330	660
310	400	800
400	500	1000
500	600	1200
625	700	1400
800	850	1700
1000	1000	2000

Es ist zulässig, die Sicherung für eine Leitung schwächer zu wählen, als sie nach dieser Tabelle sein sollte.

c) Sicherungen sind (mit Ausnahme des unter g angeführten Falles) an allen Stellen anzubringen, wo sich der Querschnitt der Leitung in der Richtung nach der Verbrauchsstelle hin vermindert und zwar in einer Entfernung von höchstens 25 cm von der Abzweigstelle. Das Anschlussleitungsstück kann von geringerem Querschnitt sein als die Hauptleitung, welche durch dasselbe mit der Sicherung verbunden wird, ist aber in diesem Falle von entzündlichen Gegenständen feuersicher zu trennen und darf dann nicht aus Mehrfachleitern hergestellt sein.

Ist die Anbringung der Sicherung in einer Entfernung von höchstens 25 cm von den Abzweigstellen nicht angängig, so muss die von der Abzweigstelle nach der Sicherung führende Leitung den gleichen Querschnitt wie die durchgehende Hauptleitung erhalten.

d) Die Sicherungen müssen derart konstruiert sein, dass beim Abschmelzen kein dauernder Lichtbogen entstehen kann, selbst dann nicht, wenn hinter der Sicherung Kurzschluss entsteht; auch muss bei Sicherungen bis 6 qmm Leitungsquerschnitt (20 Ampère Normalstromstärke) durch die Konstruktion eine irrtümliche Verwendung zu starker Abschmelzstöpsel ausgeschlossen sein.

Bei Sicherungen aus weichen plastischen Metallen darf das Metall nicht unmittelbar den Kontakt vermitteln, sondern es müssen die Enden der Schmelzdrähte oder Schmelzstreifen in Kontaktstücke aus Kupfer oder gleichgeeignetem Material eingelötet werden.

e) Sicherungen sind möglichst zu centralisieren und in handlicher Höhe anzubringen.

f) Die Maximalspannung und die Normalstromstärke sind auf dem auswechselbaren Stück der Sicherung zu verzeichnen.

g) Mehrere Verteilungsleitungen können eine gemeinsame Sicherung von höchstens 6 Ampère Normalstromstärke erhalten. Querschnittsverminderungen oder Abzweigungen jenseits dieser Sicherung brauchen in diesem Falle nicht weiter gesichert zu werden.

h) Bewegliche Leitungsschnüre zum Anschluss von transportablen Beleuchtungskörpern und Apparaten sind stets mittels lösbaren Kontaktes und Sicherung an allen Polen abzuzweigen, welch' letztere der Stromstärke genau anzupassen ist.

i) innerhalb von Räumen, wo betriebsmässig leicht entzündliche oder explosible Stoffe vorkommen, dürfen Sicherungen nicht angebracht werden.

Ausschalter.

§ 13. a) Die Schalter müssen so konstruiert sein, dass sie nur in geschlossener oder offener Stellung, nicht aber in einer Zwischenstellung verbleiben können.

Hebelschalter für Ströme über 50 Ampère und in Betriebsräumen alle Hebelschalter sind von dieser Vorschrift ausgenommen.

Die Wirkungsweise aller Schalter muss derart sein, dass sich kein dauernder Lichtbogen bilden kann.

b) Die normale Betriebsstromstärke und Spannung sind auf dem Schalter zu vermerken.

c) Metallkontakte sollen ausschliesslich Schleifkontakte sein.

d) Betriebsmässig geerdete Leitungen dürfen keinen Ausschalter enthalten. Nullleiter dürfen nur gleichzeitig mit den Aussenleitern ausschaltbar sein.

e) In Räumen, wo betriebsmässig leicht entzündliche oder explosible Stoffe vorkommen, ist die Anwendung von Ausschaltern und Umschaltern nur unter verlässlichem Sicherheitsabschluss zulässig.

Widerstände.

§ 14. Widerstände und Heizapparate, bei welchen eine Erwärmung um mehr als 50° C. eintreten kann, sind derart anzuordnen, dass eine Berührung zwischen den wärmeentwickelnden Teilen und entzündlichen Materialien, sowie eine feuergefährliche Erwärmung solcher Materialien nicht vorkommen kann.

Widerstände sind auf feuersicherem, gut isolierendem Material zu montieren und mit einer Schutzhülle aus feuersicherem Material zu umkleiden. Widerstände dürfen nur auf feuersicherer Unterlage, und zwar freistehend, oder an feuersicheren Wänden angebracht werden. In Räumen, in denen betriebsmässig explosible Gemische von Staub, Fasern oder Gasen vorhanden sind, dürfen Widerstände nicht aufgestellt werden.

V. Lampen und Beleuchtungskörper.

Glühlicht.

§ 15. a) Glühlampen dürfen in Räumen, in denen eine Explosion durch Entzündung von Gasen, Staub oder Fasern stattfinden kann, nur mit dichtschliessenden Überglocken, welche auch die Fassungen einschliessen, verwendet werden.

Glühlampen, welche mit entzündlichen Stoffen in Berührung kommen können, müssen mit Schalen, Glocken oder Drahtgittern versehen sein, durch welche die unmittelbare Berührung der Lampen mit entzündlichen Stoffen verhindert wird.

b) Die stromführenden Teile der Fassungen müssen auf feuersicherer Unterlage montiert und durch feuersichere Umhüllung, welche jedoch nicht unter Spannung stehen darf, vor Berührung geschützt sein. Hartgummi und andere Materialien, welche in der Wärme einer Formveränderung unterliegen, sowie Steinnuss, sind als Bestandteile im Innern der Fassungen ausgeschlossen.

c) Die Beleuchtungskörper müssen isoliert aufgehängt, bezw. befestigt werden, soweit die Befestigung nicht an Holz oder bei besonders schweren Körpern an trockenem Mauerwerk erfolgen kann. Sind Beleuchtungskörper entweder gleichzeitig für Gasbeleuchtung eingerichtet, oder kommen sie mit metallischen Teilen des Gebäudes in Berührung, oder werden sie an Gasleitungen oder feuchten Wänden befestigt, so ist der Körper an der Befestigungsstelle mit einer besonderen Isoliervorrichtung zu versehen, welche einen Stromübergang vom Körper zur Erde verhindert. Hierbei ist sorgfältig darauf zu achten, dass die Zuführungsdrähte den nicht isolierten Teil der Gasleitung nirgends berühren. Ausgenommen von der Vorschrift 15 c sind Anlagen mit geerdetem Mittelleiter.

d) Beleuchtungskörper müssen so aufgehängt werden, dass die Zuführungsdrähte durch Drehen des Körpers nicht verletzt werden können.

e) Zur Montierung von Beleuchtungskörpern ist gummiisolierter Draht (mindestens nach § 7 b) oder biegsame Leitungsschnur zu verwenden. Wenn der Draht aussen geführt wird, muss er derart befestigt werden, dass sich seine Lage nicht verändern kann und eine Beschädigung der Isolierung durch die Befestigung ausgeschlossen ist.

f) Schnurpendel mit biegsamer Leitungsschnur sind nur dann zulässig, wenn das Gewicht der Lampe nebst Schirm von einer besonderen Tragschnur getragen wird, welche mit der Litze verflochten sein kann. Sowohl an der Aufhängestelle, als auch an der Fassung müssen die Leitungsdrähte länger sein, als die Tragschnur, damit kein Zug auf die Verbindungsstelle ausgeübt wird.

Auch sonst dürfen Leitungen nicht zur Aufhängung benützt werden, sondern müssen durch besondere Aufhängevorrichtungen, welche jederzeit kontrollierbar sind, entlastet sein.

Bogenlicht.

§ 16. a) Bogenlampen dürfen nicht ohne Vorrichtungen, welche ein Herausfallen glühender Kohlenteilchen verhindern, verwendet werden. Glocken ohne Aschenteller sind unzulässig.

b) Die Lampe ist von der Erde isoliert anzubringen.

c) Die Einführungsöffnungen für die Leitungen müssen so beschaffen sein, dass die Isolierhülle der letzteren nicht verletzt werden und Feuchtigkeit in das Innere der Laterne nicht eindringen kann.

d) Bei Verwendung der Zuleitungsdrähte als Aufhängevorrichtung dürfen die Verbindungsstellen der Drähte nicht durch Zug beansprucht und die Drähte nicht verdrillt werden.

e) Bogenlampen dürfen nicht in Räumen, in denen eine Explosion durch Entzündung von Gasen, Staub oder Fasern stattfinden kann, verwendet werden.

VI. Isolation der Anlage.

§ 17. a) Der Isolationswiderstand des ganzen Leitungsnetzes gegen Erde muss mindestens $\frac{1\,000\,000}{n}$ Ohm betragen. Ausserdem muss für jede Hauptabzweigung die Isolation mindestens

$$10\,000 + \frac{1\,000\,000}{n} \text{ Ohm}$$

betragen.

In diesen Formeln ist unter n die Zahl der an die betreffende Leitung angeschlossenen Glühlampen zu verstehen, einschliesslich eines Äquivalents von 10 Glühlampen für jede Bogenlampe, jeden Elektromotor oder anderen stromverbrauchenden Apparat.

b) Bei Messungen von Neuanlagen muss nicht nur die Isolation zwischen den Leitungen und der Erde, sondern auch die Isolation je zweier Leitungen verschiedenen Potentiales gegeneinander gemessen werden; hierbei müssen alle Glühlampen, Bogenlampen, Motoren oder andere stromverbrauchenden Apparate von ihren Leitungen abgetrennt, dagegen alle vorhandenen Beleuchtungskörper angeschlossen, alle Sicherungen eingesetzt und alle Schalter geschlossen sein. Dabei müssen die Isolationswiderstände den obigen Formeln genügen.

c) Bei der Messung der Isolation sind folgende Bedingungen zu beachten: Bei Isolationsmessung durch Gleichstrom gegen Erde soll, wenn möglich, der negative Pol der Stromquelle an die zu messende Leitung gelegt werden, und die Messung soll erst erfolgen, nachdem die Leitung während einer Minute der Spannung ausgesetzt war. Alle Isolationsmessungen müssen mit der Betriebsspannung gemacht werden. Bei Mehrleiteranlagen ist unter Betriebsspannung die einfache Lampenspannung zu verstehen.

d) Anlagen, welche in feuchten Räumen, z. B. in Brauereien und Färbereien, installiert sind, brauchen der Vorschrift a dieses Paragraphen nicht zu genügen, müssen aber folgender Bedingung entsprechen:

Die Leitung muss ausschlieslich mit feuer- und feuchtigkeitsbeständigem Verlegungsmaterial und so ausgeführt sein, dass eine Feuersgefahr infolge Stromableitung dauernd ganz ausgeschlossen ist.

VII. Pläne.

§ 18. Für jede Starkstromanlage soll bei Fertigstellung ein Plan oder ein Schaltungsschema hergestellt werden.

Der Plan soll enthalten:

a) Bezeichnung der Räume nach Lage und Verwendung. Besonders hervorzuheben sind feuchte Räume und solche, in welchen ätzende oder leicht entzündliche Stoffe oder explosible Gase vorkommen.

b) Lage, Querschnitt und Isolierungsart der Leitungen. Der Querschnitt wird in Quadratmillimeter ausgedrückt neben die Leitungslinien gesetzt. Die Isolierungsart wird durch die unten angeführten Buchstaben bezeichnet.

c) Art der Verlegung (Isolierglocken, Rollen, Ringe, Rohre u. s. w.); hierfür sind ebenfalls nachstehend Bezeichnungen angegeben.

d) Lage der Apparate und Sicherungen.

e) Lage und Art der Lampen, Elektromotoren und sonstigen Stromverbraucher.

Für alle diese Pläne sind folgende Bezeichnungen anzuwenden:

× = Feste Glühlampe.

 = Bewegliche Glühlampe.

 5 = Fester Lampenträger mit Lampenzahl (5).

 3 = Beweglicher Lampenträger mit Lampenzahl (3).

Obige Zeichen gelten für Glühlampen jeder Kerzenstärke sowie für Fassungen mit und ohne Hahn.

 6 = Bogenlampe mit Angabe der Stromstärke (6) in Ampère.

 10 = Dynamomaschine bezw. Elektromotor jeder Stromart mit Angabe der höchsten zulässigen Beanspruchung in Kilowatt.

 = Akkumulatoren.

 = Wandfassung, Anschlussdose.

 = Einpoliger bezw. zweipoliger bezw. dreipoliger Ausschalter mit Angabe der höchsten zulässigen Stromstärke (6) in Ampère.

 3 = Umschalter, desgl.

 = Sicherung (an der Abzweigstelle).

 10 = Widerstand, Heizapparate und dergl. mit Angabe der höchsten zulässigen Stromstärke (10) in Ampère.

 10 = Desgl., beweglich angeschlossen.

 7,5 = Transformator mit Angabe der Leistung in Kilowatt (7,5).

 = Drosselspule.

 = Blitzschutzvorrichtung.

 = Zweileiter- bezw. Dreileiter oder Drehstromzähler mit Angabe des Messbereichs in Kilowatt (5 bezw. 20).

 = Zweileiter-Schalttafel.

 = Dreileiter-Schalttafel oder Schalttafel für mehrphasigen Wechselstrom.

= Einzelleitung.

 = Hin- und Rückleitung.

 = Dreileiter- oder Drehstromleitung.

 = Fest verlegte biegsame Mehrfachleitung jeder Art.

 = nach oben / = nach unten } führende Steigleitung.

B = Blanker Kupferdraht.
BE = Blanker Eisendraht.
U = Leitung nach § 7 a.
J = " " § 7 b.
G = " " § 7 c.
L = " " § 8 a—e.
KB = Kabel " § 7 d.
KA = " " § 7 e.
KE = " " § 7 f.
(g) = Verlegung auf Isolierglocken nach § 10 a.
(r) = " " Rollen oder Ringen nach § 10 b.

(k) = Verlegung auf Klemmen nach § 10 c.
(o) = „ in Rohren nach § 10 e.

Das Schaltungsschema soll enthalten: Querschnitte der Hauptleitungen und Abzweigungen von den Schalttafeln mit Angabe der Belastung in Ampère.

Die Vorschriften dieses Paragraphen gelten auch für alle Abänderungen und Erweiterungen.

Der Plan und das Schaltungsschema sind von dem Besitzer der Anlage aufzubewahren.

VIII. Schlussbestimmungen.

§ 19. Der Verband Deutscher Elektrotechniker behält sich vor, diese Vorschriften den Fortschritten und Bedürfnissen der Technik entsprechend abzuändern.

§ 20. Die vorstehenden Vorschriften sowie Anhang A hierzu sind von der Kommission des Verbandes Deutscher Elektrotechniker einstimmig angenommen worden und haben daher in Gemässheit des Beschlusses der Jahresversammlung des Verbandes vom 3. Juni 1898 als Verbandsvorschriften zu gelten.

Der Vorsitzende der Kommission.

Budde.

Anhang A zur Abteilung I der Sicherheitsvorschriften.

Für diejenigen Teile von industriellen und gewerblichen Betrieben, in denen erfahrungsgemäss die dauernde Erhaltung normaler Isolation erschwert und der Widerstand des Körpers der darin beschäftigten Personen erheblich vermindert wird, gelten die folgenden Zusatzbestimmungen:

1. An geeigneten Stellen sind Tafeln anzubringen, welche in deutlich erkennbarer Schrift vor der Berührung der elektrischen Leitungen warnen.
2. Die Gestelle von Dynamomaschinen und Motoren müssen entweder isoliert und mit einem isolierenden Bedienungsgang umgeben oder dauernd geerdet sein.
3. Die Gehäuse von Transformatoren sind zu erden.
4. Akkumulator-Batterien müssen mit einem isolierenden Bedienungsgang umgeben und ihre Anordnung muss derart getroffen sein, dass bei der Bedienung eine gleichzeitige Berührung von Punkten, zwischen denen eine Spannung von mehr als 100 Volt besteht, nicht möglich ist.
5. Schalttafeln müssen von Erde isoliert und mit isolierendem Bedienungsgang umgeben sein, oder es müssen sämtliche Teile, welche unter Spannung stehen, auf der Bedienungsseite durch Gehäuse vor Berührung geschützt sein.
6. Schalter an Verbrauchsstellen müssen mit Schutzgehäusen versehen sein.
7. Schutzgehäuse jeder Art müssen entweder aus Isoliermaterial hergestellt oder geerdet sein, dasselbe gilt von den aus den Schutzkästen hervorragenden Teilen (Griffen u. s. w.) derselben.
8. Jeder Verbrauchsstromkreis muss innerhalb der von ihm versorgten Räumlichkeiten ausschaltbar sein. Die Ausschalter müssen leicht erreichbar an durch Betriebsordnung frei zu haltenden Stellen angebracht sein.

   Das Fabrikpersonal ist in geeigneter Weise über Zweck und Handhabung dieser Ausschalter zu belehren.
9. Die äussere Metallumhüllung von Leitungen, der äussere Bleimantel oder die Armierung von Kabeln, Schutzdrähte, Schutznetze, metallische Schutzverkleidungen und Schutzkästen von Teilen, die unter Spannung stehen, müssen geerdet sein.
10. Die Verwendung von Leitungen mit einer Isolierung nach § 7 a, sowie von fest verlegter Leitungsschnur ist verboten.
11. Freileitungen müssen aus blanken Drähten von wenigstens 10 qmm Querschnitt bestehen.

Wo Freileitungen in die Nähe von Apparaten kommen, sind sie im Handbereich vor zufälliger Berührung zu schützen.

Die Freileitungen müssen mindestens 6 m von der Erdoberfläche entfernt sein.

Freileitungen in der Nähe von Gebäuden sind so anzubringen, dass sie von den Gebäuden aus ohne besondere Hilfsmittel nicht zugänglich sind.

12. Leitungen in und an Gebäuden müssen, soweit sie im Fabrikbetriebe der Berührung zugänglich sind, durch eine Verkleidung geschützt sein. Bei armierten Bleikabeln und metallumhüllten Leitungen kann die Schutzverkleidung wegfallen.

13. Lampen, die ohne besondere Hilfsmittel zugänglich sind, müssen eine geerdete Schutzumhüllung haben. Hahnfassungen aus Metall sind verboten.

Bei transportablen Lampen muss die Leitungsschnur mit einem Gummischlauch oder geerdetem Metall umgeben sein.

14. Lampenträger jeder Art müssen, sofern sie aus Metall sind, gegen Berühung geschützt oder geerdet sein.

15. Bogenlampen sind isoliert in die Laternen (Gehänge, Armaturen) einzusetzen; letztere sowohl wie die Aufzugsvorrichtungen sind zu erden.

16. Die Anlage ist, soweit sie unter diese Zusatzbestimmungen fällt, monatlich einmal auf brauchbaren Zustand, insbesondere auf Isolation zu prüfen. Über den Befund ist Buch zu führen.

17. Installations-Arbeiten dürfen während des Betriebes nur von besonders geschultem Personal ausgeführt werden. Ein einzelner ohne Begleitung darf niemals derartige Arbeiten vornehmen.

18. An passenden Stellen sind Vorschriften über die Behandlung von Personen, die durch den elektrischen Strom betäubt sind, anzubringen.

Anhang B. Kupfernormalien des Verbandes Deutscher Elektrotechniker.

§ 1. Der spezifische Widerstand des Leitungskupfers wird gegeben durch den in Ohm ausgedrückten Widerstand eines Stückes von 1 m Länge und 1 mm Querschnitt bei 15° C.

§ 2. Als Leitfähigkeit des Kupfers gilt der reziproke Wert des durch § 1 festgesetzten spezifischen Widerstandes.

§ 3. Kupfer, dessen spezifischer Widerstand grösser ist als 0,0175, oder dessen Leitfähigkeit kleiner ist als 57, ist als Leitungskupfer nicht annehmbar.

§ 4. Als Normalkupfer von 100% Leitfähigkeit gilt ein Kupfer, dessen Leitfähigkeit 60 beträgt.

§ 5. Zur Umrechnung des spezifischen Widerstandes oder der Leitfähigkeit von anderen Temperaturen auf 15° C. ist in allen Fällen, wo der Temperaturkoeffizient nicht besonders bestimmt wird, ein solcher von 0,4% für 1° C. anzunehmen.

Anhang C zur Abteilnng I der Sicherheitsvorschriften.

Sonderbestimmungen für Theater-Installationen.

Für Theater-Installationen gelten die Vorschriften der Abteilung I, soweit diese nicht durch die nachfolgenden Sonderbestimmungen abgeändert werden. Zitierte Paragraphennummern beziehen sich auf „Abteilung I".

I. Allgemeine Bestimmungen.

a) Zweileiterabzweige von mehr als 250 Volt Spannung sind für Heizkörper von weniger als 2 KW Effektverbrauch und für Beleuchtungszwecke nicht gestattet.

b) Die Spannung irgend eines Leiters gegen Erde darf 250 Volt nicht übersteigen.

c) Die elektrischen Leitungsanlagen sind von der Hauptschalttafel an in Gruppen zu zerlegen.

d) Dreileiteranlagen mit mehr als 250 Volt Spannung zwischen den Aussenleitern sind, soweit thunlich, schon von den Hauptschalttafeln ab in Zweileiterzweige zwischen Mittel- und Aussenleiter zu zerlegen, und die rechte Seite des Hauses an die eine, die linke an die andere Hälfte des Dreileitersystems anzuschliessen.

e) Leitungen, zwischen denen mehr als 250 Volt Spannung besteht, sind, wo sie weniger als 1 m voneinander entfernt sind, entweder als Bleikabel (§ 7e oder f) oder mit Isolierung mindestens nach § 7c in Rohren zu verlegen.

f) In Räumen, die mehr als drei Lampen erhalten, sowie in sämtlichen Korridoren, Treppenhäusern und Ausgängen, sind die Lampen an mindestens zwei getrennt gesicherte Zweigleitungen anzuschliessen. Die Schalter und Sicherungen sind möglichst zu centralisieren und dürfen dem Publikum nicht zugänglich sein.

g) Falls eine elektrische Notbeleuchtung eingerichtet wird, müssen die Lampen derselben an eine oder mehrere besondere räumlich und elektrisch von der Hauptanlage unabhängige Stromquellen angeschlossen sein.

II. Bestimmungen für das Bühnenhaus.

a) Für die Installationen des Bühnenhauses (Bühne, Untermaschinerien, Arbeitsgallerien und Schnürboden, Garderoben und sonstige Bühnennebenräume) gelten ausserdem noch die folgenden Zusatzbestimmungen.

b) Zu § 3. Schalttafeln und Bühnenregulatoren sind derart anzuordnen, dass eine unbeabsichtigte Berührung durch Unbefugte ausgeschlossen ist.

c) Zu § 5. Bewegliche Mehrfachleitungen zum Anschluss von Bühnenbeleuchtungskörpern (Oberlichter, Kulissen, Rampen, Versatz- und Effektbeleuchtung) sowie die innerhalb dieser Beleuchtungskörper fest verlegten Leitungen dürfen um 50% stärker, als der Tabelle vom Jahre 1898 entspricht, belastet werden.

d) Bei Zuleitungen zu Beleuchtungskörpern mit Farbenwechsel genügt für die Bemesssung der gemeinschaftlichen Rückleitung der $1^1/_2$-fache Querschnitt einer Einzelleitung.

e) Zu § 6. Ungeerdete blanke Leitungen sind verboten. Flugdrähte und dergleichen dürfen zur Stromführung nicht benutzt werden.

f) Zu § 7. Dauernd fest verlegte Leitungen müssen entweder in Rohren liegen, oder flammensicher imprägniert sein, oder nach der Verlegung einen flammensicheren Anstrich erhalten.

g) Für vorübergehenden Gebrauch bei rasch auszuführender Szenerie-Beleuchtung sind nur Leitungen nach § 7c (Bezeichnung G) zulässig.

h) Zu § 8. Leitungsschnur nach § 8a ist bei der Bühnenbeleuchtung nur zum Anschluss von Stehlampen, nicht aber für andere Zwecke zulässig.

i) Mehrfachleitungen zum Anschluss beweglicher Bühnenbeleuchtungskörper müssen mindestens nach § 7b isoliert sein, den ihrem Zweck entsprechenden Grad von Biegsamkeit haben und durch eine starke schmiegsame nicht metallische Umhüllung gegen mechanische Beschädigung geschützt sein.

k) Die Befestigung der biegsamen Leitungen an ihren Kontaktstücken ist derart auszuführen, dass auch bei roher Behandlung an der Anschlussstelle ein Bruch nicht zu befürchten ist.

l) Die Kontaktstücke sind mit der Schutzumhüllung so zu verbinden, dass beim Herausziehen des Steckkontaktes die Kupferseelen an der Anschlussstelle von Zug entlastet sind.

m) Steckkontakte für Versatz- und Effektbeleuchtung müssen innerhalb widerstandsfähiger, nicht stromführender Hüllen liegen.

n) Zu § 9. Für vorübergehend gebrauchte Szenerie-Installationen dürfen die Vorschriften dieses Paragraphen ausnahmsweise unbeachtet bleiben, wenn tadelloser Draht nach § 7c (Bezeichnung G) verwendet wird, die Verlegungsart jegliche Verletzung der Isolierung ausschliesst und diese Installation während des Gebrauches bewacht wird.

o) Zu § 10. Bei dem im vorstehenden Zusatz zu § 9 erwähnten Ausnahmefall sind Drahtschellen für Einzelleitungen zulässig und Durchführungstüllen entbehrlich.

p) Zu § 11. Die stromführenden Teile sämtlicher Apparate im Bühnenraum brauchen nur gegen zufällige Berührung geschützt zu sein. Blanke Stromzuführungs-Kontaktplatten auf dem Fussboden sind zulässig, müssen aber, so lange sie unter Spannung stehen, bewacht und nach Gebrauch sofort ausgeschaltet oder entfernt werden.

q) Zu § 12. Die in c Absatz 2 angegebene Entfernung von 25 cm kann auf 1 m erhöht werden.

r) Die Sicherungen der Anschlussleitungen für offene Bühnenbeleuchtungskörper (Oberlichter, Kulissen, Rampen, Versatz- und Effektbeleuchtung) sind im fest verlegten Teil der Leitung anzubringen. Sie sind den im obigen Zusatz § 5 zugelassenen Stromstärken anzupassen.

s) In den vorstehend genannten Beleuchtungskörpern selbst sind Sicherungen nicht zulässig.

t) Zu § 14. Bei Regulierwiderständen, die in besonderen, nur dem Bedienungspersonal zugänglichen, Räumen aufgestellt werden, kann die Schutzhülle aus feuersicherem Material wegfallen.

u) Zu § 15. Sämtliche Glühlampen in den Arbeitsräumen, Werkstätten, Garderoben, Treppen und Korridoren des Bühnenhauses müssen mit Schutzkörben oder Schutzgläsern versehen sein, welche nicht an der Fassung, sondern an den Lampenträgern befestigt sind.

v) Die Bühnenbeleuchtungskörper und deren Anschlüsse (Oberlichter, Kulissen, Rampen, Effekt- und Versatzbeleuchtungen) müssen folgenden Bedingungen entsprechen:

1. Die Spannung zwischen irgend zwei Leitern eines Beleuchtungskörpers darf 250 Volt nicht übersteigen.
2. Holz ist weder als Isolier- noch als Konstruktionsmaterial zulässig.
3. Die Beleuchtungskörper sind mit einem Schutzgitter abzuschliessen.
4. Innerhalb der Beleuchtungskörper sind blanke Leiter dann zulässig, wenn sie gegen zufällige Berührung geschützt sind.
5. Die Oberlichter sind isoliert aufzuhängen.
6. Bei Dreileiteranlagen mit mehr als 2×125 Volt sind sämtliche auf einer Bühnenseite befindlichen Anschlussstellen für Kulissen-, Versatz- und Effektbeleuchtung an dieselbe Dreileiterhälfte zu legen.

w) Zu § 16. Bühnenscheinwerfer und Projektionsapparate sind mit einer Vorrichtung zu versehen, welche das Herabfallen glühender Kohlenteilchen verhindert.

III. Überwachung.

Alle Theateranlagen bedürfen einer periodischen Revision, welche in angemessenen Zwischenräumen von einem Sachverständigen vorzunehmen ist.

Anhang D zur Abteilung I der Sicherheitsvorschriften.

Sonderbestimmungen für Schaustellungen und Räume zur Aufstapelung leicht entzündlicher Stoffe.

Für die elektrische Beleuchtung von Schaustellungen und die Lagerung von Stoffen in leicht entzündlicher Form gelten die Vorschriften der Abteilung I, so weit sie nicht durch die nachstehenden Sonderbestimmungen verschärft sind.

1. Für Beleuchtungen, welche ihren Standort nicht wechseln, müssen die Leitungen, soweit sie mit den leicht entzündlichen Stoffen in Berührung kommen können, bis in die Lampenträger bezw. in die Anschlussdosen vollständig durch Rohre geschützt sein.

2. Beleuchtungskörper, welche ihren Standort wechseln, sind entweder
a) mit metallumhüllter Mehrfachleitung, oder
b) mittels besonders geschützter Mehrfachleitung ohne Metallmantel abzuzweigen.

Im Falle a) ist das eine Ende der Metallumhüllung mit dem Metallmantel der Fassung leitend zu verbinden, das andere Ende ist mittels eines Hilfskontaktes an eine Hilfsleitung anzuschliessen. Dieser Kontakt muss so beschaffen sein, dass er beim Einschalten früher als die Stromkontakte geschlossen und beim Ausschalten später als die Stromkontakte abgetrennt wird. Diese drei Kontakte müssen gegeneinander unverwechselbar sein.

Die metallenen Gebäudeteile und Lampenträger des betreffenden Raumes sind mit der Hilfsleitung ebenfalls leitend zu verbinden. Der Querschnitt der Hilfsleitung muss mindestens gleich dem der betreffenden Abzweigleitung sein. Diese Hilfsleitung darf keine Sicherung enthalten und muss geerdet sein. In Anlagen mit einem geerdeten Leiter gilt die Verbindung mit diesem als Erdung.

Im Falle b) sind nur Leitungen mit einer Isolierung mindestens nach § 7c der Sicherheits-Vorschriften zulässig. Diese müssen ferner zum Schutz gegen mechanische Beschädigung mit einem Überzug aus widerstandsfähigem Material (z. B. Segeltuch, Leder, Hanfschnurumklöppelung) versehen sein.

3. Sämtliche Schalter, Anschlussdosen und Sicherungen müssen an solchen Plätzen montiert sein, an welchen sie vor der Berührung mit leicht entzündlichen Stoffen sicher geschützt sind, und müssen ausserdem mit widerstandsfähigen Schutzkästen umgeben sein.

4. Mit einer beweglichen Leitung darf nur je ein Beleuchtungskörper angeschlossen werden.

5. In Schaufenstern ist Bogenlichtbeleuchtung ohne besonderen Schutz nicht zulässig, es müssen vielmehr die Bogenlampen entweder ausserhalb der Schaufenster angebracht werden, oder durch Glasplatten, Glaswände oder dergl. von den Auslagen derart getrennt sein, dass etwa herabfallende Kohlenteilchen die ausgestellten Gegenstände nicht erreichen können.

Die Aschenteller der Bogenlampen müssen aus Metall bestehen und mindestens 10 cm Durchmesser haben. Bei Bogenlampen mit eingeschlossenem Lichtbogen (Dauerbrandlampen) sind Aschenteller nicht erforderlich.

6. Die Anlagen bedürfen einer periodischen Revision, welche in passenden Zeitabständen durch einem Sachverständigen vorzunehmen ist.

---

b) Für elektrische Mittelspannungs-Anlagen (250—1000 Volt).

Die Vorschriften dieser Abteilung gelten für elektrische Starkstromanlagen bezw. Teile von solchen, bei denen die effektive Spannung zwischen irgend zwei Leitungen oder einer Leitung und Erde über 250 aber unter 1000 Volt beträgt, mit Ausnahme elektrischer Bahnanlagen.

Derartige Anlagen werden als Mittelspannungsanlagen bezeichnet.

Allgemeines.

§ 1. **Bezeichnungen.** a) Isolation. Als isolierend im Sinne der folgenden Vorschriften gelten faserige oder poröse Isolierstoffe, die mit geeigneter Isoliermasse getränkt sind, ferner feste Isolierstoffe, die nicht hygroskopisch sind. Eine genügende Isolation bieten diese Stoffe dann, wenn sie in solcher Stärke verwendet werden, dass sie bei den im Betriebe vorkommenden Temperaturen von einer Spannung, die die Betriebsspannung um 1000 Volt übersteigt (Überspannung von 1000 Volt), nicht durchschlagen werden.

b) Erdung. Einen Gegenstand im besonderen Sinne dieser Vorschriften erden heisst ihn mit der Erde derart leitend verbinden, dass er eine für unisoliert stehende Personen gefährliche Spannung nicht annehmen kann.

c) Freileitungen. Als Freileitungen gelten alle ausserhalb von Gebäuden an Isolatoren befestigten oberirdischen Leitungen ohne metallische Umhüllung und ohne Schutzverkleidung.

d) Isolierte Leitungen. Als isolierte Leitungen gelten umhüllte Leitungen, die nach 24stündigem Liegen im Wasser eine Überspannung von 1000 Volt gegen das Wasser eine Stunde lang aushalten.

e) Feuersichere Gegenstände. Als feuersicher gilt ein Gegenstand, der nicht entzündet werden kann, oder nach Entzündung nicht von selbst weiter brennt.

f) Betriebsräume, Als Betriebsräume gelten Räume für elektrische Maschinen, Akkumulatoren und Apparate, soweit sie nur instruiertem Personal zugänglich sind.

§ 2. **Übertritt höherer Spannung.** Der Übertritt höherer Spannung in Stromkreise für niedrigere Spannung muss verhindert oder ungefährlich gemacht werden, z. B. durch erdende oder kurzschliessende oder abtrennende Sicherungen oder durch dauernde Erdung geeigneter Punkte.

§ 3. **Erdung und Verbindung benachbarter Metallteile.** Alle leitenden nicht stromführenden Gegenstände in der Nähe von Teilen die unter Spannung stehen, müssen, soweit sie von einer Person unabsichtlich gleichzeitig berührt werden können, miteinander leitend verbunden sein; sie dürfen isoliert sein, wenn es unmöglich ist, dass eine und dieselbe Person unabsichtlich diese Gegenstände und zugleich einen nicht isolierten Gegenstand berührt, oder wenn sie selbst als spannungslos zu haltende Teile einer Isolationseinrichtung dienen. (Betreffend besondere Vorschriften für Generatoren und Motoren siehe § 5.)

Die äussere Metallumhüllung von Leitungen, der äussere Bleimantel oder die Armierung von Kabeln (mit Ausnahme von direkt in die Erde verlegten Kabeln), sowie metallische Schutzverkleidungen von Teilen, die unter Spannung stehen, müssen geerdet sein. Metallene Schutzdrähte und Schutznetze sind zu erden, wo eine gute Erdung erreichbar ist; ist dies nicht der Fall, so sind anderweitige, entsprechend wirkende Sicherheitsmittel anzuwenden.

§ 4. **Vermeidung von Explosions- und Brandgefahr.** In Räumen, in denen betriebsmässig explosible Gemische von Gasen, Staub oder Fasern vorkommen, dürfen Maschinen, mit Ausnahme derjenigen, die weder Bürsten noch Schleifkontakte haben, und Apparate, an denen betriebsmässig Funken auftreten können, nur unter Verwendung von Schutzkästen, welche jede Feuersgefahr ausschliessen, aufgestellt werden. In allen Fällen ist die Aufstellung derart auszuführen, dass etwa im Betriebe der elektrischen Einrichtungen, auftretende Feuererscheinungen keine Entzündung brennbarer Stoffe hervorrufen können. Widerstände müssen so beschaffen sein, dass weder durch Erwärmung noch durch Funkenbildung eine Entzündung der explosiblen Gemische hervorgerufen werden kann. Bogenlampenwiderstände und Bogenlampen, sowie nicht unter Luftabschluss brennende Glühlampen dürfen überhaupt nicht in solchen Räumen verwendet werden. Unter Luftabschluss brennende Glühlampen müssen dichtschliessende Überglocken haben, die auch die Fassung einschliessen.

§ 5. **Generatoren, Motoren und Transformatoren.** Die Gestelle von Dynamomaschinen, Motoren und von zugänglich aufgestellten Transformatoren müssen entweder isoliert und mit einem isolierenden Bedienungsgang umgeben oder dauernd geerdet sein. Für Transformatoren, die in einem besonderen Schutzverschlag stehen und nur besonders instruiertem Personal zugänglich sind, braucht diese Vorschrift nicht eingehalten zu werden.

§ 6. **Akkumulatoren.** In Akkumulatorräumen darf keine andere als elektrische Glühlichtbeleuchtung verwendet werden. Solche Räume müssen dauernd gut ventiliert sein. Die einzelnen Zellen sind gegen das Gestell und letzteres ist gegen Erde durch Glas, Porzellan oder ähnliche nicht hygroskopische Unterlagen zu isolieren. Es müssen Vorkehrungen getroffen werden, um beim Auslaufen von Säure eine Gefährdung des Gebäudes zu vermeiden. Während der Ladung dürfen in diesen Räumen glühende oder brennende Gegenstände nicht geduldet werden.

Die Batterien müssen mit einem isolierenden Bedienungsgang umgeben und ihre Anordnung muss derart getroffen sein, dass bei der Bedienung eine zufällige gleichzeitige Berührung von Punkten, zwischen denen eine Spannung von mehr als 250 Volt herrscht, nicht erfolgen kann.

§ 7. **Schalttafeln.** Bei Schalttafeln ist Holz nur als Konstruktionsmaterial, nicht als Isolation zulässig. Schalttafeln, bei denen der einzelne Apparat mehr als 3 Kilowatt oder die Hauptleitungen mehr als 10 Kilowatt führen, müssen aus feuersicherem Material hergestellt werden. Sicherungen, Schalter und alle Apparate, in denen betriebsmässig Stromunterbrechung stattfindet, müssen derart angeordnet sein, dass etwa im Betriebe der elektrischen Einrichtungen auftretende Feuererscheinungen benachbarte brennbare Stoffe nicht entzünden können.

Schalttafeln müssen mit einem isolierenden Bedienungsgang umgeben sein und, soweit sie für nicht instruiertes Personal zugänglich sind, müssen sämtliche Teile, die unter Spannung gegen Erde stehen, auf der Bedienungsseite vor Berührung geschützt sein. Die gleiche Vorschrift gilt auch für die Rückseite der Schalttafeln sofern dieselbe überhaupt begehbar ist. Bei Schalttafeln, die betriebsmässig auf der Rückseite zugänglich sein müssen, darf die Entfernung zwischen ungeschützten stromführenden Teilen der Schalttafel und der gegenüberliegenden Wand nicht weniger als 1 m betragen. Sind auf der letzteren ungeschützte stromführende Teile in erreichbarer Höhe vorhanden, so muss die horizontale Entfernung bis zu denselben 2 m betragen und der Zwischenraum durch Geländer geteilt sein. Im übrigen wird bezüglich der Ausrüstung der Schalttafeln auf die §§ 13 a und d, 15, 16, 17 und 18 verwiesen.

Leitungen.

§ 8. **Querschnitt der Leitungen.** Die höchste zulässige Betriebsstromstärke für isolierte Leitungen und oberirdisch verlegte Kabel aus Kupfer, das den Normalien des Verbandes Deutscher Elektrotechniker entspricht, ist nach folgender Tabelle zu bemessen.

Querschnitt in Quadratmillimeter	Betriebsstromstärke in Ampère	Querschnitt in Quadratmillimeter	Betriebsstromstärke in Ampère
0,75	2	35	80
1	4	50	100
1,5	6	70	130
2,5	10	95	165
4	15	120	200
6	20	150	235
10	30	185	275
16	40	240	330
25	60		

Blanke Kupferdrähte bis zu 50 qmm Querschnitt unterliegen den Vorschriften der vorstehenden Tabelle; blanke Kupferleitungen über 50 qmm können mit 2 Ampère für den Quadratmillimeter belastet werden. Auf Freileitungen und unterirdisch verlegte Kabel finden die vorstehenden Zahlenbestimmungen keine Anwendung.

Bei Verwendung von Drähten aus anderen Metallen müssen die Querschnitte entsprechend grösser gewählt werden.

Der geringste zulässige Querschnitt für isolierte Kupferleitungen ist 1 qmm, an und in Beleuchtungskörpern $^3/_4$ qmm.

Der geringste zulässige Querschnitt von blanken Leitungen in Gebäuden ist 4 qmm; derjenige von Freileitungen aus Kupfer oder anderen Metallen von mindestens gleich grosser Bruchfestigkeit ist 10 qmm.

§ 9. **Freileitungen.** a) Freileitungen müssen für Spannungen über 500 Volt aus blanken Drähten bestehen. Bei geringeren Spannungen sind wetterbeständig isolierte Drähte zulässig. Freileitungen dürfen nur auf Isolierglocken verlegt werden.

b) Blanke Freileitungen müssen mindestens 5 m, bei Wegübergängen mindestens 6 m von der Erdoberfläche entfernt sein.

c) Freileitungen in der Nähe von Gebäuden, Brücken u. dergl. sind so anzubringen, dass sie ohne besondere Hilfsmittel nicht zugänglich sind.

d) Spannweite und Durchhang müssen derart bemessen werden, dass Gestänge aus Holz mit 10facher und aus Eisen mit 5facher Sicherheit und Leitungen bei -20^0 C. mit 5facher Sicherheit (bei Leitungen aus hartgezogenem Metall mit 3facher Sicherheit) beansprucht sind. Dabei ist der Winddruck mit 125 kg für 1 qm senkrecht getroffener Fläche in Rechnung zu bringen.

e) Den örtlichen Verhältnissen entsprechend sind Freileitungen durch Blitzschutzvorrichtungen zu sichern, die auch bei wiederholten Blitzschlägen wirksam bleiben. Es ist dabei auf eine gute Erdleitung Bedacht zu nehmen, die unter möglichster Vermeidung von Krümmungen auszuführen ist. Fahrschienen können als Erdleitung benutzt werden.

f) Bezüglich der Sicherung vorhandener Telephon- und Telegraphenleitungen gegen Freileitungen wird auf § 12 des Telegraphengesetzes vom 6. April 1892 verwiesen.[1]

§ 10. **Blanke Leitungen in Gebäuden.** Blanke Leitungen sind in Betriebsräumen, als Kontaktleitungen auch in solchen Räumen, wo sie nur besonders instruiertem Personal zugänglich sind, ferner allgemein in feuersicheren Räumen ohne brennbaren Inhalt, soweit sie vor Beschädigungen und zufälliger Berührung geschützt sind, gestattet. Ausnahmsweise sind in nicht feuersicheren Räumen, in denen ätzende Dünste auftreten, blanke Leitungen zulässig, wenn sie durch einen geeigneten Überzug gegen chemische Beschädigung geschützt sind.

Blanke Leitungen sind nur auf Isolierglocken oder gleichwertigen Vorrichtungen zu verlegen und müssen, soweit sie nicht ausschaltbare Parallelzweige sind, bei Spannweiten von mehr als 6 m mindestens 30 cm, bei Spannweiten von 4—6 m mindestens 20 cm und bei kleineren Spannweiten mindestens 15 cm voneinander, in allen Fällen aber mindestens 10 cm von der Wand bezw. von Gebäudeteilen entfernt sein. Bei Verbindungsleitungen zwischen Akkumulatoren, Maschinen und Schalttafeln sind auch andere Isolierstücke und kleinere Abstände zulässig.

Betriebsmässig geerdete blanke Leitungen fallen nicht unter die Bestimmungen dieses Paragraphen, müssen aber gegen mechanische und chemische Beschädigungen geschützt sein.

§ 11. **Isolierte Leitungen.** a) Isolierte Leitungen (Bezeichnung G) dürfen, soweit ätzende Dämpfe nicht zu befürchten sind, verwendet werden, wenn sie eine Gummiisolierung in Form einer ununterbrochenen nahtlosen und vollkommen wasserdichten Hülle besitzen. Die Gummiisolierung muss durch eine Umhüllung aus faserigem Material noch besonders geschützt sein.

[1] Dieser Paragraph lautet: „Elektrische Anlagen sind, wenn eine Störung des Betriebes der einen Leitung durch die andere eingetreten oder zu befürchten ist, auf Kosten desjenigen Teiles, welcher durch eine spätere Anlage oder eine später eingetretene Änderung seiner bestehenden Anlage diese Störung oder die Gefahr derselben veranlasst, nach Möglichkeit so auszuführen, dass sie sich nicht störend beeinflussen."

b) Mehrfachleitungen sind in Innenräumen zulässig, wenn jeder Leiter nach § 11a isoliert ist. Es ist hierbei statthaft, die isolierten Leitungen anstatt einzeln auch durch eine gemeinsame Umhüllung aus faserigem Material zu schützen. Verdrillte biegsame Mehrfachleitungen dürfen nicht fest verlegt werden.

c) Biegsame Leitungen zum Anschluss beweglicher Lampen und Apparate müssen mit einem Gummischlauch oder geerdetem Metall umgeben sein. Für hintereinander geschaltete Lampen sowie als Ausschalterleitungen sind verdrillte Mehrfachleitungen nur in Betriebsräumen gestattet.

d) Wenn vulkanisierte Gummiisolierung verwendet wird, muss der Leiter verzinnt sein.

§ 12. **Bleikabel.** a) Blanke Bleikabel (Bezeichnung K B), bestehend aus einer oder mehreren Kupferseelen, starken Isolierschichten und einem nahtlosen, einfachen, oder einem mehrfachen Bleimantel, müssen gegen mechanische Beschädigung geschützt sein und dürfen nicht unmittelbar mit Stoffen, die das Blei angreifen, in Berührung kommen.

b) Asphaltierte Bleikabel (Bezeichnung K A) dürfen nur da verlegt werden, wo sie gegen mechanische Beschädigung geschützt sind.

c) Asphaltierte armierte Bleikabel (Bezeichnung K E) bedürfen eines besonderen mechanischen Schutzes nicht.

d) Bleikabel jeder Art dürfen nur mit Endverschlüssen, Abzweigmuffen, oder gleichwertigen Vorkehrungen, die das Eindringen von Feuchtigkeit wirksam verhindern und gleichzeitig einen guten elektrischen Anschluss vermitteln, verwendet werden.

An den Befestigungsstellen ist darauf zu achten, dass der Bleimantel nicht eingedrückt oder verletzt wird; Rohrhaken sind daher nur bei armierten Kabeln als Befestigungsmittel zulässig.

Blanke Bleikabel, deren Kupferseele weniger als 6 qmm Querschnitt hat, sind nur dann zulässig, wenn ihre Isolierung aus vulkanisiertem Gummi oder gleichwertigem Stoff besteht.

e) Bei eisenarmierten Kabeln für Ein- oder Mehrphasenstrom müssen sämtliche zu einem Stromkreis gehörigen Leitungen in demselben Kabel enthalten sein.

§ 13. **Leitungsverlegung.** a) Alle Leitungen und Apparate müssen auch nach der Verlegung in ihrer ganzen Ausdehnung in solcher Weise zugänglich sein, dass sie jederzeit geprüft und ausgewechselt werden können. Unterirdisch verlegte Leitungen unterliegen dieser Vorschrift nicht.

b) Leitungsdrähte dürfen nur durch Verlöten, Verschrauben oder auf eine andere gleichwertige Verbindungsart miteinander und mit Apparaten verbunden werden. Drähte durch einfaches Umeinanderschlingen der Drahtenden zu verbinden, ist unzulässig.

Zur Herstellung von Lötstellen dürfen Lötmittel, die das Metall angreifen, nicht verwendet werden. Die fertige Verbindungsstelle ist entsprechend der Art der betreffenden Leitungen sorgfältig zu isolieren.

Die Anschluss- und Abzweigungsstellen von freigespannten Leitungen müssen von Zug entlastet sein.

Die Verbindung der Leitungen mit den Apparaten ist mittels Klemmschrauben auszuführen.

Drahtseile bis zu 6 qmm und Drähte bis zu 25 qmm Kupferquerschnitt können mit angebogenen Ösen an die Apparate befestigt werden. Drahtseile über 6 qmm, sowie Drähte über 25 qmm Kupferquerschnitt müssen mit Kabelschuhen oder einem gleichwertigen Verbindungsmittel versehen werden. Drahtseile von geringerem Querschnitt müssen, wenn sie nicht gleichfalls Kabelschuhe erhalten, an den Enden verlötet werden.

c) Kreuzungen von Leitungen mit anderen Leitungen und mit sonstigen Metallteilen sind so auszuführen, dass gegenseitige Berührung ausgeschlossen ist.

Bei Einrichtungen, bei denen ein Zusammenlegen von Leitungen unvermeidlich ist (in Rohren verlegte Leitungen, Reguliervorrichtungen), dürfen isolierte Leitungen so verlegt werden, dass sie sich berühren, wenn Vorsorge gegen Durchscheuern der Isolation getroffen ist.

d) Wand- und Deckendurchgänge sind entweder der in dem betreffenden Raume gewählten Verlegungsart entsprechend auszuführen, oder es sind haltbare Rohre (Holz ausgeschlossen), die ein bequemes Durchziehen der Leitungen gestatten, zu verwenden. In diesem Falle ist für jede einzeln verlegte Leitung, sowie für jede Mehrfachleitung je ein Rohr zu verwenden und die Rohre sind so zu verlegen, dass sich Wasser nicht ansammeln kann. Die Rohre müssen über Decken- und Wandflächen mindestens 1 cm und über Fussböden mindestens 10 cm vorstehen und sind gegen mechanische Beschädigung zu schützen. In feuchten Räumen sind Rohre von genügender Isolierfähigkeit und mechanischer Festigkeit, deren Enden nach Art der Isolierglocken ausgebildet sind, zu verwenden, oder die Leitungen sind frei durch genügend weite Kanäle zu führen.

Bei Wanddurchgängen ins Freie sind Einführungsstücke von feuersicherem Isolierstoff mit abwärts gekrümmten, nach Art der Isolierglocken ausgebildetem Ende zn verwenden, oder die Leitungen sind frei durch genügend weite Kanäle zu führen.

Bei Durchführungen der Leitungen durch hölzerne Wände und hölzerne Schalttafeln müssen die Öffnungen mit isolierenden und feuersicheren Tüllen ausgefüttert sein.

Betriebsmässig geerdete Leitungen fallen nicht unter die Bestimmungen dieses Absatzes, sind aber gegen die Einflüsse der Mauerfeuchtigkeit zu schützen.

e) Soweit festverlegte Leitungen der Berührung zugänglich oder der mechanischen Beschädigung ausgesetzt sind, müssen sie durch Verkleidungen geschützt werden, die so hergestellt sein sollen, dass die Luft frei hinzutreten kann. Rohre gelten als Schutzverkleidung.

Armierte Bleikabel und metallumhüllte Leitungen, sowie sämtliche Leitungen in Betriebsräumen unterliegen dieser Vorschrift nicht.

§ 14. **Isolierung und Befestigung der Leitungen.** Für die Befestigungsmittel und die Verlegung aller Arten von Leitungen gelten folgende Bestimmungen:

a) Isolierglocken dürfen im Freien nur in aufrechter Stellung, in gedeckten Räumen nur in solcher Lage befestigt werden, dass sich keine Feuchtigkeit in der Glocke ansammeln kann.

b) Rollen, Ringe und Klemmen müssen aus Porzellan oder Glas hergestellt und so geformt und angebracht sein, dass die Leitungen in einem lichten Abstande von wenigstens 1 cm von der Wand gehalten werden.

Bei Führung längs der Wand soll auf je 80 cm mindestens eine Befestigungsstelle kommen.

Bei Führung an den Decken kann die Entfernung im Anschluss an die Deckenkonstruktion ausnahmsweise grösser sein.

c) Mehrfachleitungen dürfen nicht so befestigt werden, dass ihre Einzelleiter aufeinander gepresst sind; metallene Bindedrähte sind hierbei nicht zulässig.

d) Rohre können zur Verlegung isolierter Leitungen unter Putz, in und auf Wänden, Decken und Fussböden verwendet werden, sofern sie die Leitungen dauernd gegen die Wirkungen der Feuchtigkeit schützen. Sie können aus Metall oder Isoliermaterial oder aus Metall mit isolierender Auskleidung bestehen. Es ist gestattet, Hin- und Rückleitung in dasselbe Rohr zu verlegen; jedoch dürfen nur solche Leitungen gleicher Polarität in einem gemeinsamen Rohr verlegt werden, die mit einer § 16e entsprechenden Sicherung versehen sind; mehr als drei Leiter in demselben Rohre sind nicht zulässig. Bei Verwendung eiserner Rohre für Ein- oder Mehrphasenstromleitungen müssen dagegen sämtliche zu einem Stromkreise gehörigen Leitungen in demselben Rohre verlegt werden. Die lichte Weite der Rohre, die Zahl und der Radius der Krümmungen, sowie die Zahl der Dosen müssen so gewählt werden, dass man die Leitungen jederzeit leicht einziehen und entfernen kann. Die Leitungen dürfen erst nach Verlegung der Rohre eingezogen werden.

Die Rohre sind so herzurichten, dass die Isolierung der Leitungen durch vorstehende Teile und scharfe Kanten nicht verletzt werden kann; die Stossstellen müssen bei Metallrohren zum Zwecke der Erdung elektrisch leitend verbunden sein. Die Rohre sind so zu verlegen, dass sich an keiner Stelle Wasser ansammeln kann.

Drahtverbindungen dürfen nicht innerhalb der Rohre, sondern nur in Verbindungsdosen ausgeführt werden, die jederzeit leicht geöffnet werden können.

Sofern Metallrohre als geerdete Leitungen dienen, unterliegen sie den allgemeinen Vorschriften über geerdete Leitungen, insbesondere den §§ 8 und 13a.

e) Holzleisten sind zur Verlegung von Leitungen nicht gestattet. Krampen sind nur zur Befestigung von betriebsmässig geerdeten blanken Leitungen in trockenen Räumen zulässig.

Apparate.

§ 15. **Allgemeines.** Die stromführenden Teile sämtlicher Apparate müssen auf feuersicheren, auch in feuchten Räumen ausreichend isolierenden Unterlagen montiert und von Schutzkästen derart umgeben sein, dass sie sowohl vor Berührung geschützt, als auch von brennbaren Gegenständen feuersicher getrennt sind.

Apparate auf Schalttafeln, soweit sie nur instruiertem Personal zugänglich sind, sowie Apparate, die im Freien in unzugänglicher Lage angebracht sind, können Schutzkästen entbehren.

Die stromführenden Teile sämtlicher Apparate müssen gegen die Erde ebenso sorgfältig isoliert sein, wie die in den betreffenden Räumen verlegten Leitungen. Bei Einführung von Leitungen muss der für die Leitungen vorgeschriebene Abstand von der Wand gewahrt bleiben.

Die Kontakte sind derart zu bemessen, dass durch den stärksten vorkommenden Betriebsstrom keine Erwärmung von mehr als 50° C. über Lufttemperatur eintreten kann.

§ 16. **Sicherungen.** a) Nicht ausschaltbare Sicherungen müssen derart konstruiert oder angeordnet sein, dass sie auch unter Spannung gefahrlos gehandhabt werden können; sie dürfen unter Spannung nur von instruiertem Personal gehandhabt werden.

b) Die neutralen oder Nullleitungen bei Mehrleiter- oder Mehrphasensystemen, sowie alle betriebsmässig geerdeten blanken Leitungen dürfen keine Sicherungen enthalten; dagegen sind alle übrigen Leitungen, die von der Schalttafel nach den Verbrauchsstellen führen, durch Abschmelzsicherungen oder andere selbstthätige Stromunterbrecher zu schützen.

c) Für Anlagen in Innenräumen sind Sicherungen (mit Ausnahme des unter e angeführten Falles) an allen Stellen anzubringen, wo sich der Querschnitt der Leitungen in der Richtung nach der Verbrauchsstelle hin vermindert.

Bei Abzweigungen kann das Anschlussleitungsstück von der Hauptleitung zur Sicherung, wenn seine einfache Länge nicht mehr als 1 m beträgt, von geringerem Querschnitt sein als die Hauptleitung; es ist aber in diesem Falle von entzündlichen Gegenständen feuersicher zu trennen und darf nicht aus Mehrfachleitungen hergestellt sein. Bei grösseren Längen ist das Anschlussleitungsstück bis zur Sicherung von gleichem Querschnitt zu wählen wie die Hauptleitung.

d) Biegsame Leitungen zum Anschluss von beweglichen Lampen, Motoren und Apparaten sind stets mittels lösbaren Kontaktes und Sicherung in jedem Pole abzuzweigen.

e) Die Stärke der zu verwendenden Sicherung richtet sich nach dem Querschnitt der zu schützenden Leitung in der Weise, dass die Normalstromstärke der Sicherung entweder gleich der höchsten nach § 8 zulässigen Betriebsstromstärke der Leitung oder schwächer zu wählen ist.

Mehrere Verteilungsleitungen können eine gemeinsame Sicherung von höchstens 6 Ampère Normalstromstärke enthalten. Querschnittsverminderungen oder Abzweigungen jenseits dieser Sicherung brauchen in diesem Falle nicht weiter gesichert zu werden.

f) Die Abschmelzstromstärke der Sicherung soll das Doppelte ihrer Normalstromstärke sein. Sicherungen bis einschliesslich 50 Ampère Normalstromstärke müssen mindestens die $1^1/_4$fache Normalstromstärke dauernd tragen können; vom kalten Zustande aus plötzlich mit der doppelten Normalstromstärke belastet, müssen sie in längstens 2 Minuten abschmelzen.

g) Die Sicherungen müssen derart konstruiert sein, dass beim Abschmelzen, auch bei Kurzschluss, in der gesicherten Leitung kein dauernder Lichtbogen entstehen kann.

In Innenräumen muss bei Sicherungen von 2 bis 20 Ampère Normalstromstärke durch die Konstruktion eine irrtümliche Verwendung zu starker Einsätze ausgeschlossen sein.

Bei Sicherungen dürfen weiche plastische Metalle und Legierungen nicht unmittelbar den Kontakt vermitteln, sondern es müssen die Schmelzdrähte oder Schmelzstreifen in Kontaktstücke aus Kupfer oder gleich geeignetem Metall eingelötet sein.

h) Die Maximalspannung und die Normalstromstärke sind auf dem auswechselbaren Einsatz der Sicherung zu verzeichnen.

i) Sicherungen sind möglichst zu zentralisieren und in handlicher Höhe anzubringen; sie müssen derart konstruiert und angebracht sein, dass sie gefahrlos funktionieren.

k) In Räumen, in denen betriebsmässig explosible Gemische von Gasen, Staub oder Fasern vorkommen, dürfen Sicherungen nur in luftdichten und explosionssicheren Schutzkästen angebracht werden.

§ 17. **Aus- und Umschalter.** a) Stromerzeuger, Motoren, sowie selbständig gesicherte Lampengruppen und andere Stromverbraucher müssen derart ausschaltbar sein, dass nach Ausschalten kein Teil hinter den Schaltern unter Spannung steht; in Hausinstallationen müssen die Ausschalter derart sein, dass diese Ausschaltung durch einen Handgriff erfolgt. Nullleiter und betriebsmässig geerdete Leitungen dürfen entweder gar nicht oder nur nach oder gleichzeitig mit den zugehörigen Aussenleitern ausschaltbar sein.

b) Die Schalter müssen so konstruiert sein, dass sie nur in geschlossener oder offener Stellung, nicht aber in einer Zwischenstellung verbleiben können.

Hebelschalter für Ströme über 30 Ampère und alle Hebelschalter in Betriebsräumen sind von dieser Vorschrift ausgenommen.

Die Wirkungsweise aller Schalter muss derart sein, dass sich kein dauernder Lichtbogen bilden kann.

c) Die normale Betriebsstromstärke und Spannung, für die ein Schalter gebaut ist, sind auf demselben zu vermerken.

d) Ausschalter müssen erkennen lassen, ob der Stromkreis geschlossen oder offen ist.

e) Metallkontakte sollen Schleifkontakte sein.

f) In Räumen, in denen betriebsmässig explosible Gemische von Gasen, Staub oder Fasern vorkommen, ist die Aufstellung von Ausschaltern und Umschaltern nur in Schutzkästen, die jede Feuersgefahr ausschliessen, zulässig.

g) Schalter müssen mit Schutzgehäusen aus Isolierstoff oder geerdetem Metall versehen sein, desgleichen müssen ihre aus den Schutzgehäusen hervorragenden Teile, wie Griffe u. dergl., aus Isoliermaterial bestehen oder geerdetes Metall enthalten (Ausnahme vergl. § 15, Abs. 2).

§ 18. **Widerstände.** Widerstands- und Heizapparate, bei denen eine

Erwärmung um mehr als 50° C. eintreten kann, sind derart anzuordnen, dass eine Berührung zwischen den wärmeentwickelnden Teilen und entzündlichen Stoffen, sowie eine feuergefährliche Erwärmung der letzteren nicht vorkommen kann.

Widerstandsapparate dürfen nur auf feuersicherer Unterlage, und zwar freistehend oder an feuersicheren Gebäudeteilen angebracht werden. Für Räume, in denen betriebsmässig explosible Gemische von Staub, Fasern oder Gasen vorhanden sind, vergl. die Bestimmungen des § 4.

Lampen und Zubehör.

§ 19. **Allgemeines.** a) Die unter Spannung stehenden Teile von Lampen und Zubehör müssen, soweit sie ohne besondere Hilfsmittel erreichbar sind, durch eine Umhüllung aus Isoliermaterial oder geerdetem Metall geschützt sein.

b) Um während der Bedienung der Lampen alle Teile derselben spannungslos zu machen, sind mindestens für jede selbständig gesicherte Lampengruppe in allen unter Spannung stehenden Leitungen Ausschalter anzubringen.

c) Bei Reihenschaltung von Lampen ausserhalb von Betriebsräumen muss jede Lampe mit einer Vorrichtung versehen sein, welche bei Stromunterbrechung in der Lampe selbstthätig Kurzschluss oder Nebenschluss herstellt.

§ 20. **Lampenträger.** a) Metallene Lampenträger jeder Art müssen entweder gegen Berührung geschützt oder geerdet sein.

b) Beleuchtungskörper müssen so angebracht werden, dass die Zuführungsdrähte durch Drehen des Körpers nicht verletzt werden können.

c) An und in Beleuchtungskörpern ist isolierter Draht oder Mehrfachleitung (G; § 11) verwendbar. Wenn der Draht an der Aussenseite des Beleuchtungskörpers geführt ist, muss er derart befestigt sein, dass er seine Lage nicht verändern kann, und dass eine Beschädigung der Isolierung durch die Befestigung ausgeschlossen ist.

§ 21. **Glühlampen.** a) In Räumen, in denen betriebsmässig explosible Gemische von Gasen, Staub oder Fasern vorkommen, dürfen nur unter Luftabschluss brennende Glühlampen mit dicht schliessenden Überglocken, die auch die Fassungen einschliessen, verwendet werden.

Glühlampen, die mit entzündlichen Stoffen in Berührung kommen können, müssen mit Schalen, Glocken oder Drahtgittern versehen sein, durch die die Berührung der Lampen mit entzündlichen Stoffen verhindert wird.

b) Die stromführenden Teile der Fassungen müssen auf feuersicherer Unterlage montiert und durch feuersichere Umhüllung, die jedoch nicht unter Spannung gegen Erde stehen darf, vor Berührung geschützt sein. Stoffe, die in der Wärme entzündlich sind oder Formveränderung erleiden, sind als Bestandteile im Innern der Fassungen ausgeschlossen.

c) Ausschalter an Fassungen sind verboten.

d) Die unter Spannung stehenden Teile der Glühlampen müssen vor Berührung geschützt sein.

e) Schnurpendel aus biegsamer Mehrfachleitung sind nur dann zulässig, wenn das Gewicht der Lampe nebst Schirm von einer besonderen Tragschnur getragen wird, die mit der Litze verflochten sein kann. Sowohl an der Aufhängestelle als auch an der Fassung müssen die Leitungsdrähte länger sein als die Tragschnur, damit kein Zug auf die Leitungsdrähte ausgeübt wird.

§ 22. **Bogenlampen.** a) In Räumen, in denen betriebsmässig explosible Gemische von Gasen, Staub oder Fasern vorkommen, dürfen Bogenlampen nicht verwendet werden.

b) Bogenlampen dürfen ohne Vorrichtungen, die ein Herausfallen glühender Kohlenteilchen verhindern, nicht verwendet werden.

c) Bogenlampen sind isoliert in die Laterne (Gehänge, Armaturen) einzusetzen. Die Aufhängevorrichtung ist in allen Fällen zu erden. Die Laterne ist zu erden, wenn sie der Berührung zugänglich ist, während die Lampe unter Spannung steht.

d) Die Einführungsöffnungen für die Leitungen müssen so beschaffen sein, dass die Isolierhülle der letzteren nicht verletzt werden und Feuchtigkeit in das Innere der Laterne nicht eindringen kann.

e) Soweit die Zuleitungsdrähte der Berührung zugänglich sind, während die Lampe unter Spannung steht, müssen sie isoliert und mit einer geerdeten Metallumhüllung versehen sein.

f) Bei der Verwendung der Zuleitungsdrähte als Aufhängevorrichtung dürfen die Anschlussstellen der Drähte nicht durch Zug beansprucht und die Drähte nicht verdrillt werden.

Isolation der Anlagen.

§ 23. **Überwachung.** Vor Inbetriebsetzung einer Anlage ist durch Isolationsprüfung mit mindestens 100 Volt Spannung festzustellen, ob Isolationsfehler vorhanden sind. Das Gleiche gilt von jeder Erweiterung der Anlage.

Für Centralen sind nach Möglichkeit Vorrichtungen vorzusehen, durch welche man sich über den Isolationszustand der Anlage dauernd unterrichtet hält. Über das Ergebnis ist Buch zu führen.

Zur dauernden Erhaltung des vorgeschriebenen Zustandes der Gestänge, der Leitungen, der Sicherheitsvorrichtungen und der Erdung mit ihren Kontakten muss eine Überwachung in der Weise stattfinden, dass jährlich mindestens einmal eine eingehende Revision und ausserdem vierteljährlich mindestens einmal eine Begehung sämtlicher oberirdischen Fernleitungen stattfindet. Über den Befund ist Buch zu führen.

§ 24. **Isolationswert.** a) Der Isolationswiderstand muss für die in Innenräumen isoliert verlegten Teile des Leitungsnetzes mindestens $\frac{3\,000\,000}{n}$ Ohm betragen. Ausserdem muss für jede Hauptabzweigung die Isolation mindestens

$$10\,000 + \frac{3\,000\,000}{n} \text{ Ohm}$$

betragen.

In diesen Formeln ist unter n die Zahl der an die betreffende Leitung angeschlossenen Glühlampen zu verstehen, einschliesslich eines Äquivalentes von 10 Glühlampen für jede Bogenlampe, jeden Elektromotor oder anderen stromverbrauchenden Apparat.

b) Der Isolationswiderstand von Freileitungen muss bei Regenwetter mindestens 100 000 Ohm für das Kilometer einfacher Länge betragen.

§ 25. **Messungen.** a) Bei Messungen von Neuanlagen muss nicht nur die Isolation zwischen den Leitungen und der Erde, sondern auch die Isolation je zweier Leitungen verschiedenen Potentiales gegeneinander gemessen werden. Hierbei müssen alle Glühlampen, Bogenlampen, Motoren oder andere stromverbrauchenden Apparate von ihren Leitungen abgetrennt, dagegen alle vorhandenen Beleuchtungskörper angeschlossen, alle Sicherungen eingesetzt und alle Schalter geschlossen sein. Reihenstromkreise dürfen jedoch nur an einer einzigen Stelle geöffnet werden, die möglichst nahe der Mitte zu wählen ist. Dabei müssen die Isolationswiderstände den Formeln des § 24 genügen.

b) Bei Isolationsmessung durch Gleichstrom gegen Erde soll, wenn möglich, der negative Pol der Stromquelle an die zu messende Leitung gelegt werden, und die Messung soll erst erfolgen, nachdem die Leitung während einer Minute der Spannung ausgesetzt war. Alle Isolationsmessungen müssen, wenn möglich, mit der Betriebsspannung, mindestens aber mit einer Spannung von 100 Volt angestellt werden.

Schutzmaassregeln beim Betriebe.

§ 26. a) Das Arbeiten an Teilen des Leitungsnetzes ist nur nach vorheriger Ausschaltung und einer unmittelbar an der Arbeitsstelle vorgenommenen Erdung und Kurzschliessung der stromführenden Teile gestattet.

Das Arbeiten an unter Spannung stehenden Apparaten und Stromverbrauchern ist verboten. Die zu behandelnden Teile sind vorher allpolig abzuschalten, und die Stellung der Ausschalter ist durch Verriegelung zu sichern. Das Auswechseln von Glühlampen ist nur gestattet, wenn der Stromkreis vollständig abgeschaltet ist. Die Bedienung von Bogenlampen ist nur gestattet, nachdem die Lampe von dem Stromkreis vollständig abgeschaltet und entweder geerdet oder durch eine geerdete Vorrichtung von der Leitung entfernt worden ist.

Ausnahmen von den Bestimmungen der beiden vorigen Absätze sind in Centralen und in Unterstationen (Transformatorenstationen) gestattet. In diesen darf an unter Spannung stehenden Teilen gearbeitet werden, jedoch nur von instruiertem Personal und wenn möglich in Gegenwart einer zweiten Person. Ebenfalls ausnahmsweise kann die Bedienung von Kollektoren und Schleifbürsten im Betriebe von instruiertem Personal ausgeführt werden, jedoch nur dann, wenn der Bedienende isoliert steht, und wenn die Bedienung ohne Berührung des Gestelles oder des anderen Poles leicht möglich ist.

Die Handhabung von Schaltern, sowie das Auswechseln von Sicherungen, die der Bestimmung des § 16 a entsprechen, sind nicht als Arbeiten im Sinne der vorstehenden Bestimmungen zu betrachten.

b) In Innenräumen, in denen betriebsmässig blanke unter Spannung stehende Teile unvermeidlich sind, müssen Warnungstafeln angebracht sein. Wo solche Teile vorkommen, müssen die Stromkreise innerhalb des von ihnen versorgten Raumes ausschaltbar sein, und der Raum darf nur bei ausreichender Beleuchtung betreten werden.

c) In jeder Betriebsstätte sind Vorschriften über die Behandlung von Personen, die durch elektrischen Strom betäubt sind, sichtbar anzubringen.

Pläne.

§ 27. Für jede Starkstromanlage soll bei Fertigstellung ein Plan und ein Schaltungsschema hergestellt werden. Der Plan soll enthalten:

a) Bezeichnung der Räume nach Lage und Verwendung. Besonders hervorzuheben sind feuchte Räume und solche, in denen ätzende oder leicht entzündliche Stoffe oder explosible Gemische von Gasen, Staub oder Fasern vorkommen.

b) Lage, Querschnitt und Isolierungsart der Leitungen. Der Querschnitt wird, in Quadratmillimeter ausgedrückt, neben die Leitungslinien gesetzt. Die Isolierungsart wird durch die unten angeführten Buchstaben bezeichnet.

c) Art der Verlegung (Isolierglocken, Rollen, Klemmen, Rohre u. s. w.); hierfür sind ebenfalls nachstehend Bezeichnungen angegeben.

d) Lage der Apparate und Sicherungen.

e) Lage und Art der Lampen, Elektromotoren und sonstigen Stromverbraucher.

Für alle diese Pläne sind folgende Bezeichnungen anzuwenden:

 = Erdung.

× = Feste Glühlampe.

 = Bewegliche Glühlampe.

 5 = Fester Lampenträger mit Lampenzahl (5).

 3 = Beweglicher Lampenträger mit Lampenzahl (3).

Obige Zeichen gelten für Glühlampen jeder Grösse.

 6 = Bogenlampe mit Angabe der Stromstärke (6) in Ampère.

 10 = Dynamomaschine bezw. Elektromotor jeder Stromart mit Angabe der höchsten zulässigen Beanspruchung in Kilowatt.

 = Akkumulatoren.

 = Wandfassung, Anschlussdose.

 = Einpoliger bezw. zweipoliger bezw. dreipoliger Ausschalter mit Angabe der höchsten zulässigen Stromstärke (6) in Ampère.

 3 = Umschalter desgl.

 = Sicherung (an der Abzweigstelle).

 10 = Widerstand, Heizapparate und dergl. mit Angabe der höchsten zulässigen Stromstärke (10) in Ampère.

 10 = Desgl. beweglich angeschlossen.

 7,5 = Transformator mit Angabe der Leistung in Kilowatt (7,5).

 = Drosselspule.

 = Blitzschutzvorrichtung.

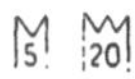 = Zweileiter- bezw. Dreileiter- oder Drehstromzähler mit Angabe des Messbereiches in Kilowatt (5 bezw. 20).

 = Zweileiterschalttafel.

 = Dreileiterschalttafel oder Schalttafel für mehrphasigen Wechselstrom.

 = Einzelleitung.

 = Hin- und Rückleitung.

 = Dreileiter- oder Drehstromleitung.

 = Fest verlegte Mehrfachleitung jeder Art.

 = Nach oben führende Steigleitung.

 = Nach unten führende Steigleitung.

B = Blanker Kupferdraht.
BE = Blanker Eisendraht.
G = Leitung nach § 11 a.
KB = Kabel nach § 12 a.
KA = Kabel nach § 12 b.
KE = Kabel nach § 12 c.
(g) = Verlegung auf Isolierglocken nach § 14 a.
(r) = Verlegung auf Rollen oder Ringen nach § 14 b.
(k) = Verlegung auf Klemmen nach § 14 b.
(o) = Verlegung in Rohren nach § 14 d.

Das Schaltungsschema soll enthalten: Querschnitte der Hauptleitungen und Abzweigungen von den Schalttafeln mit Angabe der Belastung in Ampère.

Die Vorschriften dieses Paragraphen gelten auch für alle Abänderungen und Erweiterungen.

Der Plan und das Schaltungsschema sind von dem Besitzer der Anlage aufzubewahren.

Schlussbestimmungen.

§ 28. Die vorstehenden Vorschriften treten vom 1. Oktober 1899 ab für Neuanlagen und Erweiterungen als vorläufige, vom Verband Deutscher Elektrotechniker genehmigte Richtschnur in Kraft.

Der Verband Deutscher Elektrotechniker behält sich vor, dieselben den Fortschritten und Bedürfnissen der Technik entsprechend abzuändern.

Der Vorsitzende der Sicherheitskommission.

Budde.

c) Für elektrische Hochspannungs-Anlagen (über 1000 Volt).

Die nachstehenden Vorschriften gelten für elektrische Starkstrom-Anlagen, bei denen die effektive Spannung zwischen irgend zwei Leitungen 1000 Volt oder mehr beträgt.

Derartige Anlagen werden als Hochspannungs-Anlagen bezeichnet.

§ 1. **Bezeichnungen.** a) Isolation. Als isolierend im Sinne der Hochspannungs-Vorschriften gelten faserige oder poröse Isoliermaterialien, welche mit geeigneter Isoliermasse getränkt sind, ferner feste Isoliermaterialien, welche nicht hygroskopisch sind und bei $1/4$ der verwendeten Stärke und den im Betriebe vorkommenden Temperaturen von der in Betracht kommenden Spannung nicht durchschlagen werden.

Material, wie Schiefer, Holz oder Fiber, darf als Konstruktionsmaterial, nicht aber als Isoliermaterial angewendet werden.

Das Isoliermaterial muss derart gestaltet und bemessen sein, dass ein merklicher Stromübergang über die Oberfläche (Oberflächenleitung) unter normalen Umständen nicht eintreten kann.

b) Erdung. Einen Gegenstand erden heisst ihn mit der Erde derart leitend verbinden, dass er eine für unisoliert stehende Personen gefährliche Spannung nicht annehmen kann.

c) Freileitungen. Als Freileitungen gelten alle ausserhalb von Gebäuden auf Isolierglocken verlegten oberirdischen Leitungen ohne metallische Umhüllung und ohne Schutzverkleidung.

d) Isolierte Leitungen. Als isolierte Leitungen gelten umhüllte Leitungen, welche nach vierundzwanzigstündigem Liegen im Wasser bei Spannungen unter 3000 Volt die doppelte Betriebsspannung, bei höheren eine Überspannung von 3000 Volt gegen das Wasser eine Stunde lang aushalten.

e) Metallumhüllte Leitungen. Als metallumhüllte Leitungen gelten isolierte Leitungen, welche in Rohre aus Metall oder mit Metallüberzug eingezogen sind.

f) Feuersichere Gegenstände. Als feuersicher gilt ein Gegenstand, der nach Entzündung nicht von selbst weiter brennt.

Allgemeines.

§ 2. **Warnungszeichen.** Träger und Schutzverkleidungen von Hochspannungs-Leitungen müssen durch einen deutlich sichtbaren, roten Zickzackpfeil (Blitzpfeil) gekennzeichnet sein. Wo Kabel oder metallumhüllte Leitungen in oder an Decken, Wänden und Fussböden verlegt sind, muss der Verlauf der Leitungeu durch das gleiche Zeichen kenntlich gemacht werden. Ausserdem ist an geeigneten Stellen durch Anschlag auf die Bedeutung dieses Zeichens aufmerksam zu machen.

§ 3. **Übertritt hoher Spannungen.** Die Entstehung hoher Spannung in Niederspannungs-Stromkreisen muss verhindert oder ungefährlich gemacht werden, z. B. durch erdende oder kurzschliessende Sicherungen oder durch dauernde Erdung geeigneter Punkte.

§ 4. **Erdung benachbarter Metallteile.** Die äussere metallische Umhüllung von Leitungen (mit Ausnahme von direkt in die Erde verlegten Kabeln), Schutzdrähte, Schutznetze und die metallische Umhüllung der Schutzkästen und Schutzverkleidungen von stromführenden Teilen müssen geerdet sein.

§ 5. **Vermeidung von Explosions- und Brandgefahr.** In Räumen, in denen betriebsmässig explosible Gemische von Gasen, Staub oder Fasern vorkommen, dürfen Maschinen und Apparate nur in Schutzkästen, welche jede Feuersgefahr ausschliessen, aufgestellt werden. In allen Fällen ist die Aufstellung derart auszuführen, dass etwaige im Betriebe der elektrischen Einrichtungen auftretende Feuererscheinungen keine Entzündung brennbarer Stoffe hervorrufen können.

Maschinen und Transformatoren.

§ 6. **Generatoren und Motoren.** a) Mit isoliertem Gestell. Die Maschinen müssen mit einem isolierenden Bedienungsgang umgeben werden. Die Anordnung muss derart getroffen sein, dass die Bedienung ohne gleichzeitige Berührung eines Hochspannung führenden Teiles und des Gestelles oder eines nicht isolierten Körpers erfolgen kann.

b) Mit geerdetem Gestell. Die Hochspannung führenden Teile müssen, soweit sie im Betriebe zugänglich sind, durch Schutzverkleidungen aus geerdetem Metall oder isolierendem Material gegen Berührung geschützt sein.

§ 7. **Erreger-Stromkreise von Hochspannungs-Maschinen.** Wenn das Gestell von Hochspannungs-Maschinen nicht geerdet ist, so gelten die Vorschriften des § 6 auch für Erreger-Stromquellen und sonstige mit den Hochspannungs-Maschinen in Verbindung stehende Niederspannungs-Stromkreise.

§ 8. **Transformatoren.** a) Für zugänglich aufgestellte Transformatoren gelten die Vorschriften des § 6.

Für Transformatoren, welche in besonderen abgeschlossenen Räumen oder Behältern aufgestellt und nur besonders instruiertem Personal zugänglich sind, brauchen diese Vorschriften nicht eingehalten zu werden, sofern eine Vorrichtung angebracht ist, mittels welcher vor Hantierung das Gestell geerdet werden kann.

b) Bei Reihenschaltung muss entweder durch entsprechende Konstruktion des Transformators oder durch eine selbstthätige Vorrichtung dafür gesorgt sein, dass bei Unterbrechung des sekundären Stromkreises eine gefährliche Erhitzung des Transformators nicht eintreten kann.

c) Die Hochspannungswicklungen müssen bei Spannungen unter 3000 Volt die doppelte Betriebsspannung, bei höheren eine Überspannung von 3000 Volt gegen Erde, gegen Gestell und gegen Niederspannungswicklungen eine Stunde lang aushalten können.

Akkumulatoren für Hochspannung.

§ 9. In Akkumulatorräumen darf keine andere als elektrische Glühlichtbeleuchtung verwendet werden. Solche Räume müssen dauernd gut ventiliert sein. Die einzelnen Zellen sind gegen das Gestell und letzteres ist gegen Erde durch Glas, Porzellan oder ähnliche nicht hygroskopische Unterlagen zu isolieren. Es müssen Vorkehrungen getroffen werden, um beim Auslaufen von Säure eine Gefährdung des Gebäudes zu vermeiden. Während der Ladung dürfen in diesen Räumen glühende oder brennende Gegenstände nicht geduldet werden.

Die Hochspannungsbatterien müssen mit einem isolierenden Bedienungsgang umgeben und ihre Anordnung muss derart getroffen sein, dass bei der Bedienung eine gleichzeitige Berührung von Punkten, zwischen denen eine Spannung von mehr als 250 Volt herrscht, nicht erfolgen kann. Niederspannungsbatterien, welche zur Erregung von Hochspannungsmaschinen dienen, unterliegen diesen Vorschriften gleichfalls, wenn die Gestelle der zugehörigen Maschinen nicht geerdet sind.

Hochspannungs-Apparate.

§ 10. **Schalttafeln.** Die Schalttafeln, mit Ausnahme des Gerüstes und der Umrahmung, müssen aus feuersicherem Material bestehen; für die isolierenden Teile gelten die Vorschriften des § 1a.

a) Die Bedienungsseite. Wird ein isolierender Bedienungsgang verwendet, so müssen die stromführenden Teile der Messinstrumente, Sicherungen und Schalter der Berührung unzugänglich angeordnet sein; alle der Berührung zugänglichen, nicht stromführenden Metallteile dieser Apparate und des Gerüstes müssen unter sich metallisch verbunden und von der Erde isoliert sein.

Wird kein isolierender Bedienungsgang verwendet, so müssen die stromführenden Teile der Messinstrumente, Sicherungen und Schalter, sofern sie nicht geerdet sind, der Berührung unzugänglich angeordnet sein; die zugänglichen, nicht stromführenden Metallteile dieser Apparate und des Gerüstes müssen geerdet sein.

b) Rückseite. Die gleichen Vorschriften gelten auch für die Rückseite der Schalttafel, sofern diese Seite nicht derart abgeschlossen ist, dass nur besonders instruiertes Personal Zutritt hat. Bei Schalttafeln, welche betriebsmässig auf der Rückseite zugänglich sein müssen, darf die Entfernung zwischen ungeschützten stromführenden Teilen der Schalttafel und der gegenüberliegenden Wand nicht weniger als ein Meter betragen. Sind auf der letzteren ungeschützte stromführende Teile in erreichbarer Höhe vorhanden, so muss die horizontale Entfernung bis zu denselben zwei Meter betragen und der Zwischenraum durch Geländer geteilt sein.

§ 11. **Apparate.** a) Alle Apparate müssen derart konstruiert und angebracht sein, dass eine Verletzung von Personen durch Splitter, Funken und geschmolzenes Material ausgeschlossen ist.

b) Die stromführenden Teile der sämtlichen in Hochspannungsleitungen eingeschalteten Apparate müssen auf feuersicherer, isolierender Unterlage montiert und von Schutzkästen, soweit erforderlich, derart umgeben sein, dass sie von brennbaren Gegenständen feuersicher getrennt sind.

Alle Teile von Apparaten, welche eine hohe Spannung annehmen können, müssen, soweit sie im Handbereich sind, durch einzelne Schutzkästen oder gemeinsamen Abschluss gegen Berührung geschützt sein.

Apparate, welche im Freien an Masten, in der in § 16b für Freileitungen vorgeschriebenen Höhe angebracht sind, können Schutzkästen entbehren.

Alle Kontakte müssen derart konstruiert sein, dass durch den stärksten vorkommenden Betriebsstrom eine Erwärmung von mehr als 50° C. über Lufttemperatur nicht eintreten kann.

§ 12. **Sicherungen.** a) Sämtliche Leitungen, welche von der Schalttafel nach den Verbrauchsstellen führen, sind durch Abschmelzsicherungen oder andere selbstthätige Stromunterbrecher zu schützen; ausgenommen sind neutrale oder Nullleitungen bei Mehrleiter- oder Mehrphasensystemen, sowie alle betriebsmässig geerdeten Leitungen; alle diese dürfen keine Sicherungen enthalten.

b) Die höchste zulässige Abschmelzstromstärke bestimmt sich nach folgender Tabelle:

Leitungsquerschnitt in Quadratmillimeter	Normalstromstärke der Sicherung in Ampère	Abschmelzstromstärke der Sicherung in Ampère
1,5	6	12
2,5	10	20
4	15	30
6	20	40
10	30	60
16	40	80
25	60	120
35	80	160
50	100	200
70	130	260
95	165	330
120	200	400
150	235	470
185	275	550
240	330	660

Es ist zulässig, die Sicherung für eine Leitung schwächer zu wählen, als in dieser Tabelle angegeben.

c) Sicherungen sind an allen Stellen anzubringen, wo sich der Querschnitt der Leitung vermindert. Das Anschluss-Leitungsstück zwischen Hauptleitung und Sicherung kann von geringerem Querschnitt sein als die Hauptleitung, ist aber in diesem Falle von entzündlichen Gegenständen feuersicher zu trennen und derart zu befestigen, dass Kurz- und Erdschlüsse auf der Strecke zwischen Sicherung und Abzweigstelle nicht eintreten können.

d) Die Sicherungen müssen derart konstruiert sein, dass beim Abschmelzen auch bei Kurzschluss hinter der Sicherung kein dauernder Lichtbogen entstehen kann.

Bei Sicherungen dürfen weiche plastische Metalle und Legierungen nicht unmittelbar den Kontakt vermitteln, sondern es müssen die Schmelzdrähte oder Schmelzstreifen in Kontaktstücke aus Kupfer oder gleich geeignetem Material enden.

e) Sicherungen müssen derart konstruiert und angebracht sein, dass sie auch unter Spannung gefahrlos gehandhabt werden können.

§ 13. **Blitzschutz-Vorrichtungen.** Alle Maschinen und Apparate, welche mit Freileitungen in Verbindung stehen, müssen an passenden Stellen durch Blitzschutz-Vorrichtungen gesichert sein, die auch bei wiederholten Blitzschlägen wirksam bleiben. Es ist dabei auf eine gute Erdleitung Bedacht zu nehmen, welche unter möglichster Vermeidung von Krümmungen auszuführen ist.

§ 14. **Schalter.** a) Die Schalter müssen derart konstruiert sein, dass auch beim Ausschalten des vollen Betriebsstromes sich kein dauernder Lichtbogen bilden kann.

b) Jede Hauptabzweigung soll für alle Pole, sofern nicht die Sicherungen das Ausschalten unter Strom ermöglichen, Ausschalter erhalten, gleichviel ob für die einzelnen Unterabzweigungen noch besondere Ausschalter angebracht sind oder nicht; doch gelten folgende Ausnahmen: Betriebsmässig geerdete Leitungen dürfen keine Ausschalter enthalten; Nullleiter dürfen nur gleichzeitig mit den Aussenleitern ausschaltbar sein.

c) Wenn kein isolierender Bedienungsgang am Schalter und am stromverbrauchenden Apparat verwendet wird, so muss der Schalter nach dem Ausschalten den Verbrauchsstromkreis erden; die nicht stromführenden Metallteile der Schalter müssen, sofern sie der Berührung zugänglich sind, dauernd geerdet sein.

Wird ein isolierender Bedienungsgang verwendet, so gelten die für diesen Fall in den §§ 6 und 10 angeführten Vorschriften.

Leitungen.

§ 15. **Allgemeines.** a) Die Abstände stromführender Leitungen voneinander und von fremden Gegenständen sind derart zu bemessen, dass sowohl Berührung als auch Stromübergang ausgeschlossen ist.

b) D r a h t v e r b i n d u n g e n. Drähte dürfen nur durch Verlöten oder eine gleich gute Verbindungsart miteinander verbunden werden; es ist insbesondere unzulässig, Drähte nur durch Umeinanderschlingen der Drahtenden mit einander zu verbinden.

Zur Herstellung von Lötstellen dürfen Lötmittel, welche das Metall angreifen, nicht verwendet werden. Die Isolation der fertigen Verbindungsstellen muss gleichwertig mit der Isolation der Leitung sein. Abzweigungen von frei gespannten Leitungen sind von Zug zu entlasten.

Zum Anschluss an Schalttafeln oder Apparate sind alle Leitungen über 25 qmm Querschnitt mit Kabelschuhen oder gleichwertigen Verbindungsmitteln zu versehen. Drahtseile von geringerem Querschnitt müssen, wenn sie nicht gleichfalls Kabelschuhe erhalten, an den Enden verlötet sein.

§ 16. **Freileitungen.** a) F r e i l e i t u n g e n müssen aus blanken Drähten bestehen.

b) H ö h e d e r F r e i l e i t u n g e n. Freileitungen müssen mindestens 6 m, bei Wegübergängen mindestens 7 m von der Erdoberfläche entfernt sein.

c) Freileitungen in der Nähe von Gebäuden sind so anzubringen, dass sie von den Gebäuden aus ohne besondere Hilfsmittel nicht zugänglich sind.

d) Mechanische Festigkeit der Freileitungen und des Gestänges. Freileitungen müssen mit Rücksicht auf mechanische Festigkeit einen Mindestquerschnitt von 10 qmm haben.

Spannweite und Durchhang müssen derart bemessen werden, dass Gestänge aus Holz mit 10facher und aus Eisen mit 5facher Sicherheit und Leitungen bei —25° C. mit 5facher Sicherheit ausgeführt sind. Dabei ist der Winddruck mit 125 kg für 1 qm senkrecht getroffener Fläche in Rechnung zu bringen.

§ 17. **Schutzmassregeln bei Freileitungen.** a) Für Freileitungen längs öffentlicher Wege ausserhalb von Ortschaften müssen Vorrichtungen angebracht werden, welche bei Bruch der Leitungen oder der Isolatoren ein Herabfallen der Leitungen hindern oder sie spannungslos machen.

b) Schutzdrähte sind zu verwenden: in Ortschaften, ferner über einzeln liegenden bebauten Grundstücken und bei Kreuzungen öffentlicher Wege.

c) Freileitungen in Ortschaften müssen streckenweise während des Betriebes ausschaltbar sein.

d) Gegenseitiger Schutz benachbarter Leitungen. Bei parallelem Verlauf von Hochspannungs-Freileitungen mit andern Leitungen sind dieselben so zu führen, oder es sind solche Vorkehrungen zu treffen, dass eine Berührung der beiden Arten von Leitungen miteinander erschwert und ungefährlich gemacht wird.

Bei Kreuzungen mit anderen Leitungen sind Schutznetze oder Schutzdrähte zu verwenden, sofern nicht durch Konstruktion des Gestänges auch im Falle eines Drahtbruches die gegenseitige Berührung ausgeschlossen ist.

Wenn Telephonleitungen an einem Hochspannungs-Gestänge geführt sind, so müssen die Telephonstationen so eingerichtet sein, dass eine Gefahr für die Sprechenden ausgeschlossen ist.

Wenn Niederspannungsleitungen an einem Hochspannungsgestänge geführt werden, so sind Vorrichtungen anzubringen, die bei Bruch der Leitungen oder Isolatoren eine Berührung der beiden Arten von Leitungen miteinander oder das Auftreten hoher Spannung in den Niederspannungsleitungen verhindern.

Bezüglich der Sicherung vorhandener Telephon- und Telegraphenleitungen gegen Hochspannungsleitungen wird auf § 12 des Telegraphengesetzes vom 6. April 1892 verwiesen.[1]

§ 18. **Leitungen in und an Gebäuden.** a) Blanke Leitungen sind in Gebäuden nur in feuersicheren Räumen ohne brennbaren Inhalt zulässig.

b) Blanke Leitungen müssen an aufrechtstehenden Isolierglocken befestigt werden, desgleichen isolierte Leitungen, sofern sie nicht in Schutzrohre mit geerdeter Metallumhüllung eingezogen sind (vergl. § 19).

c) Alle Hochspannungsleitungen in und an Gebäuden müssen durch geeignete Schutzverkleidung gegen Berührung und Beschädigung gesichert sein. Diese Schutzverkleidung muss, soweit sie der Berührung durch Personen zugänglich ist, aus geerdetem Metall bestehen oder mit einer geerdeten Metallumhüllung versehen sein.

An besonders unzugänglichen Stellen, wie z. B. Giebelwänden, kann die Schutzverkleidung durch ein Schutznetz von höchstens 15 cm Maschenweite ersetzt werden.

---

[1] Dieser Paragraph lautet: Elektrische Anlagen sind, wenn eine Störung des Betriebes der einen Leitung durch die andere eingetreten oder zu befürchten ist, auf Kosten desjenigen Teiles, welcher durch eine spätere Anlage oder durch eine später eintretende Änderung seiner bestehenden Anlage diese Störung oder die Gefahr derselben veranlasst, nach Möglichkeit so auszuführen, dass sie sich nicht störend beeinflussen.

Der Abstand zwischen der Leitung, einerlei ob sie blank oder isoliert ist, und Gebäudeteilen oder der Schutzverkleidung darf an keiner Stelle weniger als 10 cm betragen. Ausgenommen hiervon sind Wand- und Deckendurchgänge, für welche die nachstehende Vorschrift d gilt.

Bei eisenarmierten Bleikabeln und metallumhüllten Leitungen kann die Schutzverkleidung wegfallen; dieselben können unter Berücksichung der §§ 2, 4, 19 und 22 in oder an Wänden, Decken und Fussböden zugänglich verlegt werden.

d) Wand- und Deckendurchgänge. Bei Wand- und Deckendurchgängen muss entweder, unter Einhaltung einer Mindestentfernung von 5 cm zwischen Wand und Leitung, ein Kanal hergestellt werden, welcher die Durchführung der Leitung auf Isolierglocken gestattet, oder es sind Porzellan- oder gleichwertige Isolierrohre zu verwenden, deren Enden mindestens 5 cm aus der Wand hervorragen, nach aussen und nach feuchten Räumen hin aber als Isolierglocken ausgebildet sein müssen. Für jede Leitung ist, abgesehen von Mehrleiterkabeln, ein besonderes Rohr vorzusehen.

Diese Bestimmung findet auf eisenarmierte Bleikabel keine Anwendung.

§ 19. **Schutzrohre.** a) Schutzrohre müssen aus widerstandsfähigem Metall bestehen und eine Wandstärke von mindestens 1 mm besitzen.

b) Die Rohre sind so herzurichten, dass die Isolierung der Leitungen durch vorstehende Teile und scharfe Kanten nicht verletzt werden kann. Stossenden müssen zum Zweck der Erdung (§ 4) elektrisch leitend verbunden sein. Die Rohre sind so zu verlegen, dass sich an keiner Stelle Wasser ansammeln kann.

Die lichte Weite der Rohre, die Zahl und der Radius der Krümmungen müssen so gewählt werden, dass man die Drähte ohne Schwierigkeit einziehen und entfernen kann.

c) Drahtverbindungen dürfen nicht innerhalb der Rohre liegen.

d) Bei Gleichstrom dürfen Hin- und Rückleitung in dasselbe Rohr verlegt werden; mehr als 3 Leiter in demselben Rohre sind nicht zulässig.

Bei Schutzrohren mit eiserner Hülle für Ein- oder Mehrphasenstrom müssen sämtliche zu einem Stromkreise gehörigen Leitungen in demselben Rohre verlegt sein.

§ 20. **Querschnitt der Leitungen.** Die höchsten zulässigen Betriebsstromstärken für Leitungen aus Kupfer, welches den Normalien des Verbandes Deutscher Elektrotechniker entspricht, sind nach folgender Tabelle zu bemessen:

Leitungsquerschnitt in Quadratmillimeter	Betriebsstromstärke in Ampère	Leitungsquerschnitt in Quadradmillimeter	Betriebsstromstärke in Ampère
1,5	6	50	100
2,5	10	70	130
4	15	95	160
6	20	120	200
10	30	150	235
16	40	185	275
25	60	240	330
35	80		

Der geringste zulässige Querschnitt von Leitungen ist 1,5 qmm.

Bei Verwendung von Materialien von geringerer Leitfähigkeit sind die Querschnitte entsprechend zu vergrössern.

§ 21. **Biegsame Mehrfachleitungen.** (Bezeichnung L.) Biegsame Mehrfachleitungen sind ausserhalb bewohnter Gebäude zulässig, wenn die Spannung zwischen den verschiedenen Adern 250 Volt nicht übersteigen kann. Sie dürfen nicht so befestigt werden, dass ihre einzelnen Adern aufeinander gepresst werden: metallene Bindedrähte sind zur Befestigung nicht zulässig.

§ 22. **Kabel.** a) Blanke Bleikabel (Bezeichnung K B), bestehend aus einer oder mehreren Kupferseelen, starken Isolierschichten und einem nahtlosen einfachen, oder einem mehrfachen Bleimantel, müssen gegen mechanische Beschädigung geschützt sein und dürfen nicht unmittelbar mit Stoffen, welche das Blei angreifen, in Berührung kommen.

b) Asphaltierte Bleikabel (Bezeichnung K A) dürfen nur da verlegt werden, wo sie gegen mechanische Beschädigung geschützt sind.

c) Asphaltierte armierte Bleikabel (Bezeichnung K E) bedürfen eines besonderen mechanischen Schutzes nicht.

d) Bleikabel jeder Art dürfen nur mit Endverschlüssen, Abzweigmuffen oder gleichwertigen Vorkehrungen, welche das Eindringen von Feuchtigkeit wirksam verhindern und gleichzeitig einen guten elektrischen Anschluss vermitteln, verwendet werden.

An den Befestigungsstellen ist darauf zu achten, dass der Bleimantel nicht eingedrückt oder verletzt wird; Rohrhaken sind daher nur bei armierten Kabeln als Befestigungsmittel zulässig.

e) Bei eisenarmierten Kabeln für Ein- oder Mehrphasenstrom müssen sämtliche zu einem Stromkreise gehörigen Leitungen in demselben Kabel enthalten sein.

f) Wenn vulkanisierte Gummiisolierung verwendet wird, muss der Leiter verzinnt sein.

Lampen in Hochspannungs-Stromkreisen.

§ 23. **Allgemeines.** a) Lampen, die ohne besondere Hilfsmittel zugänglich sind, müssen eine geerdete Schutzumhüllung haben.

b) Lampen müssen zum Zweck der Bedienung durch Schalter, welche den Vorschriften des § 14c entsprechen, ausschaltbar sein.

c) Die Lampenträger müssen entweder gegen Berührung geschützt oder geerdet sein.

d) Zur Montierung von Beleuchtungskörpern ist isolierter Draht (vergl. § 1 d) zu verwenden. Wenn der Draht an der Aussenseite des Beleuchtungskörpers geführt ist, muss er derart befestigt sein, dass sich seine Lage nicht verändern kann und eine Beschädigung der Isolation durch die Befestigung ausgeschlossen ist.

e) Bei Reihenschaltung der Lampen muss jede Lampe mit einer Vorrichtung versehen sein, welche bei Stromunterbrechung in der Lampe selbstthätig Kurzschluss oder Nebenschluss herstellt.

§ 24. **Glühlampen.** a) In Räumen, in denen betriebsmässig explosible Gemische von Gasen, Staub oder Fasern vorkommen, dürfen Glühlampen nur mit luftdicht schliessenden starken Überglocken aus Glas, welche auch die Fassung einschliessen, verwendet werden. Die Schutzglocken dürfen ohne besondere Hilfsmittel nicht erreichbar sein und müssen durch einen geerdeten metallischen Schutzkorb gegen mechanische Beschädigung geschützt sein. Glühlampen, welche mit sonstigen entzündlichen Stoffen in Berührung kommen können, müssen mit Glocken oder geerdeten Drahtgittern versehen sein.

b) Die stromführenden Teile der Fassungen müssen auf feuersicherer Unterlage montiert sein.

§ 25. **Bogenlampen.** a) In Räumen, in denen betriebsmässig explosible Gemische von Gasen, Staub oder Fasern vorkommen, dürfen Bogenlampen nicht verwendet werden.

b) Bogenlampen dürfen ohne Vorrichtungen, welche ein Herausfallen glühender Kohlenteilchen verhindern, nicht verwendet werden. Glocken ohne Aschenteller sind unzulässig.

Überwachung.

§ 26. Vor Inbetriebsetzung einer Anlage ist durch Isolationsprüfung mit mindestens 100 Volt Spannung festzustellen, ob Isolationsfehler vorhanden sind. Das Gleiche gilt von jeder Erweiterung der Anlage.

Es sind Vorrichtungen vorzusehen, durch welche der Isolationszustand der ganzen Anlage während des Betriebes jederzeit beobachtet werden kann. Über das Ergebnis der Prüfungen ist Buch zu führen.

Zur dauernden Erhaltung des vorgeschriebenen Zustandes der Gestänge, der Leitungen, der Sicherheitsvorrichtungen und der Erdung mit ihren Kontakten muss eine Überwachung in der Weise stattfinden, das jährlich mindestens einmal eine eingehende Revision aller Teile und ausserdem vierteljährlich mindestens einmal eine Begehung sämtlicher Freileitungen stattfindet.

Über den Befund ist Buch zu führen.

Schutzmassregeln beim Betrieb.

§ 27. Das Arbeiten an Hochspannung führenden Teilen des Leitungsnetzes und der stromverbrauchenden Apparate, sowie die Bedienung der Lampen ist nur nach vorheriger Ausschaltung und einer unmittelbar an der Arbeitsstelle vorgenommenen Erdung und Kurzschliessung der stromführenden Teile gestattet.

In der Centrale und in Unterstationen (Transformatorenstationen) kann in unabweisbaren Fällen an Hochspannung führenden Teilen gearbeitet werden, doch dürfen derartige Arbeiten nur nach Anordnung und in Gegenwart des Betriebsleiters oder seines Stellvertreters ausgeführt werden. Ein Einzelner ohne Begleitung darf niemals derartige Arbeiten vornehmen.

In jeder Betriebsstätte sind Vorschriften über die Behandlung von Personen, die durch elektrischen Strom betäubt sind, sichtbar anzubringen.

Die Handhabung von Schaltern, sowie das Auswechseln von Sicherungen sind nicht als Arbeiten im Sinne der vorstehenden Bestimmungen zu betrachten.

Zeichnungen.

§ 28. a) Für Stromerzeugungsstellen und Unterstationen müssen Schaltungs-Schemata und massstäbliche Schalttafelzeichnungen vorhanden sein.

b) Für Fernleitungen und Leitungsnetze müssen Situationspläne mit Angabe der Lage der Unterstationen, Transformatoren, Hausanschlüsse, Streckenausschalter, Sicherungen und Blitzschutzvorrichtungen vorhanden sein.

c) Für die Verbrauchsstellen müssen Pläne vorhanden sein, auf welchen ein grosser roter Blitzpfeil eingezeichnet und die Spannungen vermerkt sind und welche nachstehende Angaben enthalten:

1. Bezeichnung der Räume nach Lage und Verwendung. Besonders hervorzuheben sind feuchte Räume und solche, in welchen ätzende oder leicht entzündliche Stoffe und explosible Gase vorkommen.
2. Lage, Querschnitt und Isolierungsart der Leitungen.
3. Art der Verlegung und des Schutzes.
4. Lage der Apparate und Sicherungen.
5. Lage und Stromverbrauch der Transformatoren, Lampen, Elektromotoren u. s. w.

Für diese Pläne sind folgende Bezeichnungen anzuwenden.

Bezeichnungen.

 = Blitzpfeil.

 = Erdung.

 = Feste Glühlampe.

 = Bewegliche Glühlampe.

 5 = Fester Lampenträger mit Lampenzahl (5).

 3 = Beweglicher Lampenträger mit Lampenzahl (3).

Obige Zeichen gelten für Glühlampen jeder Kerzenstärke, sowie für Fassungen mit und ohne Hahn.

 6 = Bogenlampe mit Angabe der Stromstärke (6) in Ampère.

 10 = Dynamomaschine bezw. Elektromotor jeder Stromart mit Angabe der höchten zulässigen Beanspruchung in Kilowatt.

 = Akkumulatoren.

= Wandfassung, Anschlussdose.

= Einpoliger bezw. zweipoliger bezw. dreipoliger Ausschalter mit Angabe der höchsten zulässigen Stromstärke (6) in Ampère.

= Umschalter, desgl.

= Sicherung (an der Abzweigstelle).

= Widerstand, Heizapparat und dergl. mit Angabe der höchsten zulässigen Stromstärke (10) in Ampère.

= Desgl., beweglich angeschlossen.

= Transformator mit Angabe der Leistung in Kilowatt (7,5).

= Drosselspule.

= Blitzschutzvorrichtung.

= Zweileiter- bezw. Dreileiter- oder Drehstromzähler mit Angabe des Messbereichs in Kilowatt (5 bezw. 20).

= Zweileiter-Schalttafel.

= Dreileiter-Schalttafel oder Schalttafel für mehrphasigen Wechselstrom.

= Einzelleitung.

= Hin- und Rückleitung.

= Dreileiter- oder Drehstromleitung.

—·—·—·— = Fest verlegte biegsame Mehrfachleitung jeder Art.

= Nach oben führende Steigleitung.

= Nach unten führende Steigleitung.

B	=	Blanker Kupferdraht.
BE	=	Blanker Eisendraht.
G	=	Leitung mit nahtloser Gummiisolierung.
L	=	Leitung nach § 21.
KB	=	Kabel „ § 22a.
KA	=	„ „ § 22b.
KE	=	„ „ § 22c.
(g)	=	Verlegung auf Isolierglocken nach § 18.
(o)	=	Verlegung in Rohren nach § 19.

Das Schaltungsschema soll enthalten: Querschnitte der Hauptleitungen und Abzweigungen von den Schalttafeln mit Angabe der Belastung in Ampère.

Die Vorschriften dieses Paragraphen gelten auch für alle Abänderungen und Erweiterungen.

Der Plan und das Schaltungsschema sind von dem Besitzer der Anlage aufzubewahren.

Schlussbestimmungen.

§ 29. Der Verband Deutscher Elektrotechniker behält sich vor, diese Vorschriften den Fortschritten und Bedürfnissen der Technik entsprechend abzuändern.

§ 30. Die vorstehenden Vorschriften sind von der Kommission des Verbandes Deutscher Elektrotechniker einstimmig angenommen worden und haben daher in Gemässheit des Beschlusses der Jahresversammlung des Verbandes vom 3. Juni 1898 als Verbandsvorschriften zu gelten.

Der Vorsitzende der Kommission.

Budde.

Kolibri 360 GmbH
Ferdinand-Jühlke-Straße 7
99095 Erfurt, Deutschland
produktsicherheit@kolibri360.de